建筑力学与结构

主　编　赖　伶　佟　颖
副主编　赵丽颖　史文学　徐鑫哲
参　编　张振雷　赵　欢

北京理工大学出版社
BEIJING INSTITUTE OF TECHNOLOGY PRESS

内 容 提 要

本书根据高等院校人才培养目标和高校课程改革要求进行编写。全书内容分为3篇，共13章，主要内容包括建筑力学概述、构件的外力分析、构件的内力分析、建筑结构概论、建筑结构材料、钢筋混凝土结构基本构件、钢筋混凝土基本结构单元、预应力混凝土基本知识、多层及高层钢筋混凝土房屋、砌体结构构件和基本结构单元、钢结构连接、钢结构构件、建筑结构抗震设计基本知识等，每章后面都附有复习思考题及练习题。

本书可作为高等院校土木工程类相关专业的教材，也可作为函授、自学、岗位培训教材及现场施工人员的参考书。

图书在版编目(CIP)数据

建筑力学与结构 / 赖伶，佟颖主编.—北京：北京理工大学出版社，2017.2

ISBN 978-7-5682-3652-2

Ⅰ.①建…　Ⅱ.①赖… ②佟…　Ⅲ.①建筑科学－力学 ②建筑结构　Ⅳ.①TU3

中国版本图书馆CIP数据核字(2017)第021844号

出版发行 / 北京理工大学出版社有限责任公司
社　　址 / 北京市海淀区中关村南大街5号
邮　　编 / 100081
电　　话 / (010)68914775(总编室)
　　　　　(010)82562903(教材售后服务热线)
　　　　　(010)68948351(其他图书服务热线)
网　　址 / http://www.bitpress.com.cn
经　　销 / 全国各地新华书店
印　　刷 / 北京紫瑞利印刷有限公司
开　　本 / 787毫米×1092毫米　1/16
印　　张 / 22.5
字　　数 / 604千字
版　　次 / 2017年2月第1版　2017年2月第1次印刷
定　　价 / 57.00元

责任编辑 / 李玉昌
文案编辑 / 瞿义勇
责任校对 / 周瑞红
责任印制 / 边心超

编委会名单

编写说明

高等教育教材建设工作对“提高人才培养质量”有着至关重要的作用。

为全面推进高等教育教材建设工作，将教学改革的成果和教学实践的积累体现到教材建设和教学资源统合的实际工作中去，以满足不断深化的教学改革的需要，更好地为学校教学改革、人才培养与课程建设服务，北京理工大学出版社搭建了平台，组织辽宁石油化工大学等18所院校共同参与编写了本系列教材。该系列教材由参与院校院系领导、专业带头人等组建的编委会组织主导，经北京理工大学出版社及18所院校土建大类专业学科各位专家近两年的精心组织，以创新、合作、融合、共赢、整合跨院校优质资源的工作方式，结合各院校对土建大类专业学科和课程教学理念、学科建设和体系搭建等研究建设成果，以及当前工程建设的形势和发展编写而成。

本系列教材力求结构严谨、逻辑清晰、叙述详细、通俗易懂。全书有较多的例题，便于实践教学和自学，同时注意尽量多给出一些应用实例，可供各高等院校土建类专业师生学习和使用，也可供广大工程技术人员参考。

辽宁省18所院校土建学科建设及教材编写专委会和编委会

前言

本书根据高等院校人才培养目标所要求的知识和能力要求，并结合教学改革的实践经验，依据我国现行的最新结构设计规范和标准编写而成。其内容涉及的国家现行规范和标准包括：《建筑结构可靠度设计统一标准》（GB 50068—2001）、《建筑结构制图标准》（GB/T 50105—2010）、《建筑结构荷载规范》（GB 50009—2012）、《混凝土结构设计规范》（GB 50010—2010）、《砌体结构设计规范》（GB 50003—2011）、《高层建筑混凝土结构技术规程》（JGJ 3—2010）、《钢结构设计规范》（GB 50017—2003）、《建筑抗震设计规范》（GB 50011—2010）等。

本书的编写力求体现高等教育的特点，从培养技术技能型人才的总目标出发，对基本理论的讲授以应用为目的，教学内容以必需、够用为度，注重职业能力的培养。为此本书将能力目标定位为：基本构件的设计与复核能力；施工中一般结构问题的认知和处理能力；结构施工图的识读能力。按照能力目标对建筑力学部分内容进行了精选，重新组合教学内容，以达到精简实用的目的；对建筑结构内容进行提炼，加入结构平法识图及相关构造要求的讲解，注重建筑结构施工图的识读培养，并将新规范融入教学内容中。每章后均附有思考题或练习题，注重基本知识和基本技能的训练。

本书由赖伶、佟颖担任主编，赵丽颖、史文学、徐鑫哲担任副主编，张振雷、赵欢参与了本书的编写工作。具体编写分工如下：赖伶编写第一章，佟颖编写第二章，赵丽颖编写第十一章、第十二章，史文学编写第八章、第九章、第十章，徐鑫哲编写第四章、第五章、第六章、第七章，赵欢编写第十三章，张振雷编写第三章。

限于编者的水平和经验，书中难免有不妥之处，恳请广大读者和同行专家批评指正。

编　者

目录

第二篇　建筑结构

第三篇 建筑结构抗震

第一篇　建筑力学

第一章　建筑力学概述

内容提要

建筑力学是主要研究建筑结构或构件在外力作用下的平衡规律和变形规律的学科。本章主要内容包括建筑力学的基本概念、建筑力学的研究对象、建筑力学的研究内容、变形固体的基本假设、荷载的分类和杆件的基本变形。

知识目标

1. 理解建筑力学的研究对象和研究内容。
2. 掌握建筑力学的基本概念。
3. 理解变形固体的基本假设。
4. 熟悉荷载的类型。
5. 掌握杆件的基本变形形式。

能力目标

1. 掌握建筑力学的基本概念，并且能够将建筑力学的基本概念运用到实际建筑工程中。
2. 对建筑工程的实际荷载进行分类。
3. 结合实例，对实际建筑工程中结构或构件的变形进行分析。

学习建议

1. 结合建筑工程实例，理解建筑力学的基本概念。
2. 结合建筑工程实例，理解建筑力学的应用。
3. 结合建筑工程实例，掌握荷载的种类与应用。
4. 结合建筑工程实例，掌握杆件的基本变形。

一、建筑力学的概念

各类建筑物或构筑物，在工程的建造和使用过程中都要承受各种力的作用，并且在力的作用下将产生运动和变形。工程中经常将主动作用在建筑物上的外力称为荷载。建筑物中能承受或传递荷载并起骨架作用的物体及体系叫作结构，结构的各个组成部分称为构件。如图 1-1 所示，框架结构中的梁、板、柱等构件以及由这些构件组成的体系称为框架结构。例如，桥梁、其他房屋建筑等结构都承受着各种荷载的作用。

建筑力学是主要研究建筑结构或构件在外力作用下的平衡规律和变形规律的学科。在研究物体受力平衡的规律时，常把物体看成不变形的物体，即刚体；在研究力的变形规律时，则把物体看成是变形固体。建筑力学是一门技术基础课程，它为土木工程的结构设计及施工现场受力问题的解决提供基本的力学知识和计算方法。建筑力学在建筑、桥梁、交通、水利、运输、港口、航天、航空、机械、电力等行业有着广泛的应用。

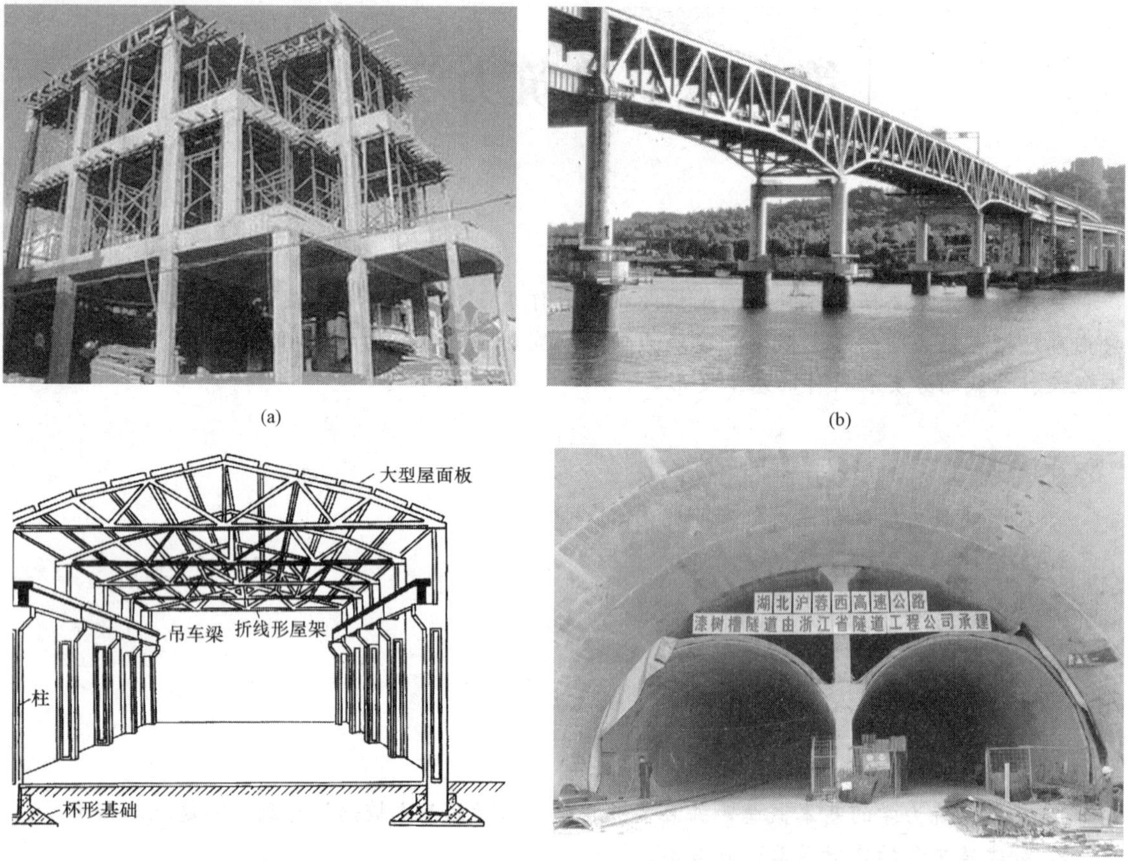

(a) (b) (c) (d)

图 1-1 常见建筑结构

(a)房屋结构；(b)桥梁结构；(c)工业厂房结构；(d)隧道结构

二、建筑力学的研究对象

建筑力学的研究对象主要是建筑物的结构或组成建筑结构的构件，工程中的构件形状是各种各样的，根据结构或构件的几何形状可分为杆件结构、薄壁结构和实体结构。

1. 杆件结构

杆件结构是指由杆件组成的结构。其几何特征是横截面的宽度和高度尺寸比长度小很多，如图 1-2(a)、(b)和图 1-3(a)所示。

杆件结构的类型可分为两种：一种是平面杆件结构，是指组成结构的所有杆件的轴线都位于同一平面内，并且荷载也作用于该平面内的结构；另一种是空间杆件结构，是指组成结构的所有杆件以及荷载不位于同一平面内的结构。

2. 薄壁结构

薄壁结构是指由薄板或薄壳组成的结构。其几何特征是厚度尺寸远比长度和宽度小很多，如图 1-2(c)、(d)和图 1-3(b)、(c)所示。平面形状称为板，曲面形状称为壳。

3. 实体结构

实体结构是结构的长度、宽度、高度三个方向的尺寸很接近的结构，如图 1-2(e)和图 1-3(d)所示。

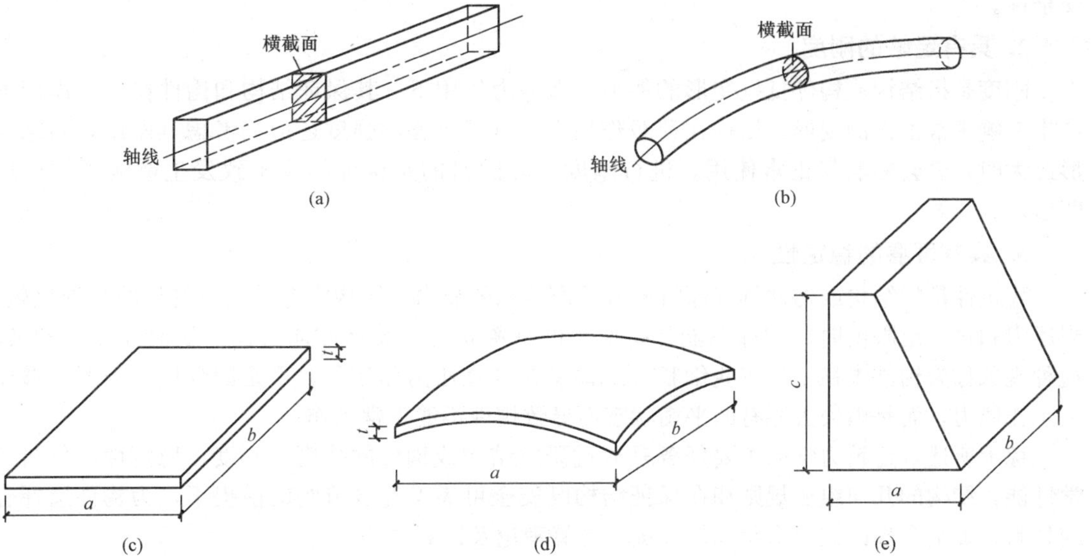

图 1-2　构件的几何形状类型

(a)直杆；(b)曲杆；(c)薄板；(d)薄壳；(e)实体

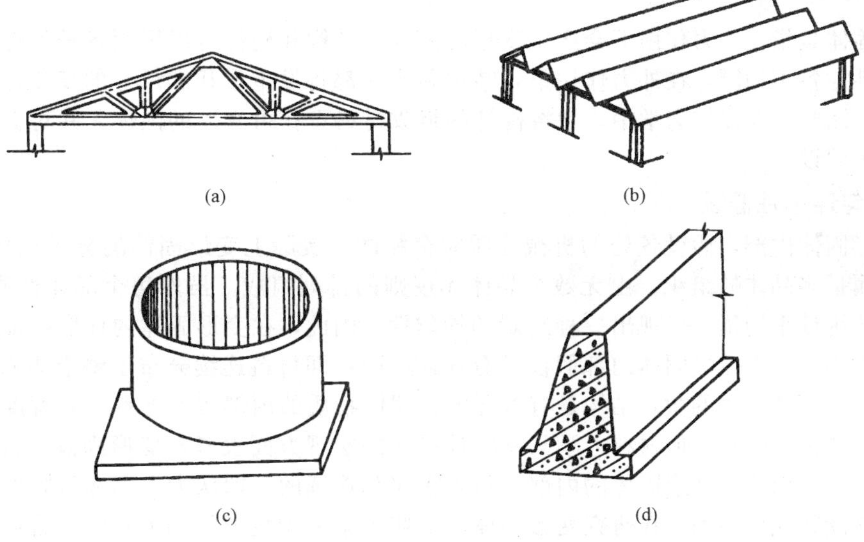

图 1-3　结构的几何形状类型

(a)杆件结构：屋架；(b)坡屋顶；(c)水池；(d)挡土墙

三、建筑力学的研究内容

建筑力学以单个杆件或杆件体系作为研究对象，弹性力学以实体结构和薄壁结构作为研究对象。工程结构或构件的主要作用是承受荷载和传递荷载，在荷载作用下结构或构件将会产生内力和变形。为了保证结构和构件安全可靠地工作，必须满足以下要求：

1. 具有足够的强度

强度是指结构或构件抵抗破坏的能力。在外力作用下，其保证结构和构件在外力作用下不发生破坏。结构在过大的荷载作用下可能发生破坏，因此，进行强度计算的目的是满足结构的安全性。

2. 具有足够的刚度

刚度是指结构或构件抵抗变形的能力。在外力作用下，其保证结构和构件在外力作用下不产生影响正常工作的变形。结构在荷载作用下，有了足够的强度还应当考虑其刚度，当结构变形过大时，也会影响其正常使用。进行刚度计算的目的是保证结构不致发生影响正常使用的变形。

3. 具有可靠的稳定性

稳定性是指结构或构件具有保持原有平衡状态的能力。结构中有些受压构件的长细比较大，当压力超过一定限度时，构件不能保持原来的平衡状态，突然侧向弯曲，从而导致结构破坏，这种现象称为构件失稳。如有些细长杆或薄壁构件在压力作用下，不是因强度、刚度不够而丧失工作能力，而是因失去原有的平衡状态而导致构件不能正常工作。

综上所述，建筑力学的主要任务是通过研究结构或构件的强度、刚度、稳定性，材料的力学性能，结构的几何组成规则和在保证结构既安全可靠又经济节约的前提下，为构件选择合适的材料、确定合理的截面形状和尺寸提供计算理论及计算方法。

结构是由许多构件组成的几何不变体系。若构件之间产生相对运动，结构成为几何可变体系，就不能发挥结构的性能和承担荷载作用，故而应研究结构的组成规律及其合理形式。

四、变形固体及其基本假设

变形固体是指在外力作用下会产生变形的固体。结构和构件可以采用各种各样的材料，它们的力学性能各不相同，在外力作用下，结构和构件都将发生形状和尺寸的变化，这是它们共同的特性。因此，在建筑力学中，常将构件的组成材料看作可变形的固体，并对变形固体作出以下的基本假设。

1. 均匀连续性假设

在变形固体内部，假设各处的机械性质完全相同。实际上变形固体的分子结构并不均匀。例如，金属是多晶体的组织，由无数个晶体无规则的排列组成。虽然每个晶体性质都不均匀，但多晶体的统计平均量，呈现出一种宏观的均匀性。因此，在变形固体内任取一部分材料都可视为其性质均匀。在变形固体内部假设没有任何空隙，即材料连续分布于整个体积，其结构是密实的。这与固体物质的微观结构是有差异的，固体物质的内部实际上存在着程度不同的缩孔与缩松，尺寸极其微小。但材料力学只从统计平均的宏观方面去考察变形固体，忽略这些微小因素的影响，从而认为变形固体的内部材料是密实和连续的，即认为在固体材料的整个体积内没有空隙充满物质。因而，在研究变形固体内一些力学量和变形等的关系时，就可以应用连续函数来表示。

2. 各向同性假设

在变形固体内部，假设各个方向上的力学性质都相同。对于均匀的非金属材料而言(如混凝土)，一般都是各向同性的。对于由晶体组成的固体材料(如金属)，每个单一的晶体在不同方向上有不同的机械性质。当有无数个晶体杂乱无章地排列时，在宏观上并不显示出方向上的差异。因此，可用统计平均的观点将它们看成各向同性体。

也有各向异性材料，它们在各个方向上具有不同的机械性质。如木材、冷拔的钢丝、胶合板、复合材料层板等。

3. 小变形条件

结构和构件受力作用而产生的变形，按不同情况区分，其可能很小也可能很大。但材料力学所研究的，只限于构件在弹性范围内发生的小变形问题。这种小变形与构件的几何尺寸相比很小，可以忽略不计，按原有的几何尺寸计算，这对工程实用计算并无较大影响。

变形固体在外力作用下会产生两种性质的变形：一种是弹性变形，即当外力消除时，变形随之消失的变形；另一种是塑性变形，即当外力消除后，不能消失的变形。

五、荷载的类型

荷载是引起结构内力和变形的主要原因。作用于结构或构件上荷载的类型很多，常见类型如下：

(1)按荷载作用的区域大小，分为集中荷载和分布荷载。当荷载作用于结构面积很小时，可以认为荷载集中作用在结构上的一点，称为集中荷载或集中力，连续分布在结构上的荷载，称为分布荷载，如线荷载、面荷载。表达方式如图 1-4 所示。

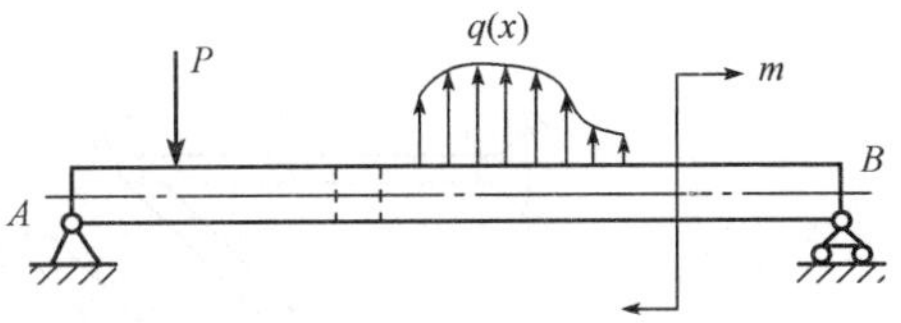

图 1-4　集中荷载与分布荷载

(2)按荷载作用效应可分为静力荷载和动力荷载。当荷载作用在结构上变化速度缓慢不会引起结构产生明显加速度时，这种荷载叫作静力荷载；当荷载作用在结构上其大小和作用方向均随时间而变，引起结构产生明显加速度，且不能忽略其惯性力时，这种荷载叫作动力荷载。

(3)按荷载作用的时间长短，分为恒荷载和活荷载。恒荷载是指作用于结构上大小、方向随时间的变化不发生变化或变化很小的荷载，如自重等；活荷载是指作用于结构上的位置、方向、大小数值随着时间的变化而变化的荷载，如人群，桥面上跑动的汽车，可移动的设备，风、雨、雪荷载等。

(4)除上述外力的直接作用外，结构还会受到一些间接作用，如温度变化、支座移动、地震等，都会使结构产生内力和变形。从广义上讲这些作用也可视为荷载。

六、杆件变形的基本形式

在建筑力学中，对同一个物体，当进行外力分析时把研究对象视为刚体；当进行内力分析时把研究对象视为变形体。这是对同一个物体在相同力的作用下，在不同研究范畴内所建立的不同力学模型。杆件中各横截面形心的连线称为轴线。轴线为直线的杆称为直杆，其中各横截面尺寸和形状相同的直杆，称为等直杆。轴线为曲线的杆件称为曲杆。

杆件是结构系统中最基本的构件，它在工程实际中大量存在，很多其他形式的构件，也可以简化为一根杆件或杆件的组合结构来处理。例如桥梁、机器连杆、传动轴等，都可以简化为杆件来进行受力分析。

各种荷载施加于杆件后也将产生各种的变形，但可以把杆件的变形归纳为下列四种基本变形形式中的一种，或者是某几种基本变形的组合。

(1)轴向拉伸或压缩变形(图 1-5)。如果在直杆的两端各受到一个外力 F 的作用，且二者的大小相等、方向相反、作用线与杆件的轴线重合，那么杆的变形主要是沿轴线方向的伸长或缩短，这种变形称为轴向拉伸或压缩。

如图 1-6 所示的结构，在 B 点受到力的作用后，应用工程力学知识分析可以得知 AB 杆产生

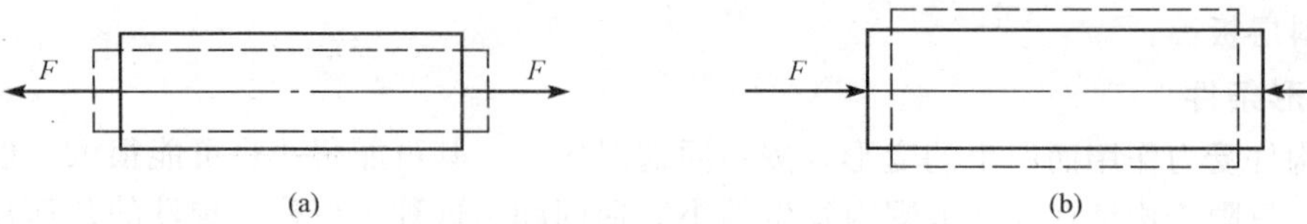

图 1-5　轴向拉伸或压缩变形

(a)轴向拉伸；(b)轴向压缩

轴向拉伸变形，而 BC 杆则产生轴向压缩变形。

(2)剪切变形。如果杆件上受到一对大小相等、方向相反、作用线平行且相距很近的外力沿垂直于杆轴线方向作用时，杆件的横截面沿外力的方向发生相对错动，这种变形称为剪切变形，如图 1-7 所示。

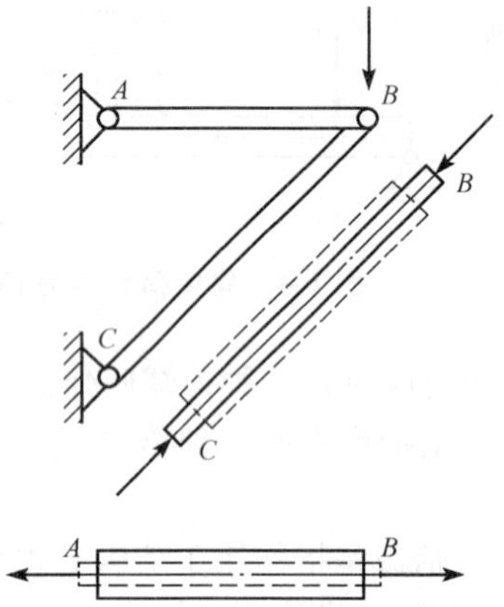

图 1-6　三铰支架受力分析

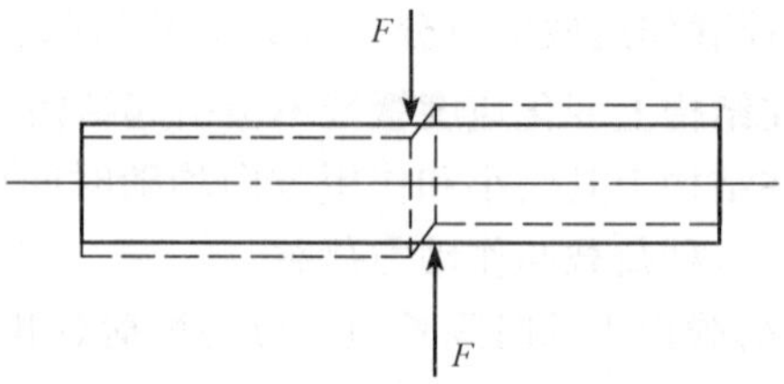

图 1-7　剪切变形

如图 1-8 所示为铆钉连接产生的剪切变形。此外，如平键和销钉等也承受剪切变形。

(3)扭转变形。如果在杆件两端各受到一个外力偶 M_e 的作用，且二者的大小相等、转向相反、作用面与杆件的轴线垂直，那么杆件的横截面绕轴线发生相对转动，产生相对扭转角，则这种变形称为扭转变形，如图 1-9 所示。

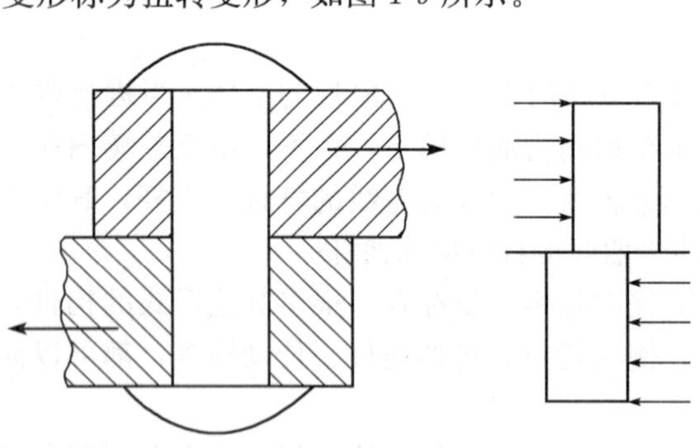

图 1-8　连接件受力分析

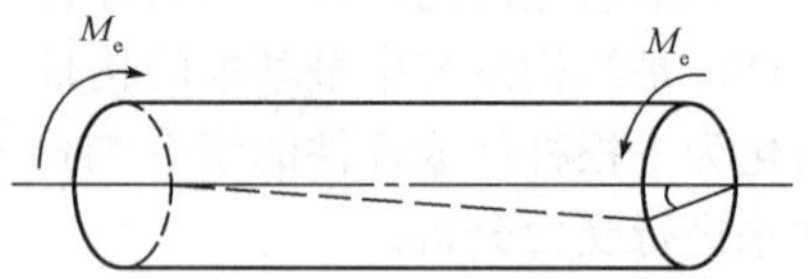

图 1-9　扭转变形

在工程上，承受扭转变形的构件还很多，如汽车的转向轴、机械传动轴等。如图 1-10 所示为齿轮轴传动装置，其圆轴主要为扭转变形。

(4)弯曲变形。如果直杆在两端各受到一个外力偶 M_e 的作用，且二者的大小相等、转向相反、作用面都与包含杆轴的某一纵向平面重合，或者是受到在纵向平面内作用的垂直于杆轴线

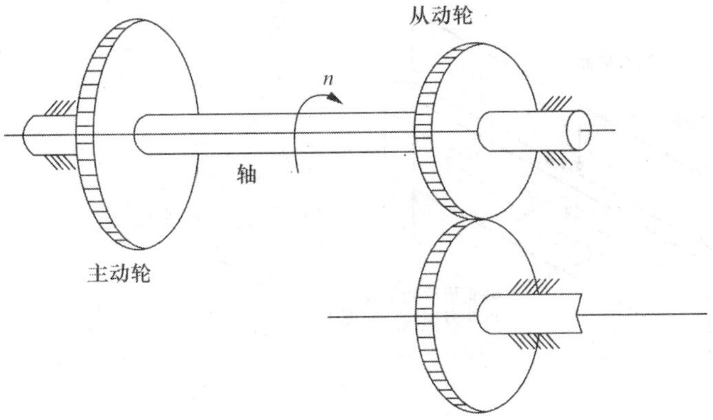

(a)

(b)

图 1-10　圆轴的扭转变形

的外力作用时，杆件的轴线就要变弯，这种变形称为弯曲变形，如图 1-11 所示。

如图 1-12(a)所示的梁，当受到与杆轴垂直的横向力作用后，就使它产生弯曲变形。弯曲变形在实际工程中较常见，如火车车轴和桥式吊车梁等，主要就是产生弯曲变形，如图 1-12(b)、(c)所示。

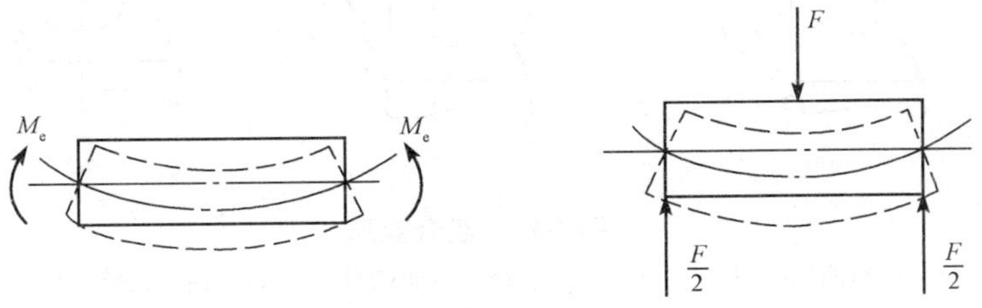

图 1-11　弯曲变形

(a)纯弯曲；(b)横力弯曲

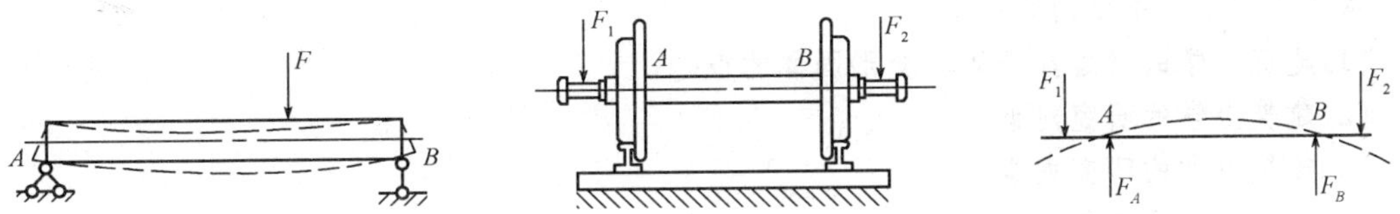

图 1-12　弯曲变形

如图 1-13 所示，当荷载作用在梁的纵向对称面内为平面弯曲，工程力学所研究的弯曲主要是平面弯曲。

(5)组合变形。组合变形是指同时发生两种或两种以上基本变形形式的组合。

杆件的变形是复杂的，有时是上述基本变形的组合形式。例如机械齿轮轴，常常受到扭转与弯曲的联合作用，两种变形同时发生。又如房屋结构中的框架柱主要是压弯组合变形等。这些内容在本书相关章节中将会详细阐述。

在实际工程中，常见的组合变形形式有斜弯曲(或称双向弯曲)、拉(压)与弯曲的组合、弯曲与扭转的组合等，如图 1-14 所示。

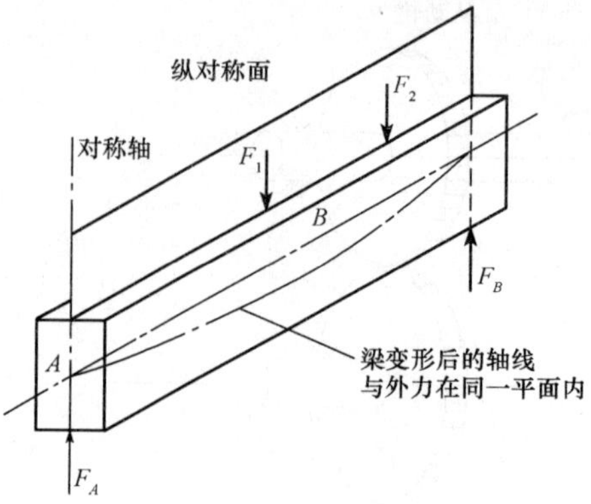

图 1-13　平面弯曲

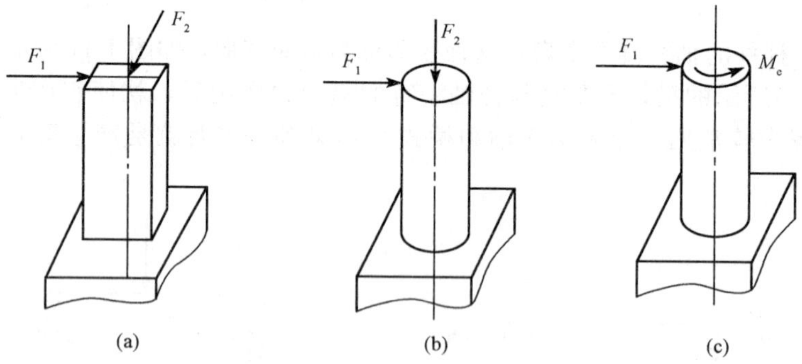

图 1-14　组合变形

(a)斜弯曲(或称双向弯曲)；(b)压缩与弯曲的组合；(c)弯曲与扭转的组合

本章小结

本章所讲授的主要内容如下：

(1)建筑力学的概念；刚体、变形固体的概念。

(2)建筑力学的研究对象。

(3)建筑力学的研究内容。

(4)变形固体及其基本假设。

(5)荷载的类型。

(6)杆件变形的基本形式：①轴向拉伸或压缩变形；②剪切变形；③扭转变形；④弯曲变形；⑤组合变形。

复习思考题

1. 建筑力学研究的对象和基本任务是什么？
2. 举例说明强度、刚度和稳定性的概念。
3. 建筑力学对变形固体作了哪些基本假设？
4. 杆件的基本变形形式有哪几种？

第二章　构件的外力分析——力系的简化与平衡

内容提要

对构件进行受力分析，主要是研究构件在外力的作用下处于平衡状态的规律。本章将重点研究以下几个问题：

(1)静力学基础。主要研究静力学公理及应用；讨论力、力矩、力偶的概念以及计算；讨论构件的各种约束类型、特点以及约束反力的画法。

(2)力系的简化。主要讨论力系的分类、简化过程及结果，研究物体重心的确定方法。

(3)力系的平衡。主要讨论各种不同力系中平衡方程的物理意义及应用。

知识目标

1. 掌握静力学公理及其应用。
2. 理解力、力矩、力偶的概念、性质以及计算方法。
3. 掌握约束的类型、特点以及约束反力的画法；物体受力分析的内容。
4. 掌握力系的分类、简化过程及其结果分析。
5. 熟悉各种力系的平衡计算与应用。

能力目标

1. 在掌握静力学公理基本概念的基础上，能够应用静力学公理进行结构或构件的受力分析。
2. 能够应用静力学公理进行力系的简化。
3. 能够在受力分析的基础上进行各种力系的平衡计算与应用。

学习建议

1. 结合实际建筑物受力情况，研究静力学公理及应用。
2. 结合实例，进行结构或构件受力分析的学习。
3. 结合实际建筑物的受力情况，掌握力系的分类、简化过程及其结果分析。
4. 结合实际建筑物的受力情况，掌握各种力系的平衡计算与应用。

对构件进行受力分析，主要是研究构件在外力的作用下处于平衡状态的规律。平衡状态是物体机械运动的一种特殊形式，是指构件相对于空间惯性参考系处于静止或匀速直线运动的状态。在一般的工程实际问题中，通常把固连于地球的参考系视为惯性参考系。

实际构件在受力后都会发生不同程度的变形，但由于工程实际中的这种变形非常微小，对我们所研究的平衡问题几乎不产生影响，因此，在本章所研究的问题中，忽略构件所发生的变形，即把构件简化为刚体，从而使问题的研究得到简化。

第一节 静力学基础

一、静力学公理

力在自然界中是普遍存在的，人们在长期的生产实践和科学试验中，概括总结了力在作用时的一些客观规律，并将其归纳为静力学公理，它们是静力学的理论基础。

1. 二力平衡公理

刚体只在两个力的作用下处于平衡的充要条件是：此二力等值、反向、共线。上述条件对于刚体既是必要条件，又是充分条件，但是对于变形体却只是平衡的必要条件，而不是充分条件。例如，当一条绳子受到沿轴线方向的一对等值反向的压力作用时是不能平衡的。

工程上，把受两个力作用而平衡的物体叫作二力杆或二力构件，根据二力平衡公理可知：二力构件与物体的形状无关，其所受两个力的作用线必沿两个力作用点的连线。我们可以根据二力构件的这一受力特点，进行构件的受力分析，确定构件的受力方向。如图 2-1 所示的起重支架中的 CD 杆，在不计自重的情况下，它只在 C、D 两点受力，是二力杆，两力必沿作用点的连线，且等值、反向。

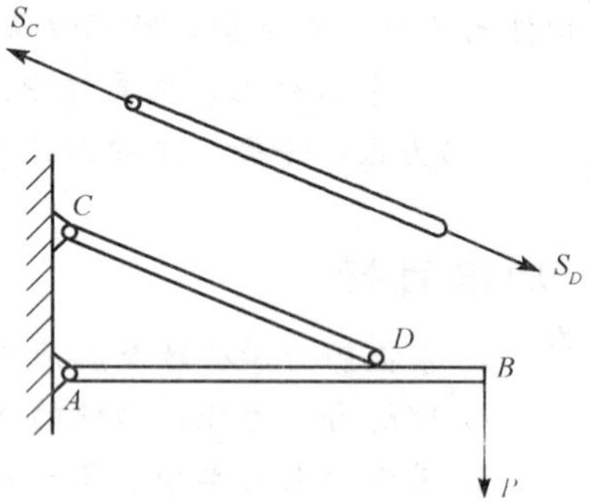

图 2-1 二力构件中的二力平衡

2. 加减平衡力系公理

在刚体上可以任意增加或去掉一个平衡力系，而不会改变刚体原来的运动状态。这一公理可以用来对力系进行简化。但应当注意，该公理只适用于刚体，对于变形体，无论是增加还是减去平衡力系，都将改变其受力状态，如图 2-2 所示。

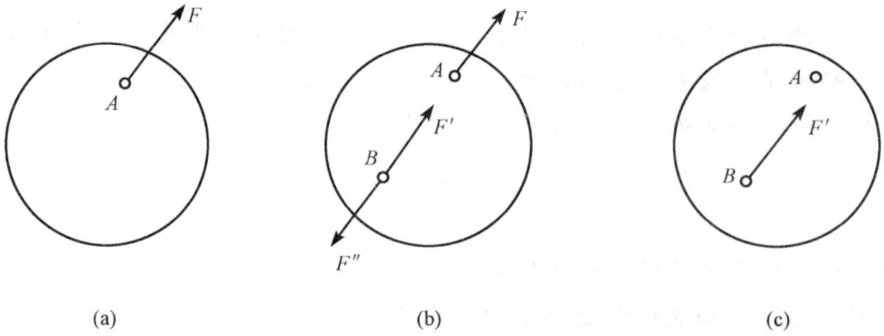

图 2-2 刚体上的加减平衡力系

3. 力的可传性原理

作用在刚体内任一点的力，可在刚体内沿其作用线任意移动而不会改变它对刚体的作用效果。如图 2-2 所示的刚体，在 A 点受到一个力 $\boldsymbol{F}$ 的作用，根据加减平衡力系公理，可在其作用线上任取一点 B，并增加一对平衡力系 $\boldsymbol{F}'$、$\boldsymbol{F}''$，且使 $\boldsymbol{F}=\boldsymbol{F}'=-\boldsymbol{F}''$，从另一方面看，$\boldsymbol{F}$ 与 $\boldsymbol{F}''$ 又可看成一对平衡力系，将此力系去掉后就会得到作用于 B 点的力 $\boldsymbol{F}'$，而对刚体的作用效果并未改变。显然，对于刚体而言，力的作用效果与作用点的位置无关，而取决于作用线的方位。

4. 力的平行四边形法则

作用在物体上同一点的两个力，其合力的作用点仍在该点，合力的大小和方向由以此二力为邻边所做的平行四边形的对角线确定。

如图 2-3(a)所示，矢量等式为：

$$\boldsymbol{R}=\boldsymbol{F}_1+\boldsymbol{F}_2$$

这一公理是力系简化与合成的基本法则，所画出的平行四边形叫作力的平行四边形。力的平行四边形也可简化成力的三角形，由它可以简便地确定合力的大小和方向，如图 2-3(b)所示，这一法则称为力的三角形法则，所画的三角形叫作力的三角形。如图 2-3(c)所示，画力的三角形时，对力的先后次序没有要求。

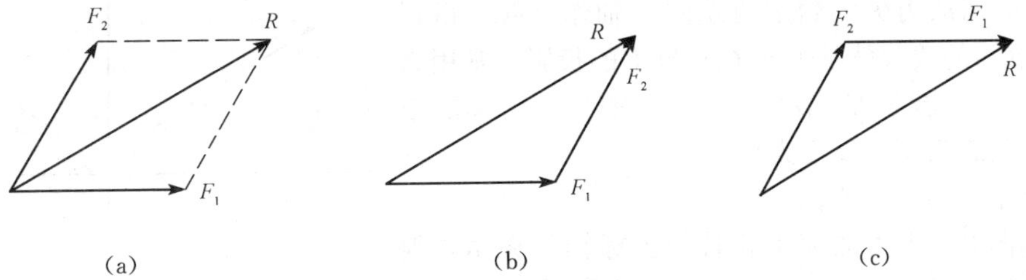

图 2-3　力的平行四边形法则

5. 作用和反作用公理

两物体之间的相互作用力总是等值、反向、沿同一直线分别作用在相互作用的两物体上。这一公理概括了物体间相互作用力的关系，表明物体间的作用力和反作用力总是成对出现、相互依存、互为因果。它是分析物体受力时必须遵循的法则。

$$\boldsymbol{T}=-\boldsymbol{T}'$$

应注意，作用力和反作用力不同于一对平衡力的区别是：前者中的两个力分别作用在相互作用的两个物体上；而后者中的两个力则是作用于同一物体上，如图 2-4 所示，$\boldsymbol{T}=-\boldsymbol{T}'$。

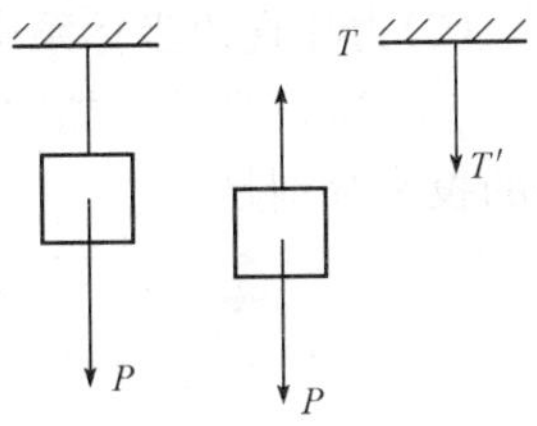

图 2-4　作用力与反作用力

二、力、力矩、力偶

(一)力

1. 力的概念

力是物体之间的相互机械作用。其作用结果是使物体的运动状态或形状发生改变。我们把使物体运动状态发生改变的效应称为力的运动效应或外效应，而把力使物体的形状发生改变的效应称为力的变形效应或内效应。

实践表明，力对一般物体的作用效应取决于力的三要素：力的大小、方向、作用点。对于刚体来说，力的三要素则是力的大小、方向、作用线。

力是矢量，可以用一个带箭头的线段表示力的三要素。线段的起点或终点表示力的作用点，线段的长度按一定的比例尺画出，表示力的大小，线段的方位和箭头的指向表示力的方向。本书中，力矢量用粗体字母表示，力的大小用普通字母表示。

在国际单位制中，力的单位是牛顿(N)或千牛顿(kN)，在工程中，力的常用单位还有千克力(kgf)。两种单位制的换算关系为：1 kgf=9.8 N。

2. 力的类型

集中力(集中荷载)：当力的作用范围相对于构件的尺寸很小时，可将其抽象为一个点，对应的力称为集中力或集中荷载。

分布力(分布荷载)：当力的作用范围不可忽略时，被称为分布荷载。分布力的大小用载荷集度 q 表示。体分布力的单位为牛/立方米^3(N/m^3)；面分布力的单位为牛/平方米^2(N/m^2)。则工程上常见的分布力是按线性分布的，称为线分布力，对应的单位为牛/米(N/m)。

3. 力的投影

由于力是矢量，计算时既需要考虑力的大小，又需考虑其方向。为了计算简便，常常将力向坐标轴上投影。

(1)力在坐标轴上的投影。如图 2-5 所示将力 $\boldsymbol{F}$ 向 x 轴投影：分别从力矢的始末两端向 x 轴作垂线，得到的垂足 a、b 间的线段就是力 $\boldsymbol{F}$ 在 x 轴上的投影，常用 X 或 F_x 表示。力的投影是代数量，当 ab 的指向与轴的正向一致时，投影为正，反之为负。

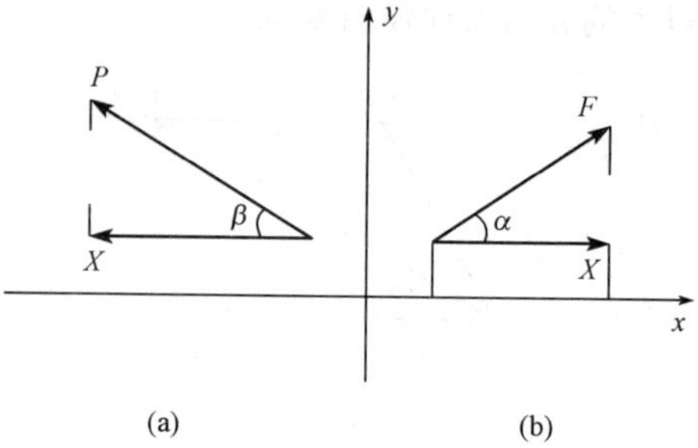

图 2-5　力的投影

投影的单位与力的单位一致。

若已知图 2-5 中力的大小和其与坐标轴的夹角，则可算出力在轴上的投影：

$$\begin{aligned} F_x &= F\cos\alpha \\ P_x &= -P\cos\beta \end{aligned} \tag{2-1}$$

(2)力在直角坐标系中的投影。

①一次投影法。如图 2-6(a)所示力 $\boldsymbol{F}$ 及力与三个坐标轴间的夹角 α、β、γ，则力在三个坐标轴的投影分别是：

$$\left.\begin{aligned} X &= F\cos\alpha \\ Y &= F\cos\beta \\ Z &= F\cos\gamma \end{aligned}\right\} \tag{2-2}$$

用 i、j、k 分别表示三个坐标轴的单位矢量，力沿三个坐标轴的分力分别为 $\boldsymbol{F}_x$、$\boldsymbol{F}_y$、$\boldsymbol{F}_z$，于是有

$$\boldsymbol{F} = \boldsymbol{F}_x + \boldsymbol{F}_y + \boldsymbol{F}_z = X\boldsymbol{i} + Y\boldsymbol{j} + Z\boldsymbol{k}$$

其中，力的大小为

$$F = \sqrt{X^2 + Y^2 + Z^2} \tag{2-3}$$

②二次投影法。如图 2-6(b)所示，当力与坐标轴 x、y 间的夹角不易确定时，可先将力向坐标平面 OXY 上投影，再将得到的投影 $\boldsymbol{F}_{xy}$ 向 x、y 轴投影，得到投影 X、Y。

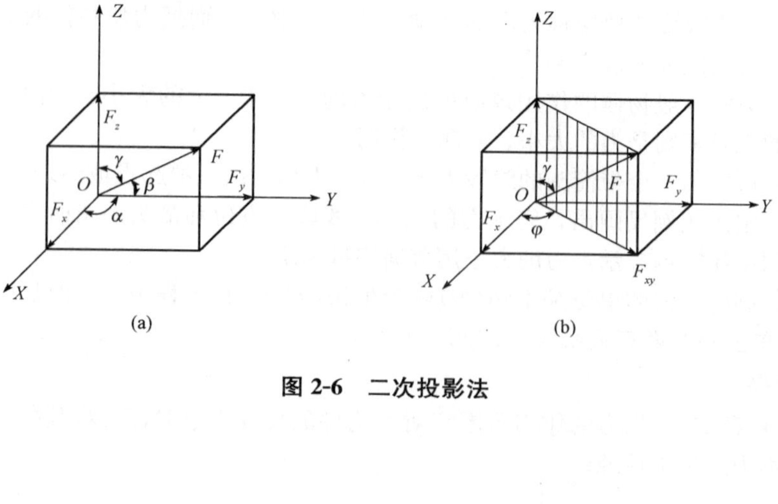

图 2-6　二次投影法

即

$$\left.\begin{aligned}X&=F_{xy}\cos\varphi=F\sin\gamma\cos\varphi\\Y&=F_{xy}\sin\varphi=F\sin\gamma\sin\varphi\\Z&=F\cos\gamma\end{aligned}\right\}\tag{2-4}$$

4. 合力投影定理

设一力系由 $\boldsymbol{F}_1$，$\boldsymbol{F}_2$，…，$\boldsymbol{F}_n$ 组成，对应的合力为 $\boldsymbol{R}$。根据矢量合成法则，有

$$\boldsymbol{R}=\boldsymbol{F}_1+\boldsymbol{F}_2+\cdots+\boldsymbol{F}_n=\sum\boldsymbol{F}_i$$

其中，合力在三个坐标轴上的投影分别为 R_x、R_y、R_z，它们与各分力在三个坐标轴上的投影满足下面的条件：

$$\left.\begin{aligned}R_x&=X_1+X_2+\cdots+X_n=\sum X\\R_y&=Y_1+Y_2+\cdots+Y_n=\sum Y\\R_z&=Z_1+Z_2+\cdots+Z_n=\sum Z\end{aligned}\right\}\tag{2-5}$$

即合力在某一轴上的投影，等于各分力在同一轴上的投影的代数和，这一定理称为合力投影定理。根据合力投影定理，我们可先由各分力的投影求出合力在三个坐标轴上的投影，再由合力的投影求出合力的大小和方向。

R 的大小：$R=\sqrt{R_x^2+R_y^2+R_z^2}=\sqrt{(\sum X)^2+(\sum Y)^2+(\sum Z)^2}$ (2-6a)

R 的方向：$\cos\alpha=\dfrac{R_x}{R}$；$\cos\beta=\dfrac{R_y}{R}$；$\cos\gamma=\dfrac{R_z}{R}$ (2-6b)

其中，α、β、γ 是合力与三个坐标轴的夹角，称为方向角，对应的余弦值称为方向余弦。合力投影定理不仅适用于力的计算，也适用于其他矢量的计算。

(二)力矩

1. 力对点之矩

力对物体的外效应除移动效应外还有转动效应。移动效应可由力矢来度量，而转动效应则取决于矩矢。

(1)力矩的概念。我们以扳手拧紧螺丝为例来分析力对物体的转动效应。如图 2-7 所示，作用于扳手一端的力 $\boldsymbol{F}$ 使扳手绕 O 点转动，我们把 O 点称为力矩中心，简称矩心。扳手绕矩心的转动效应不仅与力 $\boldsymbol{F}$ 的大小有关，还与矩心 O 到力的作用线的垂直距离 d 有关，且与二者的大小都是成正比的。在力学中用 $\boldsymbol{F}$ 的大小与 d 的乘积来度量力使物体绕矩心的转动效应，称为力 $\boldsymbol{F}$ 对 O 点之矩，以符号 $M_O(\boldsymbol{F})$ 表示。并把从矩心 O 到力 $\boldsymbol{F}$ 的作用线的垂直距离 d 称为力臂。由力的作用线和矩心 O 所决定的平面称为力矩作用面。

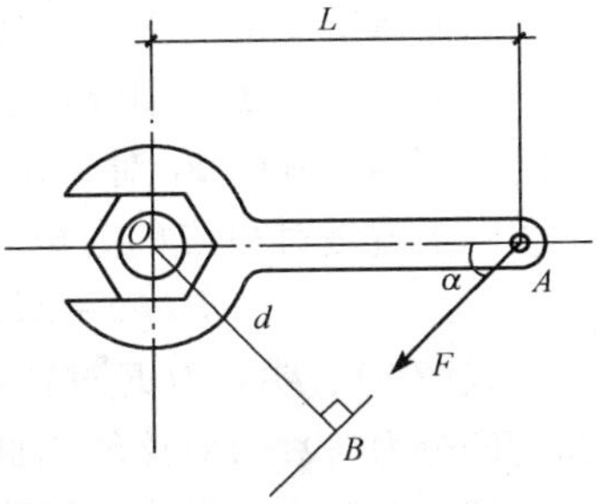

图 2-7　力对物体的转动效应

即

$$M_O(\boldsymbol{F})=\pm\boldsymbol{F}d\tag{2-7}$$

乘积 $\boldsymbol{F}d$ 的大小只能表示物体绕矩心转动的强弱，当力的方向不同时，物体绕矩心的转向也不同。因此，要完整地将力使物体的转动效应表示出来，还需考虑物体的转向。在平面问题中，将力矩规定为代数量：力使物体绕矩心逆时针转动时，力矩取正值；反之取负值。力矩的常用单位为牛顿·米(N·m)、牛顿·毫米(N·mm)、千牛顿·米(kN·m)等。

由于空间力对点之矩的作用面不同，故空间力矩须作矢量处理，其大小仍用前面的计算公式，方向用右手法则确定，其运算满足矢量运算法则。

(2)力矩的性质：

1)力矩的大小和转向与矩心的位置有关，同一力对不同矩心的力矩不同。

2)力的大小等于零或力的作用线过矩心时，力矩为零。

3)力的作用点沿其作用线移动时，力对点之矩不变。

4)互成平衡的两个力对同一点之矩的代数和为零。

2. 力对轴之矩

在力的作用下，物体绕矩心 O 转动也可以看成是物体绕过 O 点与力矩平面垂直的轴线的转动。所以，平面内力对 O 点之矩可以看成是空间力对 z 轴之矩。力 $\boldsymbol{F}$ 对 z 轴之矩用符号 $M_z(\boldsymbol{F})$ 表示，如图 2-8 所示。

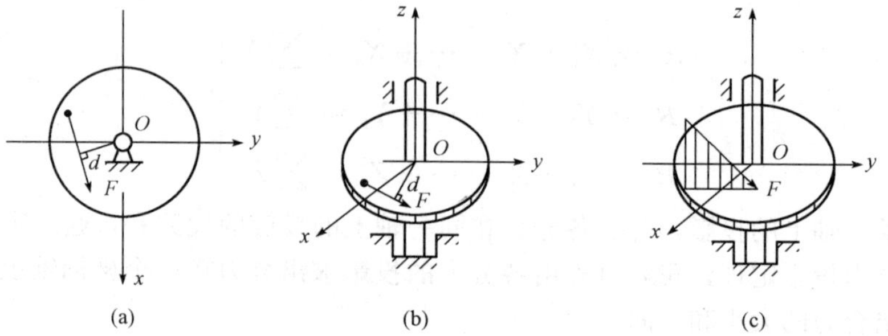

图 2-8　力对轴之矩

可以清楚地看出，当力的作用线与转轴平行或相交，即力的作用线与轴线共面时，力对转轴之矩为零。

当力的作用线不在与轴线垂直的平面上，如图 2-9 所示的正六面体所受的力 $\boldsymbol{F}$，求其对 Z 轴的力矩时，可将其分解成两个分力 $\boldsymbol{F}_1$、$\boldsymbol{F}_2$，让 $\boldsymbol{F}_1$ 与转轴 Z 平行，$\boldsymbol{F}_2$ 在与转轴 Z 垂直的平面内。其中 $\boldsymbol{F}_1$ 对 Z 轴不产生力矩作用，$\boldsymbol{F}_2$ 对 Z 轴之矩实际上就是对 O 点的力矩。

$$M_Z(\boldsymbol{F})=M_O(\boldsymbol{F}_2)=\pm \boldsymbol{F}_2 d \tag{2-8}$$

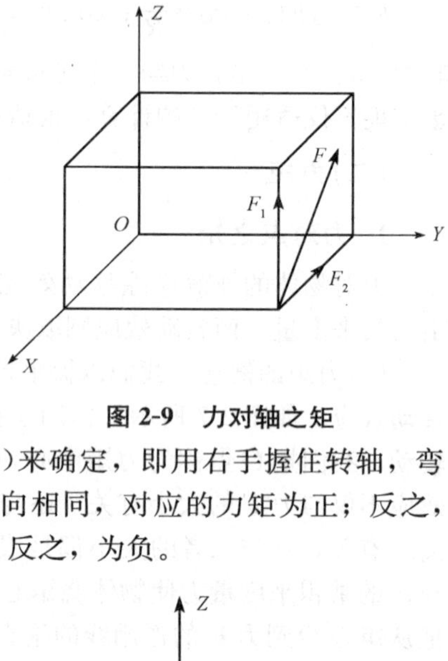

图 2-9　力对轴之矩

式(2-8)表明，力 $\boldsymbol{F}$ 对轴之矩等于该力在垂直于此轴的平面上的分力(投影)对该轴与此平面的交点的力矩。通常情况下，把力对轴之矩看成是代数量，其正负用右手法则(图 2-10)来确定，即用右手握住转轴，弯曲的四指指向力矩的转向，拇指所指的方向如果与转轴的正向相同，对应的力矩为正；反之，为负。也可以从轴的正向看，当力矩绕轴逆时针转动时为正；反之，为负。

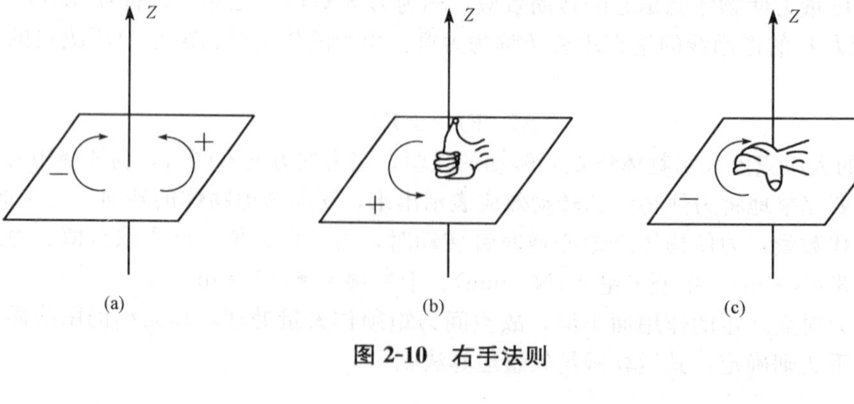

图 2-10　右手法则

【例 2-1】 如图 2-11 所示的皮带轮，轮的直径为 $D=100$ mm，皮带的拉力分别为 $T_1=1\ 000$ N，$T_2=500$ N，分别求皮带拉力 $\boldsymbol{T}_1$、$\boldsymbol{T}_2$ 对轮子中心的力矩。

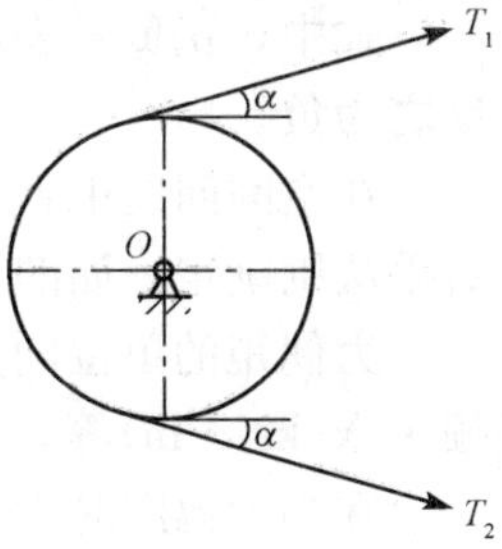

图 2-11 例 2-1 图

【解】 由于皮带的拉力沿轮子的切线方向，因此，皮带轮的半径就是拉力的力臂。

$$M_O(T_1)=-T_1\frac{D}{2}=-50\ 000(\mathrm{N\cdot mm})=-50(\mathrm{N\cdot m})$$

$$M_O(T_2)=T_2\frac{D}{2}=25\ 000(\mathrm{N\cdot mm})=25(\mathrm{N\cdot m})$$

3. 合力矩定理

合力的投影与分力的投影之间满足合力投影定理，合力对某点或某轴的力矩与分力对同一点或同一轴之矩也有一定的关系。

合力矩定理：合力对某点之矩矢，等于各分力对同一点之矩矢的矢量和。上述定理对平面力对点之矩及力对轴之矩同样适用，合力对平面内任意一点(轴)的力矩等于各分力对同一点(轴)的力矩的代数和。即

$$M_O(\boldsymbol{R})=\sum M_O(\boldsymbol{F}) \quad 或 \quad M_z(\boldsymbol{R})=\sum M_z(\boldsymbol{F}) \tag{2-9}$$

利用合力矩定理，不仅可以由分力的力矩求出合力的力矩，当不方便直接求某个力的力矩时，也可以将该力正交分解成容易求力矩的分力，再求出此力的力矩。

【例 2-2】 已知支架上的 A 点作用一个力 $P=10$ kN，支架的各部分的尺寸(单位：cm)如图 2-12 所示，求力 $\boldsymbol{P}$ 对 O 点的力矩。

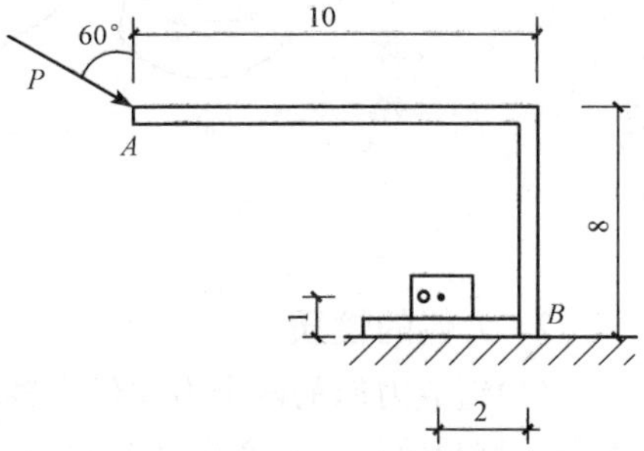

图 2-12 例 2-2 图

【解】 此题可根据力矩的定义求解，但力臂是未知的，且求解非常麻烦。故可将力分解成两个分力，分别求出每个分力的力矩，再利用合力矩定理，求出力 P 的力矩。即

$$\begin{aligned}M_O(\boldsymbol{P})&=M_O(\boldsymbol{P}_x)+M_O(\boldsymbol{P}_y)\\&=-P\sin60°(8-1)+P\cos60°(10-2)\\&=-10\times0.866\times7+10\times0.5\times8\\&=-20.62(\mathrm{kN\cdot cm})\end{aligned}$$

可见，用合力矩定理求解这类问题要比直接用力矩公式计算简单。对合力矩定理要根据实际问题灵活运用。

(三)力偶

1. 力偶的概念

在日常生活和生产实践中，人们常常会看到物体同时受到大小相等、方向相反、作用线平行的两个力的作用。如图 2-13(a)所示，汽车司机转动方向盘时加在方向盘上的两个力；如图 2-13(b)所示钳工师傅用双手转动丝锥攻螺纹时，两手作用于丝锥扳手上的两个力；我们拧水龙头时加在开关上的两个力等。这样的两个力显然不是我们前面所讲的一对平衡力，它们作用在物体上将使物体产生转动效应。

在力学中把大小相等、方向相反、作用线平行的两个力称为力偶。记为($\boldsymbol{F}$，$\boldsymbol{F}'$)。如图 2-14(a)所示，力偶中两力作用线间的垂直距离 d 叫作力偶臂。力偶所在的平面叫作力偶作用面。力偶中的一个力的大小与力偶臂的乘积叫作力偶矩，用符号 m 表示。在平面问题中表示为：

$$m=\pm \boldsymbol{F}d \tag{2-10}$$

式中，正负号表示力偶的转向。通常规定：使物体产生逆时针转动的力偶的力偶矩为正，反之为负。

在空间问题中，力偶矩为一矢量。矢量 m 的模仍为 $\boldsymbol{F}d$，表示力偶矩矢的大小，m 的方向用右手法则确定，如图 2-14(d)所示。

力偶矩的单位同力矩的单位，常用单位有牛顿·米(N·m)、牛顿·毫米(N·mm)、千牛顿·米(kN·m)等。

在画力偶图时常用图 2-14 中的符号来表示。

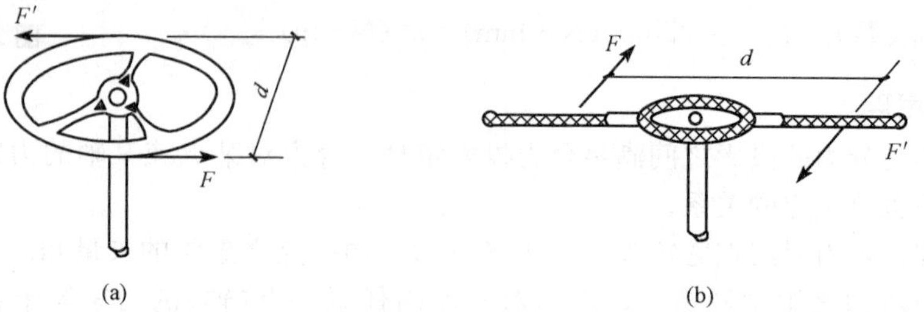

图 2-13　力偶

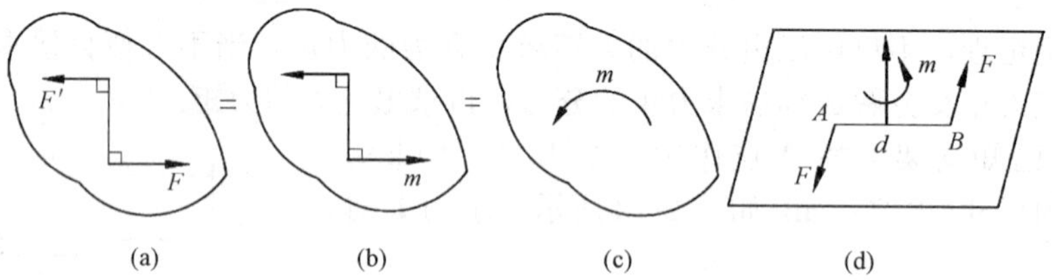

图 2-14　力偶图

2. 力偶的性质

(1)组成力偶的两个力向任意轴的投影的代数和为零，因此力偶无合力。力偶作用在物体上不产生移动效应，只产生转动效应，力偶不能与一个力等效。

(2)力偶的两个力对其作用面内的任意一点的力矩的代数和恒等于其力偶矩，而与矩心的位置无关，因此，力偶的转动效应只取决于力偶矩的大小和转向。

(3)力偶只能与力偶等效。当两个力偶的力偶矩大小相等、转向相同、力偶作用面共面或平行时，两力偶互为等效力偶。

(4)在不改变力偶矩的大小和转向的同时，可同时改变力偶的力和力偶臂的大小，而不会改变其对物体的转动效应。

(5)力偶可在其作用面内任意搬移、旋转，也可以从一个平面平行移到另一平行平面，而不会改变其对刚体的作用效果。

由力偶的性质可知，力偶作用在物体上的作用效果取决于力偶矩的大小、转向、力偶作用面，称为力偶三要素。

3. 力偶系的合成

我们把作用在同一物体上的多个力偶组成的体系称为力偶系。在力偶系的作用下，物体同样只产生转动效应。

力偶系的合成结果仍为一力偶，合力偶的力偶矩等于各力偶的力偶矩的代数和(或矢量和)。即

$$M = m_1 + m_2 + \cdots + m_n = \sum m_i$$

或 $$\boldsymbol{M}=\boldsymbol{m}_1+\boldsymbol{m}_2+\cdots+\boldsymbol{m}_n=\sum \boldsymbol{m}_i$$

空间力偶系的合成是矢量合成，须应用平行四边形法则。实际计算时常用其投影表示，以使问题得以简化。

三、约束和约束反力

(一)约束和约束反力的概念

在力学中，常把物体分为两类，一类物体可在空间内任意移动，称为自由体，如在空中飞行的飞机、炮弹、火箭等；另一类物体在空间的位移受到一定的限制，如门、窗只能绕合页轴转动，火车只可以沿轨道运行，不能在垂直钢轨的方向上移动，而建筑结构则不能产生任何方向的移动等。非自由体之所以在某些方向上的运动受到限制，是因为其以一定的方式与其他物体联系在一起，它的运动实际上就受到其他物体的限制。这种限制物体运动的其他物体称为约束。如上述的合页、钢索、地球等。

约束限制非自由体的运动，是通过约束对非自由体施加力的作用来实现的。在力学中，将约束对物体施加的力称为约束反力，简称约束力或反力。约束反力的方向必与物体的运动方向或运动趋势方向相反。

(二)约束的类型

工程中约束的种类很多，根据其特性将它们归纳为以下几种典型的约束。

1. 柔性约束

由皮带、绳索、链条等柔性物体构成的约束称为柔性约束。这类约束的特点是易变形、能承受拉力却不能承受压力或弯曲。因此，这类约束只能限制物体沿约束伸长方向的运动而不能限制其他方向的运动。柔性约束对物体的约束反力，只能是沿柔性体伸长方向的拉力。

如图 2-15(a)所示的拉力 $\boldsymbol{T}$ 就是绳索对物体的约束反力；再如图 2-15(b)中所示皮带被拉紧时对皮带轮沿切线方向的拉力 $\boldsymbol{S}_1$、$\boldsymbol{S}_2$ 和 $\boldsymbol{S}_1'$、$\boldsymbol{S}_2'$ 也属于这种约束。

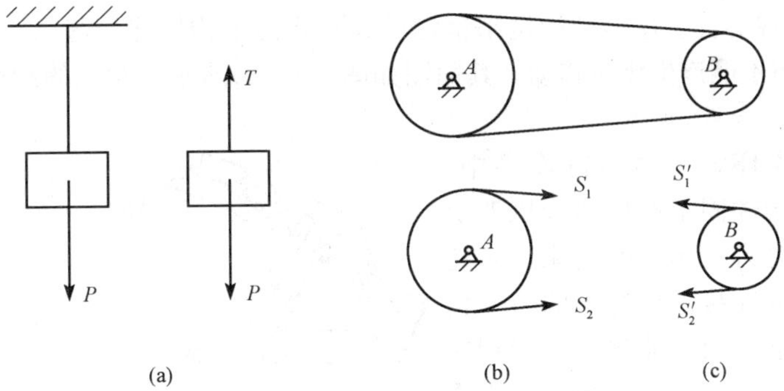

图 2-15　约束反力

2. 理想光滑接触面约束

当两物体在接触面上的摩擦很小，对所研究的问题影响可以忽略不计时，这样的接触面称为理想光滑接触面，简称为光滑面。光滑接触面约束的约束反力只能是沿接触面在接触点处的公法线指向被约束的物体。这类反力又常称为法向反力。例如，圆球与平面间的接触面、杆件与凹槽间的接触面。它们的约束反力如图 2-16 所示。

3. 光滑圆柱铰链约束

工程上的这类约束通常是在两个构件的端部上钻有同样大小的圆孔，中间用圆柱体连接而构成，且各接触处的摩擦忽略不计。这类约束的特点是两构件只能绕圆柱体的中心轴线做相对转动，而不能产生沿垂直于中心轴线平面内任何方向的相对移动，如图 2-17 所示。

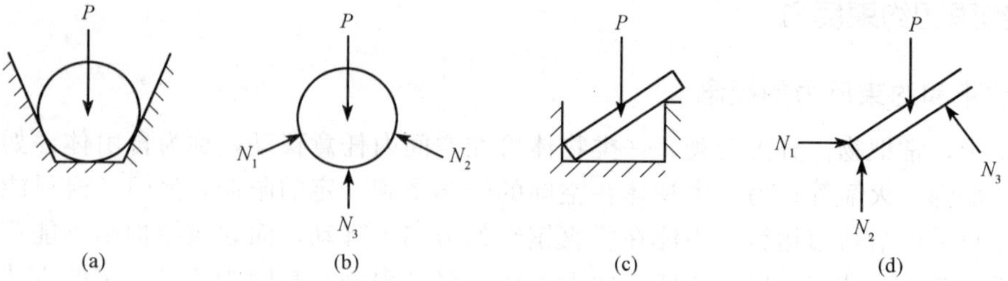

图 2-16　光滑面约束

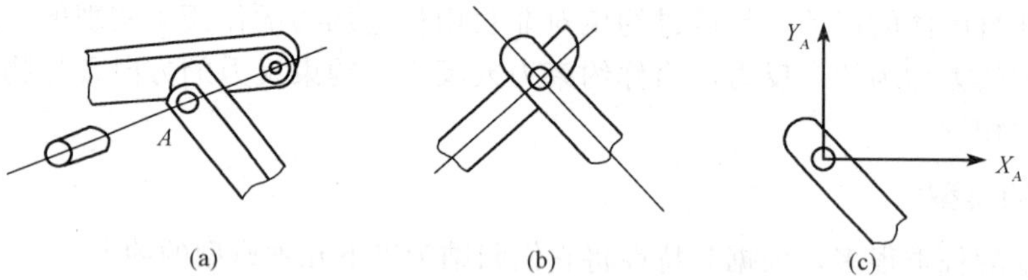

图 2-17　光滑圆柱铰链约束

因此，它们之间的约束反力必在此平面内，且可能沿任何方向，但当主动力不同时，对应约束反力的具体方位和指向是不同的。能够确定的是约束反力必沿圆柱体与圆孔接触处的公法线，并过圆柱体的中心。由于不确定约束反力的方位和指向，故这种约束的约束反力常用过圆柱体的中心，且垂直于圆柱体轴线的任意两个正交方向的分力表示。

以下的几种约束都属于光滑圆柱铰链约束。

(1)圆柱形销钉或螺栓。这类结构是用销钉或螺栓将两个构件连接起来。两构件可绕销钉或螺栓做相对转动，但不能产生相对移动。其简图如图 2-17(b)所示，对应的约束反力如图 2-17(c)所示。

(2)固定铰链支座。上述销钉连接中，如果将其中的一个构件固定在地面或机架上而成为支座，形成对另一构件的约束，则这种连接称为固定铰链连接。结构中的另一构件可绕支座相对转动，而不能移动，受到的约束反力同销钉或螺栓连接。在桥梁、起重机、建筑结构中常采用这种支座将结构与基础连接起来。对应的简图及受力图分别如图 2-18(a)和图 2-18(b)所示。

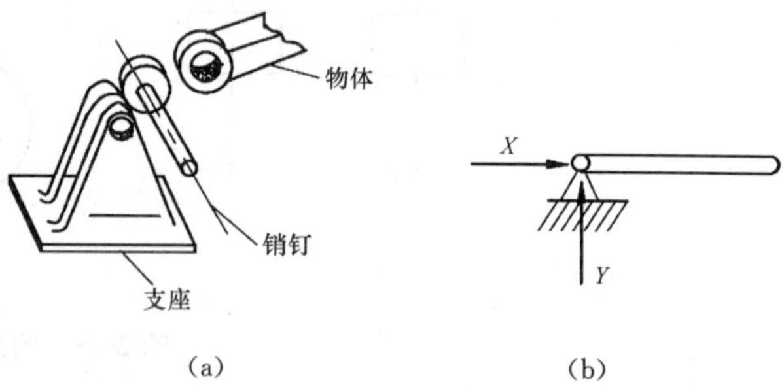

图 2-18　固定铰链支座

4. 可动(滚动)铰链支座

这种支座是在固定铰链支座的底部安装一排滚轮，使支座可沿支撑面移动。这种约束只能限制构件沿支撑面法线方向的移动，对应约束反力的作用线必沿支撑面的法线，且通过铰链中心。在桥梁、屋架等结构中采用这种支座可允许结构沿支撑面做微小的移动，从而避免因温度或震动等引起的结构内部的变形应力。相应的简图和受力图分别如图 2-19(a)、(b)所示。

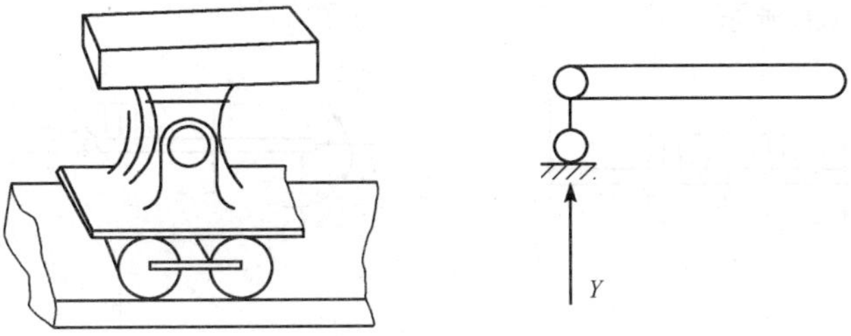

图 2-19　可动铰链支座

5. 固定端约束

将一个物体插入另一个物体内部形成牢固的连接从而构成固定端约束。这种约束既能限制物体沿任意方向的移动，又能限制物体沿任意方向的转动。对应的约束反力为平面内的相互垂直的两个分力和一个约束反力偶。如房屋的横梁、地面的电线杆、跳水的跳台等都属于这种约束，相应的简图和受力图如图 2-20 所示。

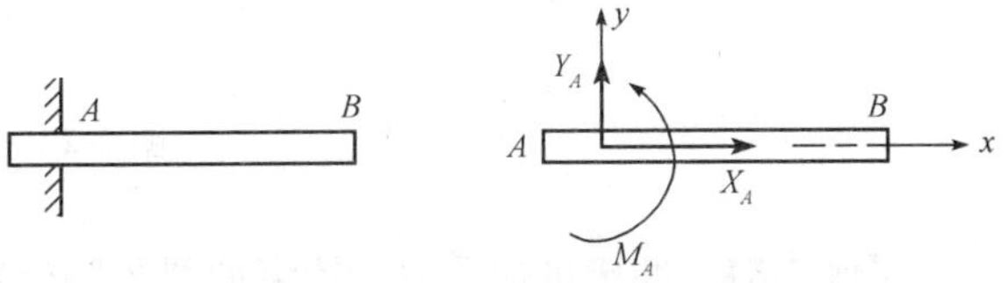

图 2-20　固定端约束

四、受力分析与受力图

物体所受的力既有主动力又有约束反力，而主动力往往都是已知的，约束反力往往是未知的。在实际工程中，常常需要对某一结构或构件进行力学计算，根据已知的主动力求出未知的约束反力。在受力分析时，首先应明确哪些物体是我们需要研究的，这些需要研究的构件或结构被称为研究对象。再将研究对象从结构系统中分离出来，单独画出该物体的简图，这个被单独分离出的研究对象称为隔离体(或分离体)。隔离体上已解除全部约束，它与周围物体的联系通过周围物体对隔离体的约束反力的作用来代替。将隔离体上所受的全部主动力和约束反力都画在隔离体上，得到的图形称为物体的受力分析图，简称受力图。受力分析时需要注意，无论是主动力还是约束反力，一定要根据其性质来确定其位置和方向，切忌主观臆断、凭空想象，既不能多画也不能少画。下面我们通过几个实例来具体说明物体受力图的画法。

【例 2-3】　三铰支架受力如图 2-21(a)所示，试画出各构件的受力图。

【解】　*CD* 杆是二力杆，具体分析过程及受力图如图 2-21(b)、(c)所示。

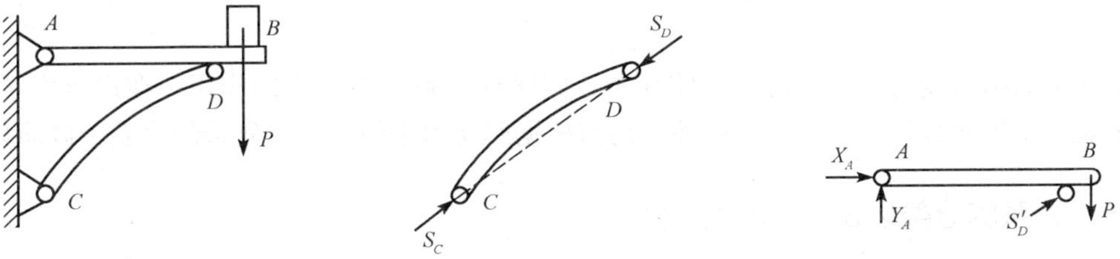

图 2-21　例 2-3 图

【例 2-4】　多跨梁的受力和约束如图 2-22(a)所示，试画出各构件的受力图。

【解】 A 端为固定端，整个结构的分析过程与受力分析如图 2-22(b)所示。AB 杆与 BD 杆的受力分析如图(c)、(d)所示。

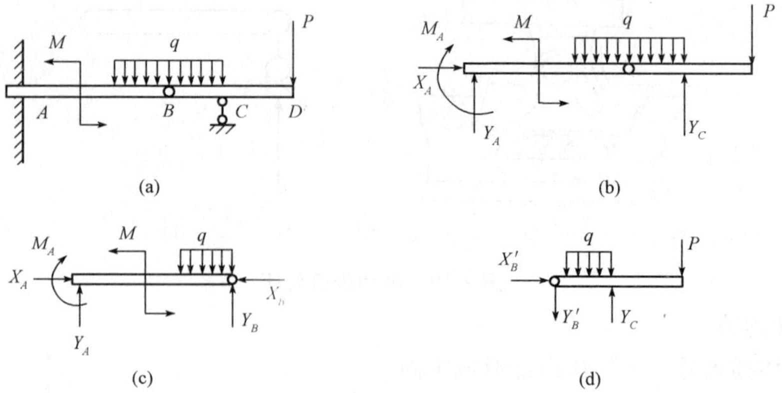

图 2-22 例 2-4 图

【例 2-5】 冲床机构受力、约束如图 2-23(a)所示，试画出各构件的受力图。

【解】 由题可知，BC 杆为二力杆，分析过程与受力图如图 2-23(b)所示；A 为固定铰支座，A、C 的分析过程与受力图如图 2-23(c)、(d)所示。

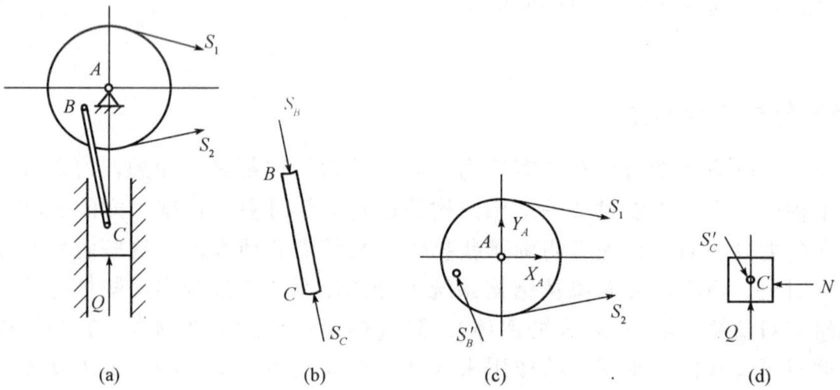

图 2-23 例 2-5 图

第二节 力系的简化

工程中的结构或构件受力情况比较复杂，同时要受到许多个力的作用，在进行力学计算之前除了需要正确地对其进行受力分析外，还需根据所受力系的特点将复杂的力系予以简化。

一、力系的分类以及力的平移定理

(一)力系的概念

(1)力系：两个或两个以上的力统称为力系。

(2)等效力系：当不同的两个力系对同一物体的作用效果完全相同时，这两个力系互称为等效力系。

(3)平衡力系：使物体处于平衡状态的力系称为平衡力系。

当一个力与一个力系等效时，这个力称为力系的合力，该力系中的每一个力都是该合力的分力。求一个力系的合力的过程叫作力的合成，求解分力的过程叫作力的分解。

(二)力系的分类

当力系中各力的作用线都作用在同一平面上时，该力系称为平面力系；而力系中各力的作用线在空间分布时，该力系称为空间力系。力系中各力的作用线在同平面内且相交于同一点，称为平面汇交力系。共点力就是汇交力系的一种特殊情况。当力系中各力的作用线在同平面内且互相平行时，该力系称为平面平行力系；当力系中各力的作用线在同一平面内，但既不完全平行也不完全相交时，该力系称为平面任意力系，也称为平面一般力系。

空间力系同样也可分为空间汇交力系、空间平行力系、空间任意力系。

(三)力的平移定理

如图 2-24(a)所示，设刚体上的 A 点作用一个力 $\boldsymbol{F}$，在刚体的 B 点加上一对平衡力 $\boldsymbol{F}_1$ 和 $\boldsymbol{F}_2$，如图 2-24(b)所示，且令 $F=F_1=F_2$，$\boldsymbol{F}$ 与 $\boldsymbol{F}_1$、$\boldsymbol{F}_2$ 平行。显然刚体上作用的新力系与力 $\boldsymbol{F}$ 单独作用的效果相同。新力系又可看成是由作用在 B 点的力 $\boldsymbol{F}_1$ 和力偶($\boldsymbol{F}$，$\boldsymbol{F}_2$)组成，也就是说，将作用于刚体上 A 点的力 $\boldsymbol{F}$ 平移到刚体上的 B 点，如图 2-24(c)所示，但必须同时附加一个力偶，这个力偶称为附加力偶，它的力偶矩如下：

$$m=\boldsymbol{F}d \tag{2-11}$$

其正好等于原力对新作用点点 B 的力矩。

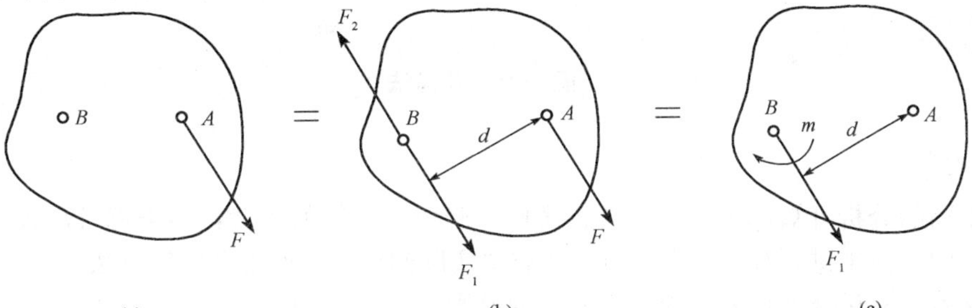

图 2-24　力的平衡

力的平移定理：作用在刚体上某点的力，可以将它平移到刚体上任一点，但必须同时附加一个力偶，附加力偶的力偶矩等于原力对该点的力矩。用力的平移定理可将一个力平移到另一点，得到一个力和一个力偶，也可以将一个力和一个力偶平移后得到一个力。

二、力系的简化

力系的简化又称力系的合成，是在等效作用的前提下，用比较简单的力系来代替原力系的作用。本节我们着重讨论平面力系的简化问题。

(一)平面汇交力系的简化

1. 几何法

设刚体上作用一个汇交力系，如图 2-25(a)所示，汇交于刚体上的 O 点。根据力的可传性原理，将各力沿作用线移至汇交点，成为共点力系，然后根据平行四边形法则，依次将各力两两合成，求出作用在 O 点的合力 $\boldsymbol{R}$。还可以应用力的多边形法则，逐步将力系的各力合成，求出合力 $\boldsymbol{R}$。

如图 2-25(b)所示，为求得力系的合力 $\boldsymbol{R}$，中间求了 $\boldsymbol{R}_{12}$、$\boldsymbol{R}_{123}$、…。如果不求 $\boldsymbol{R}_{12}$、$\boldsymbol{R}_{123}$、…，直接将力系中各力的首尾相连，将得到一个力多边形，也可以求出力系的合力，即力多边形的封闭边就是所求的力系的合力，如图 2-25(c)、(d)所示。这种求合力的方法叫作力的多边形法则，画出的多边形叫作力的多边形。值得注意的是，利用这种方法求合力时，对各分力的先后次序没有要求。只不过分力的次序不同时，得到的力的多边形形状不同，但只要方法正确，求出的合力的大小和方向是相同的。

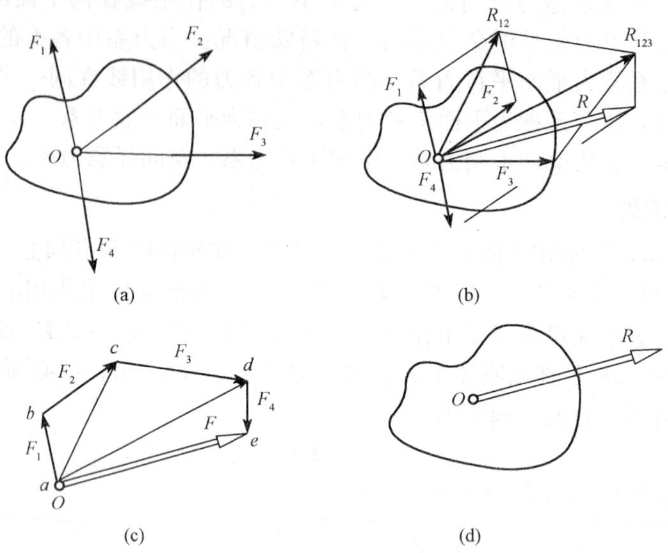

图 2-25　几何法

2. 解析法

根据上面的分析可知，几何法直观、简捷，避免了计算的烦琐，但准确性较差，而且对分力较多或空间力系来讲，难度较大。所以在解决实际问题时，通常采用解析法。

解析法就是利用合力投影定理，由分力的投影求出合力的投影，再求合力的大小和方向的方法。

如图 2-26 所示，设一平面汇交力系由 $\boldsymbol{F}_1$，$\boldsymbol{F}_2$，…，$\boldsymbol{F}_n$ 组成，在力系的作用平面内建立直角坐标系 xOy，分别求出各力在两坐标轴上的投影为：

$$\boldsymbol{F}_{1x}，\boldsymbol{F}_{2x}，\cdots，\boldsymbol{F}_{nx}；\boldsymbol{F}_{1y}，\boldsymbol{F}_{2y}，\cdots，\boldsymbol{F}_{ny}$$

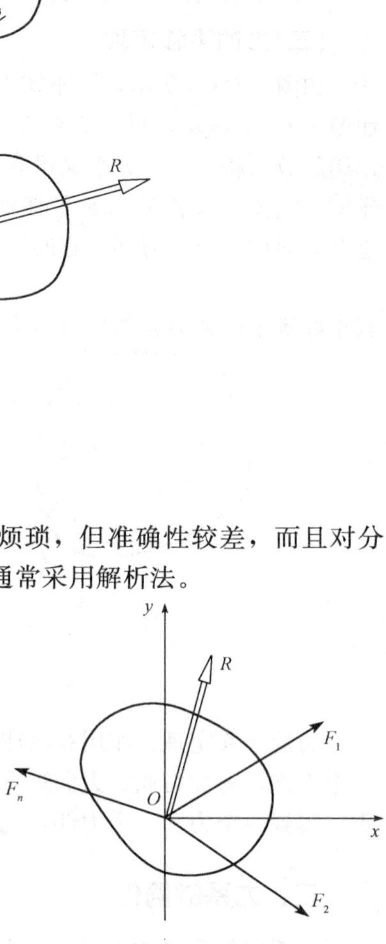

图 2-26　解析法

设合力在两个坐标轴上的投影分别为 R_x、R_y，根据合力投影定理，它们与各分力在两个坐标轴上的投影满足下式：

$$R_x = X_1 + X_2 + \cdots + X_n = \sum X$$

$$R_y = Y_1 + Y_2 + \cdots + Y_n = \sum Y$$

由合力的投影可以求出合力的大小和方向：

R 的大小：$R = \sqrt{R_x^2 + R_y^2} = \sqrt{\left(\sum X\right)^2 + \left(\sum Y\right)^2}$　　(2-12)

R 的方向：$\tan\alpha = \left|\dfrac{R_y}{R_x}\right|$　　(2-13)

其中，α 是合力与坐标轴 x 所夹的锐角。

总之，平面汇交力系的简化结果为一合力，合力的作用线通过各分力的汇交点，合力的大

小和方向等于各分力的矢量和，即

$$\boldsymbol{R}=\boldsymbol{F}_1+\boldsymbol{F}_2+\cdots+\boldsymbol{F}_n=\sum \boldsymbol{F}_i$$

(二)平面任意力系的简化

1. 平面任意力系向一点的简化

设刚体上作用一平面任意力系 $\boldsymbol{F}_1$，$\boldsymbol{F}_2$，…，$\boldsymbol{F}_n$，如图 2-27(a)所示，在刚体上任选一点 O，称为简化中心。利用力的平移定理，将力系中的各个力向 O 点平移，得到一个作用于 O 点的平面汇交力系 $\boldsymbol{F}'_1$，$\boldsymbol{F}'_2$，…，$\boldsymbol{F}'_n$，和一个力偶系 M_1，M_2，…，M_n。这两个力系与原力系是等效的。

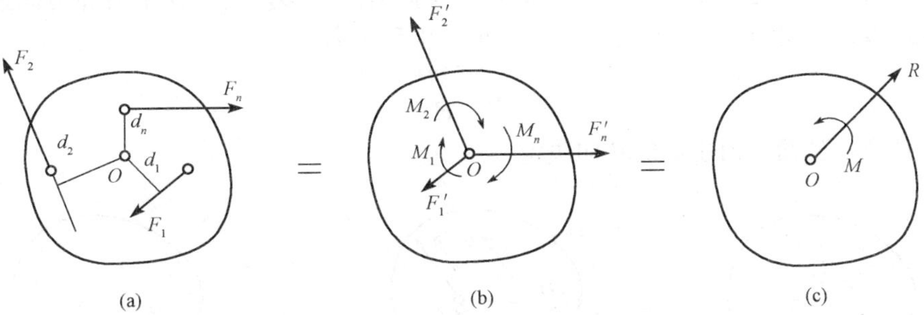

图 2-27　力系向一点的简化

平面汇交力系中的各力分别与原力系中的各力矢相等，即 $\boldsymbol{F}_1=\boldsymbol{F}'_1$、$\boldsymbol{F}_2=\boldsymbol{F}'_2$、…、$\boldsymbol{F}_n=\boldsymbol{F}'_n$。平面汇交力系可进一步合成为一个作用于 O 点的一个力 R，其大小等于原力系中各力的矢量和，即

$$\boldsymbol{R}=\boldsymbol{F}_1+\boldsymbol{F}_2+\cdots+\boldsymbol{F}_n$$

由上述可知，合力的大小和方向分别为：

$\boldsymbol{R}$ 的大小：　$R=\sqrt{R_x^2+R_y^2}=\sqrt{\left(\sum X\right)^2+\left(\sum Y\right)^2}$

$\boldsymbol{R}$ 的方向：　$\tan\alpha=\left|\dfrac{R_y}{R_x}\right|$

其中，α 是合力与坐标轴 x 所夹的锐角，$\sum X$、$\sum Y$ 分别是原力系中各力在 X 轴和 Y 轴投影的代数和。

力矢 $\boldsymbol{R}$ 与平面汇交力系等效，但只表示原力系作用效果的一部分，称为原力系的主矢。

平面力偶系中各力偶的力偶矩等于原力系中各力对简化中心 O 的力矩，即 $m_1=\boldsymbol{F}_1d_1$，$m_2=\boldsymbol{F}_2d_2$，…，$m_n=\boldsymbol{F}_nd_n$。这个力偶系的合成结果是一个力偶，合力偶的力偶矩等于各附加力偶矩的代数和，即

$$M=m_1+m_2+\cdots+m_n=m_O(\boldsymbol{F}_1)+m_O(\boldsymbol{F}_2)+\cdots+m_O(\boldsymbol{F}_n)=\sum m_O(\boldsymbol{F}) \tag{2-14}$$

M 与附加力偶系等效，称为原力系的主矩，等于原力系中的各力对简化中心力矩的代数和。

综上所述，可以得出以下结论：平面任意力系向其作用面内任意一点简化，简化的结果是一个力和一个力偶。该力作用于简化中心，其大小和方向等于原力系中各力的矢量和；该力偶的力偶矩等于原力系中各力对简化中心力矩的代数和。

需要指出的是，力系的主矢是由原力系中各分力的大小和方向决定的，与简化中心的位置无关；而主矩等于原力系中的各力对简化中心的力矩的代数和，当简化中心的位置不同时，得到主矩的大小和转向是不同的。因此，主矩与简化中心的位置有关。

2. 平面力系简化结果分析

由上述分析可知，平面任意力系向其作用面内任意一点简化，可得到一个主矢 **R** 和一个主矩 M，但这并不是最后结果，根据力系的实际情况，还可以进一步简化，结果如下：

(1)$R=0$，$M\neq0$。原力系简化为一个力偶，其力偶矩等于原力系对简化中心的主矩。原力系与一力偶等效，在这种情况下，简化结果与简化中心的位置无关，即不论力系向作用面内的任一点简化，结果是一样的。原力系作用在物体上只产生转动效应。

(2)$R\neq0$，$M=0$。原力系简化为一个力，这种情况对应的主矢 **R** 就是原力系的合力，其大小和方向等于原力系中各分力的矢量和。原力系只对物体产生移动效应。

(3)$R\neq0$，$M\neq0$。这一结果不是最简结果，根据力的平移定理，这个力和力偶还可以向另一点 O' 简化，如图 2-28 所示，合成为一个力 R'，平移距离为

$$d=\frac{M}{R} \tag{2-15}$$

向简化中心的哪一侧简化由主矩的转向决定。

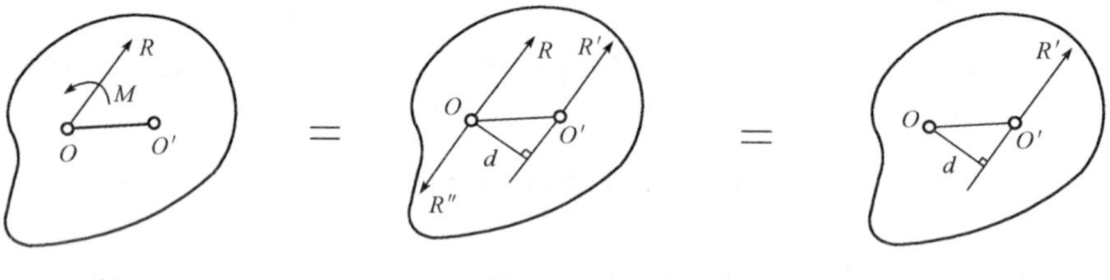

(a) (b) (c)

图 2-28 平面力系的平移与简化

(4)$R=0$，$M=0$。原力系为一平衡力系。空间任意力系的简化方法和过程与平面任意力系的简化相同，只是对应的附加力偶系是由矢量构成，合成时应遵循矢量合成的法则。物体处于平衡时所应满足的条件是相同的，必须是力系的主矢和主矩同时为零。

【例 2-6】 如图 2-29 所示的水平梁上作用有力及力偶。已知 $F=50$ kN，$P=10$ kN，$m=100$ kN·mm,求此力系向 A 点简化的结果。

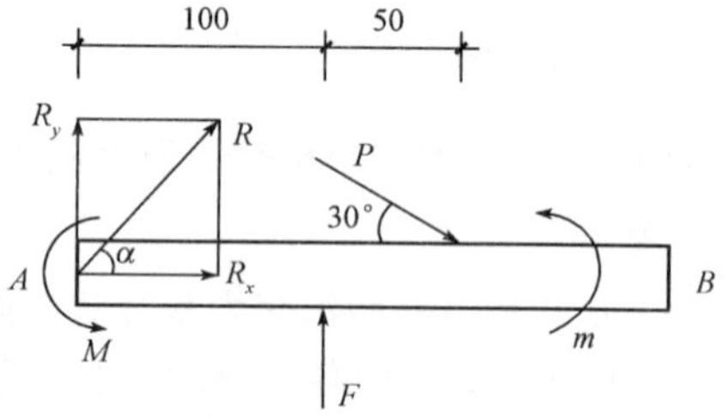

图 2-29 例 2-6 图

【解】 此例题是将力系向指定点进行简化，而不需求力系的合力。A 点作为简化中心，将此力系向 A 点简化后得到一个作用于 A 点的力和一个力偶，即得到原力系的主矢和主矩。

$$R'_x=\sum \boldsymbol{F}_{ix}=P\cos30°=8.66(\text{kN})$$

$$R'_y=\sum \boldsymbol{F}_{iy}=F-P\sin30°=45(\text{kN})$$

主矢的大小：

$$R'=\sqrt{R'^2_x+R'^2_y}=45.83(\text{kN})$$

主矢的方向：

$$\tan\alpha=\frac{R_y}{R_x}=\frac{45}{8.66}=5.2 \qquad \alpha=79.1°$$

主矩： $M=\sum m_O(\boldsymbol{F})=m-150P\sin30°+100F=4\ 350\ (\text{kN·mm})$

三、重心

(一)平行力系的中心

平行力系也是工程实际中较常见的一种力系，如建筑物所承受的风压力，物体受到的地球的引力，堤坝的所承受的水压力等。在解决这类实际问题时就要确定力系的合力及其作用点的位置。平行力系合力的作用点称为平行力系的中心。下面来讨论平行力系中心位置的确定。

设刚体上作用一平行力系 $\boldsymbol{F}_1$，$\boldsymbol{F}_2$，…，$\boldsymbol{F}_n$，分别作用于刚体上的 A_1，A_2，…，A_n 点，如图 2-30 所示，在力系作用的空间建立三维直角坐标系 $Oxyz$，则各力作用点的坐标分别为(x_1，y_1，z_1)，(x_2，y_2，z_2)，…，(x_n，y_n，z_n,)，设平行力系中心位置的坐标为(x_c，y_c，z_c)，根据合力矩定理有：

$$M_x(\boldsymbol{R}) = \sum M_x(\boldsymbol{F}_i) = \sum \boldsymbol{F}_i y_i$$

又有

$$M_x(\boldsymbol{R}) = R \cdot y_c = y_c \sum \boldsymbol{F}_i$$

所以

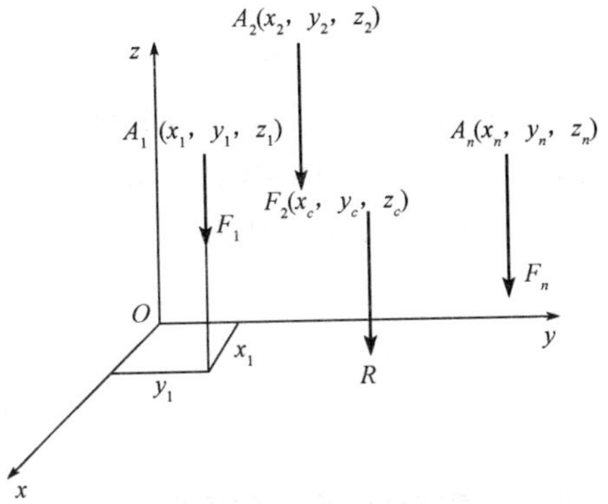

图 2-30　平行力系的中心

同理

$$\left.\begin{aligned} y_c &= \frac{\sum \boldsymbol{F}_i y_i}{\sum \boldsymbol{F}_i} \\ x_c &= \frac{\sum \boldsymbol{F}_i x_i}{\sum \boldsymbol{F}_i} \\ z_c &= \frac{\sum \boldsymbol{F}_i z_i}{\sum \boldsymbol{F}_i} \end{aligned}\right\} \tag{2-16}$$

上述公式适用于任何平行力系，但应注意，式中的分子、分母均为代数量。另外，可以证明，平行力系的中心位置只与力系中各力的大小和作用点的位置有关，与各力的方向无关。因此，当保持各力的大小和作用点不变，各力绕其作用点向相同方向转过相同的角度时，力系的中心位置不变。

(二)物体的重心

确定物体的重心位置，在工程实际中具有非常重要的意义。例如在起吊机器或其他重物时，吊钩必须位于重物的重心的正上方，否则会产生晃动或翻倒；再如转动机械的重心偏离转轴，会引起强烈的振动，甚至会导致机器受到损坏。物体所受的重力实际上就是一个平行力系，物体的重心就是这一平行力系的中心，求物体重心就是上述确定平行力系中心的问题。

设某物体总重为 W，将其分成若干个小微元体，每一微元体的重力为 W_i，在直角坐标系中其重心位置坐标为 A_i(x_i，y_i，z_i)，而该物体的重心坐标为 A(x_c，y_c，z_c)，利用式(2-16)导出物体的重心坐标公式为

$$\left.\begin{aligned} x_c &= \frac{\sum W_i x_i}{W} \\ y_c &= \frac{\sum W_i y_i}{W} \\ z_c &= \frac{\sum \Delta W_i z_i}{W} \end{aligned}\right\} \tag{2-17}$$

在工程实际中，许多物体可以看作是均质的，如图 2-31 所示，令均质物体的比重为 γ，则重心位置坐标公式为

$$\left.\begin{aligned} x_c &= \frac{\sum \Delta V_i x_i}{V} \\ y_c &= \frac{\sum \Delta V_i y_i}{V} \\ z_c &= \frac{\sum \Delta V_i z_i}{V} \end{aligned}\right\} \tag{2-18}$$

由上面的公式可得，均质物体的重心与物体的自重无关，而与物体的几何形状有关。故均质物体的重心又称为物体的形心。如图 2-32 所示，均质薄板的厚度为 d，面积为 S，微元体的面积为 ΔS_i，其形心公式为：

$$\begin{aligned} x_c &= \frac{\sum \Delta S_i x_i}{S} \\ y_c &= \frac{\sum \Delta S_i y_i}{S} \end{aligned} \tag{2-19}$$

同理，均质细杆的形心位置坐标为：

$$\left.\begin{aligned} x_c &= \frac{\sum \Delta l_i x_i}{l} \\ y_c &= \frac{\sum \Delta l_i y_i}{l} \end{aligned}\right\} \tag{2-20}$$

式中，l 为杆的总长，Δl 为微元体的长度。

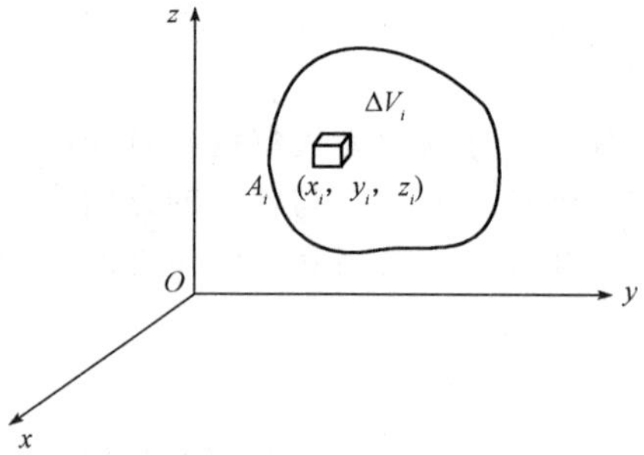

图 2-31　均质物体的重心

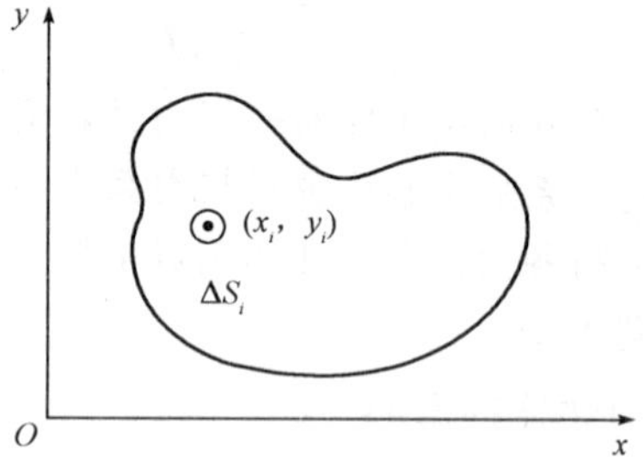

图 2-32　微元体的形心

(三)重心的确定方法

1. 对称法

对于具有对称性的均质物体，重心的确定有如下几种情况：

(1)若物体具有对称中心，该中心即为重心。

(2)若物体具有对称轴，其重心必在对称轴上。

(3)若物体具有对称平面，其重心必在对称平面上。

(4)若物体具有两条对称轴，其重心必在两对称轴的交点上。

(5)若物体具有两个对称平面，其重心必在两对称平面的交线上。

2. 组合法(分割法)

当均质物体是由几个简单规则形状的物体组合而成，而且这几个简单形状物体的重心已知

或容易确定时，就可将组合物体看成是由几个规则形状的物体构成，直接应用上述公式求出物体的重心或形心。

3. 试验法

在实际问题中，有许多物体的形状是不规则的或非均质的，用上述方法求重心非常烦琐或无法确定时，即可以采用试验的方法来确定其重心位置。

(1)悬挂法。对于较轻薄的物体，可采用此法。在物体上的不同两点分别将物体悬挂起来，根据二力平衡条件，则重心必在过此两点的铅垂线的交点上。

(2)称重法。对于形状复杂、体积庞大的物体，需采用此方法。这种方法是根据合力矩定理来进行试验和推导的。

4. 查表法

简单几何图形物体的面积或体积及其重心位置的确定见表 2-1。

表 2-1　简单几何图形物体的面积或体积及其重心位置表

类型	图　形	面(体)积	重　心
长方形	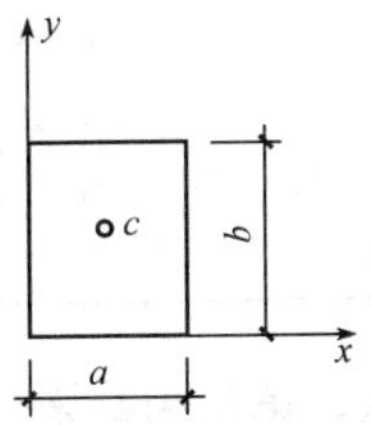	$A=ab$	$x_c=\frac{1}{2}a$ $y_c=\frac{1}{2}b$
三角形	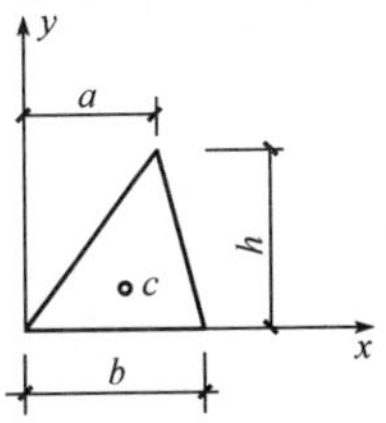	$A=\frac{1}{2}bh$	$x_c=\frac{1}{3}(a+b)$ $y_c=\frac{1}{3}h$
梯形	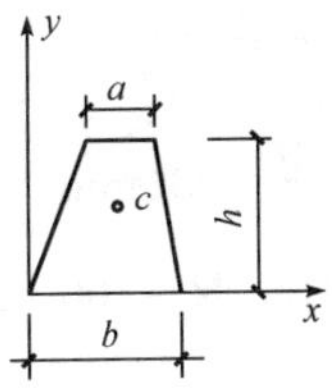	$A=\frac{h}{2}(a+b)$	$y_c=\frac{h(2a+b)}{3(a+b)}$
半圆形	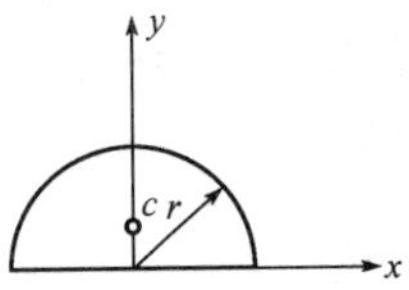	$A=\frac{1}{2}\pi r^2$	$x_c=0$ $y_c=\frac{4r}{3\pi}$
扇形	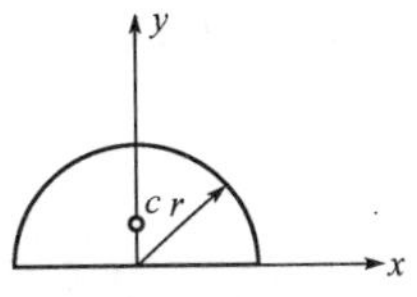	$A=2\alpha r^2$	$x_c=0$ $y_c=\frac{2r\sin\alpha}{3\alpha}$

续表

类型	图 形	面(体)积	重 心
圆弧	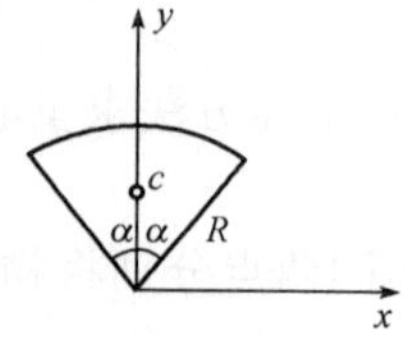	弧长 $S=2\alpha R$	$x_c=0$ $y_c=R\dfrac{\sin\alpha}{\alpha}$
长方体	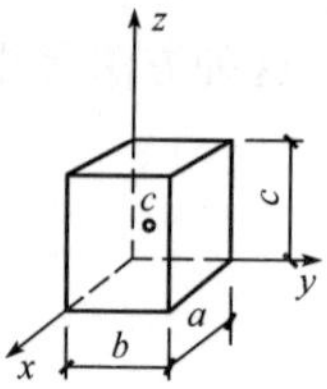	$V=abc$	$x_c=\dfrac{1}{2}a$ $y_c=\dfrac{1}{2}b$ $z_c=\dfrac{1}{2}c$
正圆柱体	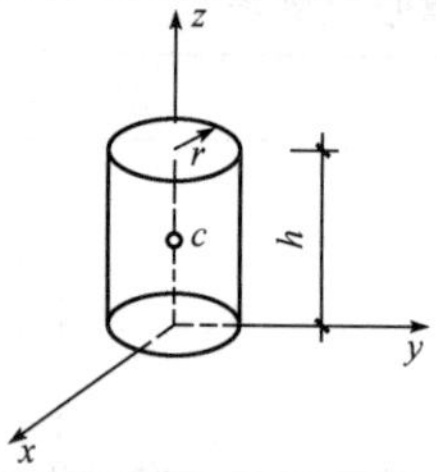	$V=\pi r^2 h$	$x_c=0$ $y_c=0$ $z_c=\dfrac{1}{2}h$

【例 2-7】 求图示工字形截面的形心位置。尺寸如图 2-33 所示，单位为毫米。

【解】 将工字形截面看成是由三个矩形截面组合而成，利用组合法可求出整个截面的形心位置。建立直角坐标系 xOy，如图 2-33 所示。

(1)确定每个矩形在坐标系中的坐标及面积：

$x_1=0$ mm，$y_1=45$ mm，$S_1=300\ \text{mm}^2$

$x_2=0$ mm，$y_2=25$ mm，$S_2=300\ \text{mm}^2$

$x_3=0$ mm，$y_3=5$ mm，$S_3=400\ \text{mm}^2$

(2)按照上一步骤所推出薄板的形心公式，求截面的形心位置坐标：

$$x_c=\frac{x_1S_1+x_2S_2+x_3S_3}{S_1+S_2+S_3}=\frac{0\times300+0\times300+0\times400}{300+300+400}=0$$

$$y_c=\frac{y_1S_1+y_2S_2+y_3S_3}{S_1+S_2+S_3}=\frac{45\times300+25\times300+5\times400}{300+300+400}=23(\text{mm})$$

【例 2-8】 求图 2-34 所示的平面图形阴影部分的形心位置，其中，$R=100$ mm，$r=17$ mm，$d=13$ mm。

【解】 图中的阴影部分是一个比较复杂的图形，为了计算的方便，可将其看成是由两个半圆形图形组合后再从中挖掉一个圆。建立图示的坐标系，利用组合法求出形心。

(1)分别确定三部分的形心在对应坐标系中的坐标及图形的面积。

$$x_1=0,\ y_1=\frac{4R}{3\pi}=42.4(\text{mm}),\ S_1=\frac{1}{2}\pi R^2=15\ 700(\text{mm}^2)$$

$$x_2=0,\ y_2=-\frac{4(r+d)}{3\pi}=-12.7(\text{mm}),\ S_2=\frac{\pi}{2}(r+d)^2=1\ 413(\text{mm}^2)$$

$$x_3=0,\ y_3=0(\text{mm}),\ S_3=-\pi r^2=-907.5(\text{mm}^2)$$

(2)求出截面形心的位置坐标：

$$x_c=0\ \text{mm}$$

$$y_c=\frac{y_1S_1+y_2S_2+y_3S_3}{S_1+S_2+S_3}=\frac{15\ 700\times42.4+1\ 413\times(-12.7)+0}{15\ 700+1\ 413+(-907.5)}=40(\mathrm{mm})$$

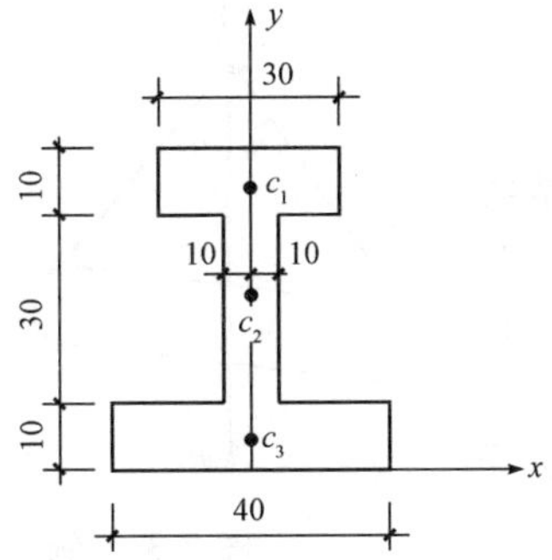

图 2-33　例 2-7 图

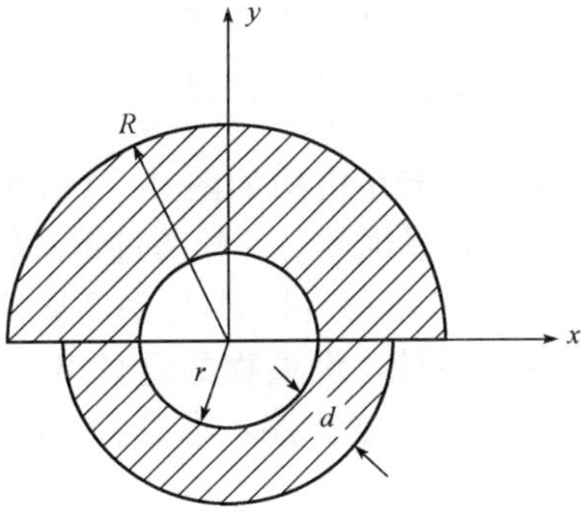

图 2-34　例 2-8 图

第三节　力系的平衡

工程中的一些结构和构件在力系的作用下处于平衡状态，即所受的力系是平衡力系。如建筑物、桥梁、机器构架等都处于静力平衡状态，平衡力系是工程实际中较为常见的一种力系。下面将研究物体在力系作用下的平衡方程及其应用。

一、平面汇交力系的平衡

(一)平面汇交力系平衡的几何条件

由上一节可知，平面汇交力系的简化结果是一个合力。当这一合力等于零时，刚体处于平衡状态，所以平面汇交力系平衡的充分必要条件是：该力系的合力等于零。即

$$\boldsymbol{R}=\sum\boldsymbol{F}=0$$

平面汇交力系的合力，可以由力多边形对应的封闭边来表示。当平面汇交力系平衡时，合力为零，因此对应的力多边形的封闭边矢量等于零，力多边形的起点和终点重合，力多边形自行封闭。所以平面汇交力系平衡的几何条件是：力多边形自行封闭。

(二)平面汇交力系的平衡方程及应用

根据平面汇交力系的平衡条件以及合力投影定理，可以得到平面汇交力系的平衡方程：

$$\left.\begin{aligned}\sum X=0\\\sum Y=0\end{aligned}\right\}\tag{2-21}$$

上式说明，平面汇交力系的平衡条件是：力系中各力在两个坐标轴上的投影的代数和分别等于零。平面汇交力系的平衡方程组有两个独立的方程，能求解且只能解两个未知量。其中未知量包括未知力的大小和方向。另外，两个坐标轴可以任意选取，但应尽可能地与力系中多数力的作用线相交或平行，从而可以简化计算。

【例 2-9】 如图 2-35 所示，已知重为 P 的钢管被吊索 AC、AB 吊在空中，不计吊钩和吊索的自重，当重力 P 和夹角 θ 已知时，求吊索 AC、BC 所受的力。

【解】 根据结构的特点以及受力分析，选吊钩为研究对象，可知其所受的力系为一平面汇交力系。列平衡方程：

$$\sum X = 0 \quad -S_1\sin\theta + S_2\sin\theta = 0$$

$$\sum Y = 0 \quad T - S_1\cos\theta - S_2\cos\theta = 0$$

解得 $$S_1 = S_2 = \frac{T}{2\cos\theta} = \frac{P}{2\cos\theta}$$

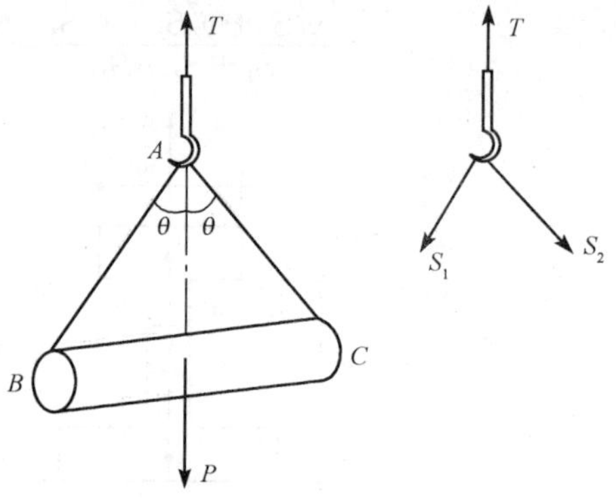

图 2-35　例 2-9 图

【例 2-10】 某简易起吊机构如图 2-36(a)所示，重物吊在钢丝绳的一端，钢丝绳的另一端跨过定滑轮 A，绕在绞车 D 的鼓轮上，定滑轮用直杆 AB、AC 支撑，定滑轮的直径很小，可忽略不计，设重物的重量 $W=2$ kN，其余各构件的自重不计，忽略摩擦，求直杆 AB、AC 所受的力。

【解】 结构中的直杆 AB、AC 均是二力杆，所受的力及对外施加的反力汇交于定滑轮 A 上，因此，可选取定滑轮 A 为研究对象，其受力图如图 2-36(b)所示，所受的力系是一个平面汇交力系，列平衡方程并求解：

$$\sum X = 0 \qquad -N_{AB} - N_{AC}\cos 30^\circ - \boldsymbol{F}\sin 30^\circ = 0$$

$$\sum Y = 0 \qquad -N_{AC}\sin 30^\circ - \boldsymbol{F}\cos 30^\circ - \boldsymbol{W} = 0$$

由题可知 $F=W=2$ kN，将其代入方程中，解得

$$N_{AC} = -7.46 \text{ kN} \quad N_{AB} = 5.46 \text{ kN}$$

求出 AC 杆受的力是负值，说明实际力的方向与图示的方向相反，即杆 AC 受压。

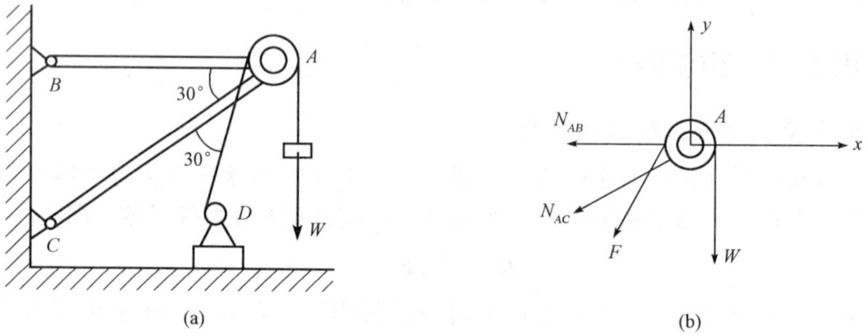

图 2-36　例 2-10 图

二、平面任意力系的平衡

(一)平面任意力系的平衡方程及应用

1. 一般情况下的平衡方程

平面任意力系向一点简化得到一个主矢 $\boldsymbol{R}$ 和一个主矩 M，当主矢和主矩同时为零时，力系平衡。所以平面任意力系平衡的充分必要条件是：

$$R=0 \quad M=0$$

于是，力系的平衡方程为

$$\left.\begin{aligned} &\sum X = 0 \\ &\sum Y = 0 \\ &\sum M_O(\boldsymbol{F}) = 0 \end{aligned}\right\} \tag{2-22}$$

上式说明：平面内任意力系平衡时，力系中各力在两个轴上投影的代数和分别为零，且力

系中的各力对其作用面内任一点的力矩代数和为零。以上方程组称为平衡方程的基本形式(或称为一矩式)。

平面任意力系的平衡方程由三个独立的方程组成，最多只能求解三个未知力。应该注意的是，两个坐标轴可任意取，只要二者不平行即可，矩心的位置也是任意的。但为了计算的简便，在解决工程实际问题时，常把矩心选在几个未知力的汇交点上，而投影轴应尽可能地与力系中多数力的作用线垂直或平行。另外，平面任意力系的平衡方程还有另外两种表达形式。

二矩式平衡方程：

$$\left.\begin{aligned}\sum X=0\\ \sum M_A(\boldsymbol{F})=0\\ \sum M_B(\boldsymbol{F})=0\end{aligned}\right\} \tag{2-23}$$

上述方程组有两个力矩方程和一个投影方程。方程组适用条件是：X 轴与 A、B 两点的连线不垂直。

三矩式平衡方程：

$$\left.\begin{aligned}\sum M_A(\boldsymbol{F})=0\\ \sum M_B(\boldsymbol{F})=0\\ \sum M_C(\boldsymbol{F})=0\end{aligned}\right\} \tag{2-24}$$

上述方程组含有三个力矩方程。方程组适用条件是：A、B、C 三点不共线。

上述三个平衡方程组在解决实际问题时是等效的，可以根据问题的条件选择适当的方程组来求解问题。

2. 特殊情况下(平行力系的平衡)的平衡方程

如图 2-37 所示，对于平面平行力系，当选择投影轴时，使其中的一个投影轴垂直于各力作用线时，无论力系是否平衡，力系中的各力向该轴的投影恒为零。

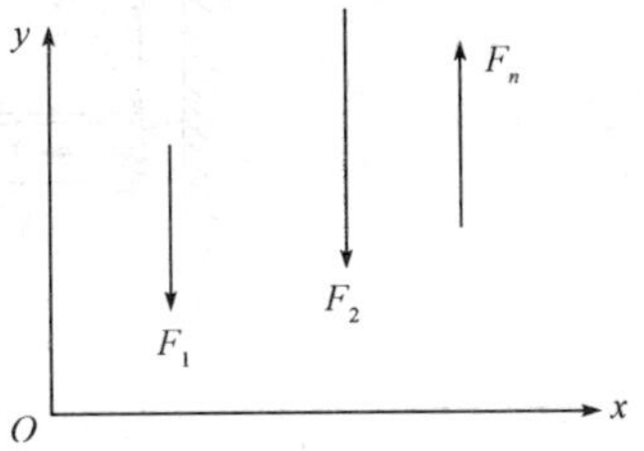

图 2-37　平行力系中力的投影

因此，平衡方程式为：

$$\left.\begin{aligned}\sum Y=0\\ \sum M_O(\boldsymbol{F})=0\end{aligned}\right\} \tag{2-25}$$

采用上式解题时，需要注意，投影轴 Y 轴与力系中各力的作用线保持平行。平面平行力系含有两个独立的平衡方程，因此最多只能求解两个未知量。

【例 2-11】 如图 2-38(a)所示，水平横梁 AB 的 A 端为固定铰支座，B 端为一活动铰支座，设梁长为 $2L$，梁重为 P，重心在梁的中点 C，在梁的 AC 段上受均布荷载的作用，在梁的 BC 段上受力偶 $M=PL$ 的作用。求 A、B 处的支座反力。

【解】 取梁为研究对象，画受力分析如图 2-38(b)所示，其中，除给定的主动力外，支座 A 处的约束反力为相互垂直的两个分力，而支座 B 处的约束反力为一个与梁垂直的力。力系为平面任意力系。

建立坐标系并选择基本形式列平衡方程：

$$\sum X=0 \qquad X_A=0$$

$$\sum m_A(\boldsymbol{F})=0 \qquad 2LY_B-M-PL-qL\,\frac{L}{2}=0$$

得

$$Y_B=P+\frac{1}{4}qL$$

$$\sum Y = 0 \qquad Y_A + Y_B - qL - P = 0$$

得
$$Y_B = \frac{3}{4}qL$$

通过此例可以看出，当坐标轴与力的作用线平行或垂直时，可使投影式简单；而将矩心的位置选在未知力的作用线的交点上时，可使方程中未知量的个数减少，使方程易于求解，从而使问题简化。

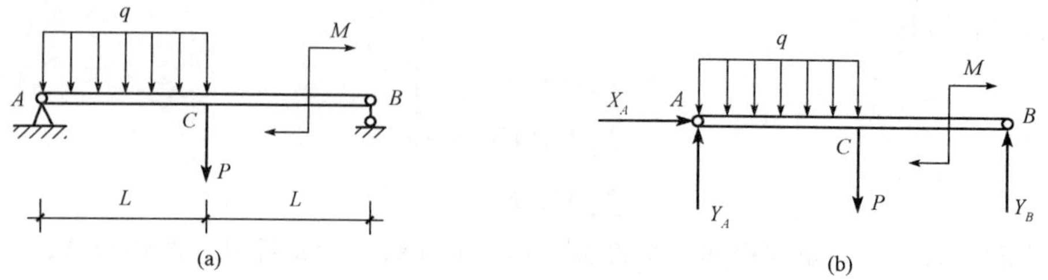

图 2-38　例 2-11 图

【例 2-12】 如图 2-39(a)所示为一悬臂式起重机，梁 AB 的 A 端用铰链固定于墙面上，B 端用拉杆 BC 拉住，梁的自重 $P=8$ kN，载荷重 $Q=20$ kN，梁的尺寸如图所示。试求拉杆 BC 所受的拉力及铰链 A 处的约束反力。

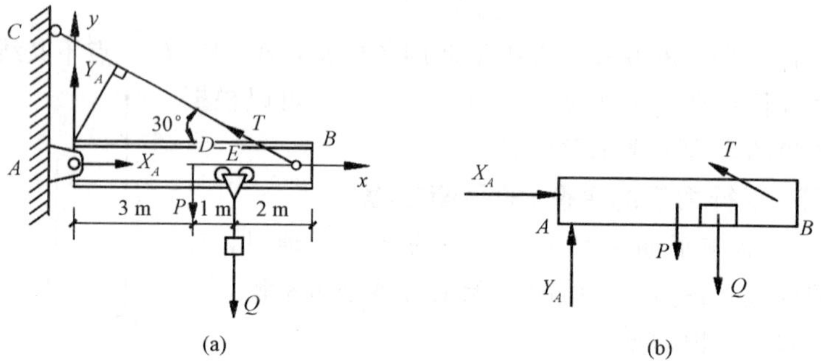

图 2-39　例 2-12 图

【解】 受力分析如图 2-39(b)所示，取梁 AB 为研究对象，进行受力分析且所受的力系为平面任意力系。这里分别采用一矩式和二矩式求解。

采用一矩式方程：

$$\sum m_A(\boldsymbol{F}) = 0 \qquad T \times AB\sin 30° - P \times AD - Q \times AE = 0$$

代数并求得
$$T \times 6 \times \frac{1}{2} - 8 \times 3 - 20 \times 4 = 0$$

得
$$T = 34.67(\text{kN})$$

$$\sum X = 0 \qquad X_A - T\cos 30° = 0$$

得
$$X_A = T\cos 30° = 30.02(\text{kN})$$

$$\sum Y = 0 \qquad Y_A + T\sin 30° - P - Q = 0$$

得
$$Y_A = 10.67(\text{kN})$$

采用二矩式方程：

$$\sum m_A(\boldsymbol{F}) = 0 \qquad T \times AB\sin 30° - P \times AD - Q \times AE = 0$$

得

$$T=34.67(\text{kN})$$

$$\sum X=0 \qquad X_A-T\cos 30^\circ=0$$

得

$$X_A=T\cos 30^\circ=30.02(\text{kN})$$

$$\sum m_B(\boldsymbol{F})=0 \qquad P\times BD+Q\times BE-Y_A\times AB=0$$

得

$$Y_A=10.67(\text{kN})$$

【例 2-13】 塔式起重机的结构简图如图 2-40 所示，设机架自重为 W，且 W 的作用线距右轨 B 的距离为 e，起吊载荷的重为 P，距右轨 B 的最远距离为 L，设机架平衡时平衡块重为 Q，距左轨 A 的距离为 a，AB 间的距离为 b。欲使起重机在空载和满载且载重 P 在最远处时均不翻倒，则平衡块重 Q 应为多少？

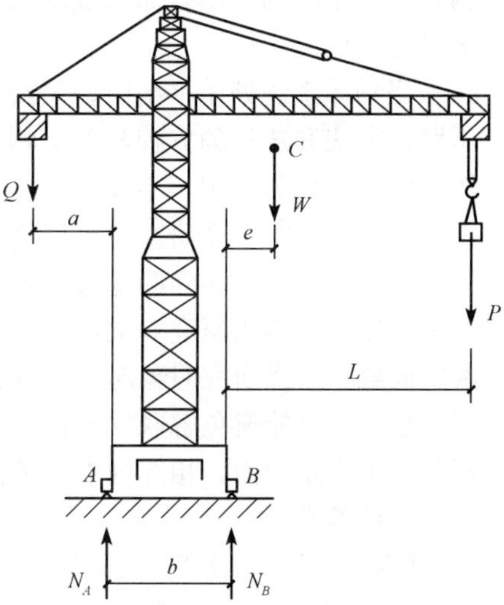

图 2-40 例 2-13 图

【解】 取起重机整体为研究对象，画出受力分析图，如图 2-40 所示，分析起重机所受的力系，可知这是一个平行力系，在该力系的作用下起重机处于平衡状态，分别对应下面两种情况：

(1)空载情况。空载时 $P=0$。如整机翻倒，则以 A 为矩心，向左翻倒，此时右轨 B 上所受的压力为 0。因此，要保证起重机不翻倒，必须满足条件：

$$N_B\geqslant 0$$

列平衡方程：

$$\sum m_A(\boldsymbol{F})=0 \qquad N_B\times b+Q\times a-W\times(b+e)=0$$

得

$$N_B=\frac{1}{b}[W(b+e)-Q\times a]$$

根据整机不翻倒的条件 $N_B\geqslant 0$，由

$$\frac{1}{b}[W(b+e)-Q\times a]\geqslant 0$$

得

$$Q\leqslant\frac{W(b+e)}{a}$$

(2)满载情况。此时，若起吊重物，起重机将向右翻倒，左轨 A 将不受力。反之，若使整机在满载且载重处于最远端的情况下不翻倒，必然左轨 A 要承受压力，即要使满载且载重处于最远端时整机不翻倒的条件是：

$$N_A\geqslant 0$$

列平衡方程：

$$\sum m_B(\boldsymbol{F})=0 \qquad Q\times(a+b)-W\times e-PL-N_Ab=0$$

得

$$N_A=-\frac{1}{b}[We+PL-Q(b+a)]$$

按满载切载荷处于最远端时整机不翻倒的条件 $N_B\geqslant 0$，由

$$-\frac{1}{b}[We+PL-Q(b+a)]\geqslant 0$$

得

$$Q\geqslant\frac{We+PL}{a+b}$$

综上所述，要使整机无论在空载还是在满载且载荷处于最远端时都不翻倒，则平衡块的重

量必须要满足的条件是

$$\frac{1}{a}W(b+e)\geqslant Q\geqslant\frac{We+PL}{a+b}$$

(二)物体系统的平衡问题

以上所讨论的问题都是一个物体的平衡问题，在工程实际中，许多机构和结构是由若干个构件以一定的约束结合而形成的系统，称之为物体系统，简称为物系。物系的平衡问题是比较常见的问题。

当物体系统处于平衡时，系统内的每一部分都处于平衡状态。求解物体系统的平衡问题，思路、方法和选择的方程与单个物体的平衡完全相同，关键在于研究对象的选择与确定。在物体系统的平衡问题中，不仅要考虑系统外部的约束反力，还要考虑系统内部各物体之间的相互作用力，只选择一个研究对象可能不能求出全部的未知力，需选择两个或更多的研究对象进行受力分析。在解决实际问题时，可以先以整体为研究对象，解出一部分未知力，再以单个物体或系统中的局部为研究对象，求出剩下的未知力；也可以分别以系统中的单个物体为研究对象，求解问题。选择研究对象时，以选择已知力和未知力共同作用的物体为宜，还要尽量使计算过程简单，尽可能避免解联立方程组。另外还应注意：以整体为研究对象时，系统内各物体间的相互作用力是内力，相互抵消，不体现出来；而若以单个物体为研究对象时，内力则转化成外力，必须考虑。

【例 2-14】 如图 2-41(a)所示，组合梁的 AC 和 CD 在 C 点铰接，已知 $q=1$ kN/m，$M=10$ kN·m，不计梁的自重，试求支座 A、B、D 及 C 处的约束反力。

【解】 此题要求解的未知量共有六个，最少需要选择两个研究对象。

本例将梁在 C 点假想地拆成两部分，进行受力分析并画受力图，如图 2-41(b)、(c)所示。由于 AC 部分的未知力较多，而 CD 部分只有三个未知力，因此，先以 CD 部分为研究对象，列平衡方程：

$$\sum X=0 \qquad X_C=0$$

$$\sum m_C(\boldsymbol{F})=0 \qquad 4Y_D-M-q\times 2\times 1=0 \qquad 解得：Y_D=3\text{ kN}$$

$$\sum Y=0 \qquad Y_C+Y_D-2q=0 \qquad 解得：Y_C=-1\text{ kN}$$

再以 AC 部分为研究对象，解出其余的未知力，列平衡方程：

$$\sum X=0 \qquad X_A-X_C=0 \qquad 解得：X_A=0$$

$$\sum m_A(\boldsymbol{F})=0 \qquad -4Y'_C+2Y_B-q\times 2\times 3=0 \qquad 解得：Y_B=1\text{ kN}$$

$$\sum m_B(\boldsymbol{F})=0 \qquad -2Y_A-2Y'_C-2q\times 1=0 \qquad 解得：Y_A=0$$

题中的均布荷载作用在 AE 间，当将梁拆开时，荷载也被分成两部分，当取其中的一部分为研究对象时，就只考虑作用在其上的均布荷载，而不能考虑整个均布荷载。

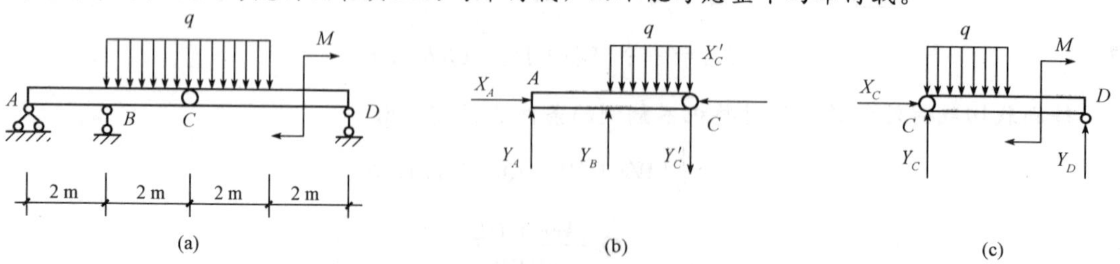

图 2-41 例 2-14 图

【例 2-15】 在如图 2-42(a)所示的三铰拱中，均布荷载作用在拱顶，不计结构的自重，求 A、B 处的支座反力。

【解】 先以整个拱为研究对象，画受力分析图如图 2-42(a)所示，列平衡方程：

$$\sum m_A(\boldsymbol{F}) = 0 \qquad 2aY_B - q \times 2a \times a = 0$$

$$\sum m_B(\boldsymbol{F}) = 0 \qquad -2aY_A + q \times 2a \times a = 0$$

$$\sum X = 0 \qquad X_A - X_B = 0$$

得

$$Y_B = qa, \quad Y_A = qa, \quad X_A = X_B$$

再以左半拱为研究对象，画受力分析图如图 2-42(b)所示，列平衡方程：

$$\sum m_C(\boldsymbol{F}) = 0 \qquad hX_A - aY_A + q \times a \times \frac{a}{2} = 0$$

解得

$$X_A = X_B = \frac{qa^2}{2h}$$

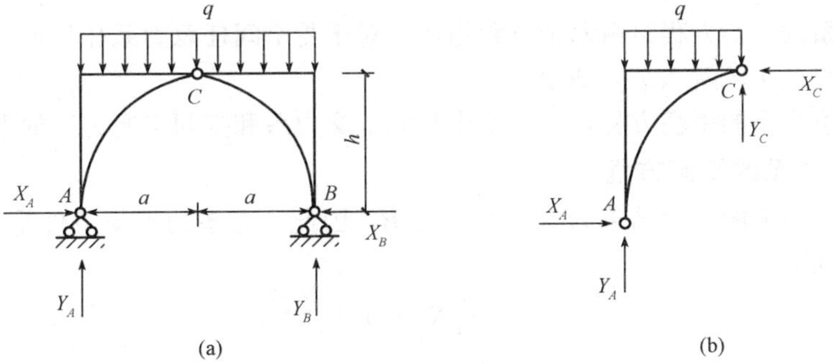

图 2-42 例 2-15 图

【例 2-16】 如图 2-43(a)所示的梁 AB。已知 $F=2$ kN，$q=1$ kN/m，$M=4$ kN·m，$a=1$ m，求固定端 A 处的约束反力。

【解】 取梁 AB 为研究对象，梁 AB 除受主动力作用外，在固定端 A 处还受到约束反力 $\boldsymbol{F}_{Ax}$、$\boldsymbol{F}_{Ay}$和约束反力偶 M_A 的作用，受力分析如图 2-43(b)所示。

列平衡方程：

$$\sum X = 0 \qquad F_{Ax} = 0$$

$$\sum Y = 0 \qquad F_{Ay} - q \times 2a - F = 0 \qquad F_{Ay} = 4 \text{ kN}$$

$$\sum M_A = 0 \quad M_A - q \times 2a \times a + M - F \times 3a = 0$$

$$M_A = 4 \text{ kN} \cdot \text{m}$$

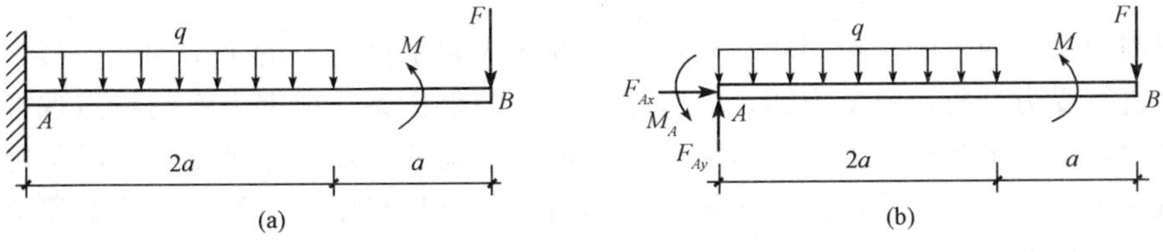

图2-43 例 2-16 图

三、空间力系的平衡

空间任意力系向一点简化也得到一个主矢 $\boldsymbol{R}$ 和一个主矩 M，其平衡的充要条件与平面任意力系的平衡条件完全相同，即

$$R=0 \qquad M=0$$

(一)空间任意力系的平衡方程

由空间任意力系的平衡条件，可以得到空间任意力系平衡的解析表达式：

$$\left.\begin{array}{ll}\sum X=0 & \sum M_X(\boldsymbol{F})=0 \\ \sum Y=0 & \sum M_Y(\boldsymbol{F})=0 \\ \sum Z=0 & \sum M_Z(\boldsymbol{F})=0\end{array}\right\} \tag{2-26}$$

上述方程组说明空间任意力系平衡时，力系中的各力在直角坐标系中各轴上的投影之和为零，对各轴之矩的代数和也为零。

空间任意力系的平衡方程组由六个方程组成，对于受空间任意力系作用而处于平衡的物体，只能由平衡方程组最多求解六个未知量。

根据空间任意力系的平衡方程，可以推出空间汇交力系和空间平衡力系的平衡方程。

1. 空间汇交力系的平衡方程

由于空间汇交力系的简化结果只有一个合力 $\boldsymbol{R}$，因此，力系的平衡条件是力系的合力 $\boldsymbol{R}$ 为零，平衡方程组如下：

$$\left.\begin{array}{l}\sum X=0 \\ \sum Y=0 \\ \sum Z=0\end{array}\right\} \tag{2-27}$$

空间汇交力系的平衡方程组由三个方程组成，利用方程组最多只能求出三个未知量。

2. 空间平行力系的平衡方程

当空间平行力系中各力的作用线与三维直角坐标系的 Z 轴平行时，无论力系是否平衡，力系中各力在 X、Y 轴上的投影都是零，且各力对 Z 轴的力矩也是零，因此，空间平行力系的平衡方程如下：

$$\left.\begin{array}{l}\sum Z=0 \\ \sum M_X(\boldsymbol{F})=0 \\ \sum M_Y(\boldsymbol{F})=0\end{array}\right\} \tag{2-28}$$

可见，空间平行力系的平衡方程也是由三个方程组成，最多只能求出三个未知量。

(二)空间力系平衡方程的应用

求解空间力系作用下的平衡问题，其计算步骤与求解平面力系的平衡问题一样：首先选取研究对象，进行受力分析，画受力图；其次建立合适的坐标系，根据力系的特点选择对应的方程组，列方程，求出未知量。需要指出的是，要根据力系的特点建立坐标系，尽可能地使方程中的未知量最少，以方便计算，另外根据实际的需要，方程组中的方程可以不必都列出，只要求出所有未知量即可。

【例 2-17】 如图 2-44(a)所示，三根杆 AB、AC、AD 铰接于 A 点，其下悬一重为 $P=500$ N 的重物。其中 AB 与 AC 互相垂直且长度相等，B、C、D 三点均为铰接。当不计三杆的自重时，

求各杆所受的力。

【解】 取 A 点为研究对象，由于不计三根杆的自重，因此每根杆都是二力杆。设各杆对 A 点的力都是拉力，对 A 点进行受力分析，画受力图，并建立坐标系，如图 2-44(b)所示。根据 A 点的受力图可知，A 点所受的力系是空间汇交力系，列平衡方程：

$$\sum X = 0 \qquad -T_C - T_A\cos30^\circ\sin45^\circ = 0$$

$$\sum Y = 0 \qquad T_B - T_A\cos30^\circ\cos45^\circ = 0$$

$$\sum Z = 0 \qquad T_A\sin30^\circ - P = 0$$

解得

$$T_A = \frac{P}{\sin30^\circ} = 1\ 000\ \text{N}$$

$$T_B = T_C = -612.4\ \text{N}$$

T_B、T_C 是负值，说明二者的实际方向与假设方向相反，二者实际上是压力。

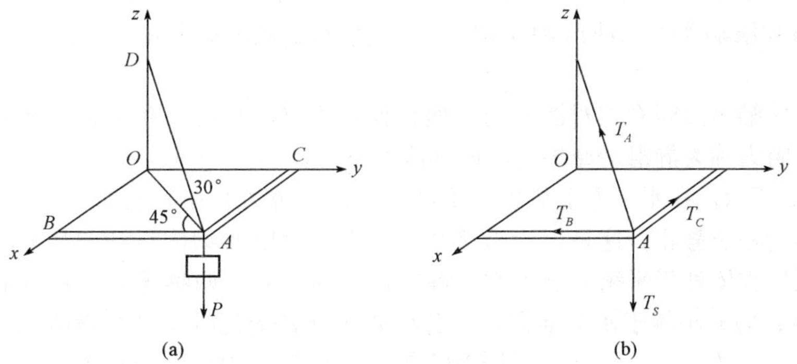

图 2-44　例 2-17 图

【例 2-18】 如图 2-45 所示的三轮小车，自重 P=8 kN，作用于 E 点，荷载 P_1=10 kN，作用于 C 点。求小车车轮的约束反力。

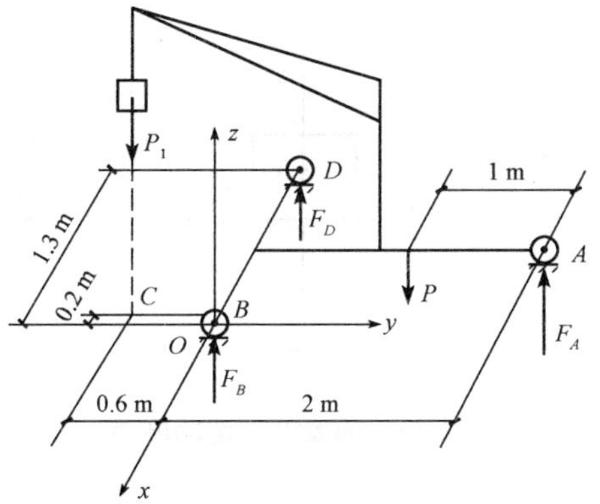

图 2-45　例 2-18 图

【解】 $\boldsymbol{P}$、$\boldsymbol{P}_1$ 为主动力，$\boldsymbol{F}_A$、$\boldsymbol{F}_B$、$\boldsymbol{F}_D$ 为地面对小车车轮的约束反力，取坐标系 $Oxyz$ 如图所示，列平衡方程：

$$\sum Z = 0 \qquad -P_1 - P + \boldsymbol{F}_A + \boldsymbol{F}_B + \boldsymbol{F}_D = 0$$

$$\sum M_x(\boldsymbol{F})=0 \qquad 0.6P_1-(2-1)P+2\boldsymbol{F}_A=0$$

$$\sum M_y(\boldsymbol{F})=0 \qquad -0.2P_1-\frac{1.3}{2}P+1.3\boldsymbol{F}_D-\frac{1.3}{2}\boldsymbol{F}_A=0$$

解得 $F_A=1\ \text{kN} \quad F_B=10.96\ \text{kN} \quad F_D=6.04\ \text{kN}$

四、考虑摩擦的平衡问题

(一)滑动摩擦

以上人们所研究的物体平衡问题中，认为物体间的接触面是光滑的，没有考虑物体之间的摩擦。实际上，许多情况下物体间的接触是有摩擦的，自然界中摩擦力是普遍存在的，而且在很多问题中，摩擦力对物体的平衡与运动起着重要的作用，如制动器靠摩擦刹车、皮带靠摩擦传递运动等；另一方面，由于摩擦的存在，给各种机械带来许多阻力，从而消耗了能量，使机件发热和磨损、降低精度和效率、缩短寿命。根据物体间的相对运动情况，可把摩擦分为滑动摩擦和滚动摩擦，而滑动摩擦又分为静滑动摩擦和动滑动摩擦。这里仅对滑动摩擦作重点介绍。

当两物体在接触表面间有相对滑动趋势但仍保持相对静止时，在接触面上就产生阻碍相对滑动的力，这种阻力称为静滑动摩擦力，简称静摩擦力。

如图 2-46(a)所示，在水平面上放置一重量为 G 的物体 A，在其上加一水平推力 $\boldsymbol{P}$，当力 $\boldsymbol{P}$ 不太大时，物体仍处于静止，这是因为沿接触面存在一个阻碍物体滑动的切向力 $\boldsymbol{F}$，这个力就是静摩擦力。根据物体处于平衡状态可知，静摩擦力的方向与两物体间的相对滑动趋势的方向相反；静摩擦力 $\boldsymbol{F}$ 的大小等于水平推力 P，当水平推力 $\boldsymbol{P}$ 变化时，只要物体处于静止，静摩擦力 $\boldsymbol{F}$ 就始终等于水平推力 P，并随水平推力的变化而变化，如图 2-46(b)所示。但静摩擦力并不能无限制地增加，当 $\boldsymbol{P}$ 力增大到某一临界值时，物体处于将要滑动而未动的临界状态，此时，静摩擦力达到最大值，当水平推力继续增大时，静摩擦力不再增加，物体开始滑动，从而失去平衡，如图 2-46(c)所示。物体处于将动而未动的临界状态时，对应静摩擦力的最大值称为最大静摩擦力，记为 F_{max}，所以静摩擦力的取值范围为：

$$0 \leqslant F \leqslant F_{max} \tag{2-29}$$

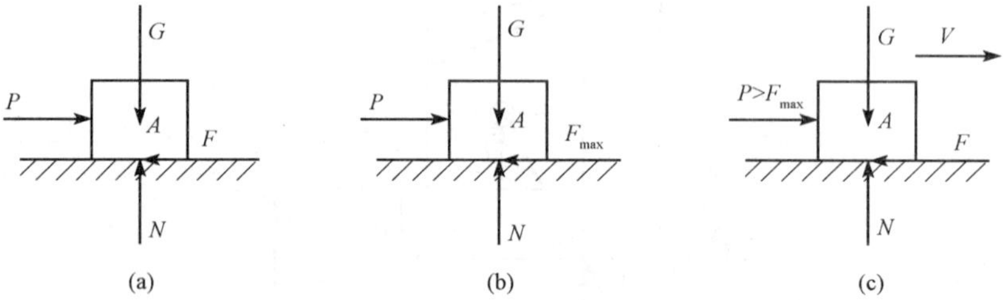

图 2-46　静摩擦与滑动摩擦

总而言之，当物体处于静止状态时，所受的静摩擦力是一个不确定的值，其大小等于引起相对滑动的外力，并随此外力的变化而变化；方向始终与此外力的方向相反。但最大静摩擦力是一个确定的值，其值为

$$F_{max}=fN \tag{2-30}$$

式(2-30)称为静滑动摩擦定律，表明最大静摩擦力的大小与法向反力的大小成正比，方向与两物体间相对滑动趋势的方向相反。

式中的 f 称为静摩擦系数，它的大小与两物体接触面的材料、表面的光滑程度、温度、湿度等因素有关，可由试验测定。

(二)考虑摩擦的平衡问题

由于静摩擦力在非临界状态的取值有一定的范围，因此，在解决有摩擦的平衡问题时，首先要考虑物体处于什么样的平衡状态，对应的问题大致可分为下列几种情况：

1. 非临界状态的静平衡问题

这类问题的静摩擦力还未达到最大值，未知的约束反力，其值由平衡方程确定。

2. 临界状态的静平衡问题

此时物体处于临界状态的静平衡，静摩擦力达到最大值，根据摩擦定律可求得，属已知力的范畴。

3. 平衡范围问题

由于静摩擦力的值在一定的范围内，因此对应的某些主动力和约束反力的值也在一定的范围内。求解这类问题时，可先求出两个相反方向静平衡临界状态的未知力，然后对结果进行分析，从而得出其平衡范围。

【例 2-19】 如图 2-47(a)所示，重为 P 的物块，放在倾角为 θ 的斜面上，它与斜面间的摩擦系数为 f，在水平推力 $\boldsymbol{F}_1$ 的作用下处于静止时，求水平推力 $\boldsymbol{F}_1$ 的大小。

【解】 要使物块处于静止状态，既不能上滑，又不能下滑，因此要求推力 $\boldsymbol{F}_1$ 既不能过大也不能过小，其值应在一定的范围内，属于求平衡范围问题。求解这类问题，只要求出物块即将上滑和即将下滑时临界状态的推力即可。

(1)$\boldsymbol{F}_1$ 的最小值。当物块处于即将下滑的临界状态时，最大静摩擦力沿斜面向上，如图 2-47(b)所示。

列平衡方程：

$$\sum X = 0 \qquad F_{1\min}\cos\theta - P\sin\theta + F_{\max} = 0$$

$$\sum Y = 0 \qquad N - P\cos\theta - F_{1\min}\sin\theta = 0$$

$$F_{\max} = fN$$

解得

$$F_{1\min} = P\,\frac{\tan\theta - f}{1 + f\tan\theta}$$

(2)$\boldsymbol{F}_1$ 的最大值。当物块处于即将上滑的临界状态时，最大静摩擦力沿斜面向下，如图 2-47(c)所示。

列平衡方程：

$$\sum X = 0 \qquad F_{1\max}\cos\theta - P\sin\theta - F_{\max} = 0$$

$$\sum Y = 0 \qquad N - P\cos\theta - F_{1\max}\sin\theta = 0$$

$$F_{\max} = fN$$

解得

$$F_{1\max} = P\,\frac{\tan\theta + f}{1 - f\tan\theta}$$

由上述可知，物块平衡时，F_1 必须满足以下条件：

$$F_{1\max} \geqslant F_1 \geqslant F_{1\min}$$

即

$$P\,\frac{\tan\theta + f}{1 - f\tan\theta} \geqslant F_1 \geqslant P\,\frac{\tan\theta - f}{1 + f\tan\theta}$$

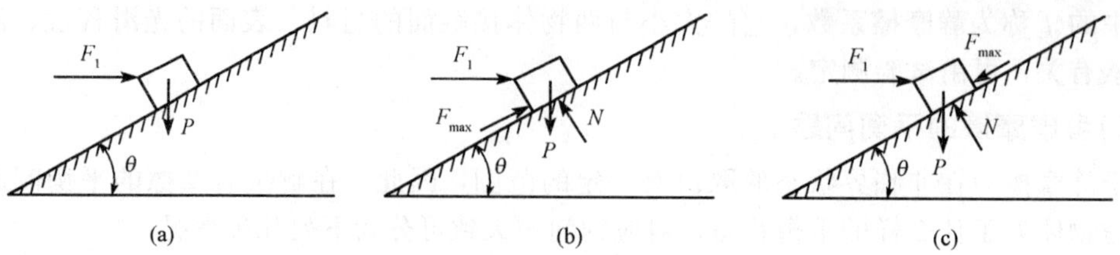

图 2-47　例 2-19 图

本章小结

本章主要讲述的内容主要有以下几个方面：

一、静力学基本概念

(1)静力学公理：作用和反作用公理；力的平行四边形公理；加减平衡力系公理；二力平衡公理。

(2)力的三要素：力的大小、方向、作用线。

(3)力偶三要素：力偶矩的大小、转向和力偶作用面。

(4)约束：限制物体运动的其他物体。

(5)合力投影定理：合力在某一轴上的投影，等于各分力在同一轴上投影的代数和。

(6)合力矩定理：合力对平面内任意一点(轴)的力矩等于各分力对同一点(轴)的力矩的代数和。

二、力系的简化

(1)力系的分类：

①平面力系：平面汇交力系、平面任意力系、平面平行力系。

②空间力系：空间汇交力系、空间任意力系、空间平行力系。

(2)力的平移定理：作用在刚体上某点的力，可以将它平移到刚体上任一新作用点，但必须同时附加一个力偶，附加力偶的力偶矩等于原力对新作用点的矩。

(3)平面汇交力系的简化结果：平面汇交力系的简化结果为一个合力，该合力的作用线通过各分力的汇交点，合力的大小和方向等于各分力的矢量和。

(4)平面任意力系简化结果分析：平面任意力系向其作用面内的任意一点简化，可得到一个主矢 $\boldsymbol{R}$ 和一个主矩 M，可能有以下几种情况：

①$R=0$，$M\neq 0$。

②$R\neq 0$，$M=0$。

③$R\neq 0$，$M\neq 0$。

④$R=0$，$M=0$。

(5)确定重心的几种方法：①对称法；②组合法(分割法)；③试验法；④查表法。

三、力系的平衡

(1)平面汇交力系的平衡条件：

$$\sum X = 0$$

$$\sum Y = 0$$

(2)平面任意力系平衡方程：

①一矩式平衡方程：

$$\sum X = 0$$
$$\sum Y = 0$$
$$\sum M_O(\boldsymbol{F}) = 0$$

②二矩式平衡方程：

$$\sum X = 0$$
$$\sum M_A(\boldsymbol{F}) = 0$$
$$\sum M_B(\boldsymbol{F}) = 0$$

③三矩式平衡方程：

$$\sum M_A(\boldsymbol{F}) = 0$$
$$\sum M_B(\boldsymbol{F}) = 0$$
$$\sum M_C(\boldsymbol{F}) = 0$$

(3)平面平行力系的平衡方程：

$$\sum Y = 0$$
$$\sum M_O(\boldsymbol{F}) = 0$$

(4)空间任意力系的平衡方程：

$$\sum X = 0 \qquad \sum M_X(\boldsymbol{F}) = 0$$
$$\sum Y = 0 \qquad \sum M_Y(\boldsymbol{F}) = 0$$
$$\sum Z = 0 \qquad \sum M_Z(\boldsymbol{F}) = 0$$

(5)空间汇交力系的平衡方程：

$$\sum X = 0$$
$$\sum Y = 0$$
$$\sum Z = 0$$

(6)空间平行力系的平衡方程：

$$\sum Z = 0$$
$$\sum M_X(\boldsymbol{F}) = 0$$
$$\sum M_Y(\boldsymbol{F}) = 0$$

(7)考虑摩擦的平衡问题大致可分为下列几种情况：

①非临界状态的静平衡问题；

②临界状态的静平衡问题；

③平衡范围问题。

复习思考题

1. “合力一定大于分力”的说法是否正确？简述其原因。
2. 为什么用手拔钉子拔不出来，而用钉锤可以拔出来？

3. 试比较力矩和力偶的异同点。

4. 二次投影法中，力在平面上的投影是代数量还是矢量？为什么？

5. 已知力 F 与 x 轴的夹角 α，与 y 轴的夹角 β，以及力 F 的大小，能否计算出力 F 在 z 轴上的投影。

6. 设有一力 F，试问在何时 $F_x=0$，$M_x(F)=0$；在什么情况下 $F_x=0$，$M_x(F)\neq0$；又在什么情况下 $F_x\neq0$，$M_x(F)=0$。

7. 设平面任意力系向一点简化得到一个合力，如果适当选取另一点为简化中心，问力系能否简化成一个力偶？

8. 试用力的平移定理说明用一只手扳丝锥攻螺纹所产生的后果。

9. 力偶既然可以在作用面内任意移转，又为什么说主矩一般与简化中心的位置有关？

10. 物体的重心是否一定在物体上？

11. 烧杯内有半杯水，杯倾斜后其重心位置有无变化？为什么？

12. 计算截面的重心时，如果选取的坐标轴不同，重心的坐标是否改变？重心的位置是否变化？

13. 用解析法求解平面汇交力系的平衡问题时，两投影轴是否一定要互相垂直？当两轴不垂直时，建立的平衡方程 $\sum X=0,\sum Y=0$,能否满足力系的平衡条件？

14. 力偶不能用力平衡，为什么如图 2-48 所示的轮子又能平衡呢？

15. 如图 2-49 所示，设刚体上的 A、B、C 三点分别作用力 $\boldsymbol{F}_1$、$\boldsymbol{F}_2$、$\boldsymbol{F}_3$，若三力构成的力三角形自行封闭，试问此力系是否平衡？

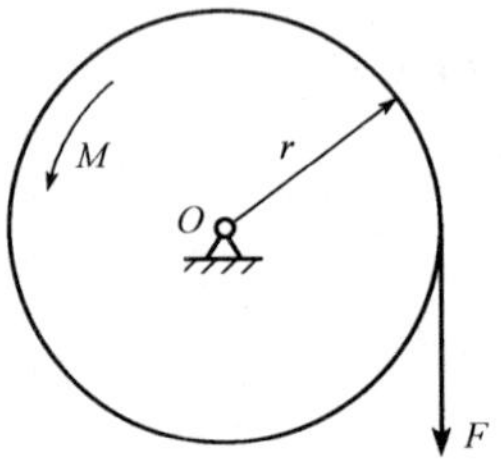

图 2-48　思考题 14 图

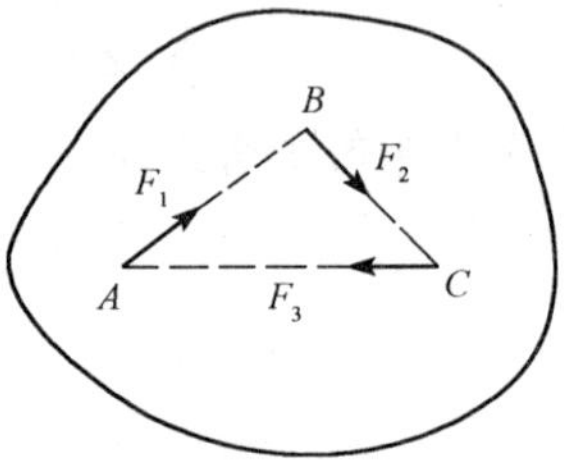

图 2-49　思考题 15 图

16. 若平面汇交力系的各力在任意两个互相不平行的轴上投影的代数和均为零，则该力系一定平衡吗？试说明其原因。

17. 用解析法求平面汇交力系的合力时，若选取不同的直角坐标系，计算出合力的大小有无变化？计算出的合力与坐标轴的夹角有无变化？

18. 从图 2-50 所示的平面汇交力系的力多边形中，判断哪个力系是平衡的，哪个力系有合力，并指出合力。

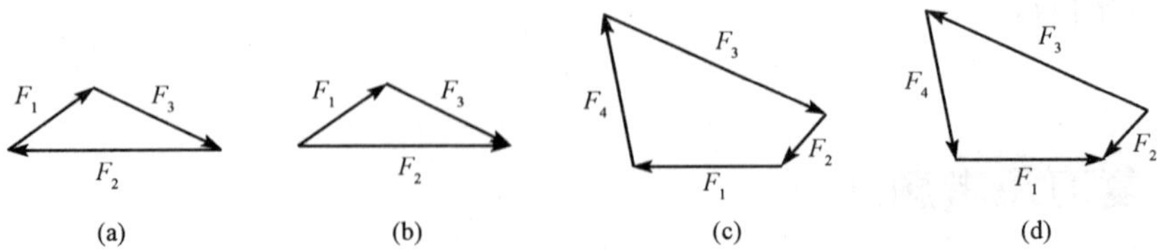

图 2-50　思考题 18 图

思考与练习

1. 画出图 2-51 所示系统中各物体的受力图。

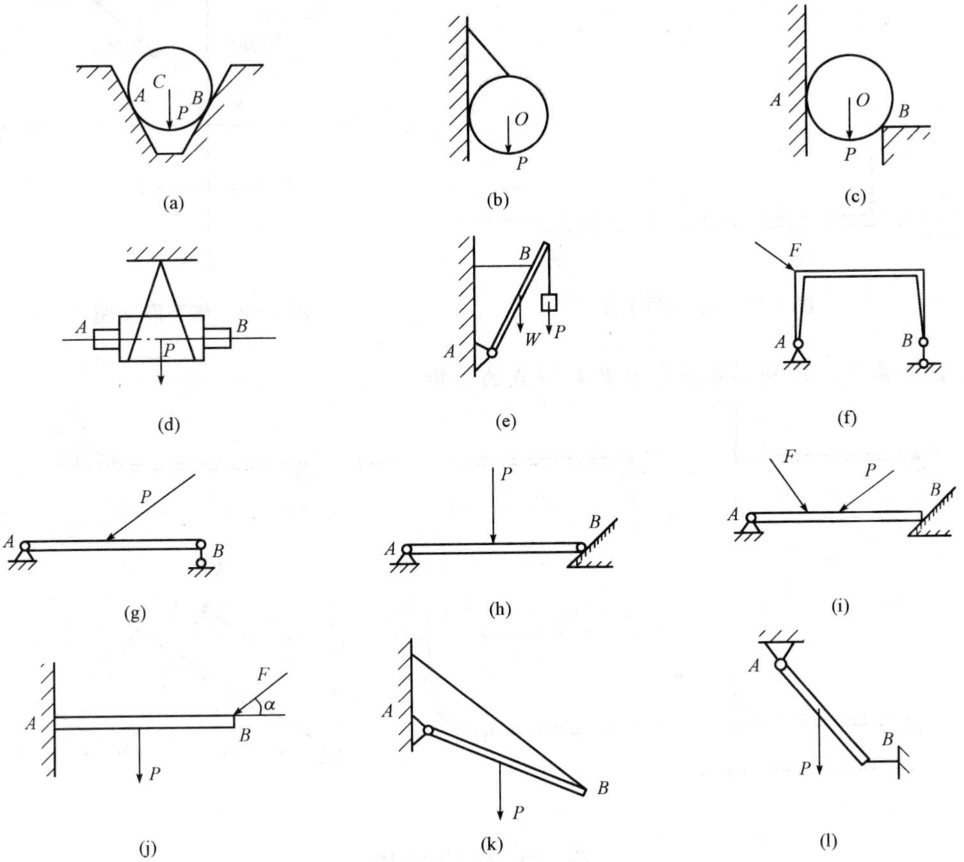

图 2-51　练习题 1 图

2. 画出图 2-52 所示各构件的受力图及每个物系的受力图。

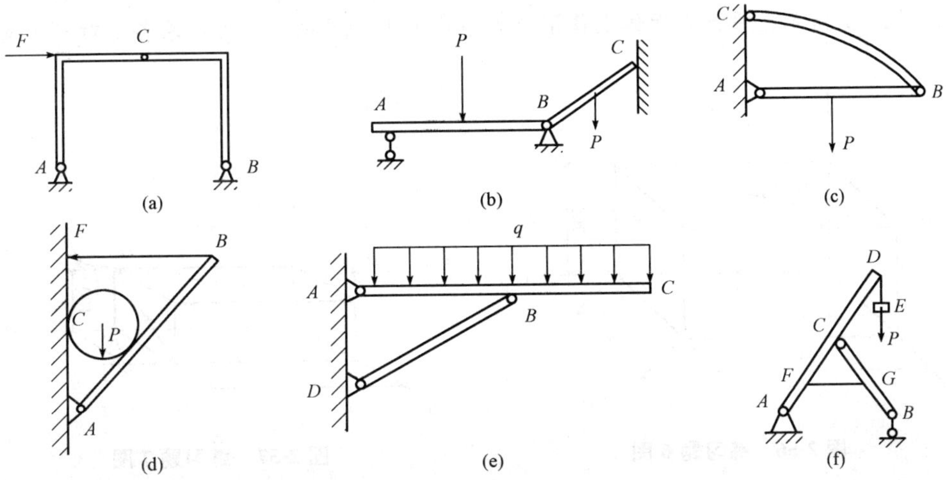

图 2-52　练习题 2 图

3. 画出图 2-53 所示组合梁 AD 中各段梁的受力图及整个梁的受力图。

4. 图 2-54 中各力大小分别为 $F_1=20$ kN，$F_2=25$ kN，$F_3=30$ kN。求各力在坐标轴 x 轴和 y 轴上的投影以及各力对坐标原点的力矩。

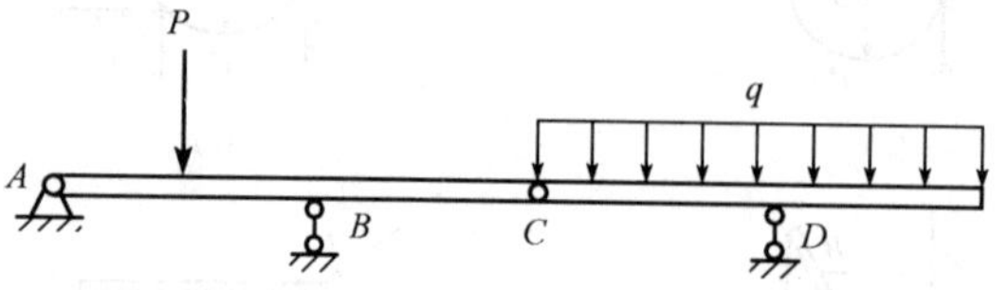

图 2-53　练习题 3 图

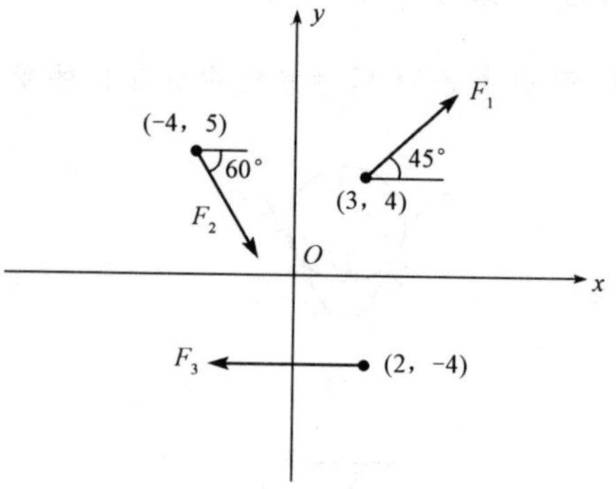

图 2-54　练习题 4 图

5. 试计算图 2-55 所示各图中力 $\boldsymbol{F}$ 对 O 点的力矩。

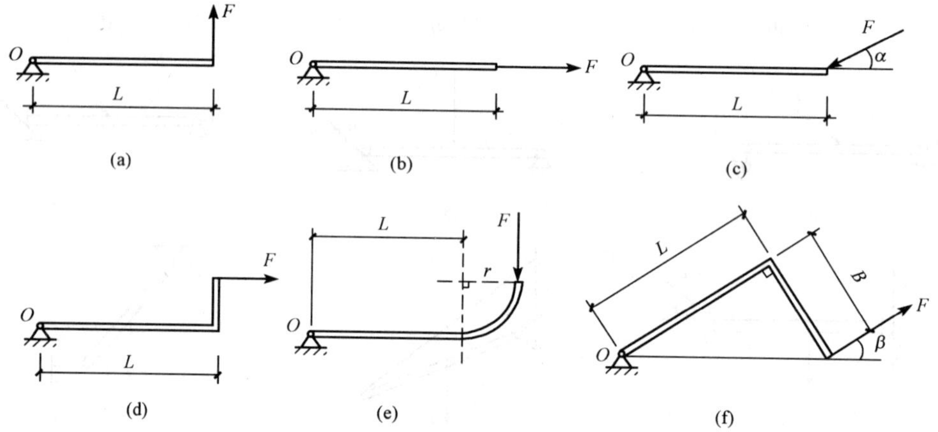

图 2-55　练习题 5 图

6. 已知图 2-56 中各力大小分别为 $P_1=30$ kN，$P_2=50$ kN，$P_3=40$ kN。求各力在三个坐标轴上的投影。

7. 如图 2-57 所示在平行六面体上作用有大小均为 10 kN 的三个力，求各力对三个坐标轴的力矩。

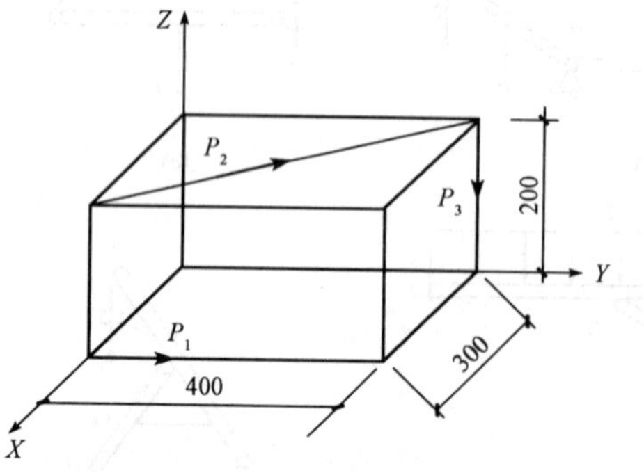

图 2-56　练习题 6 图

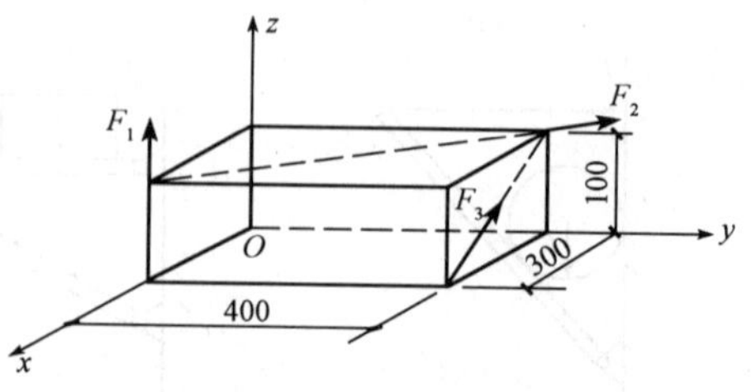

图 2-57　练习题 7 图

8. 如图 2-58 所示，某一铁塔用钢索固定，已知钢索的拉力 $T=15$ kN，求其对三个坐标轴的力矩。

9. 如图 2-59 所示，A、B、C、D 四点分别作用着集中力，其中 A、C 两点上的力分别为 $F=F'=100$ N，而 B、D 两点上的力 $P=P'=200$ N，求两力偶的力偶矩及合力偶矩。

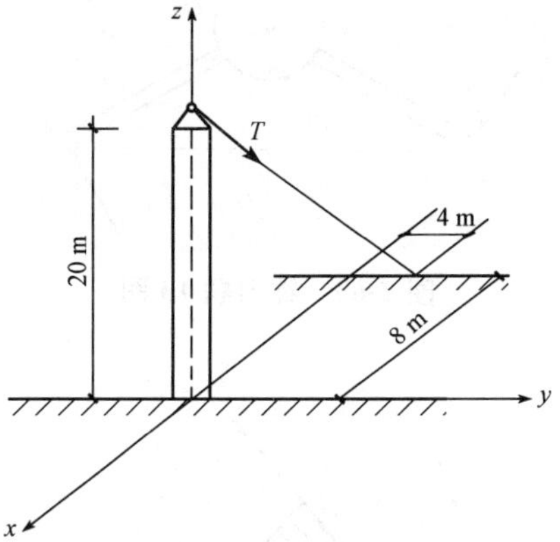

图 2-58　练习题 8 图

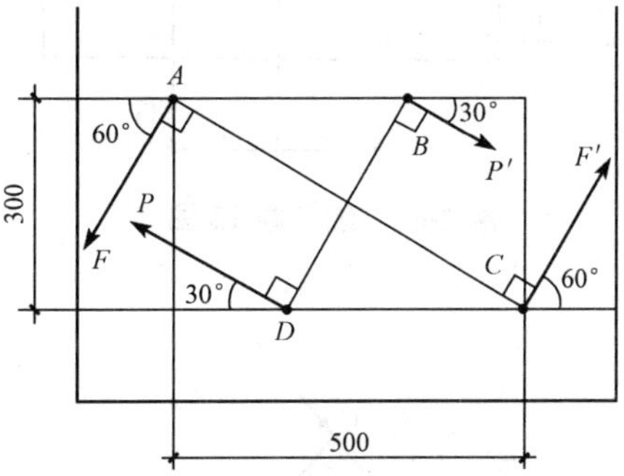

图 2-59　练习题 9 图

10. 如图 2-60 所示立柱受到偏心力 $\boldsymbol{P}$ 的作用，偏心距 $e=5$ mm，将其向中心线平移后得到一个力和一个力偶矩为 1 000 N·m 的附加力偶，求原力的大小。

11. 如图 2-61 所示，$F_1=10$ kN，如令 $\boldsymbol{F}_1$、$\boldsymbol{F}_2$ 的合力沿 X 轴的方向，试求 $\boldsymbol{F}_2$ 的大小。

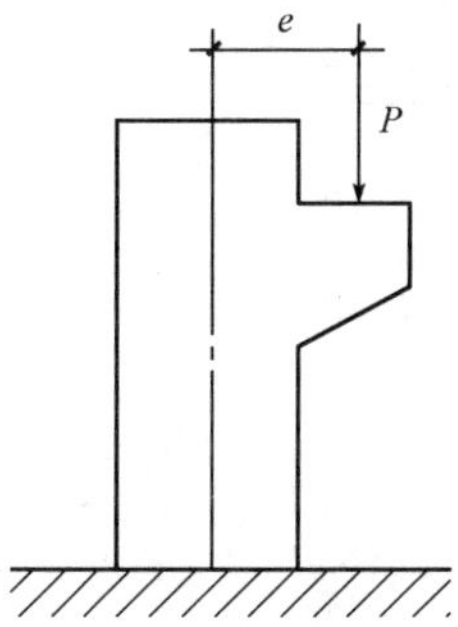

图 2-60　练习题 10 图

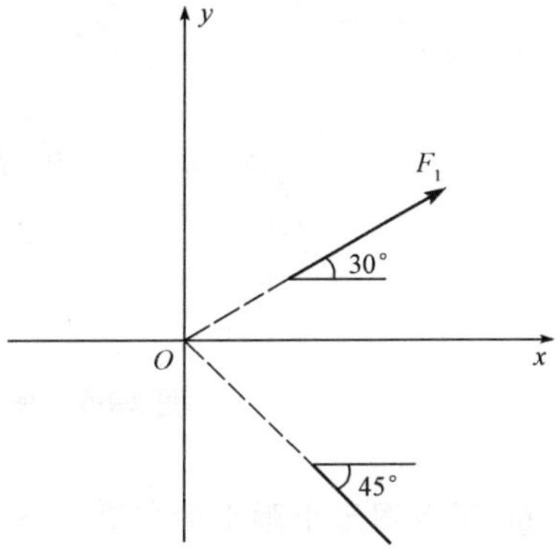

图 2-61　练习题 11 图

12. 如图 2-62 所示，在工件上的三点同时作用着三个力，其中 $F_1=10$ kN，$F_2=5$ kN，$F_3=2$ kN，求此力系向点 O 简化的结果。

13. 如图 2-63 所示，一绞盘有三个等长的柄，长度为 l，其间夹角均为 120°，每个柄各作用一个垂直于柄的力 F。试求在该力系中的下列问题：(1)向中心 O 的简化结果；(2)向 BC 连线中点 D 的简化结果。这两个结果说明什么问题？

14. 如图 2-64 所示，等边三角形 ABC 的边长为 l，在其边缘作用大小均为 F 的三个力，方向如图 2-64(a)所示，试求三个力的合成结果。如将三个力的方向改成图 2-64(b)的方向，合成结果将如何？

15. 丝锥攻丝，作用于丝锥绞杠上的力分别为 $P_1=20$ N，$P_2=10$ N，方向如图 2-65 所示。求作用于丝锥 C 上的力 R 和力偶 m。

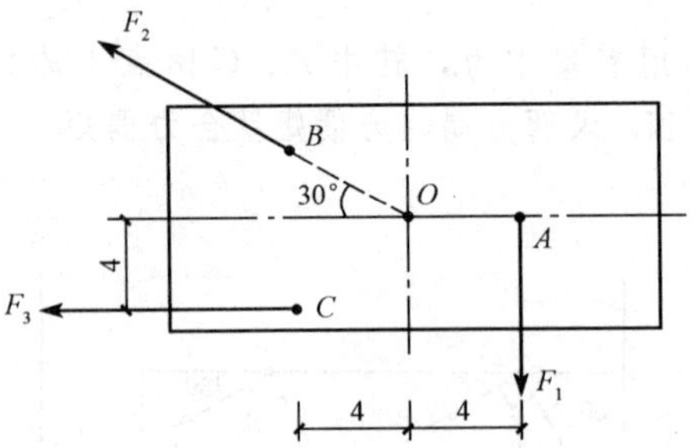

图 2-62　练习题 12 图

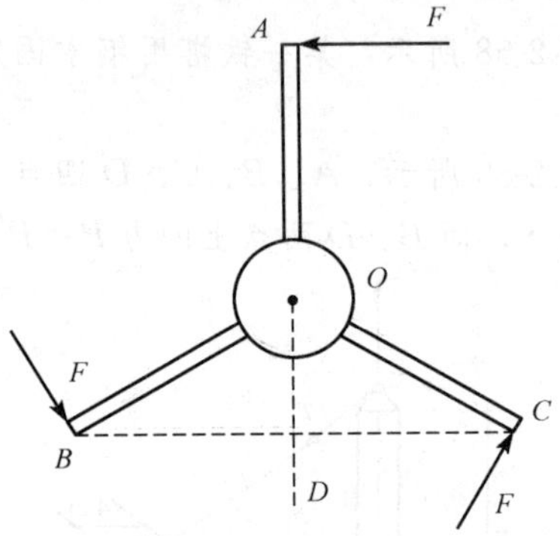

图 2-63　练习题 13 图

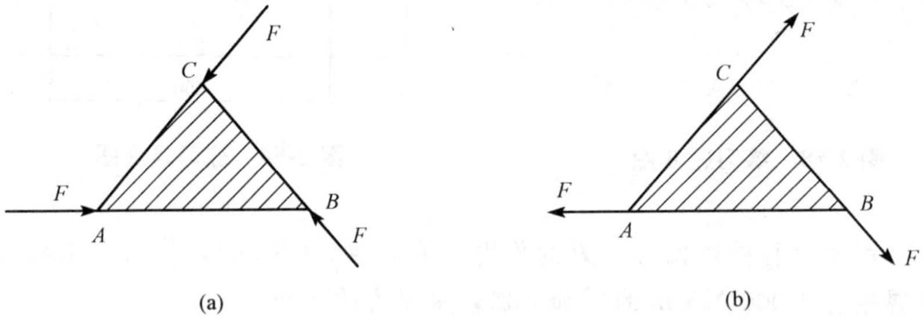

图 2-64　练习题 14 图

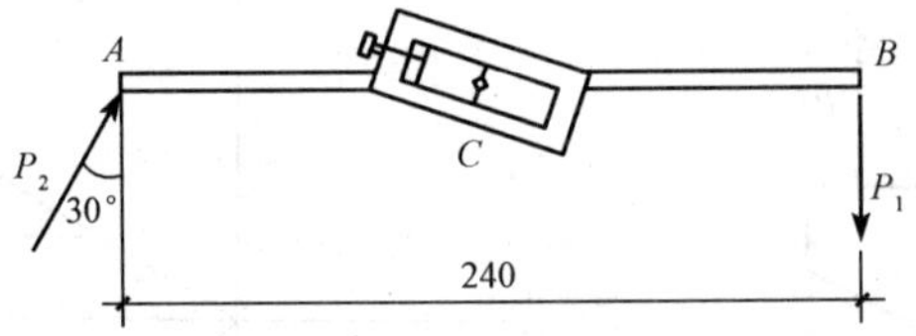

图 2-65　练习题 15 图

16. 求如图 2-66 所示图形中形心的位置。

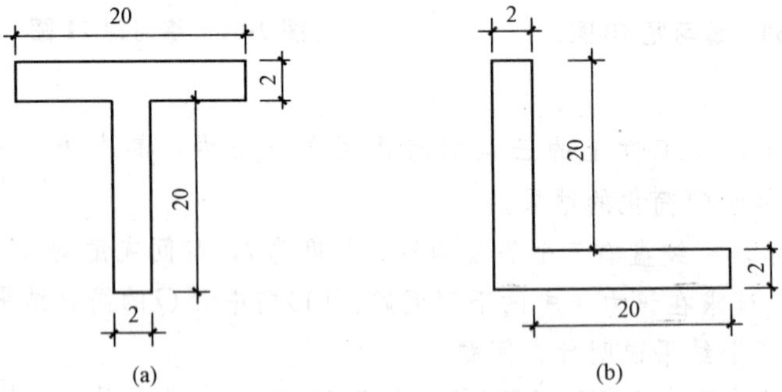

图 2-66　练习题 16 图

17. 求图 2-67 所示阴影部分的形心位置。其中 $R=100$ mm，$r=40$ mm。

18. 求图 2-68 所示双曲拱桥的主拱圈截面的重心位置。

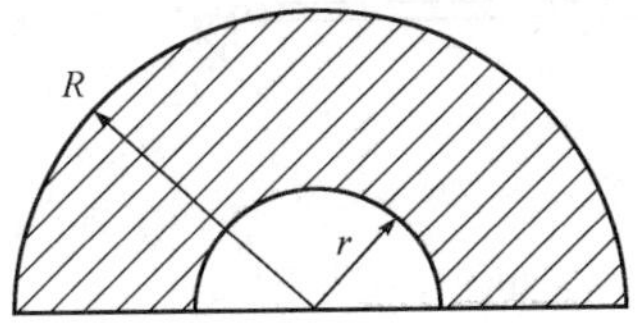

图 2-67　练习题 17 图

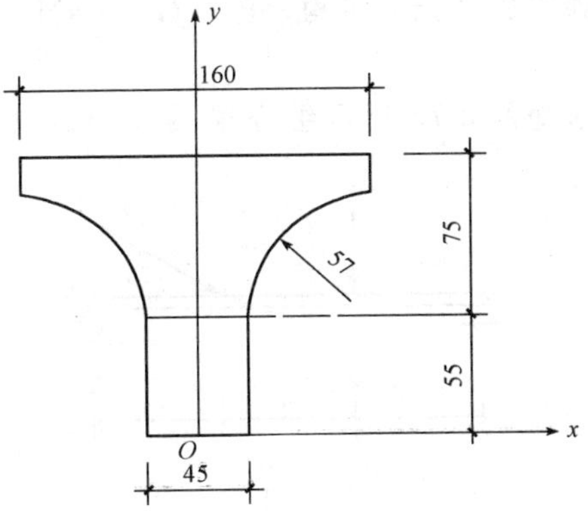

图 2-68　练习题 18 图

19. 如图 2-69 所示，某一重量为 $P=10$ kN 的物体放在水平梁的中央，梁的 A 端用铰链固定于墙上，另一端用 BC 杆支撑，若不计梁和撑杆的自重，求 BC 杆的受力及 A 处的约束反力。

20. 如图 2-70 所示，$\alpha=45°$，圆球重为 $P=1$ kN，且与杆 AB 的中点接触，求缆绳 BC 的拉力及 A 处的约束反力，以及当 α 角取多少度时 BC 绳受力最小？

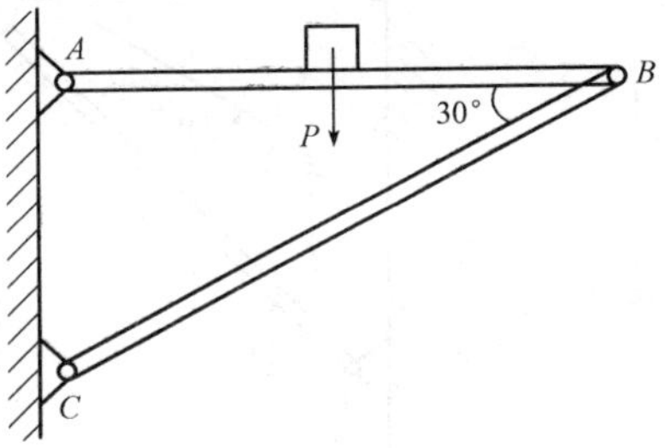

图 2-69　练习题 19 图

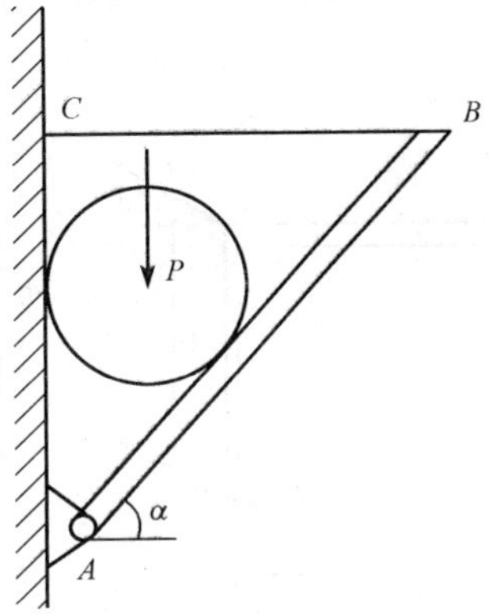

图 2-70　练习题 20 图

21. 如图 2-71 所示，已知梁 AB 上作用有一个力偶 M，其力偶矩为 m，梁长为 l，求图 2-71 中两种情况下支座 A、B 处的约束反力。

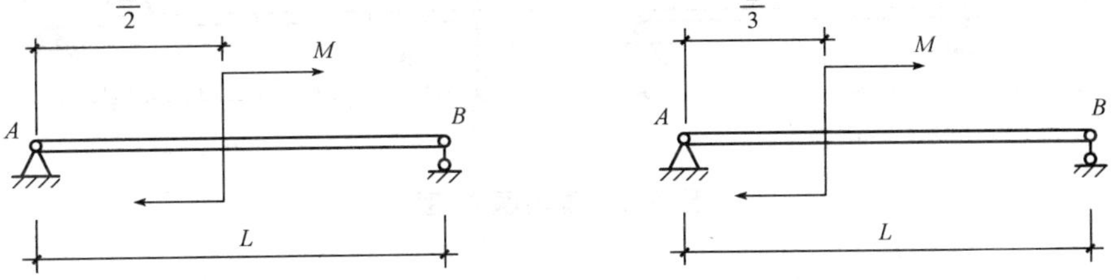

图 2-71　练习题 21 图

22. 如图 2-72 所示，已知 $P=10$ kN，$m=4$ kN·m，$a=1$ m，$F=20$ kN，求图 2-72 中各梁的支座反力。

23. 求如图 2-73 所示刚架的支座反力。

24. 如图 2-74 所示机构，已知 $G=5$ kN，AB 杆自重不计，求 BC 绳的拉力及铰 A 的约束反力。

25. 求如图 2-75 所示组合梁的支座反力。其中，$q=1$ kN/m，$a=1$ m，$P=3$ kN，$M=5$ kN·m。

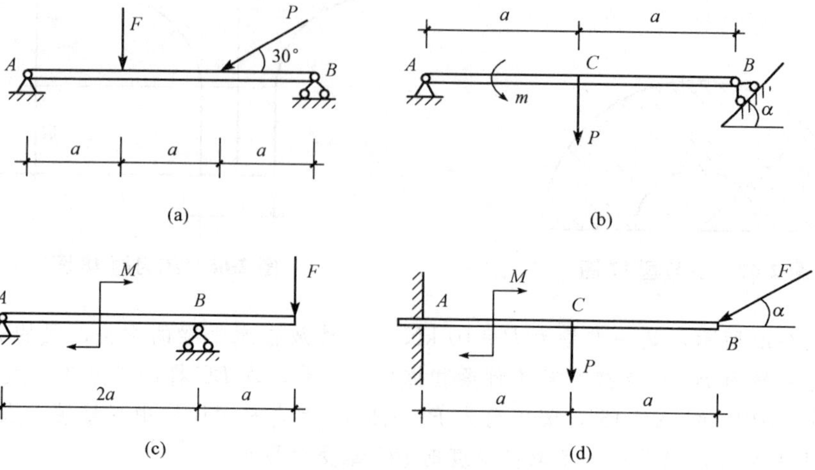

图 2-72　练习题 22 图

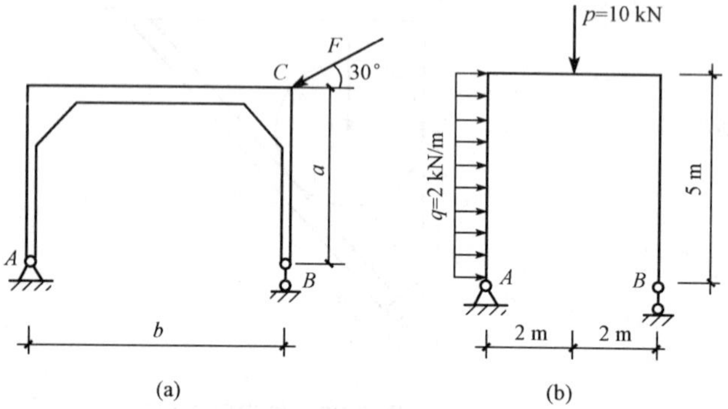

图 2-73　练习题 23 图

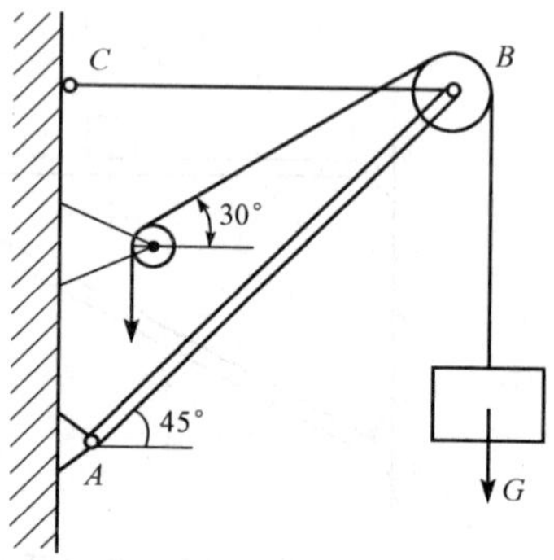

图 2-74　练习题 24 图

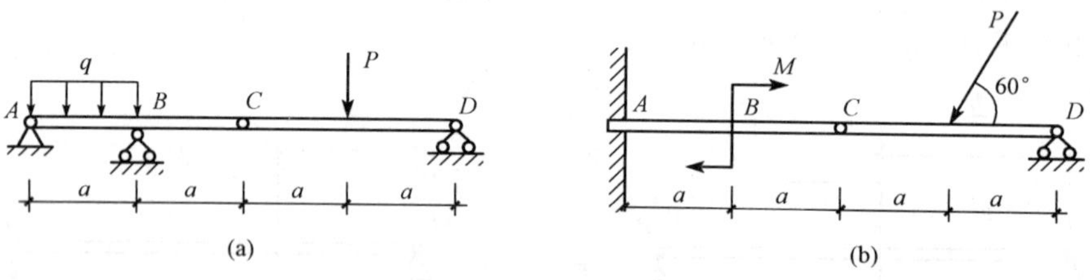

图 2-75　练习题 25 图

26. 如图 2-76 所示，窗外阳台的水平梁上作用有 $q=2.5$ kN/m 的均布荷载，在水平梁的外端从柱上传下的荷载 $F=10$ kN，柱的轴线到墙的距离 $a=2$ m，求插入端的约束反力。

27. 如图 2-77 所示，梯子的两部分 AB 和 AC 在 A 点铰接，在 D、E 两点用水平绳连接，且放在光滑的水平面上，当铅垂力 $P=700$ N，$l=3$ m，$\alpha=60°$，$a=2$ m，$h=1.5$ m 时，求绳子的拉力和 B、C 两点的支承力。

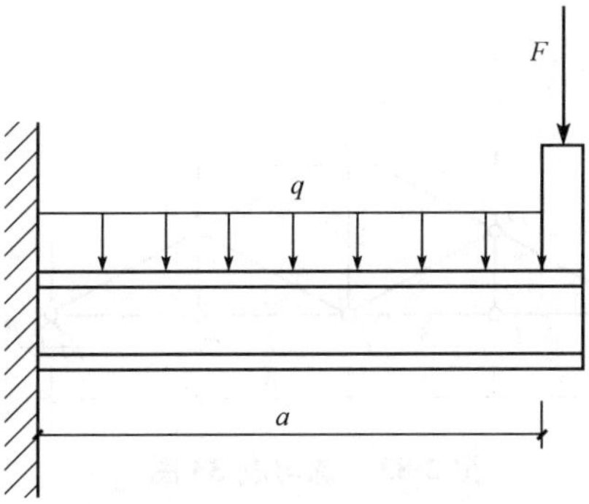

图 2-76　练习题 26 图

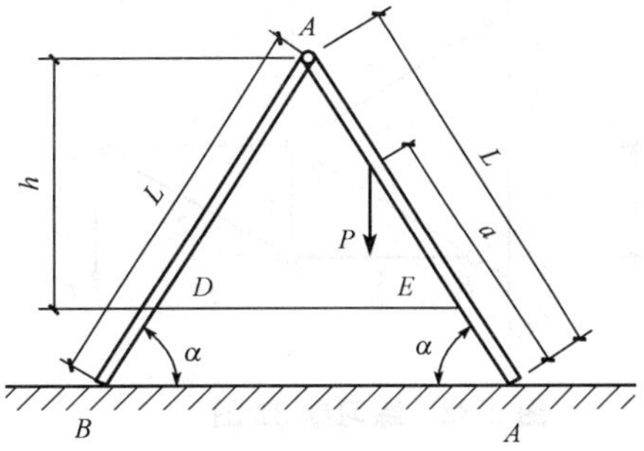

图 2-77　练习题 27 图

28. 如图 2-78 所示，压榨机被压榨的物体 M 受到的压力 $P=10$ kN，当 $\alpha=80°$时，CB 垂直于 DE，求作用于 A 点的与 OA 垂直的力 $\boldsymbol{F}$。

29. 拖拉机制动器如图 2-79 所示，不计各杆自重，当力 $F_1=200$ N 时，求制动力 F_2。

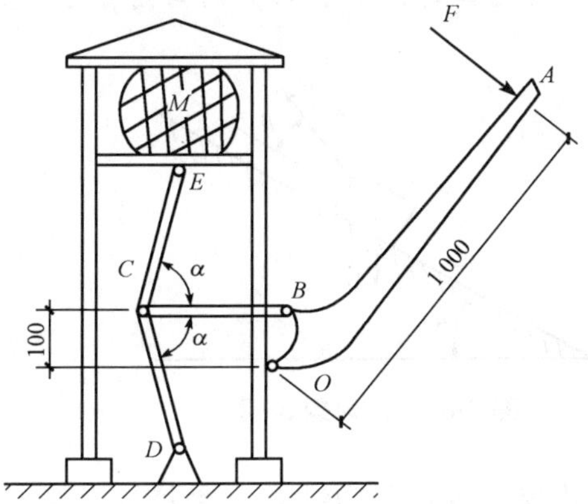

图 2-78　练习题 28 图

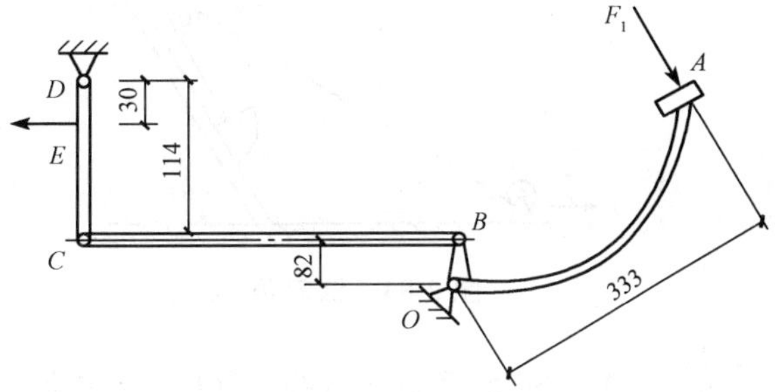

图 2-79　练习题 29 图

30. 一构架如图 2-80 所示，当 $P=10$ kN，$AD=DB=1$ m，$AO=2$ m，滑轮半径为 $r=20$ cm 时，求支座 A、O 处的约束反力。

31. 如图 2-81 所示，梁 AE 由直杆连接支撑于墙上，受均布荷载 $q=1$ kN/m 的作用，结构尺寸如图所示，不计杆重，求支座 A 和 B 的反力及 1、2、3 杆的内力。

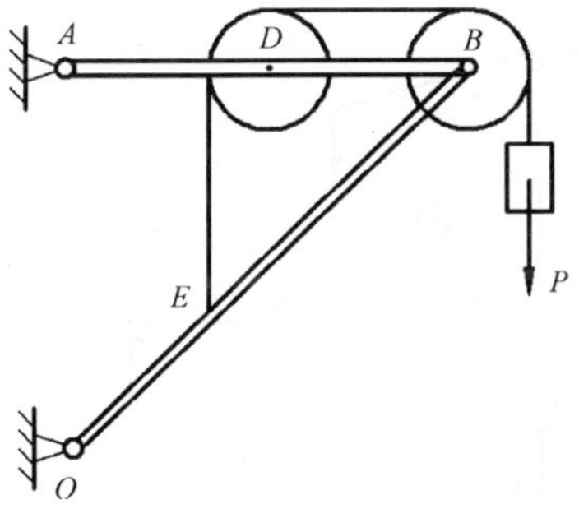

图 2-80　练习题 30 图

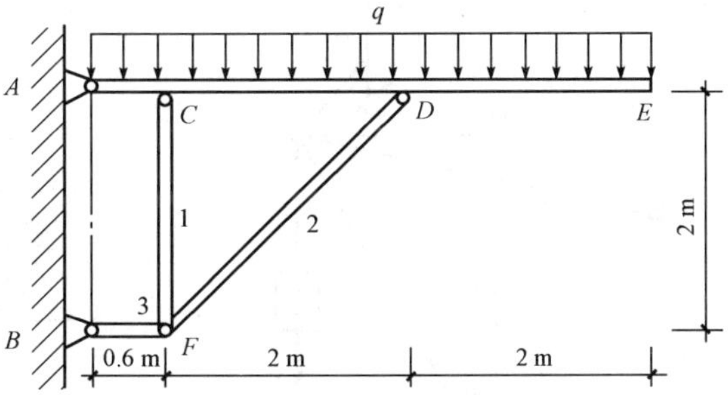

图 2-81　练习题 31 图

32. 如图 2-82 所示，已知 $P=100$ N，$a=2$ m，求图中桁架的各杆的内力。

33. 如图 2-83 所示，已知 $F=1$ kN，$a=1$ m，求 1、2、3 杆的内力。

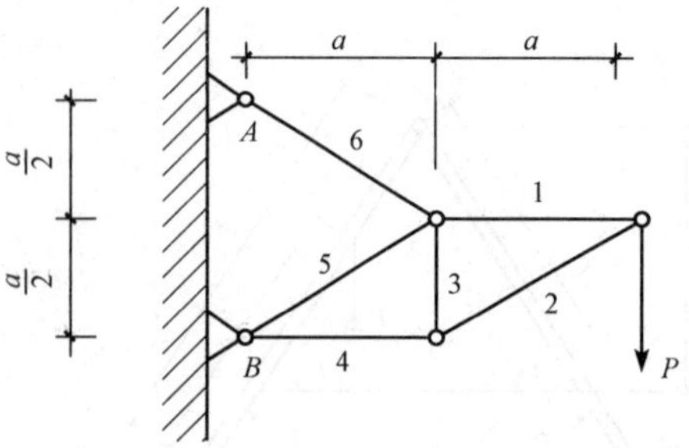

图 2-82　练习题 32 图

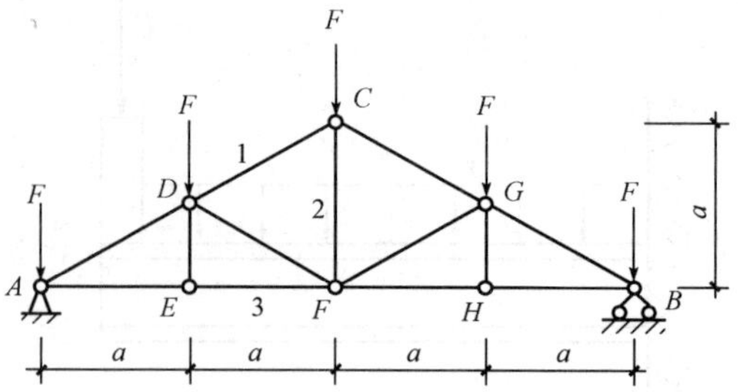

图 2-83　练习题 33 图

34. 如图 2-84 所示为吊装混凝土的简单起重装置，已知混凝土连料斗的重量为 30 kN，料斗与滑道间的摩擦系数为 0.3，轨道与水平面间的夹角为 60°，缆索和轨道平行，求料斗匀速上升和匀速下降时缆绳的拉力。

35. 如图 2-85 所示，重为 P 的物体放在倾角为 θ 的斜面上，物体与斜面间的摩擦系数为 f，若在物体上作用一力 F，该力与斜面的交角为 β，试求拉动物体时的 F 值，并问当角 β 为何值时，力 F 最小。

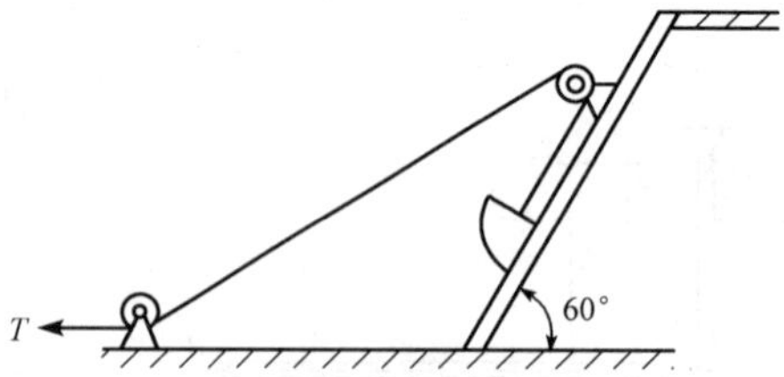

图 2-84　练习题 34 图

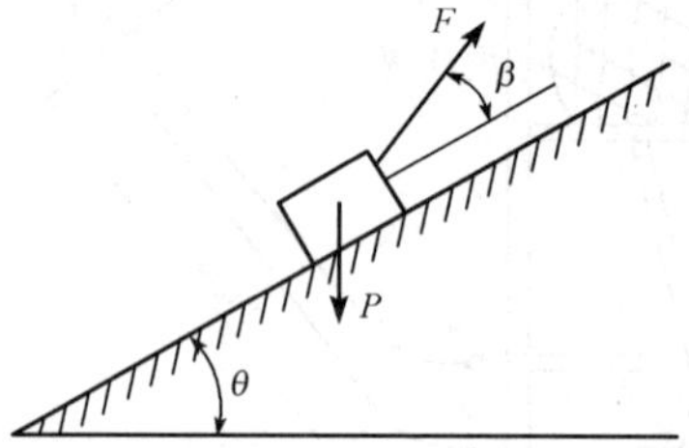

图 2-85　练习题 35 图

36. 如图 2-86 所示 AO、BO、CO 三杆在点 O 处用球铰铰接，A、B、C 三点铰接于墙上，其中 AO、BO 位于水平面内且 $AO=BO$，D 为 AB 中点，平面 COD 与三角形 AOB 所在平面垂直，已知 O 点所挂重物重为 $P=1\ 000$ N，求三杆受力各为多少。

37. 将三轮起重车简化为如图 2-87 所示。已知车身重 $G=15$ kN，重力 $\boldsymbol{G}$ 的作用线通过平面 ABC 内的 D 点，A 点和 D 点的连线延长后垂直于平分线 BC。起吊重物重 $W=5$ kN，重力 $\boldsymbol{W}$ 的作用线通过 ABC 平面内的 E 点，各尺寸如图所示，单位为 m。求地面对起重机各轮的约束反力。

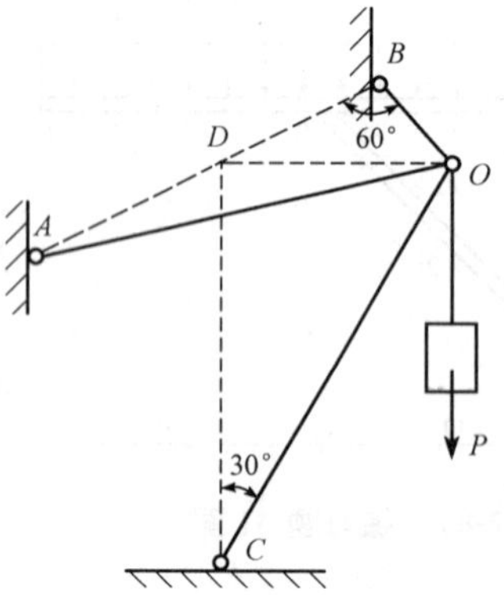

图 2-86　练习题 36 图

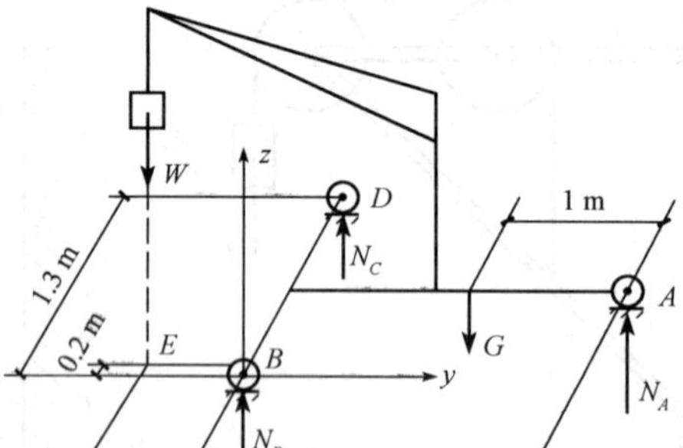

图 2-87　练习题 37 图

第三章　构件的内力分析——强度、刚度、稳定性

内容提要

本章内容主要包括构件的内力及内力图；应力和变形；承载能力；强度、刚度、稳定性基本概念和计算。

知识目标

1. 理解构件内力分析相关的基本概念。
2. 掌握构件内力及内力图的计算。
3. 掌握构件的应力和变形计算。
4. 掌握构件的承载能力计算。
5. 掌握构件的强度、刚度、稳定性计算。

能力目标

能够对工程中的单体构件进行受力分析，对其单体构件进行内力、承载力、刚度、强度、稳定性等方面的计算，验证和校核构件，以解决工程中的实际问题。

学习建议

1. 充分理解构件内力分析的相关概念。
2. 掌握构件受力分析的理论计算方法。
3. 练习对实际问题涉及的构件进行力学模型简化。
4. 对实际简化的力学模型进行内力分析并进行内力计算练习。

第一节　构件的内力及内力图

一、内力的概述

(一)内力的概念

对结构和构件的受力分析都属于外力分析，包括构件上的主动力和约束反力。通过工程实例观察可知，构件的破坏截面不一定是在外力作用处截面上的破坏。这说明构件在外力作用下必然引起截面之间分子结合力的改变，这种分子结合力的改变量称为附加内力，即内力。附加内力的特点是：内力随外力的增大而增大，随外力的减小而减小，当外力为零时附加内力也为零。构件在不同的外力作用下将引起不同的变形，而不同变形的杆件存在着不同的内力。即使

是同一种变形、同一种内力在不同截面上的内力数值也不一定相同。因此，在外力分析的基础上必须进行内力分析。本章内容将讨论内力沿杆件轴线方向的变化规律，为构件的强度、刚度、稳定性分析奠定基础。

(二)截面法、轴力、扭矩、剪力与弯矩

初步认识基本变形与外力之间的关系，那么如何根据外力求出相应截面上的内力值呢？内力是物体的一部分与另一部分截面间的相互作用力，所以在研究杆件的内力时，必须用一平面将构件假想地截开成为两段，使欲求截面上的内力暴露出来，然后研究其中一段，根据平衡条件，求得内力的大小和方向。这种研究方法称为截面法。用截面法求内力，与外力分析方法中的求约束反力的方法在本质上没有区别。下面研究如何用截面法求杆件横截面上的内力。

1. 轴向拉伸(或压缩)杆件横截面的内力——轴力

如图 3-1(a)所示的拉杆 AB，在求杆件某横截面上的内力时可按以下步骤进行：

(1)假想切开。即用 1-1 截面将杆件假想地截为两段。如图 3-1(b)、(c)所示，弃去其中的任一段，取另一段为研究对象。

(2)内力代替。即把弃去部分对留下部分的作用用内力代替。根据二力平衡公理，在留下部分的 1-1 截面上[图 3-1(b)]只能画出与外力 P 反向的内力 F_N，即轴力。

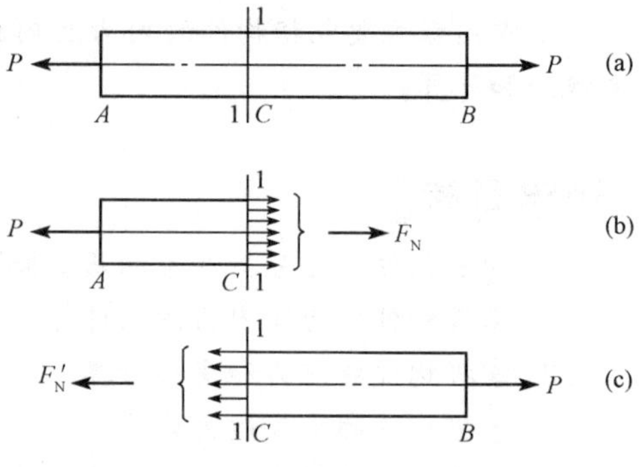

图 3-1　横截面的内力-轴力

(3)平衡定值。即根据研究对象的平衡条件，求出内力的大小和方向。由于整个杆件是平衡的，所以 AC 段也是平衡的。由平衡方程 $\sum X=0$ 可得：

$$F_N-P=0 \quad 或 \quad F_N=P$$

若取 CB 段为研究对象，同理，可得 $F_N'=P$。

显然，F_N 和 F_N'构成作用力和反作用力的关系，故求得 F_N 之后，F_N'即可直接写出。因为内力的合力 F_N 与轴线重合，因此，内力 F_N 称为轴力。为了明确表示杆件在横截面是受拉还是受压，通常将轴力规定正负号，即截面受拉的轴力为正、受压的轴力为负。对简单受力的拉压杆来说，由平衡条件所求的结果可知，某截面上的轴力在数值上等于截面任意一侧的轴向外力值，使截面受拉的外力为正、受压的外力为负。用截面法同理可求出杆件在复杂轴向外力作用下的轴力，即某截面上的轴力在数值上等于截面任意一侧的轴向外力的代数和，使截面受拉的外力为正、受压的外力为负。由表达式

$$F_N=(左或右侧)\sum X_i \tag{3-1}$$

式中，F_N 表示拉压杆某截面上的轴力，得正值表示拉力，得负值表示压力。

2. 扭转轴的内力——扭矩

在研究扭转变形的内力之前，首先要确定作用在轴上的外力矩和功率及转速之间关系，即

$$M_e=9\ 549\,\frac{P_k}{n}\ (\mathrm{N\cdot m}) \tag{3-2}$$

式中，P_k 表示功率，单位为千瓦(k・W)，n 表示转速，单位为每分钟的转数(r/min)，M_e 表示外力矩，单位为牛・米(N・m)。

如图 3-2(a)所示的扭转轴 AB，在求杆件某横截面上的内力时可按以下的步骤进行：

(1)假想切开。即用 1-1 截面将杆件假想地截为两段。如图 3-2(b)、(c)所示，弃去其中的任一段，取另一段为研究对象。

(2)内力代替。即把弃去的部分对留下部分的作用，用内力代替。根据力矩的平衡条件，在留下部分的1-1截面上[图3-2(b)]，只能画出与外力矩 m 反向的内力矩 M_n 即扭矩。

(3)平衡定值。即根据研究对象的平衡条件，求出扭矩的大小和转向。由于整个杆件是平衡的，所以 AC 段也是平衡的。由平衡方程 $\sum M_x=0$ 可得：

$$M_n-m=0$$

所以 $$M_n=m$$

式中，M_n 是横截面上的内力偶矩，称为扭矩。

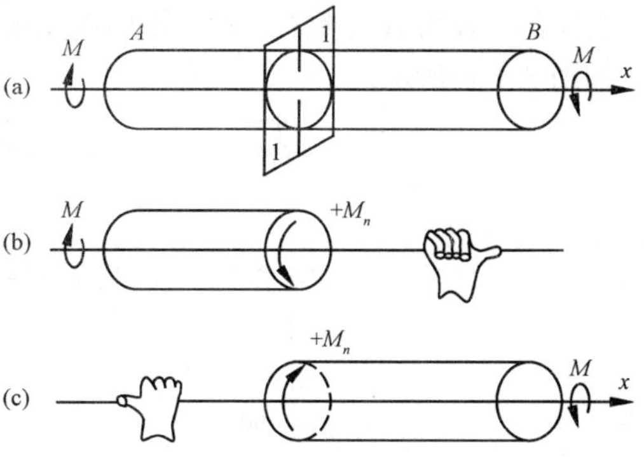

图3-2　扭转轴的内力-扭矩

若取 CB 段为研究对象，同理，可得 $M_n'=m$ 。显然，M_n 和 M_n' 构成作用和反作用的关系，故求得 M_n 之后，M_n' 即可直接写出。为了明确表示杆件扭转变形的转向，通常将扭矩规定正负号，按右手螺旋法则将扭矩用矢量表示，当矩矢方向与截面外法线方向一致时扭矩为正，反之为负。对简单受力的扭转杆来说，由平衡条件所求的结果可知，某截面上的扭矩在数值上等于截面任意一侧的外力偶矩，其外力偶矩矢的方向以背离截面为正，指向截面为负。用截面法同理可求扭转轴在复杂外力矩作用下的扭矩，即某截面上的扭矩在数值上等于截面任意一侧的外力偶矩的代数和，正负号规定同简单扭转相同。表达式如下：

$$M_n=(\text{左或右侧})\sum m_i \tag{3-3}$$

式中，M_n 表示所求的扭矩。

3. 梁弯曲的内力-剪力与弯矩

梁弯曲的外力和内力分析要比拉压杆件、扭转轴的受力分析复杂，因此，需将具体的工程构件抽象、简化成为梁的计算简图。

由于梁是细而长的杆件，在计算简图中，用梁的轴线代替实际的梁。作用在梁上的外力，包括载荷及约束反力(支反力)，进行计算时，要根据实际情况，正确地估计出载荷的大小和作用情形，支反力则根据约束条件确定。

(1)载荷的简化。梁上的载荷多种多样，但可归纳、简化为三种(图3-3)。

1)集中力 P。分布在很短一段梁上的横向力可简化为作用在梁上一点的集中力。

2)集中力偶 m。其作用面在梁的一个纵向对称面内，单位为N·m、kN·m等(如图3-3所示)。

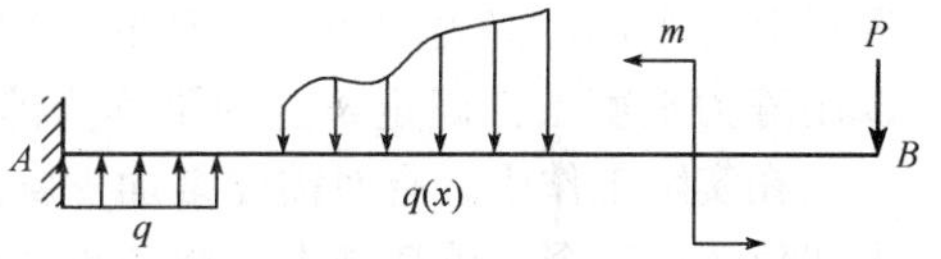

图3-3　梁上的载荷

3)分布载荷 q。通常以沿梁轴线单位长度上的力(载荷集度)来表示，单位为N/m、kN/m等。分布载荷有时是均布的、q 为一常数；有时是非均布的、q 则是位置坐标 x 的函数(图3-3)。

(2)约束的基本形式。要计算支反力，先要确定梁在支承处的约束情况。梁支承处约束可以简化为下述三种基本的理想形式：

1)活动铰链支座。约束条件是限制梁在支承处沿垂直支承方向的移动；梁可沿支承面平行移动，也可绕支承点 A 转动。支反力 Y_A 通过 A 点，作用线垂直于支承面[图3-4(a)]。

2)固定铰链支座。约束条件是限制梁在支承处任何方向的移动；但梁可绕支承点 A 转动。支反力 Y_A 将通过 A 点，但其大小及方向均未知，有两个未知数，通常用支反力的铅垂方向分力 Y_A 和水平方向分力 X_A 来表示，如图3-4(b)所示。

3)固定端。梁端嵌入固定的刚性体内，使梁端既不能向任何方向移动，也不能转动。这种支座的支反力有三个未知数；作用在支承点 A 处反力 R_A 的两个分力 Y_A 和 X_A，一个反力偶 m_A，如图 3-4(c)所示。

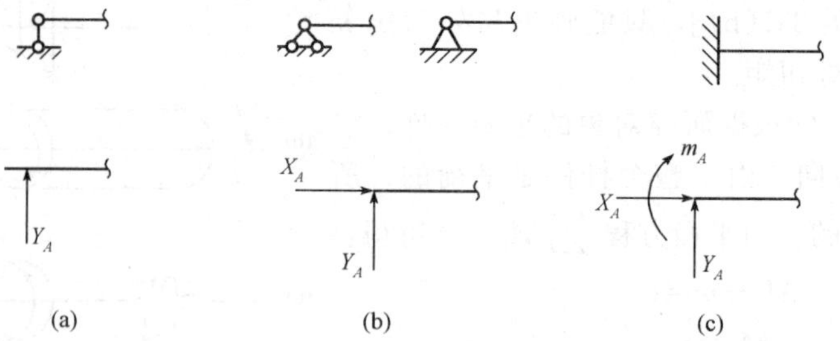

图 3-4　梁支承处约束

在计算支反力时，需要考虑实际支承情况接近哪种理想形式，并作出适当的假设，使计算简化。

4. 静定梁的分类

梁在发生平面弯曲时，外力或外力的合力都作用在通过梁轴线的纵向平面内，为使梁在此平面内不致发生随意的移动和转动，必须有足够的支座约束。按支承的情况，常见的梁有下述三种类型：

(1)简支梁。梁的一端为固定铰链，另一端为活动铰链支承，如图 3-5(a)所示。

(2)外伸梁。梁用一个活动铰链和一个固定铰链支承，梁的一端或两端伸出支座之外，如图 3-5(b)所示。

(3)悬臂梁。梁的一端固定，另一端自由，如图 3-5(c)所示。

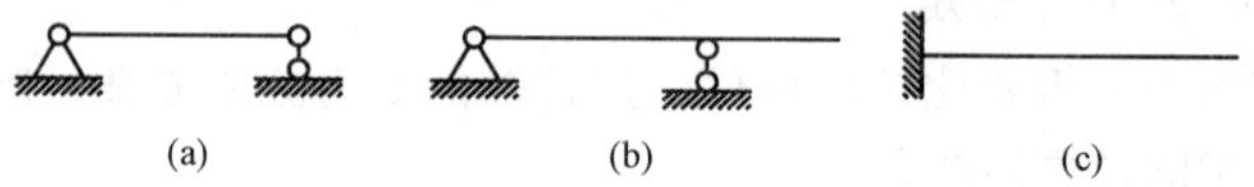

图 3-5　静定梁

在平面弯曲中，载荷与支反力构成一个平面平衡力系，上述三种类型的梁，支反力未知数都只有三个，由静力学可知，平面一般力系有三个独立的平衡方程，因此，这些梁的支反力可以用静力平衡条件确定，这种梁称为静定梁。

在实际工作中，有时需要多加支座约束，以改善梁的强度和刚度提高承载能力，这时支反力未知数超过三个，单凭静力平衡条件不能完全确定其支反力，这种梁称为超静定梁或静不定梁。解超静定梁需要考虑梁的变形、列出补充方程，与静力平衡条件联立求解，才能求出全部支反力。

5. 梁弯曲的内力-剪力与弯矩

如图 3-6(a)所示的弯曲梁 AB，在求梁某横截面上的内力时可按以下的步骤进行：

(1)假想切开。即用 n-n 截面将杆件假想地截为两段。如图 3-6(b)、(c)所示，弃去其中的任一段，取另一段为研究对象。

(2)内力代替。即把弃去的部分对留下部分的作用，用内力代替。根据平行力系平衡条件，在留下部分的 n-n 截面上[图 3-6(b)]，只能画出与 y 方向外力相平衡的平行于横截面的内力-剪力 F_s；同时，该截面上还存在与外力相平衡的内力矩-弯矩 M。

(3)平衡定值。即根据研究对象的平衡条件，求出剪力和弯矩的大小和方向。由于整个杆件是平衡的，所以 AC 段也是平衡的。由平衡方程可得：

$$\sum Y = 0 \quad Y_A - P_1 - F_s = 0 \quad F_s = Y_A - P_1$$

$$\sum M = 0 \quad Y_A x - P_1(x-a) - M_x = 0 \quad M_x = Y_A x - P_1(x-a)$$

F_s 是横截面上垂直轴线方向的内力，称为剪力；M_x 是横截面上的内力偶矩，称为弯矩。若取 CB 段为研究对象，同理，计算可得 $M'_x=M_x$，$F'_s=F_s$。显然，同一截面两侧的内力构成作用力和反作用力的关系，因此，取梁截面左侧或右侧，其讨论结果相同。

为了明确表示梁弯曲变形的情况，通常将剪力和弯矩规定正负号。当剪力 F_s 绕截面顺时针为正，逆时针为负，如图 3-7(a)所示；当弯矩 M_x 使轴线产生下凸上凹时为正，上凸下凹时为负，如图 3-7(b)所示。对受力复杂的梁，如同拉压杆、扭转轴的内力求法，可用直接法同时定出截面上 F_s 和 M_x 的数值和符号，归纳如下：

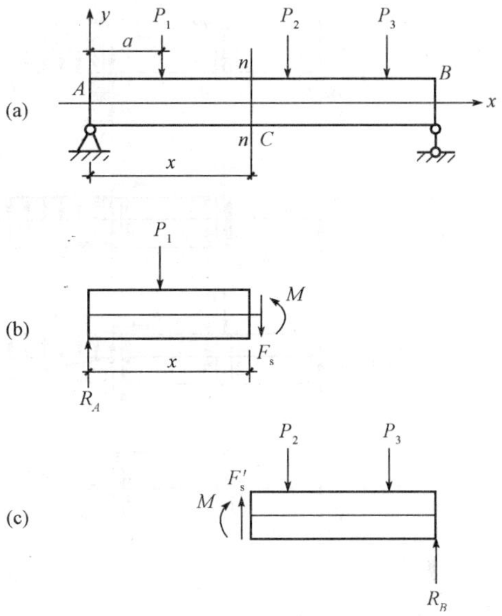

图 3-6　梁弯曲的内力-剪力与弯矩

某截面上的剪力，在数值上等于该截面任一侧所有垂直轴线方向外力的代数和，即

$$F_s=(\text{左或右侧})\sum Y_i \tag{3-4}$$

式中，外力的正负号规定同内力符号的规定一致，仍是顺正逆负。某截面上的弯矩，在数值上等于截面任意一侧所有外力对该截面形心之矩的代数和，即

$$M_x=(\text{左或右侧})\sum M(x)_i \tag{3-5}$$

式中，外力对截面之矩的正负号规定同内力符号的规定一致，即使轴线产生下凸上凹变形为正；反之，为负。对各种变形可直接根据截面一侧外力确定其内力的大小和正负，为此，采用一个刚性屏蔽面把弃去部分给屏蔽起来，对未屏蔽部分进行内力分析，具体应用如图 3-7 所示。

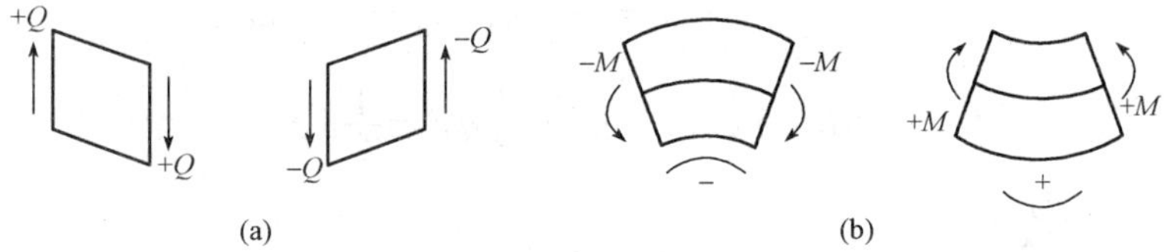

图 3-7　内力分析

【例 3-1】 如图 3-8(a)所示，外伸梁中，载荷均已知，求指定截面上的剪力 F_s 和弯矩 M_x。

【解】 (1)梁的外力分析，求支反力：

由 $\sum M_B=0$，得 $Y_A=\dfrac{3}{4}qa$；

由 $\sum M_A=0$，得 $Y_B=\dfrac{5}{4}qa$。

(2)计算指定截面上的内力。

1-1 截面：取截面的左侧为研究对象，屏蔽杆件 1-1 截面右侧的所有的外力[图 3-8(b)]，根据式(3-4)、式(3-5)即可确定 1-1 截面上的剪力和弯矩。

$$F_{s1}=Y_A=\frac{3}{4}qa \qquad M_1=0\times Y_A=0$$

2-2 截面：同理，将杆件 2-2 截面右侧所有的外力给屏蔽起来[图 3-8(c)]，根据式(3-4)、式(3-5)即可确定 2-2 截面上的剪力和弯矩。

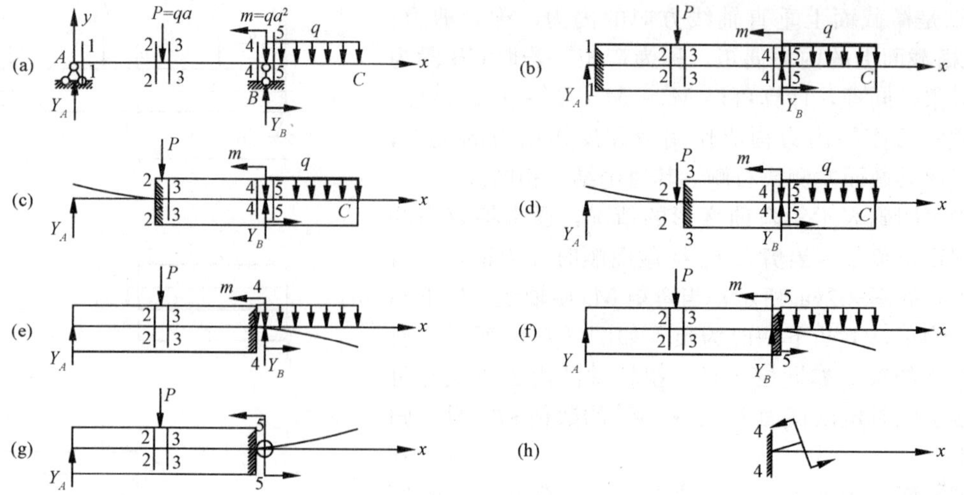

图 3-8　例 3-1 图

$$F_{s2}=Y_A=\frac{3}{4}qa \quad M_2=Y_Aa=\frac{3}{4}qa^2$$

3-3 截面：同理，将杆件 3-3 截面右侧的所有的外力给屏蔽起来，取截面的左侧为研究对象，根据式(3-4)、式(3-5)即可确定 3-3 截面上的剪力和弯矩[图 3-8(d)]。

$$F_{s3}=Y_A-P=\frac{3}{4}qa-qa=-\frac{1}{4}qa \qquad M_3=Y_Aa-P\times0=\frac{3}{4}qa^2$$

4-4 截面。同理，将杆件 4-4 截面左侧的所有的外力给屏蔽起来，取截面的右侧为研究对象，根据式(3-4)、式(3-5)即可确定 4-4 截面上的剪力和弯矩[图 3-8(e)]。

$$F_{s4}=-Y_B+qa=-\frac{5}{4}qa+qa=-\frac{1}{4}qa$$

$$M_4=Y_B\times0+qa^2-\frac{1}{2}qa^2=\frac{1}{2}qa^2$$

5-5 截面[图 3-8(f)]：

$$F_{s5}=qa \qquad M_5=-qa\times\frac{a}{2}=-\frac{1}{2}qa^2$$

关于力偶对截面产生的变形效应如图 3-8(g)、图 3-8(h)所示，对于 5-5 截面而言，图示状态引起正弯矩。

二、轴力图、扭矩图

内力沿轴线变化规律的函数图形，称为内力图。即用与杆件轴线平行的 x 轴表示截面位置，与杆件轴线垂直的轴表示内力值，将正值画在 x 轴的上侧，负值画在 x 轴的下侧。

作图步骤：

(1)外力分析。即求出约束反力后由外力确定变形形式。

(2)选坐标，列内力方程。

(3)根据内力的函数方程作图。

为了简捷、直观、正确地作出内力图，可以假想用一个刚性屏蔽面将杆件的弃去部分屏蔽起来，免去用假想截面将杆件切开的过程，而直接对未屏蔽的部分进行受力分析，这样就可以代替应用截面法烦琐的分析过程。根据未屏蔽部分的外力求出截面上的内力大小及正负。

(一)轴力图

当杆件受到多个沿轴线的外力作用而处于平衡状态时，杆件各横截面上轴力的大小、方向将有差异。为直观地表示各横截面轴力的变化情况，所作出的轴力沿轴线变化的图形称为轴力图。如何使用屏蔽法作轴力图见如下例题。

【例 3-2】 图 3-9 所示为某等直杆受力图，试求其各段轴力并绘出轴力图。

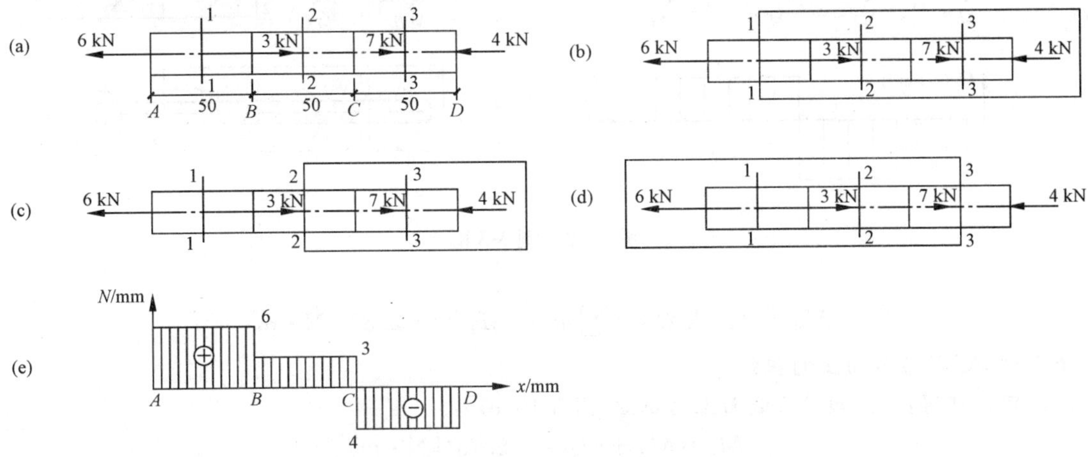

图 3-9 例 3-2 图

【解】 1-1 截面上的轴力。用一个假想刚性屏蔽面将 1-1 截面的以右(或以左)的杆件屏蔽起来[图 3-9(b)]，使用公式：

$$F_N = (\text{左或右侧})\sum X_i \qquad \text{可得} \qquad F_{N1} = 6\ \text{kN}$$

此值表示 AB 段各截面上的轴力，如图 3-9(c)所示。同理可得 BC 段 2-2 截面上的轴力

$$F_{N2} = 6 - 3 = 3(\text{kN})$$

如图 3-9(d)所示，同理，可得 CD 段 3-3 截面上的轴力

$$F_{N3} = -4\ \text{kN}$$

根据 1-1 截面、2-2 截面、3-3 截面上的轴力值，即可作轴力[图 3-9(e)]。

(二)扭矩图

当杆件受到多个绕轴线转动的外力偶矩作用而处于平衡时，杆件各横截面上扭矩的大小、转向将有差异。为直观地表示各横截面扭矩的变化情况，可画出扭矩沿轴线变化的图形，即扭矩图。作图步骤同上，如何使用屏蔽法作扭矩图见例题。

【例 3-3】 如图 3-10 所示的传动轴，$n = 300$ r/min，主动轮 A 输入功率 $P_{kA} = 300$ kW，其他各轮的功率分别为 $P_{kB} = P_{kC} = 90$ kW、$P_{kD} = 120$ kW，试画出扭矩图。

【解】 (1)外力矩的计算。由式(3-2)得：

$$M_{eA} = 9\ 549\frac{P_{kA}}{n}(\text{N}\cdot\text{m}) = 9\ 549\times\frac{300}{300} = 9.50(\text{kN}\cdot\text{m})$$

$$M_{eB} = M_{eC}9\ 549\frac{P_{kB}}{n}(\text{N}\cdot\text{m}) = 9\ 549\times\frac{90}{300} = 2.87(\text{kN}\cdot\text{m})$$

$$M_{eD} = 9\ 549\frac{P_{kD}}{n}(\text{N}\cdot\text{m}) = 9\ 549\times\frac{120}{300} = 3.82(\text{kN}\cdot\text{m})$$

(2)截面上的扭矩计算。1-1 截面上的扭矩：用一个假想刚性屏蔽面将 1-1 截面的以右(或以左)的杆件屏蔽起来[图 3-10(d)]：

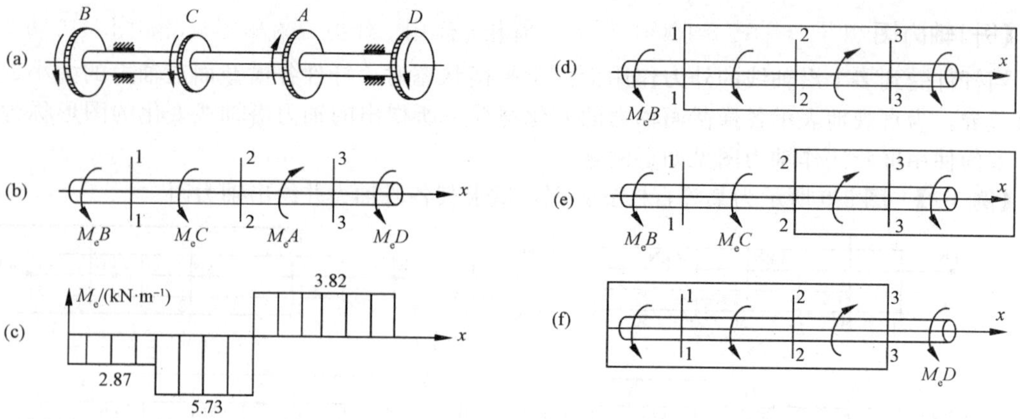

图 3-10　例 3-3 图

$$M_{n1}=(\text{左或右侧})\sum m_i=M_{eB}=-2.87\ \text{kN}\cdot\text{m}$$

此值表示 BC 段各截面上的扭矩。

同理，可得：CA 段 2-2 截面上的扭矩[图 3-10(e)]：

$$M_{n2}=M_{eB}+M_{eC}=-5.73(\text{kN}\cdot\text{m})$$

同理，可得：AD 段 3-3 截面上的扭矩[图 3-10(f)]：

$$M_{n3}=M_{ed}=3.82(\text{kN}\cdot\text{m})$$

根据 1-1 截面、2-2 截面、3-3 截面上的扭矩值，即可作扭矩图[图 3-10(c)]。

三、剪力图和弯矩图

(一)列方程作图

梁在外力作用下，各截面上的剪力和弯矩一般是不相同的，其中弯矩或剪力最大的截面对等截面梁的强度而言是危险截面。剪力最大和弯矩最大的截面一般并不重合。为此，取梁上一点为坐标原点，把距原点为 x 处的任意截面上的剪力和弯矩写成 x 的函数，即 $F_s=F_s(x)$，$M=M(x)$，这样的方程称为剪力方程和弯矩方程。为了直观清楚地显示沿梁轴线方向的各截面剪力和弯矩的变化情况，可根据 $F_s(x)$和 $M(x)$方程按比例描点作图。对剪力图，正值画在轴线的上侧，负值画在轴线的下侧；对弯矩图，正值画在轴线的下侧，负值画在轴线的上侧，即弯矩正向坐标向下。

【例 3-4】 某简支梁 AB[图 3-11(a)]，受均布载荷 q 作用。试作剪力图和弯矩图。

【解】 先求支反力。由平衡方程得 $Y_A=Y_B=\frac{ql}{2}$。取梁左端为原点，用一个距原点 x 的坐标代表截面所在的位置，可写出整根梁的 $F_s(x)$和$M(x)$方程：

$$F_s(x)=Y_A-qx=\frac{ql}{2}-qx \qquad (0\leqslant x\leqslant l)$$

$$M(x)=Y_Ax-(qx)\frac{x}{2}=\frac{qx}{2}(1-x) \qquad (0\leqslant x\leqslant l)$$

显然，$F_s(x)$图是一斜直线如图 3-11(b)所示，当 $x=0$，$F_s=\frac{ql}{2}$；当 $x=l$ 时，$F_s=-\frac{ql}{2}$；F_s 图在跨中与 x 轴相交。$M(x)$图是二次抛物线，如图 3-11(c)所示，$x=0$ 时，$M=0$，当 $x=l$ 时，$M=0$；跨中处 $x=\frac{l}{2}$，得 $M_{\max}=\frac{ql^2}{8}$，即 $F_s=0$ 的截面上出现最大弯矩。

【例 3-5】 悬臂梁 AB[图 3-12(a)]受分布荷载 q 作用。作剪力图和弯矩，如图 3-12(b)、(c)所示(分析过程简略)

$$F_s = -qx \qquad (0 \leqslant x \leqslant l)$$

$$M(x) = -\frac{qx^2}{2} \qquad (0 \leqslant x \leqslant l)$$

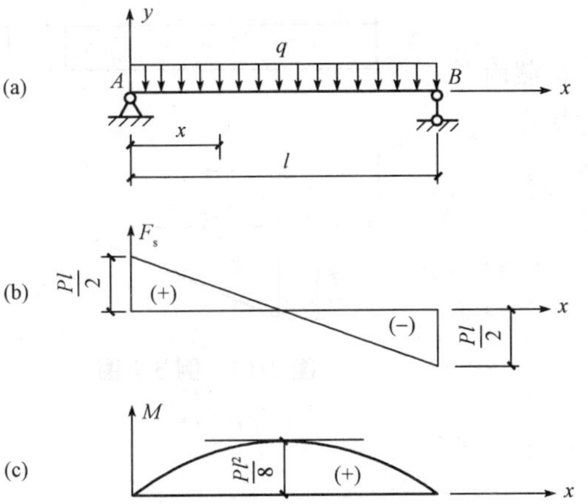

图 3-11 例 3-4 图

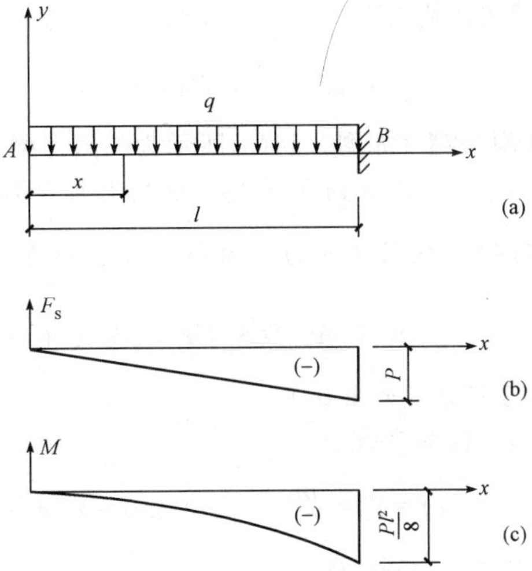

图 3-12 例 3-5 图

【例 3-6】 简支梁 AB[图 3-13(a)]受一集中力作用。作剪力图和弯矩图。

【解】 先求支反力。由平衡方程得 $Y_A = \frac{Pb}{l}$，$Y_B = \frac{Pa}{l}$。由于 AC 段和 CB 段受力不同，P 力左侧和右侧梁段的剪力和弯矩方程不同，故 $F_s(x)$ 和 $M(x)$ 方程应分段写出。

AC 段($0 \leqslant x \leqslant a$)：

以左侧梁段为研究对象：

$$F_s(x) = Y_A = \frac{Pb}{l} \qquad M(x) = Y_A x = \frac{Pb}{l}x$$

CB 段($a \leqslant x \leqslant l$)：

以左侧梁段为研究对象：

$$F_s(x) = Y_A - P = -\frac{Pa}{l}$$

$$M(x) = Y_A x - P(x-a) = \frac{Pa}{l}x$$

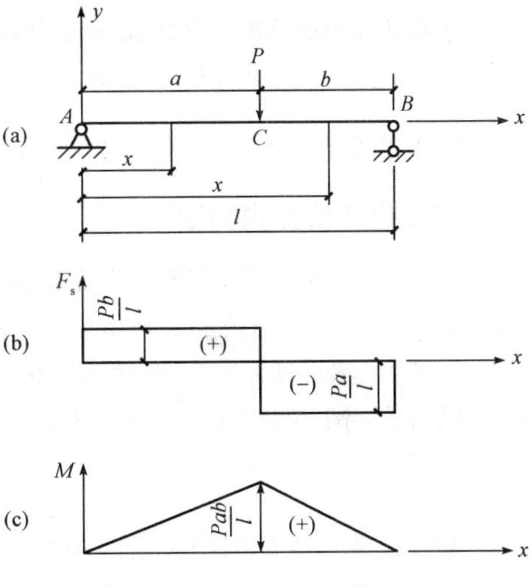

图 3-13 例 3-6 图

如以右侧梁段为研究对象，有

$$F_s(x) = -Y_B = -\frac{Pa}{l}$$

$$M(x) = Y_B(l-x)x = \frac{Pa}{l}x$$

根据方程描点作出的剪力图和弯矩图如图 3-13(b)和图 3-13(c)所示。在 BC 段上取截面左侧或右侧梁段为研究对象均给出相同的结果，但以右侧梁段为研究对象较为简单方便。集中力作用处，$F_s(x)$图发生突变，突变的绝对值等于该集中力的大小；M图在此处发生转折。设$a>b$，则绝对值最大的剪力发生在P的右侧一段内，发生在$x=a$的截面内。弯矩最大值在P力作用的截面上。

$$F_{smax}=\frac{pa}{l}\text{；}M_{max}=\frac{pab}{l}$$

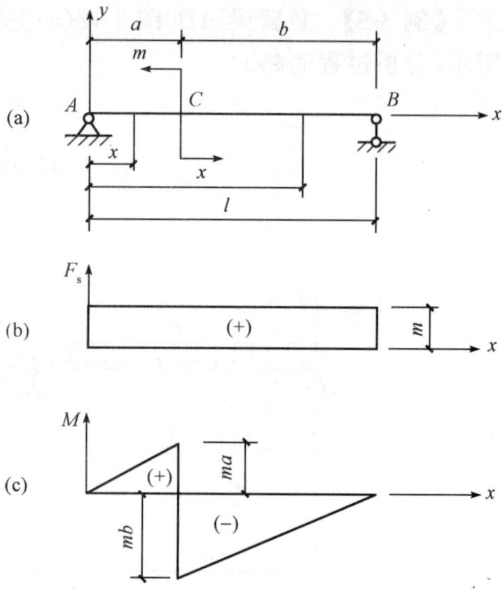

图 3-14 例 3-7 图

【例 3-7】 如图 3-14(a)所示为一简支梁，在C截面处受一个集中力偶m的作用，试绘出剪力图的弯矩图。

【解】 先求支反力。由平衡方程得 $Y_A=\frac{m}{l}$（↑），$Y_B=\frac{m}{l}$（↓）。由于AC段和CB段受力不同，$F_s(x)$和$M(x)$方程分段列出如下：

AC段（$0\leqslant x\leqslant a$）

$$F_s(x)=Y_A=\frac{m}{l}\qquad M(x)=Y_Ax=\frac{m}{l}x$$

CB段（$a\leqslant x\leqslant l$）：

$$F_s(x)=Y_B=\frac{m}{l}\qquad M(x)=-Y_B(l-x)$$

根据$F_s(x)$和$M(x)$方程描点绘出的剪力图和弯矩图如图 3-14(b)、图 3-14(c)。由图 3-14(b)、图 3-14(c)可知，集中力偶不影响$F_s(x)$图；但$M(x)$图在集中力偶作用处有突变，突变的绝对值等于该集中力偶的大小。设$a<b$，$M_{max}=\frac{mb}{l}$发生在集中力偶作用的稍右截面上。

(二)叠加法作内力图

1. 根据典型载荷的弯矩图进行叠加

下面举例说明用叠加法作$M(x)$图的过程。

如图 3-15(a)所示，简支梁AB受均布载荷作用，并在B端有一集中力偶m作用，在这两种载荷同时作用下梁左端的支反力为：

$$Y_A=\frac{1}{2}ql+\frac{m}{l}$$

上式说明：支反力中包括两项，分别代表每一种载荷的作用。因此，在小变形条件下，可以先求均布载荷q单独作用时的支反力，再求力偶m单独作用时的支反力，然后叠加。

这种分别求出各外力的单独作用结果，然后再叠加出共同作用结果的方法称为叠加法。

在力学计算中经常用到叠加法，但其前提是小变形和线弹性条件下(即梁在外力作用其跨度的改变可以忽略)，当梁上同时作用几个载荷时，各个载荷所引起的支反力和内力都只与相应的载荷有关，各自独立、互不影响。若梁在外力作用下跨度改变较大时(不能忽略)，应用叠加法将带来较大误差。

根据叠加法原理，如图 3-15(a)所示的简支梁可视为分别承受均布载荷q和集中力偶m作用，即图 3-15(a)可视为图 3-15(b)加图 3-15(c)；分别作出图 3-15(b)的弯矩图[图 3-15(e)]和图 3-15(c)的弯矩图[图 3-15(f)]；图 3-15(e)和图 3-15(f)几何叠加，得到图 3-15(a)的弯矩图[图 3-15(d)]。

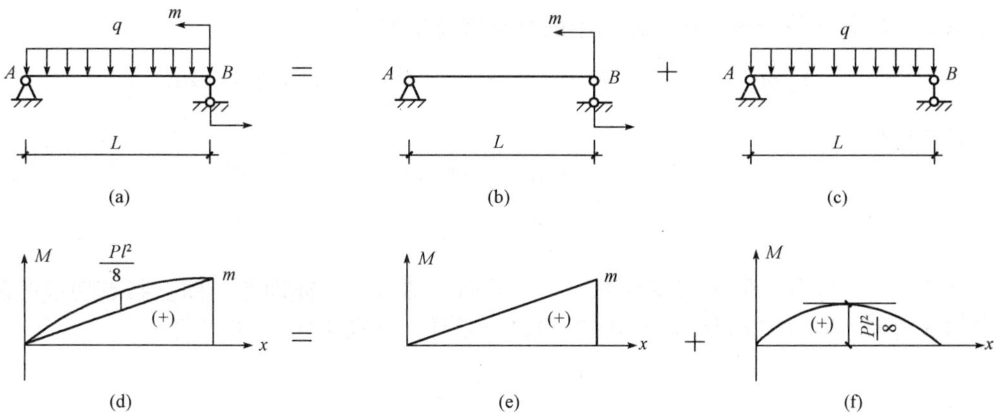

图 3-15　叠加法作内力图

当梁的载荷比较复杂时，用叠加法较方便，特别是载荷可以分解为几种常见的典型载荷，而典型载荷的弯矩图已经熟练掌握的情况，用叠加法尤为方便实用。作剪力图也可以用叠加法，但因剪力图一般比较简单，所以叠加法用得较少。

利用上述关于内力图的特性和弯矩图的叠加法，可将梁弯矩图的一般作法归纳如下：除悬臂梁外，一般应首先求出梁的支座反力，选定外力的不连续点(如集中力作用点、集中力偶作用点、分布荷载的起点和终点、支座处等)为控制截面，求出控制截面的弯矩值。分段画弯矩图。当控制截面间无荷载时，根据控制截面的弯矩值，联成直线弯矩图。当控制截面间有荷载作用时，根据区段叠加法作弯矩图。

(三)剪力、弯矩力和分布载荷集度之间的微分关系

分布载荷、剪力和弯矩之间存在着一定的关系，下面将讨论它们之间的关系。

设在梁上有任意分布的载荷 $q(x)$，如图 3-16(a)所示，现从梁上取出一段长度为 $\mathrm{d}x$ 的单元体[图 3-16(b)]，由于 $\mathrm{d}x$ 可按均布载荷处理，为了避免符号上的混乱，假定 q(向上为正)和截面上的 F_s、M 均为正。考虑到单元体右侧与左侧截面之间有一微小距离 dx，若左侧截面上的剪力、弯矩为 $F_s(x)$和 $M(x)$，则右侧截面上的剪力和弯矩有一微小变化，应为 F_s+dF_s 和 $M+dM$。根据单元体的平衡条件：由 $\sum Y=0$ 得出：

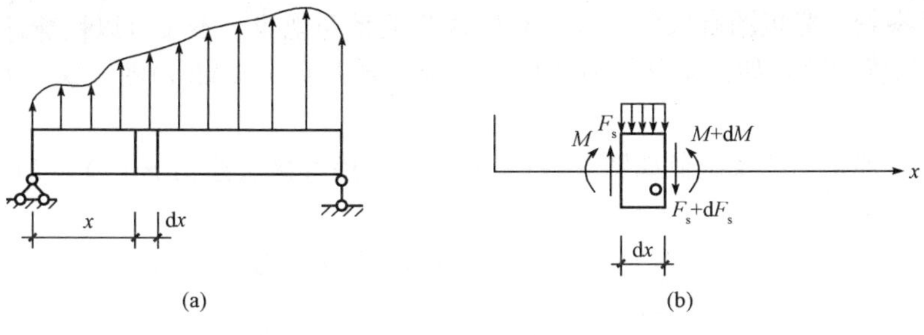

图 3-16　单元体上的载荷

$$F_s-(F_s+\mathrm{d}F_s)+q(x)dx=0$$

即
$$q(x)\mathrm{d}x-\mathrm{d}F_s=0$$

故
$$\frac{\mathrm{d}F_s}{\mathrm{d}x}=q(x) \tag{3-6}$$

上试说明，剪力对截面位置坐标 x 的导数等于同一截面上的分布载荷集度。就是说，剪力图上某点切线的斜率等于该点相应截面上的分布载荷集度 $q(x)$。

由 $\sum m_O=0 \quad M+F_s\mathrm{d}x-[q(x)\mathrm{d}x]\dfrac{\mathrm{d}x}{2}-(M+\mathrm{d}M)=0$

略去二阶微量得

$$F_s\mathrm{d}x-\mathrm{d}M=0$$

由此

$$\frac{\mathrm{d}M}{\mathrm{d}x}=F_s(x) \tag{3-7}$$

即弯矩对截面位置坐标 x 的导数等于同一截面上的剪力。亦即弯矩图上某点切线的斜率等于该点相应截面上的剪力 $F_s(x)$。将式(3-7)对 x 求导，并利用式(3-6)可得

$$\frac{\mathrm{d}^2M}{\mathrm{d}x^2}=\frac{\mathrm{d}F_s}{\mathrm{d}x}=q(x) \tag{3-8}$$

即弯矩对截面位置坐标 x 的二阶导数等于梁在该截面的分布载荷集度。亦即弯矩图斜率的变化与 $q(x)$有关，若 $q(x)$为正值，即$\dfrac{\mathrm{d}^2M}{\mathrm{d}x^2}=q(x)>0$，$M(x)$图为上凸曲线(碗口朝下)，反之，若 $q(x)<0$，$M(x)$图为下凸曲线(碗口朝上)。

上述 $q(x)$、$F_s(x)$和 $M(x)$之间的微分关系给出了 $F_s(x)$和 $M(x)$为连续曲线时三者之间的关系。

以上三式就是 $M(x)$和 $F_s(x)$为连续曲线时弯矩、剪力和载荷集度之间的微分关系。式中内力符号按前述规定采用，$q(x)$取向上为正，x 的方向应取向右为正。

前述的例题中还发现：除了连续曲线条件下的微分关系之外，$F_s(x)$和 $M(x)$图在下列情况下将发生不连续、出现突变：集中力作用的截面处 $F_s(x)$图发生突变，$M(x)$出现转折；集中力偶作用的截面处 $M(x)$图发生突变，$F_s(x)$图无变化。

综合考虑微分关系，可得到下述作图规律：

(1)对剪力图，有均布荷载 q 就有斜直线，当 $q\downarrow$ 时，剪力 $F_s(x)$斜线为“\”，当 $q\uparrow$ 时，剪力 $F_s(x)$的斜线“/”，有集中力就有突变，突变值等于集中力，有集中力偶，在集中力偶作用处其剪力值不变。

(2)对弯曲矩图，有均布荷载就有抛物线，当 $q\downarrow$ 时，弯矩(M)的图形∪，当 $q\uparrow$ 时，M 图形为∩，有集中力就有转折点，集中力处两侧的弯矩值不变，有集中力偶矩就有突变，突变值等于集中力偶矩。

(3)剪力等零处，弯矩图有极值。综合利用这些关系和规律，不仅可以快捷地检验绘出的 $F_s(x)$和 $M(x)$图正确与否，如熟练掌握后还可以直接绘制 $F_s(x)$和 $M(x)$图。这一方法在工程实际中广泛应用。

【例 3-8】 外伸梁 AD 及载荷如图 3-17(a)所示，试用直接法绘出 $F_s(x)$和 $M(x)$图。

【解】 (1)求支反力。

由 $\sum m_A=0$ 得 $Y_B=74$ kN

由 $\sum m_B=0$ 得 $Y_A=36$ kN

(2)作 $F_s(x)$图 AC 段：$q=0$，$F_s(x)$图为水平直线；CB 段：$q<0$，$F_s(x)$图为向右下倾斜的直线；BD 段也是向右下倾斜的直线。这样，只要求出下列几个数值就可作出 $F_s(x)$图。

AC 段内：$F_s=36$ kN；

B 点稍左，$F_s=36-10\times8=-44$(kN)；

B 点稍右，$F_s=36-10\times8+74=30$(kN)；

D 点稍左，$F_s=36-10\times8+74-10\times2=10$(kN)。

根据这些数据和图形规律，即可作出 F_s 图[图 3-17(b)]。

(3)作 $M(x)$ 图。由 $F_s(x)$ 图知：在弯矩图中，AC 段是向右上倾斜的直线，CB 和 BD 段都是碗口朝上的曲线，只要求出下列几个数据，根据图形规律就可画出 $M(x)$ 图[图 3-17(c)]。

C 点稍左：

$$M=Y_A\times2=36\times2=72(\text{kN}\cdot\text{m})$$

C 点稍右：

$$M=Y_A\times2-m=36\times2-80=-8(\text{kN}\cdot\text{m})$$

B 点：

$$\begin{aligned}M&=Y_A\times10-m-q\times8\times\frac{8}{2}\\&=36\times10-80-10\times8\times4\\&=-40(\text{kN})\end{aligned}$$

值得注意的是，在 $x=5.6$ m 处，$F_s=0$，此截面内的 M 达到 CB 段内的极值：$M=(36\times5.6-80-10\times3.6\times\frac{3.6}{2})=57(\text{kN}\cdot\text{m})$。

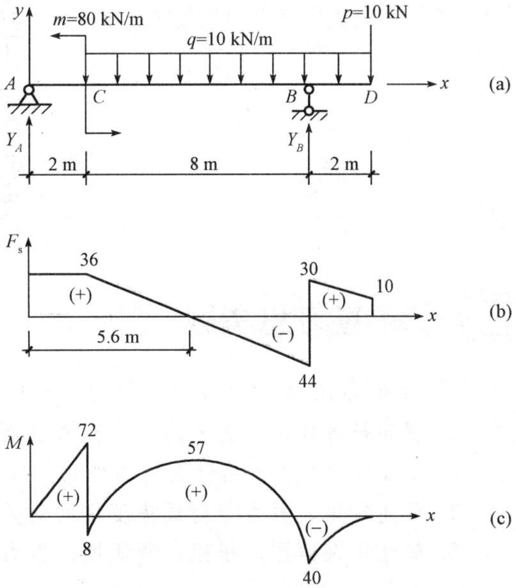

图 3-17 例 3-8 图

应该指出：BC 段和 CD 段内 $M(x)$ 均为二次抛物线，照理应有多个数值才能描出曲线，但从强度和刚度计算的观点，最关心的是曲线的凸向和极值，这就简化了作图的过程。

综合考察全梁，$|F_s|_{max}=44$ kN，发生在 B 点稍左的截面上；$|M|_{max}=72$ kN·m，发生在 C 点稍左的截面上。

本节小结

(1)轴向拉(压)杆横截面上的轴力在数值上等于截面任意一侧轴向外力的代数和，使截面受拉的内力为正，受压的内力为负。

$$F_N=(\text{左或右侧})\sum X_i$$

(2)扭转轴某截面上的扭矩，在数值上等于截面任意一侧外力偶矩的代数和，正负号规定由右手定则确定。有表达式：

$$M_n=(\text{左或右侧})\sum m_i$$

(3)弯曲梁上某截面的剪力，在数值上等于该截面任一侧所有垂直轴线方向外力的代数和，即

$$F_s=(\text{左或右侧})\sum Y_i$$

当剪力 F_s 绕截面顺时针为正，逆时针为负。

弯曲梁上某截面的弯矩，在数值上等于截面任意一侧所有外力对该截面形心之矩的代数和，即

$$M_x=(\text{左或右侧})\sum M(x)_i$$

使轴线产生下凸上凹变形为正，反之为负。

(4)剪力、弯矩力和分布载荷集度之间的微分关系：

$$\frac{dF_s}{dx}=q(x)$$

$$\frac{dM}{dx}=F_s(x)$$

$$\frac{d^2M}{dx^2}=\frac{dF_s}{dx}=q(x)$$

复习思考题

1. 轴向拉(压)杆件作用什么样的外力？横截面上产生什么样的内力？正、负号如何定义？
2. 扭转杆件作用什么样的外力？横截面上产生什么样的内力？正、负号如何定义？
3. 平面弯曲杆件作用什么样的外力？横截面上产生什么样的内力？正、负号如何定义？
4. 简述弯矩、剪力与荷载集度之间的关系。
5. 简述作轴力图、扭矩、弯矩图、剪力图的规律。

思考与练习

1. 如图 3-18 所示，试用截面法求指定截面轴力，并作轴力图。

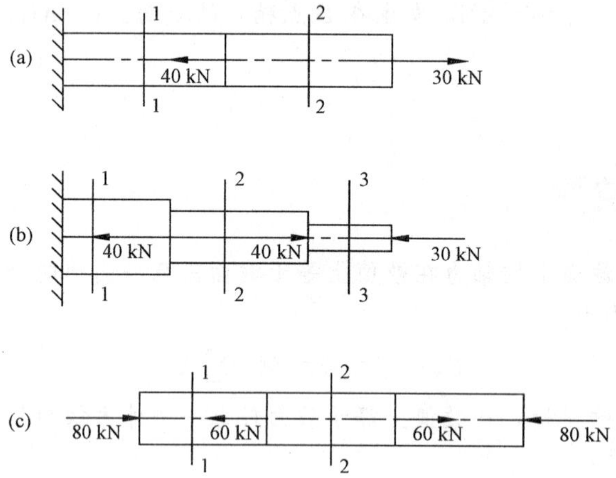

图 3-18 题 1 图

2. 绳子的受力情况如图 3-19 所示，$P_1=400$ N、$P_2=360$ N、$P_3=300$ N、$P_4=360$ N、$P_5=320$ N、$P_6=380$ N，试作绳子的轴力图。

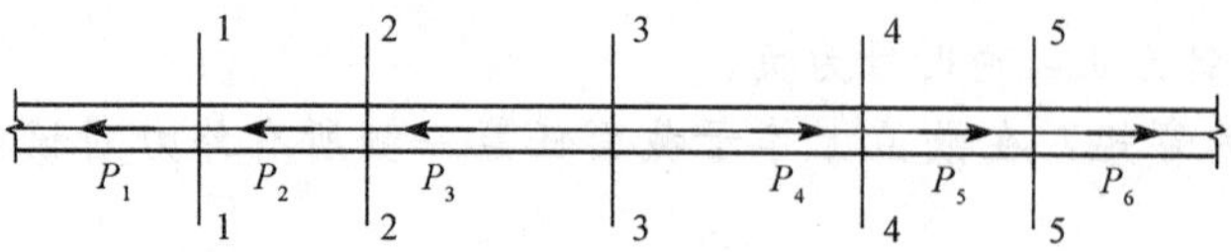

图 3-19 题 2 图

3. 作如图 3-20 所示轴的扭矩图，$m=40$ N·m。

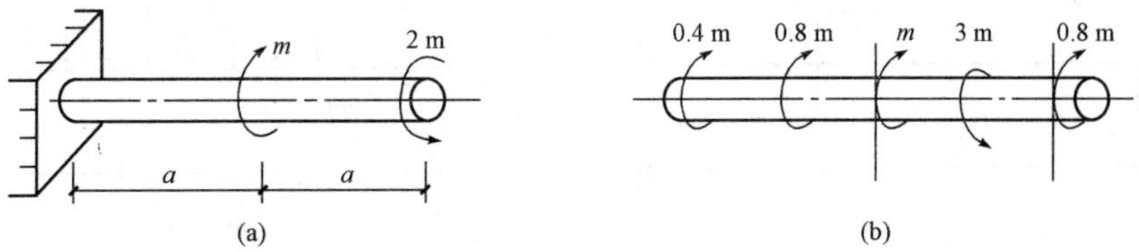

图 3-20　题 3 图

4. 试求如图 3-21 所示梁指定截面上的内力，即剪力和弯矩。

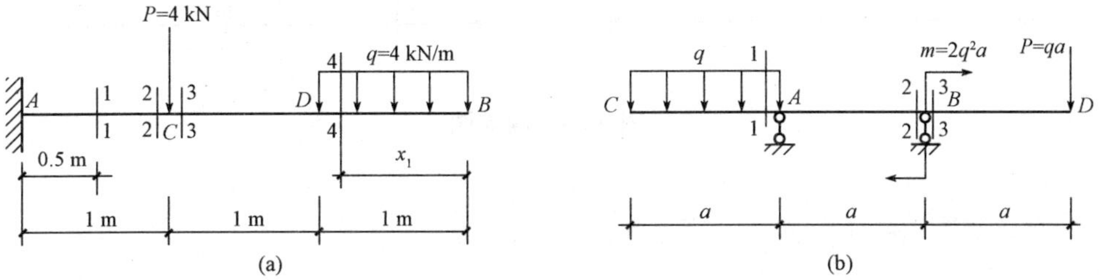

图 3-21　题 4 图

5. 列出如图 3-22 所示梁 $F_s(x)$、$M(x)$的方程，作出 $F_s(x)$、$M(x)$图。

6. 用直接控制截面和叠加法绘制下列各梁的弯矩图。

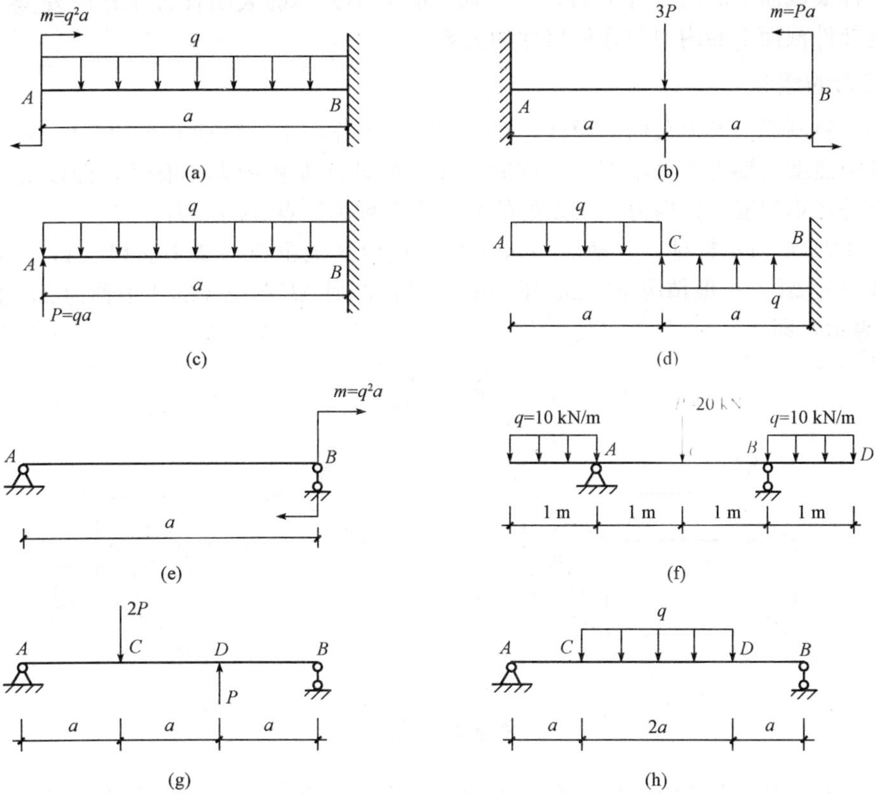

图 3-22　题 5 图

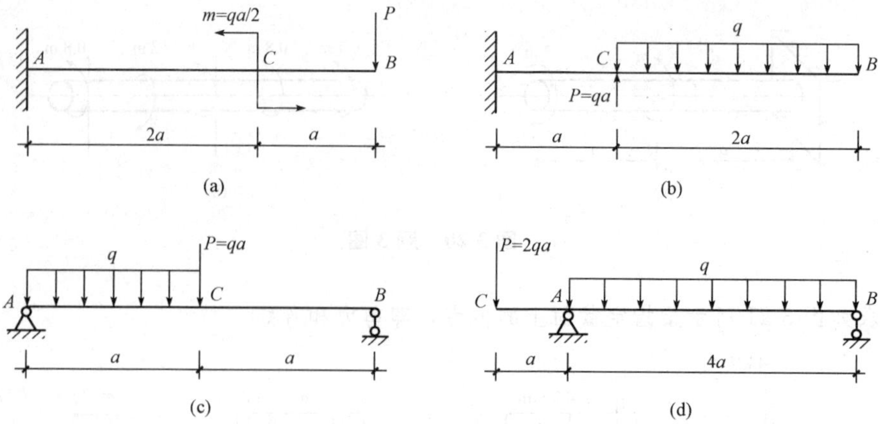

图 3-23　题 6 图

第二节　构件的应力和变形

一、轴向拉压杆横截面上的应力和变形

拉(压)杆横截面上的内力为轴力，但是轴力的大小并不能表明杆件工作时安全可靠，还需进一步研究杆件截面上的内力与几何尺寸的关系。

(一)应力的概念

用相同材料制成不同横截面的两杆，在相同拉力的作用下，横截面小的杆件必然先被拉断。这说明，杆的强度与轴力的大小有关，同时，还与横截面面积的大小有关，即取决于内力在横截面上分布的密集程度。把内力在某点处的分布集度称为该点处的应力。

研究图 3-24(a)所示杆件，在截面 m-m 上任一点 O 的周围取一微小面积 ΔA，设在 ΔA 上分布内力的合力为 ΔF，一般情况下，ΔF 不与截面垂直，则 ΔF 与 ΔA 的比值称为 ΔA 上的平均应力，用 p_m 表示，即

$$p_m=\frac{\Delta F}{\Delta A}$$

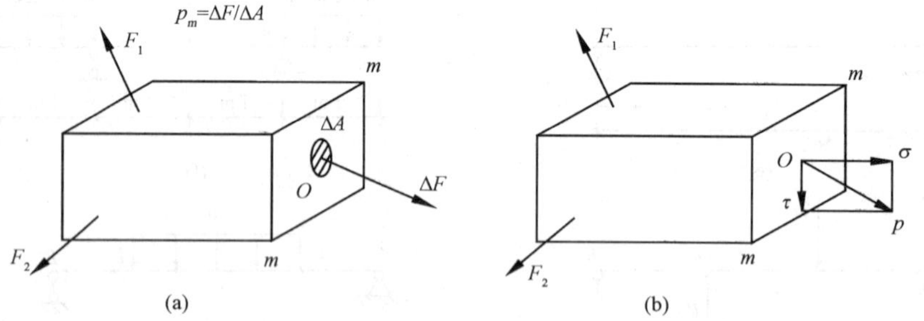

图 3-24　应力

一般情况下，内力在截面上的分布并不均匀，为了更真实地描述内力的实际分布情况，应使 ΔA 面积缩小并趋近于零，则平均应力 p_m 的极限值称为 m-m 截面上 O 点处的全应力，并用 p 表示，即

$$p=\lim_{\Delta A\to 0}\frac{\Delta F}{\Delta A}=\frac{dF}{dA}$$

全应力 p 是一个矢量，使用时常将其分解成与截面垂直的分量 σ 和与截面相切的分量 τ，称垂直截面的应力 σ 为正应力，沿着截面的应力 τ 为切应力。如图 3-24(b)所示。

在我国的法定计量单位中，应力的单位为 Pa(帕)，1 Pa＝1 N/m^2，在实际工作中，这一单位太小，常用 MPa(兆帕)和 GPa(吉帕)，其关系为 1 MPa＝1 $N/mm^2=10^6$ Pa，1 GPa＝10^9 Pa＝10^3 MPa。

(二)拉压横截面上的正应力

为了求得横截面上任意一点的应力，必须了解内力在横截面上的分布规律，为此需通过变形试验来研究。

取一等截面直杆，在杆上画出与杆轴线垂直的横向线 ab 和 cd，再画上与杆轴线平行的纵向线[图 3-25(a)]，然后沿杆的轴线作用拉力 F，使杆件产生拉伸变形。此时可以观察到：横向线在变形前后均为直线，且都垂直于杆的轴线，只是间距增大；纵向线在变形前后亦是直线但间距减小，所有正方形的网格均变成大小相同的长方形。

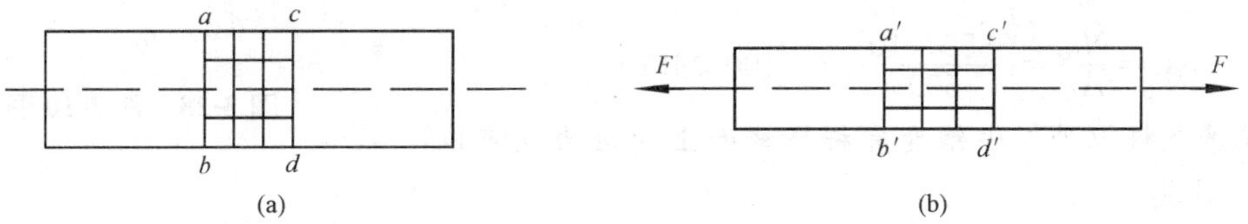

图 3-25　杆件的变形

根据上述现象，通过由表及里的分析，可作如下假设：变形前的横截面，变形后仍为平面，仅沿轴线产生相对平移，仍与杆的轴线垂直，这个假设称为平面假设。平面假设意味着拉杆的任意两个截面之间所有纵向线段的变形相同。由材料的均匀连续性假设，可以推断出拉压杆的内力在横截面上是均匀分布的，即横截面上各点处的应力大小相等，其方向与 F_N 一致，垂直于横截面，因此，拉压杆横截面上只有均匀分布的正应力，没有剪应力(图 3-26)，其计算公式为

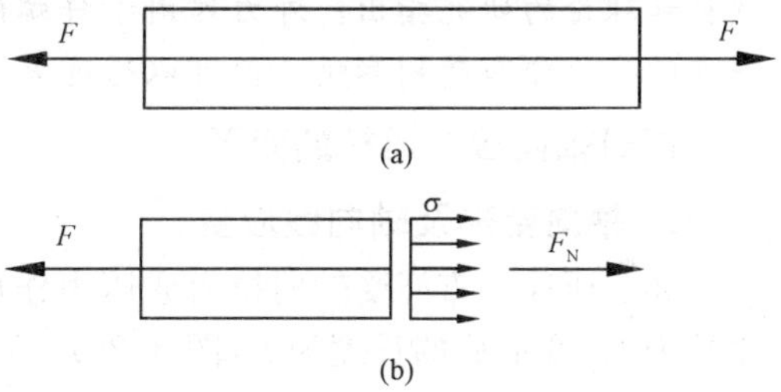

图 3-26　杆件上的正应力

$$\sigma=\frac{F_N}{A} \tag{3-9}$$

【例 3-9】 中间开槽的直杆[图 3-27(a)]，承受轴向载荷 $F=10$ kN 的作用力，已知 $h=25$ mm，$h_0=10$ mm，$b=20$ mm。试求杆内的最大正应力。

【解】 1)计算轴力。用截面法求得杆中各处的轴力

$$F_N=-F=-10\ \text{kN}$$

2)求横截面面积。由[图 3-27(b)]可得，A_2 较小，故中段正应力较大：

$$A_2=(h-h_0)b=(25-10)\times 20=300(\text{mm}^2)$$

3)计算最大正应力：

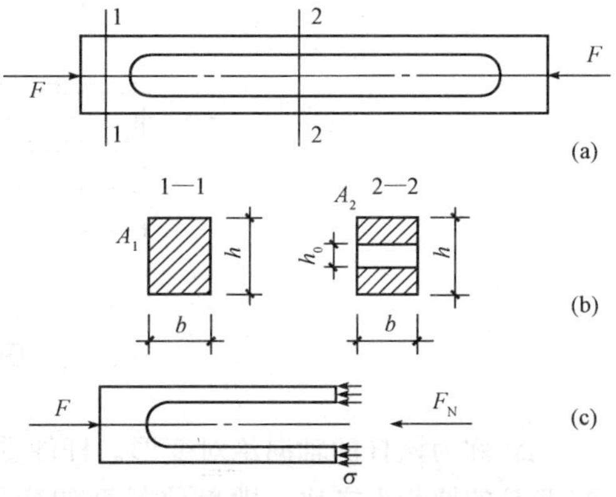

图 3-27　例 3-9 图

$$\sigma_{max}=\frac{F_N}{A_2}=-\frac{10\times10^3}{300}(N/mm^2)=-33.3\ MPa$$

负号表示其应力为压应力。

【例 3-10】 有阶梯杆如图 3-28 所示。设 AC 段的横截面面积为 $A_1=800\ mm^2$，CD 段的横截面面积为 $A_2=500\ mm^2$，试求各段横截面上的应力。

【解】 (1)求轴力应用屏蔽法将 1-1 截面左侧部分去掉，根据右侧部分上的轴向外力直接可得：

$N_1=-50$ kN　　同理，可得　$N_2=70$ kN

据此，可作出全杆的轴力图，如图 3-28(b)所示。

(2)求应力：注意到由于 BD 段杆的横截面面积有变化，所以，虽然轴力相等，但应力不等。

$$\sigma_{AB}=\frac{N_{AB}}{A_1}=\frac{70\times10^3}{800}=87.5(MPa)$$

$$\sigma_{BC}=\frac{N_{BD}}{A_1}=\frac{-50\times10^3}{800}=-62.5(MPa)$$

$$\sigma_{CD}=\frac{N_{BD}}{A_2}=\frac{-50\times10^3}{500}=-100(MPa)$$

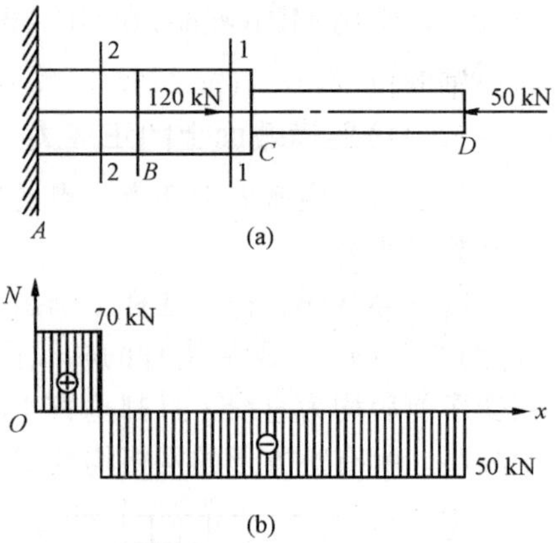

图 3-28　例 3-10 图

除了等直杆以外，小锥度直杆横截面上的应力也可以用式(3-9)计算。

以上拉压杆横截面上正应力的计算公式是在平面假设的基础上推导的。实际上，在外力作用点附近的区域，由于加载方式的不同，横截面上应力的分布并非均匀，也不一定只有正应力。试验和理论的研究指出：外力作用于杆端的方式不同，只会使杆端的距离不大于横向尺寸的范围内的应力分布受到影响。但可以通过加大端部横截面等方法来解决。

(三)轴向拉、压杆的变形

1. 轴向变形及轴向线应变

如前所述，直杆受轴向拉力或压力作用时，杆件会产生沿轴线方向的伸长或缩短。设杆的原长为 l，变形后的长度为 l_1(图 3-29)。则杆长的变形量：

$$\Delta l=l_1-l$$

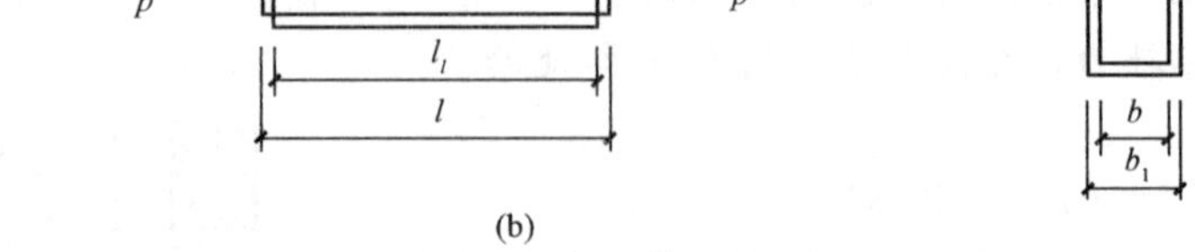

图 3-29　杆件受力

Δl 称为该杆的轴向绝对变形。杆件受拉时，Δl 为正值；杆件受压时，Δl 为负值。轴向变形 Δl 与杆的原长 l 之比，即单位长度的变形称为轴向相对变形，亦称横向线应变，用符号 ε 表

示。即

$$\varepsilon=\frac{\Delta l}{l} \tag{3-10}$$

式中，ε 是一个无量纲的量，其正负号与 Δl 一致。

2. 横向变形及横向变形系数

$$\Delta b=b_1-b$$

轴向拉(压)杆在轴向伸长(缩短)的同时，也要发生横向尺寸的减小(增大)。设杆件原横向尺寸为 b，则其相应地发生横向绝对变形，则杆件的横向线应变为

$$\varepsilon'=\frac{\Delta b}{b} \tag{3-11}$$

式中，ε'的正负与 Δb 一致。

试验表明，在弹性范围内 ε'与 ε 之比的绝对值 μ 为一个常数，这是一个无量纲的数，称为横向变形系数或泊松比：

$$\mu=\left|\frac{\varepsilon'}{\varepsilon}\right| \tag{3-12}$$

考虑到 ε'与 ε 的正负号总是相反的，故有

$$\varepsilon'=-\mu\varepsilon \tag{3-13}$$

一些材料的 μ 值见表 2-1。

3. 胡克定律

试验证明，在线弹性范围内，轴向拉(压)杆的伸长(缩短)与轴力 F_N 及杆长 l 成正比，而与杆的横截面面积成反比。即

$$\Delta l\propto\frac{F_N l}{A}$$

引进比例常数 E，得

$$\Delta l=\frac{F_N l}{EA} \tag{3-14}$$

式中，E 称为材料的拉压弹性模量，其量纲及单位均与应力相同。常用材料的 E 值参见表 3-1。

表 3-1　常用材料的 E、μ 值

材　　料	$E/(10^5\ \text{MPa})$	μ
低碳钢	1.96～2.16	0.24～0.28
16Mn 钢	1.96～2.16	0.25～0.30
合金钢	1.86～2.06	0.25～0.30
灰铸铁	0.785～1.57	0.23～0.27
球墨铸铁	1.5～1.8	0.25～0.29
铜及其合金	0.725～1.27	0.31～0.42
铝及硬铝合金	0.71	0.32～0.36

弹性模量 E 和横向变形系数 μ 是材料两个最基本的弹性常数。

式(3-14)表明，F_N、l 不变的情况下，EA 的乘积越大，Δl 越小。因此，EA 的乘积反映了杆件抵抗弹性变形能力的大小，故称为杆件的抗拉(压)刚度。

将式(3-14)的两端同时除以 l，由式(3-9)和式(3-10)可知$\frac{\Delta l}{l}=\varepsilon$ 和$\frac{F_N}{A}=\sigma$，即可得

$$\varepsilon=\frac{\sigma}{E} \tag{3-15}$$

式(3-14)、式(3-15)是胡克定律的两种不同表达形式。在线弹性范围内，应力与应变成正比。

【例 3-11】 如图 3-30 所示，等直圆横截面杆 AC，已知 $d=10$ mm，$l_1=l_2=100$ mm，$P=5$ kN，材料为 45 号钢，其拉压弹性模量为 $E=2.1\times10^5$ MPa，试求杆的总伸长。

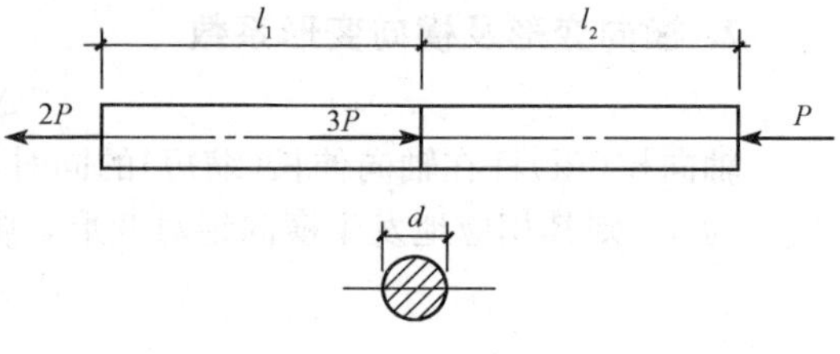

图 3-30　例 3-11 图

【解】 (1)求轴力。利用屏蔽法直接可求得 AB 和 BC 段的轴力为

$$F_{N1}=2P=10\ \text{kN}\quad(拉)$$

$$F_{N2}=-P=-5\ \text{kN}\quad(压)$$

(2)分别求 AB 和 BC 段的轴向变形：

$$\Delta l_1=\frac{F_{N1}l_1}{EA}=\frac{10\times10^3\times100}{2.1\times10^5\times\frac{\pi\times10^2}{4}}\approx0.06(\text{mm})$$

$$\Delta l_2=\frac{F_{N2}l_2}{EA}=\frac{-5\times10^3\times100}{2.1\times10^5\times\frac{\pi\times10^2}{4}}\approx-0.03(\text{mm})$$

(3)求 AC 杆的总伸长：

$$\Delta l=\Delta l_1+\Delta l_2=0.06-0.03=0.03(\text{mm})$$

即 AC 杆伸长了 0.03 mm。

二、扭转轴横截面上的应力和变形

(一)薄壁圆筒的扭转

1. 薄壁圆筒扭转时的应力与变形

图 3-31(a)表示一等厚薄壁圆筒。受扭前在其表面上用圆周线和纵向线画成方格，然后在两端加外力偶矩 M_e，从圆筒发生的扭转变形可知：①各圆周线的形状、大小、间距均无改变，只是绕轴线发生了相对转动；②各纵向线都向相同方向倾斜了同一微小角度 γ，方格歪斜成了菱形，如图 3-31(b)所示。

用相距 dx 的两个横截面截取出一圆环，如图 3-31(c)所示。由于两圆周线的相对转动，原来的方格歪斜成菱形。角度 γ 就是原矩形的直角改变量，这种直角改变量称为剪应变。

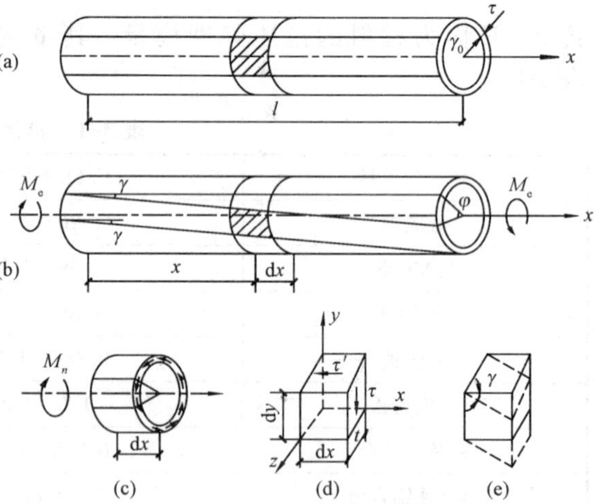

图 3-31　薄壁圆筒

根据以上变形现象可以推论：①由垂直半径的矩形对边发生相对错动，产生了剪应变。说明横截面上必然存在剪应力 τ；②由于各圆周线的形状、大小和间距不变，说明横截面上的剪应力必然垂直于半径，且无正应力。又因管壁很薄，可以认为剪应力沿壁厚均匀分布。

在横截面上取一微面积 $dA=t\gamma_0 d\varphi$，作用在其上的微内力为 τdA，它对 x 轴之矩为 $\tau\gamma_0 dA$。

由静力学知，整个横截面上的微内力矩之和等于该面上的扭矩 M_n，即

$$M_n=\int_A \tau\gamma_0 \mathrm{d}A=\int_0^{2\pi}\tau t\gamma_0^2 \mathrm{d}\varphi=2\pi\gamma_0^2 t\tau$$

于是薄壁圆筒扭转时横截面上的剪应力计算公式为

$$\tau=\frac{M_n}{2\pi\gamma_0^2 t} \tag{3-16}$$

式中，M_n 为横截面上的扭矩，r_0 为薄壁圆筒的平均半径，t 为壁厚。从图 3-31(b)中可见，在小变形的情况下，剪应变为：

$$\gamma=\tan\gamma=\frac{r_0\varphi}{l} \tag{3-17}$$

式中，φ 为两端面的相对扭转角，l 为圆筒长度。

2. 剪应力互等定理

以相距 $\mathrm{d}x$ 的两个横截面和两个相距 $\mathrm{d}y$ 的径向纵截面从圆筒上截取一个微小单元体，它在三个方向的尺寸分别为 $\mathrm{d}x$、$\mathrm{d}y$、t，放大后如图 3-31(d)所示。单元体的左右两侧面是薄壁圆筒横截面的一部分，故在这两个侧面上只有剪应力而并无正应力。两个面上的剪应力数值相等、方向相反，于是两个面上的剪力组成了一个力偶，其力偶矩为$(\tau t\mathrm{d}y)\mathrm{d}x$。因为单元体是平衡的，由 $\sum X=0$ 可知，它的上下两个侧面上必然存在等值、反向的剪应力 τ'，于是上下两侧面的剪力也组成力偶矩为$(\tau' t\mathrm{d}x)\mathrm{d}y$ 的力偶与上述力偶平衡。由单元体的平衡条件 $\sum m_z=0$ 得

$$(\tau t\mathrm{d}y)\mathrm{d}x=(\tau' t\mathrm{d}x)\mathrm{d}y$$

则

$$\tau=\tau' \tag{3-18}$$

式(3-18)表明，在相互垂直的两个平面上，剪应力必然成对存在，且数值相等，两者都垂直于两平面的交线，其方向则共同指向或共同背离该交线。这就是剪应力互等定理。

如图 3-31(d)所示的单元体，4 个侧面上只有剪应力而无正应力，这种情况称为纯剪切。

3. 剪切胡克定律

由于剪应力的作用，单元体棱角之间发生改变，如图 3-31(e)所示。直角改变量即剪应变，其单位是弧度(rad)。通过低碳钢薄壁圆筒扭转试验，可以得出材料在纯剪切下应力与应变之间的关系，如图 3-32 所示。当剪应力不超过材料的剪切比例极限 τ_p 时，剪应力 τ 与剪应变 γ 呈线性关系。即

$$\tau=G\gamma \tag{3-19}$$

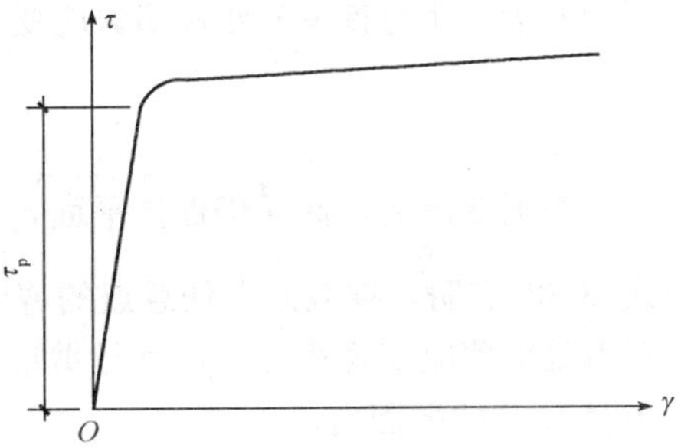

图 3-32　应力与应变的关系

式(3-19)为剪切胡克定律。式中，G 为剪切弹性模量，量纲与剪应力相同，常用单位为 GPa。钢的 G 值约为 80 GPa。

在讨论拉伸与压缩变形时，曾引进材料的两个弹性常数：拉(压)弹性模量 E 和泊松比 μ。现在又引进一个新的弹性常数：剪切弹性模量 G。对各向同性材料，可以证明三个常数 E、μ 和 G 之间存在如下关系：

$$G=\frac{E}{2(1+\mu)} \tag{3-20}$$

由式(3-20)可知，各向同性材料的三个弹性常数只有两个是独立的。

(二)圆轴扭转时的应力

圆柱扭转时，用截面法求得横截面上的扭矩后，还应进一步确定横截面上应力的分布规律，

以便求出最大应力。解决这一问题的途径与推导拉(压)杆横截面上的正应力公式相类似，必须从变形几何关系、物理关系和静力平衡条件三方面考虑。

1. 变形几何关系

为了观察扭转变形，与薄壁圆筒扭转相似，加载前在圆轴表面上画平行于轴线的纵向线，画垂直于轴线的圆周线，然后在杆两端施加扭转力偶 M_e，如图 3-33(a)所示。在弹性范围内，所观察到的杆表面变形情况与薄壁圆筒扭转时筒表面完全相同。由此可以对实心等直圆轴受扭后内部的变形情况作出如下假设：圆轴受扭时，原横截面变形后仍为平面，其形状、大小不变，半径仍为直线。此即圆轴扭转时的平面假设，并为试验所证实。据此假设，圆轴扭转时各横截面就像刚性平面一样绕轴线旋转了一个角度。

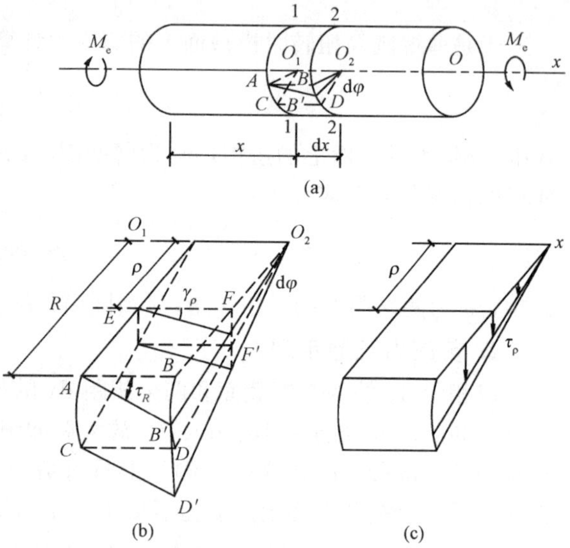

图 3-33　圆轴扭转变形

在图 3-33(a)中，用相距 $\mathrm{d}x$ 的两个横截面 1-1、截面 2-2 以及夹角很小的两个径向截面从轴上截一个楔形体，如图 3-33(b)所示。若截面 2-2 相对 1-1 转动了一个角度 $\mathrm{d}\varphi$，则由平面假设，截面的两个半径 O_2B，O_2D 均转过了同一角度 $\mathrm{d}\varphi$。圆轴表面的矩形 $ABCD$ 变成了平行四边形 $AB'CD'$。BD 相对 AC 错动的距离 $BB'=R\mathrm{d}\varphi$。从而得到圆轴表面原有的直角改变量，即剪应变 γ 为

$$\gamma=\tan\gamma=\frac{BB'}{AB}=R\frac{\mathrm{d}\varphi}{\mathrm{d}x} \tag{3-21}$$

半径 O_2B 变形后到 O_2B'，其上点 F 位移至 F'[图 3-33(b)]。用同样的方法，可以求得轴内距圆心为 ρ 处的直角改变量即剪应变 γ_ρ 为

$$\gamma_\rho=\rho\frac{\mathrm{d}\varphi}{\mathrm{d}x} \tag{3-22}$$

根据变形后横截面仍保持平面，半径仍为直线的假设，可知同一横截面上各点 $\frac{\mathrm{d}\varphi}{\mathrm{d}x}$ 为一常量。式(3-22)表明，横截面上任意点的剪应变 γ_ρ 与该点到圆心的距离 ρ 成正比。距圆心等距离的所有点处的剪应变都相等。这就是剪应变的变化规律。与式(3-21)的 γ 相同，γ_ρ 也发生在垂直于半径 O_2B 的平面内。

2. 物理关系

如果扭转变形在剪切比例范围内，根据剪切胡克定律得

$$\tau_\rho=G\gamma_\rho=G\frac{\mathrm{d}\varphi}{\mathrm{d}x}\rho \tag{3-23}$$

式中，$G\frac{\mathrm{d}\varphi}{\mathrm{d}x}$ 为常量，因而横截面上任意一点处的剪应力 τ_ρ 与该点到圆心的距离 ρ 成正比。所有跟圆心等距离的各点，其剪应力数值相等。由于剪应变是在垂直于半径的平面内发生的，故剪应力的方向垂直于半径，其应力分布如图 3-33(c)和图 3-34(a)所示。在周边的剪应力最大。虽然式(3-23)表示了剪应力分布规律，但常数 $\frac{\mathrm{d}\varphi}{\mathrm{d}x}$ 仍未知，要计算剪应力的具体数值，还必须进一步讨论静力学关系。

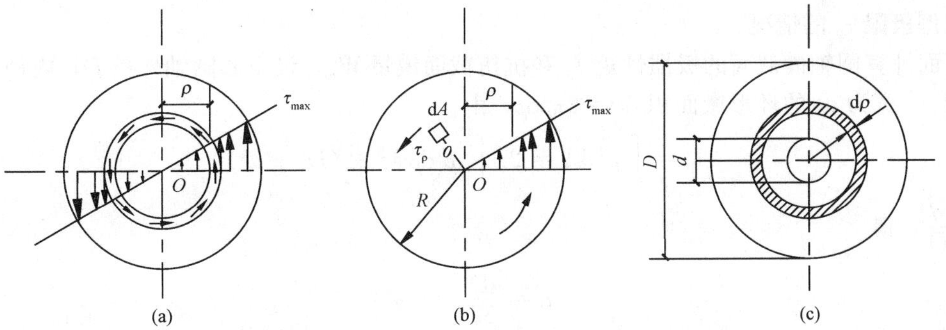

图 3-34　应力分布

3. 静力学关系

在横截面上距圆心为 ρ 的点处，取一微面积 dA，如图 3-34(b)所示。其微内力 $\tau_\rho dA$ 对圆心的微力矩为 $\tau_\rho dA \cdot \rho$。整个横截面上微力矩合成为扭矩 M_n，即

$$M_n = \int_A \rho \tau_\rho dA \tag{3-24}$$

式中，A 为整个横截面面积。

综合考虑变形几何关系、物理关系和静力平衡关系，将式(3-23)代入式(3-24)，因 G、$\frac{d\varphi}{dx}$均为常量，故可写成

$$M_n = G\frac{d\varphi}{dx}\int_A \rho^2 dA \tag{3-25}$$

式中，积分 $\int_A \rho^2 dA$ 是与圆截面尺寸有关的几何量，称为横截面对圆心 O 的极惯性矩，用 I_P 表示，即

$$I_P = \int_A \rho^2 dA$$

于是，式(3-25)可写成

$$\frac{d\varphi}{dx} = \frac{M_n}{GI_p} \tag{3-26}$$

式(3-26)即为圆轴扭转的基本变形公式。

将式(3-26)代入式(3-23)中，即得横截面上任一点处剪应力的计算公式为

$$\tau_\rho = \frac{M_n \rho}{I_p} \tag{3-27}$$

由式(3-27)可知，当 ρ 达到最大值时，即 $\rho_{max} = R$ 时，剪应力为最大值：

$$\tau_{max} = \frac{M_n R}{I_p}$$

引入另一个几何量 $W_n = \frac{I_p}{R}$称为圆轴的抗扭截面模量。显然，横截面周边各点处的最大剪应力为

$$\tau_{max} = \frac{M_n}{W_n} \tag{3-28}$$

式(3-26)、式(3-27)、式(3-28)是以平面假设为基础导出的，试验结果表明只有对直径不变的圆轴，平面假设才是正确的，因此，这些公式只适用于圆截面等直杆，对于小锥度圆杆可近似使用。此外，导出以上公式时，还使用了胡克定律，所以它们只适用于 τ_{max}不超过圆轴材料的

剪切比例极限 τ_p 的情况。

下面计算圆轴横截面的极惯性矩 I_p 和抗扭截面模量 W_n。设空心圆轴外径 D，内径 d。取距圆心为 ρ、宽为 $d\rho$ 的环形微面积 $dA=2\pi\rho d\rho$。由

$$I_p=\int_A \rho^2 dA=2\pi\int_{\frac{d}{2}}^{\frac{D}{2}}\rho^3 d\rho=\frac{\pi}{32}(D^4-d^4) \tag{3-29}$$

取 $\alpha=\dfrac{d}{D}$，得

$$I_p=\frac{\pi D^4}{32}(1-\alpha^4)$$

$$W_n=\frac{I_p}{\rho_{max}}=\frac{I_p}{R}=\frac{\pi D^3}{16}(1-\alpha^4) \tag{3-30}$$

对于实心圆轴，$\alpha=0$，有

$$I_p=\frac{\pi D^4}{32} \tag{3-31}$$

$$W_n=\frac{\pi D^3}{16} \tag{3-32}$$

极惯性矩 I_P 的单位是 m^4 或 mm^4，抗扭截面模量 W_n 的单位是 m^3 或 mm^3。

(三)圆轴扭转时的变形

圆轴扭转时，两横截面间将有相对的角位移即扭转角。如前所述，$d\varphi=\dfrac{M_n dx}{GI_p}$。因此，相距为 l 的两横截面间的扭转角为

$$\varphi=\frac{M_n l}{GI_p} \tag{3-33}$$

式中，φ 的单位为 rad。GI_P 称为截面抗扭刚度。GI_p 越大，扭转变形 φ 越小。

单位长度的扭转角用 θ 表示。即

$$\theta=\frac{\varphi}{l}=\frac{M_n}{GI_p} \tag{3-34}$$

式中，θ 的单位为 rad/m，在工程计算中也常用°/m 为 单位。

【例 3-12】 图 3-35(a)所示阶梯轴，AB 段直径 $d_1=120$ mm，长 400 mm，BC 段直径 $d_2=100$ mm，长 350 mm。扭转力偶矩为 $M_A=22$ kN·m，$M_B=36$ kN·m，$M_C=14$ kN·m，已知材料的剪切弹性模量 $G=80$ GPa，试求 AC 轴最大剪应力，截面 C 相对截面 A 的扭转角。

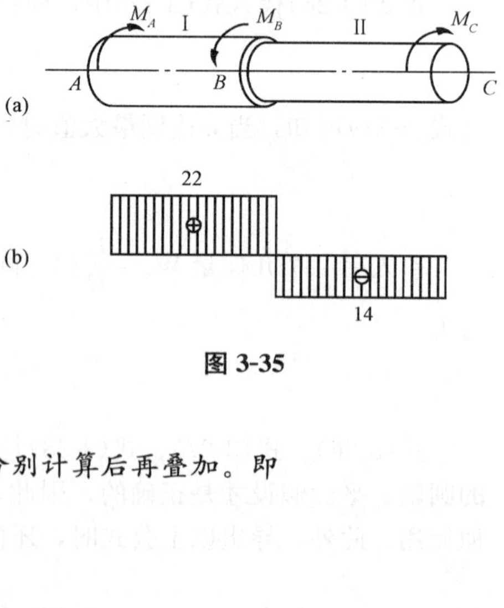

图 3-35

【解】 (1)作扭矩图，虽然两段扭矩 $M_{AB}>M_{BC}$，但两段直径 $d_1>d_2$，故两段应力分别计算后再比较。

(2)应力计算。

AB 段内：

$$\tau_{1,max}=\frac{M_{n1}}{W_{n1}}=\frac{22\times10^6}{\frac{\pi}{16}\times120^3}=64.84(N/mm^2)=64.84 \text{ MPa}$$

BC 段内：

$$\tau_{2,max}=\frac{M_{n2}}{W_{n2}}=\frac{14\times10^6}{\frac{\pi}{16}\times100^3}=71.3(N/mm^2)=71.3 \text{ MPa}$$

(3)变形计算。两段扭矩、直径不同，故两段变形应分别计算后再叠加。即

$$\varphi_{AC}=\varphi_{AB}+\varphi_{BC}=\frac{M_{n1}l_1}{GI_{p1}}+\frac{M_{n2}l_2}{GI_{p2}}$$

$$=\frac{22\times10^{6}\times400}{80\times10^{3}\times\frac{\pi\times120^{4}}{32}}+\frac{-14\times10^{6}\times350}{80\times10^{3}\times\frac{\pi\times100^{4}}{32}}$$

$$=5.4\times10^{-3}-6.24\times10^{-3}=-8.4\times10^{-4}(\mathrm{rad})$$

即最大剪应力在 BC 段，转角的转向与 M_C 一致。

三、平面弯曲梁横截面上的应力

分析可知，在一般情况下，梁在弯曲时横截面上的内力有剪力 F_s 和弯矩 M。为了进行强度计算，需进一步研究梁横截面上的应力情况。剪力和弯矩是截面上分布内力的合成结果，如图 3-36 所示，在一横截面上取一微面积 dA，只有切向微内力 $dF_s=\tau dA$ 才能组成剪力 F_s，只有法向微内力 $dF_N=\sigma dA$ 时才能组成弯矩 M，即

$$\tau=f(F_s),\ \sigma=f(M)$$

所以在横截面的某点上，一般既有正应力 σ 又有剪应力 τ。本节讨论平面弯曲时的应力，所讨论的梁至少有一个纵向对称面，且外力作用在该对称面内情况下的正应力和最大剪应力的计算，继而解决梁的强度问题。

为了研究方便，首先讨论横截面上的正应力。选取横截面上只有弯矩而剪力为零的梁段，梁在此情况下的弯曲称为纯弯曲。如图 3-37(a)所示，梁上 CD 段即为纯弯曲，而 AC、DB 段的内力则既有弯矩也有剪力，称为横力弯曲或剪力弯曲。

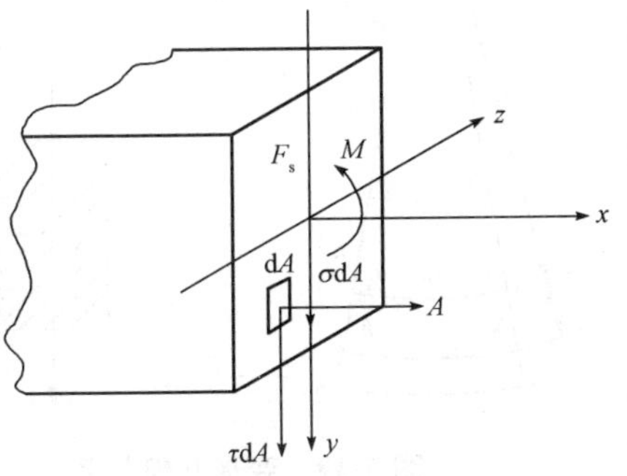

图 3-36

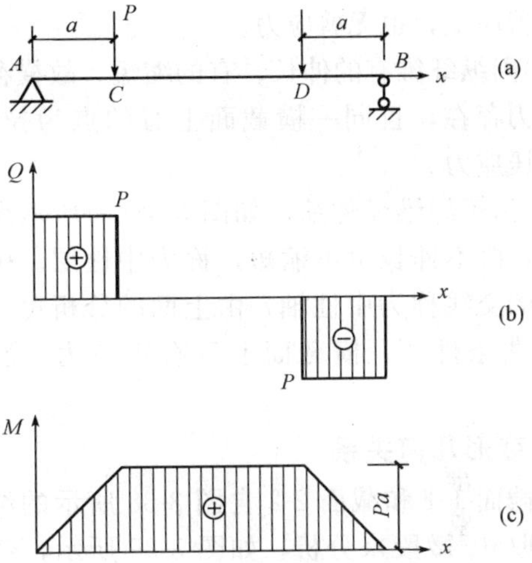

图 3-37

(一)平面弯曲时梁横截面上的正应力

下面首先研究平面弯曲中纯弯曲时的正应力。与前面研究圆轴扭转时的剪应力相似，由试验观察入手，然后综合考虑几何、物理和静力学三个方面，推导出正应力计算公式。

1. 试验观察及假设

取一根矩形截面梁，在中间段的表面画上纵向直线 aa、bb、oo 和横向直线 mm、nn。如图 3-38(a)所示，作如图 3-39 所示的加载试验。可观察到梁纯弯曲的变形现象如图 3-38(b)所示。

(1)纵向线变成圆弧线，靠近凹边的纵向线 $a'a'$ 缩短，靠近凸边的纵向线 $b'b'$ 伸长，中间位置的纵向线 $o'o'$ 长度不变。

(2)横向线仍为直线 $m'm'$ 和 $n'n'$，两横向线作相对转动，但仍与变形后的纵向线正交。

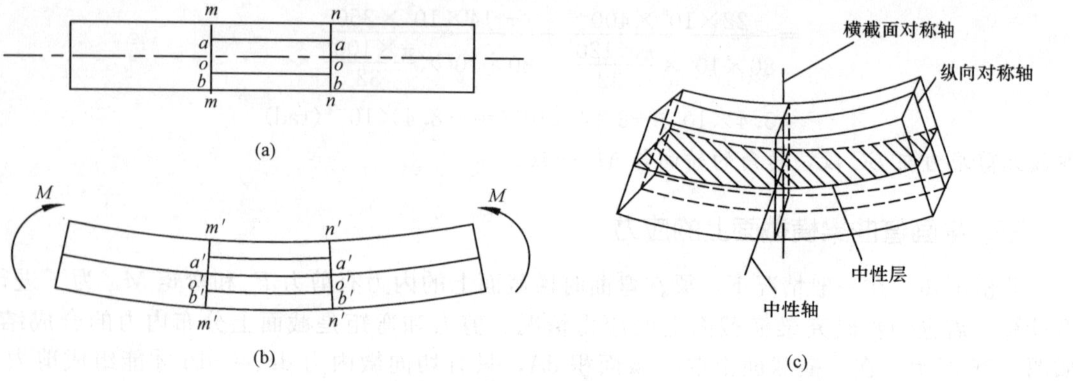

图 3-38　梁的弯曲变形

据上述试验现象，可作出如下假设：

(1)平面假设。梁变形后的横截面仍保持平面，且与变形后的梁轴正交。

(2)单向受力假设。将梁视为由一束纵向纤维组成，每根纤维的变形只是轴向伸长或缩短，纤维相互间无挤压作用。

由假设进一步推理可知：

(1)变形后横截面与纵线正交，即梁的纵、横截面上无剪应变，也无剪应力。

(2)因纵纤维有的伸长、有的缩短，故横截面上有正应力存在，且同一横截面上有的点为拉应力，有的为压应力。

(3)由于纤维无伸缩，如图 3-38(c)所示梁的阴影线层，既不伸长也不缩短，称为中性层。中性层与截面的交线称为中性轴，由上面的分析可见：梁在纯弯曲条件下，横截面上只有正应力，没有剪应力。

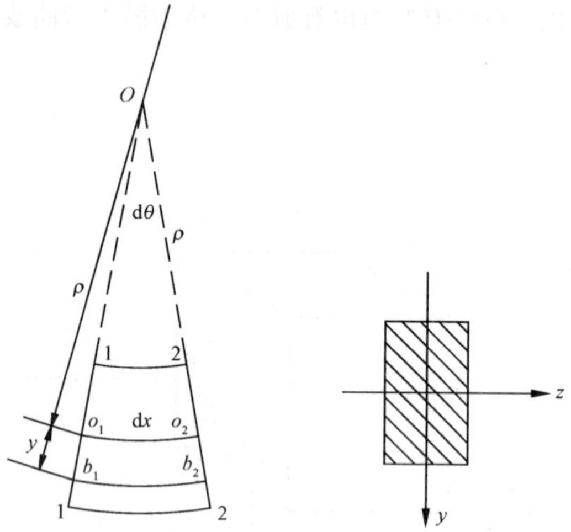

图 3-39　变形几何关系

2. 变形几何关系

用截面 1-1 和截面 2-2 自图 3-38 所示的纯弯曲梁中截取 dx 微段来分析，如图 3-39 所示，令 y 轴为横截面的对称轴，z 轴与截面的中性轴重合。由平面假设可知，梁变形后两端面相对倾转了 $d\theta$ 角，设中性层弧长 o_1o_2 的曲率半径为 ρ，由于中性层纤维在变形后长度不变，则弧长为

$$o_1o_2 = dx = \rho d\theta$$

距中性层为 y 的纤维 b_1b_2 的弧长度为

$$b_1b_2 = (\rho + y)d\theta$$

得 b_1b_2 在变形后的线应变为

$$\varepsilon = \frac{(\rho + y)d\theta - \rho d\theta}{\rho d\theta} = \frac{y}{\rho} \tag{3-35}$$

由式(3-35)可知，同一横截面上各点的线应变与该点到中性轴的距离 y 成正比。

3. 物理关系

据单向受力假设，若应力在材料的比例极限范围内，可由胡克定律得

$$\sigma=E\varepsilon=E\frac{y}{\rho} \tag{3-36}$$

式(3-36)表明，弯曲时，横截面上任一点的正应力与该点到中性轴的距离 y 成正比。中性轴上各点的正应力为零，距中性轴越远的点，拉、压应力越大，如图 3-40(a)所示。

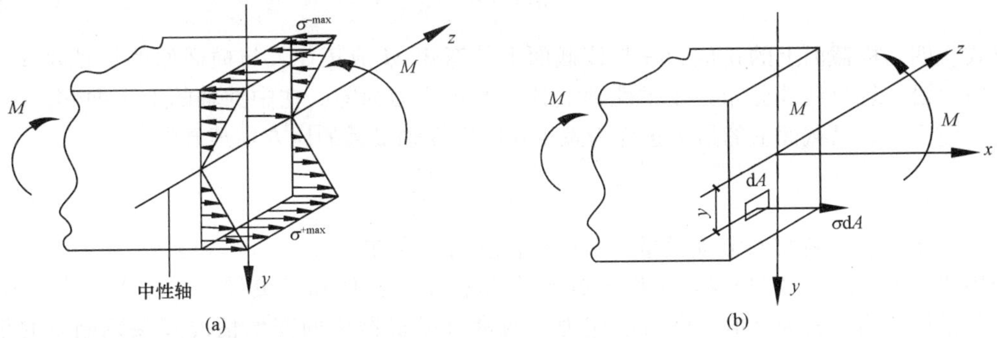

图 3-40　横截面上的内力

4. 静力学关系

式(3-36)说明了正应力在横截面上的分布情况，但还不能用来计算正应力的数值，因为中性轴的位置和中性层的曲率半径未知。为了解决这个问题，需考虑截面上分布力合成为弯矩 M 的静力学条件。

在图 3-40(a)的横截面中，取一微面积 $\mathrm{d}A$，作用在 $\mathrm{d}A$ 上的微内力为 $\sigma\mathrm{d}A$，如图 3-40(b)所示。因为截面上没有轴向力 N，故所有微面积上的内力沿 x 方向的合力应等于零，即

$$N=\int_A\sigma\mathrm{d}A=0 \tag{3-37}$$

除此之外，所有微面积上的内力应合成一个力偶，其对中性轴 z 的力矩就是弯矩 M，即

$$M=\int_A y\sigma\mathrm{d}A \tag{3-38}$$

联立求解式(3-35)、式(3-36)、式(3-37)得到三个重要结果：

(1)中性轴位置的确定。将式(3-36)代入式(3-37)得

$$N=\frac{E}{\rho}\int_A y\mathrm{d}A=0$$

因 $\frac{E}{\rho}$ 不可能等于零，只有 $\int_A y\mathrm{d}A=y_cA=0$。

由上式知，截面形心的纵坐标 $y_c=0$，说明中性轴不但垂直于截面的对称轴 y，且通过截面的形心。

(2)中性层曲率半径计算。将式(3-36)代入式(3-38)，得

$$M=\frac{E}{\rho}\int_A y^2\mathrm{d}A$$

令 $I_z=\int_A y^2\mathrm{d}A$ 为横截面对中性轴 z 的惯性矩，由截面的形状尺寸决定，单位是长度的四次方。上式可写成

$$\frac{1}{\rho}=\frac{M}{EI_z} \tag{3-39}$$

式(3-39)为研究梁变形的基本公式，用来计算梁变形后中性层(或梁轴线)的曲率半径 ρ。该式表明：中性层的曲率 $\frac{1}{\rho}$ 与弯矩 M 成正比，与 EI_z 成反比，EI_z 称为梁的抗弯刚度，它反映

了梁抵抗弯曲变形的能力。

(3)弯曲正应力公式。将式(3-39)代入式(3-36)，得到梁纯弯曲时横截面上正应力的计算公式：

$$\sigma=\frac{My}{I_z} \tag{3-40}$$

此式表明，横截面上的正应力σ与该截面上的弯矩M成正比，与横截面的惯性矩I_z成反比，正应力沿y轴呈线性分布，在中性轴上各点的正应力为零。在中性轴的上下两侧，一侧受拉，另一侧受压。横截面上的最大正应力发生在距中性轴最远的地方，其值为

$$\sigma_{\max}=\frac{My_{\max}}{I_z}=\frac{M}{W_z} \tag{3-41}$$

式中，$W_z=I_z/y_{\max}$，称抗弯截面模量，单位是长度的三次方。

应用式(3-40)、式(3-41)时，应将弯矩M与坐标y的数值和正负号一并代入，若得出σ为正值，就是拉应力；若为负值，则为压应力。通常可以根据梁的变形情况直接判断σ的正负，以中性轴为界，梁变形后靠近凸边一侧为拉应力，靠近凹边一侧为压应力。

式(3-40)的应用条件和范围如下：

(1)该式虽然是由矩形截面梁在纯弯曲情况下推导出来的，但也适用于以y轴为对称轴的其他横截面形状的梁，如圆截面、工字型和T形截面梁。经进一步分析证明，在剪力弯曲($F_s\neq0$)的情况下，当梁的跨距l与梁横截面高h之比为$l/h>5$时，横截面上的正应力变化规律与纯弯曲时几乎相同，故式(3-40)仍然可用，误差很小。

(2)在推导式(3-40)过程中，应用了胡克定律，因此，若梁的材料不符合胡克定律或正应力超过材料的比例极限时，该式不适用。

(3)式(3-40)是等截面直梁在平面弯曲情况下推导出来的，故不适用于非平面弯曲情况，也不适用于曲梁。若横截面形心连线(轴线)的曲率半径ρ与截面形心到最内缘的距离c之比值大于10，则可按直梁公式计算，而误差不大。也可近似地用于变截面梁。

【例 3-13】 悬臂梁AB为矩形截面钢梁，$h=120$ mm，$b=60$ mm，如图3-41(a)所示，梁长$l=1$ m，集中力$P=20$ kN，试求梁的最大拉应力和C截面上k点的弯曲正应力。

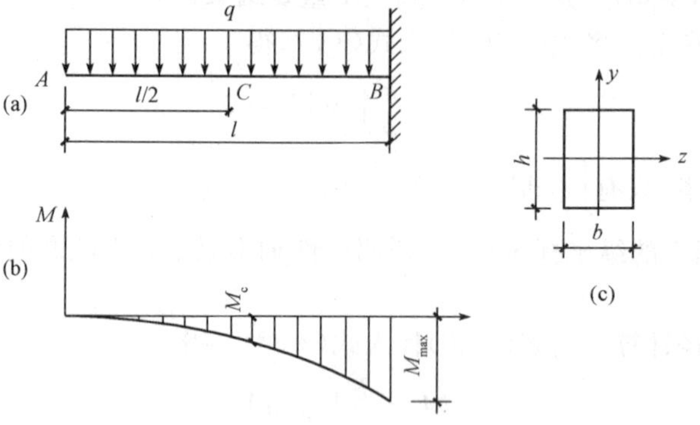

图 3-41　例 3-13 图

【解】 (1)画弯矩图，最大弯矩梁的弯矩图[图3-41(b)]，在固定端处截面A有最大弯矩：

$$|M|_{\max}=Pl=20(\text{kN}\cdot\text{m})$$

(2)求最大正应力惯性矩：

$$I_z=\frac{bh^3}{12}=\frac{60\times120^3}{12}=8.64\times10^6(\text{mm}^4)$$

因危险截面 A 上的弯矩为负，故截面上边缘引起最大拉应力，下边缘引起最大压应力，由式(3-41)得：

$$\sigma_{max}^{+}=\frac{M_{max}y_1}{I_z}=\frac{20\times10^6\times60}{8.64\times10^6}=139(\text{MPa})$$

$$\sigma_{max}^{-}=\frac{M_{max}y_2}{I_z}=\frac{-20\times10^6\times60}{8.64\times10^6}=-139(\text{MPa})$$

(3)求 C 截面上 k 点的正应力 σ_k：

$$M_C=P\frac{1}{2}=10(\text{kN}\cdot\text{m})$$

$$\sigma_k=-\frac{M_C y_k}{I_z}=-\frac{10\times10^6\times30}{8.64\times10^6}=-69.5(\text{MPa})$$

(二)惯性矩计算、平行移轴公式

在应用梁弯曲的正应力式(3-40)时，需预先计算出截面对中性轴 z 的惯性矩 $I_z=\int_A y^2\mathrm{d}A$。显然，$I_z$ 只与截面的几何形状和尺寸有关，它反映了截面的几何性质。

1. 简单截面的惯性矩

对于一些简单图形截面，如矩形、圆形等，其惯性矩可由定义式 $I_z=\int_A y^2\mathrm{d}A$ 直接求得。设矩形截面的高和宽分别为 h 和 b，如图 3-42 所示。

求截面对通过形心 O 的对称轴 y、z 轴的惯性矩。先求对 z 轴的惯性矩 I_z。距 z 轴为 y 处取宽为 b、高为 $\mathrm{d}y$ 的窄条，其微面积为 $\mathrm{d}A=b\mathrm{d}y$，代入惯性矩定义式得

$$I_z=\int_A y^2\mathrm{d}A=b\int_{-\frac{h}{2}}^{\frac{h}{2}}y^2\mathrm{d}y=\frac{bh^3}{12} \tag{3-42}$$

同理，可求得对 y 轴的惯性矩：

$$I_y=\frac{hb^3}{12} \tag{3-43}$$

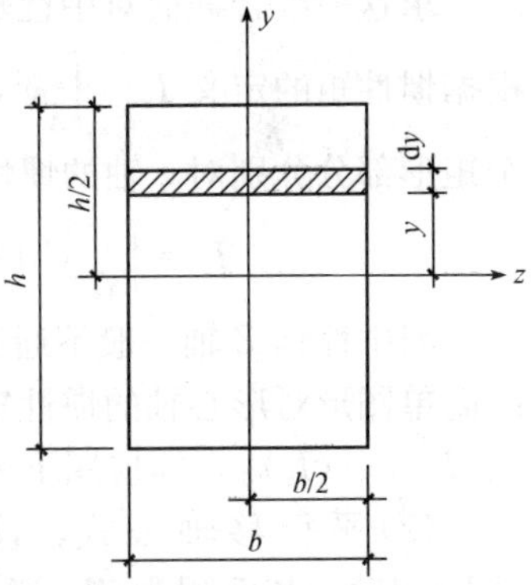

图 3-42 简单图形截面

求圆截面对形心轴 y、z 的惯性矩，在坐标(y，z)处取微面积 $\mathrm{d}A$，其与圆心距离为 ρ。由式(3-29)可知，圆形截面对圆心 O 的极惯性矩为

$$I_p=\int_A \rho^2\mathrm{d}A=\frac{\pi d^4}{32}$$

由图知 $\rho^2=y^2+z^2$，代入上式得

$$I_p=\int_A \rho^2\mathrm{d}A=b\int_A(y^2+z^2)\mathrm{d}A=\int_A y^2\mathrm{d}A+\int_A z^2\mathrm{d}A=I_z+I_y$$

由图的对称性，显然有 $I_y=I_z$，故

$$I_p=2I_z=2I_y$$

由此可得，圆形截面对 z 轴或 y 轴的惯性矩为

$$I_z=I_y=\frac{I_p}{2}=\frac{\pi d^4}{64} \tag{3-44}$$

对于半径为 D、内径为 d 的圆环行截面，如图 3-43 所示。

按同样的方法可得：

$$I_z=I_y=\frac{I_p}{2}=\frac{\pi}{64}(D^4-d^4)=\frac{\pi D^4}{64}(1-\alpha^4) \tag{3-45}$$

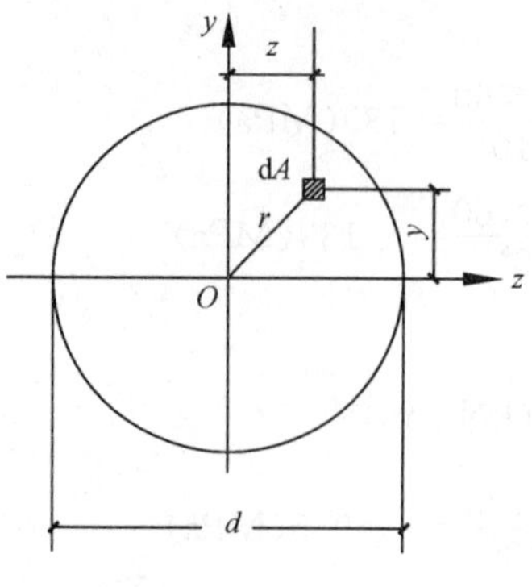

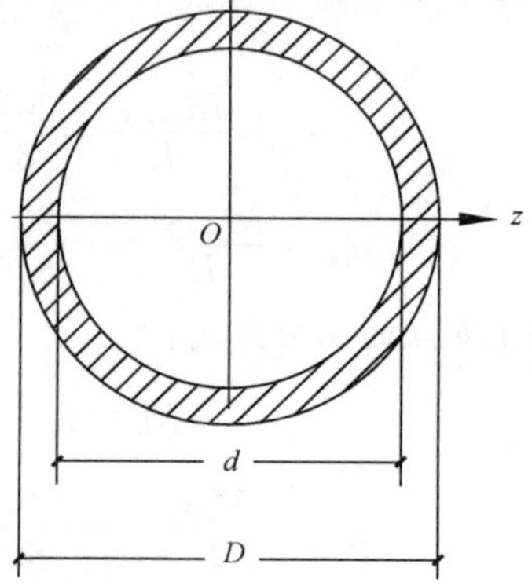

图 3-43　图形截面

式中 $\alpha=\dfrac{d}{D}$，各种型钢截面的惯性矩可直接从附录二型钢规格表中查得。

2. 组合截面的惯性矩、平行移轴公式

(1)组合截面的惯性矩。工程中很多梁的横截面是由若干简单图形组合而成的，如图 3-44 的 T 字形梁。

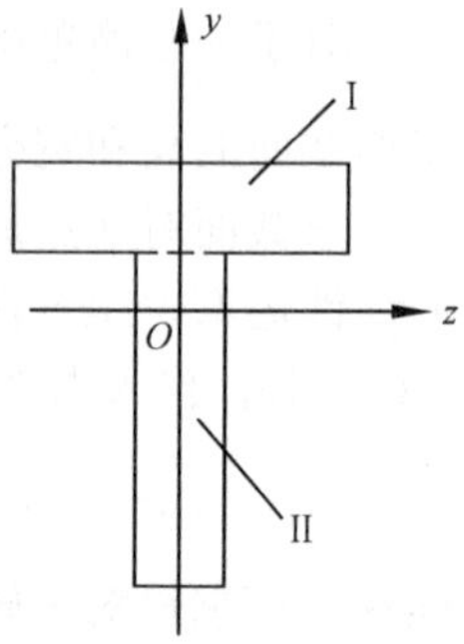

图 3-44　梁的截面

求这种组合截面对中性轴 z 的惯性矩时，可将其分为两个矩形Ⅰ和Ⅱ。根据惯性矩的定义 $I_z=\int_A y^2\mathrm{d}A$，整个截面 A 对 z 轴的惯性矩 I_z 应等于两个矩形部分分别对 z 轴的惯性矩 $(I_z)_{\mathrm{I}}$ 与 $(I_z)_{\mathrm{II}}$ 之和。即

$$I_z=\int_{A\mathrm{I}} y^2\mathrm{d}A+\int_{A\mathrm{II}} y^2\mathrm{d}A=(I_z)_{\mathrm{I}}+(I_z)_{\mathrm{II}}$$

因中性轴 Z 轴一般不通过分截面Ⅰ和Ⅱ的形心，不能直接用前面推出的简单图形对形心轴的惯性矩公式来计算 $(I_z)_{\mathrm{I}}$ 和 $(I_z)_{\mathrm{II}}$。为了较方便地求出 $(I_z)_{\mathrm{I}}$、$(I_z)_{\mathrm{II}}$，需应用下列推导出的平行移轴公式。

(2)平行移轴公式。设有任意形状的已知截面(图 3-45)，其面积为 A，通过截面形心 c 的 y_c、z_c 轴称为形心轴。截面对该二轴的惯性矩分别为 I_{zc}、I_{yc}。求截面对分别与 y_c、z_c 轴平行且相距分别为 b、a 的 y、z 轴的惯性矩。

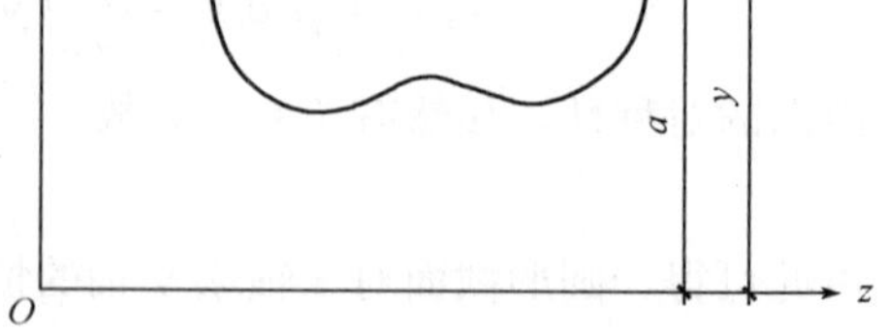

图 3-45　任意形状的已知截面

取微面积 $\mathrm{d}A$，据惯性矩定义，有

$$I_z=\int_A y^2\mathrm{d}A$$

$$I_{zc}=\int_A y_c^2\mathrm{d}A$$

由图知：$y=y_c+a$

代入上式，得

$$\begin{aligned}I_z&=\int_A (y_c+a)^2\mathrm{d}A\\&=\int_A y_c^2\mathrm{d}A+a^2\int_A \mathrm{d}A+2a\int_A y_c\mathrm{d}A\\&=I_{zc}+a^2A+2ay_cA\end{aligned}$$

因为 z_c 轴通过截面的形心 c，故 $y_c=0$，由上式可得

$$I_z=I_{zc}+a^2A \tag{3-46}$$

同理，可得

$$I_y=I_{yc}+b^2A \tag{3-47}$$

式(3-33)称为平行移轴公式：截面对任一轴的惯性矩，等于它对平行于该轴形心轴的惯性矩，加上截面面积与两轴间距离平方的乘积。

【例 3-14】 已知如图 3-46 所示 T 形截面，尺寸单位为 mm，求此截面对形心轴 z_c(垂直于对称轴 y)的惯性矩。

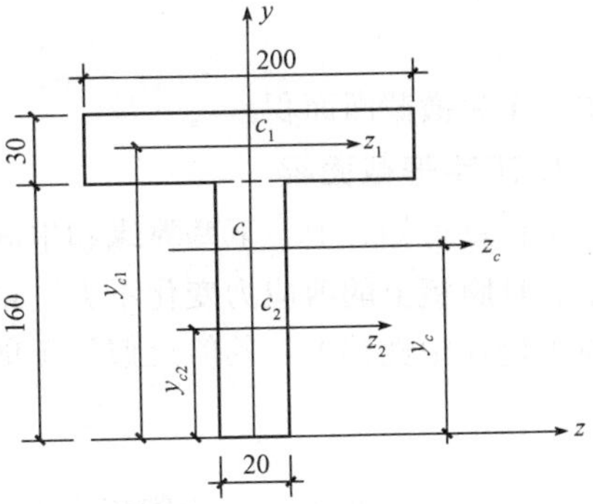

图 3-46 例 3-14 图

【解】 (1)确定整个截面的形心和形心轴 z_c 的位置。

将截面划分成Ⅰ、Ⅱ两个矩形，取参考轴 z 与截面底边重合，两分截面面积及其形心 c_1、c_2 至 z 轴距离分别为

$$A_1=3\times20=60(\text{cm}^2)$$

$$y_{c1}=16+1.5=17.5(\text{cm})$$

$$A_2=16\times2=32(\text{cm}^2) \qquad y_{c2}=8(\text{cm})$$

据理论力学形心坐标公式得整个截面的形心 c 与 z 轴的距离为

$$y_c=\frac{A_1y_{c1}+A_2y_{c2}}{A_1+A_2}=\frac{60\times17.5+32\times8}{60+32}=14.2(\text{cm})$$

从而定出整个截面形心 c 形心轴 z_c 的位置。

(2)求各分截面对形心轴 z_c 的惯性矩。两矩形对自身形心轴 z_1、z_2(平行 z_c 轴)的惯性矩分别为

$$I_{z1}=\frac{20\times3^3}{12}=45(\text{cm}^4) \qquad I_{z2}=\frac{2\times16^3}{12}=683(\text{cm}^4)$$

z_1、z_2 距 z_c 的距离分别为

$$a_1=cc_1=3.3\ \text{cm} \qquad a_2=cc_2=6.2\ \text{cm}$$

两矩形对形心轴 z_c 的惯性矩分别为

$$I_{zc1}=I_{z1}+a_1^2A_1=45+3.3^2\times60=698(\text{cm}^4)$$

$$I_{zc2}=I_{z2}+a_2^2A_2=683+6.2^2\times32=1\,913(\text{cm}^4)$$

(3)求整个截面对形心轴 z_c 的惯性矩：

$$I_{zc}=I_{zc1}+I_{zc2}=698+1\,913=2\,611(\text{cm}^4)$$

(三)梁的剪应力

梁在剪切弯曲时，横截面上不仅有正应力 σ，还有剪应力 τ。一般情况下，正应力 σ 是决定梁强度的主要因素，剪应力 τ 影响较小，因此，这里只介绍几种常用截面的最大剪应力。

1. 矩形截面梁

已知一矩形截面梁的横截面，高为 h，宽为 b，在截面上的 y 轴方向有剪力 F_s，如图 3-47 所示。对于矩形截面梁的剪应力作如下假设：

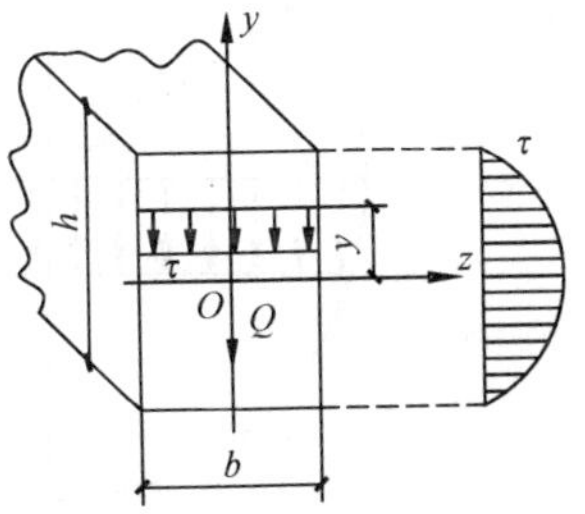

图 3-47 矩形截面梁

(1)横截面上任一点剪应力的方向与剪力 F_s 平行。

(2)距中性轴 z 等高处各点的剪应力相等。

由此可得到剪应力 τ 沿横截面高度方向按二次抛物线规律变化(图 3-47)。距中性轴 y 处横线上的剪应力 τ 为：

$$\tau=\frac{F_s}{2I_z}\left(\frac{h^2}{4}-y^2\right) \tag{3-48}$$

在横截面上、下边缘处剪应力为0；在中性轴上剪应力最大，其值为

$$\tau_{\max}=\frac{3}{2}\frac{F_s}{A} \tag{3-49}$$

式中，A 为横截面面积。

2. 工字形截面梁

由计算可知，上、下两翼缘和中间腹板组成的工字形截面的剪力 F_s 绝大部分发生在腹板面积上，且腹板上的剪应力变化不大，最小剪应力与最大剪应力相差不多，如图 3-48 所示，最大剪应力仍在中性轴上，其值近似等于剪力 F_s 在腹板面积上的平均值，即

$$\tau_{\max}\approx\frac{F_s}{h_1 b_1} \tag{3-50}$$

式中，b_1 为腹板宽度，h_1 为腹板高度。

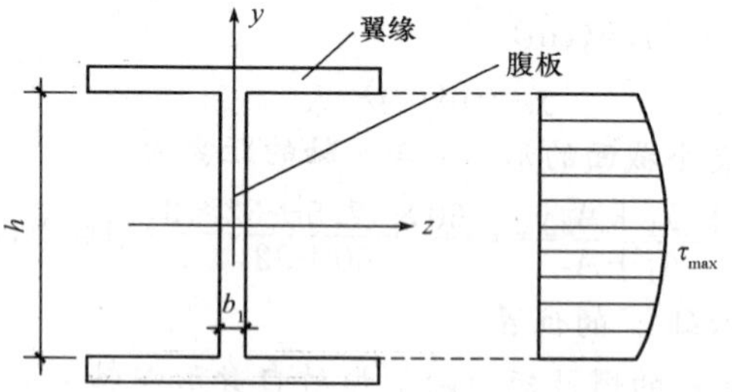

图 3-48　工字形截面梁

3. 圆形及圆环形截面梁

由计算可知，圆形或圆环形截面的最大剪应力仍发生在中性轴上，如图 3-49 和图 3-50 所示，圆形的值为

$$\tau_{\max}=\frac{4}{3}\frac{F_s}{\pi r^2}=\frac{4}{3}\frac{F_s}{A} \tag{3-51}$$

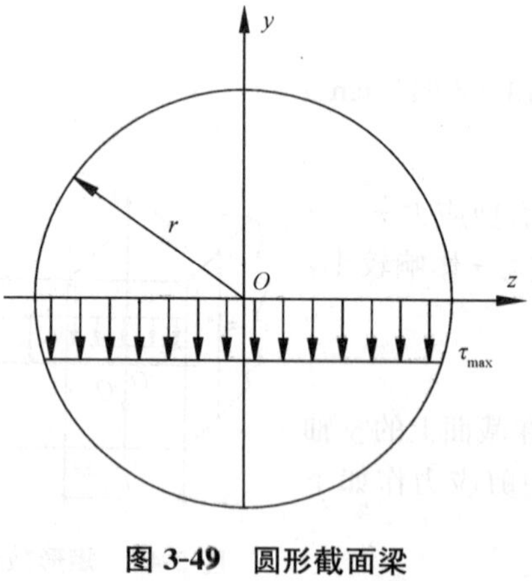

图 3-49　圆形截面梁

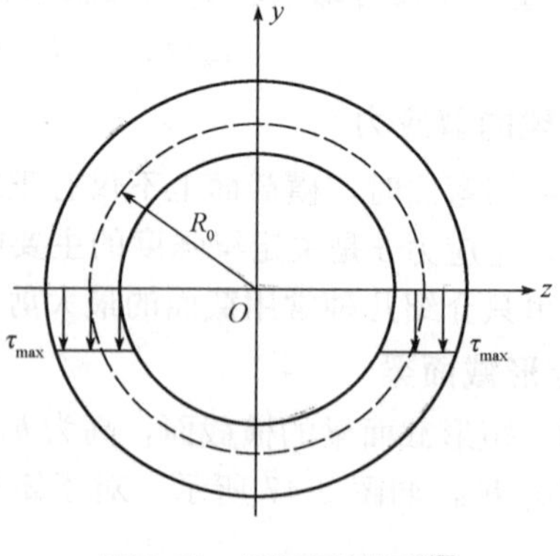

图 3-50　圆环形截面梁

圆环形的值为

$$\tau_{\max}=\frac{F_s}{\pi R_0 t}=2\frac{F_s}{A} \tag{3-52}$$

综合上述各种截面形状梁弯曲的最大剪应力[式(3-50)～式(3-52)]，写成一般公式为

$$\tau_{\max}=k\frac{F_s}{A} \tag{3-53}$$

即最大剪应力由截面的平均剪应力乘以系数 k，不同截面形状 k 值不同。矩形截面 $k=\frac{3}{2}$，工字形截面 $k=1$，圆形截面 $k=\frac{4}{3}$，圆环形截面 $k=2$。

四、梁弯曲时的变形

(一)挠度与转角

受弯构件除满足强度要求外，通常还要满足刚度的要求，以防止构件出现过大的变形，并保证构件能够正常工作。如齿轮传动轴，若弹性变形过大，运转时会造成齿轮间啮合不良，轴与轴承配合不好，从而会引起振动，齿轮、轴承和轴的磨损加快；若车床主轴的变形过大，就会影响加工精度。因此，在设计受弯构件时，必须根据不同的工作要求，将构件的变形限制在一定的范围以内。在求解超定梁的问题时，也需要考虑梁的变形条件。

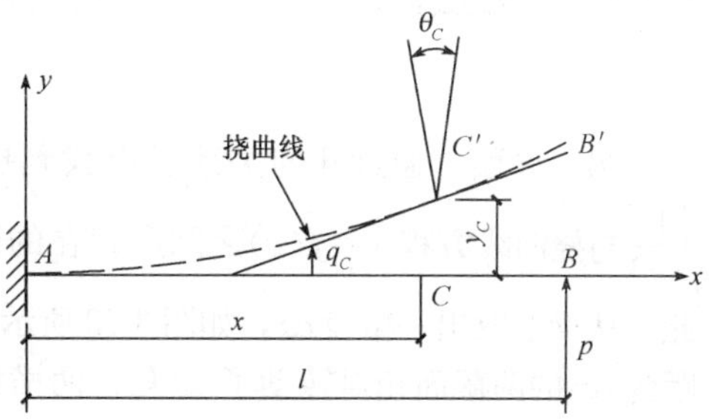

图 3-51　挠曲线

研究梁的变形，首先讨论如何度量和描述弯曲变形。图 3-51 所示为一具有纵向对称面的梁(以轴线 AB 表示)，xy 坐标系在梁的纵向对称面内。在载荷 P 的作用下，梁产生弹性弯曲变形，轴线在 xy 平面内变成一条光滑连续的平面曲线 AB'，该曲线称弹性挠曲线(简称挠曲线)。与此同时，梁的横截面将产生两种位移——线位移和角位移(即挠度和转角)。工程中用挠度和转角来度量梁的变形。

(1)挠度。梁轴线上任一点 C(即横截面的形心)，在变形后移到 C' 点，即有线位移 $\overline{CC'}$。因此，线位移 $\overline{CC'}$ 是梁上任一横截面的形心在垂直于梁原轴线方向的线位移，称为该截面的挠度，用符号 y 表示，例如，图示 C 截面的挠度为 y。挠度与坐标轴 y 的正方向一致为正，反之为负。

(2)转角。梁变形时，横截面还将绕其中性轴转过一定的角度，即角位移，梁任一横截面绕其中性轴转过的角度称为该截面的转角，用符号 θ 表示，例如，图示 C 截面的转角为 θ_C。转角的正负号根据选取的坐标系来定，与曲线切线斜率的正负号一致。由图 3-45 所选定的坐标系可知，逆时针转向时为正，顺时针转向时为负，故 θ_C 为正转角。

(3)挠度与转角的关系。由图 3-51 可知，挠度 y 与转角 θ 的数值随截面的位置 x 而变，即 y 和 θ 均为 x 的函数，即

$$y=f(x) \tag{3-54}$$

此方程为挠曲线方程的一般形式。由微分学知，挠曲线上任一点的切线的斜率 $\tan\theta$ 等于曲线函数 $y=f(x)$ 在该点的一次导数，即

$$\tan\theta=\frac{\mathrm{d}y}{\mathrm{d}x}=y' \tag{3-55}$$

因工程中构件常见的 θ 值很小，则 $\tan\theta\approx\theta$，由式(3-55)可得

$$\theta=\frac{\mathrm{d}y}{\mathrm{d}x}=y' \tag{3-56}$$

即梁上任一横截面的转角等于该截面的挠度 y 对 x 的一阶导数。

(二)挠曲线的近似微分方程及其积分

1. 挠曲线近似微分方程

为了得到挠度方程和转角方程，首先需推出一个描述弯曲变形的基本方程——挠曲线近似微分方程。

推导梁的正应力公式时，曾得到纯弯曲情况下挠曲线的曲率表达[式(3-39)]，即

$$\frac{1}{\rho}=\frac{M}{EI} \tag{3-57}$$

式(3-57)只代表弯矩对弯曲变形的影响，一般梁的横截面高度 h 远小于其跨度 l，剪力对梁的变形影响很小，可忽略不计，故式(3-57)可推广应用于非纯弯曲的情况。此时，弯矩 M 和曲率半径 ρ 都随截面位置 x 而变，于是上式应改为

$$\frac{1}{\rho(x)}=\frac{M(x)}{EI} \tag{3-58}$$

另一方面，通过几何关系可以找到挠曲线的曲率 $\frac{1}{\rho(x)}$ 与挠曲线方程 $y=f(x)$ 之间所存在的微分关系。为此，从梁上取出一微段 dx，如图 3-52 所示。梁变形后相距为 dx 的两截面相对转动了 $d\theta$ 角，两横截面间挠曲线的弧长为 ds。它与曲率半径的关系为：

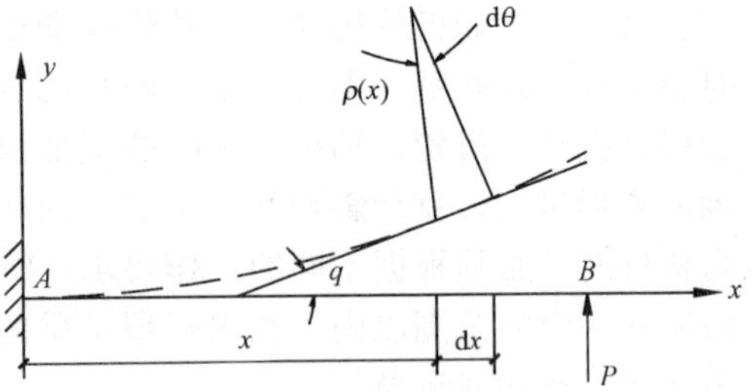

图 3-52　挠曲线近似微分方程

$$ds=\rho(x)d\theta \qquad 或 \qquad \frac{1}{\rho(x)}=\frac{d\theta}{ds}$$

由于梁的变形很小，$\cos\theta\approx 1$，故

$$\frac{1}{\rho(x)}=\frac{d\theta}{dx}$$

再由式(3-56)得

$$\frac{1}{\rho(x)}=\frac{d^2 y}{dx^2} \tag{3-59}$$

将式(3-59)代入式(3-58)得

$$y''=\frac{d^2 y}{dx^2}=\frac{M(x)}{EI} \tag{3-60}$$

式(3-60)称为梁的挠曲线近似微分方程。

在应用式(3-60)时，应取 y 轴的方向向上为正。这样，等式两边的符号才能一致。因为当弯矩 $M(x)$ 为正时，梁的挠曲线下凸，此时，曲线的二阶导数 y'' 在所选取的坐标系中也是正值。

2. 用积分法求梁的变形

对于等截面梁，EI 为常数，式(3-60)可改写为：

$$EIy''=M(x) \tag{3-61}$$

积分一次，得

$$EI\theta = EIy' = \int M(x)dx + C \tag{3-62}$$

同理，再积分一次，即得

$$EIy = \{[M(x)dx]dx + Cx + D\} \tag{3-63}$$

两式中的积分常数 C 和 D，可通过梁的边界条件来决定。边界条件包括两种情况：一是梁上某些截面的已知位移条件，例如铰链支座处的截面 $y=0$；固定端的截面，$\theta=0$，$y=0$；二是考虑到整个挠曲线的光滑及连续性，得到各段梁交界处的变形连续条件。边界条件的具体应用

可由下述例题看出。

【例 3-15】 如图 3-53 所示悬臂梁 AB，已知梁长 l，抗弯刚度为 EI，受均布载荷 q 作用。试求最大的截面转角及挠度。

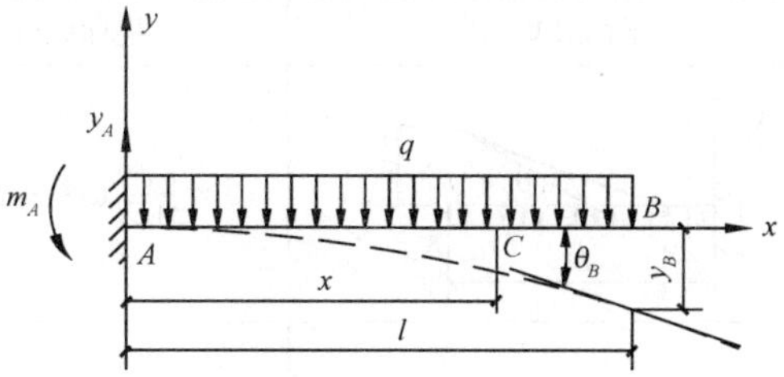

图 3-53 例 3-15 图

【解】 以梁左端 A 为原点，取坐标系如图 3-53 所示。

(1)求支反力，列弯矩方程，由平衡方程可得

$$Y_A=ql \qquad m_A=\frac{1}{2}ql^2$$

在距原点 x 处取截面，列出弯矩方程为：

$$M(x)=-m_A+Y_Ax-\frac{1}{2}qx^2=-\frac{1}{2}ql^2+qlx-\frac{1}{2}qx^2 \tag{3-64}$$

(2)列挠曲线近似微分方程并进行积分：

$$EIy''=M(x)=-\frac{1}{2}ql^2+qlx-\frac{1}{2}qx^2 \tag{3-65}$$

两次积分，得：

$$EIy'=-\frac{1}{2}ql^2x+\frac{1}{2}qlx^2-\frac{1}{6}qx^3+C \tag{3-66}$$

$$EIy=-\frac{1}{4}ql^2x^2+\frac{1}{6}qlx^3-\frac{1}{24}qx^4+Cx+D \tag{3-67}$$

(3)确定积分常数由悬臂梁固定端边界条件知，该截面的转角和挠度均为零，即在 $x=0$ 处，$\theta_A=y'_A=0$，$y_A=0$ 将两边界条件代入式(3-66)、式(3-67)，得

$$C=0 \qquad D=0$$

(4)确定转角方程和挠度方程。将定出的积分常数 C、D 代入式(3-66)、式(3-67)，得转角方程和挠度方程：

$$EIy'=-\frac{1}{2}ql^2x+\frac{1}{2}qlx^2-\frac{1}{6}qx^3$$

$$EIy=-\frac{1}{4}ql^2x^2+\frac{1}{6}qlx^3-\frac{1}{24}qx^4$$

(5)求最大转角和最大挠度，由图可见在自由端 B 截面处有最大转角和最大挠度。将 $x=l$ 代入上式可得：

$$\theta_{B\max}=-\frac{ql^3}{6EI} \qquad y_{B\max}=-\frac{ql^4}{8EI}(\downarrow)$$

对简支梁和悬臂梁在简单载荷作用下的挠度和转角可以直接利用表 3-2 的公式计算。

表 3-2 简支梁和悬臂梁在简单载荷作用下的挠度和转角

梁的计算简图	挠曲线方程	最大挠度	梁端面转角
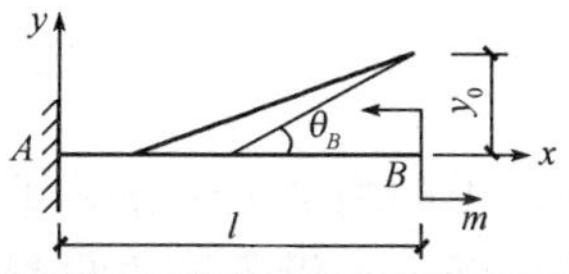	$y=\frac{mx^2}{2EI}$	$y_B=\frac{ml^2}{2EI}$	$\theta_B=\frac{ml}{EI}$
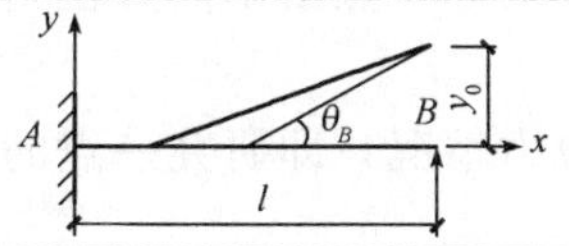	$y=\frac{Px^2}{6EI}(3l-x)$	$y_B=\frac{Pl^3}{3EI}$	$\theta_B=\frac{Pl^2}{2EI}$

梁的计算简图	挠曲线方程	最大挠度	梁端面转角
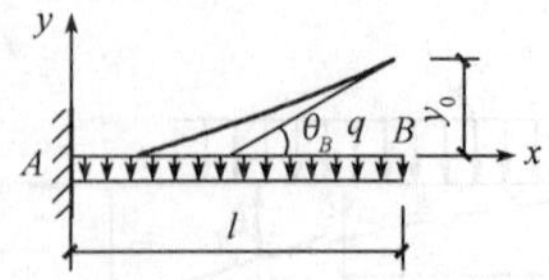	$y=\frac{qx^2}{24EI}(x^2-4lx+6l^2)$	$y_B=\frac{ql^4}{8EI}$	$\theta_B=\frac{ql^3}{6EI}$
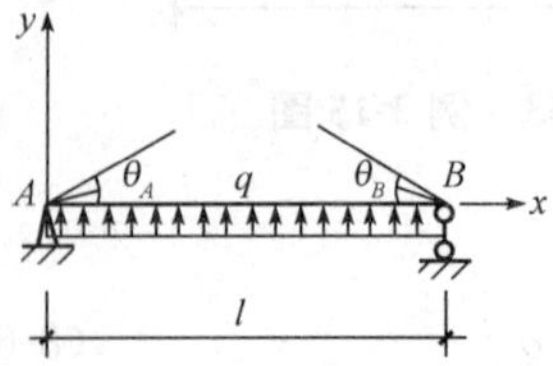	$y=\frac{qx}{24EI}(l^3-2lx^2+x^3)$	$y_{l/2}=\frac{5ql^4}{384EI}$	$\theta_A=-\theta_B=\frac{ql^3}{24EI}$
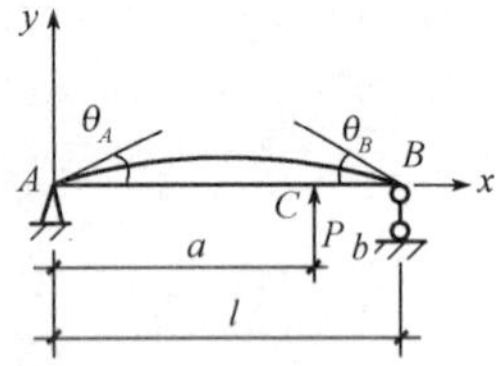	$y=\frac{Pbx}{6EIl}(l^2-x^2-b^2)$ $0\leqslant x\leqslant a$ $y=\frac{Pb}{6EIl}\left[\frac{1}{b}(x-a)^3+(l^2-b^2)x-x^3\right]$ $a=b=\frac{l}{2}$， 在 $0\leqslant x\leqslant\frac{l}{2}$ $y=\frac{Px}{48EI}(3l^2-4x^2)$	当 $a>b$，在 $x=\sqrt{\frac{l^2-b^2}{3}}$ 处 $y_{max}=\frac{Pb(l^2-b^2)^{\frac{3}{2}}}{9\sqrt{3}EIl}$ 在 $x=l/2$ 处 $y_{l/2}=\frac{Pb(3l^2-4b^2)}{48EI}$ 当 $a=b=l/2$， $y_{l/2}=\frac{Pl^3}{48EI}$	当 $a>b$，$\theta_A=\frac{Pab(l+b)}{6EIl}$ $\theta_B=-\frac{Pab(l+a)}{6EIl}$ 当 $a=b=l/2$， $\theta_A=-\theta_B\frac{Pl^2}{16EI}$
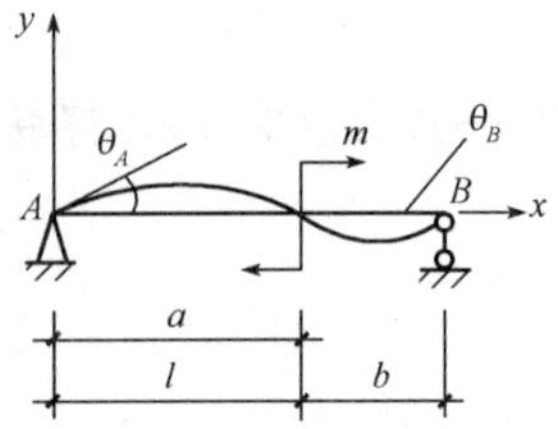	$y=\frac{mx}{6EIl}(l-x)(2l-x)$	$x=(1-\frac{1}{\sqrt{3}})l$ 处 $y_{max}=\frac{ml^2}{9\sqrt{3}EIl}$，$x=\frac{l}{2}$ $y_{l/2}=\frac{ml^3}{16EI}$	$\theta_A=\frac{ml}{3EI}$ $\theta_B=-\frac{ml}{6EI}$
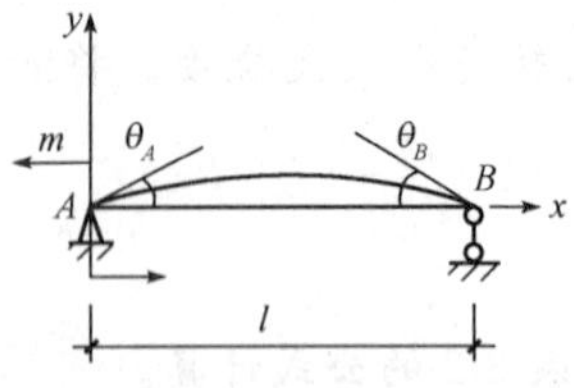	$y=\frac{mx}{6EIl}(l^2-3b^2-x^2)$ $0\leqslant x\leqslant a$ $y=\frac{m}{6EIl}[-x^3+3l$ $(x-a)2+(l^2-3b^3)x]$ $a\leqslant x\leqslant l$		$\theta_A=\frac{m}{6EIl}(l^2-3b^2)$ $\theta_B=\frac{m}{6EIl}(l^2-3a^2)$

五、复杂应力状态

(一)应力状态概念

1. 点的应力状态

从上述内容可知，杆件受外力作用发生变形时，往往杆内同一截面上的内力元素不是单一的，而且各点的应力会随该点在截面上位置的变化而变化，而且过杆上任一点沿不同方位斜截面上的应力值又各不相同。

因此，有必要研究受力构件上某一点在各个不同方位截面上的应力情况，即研究一点的应力状态。

2. 点的应力状态的研究方法

要研究某点处的应力状态，可以围绕该点取一个边长为无穷小的正六面体——单元体来分析。下面说明单元体的取法和分析过程。例如，为一个受横力弯曲的简支梁，为了分析梁的下边缘上 B 点的应力状态，可围绕 B 点以两个横截面、两个纵向水平面和两个纵向铅垂面截取一个单元体，如图 3-54 所示。

由于单元体的边长为无穷小，可设以下两点假定：

(1)单元体中各个面上的应力是均匀分布的。

(2)单元体上任意两个平行面上的应力，其大小和性质完全相同。

分析 B 点的受力情况可知，该单元体只有左右两个面上有正应力 σ，且 $\sigma=M_B/W_z$，可用图 3-54(c)所示平面单元表示。用同样的方法在梁的上边缘 A 点，中性层处的 C 点及任意 D、E 处截取单元体，分别得到这些点的应力状态，如图 3-54(d)、(e)、(f)、(g)所示。这些单元体均称为原始单元体。

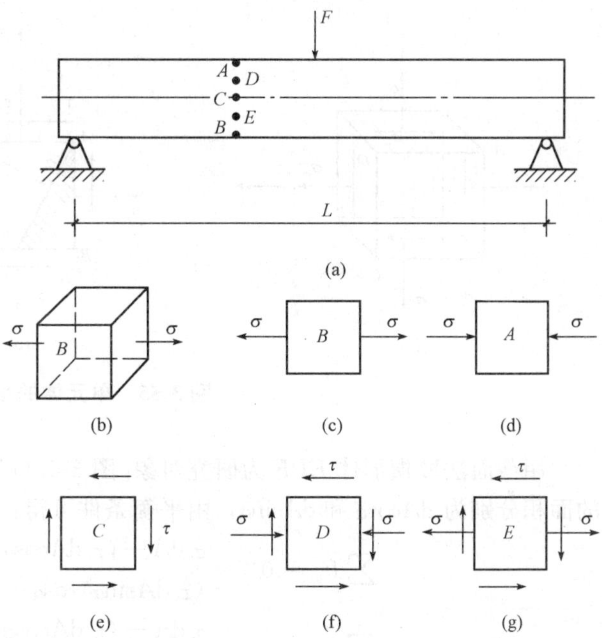

图 3-54　单元体上点的应力状态

如果单元体上三对互相垂直于平面上的应力已知时，便可利用截面法，由静力平衡条件求出过该点任意斜截面上的应力，便可以确定了这一点的应力状态。

3. 主平面和主应力

如图 3-54(c)、(d)中所示，单元体的三个面上都没有切应力，只有正应力。一般将单元体上切应力等于零的平面称为主平面。作用在主平面上的正应力，称为主应力。经证明，过受力构件上任意一点总可以找到由三个相互垂直的主平面组成的单元体，称主单元体，相应的三个主应力，分别用 σ_1、σ_2 和 σ_3 表示，并按它们的代数值大小顺序排列，即 $\sigma_1 \geqslant \sigma_2 \geqslant \sigma_3$。

4. 应力状态的分类

一点的应力状态通常用该点的三个主应力来表示。只有一个主应力不等于零的应力状态，称为单向应力状态，如图 3-54(c)、(d)所示。当两个主应力不为零时，称为二向应力状态，又称平面应力状态，如图 3-54(e)、(f)、(g)所示。当三个主应力均不为零时，称为三向应力状态。

(二)平面应力状态分析

工程中许多受力构件的危险点都处于平面应力状态，对这类构件进行强度计算时，常需要知道构件在危险点处主应力的大小及方位。为此，首先必须确定单元体任一截面上的应力，也就是了解该点的应力状态。

在平面应力状态下研究斜截面上的应力时，所指斜截面并不是任意方位的面，而是与主应力等于零的主平面相垂直的斜截面。图 3-55(a)所示单元体为平面应力状态最常见的情况，在外法线分别与 x 轴和 y 轴重合的两对平面上，应力 σ_x、τ_x 和 σ_y、τ_y 都是已知的。现用与前后两个面垂直的某个平面去截此单元体，得一斜截面 EF[图 3-49(b)]。设此斜截面 EF 的外法线 n 与 x 轴正向间的夹角为 α，并规定从 x 轴逆时针转到外法线 n 的 α 角为正；反之为负，求此斜截面上

的应力 σ_α 和 τ_α。

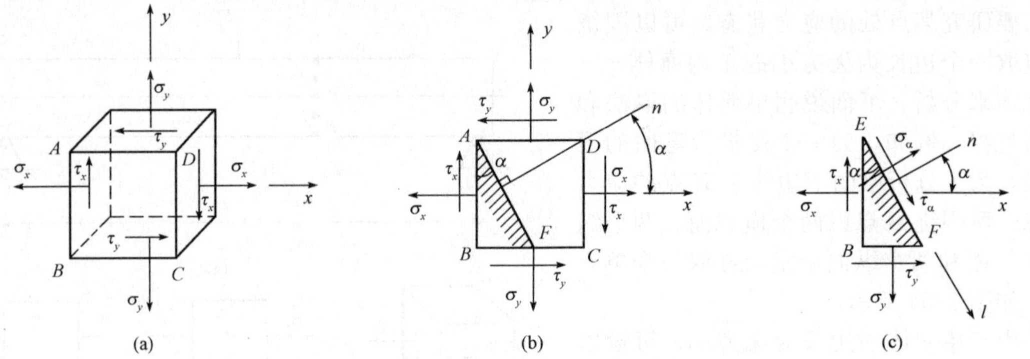

图 3-55　单元体的平面应力状态

用截面法取楔形体 EBF 为研究对象[图 3-55(c)]。设斜截面面积为 $\mathrm{d}A$，则 BE 和 BF 相应的面积分别为 $\mathrm{d}A\cos\alpha$ 和 $\mathrm{d}A\sin\alpha$，由平衡条件可得：

$$\sum F_n = 0 \qquad \begin{aligned}&\sigma_\alpha \mathrm{d}A + (\tau_x \mathrm{d}A\cos\alpha)\sin\alpha - (\sigma_x \mathrm{d}A\cos\alpha)\cos\alpha + \\ &(\tau_y \mathrm{d}A\sin\alpha)\cos\alpha - (\sigma_y \mathrm{d}A\sin\alpha)\sin\alpha = 0\end{aligned}$$

$$\sum F_t = 0 \qquad \begin{aligned}&\sigma_\alpha \mathrm{d}A - (\tau_x \mathrm{d}A\cos\alpha)\cos\alpha - (\sigma_x \mathrm{d}A\cos\alpha)\sin\alpha + \\ &(\tau_y \mathrm{d}A\sin\alpha)\sin\alpha + (\sigma_y \mathrm{d}A\sin\alpha)\cos\alpha = 0\end{aligned}$$

由切应力互等定律可知 $\tau_x = \tau_y$，并利用 $2\sin\alpha\cos\alpha = \sin2\alpha$，$\cos^2\alpha = \dfrac{1-\cos2\alpha}{2}$ 和 $\sin^2\alpha = \dfrac{1-\cos2\alpha}{2}$，将上两式化简为

$$\sigma_\alpha = \frac{\sigma_x+\sigma_y}{2} + \frac{\sigma_x-\sigma_y}{2}\cos2\alpha - \tau_x \sin2\alpha \tag{3-68}$$

$$\tau_\alpha = \frac{\sigma_\alpha-\sigma_y}{2}\sin2\alpha + \tau_x\cos2\alpha \tag{3-69}$$

式(3-68)和式(3-69)为计算平面应力状态下斜截面上应力的公式，这种方法称为解析法。需要指出的是，正应力 σ_x、σ_y 和 σ_α 以拉应力为正，反之，为负；切应力 τ_x、τ_y 和 τ_α 对单元体内任一点产生顺时针转向的矢量矩者为正，反之为负。如图是拉压杆横截面上某点的原始单元体，因 $\sigma_y=0$，$\tau_x=0$，则式(3-68)和式(3-69)可简化为：

$$\sigma_\alpha = \sigma_x \cos^2\alpha \tag{3-70}$$

$$\tau_\alpha = \frac{\sigma_x}{2}\sin2\alpha \tag{3-71}$$

式(3-70)和式(3-71)为拉压杆的斜截面应力计算公式。当 $\alpha=0$ 时，横截面上剪应力 τ_α 为零，而正应力 σ_α 为最大值 $\sigma_{\alpha=0}=\sigma_{\max}=\sigma$，当 $\alpha=45°$时，剪应力 τ_α 为最大值，有

$$\tau_\alpha = 45° = \tau_{\max} = \frac{1}{2}\sigma$$

(三)主应力和最大切应力的确定

利用斜截面上的应力解析式可以求出应力的极值，如图 3-56 所示，即主应力公式为：

$$\sigma_1 = \frac{\sigma_x+\sigma_y}{2} + \sqrt{\left(\frac{\sigma_x-\sigma_y}{2}\right)^2 + {\tau_x}^2} \tag{3-72}$$

$$\sigma_2 = \frac{\sigma_x+\sigma_y}{2} - \sqrt{\left(\frac{\sigma_x-\sigma_y}{2}\right)^2 + {\tau_x}^2} \tag{3-73}$$

主平面法线方向与 x 轴正向间的夹角为：

$$\tan 2\alpha_0 = -\frac{2\tau_x}{\sigma_x - \sigma_y} \tag{3-74}$$

最大剪应力公式为：

$$\tau_{\max} = \sqrt{\left(\frac{\sigma_x - \sigma_y}{2}\right)^2 + \tau_x{}^2} \tag{3-75}$$

$$\tau_{\min} = -\sqrt{\left(\frac{\sigma_x - \sigma_y}{2}\right)^2 + \tau_x{}^2} \tag{3-76}$$

【例 3-16】 图 3-57 所示为原始单元体的应力状态图，试求：

(1) $\alpha = 30°$ 时，σ_α、τ_α 值。

(2) 主应力和最大切应力。

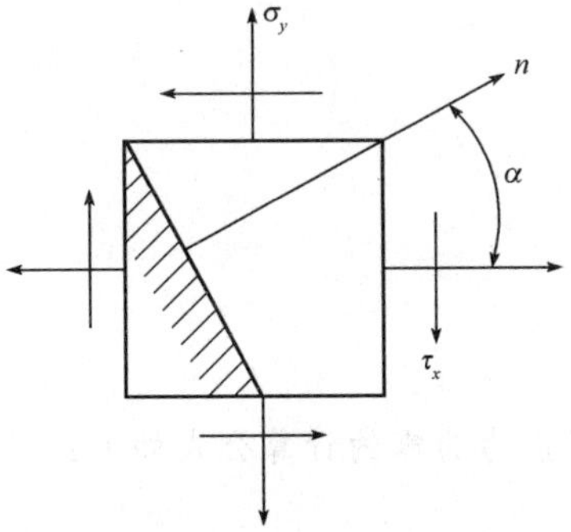

图 3-56　求解应力极值

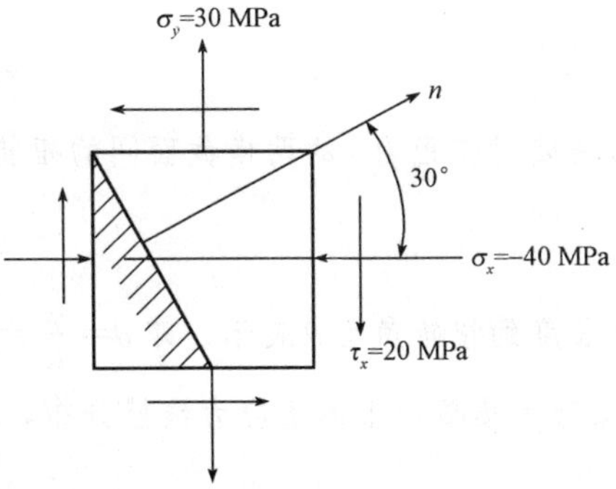

图 3-57　原始单元体的应力状态图

【解】 (1) $\alpha = 30°$ 时，σ_α、τ_α 值：

$$\sigma_\alpha = \frac{\sigma_x + \sigma_y}{2} + \frac{\sigma_x - \sigma_y}{2}\cos 2\alpha - \tau_x \sin 2\alpha$$

$$= \frac{-40+30}{2} + \frac{-40-30}{2}\cos 60° - 20\sin 60° = -39.82(\text{MPa})$$

$$\tau_\alpha = \frac{\sigma_\alpha - \sigma_y}{2}\sin 2\alpha + \tau_x \cos 2\alpha$$

$$= \frac{-40-30}{2}\sin 60° + 20\cos 60° = -20.31(\text{MPa})$$

(2) 主应力和最大切应力：

$$\sigma_1 = \frac{\sigma_x + \sigma_y}{2} + \sqrt{\left(\frac{\sigma_x - \sigma_y}{2}\right)^2 + \tau_x{}^2}$$

$$\left.\begin{matrix}\sigma_1\\ \sigma_3\end{matrix}\right\} = \frac{-40+30}{2} \pm \sqrt{\left(\frac{-40-30}{2}\right)^2 + 20^2} = \left\{\begin{matrix}35.3(\text{MPa})\\ -45.3(\text{MPa})\end{matrix}\right.$$

$$\tau_{\max} = \frac{\sigma_1 - \sigma_2}{2} = 40.3(\text{MPa})$$

本节小结

(1) 应力：内力在某点上的分布集度称为该点处的应力；正应力：垂直截面的应力为正应力；剪应力：沿着截面的应力为切应力。

应力的单位为 Pa(帕)，1 Pa=1 N/m^2，常用 MPa(兆帕)和 GPa(吉帕)，其关系为 1 MPa=1 N/mm^2=10^6 Pa，1 GPa=10^9 Pa=10^3 MPa。

(2)轴向拉伸(压缩)杆件横截面上只有正应力，且均匀分布，计算表达式为：

$$\sigma=\frac{F_N}{A}$$

拉压胡克定律：①$\Delta l=\frac{F_N l}{EA}$；②$\sigma=\varepsilon E$。

(3)扭转杆件横截面上只有剪应力，且线性分布，当 ρ 最大值时应力有最大值 $\tau_{max}=\frac{M_n R}{I_p}$，引入另一个几何量 $W_n=\frac{I_p}{R}$ 称为圆轴的抗扭截面模量。显然，横截面周边各点处的最大剪应力为：

$$\tau_{max}=\frac{M_n}{W_n}$$

圆轴扭转时相距为 l 的两横截面间的扭转角为：

$$\varphi=\frac{M_n l}{GI_p}$$

单位长度的扭转角用 θ 表示。即 $\theta=\frac{\varphi}{l}=\frac{M_n}{GI_P}$

(4)梁弯曲横截面上的正应力线性分布，中性轴上的正应力为零的计算公式如下：

$$\sigma=\frac{My}{I_z}$$

弯曲最大正应力在距中性轴最远处：

$$\sigma_{max}=\frac{M}{W_z}$$

弯曲梁横截面上的最大剪应力为：

$$\tau_{max}=k\frac{F_s}{A}$$

用积分法求梁的变形表达式：

$$EIy=\int[\int[M(x)\mathrm{d}x]\mathrm{d}x+Cx+D]$$

(5)平面应力状态下斜截面上应力公式：

$$\sigma_\alpha=\frac{\sigma_x+\sigma_y}{2}+\frac{\sigma_x-\sigma_y}{2}\cos2\alpha-\tau_x\sin2\alpha$$

$$\tau_\alpha=\frac{\sigma_\alpha-\sigma_y}{2}\sin2\alpha+\tau_x\cos2\alpha$$

主应力和最大切应力公式为：

$$\sigma_1=\frac{\sigma_x+\sigma_y}{2}+\sqrt{\left(\frac{\sigma_x-\sigma_y}{2}\right)^2+\tau_x^2}$$

$$\sigma_2=\frac{\sigma_x+\sigma_y}{2}-\sqrt{\left(\frac{\sigma_x-\sigma_y}{2}\right)^2+\tau_x^2}$$

$$\tau_{max}=\sqrt{\left(\frac{\sigma_x-\sigma_y}{2}\right)^2+\tau_x^2}$$

复习思考题

1. 拉(压)杆件横截面上有什么应力？如何分布？最大值在何处？
2. 圆轴扭转时横截面上有什么应力？如何分布？最大值在何处？
3. 梁弯曲时横截面上有什么应力？如何分布？最大值在何处？
4. 简述应力、正应力、剪应力、线应变、角应变、挠度、截面转角、扭转角的概念。
5. 指出胡克定律的适用范围？其有哪些表达式？
6. 画图说明剪应力互等定理。
7. 什么是中性层、中性轴？
8. 试说明圆轴扭转空心截面比实心截面好的原因。
9. 简述一点的应力状态，单元体、主应力、主平面和相当应力的概念。

思考与练习

1. 移动式起重机如图 3-58 所示。已知钢丝绳的横截面面积为 $A_1=6\ \text{cm}^2$，杆 AB 的横截面面积为 $A_2=8\ \text{cm}^2$，吊重 $Q=30$ kN，求钢丝绳 AC 和杆 AB 横截面上的应力。计算时，钢丝绳 AC 可视为与吊绳平行。

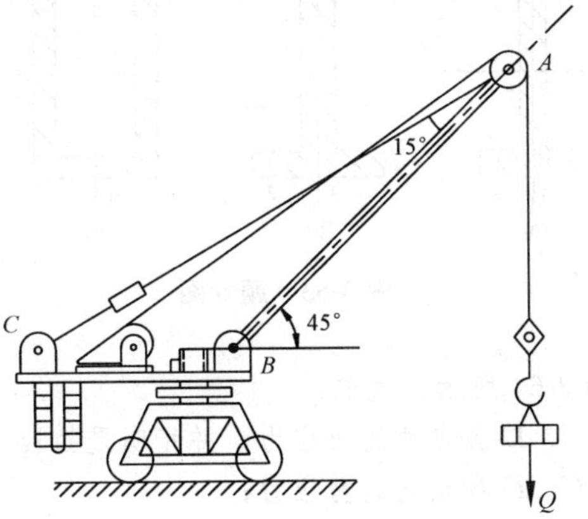

图 3-58　题 1 图

2. 某铆接件钢板有三个铆钉孔，其受力状况如图 3-59 所示。已知钢板宽度 $b=60$ mm，厚度 $t=10$ mm，孔径 $d=16$ mm，载荷 $P=40$ kN，试画出钢板的轴力图并计算其最大应力。

3. 如图 3-60 所示为阶梯杆，材料 $E=200$ GPa，横截面面积 $A_1=240\ \text{mm}^2$，$A_2=160\ \text{mm}^2$，试求杆的总变形及最大应变 ε_{max} 和最大正应力。

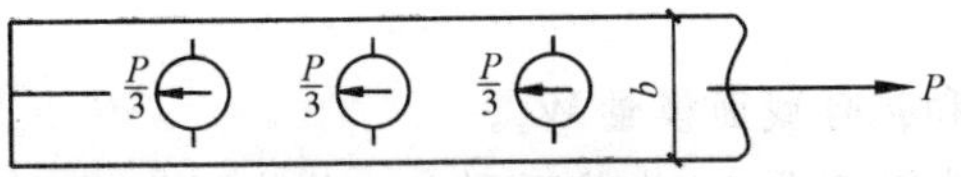

图 3-59　题 2 图

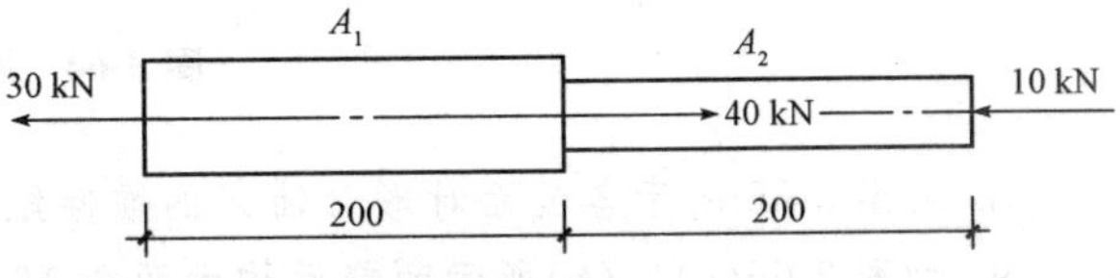

图 3-60　题 3 图

4. 如图 3-61 所示为悬挂重杆，长度 $l=2$ m，单位长度的自重为 $q=2$ kN/m，荷载 $P=20$ kN，试作其轴力图，当杆件变形总伸长量 $\Delta l=2$ mm 时，其抗拉刚度 EA 等于多少？

5. 如图 3-62 所示轴，已知 $M_{e1}=6$ kN·m，$M_{e2}=4$ kN·m，轴外径 $D=120$ mm，空心轴内径 $d=60$ mm，画扭矩图，求最大剪应力 τ_{max}，当 $G=80$ GPa 时，求 C 截面相对 A 截面转过的角度。

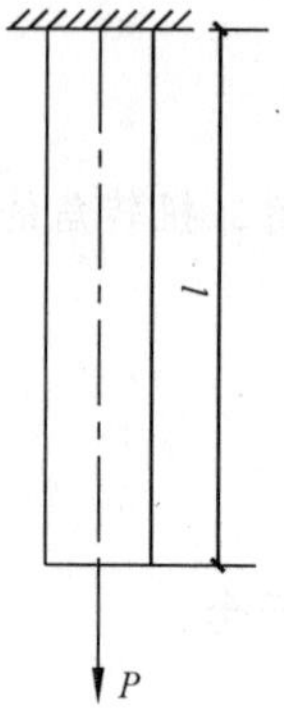

图 3-61　题 4 图

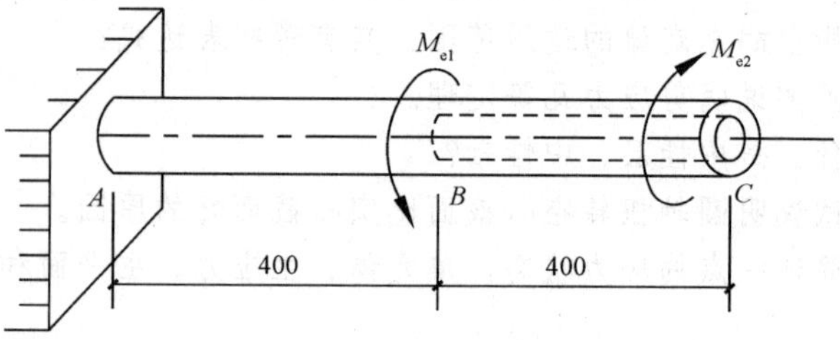

图 3-62　题 5 图

6. 梁的截面如图 3-63 所示，在平面弯曲情况下，若为正弯矩，试绘出沿直线 1-1 和 2-2 上的弯曲正应力分布图(z 轴为中性轴)。

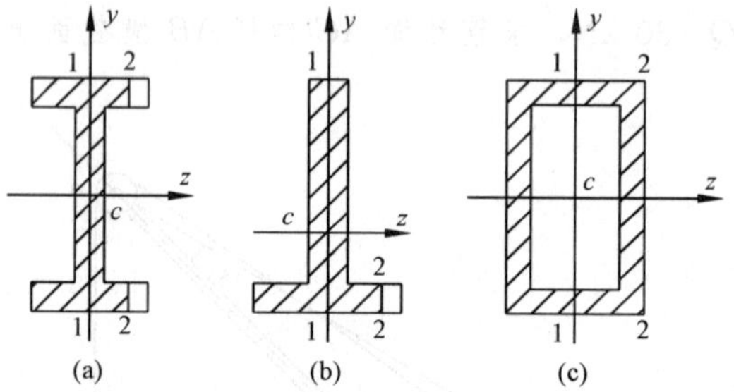

图 3-63　题 6 图

7. 某一矩形截面梁如图 3-64 所示。试求：

(1)m-m 截面上 A、B、C、D 各点处的正应力，并指明是拉应力还是压应力；

(2)m-m 截面上 A、B、C、D 各点处的剪应力；

(3)整根梁的最大弯曲正应力和最大剪应力。

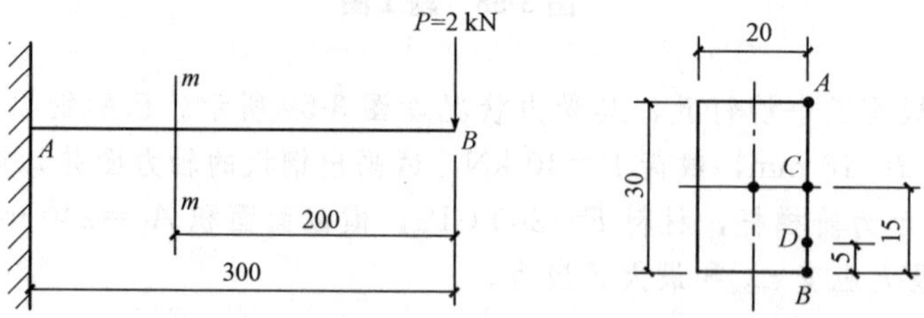

图 3-64　题 7 图

8. 求图 3-65 所示各截面对形心轴 Z 的惯性矩 I_z 和抗弯截面模量 W_z。

9. 如图 3-66(a)、(b)所示两截面均由两个 16 号槽钢组成，c 为截面形心，若使两截面对形心轴 y 的惯性矩相等，求图 3-66(b)截面中间矩 δ。

10. 已知图 3-67 所示梁截面的惯性矩 $I_z = 10^4\ \text{cm}^4$，试求最大拉应力和最大压应力的大小及所在截面位置。

11. 试用解析法求图 3-68 所示各单元体指定斜截面上的应力(单位：MPa)。

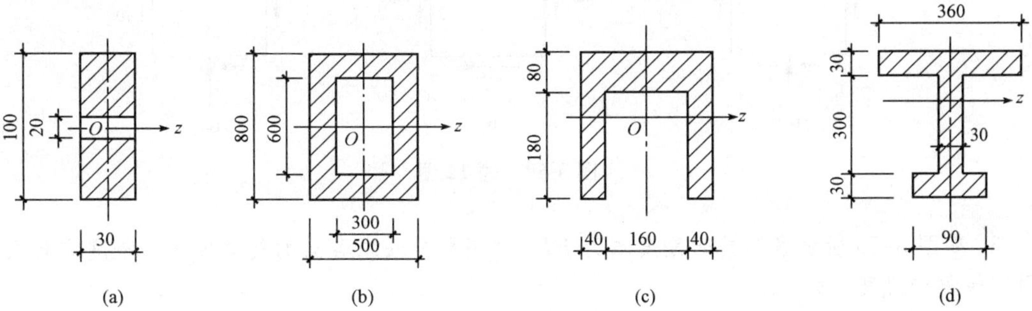

图 3-65　题 8 图

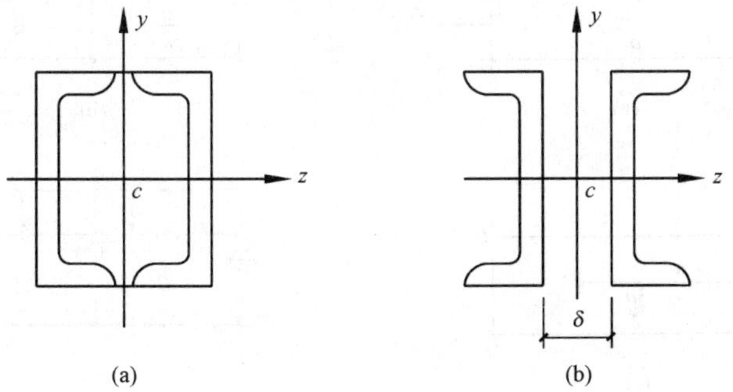

图 3-66　题 9 图

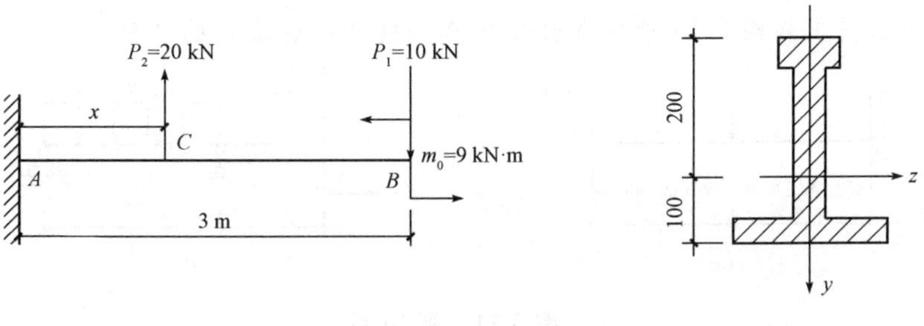

图 3-67　题 10 图

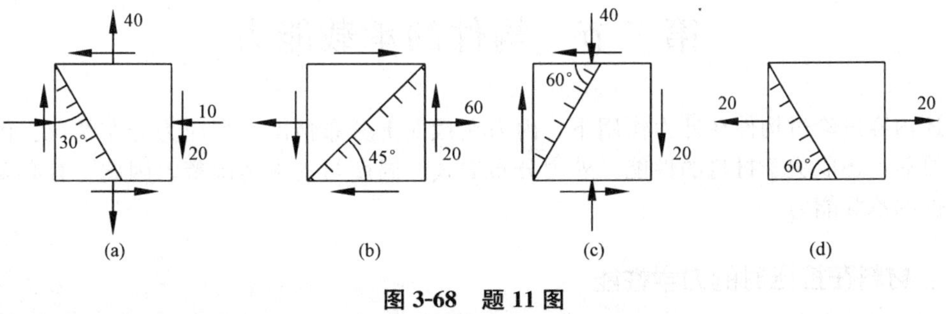

图 3-68　题 11 图

12. 已知单元体图 3-69 所示(应力单位：MPa)，试用解析法确定：①主应力；②最大剪应力。

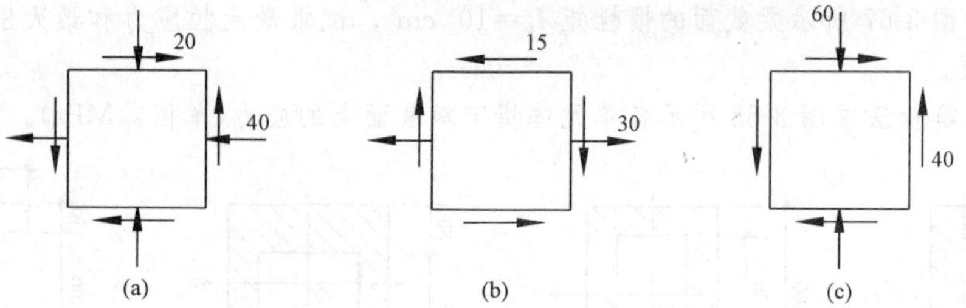

图 3-69　题 12 图

13. 如图 3-70 所示各梁抗弯刚度均为 EI，试用积分法求各梁的转角方程、挠度方程及指定截面的转角和挠度。

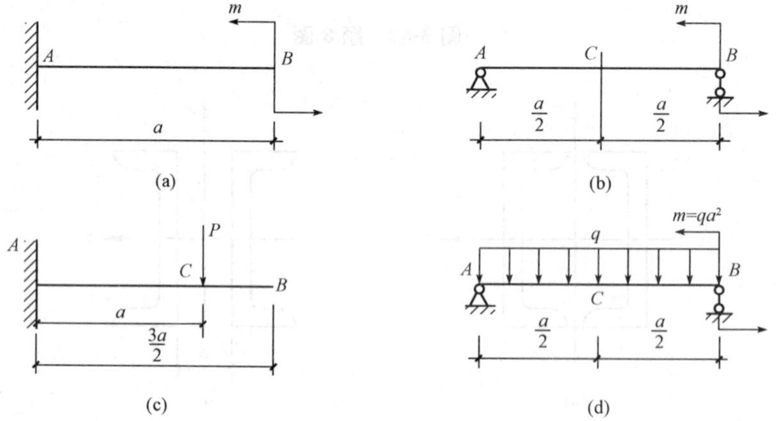

图 3-70　题 13 图

14. 试用叠加法求如图 3-71 所示各梁截面 A 的挠度，截面 B 的转角。

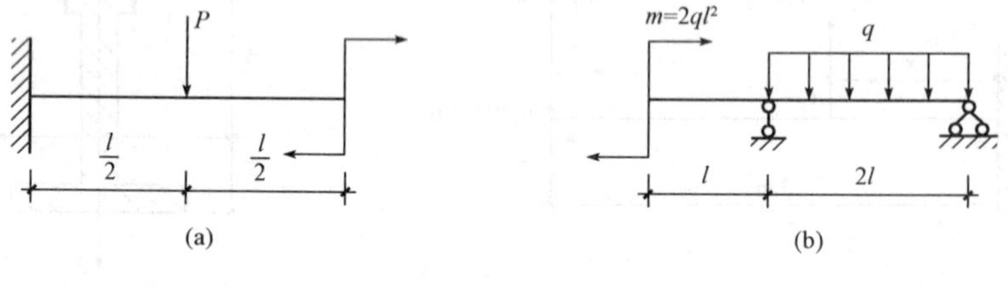

图 3-71　题 14 图

第三节　构件的承载能力

上述内容讨论过构件在外力作用下，内力在截面上分布情况，即应力分布情况。但构件工作是否可靠，还取决于材料的性能，外力分布形式、温度与支承情况等。因此，有必要进一步讨论构件的承载能力。

一、材料在拉压时的力学性能

构件的承载能力与材料的力学性能分不开，在对杆件进行强度、刚度和稳定性的计算中，必须了解材料在外力作用下，其强度和变形方面的性能，即材料的力学性能。前面已提到过的

拉压弹性模量 E、泊松系数 μ 和剪切弹性模量 G 等，都是材料的力学性能指标。

本节讨论在常温缓慢加载条件下受拉和受压时材料的力学性能。这些力学性能，必须通过材料的拉伸和压缩试验来测定。

为使试验结果有可比性，试样必须按照国家标准制作。常用的标准比例有两种(图 3-72)，即

$l=10d$　　　$l=5d$　　　(对圆截面试样)

或

$l=11.3\sqrt{A}$　　　$l=5.65\sqrt{A}$　　　(对矩形截面试样)

压缩试样通常用圆截面或正方形截面的短柱体(图 3-73)，其长度 l 与横截面直径 d 或边长 b 的比值一般规定 1～3，这样，才能避免试样在试验过程中被压弯。

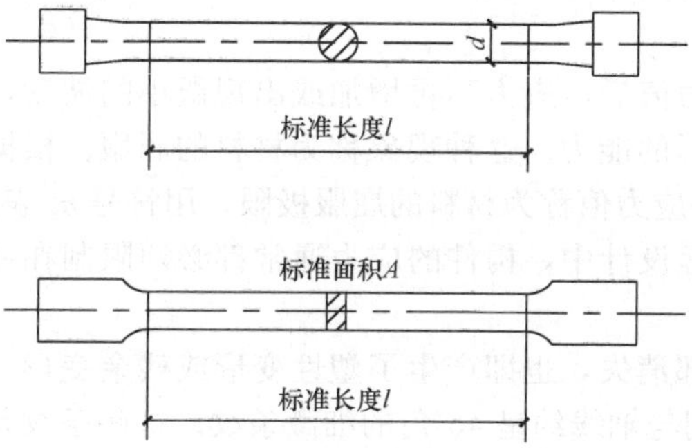

图 3-72　试样标准比例

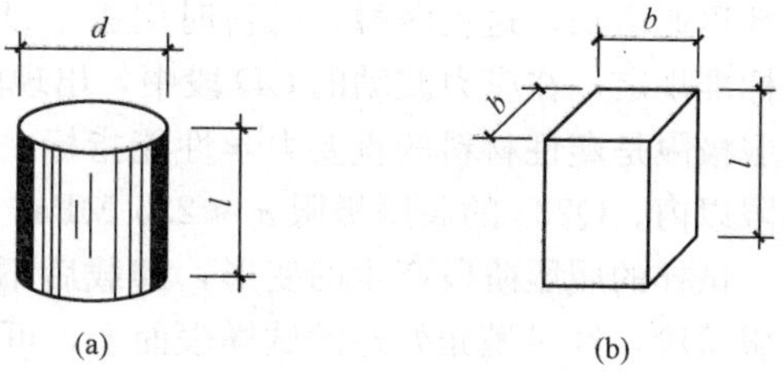

图 3-73　短柱体

(a)圆截面；(b)正方形截面

(一)低碳钢的拉伸试验

低碳钢(含碳量不超过 0.3%)，是一种工程中广泛应用的塑料材料。将加工好的试样两端夹牢在试验机的夹头中，然后开动试验机，缓慢地增大拉力，使试样发生伸长变形直至最后被拉断。试验过程中，载荷和变形可以从试验机上读出。记下一系列拉力值 P 和对应的变形 Δl 值，然后以横坐标表示变形，以纵坐标表示拉力，按比例即可绘出 P-Δl 曲线，称为试样的拉伸图。图 3-74 所示为低碳钢试样的拉伸图。

为消除试样尺寸的影响，分别用变形前的标距长 l 和横截面面积 A_0 去除 Δl 和 P，拉伸图就被改绘成以 ε 为横坐标，以 σ 为纵坐标的 σ-ε 曲线，称为应力-应变图(图 3-75)。只要比例选得适当，P-Δl 图和 σ-ε 图的形状是相似的。

如图 3-75 所示，低碳钢试样在拉伸过程中的变形大致可分为以下四个阶段。

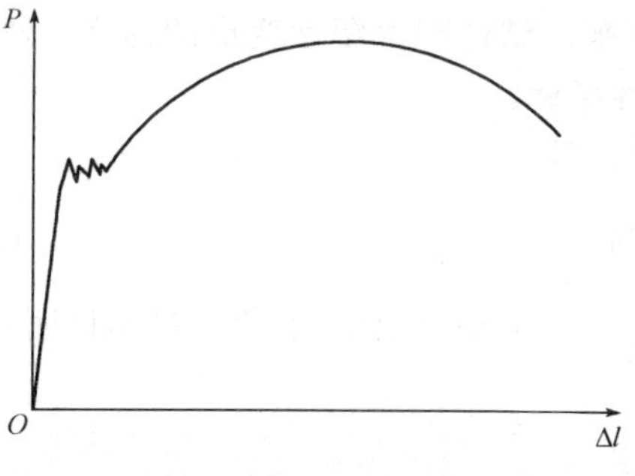

图 3-74　低碳钢试样的拉伸图

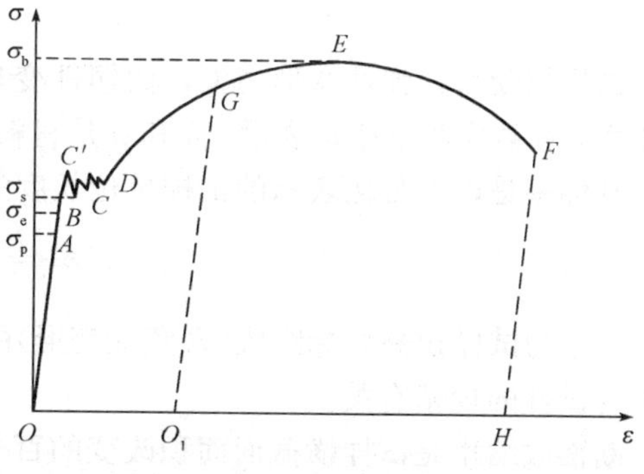

图 3-75　应力-应变图

1. 弹性阶段(*OB* 段)

该段的特点是试样的变形只有弹性变形，即在 *OB* 段上任一点卸载，σ-ε 曲线会严格循着 *BO* 线返回到 *O* 点，试样的变形全部消失，初始段 *OA* 为直线，这表明 σ 与 ε 成正比例的关系，符合胡克定律。不难看出，直线段 *OA* 对横坐标轴的倾角 α 的正切值，就等于材料的拉压弹性模量 *E*。这种在弹性阶段内，应力-应变保持正比例关系的特性称为线弹性。*OA* 段的最高点 *A* 为线弹性阶段的极限点，其对应的应力值 σ_p 称为比例极限。Q235 钢的比例极限 $\sigma_p \approx 200$ MPa。σ-ε 曲线过了 *A* 点进入 *AB* 段以后，不再保持直线形状。这说明 σ、ε 之间的正比例关系已不复存在，但材料在此阶段产生的变形仍为弹性变形。*AB* 段的最高点 *B* 所对应的应力值 σ_e 称为弹性极限。由于 *A*、*B* 两点相距很近，工程常取 $\sigma_p = \sigma_e$。

2. 屈服阶段(*CD* 段)

当载荷继续增大使应力达到 *C* 点所对应的应力值后，应力不再增加或出现微小的波动，应变却迅速增长，这表明材料已暂时失去了抵抗变形的能力。这种现象称为材料的屈服。根据国家标准规定，在应力波动的 *CD* 段中，出现的最小应力值称为材料的屈服极限，用符号 σ_s 表示。屈服极限是塑性材料的重要力学性能指标。在工程设计中，构件的应力通常都必须限制在屈服极限以内。Q235 的屈服极限 $\sigma_s \approx 235$ MPa。

试样的屈服阶段产生的变形，卸载后不再全部消失，也即产生了塑性变形或残余变形。在屈服阶段，经过抛光处理的试样表面上，可以看到与轴线约呈 45°角的细微条纹。这些条纹是因为材料的微小晶粒沿最大剪应力作用面发生相互滑移错动引起的，称为滑移线或剪切线。这一现象说明塑性材料的破坏是最大剪应力所致。

3. 强化阶段(*DE* 段)

屈服阶段过后，材料由于塑性变形使内部的晶体结构得到了调整，其抵抗变形的能力又有所恢复。要使应变增加，就必须加大载荷使应力增大，这一变形阶段称为材料的强化阶段。*E* 点的纵坐标表示试样开始被拉断的应力值，称为材料的抗拉强度极限。用符号 σ_b 表示。σ_b 也是衡量材料强度的一个重要指标。Q235 的抗拉强度极限 $\sigma_b \approx 390$ MPa。

4. 颈缩阶段(*EF* 段)

应力达到 σ_b 后，试样的变形集中于某一局部，使这个局部的横截面面积急剧缩小，形成图 3-76 所示的瓶颈状，称为颈缩。此后，试样在颈缩部分迅速被拉断。

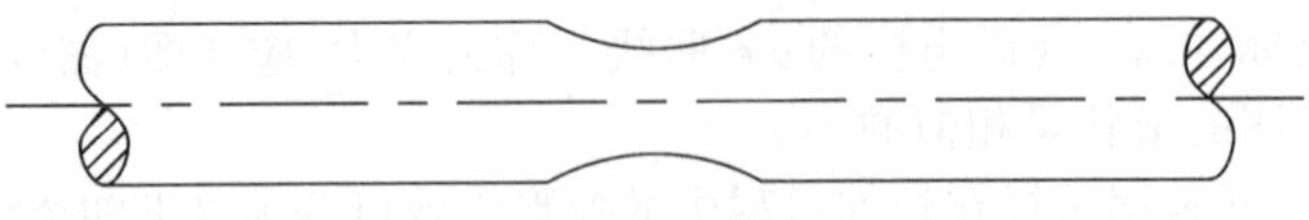

图 3-76　颈缩

试样拉断后，弹性变形消失，而塑性变形却残留下来。试样产生塑性变形的程度，通常以延伸率 δ 和截面收缩率 ψ 表示，δ 和 ψ 是材料的两个塑性指标。

延伸率是以百分比表示的试样单位长度的塑性变形。即

$$\delta = \frac{l_1 - l_0}{l_0} \times 100\% \tag{3-77}$$

式中，l_1 为试样拉断后标距段(含塑性变形)的拼合长度，l_0 为试样原标距长度。试验证明，δ 的大小与试件的规格有关。

断面收缩率是试样横截面面积改变的百分率，即

$$\psi = \frac{A_0 - A_1}{A_0} \times 100\% \tag{3-78}$$

式中，A_0 为试样的原横截面面积；A_1 为试样断裂处的最小横截面面积；ψ 的值越大，材料的塑性越好。Q235 的 ψ 值为 60%～70%。

试验过程中，如果将试样拉伸到超过屈服阶段的任一点，如图 3-75 的 G 点，然后卸载，试样的 σ-ε 曲线会沿着与 AO 平行的直线 GO_1 返回到 O_1 点。此时如果再重新加载，其 σ-ε 曲线则大致沿卸载线 O_1G 上行，到 G 点后，开始出现塑性变形。以后，σ-ε 曲线仍沿曲线 GEF 变化，直至 F 点试样被拉断。

将卸载后重新加载出现的直线段 O_1G 与初加载时的直线段 OA 相比，G 点的应力值显然比 A 点高。这说明材料的比例极限得到了提高。但另一方面，试样断裂后留下的塑性应变（图 3-75 中的 O_1H 段）却大为降低。由此可见，经重复加载处理，材料的比例极限增大而塑性变形减小，这种现象称为材料的冷作硬化现象。在工程中，常利用冷作硬化来提高某些构件在弹性范围内的承载能力。例如，起重机钢缆、建筑钢筋等，一般都要作预拉处理。但冷作硬化使材料变硬变脆，不易加工，而且降低了材料抗冲击和抗振动的能力。

(二)其他塑性材料拉伸时的力学性能

图 3-77 绘出了其他几种塑性材料拉伸时的 σ-ε 曲线。与 Q235 钢相比较，它们都有线弹性阶段（黄铜 H62 的线弹性段极短），有些材料有明显的屈服阶段（如 16Mn 钢），有些没有。对于这些没有明显屈服阶段的材料，因为不能求得其真实的屈服极限 σ_s，根据国家标准的规定，为便于工程上的应用，可以将试样产生的塑性应变为 0.2% 时所对应的应力值作为这些材料的名义屈服极限，并以符号 $\sigma_{0.2}$ 表示（图 3-78）。

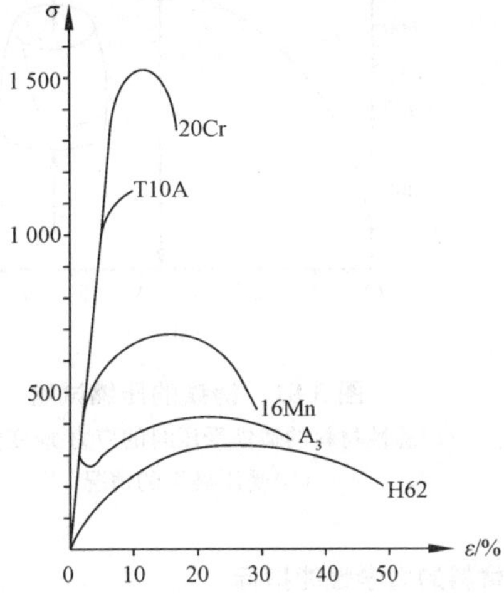

图 3-77　塑性材料拉伸时的 σ-ε 曲线

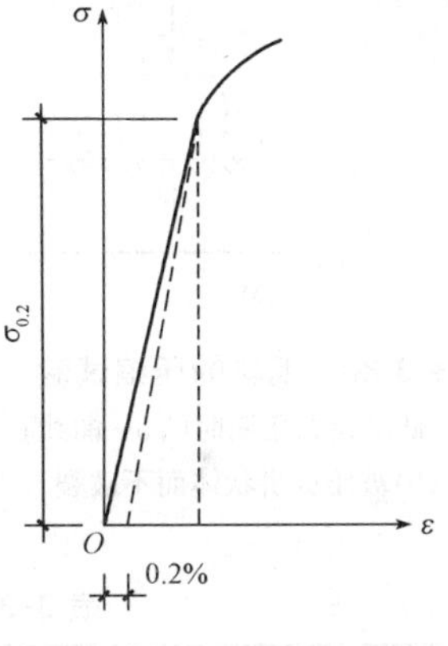

图 3-78　名义屈服极限

(三)铸铁拉伸时的力学性能

铸铁是一种典型的脆性材料，由图 3-79 所示铸铁试样拉伸的 σ-ε 曲线可以看出，铸铁拉伸时，有如下几个显著的力学特性：

(1)σ-ε 曲线无明显直线部分。因此，严格地说，铸铁不具有线弹性阶段。工程应用时，一般在应力较小的区段作一条割线（图 3-79 所示虚线）近似代替原来的曲线，从而确定其弹性模量，并将此弹性模量称为割线弹性模量。

(2)拉伸过程中无屈服阶段，也没有缩颈现象。

(3)在整个试验过程中只能测出强度极限 σ_b^+。

(四)钢材的压缩试验

低碳钢在压缩时的 σ-ε 曲线如图 3-80(a)所示（图中虚线部分表示低碳钢拉伸时的 σ-ε 曲线）。

由图可知，在材料屈服以前，压缩和拉伸的应力-应变曲线基本重合，这表明材料的拉伸、压缩弹性模量 E 以及比例极限 σ_p、屈服极限 σ_s 基本相等。但超过屈服极限以后，由于低碳钢的塑性良好，随着压力的增加，试样的横截面面积不断增大，最后被压成饼状体而不破裂[图 3-80(b)]。因此，低碳钢受压时测不出强度极限。

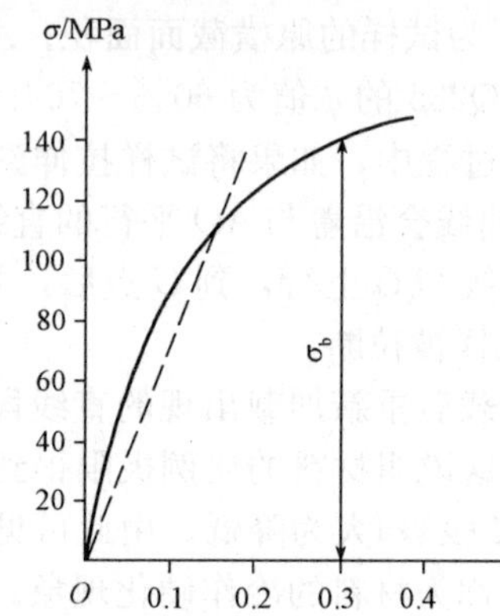

图 3-79　无明显直线部分的 σ-ε 曲线

(五)铸铁的压缩试验

脆性材料的铸铁受压时的应力-应变曲线如图 3-81(a)所示。由图可知，铸铁在压缩时同样不存在明显线弹性阶段和屈服阶段，因此只能求得其强度极限。但需要注意的是铸铁压缩时的 σ_b^- 比拉伸时的 σ_b^+ 大得多。所以，铸铁适用于制作受压的构件，如机器底座、机床床身等。

铸铁受压破坏的情况如图 3-81(b)所示。其断裂面与试件轴线约呈 45°的倾角。这说明铸铁的压缩破坏是由于最大剪应力造成的。

表 3-3 给出了几种常用材料的力学性能指标。

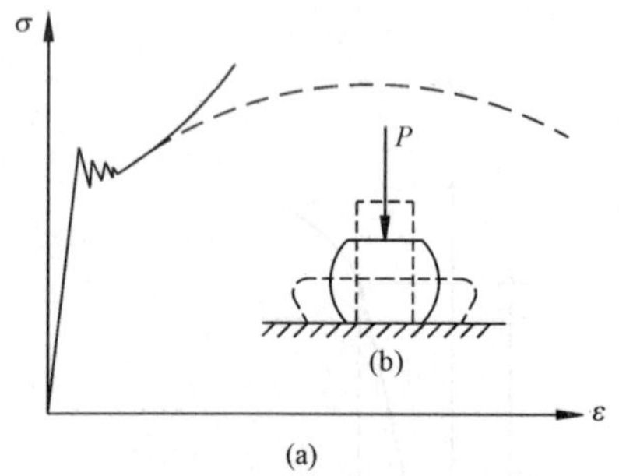

图 3-80　钢材的压缩试验

(a)低碳钢在压缩时的 σ-ε 曲线；

(b)被压成饼状体而不破裂

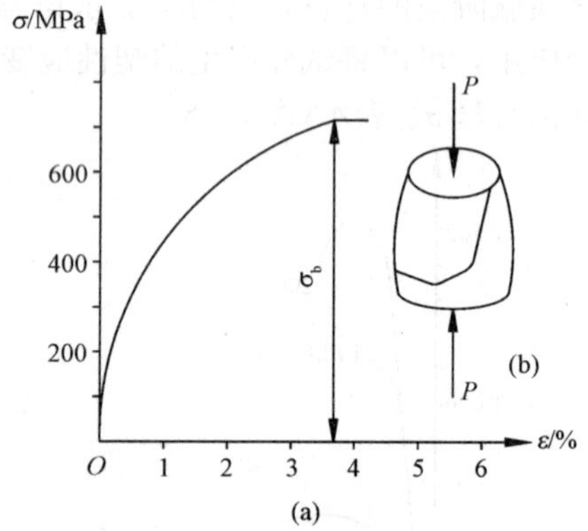

图 3-81　铸铁的压缩试验

(a)脆性材料的铸铁受压时的应力-应变曲线；

(b)受压破坏的情况

表 3-3　几种常用材料的力学性能指标

材料名称	牌号	σ_s/MPa	σ_b/MPa	δ/%
普通碳素钢	Q215	186～216	333～412	31
	Q235	216～235	373～461	25～27
优质碳素结构钢	15	226	373	27
	40	333	569	19
	45	353	598	16
普通低合金结构钢	12Mn	274～294	432～441	19～21
	16Mn	274～343	471～510	19～21
	15MnV	333～412	490～549	17～19
合金结构钢	20Cr	539	834	10
	40Cr	785	981	9
	50Mn2	785	932	9

续表

材料名称	牌号	σ_s/MPa	σ_b/MPa	δ/%
碳素铸钢	ZG15 ZG35	196 275	392 490	25 16
可锻铸铁	KTZ450-5 KTZ700-2	275 539	441 686	5 2
球墨铸铁	QT400-10 QT450-5 QT600-2	294 324 412	392 441 588	10 5 2
灰铸铁	HT150 HT300		拉 98.1～274 压 637 拉 255～294 压 1088	

二、许用应力与安全系数

许用应力是指制造构件材料的强度指标，仅反映材料的承载能力。通过对材料进行拉伸和压缩试验，可以测定常温静载条件下塑性材料的屈服极限 σ_s（或 $\sigma_{0.2}$）和脆性材料的强度极限 σ_b。塑性材料的应力达到 σ_s，就会出现显著的塑性变形；脆性材料的应力达到 σ_b 时，就会发生断裂。这两种情况都是工程中所不允许的。这两种情况广义地称为强度破坏，更确切地应称为强度失效。因此，σ_s 和 σ_b 分别是塑性材料和脆性材料的极限应力，用统一的符号 σ^0 表示。即

$$\sigma^0=\begin{cases}\sigma_s & \text{（塑性材料）}\\ \sigma_b & \text{（脆性材料）}\end{cases}$$

显然，以 σ^0 作为工程设计中构件的许用应力是危险的。为使构件工作安全可靠，必须留有适当的强度储备。即

$$[\sigma]=\frac{\sigma^0}{n} \tag{3-79}$$

式中，n 为大于 1 的正数，称为安全系数，$[\sigma]$为许用应力。

对于塑性材料和脆性材料，分别用 $[\sigma]=\frac{\sigma_s}{n_s}$，$[\sigma]=\frac{\sigma_b}{n_b}$ 计算构件的许用应力。其中，n_s、n_b 分别为对应于屈服极限和强度极限的安全系数。对于塑性材料构件，其拉、压许用应力一般是相同的；对于脆性材料构件，则应分别根据其拉、压试验测定的 σ_b^+、σ_b^- 定出其许用拉应力$[\sigma^+]$和许用压应力$[\sigma^-]$。几种常用材料的许用应力值见表 3-4。

表 3-4　常温、静载和一般工作条件下几种常用材料许用应力$[\sigma]$的约值

材　　料	许用应力/MPa	
	$[\sigma^+]$	$[\sigma^-]$
Q215(A2)	140	140
Q235(A3)	160	160
45 钢(调质)	190	190
16Mn 钢	240	240、
铜	30～120	30～120

续表

材料	许用应力/MPa	
	$[\sigma^+]$	$[\sigma^-]$
铝	29～78	29～78
灰铸铁	31～78	120～150
松木(顺纹)	6.9～9.8	9.8～11.7

安全系数的确定，应兼顾到安全与经济两个方面，考虑构件的重要程度、载荷性质、工作条件等各方面因素，是一个比较复杂的问题。设计时，可查阅有关的设计规范。在机械制造中，静载荷条件下安全系数的取值范围，一般大致为 $n_s=1.5\sim2.5$；$n_b=2.0\sim3.5$(有时甚至大到5～9)。随着科学技术的发展和人类对客观事物认识的深入，安全系数的确定会更加趋于合理。

三、压杆稳定的临界力、临界应力

(一)压杆稳定的概念

实践表明，对于短而粗的受压杆件，一般只考虑强度、刚度问题。对于一些细而长的受压杆件，情况就不同了。当轴向压力增大到一定数值时，在强度破坏之前，压杆会突然产生侧向弯曲变形而丧失工作能力(图 3-82)。这种细长压杆在轴向受压后，其轴线由直变曲的现象，称为丧失稳定，或简称失稳。失稳会导致整个机器或结构不能正常工作。可以说，短粗的压杆只有强度问题。而细长的压杆除应满足强度要求外，还应考虑稳定性问题。如前所述，稳定性是指构件保持原有平衡状态的能力。

现在讨论压杆平衡的稳定性问题。以[图 3-83(a)]细长压杆为例，它的一端固定，另一端自由。当轴向压力 P 不大时，杆仍处于直线平衡状态。若用一个微小的干扰力横推压杆，则压杆变弯[图 3-83(b)]。但当干扰力除去后，杆轴线将在摆动中逐渐恢复直线状态[图 3-83(c)]，此时压杆原来的直线平衡状态为稳定平衡。如果轴向压力 P 增大到某一数值时，轴线仍可暂时维持直线平衡状态，但稍受干扰，杆就变弯，即使排除干扰后，压杆也不能恢复原有的直线平衡状态，而处于微弯的平衡状态[图 3-83(d)]，则称压杆原有的直线平衡状态为不稳定平衡，或称压杆处于失稳的临界状态。当压力 P 增大到某一临界值 P_{lj} 时，弹性压杆将由稳定平衡过渡到不稳定平衡，称临界值 P_{lj} 为压杆的临界力或临界载荷。其标志着压杆由稳定平衡过渡到不稳定平衡的分界点。于是，压杆保持稳定的条件为 $P<P_{lj}$，压杆失稳条件为 $P>P_{lj}$，失稳的临界条件为 $P=P_{lj}$。

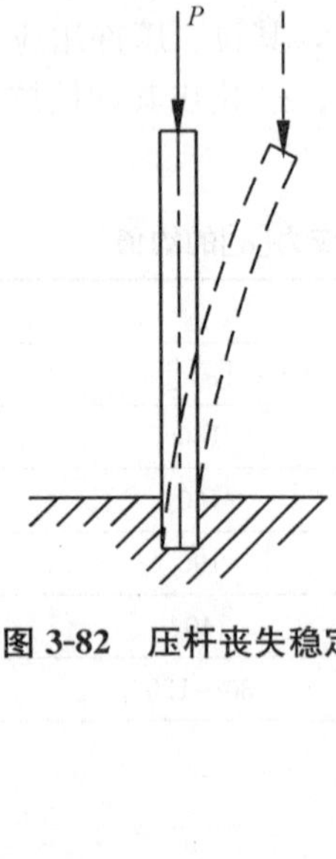

图 3-82　压杆丧失稳定

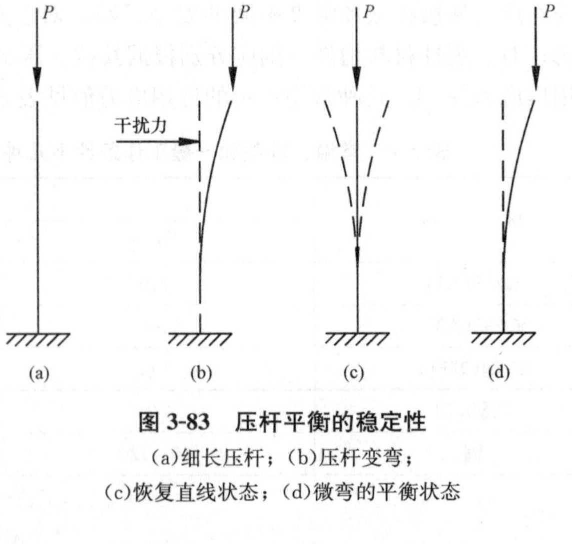

图 3-83　压杆平衡的稳定性

(a)细长压杆；(b)压杆变弯；

(c)恢复直线状态；(d)微弯的平衡状态

在工程设计中必须考虑稳定问题。如千斤顶的丝杆(图 3-84)，托架中的压杆(图 3-85)，以及自卸载重汽车的液压活塞杆等。由于失稳破坏往往突然发生，会给机器结构带来很大的危害，造成严重的工程事故，因此，设计压杆时，对它们进行稳定性计算是非常重要的，也是设计中首先要考虑的问题。

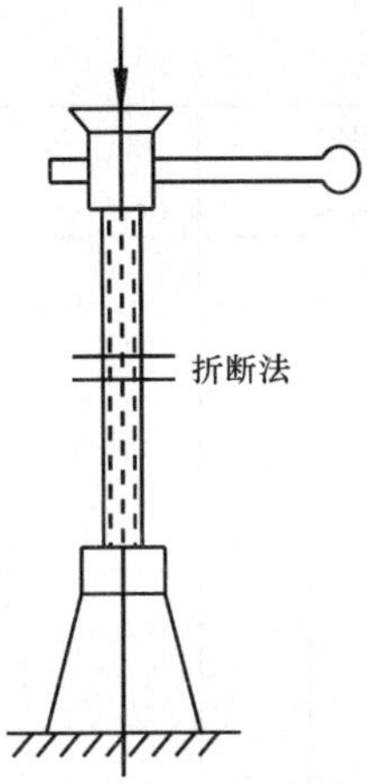

图 3-84　千斤顶的丝杆

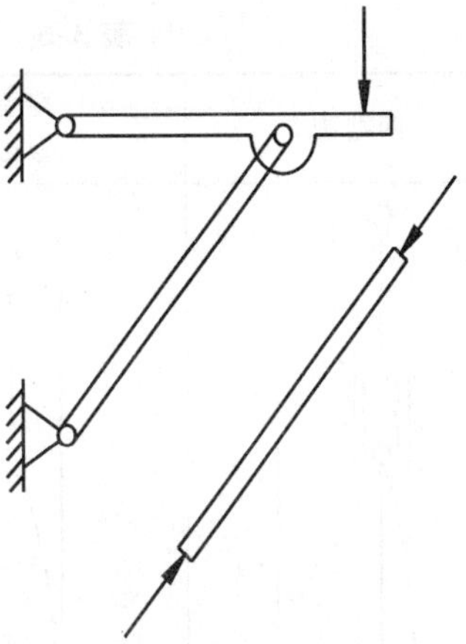

图 3-85　托架中的压杆

除压杆有失稳现象外，其他如截面窄而高的梁，受外压力的薄壁壳形容器等，也有失稳现象发生。本节仅讨论压杆的稳定问题。

(二)临界力、临界应力

临界力和临界应力是反映压杆稳定的承载能力指标，在材料服从胡克定律的条件下，压杆临界力的欧拉公式(推导从略)，即

$$P_{lj}=\frac{\pi^2 EI}{(\mu l)^2} \tag{3-80}$$

式中，P_{lj} 为临界力，EI 是抗弯刚度，μ 为支座长度系数(表 3-5)，l 为杆的长度。在材料服从胡克定律的条件下，压杆临界应力的欧拉公式为

$$\sigma_{lj}=\frac{P_{lj}}{A}=\frac{\pi^2 EI}{(\mu l)^2 A}=\frac{\pi^2 E}{\lambda^2} \tag{3-81}$$

式中，σ_{lj} 为临界应力，E 为材料拉(压)弹性模量，λ 为压杆的柔度，即

令
$$i=\sqrt{\frac{I}{A}}$$

$$\lambda=\frac{\mu l}{i} \tag{3-82}$$

式中，i 为惯性半径，I 为轴惯性矩，A 为杆横截面面积，λ 称为压杆的柔度，是一个无量纲的值，其取决于杆端约束情况、杆长和截面的形状与尺寸。压杆越是细长，λ 值就越大，临界应力将越小，说明压杆越容易失稳；反之，越粗短的压杆，λ 就越小，σ_{lj} 就越大，表明压杆的稳定性越好。欧拉公式是在材料服从胡克定律的条件下推导出来的，因而压杆的应力不能超过比例极限 σ_p。即式(3-81)的适用条件为

$$\sigma_{lj}=\frac{\pi^2 E}{\lambda^2}\leqslant\sigma_p \qquad \text{或} \qquad \lambda\geqslant\pi\sqrt{\frac{E}{\sigma_p}}$$

令
$$\lambda_p=\pi\sqrt{\frac{E}{\sigma_p}} \tag{3-83}$$

式中，λ_p 是柔度的界限值。只有当压杆的实际柔度值 $\lambda \geqslant \lambda_p$ 时，临界应力的欧拉公式才适用，称这类压杆为大柔度杆。

对于常用的 Q235 钢而言，$E=200$ GPa，$\sigma_p=200$ MPa。由式(3-83)得 $\lambda_p=100$。可见用 Q235 钢制成的压杆，若当柔度 $\lambda \geqslant 100$ 时，称为大柔度杆，才可以应用式(3-81)。

表 3-5 压杆的长度系数表

杆端约束情况	两端铰支	一端固定 一端自由	一端固定 一端铰支	两端固定
挠曲线 形　状	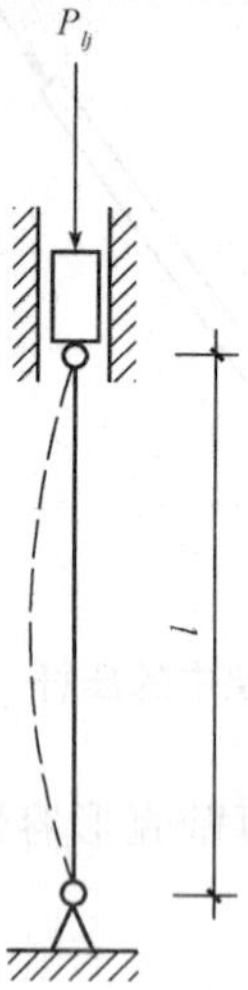	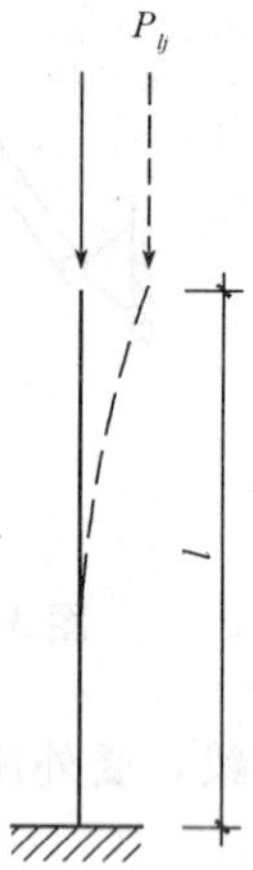	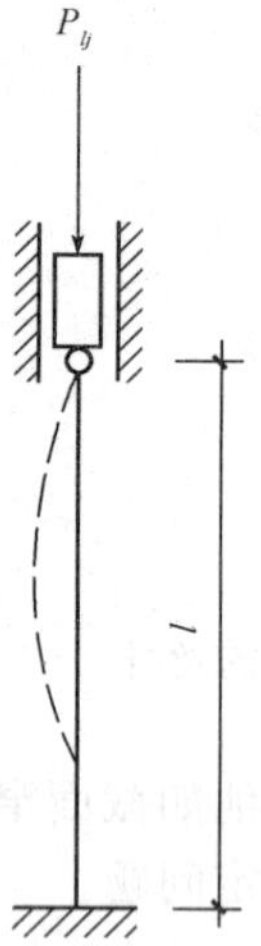	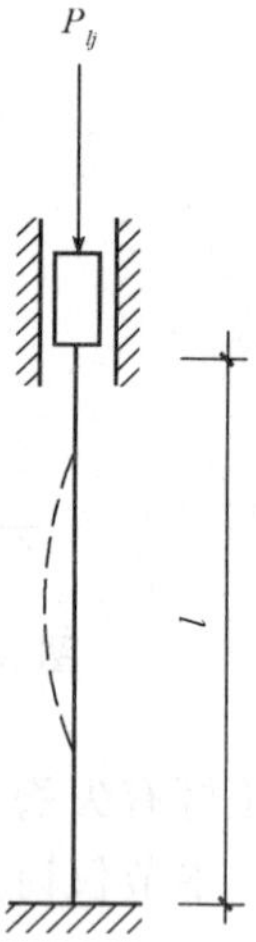
长度系数 μ	1	2	$\frac{1}{\sqrt{2}}=0.7$	$\frac{1}{2}$
临界力 P_{ij} 公式	$\frac{\pi^2 EI}{l^2}$	$\frac{\pi^2 EI}{4l^2}$	$\frac{2\pi^2 EI}{l^2}$	$\frac{4\pi^2 EI}{l^2}$

四、提高构件承载能力的措施

要提高构件的承载能力，需先研究保证构件安全工作的条件。无论何种变形，构件的安全强度条件应该是工作应力不许超过允许应力值；构件的刚度条件应该是工作的变形量不允许超过允许变形量；压杆构件的稳定条件应该是工作压力不允许超过允许压力。

要保证构件正常工作，提高承载能力，就必须设法降低工作应力(内力)和提高材料的许用应力，而提高材料的许用应力，就得选择造价高的优质材料。因此，降低工作应力是提高构件承载能力的主要目标。

对于拉压杆件而言，因为横截面上的正应力是均匀分布，所以无须进行截面形状设计，主要考虑轴力沿轴线分布尽量合理即可。另外，应注意脆性材料抗压不抗拉的特点，拉杆用塑性材料，压杆用脆性材料。对圆轴扭转来说，其横截面上的剪应力是线性分布，当圆周边缘的应力达到极值时，圆心附近面积上的应力值还很小。因此，圆轴扭转的横截面设计对提高承载能力是非常重要的。要降低最大工作应力，先要合理布置外力偶矩来达到降低最大扭矩，另外，将截面制成空心截面来提高截面抗扭系数。下面就以梁弯曲变形为例，讨论其提高承载能力的措施。

(一)提高梁强度的措施

在工程中，为使梁达到既经济又安全的要求，采用的材料量应较少且价格便宜，同时梁又

具有较高的强度。因为弯曲正应力是控制梁强度的主要因素，所以由$\sigma_{max}=\dfrac{|M|_{max}}{W_z}$不难看出，提高梁强度的措施是：降低$|M|_{max}$的数值，提高$W_z$的数值并充分利用材料的性能。

1. 降低最大弯矩的数值

降低$|M|_{max}$的数值可采用合理布置载荷和支座的位置。如图3-86所示的传动轴，当齿轮位于轴中点时[图3-86(a)]，轴因齿轮啮合力P而引起的最大弯矩为$\dfrac{Pl}{4}$；若将齿轮尽量安装在靠近轴承处[图3-86(b)]，其最大弯矩则为$\dfrac{5}{36}Pl$，仅为前者的55.5%，这样，所需的轴径就可相对减小。

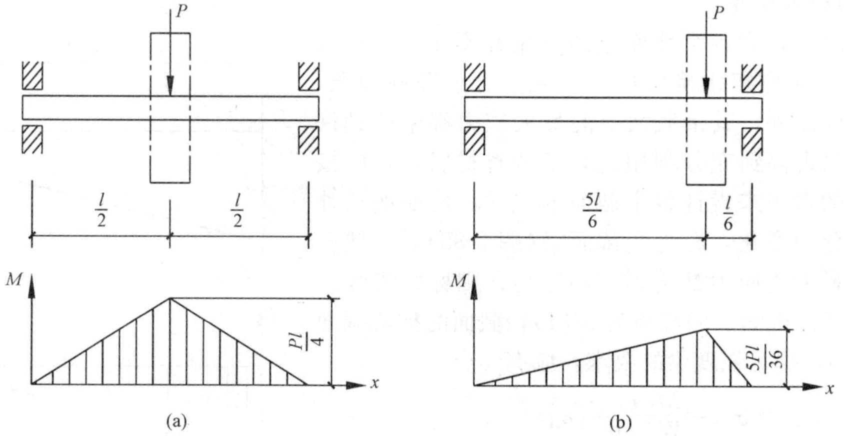

图3-86　传动轴

(a)齿轮位于轴中点；(b)齿轮靠近轴承处

2. 选用合理截面

梁的合理截面应该是使用最小截面面积A(即少用材料)，得到最大的抗弯截面模量W_z，可采取下列措施：

(1)截面面积和形状相同，放置方式不同。如图3-87所示的矩形梁(令$h>b$)放置情况，两者W_z之比为

$$\frac{W_z(\mathrm{a})}{W_z(\mathrm{b})}=\frac{\dfrac{bh^2}{6}}{\dfrac{hb^2}{6}}=\frac{h}{b}$$

因此，按强度观点，矩形截面长边立放比平放合理。

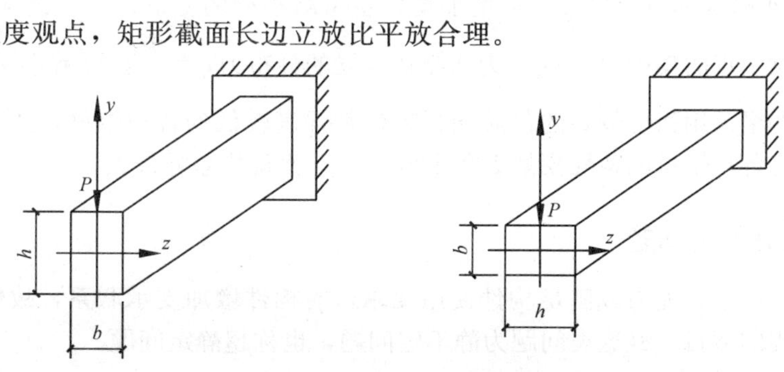

图3-87　矩形放置情况

(2)面积相等而形状不同的截面。圆形、矩形、工字形三种截面，工字形截面最合理，圆形截面最差。所以，钢结构中的抗弯杆件，常用工字形、箱形等截面。这种情况，也可以从弯曲正应力的分布规律来理解，在中性轴上的正应力为零，离中性轴越远处正应力越大，圆形截面的很大一部分材料接近中性轴，没有充分发挥作用，显然是不经济的。而工字形截面则相反，很大一部分材料远离中性轴，较充分地发挥了承载作用。

(3)截面形状与材料性能相适应。经济的截面形状应该是截面上的最大拉应力和最大压应力同时达到材料的许用应力。对抗拉和抗压强度相等的塑性材料，宜采用对称于中性轴的截面形状，如空心圆形、工字形等；对抗压强度大于抗拉强度的脆性材料，应采用中性轴靠近受拉一边的截面形状。

3. 采用等强度梁

一般情况下，梁各个截面上的弯矩并不相等，而截面尺寸是按最大弯矩来确定的。因此，对于等截面梁，除了危险截面以外，其余截面上的最大应力都未达到许用应力，材料未得到充分利用。为了节省材料，就应按各个截面上的弯矩来设计各个截面的尺寸，使截面尺寸随弯矩的变化而变化，即为变截面梁(图 3-88)。若使各横截面上的最大正应力都达到许用应力，则称为等强度梁。设梁在任意截面上的弯矩为 $M(x)$，截面的抗弯截面模量为 $W(x)$，据等强度梁的要求，应有

$$\sigma_{max}=\frac{M(x)}{W(x)}=[\sigma]$$

$$W(x)=\frac{M(x)}{[\sigma]} \tag{3-84}$$

由式(3-84)即可根据弯矩的变化规律确定等强度梁的截面变化规律。

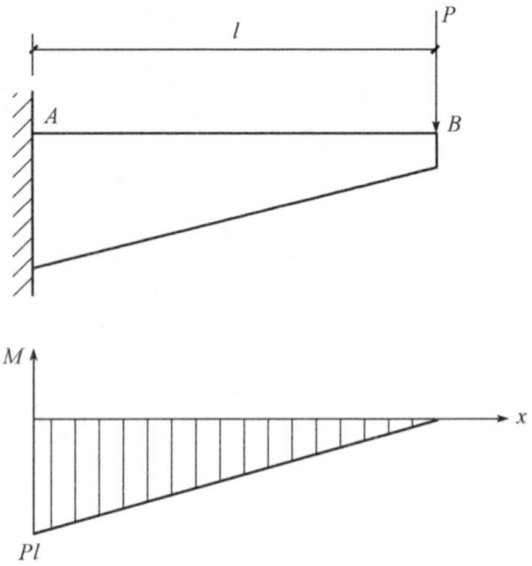

图 3-88　变截面梁

(二)提高梁刚度的措施

梁的挠度和转角不仅与梁的支承、载荷情况有关，还与材料性质(E 值)、几何形状尺寸(I、l 值)有关。梁的最大挠度 y_{max} 与上述因素成正比关系，即

$$y_{max}=\frac{载荷}{系数}\frac{l^n}{EI}$$

式中，跨度 l 为 n 次幂，对不同载荷 m、P、q 情况下，n 分别为 2、3 或 4。因此，为了提高梁的刚度，可根据上式采取一些措施：一是从梁的材料和横截面形状、尺寸两方面增大梁的抗弯刚度 EI；二是减小跨度和有关尺寸，如增加支座也可减小梁的变形；三是改善载荷作用方式。如将作用于简支梁中点的集中力 P 改变为均布在全梁的分布力 $q=\frac{P}{l}$，可减小梁的最大挠度值。应当注意的是，如果采用强度较高的优质钢材来代替强度较低的普通钢材，并不能明显提高梁的刚度作用，因为各种钢材的弹性模量 E 值非常接近，而价格差异甚大。

五、构件的静不定问题

为了提高构件的承载能力或满足构件使用要求，对构件增加支承联系，故使约束反力数目超过静力平衡方程的数目，称这类问题为静不定问题，也称超静定问题。

(一)拉压超静定问题

图 3-89 所示的两端刚性固定支承的等直杆 AB，在 C 点受一主动外力 P 的作用。显然，在固定端 A、B 处必将产生 Y_A 和 Y_B 两个未知的约束反力。

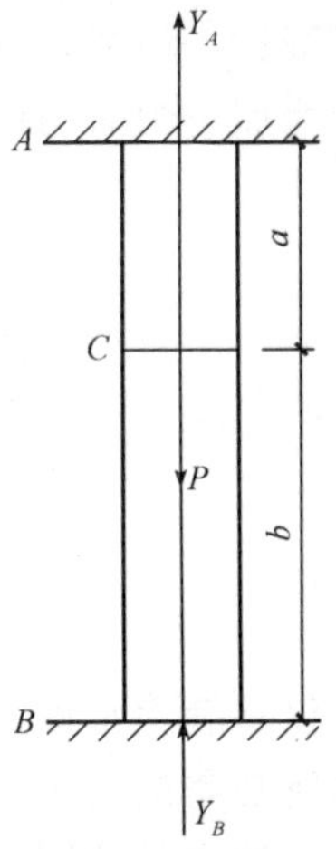

图 3-89　两端刚性固定支承的等直杆

由于三点共线，独立的静力学平衡方程只有一个，即

$$Y_A+Y_B-P=0 \tag{3-85}$$

显然，这里所有未知反力的个数多于独立平衡方程数，仅靠静力平衡方程不可能求得其确定解。因此，这类问题称为拉压静不定问题或超静定问题。未知反力的个数与对应平衡方程个数的差，称为超静定问题的次数。图 3-89 所示的问题，是一个一次静不定的问题。这种静不定问题，必须在已有的独立平衡方程基础上，根据杆件的变形情况列出补充方程后才能联立求解。

根据图 3-89 的假设，由于杆的两端为刚性支承，因而 AC、CB 段的变形应满足以下关系

$$\Delta l_{AC}+\Delta l_{CB}=0 \tag{3-86}$$

式(3-86)反映了结构各部分变形必须满足的某种几何关系，被称为变形协调方程。很明显，这种变形协调方程并没有反映未知反力之间的联系，因而不能直接用于问题的求解。

考察杆 AB，即可得其各段的内力为

$$N_{AC}=Y_A$$

$$N_{CB}=-Y_B$$

在弹性范围内，依据胡克定律，其各段的变形为

$$\Delta l_{AC}=\frac{Y_A a}{EA} \tag{3-87}$$

$$\Delta l_{CB}=-\frac{Y_B b}{EA} \tag{3-88}$$

将式(3-87)、式(3-88)所反映的物理关系分别代入式(3-86)，即得到未知力 Y_A、Y_B 的补充方程

$$\frac{Y_A a}{EA}-\frac{Y_B b}{EA}=0 \tag{3-89}$$

将式(3-86)、式(3-89)联立求解，可得

$$Y_A=\frac{bP}{a+b} \qquad Y_B=\frac{aP}{a+b}$$

比较 Y_A 与 Y_B 的大小，可知杆件的内力是按刚度系数分配的。AC 段的刚度系数 $\frac{EA}{a}$ 比 BC 段的 $\frac{EA}{b}$ 大，故 AC 段的内力较大。

综上所述，将求解静不定问题的方法和步骤归纳如下：

(1)根据静力平衡条件，列出关于未知力的平衡方程；

(2)根据变形的几何关系，列出变形协调方程；

(3)根据胡克定律，将未知力与变形相联系建立物理方程；

(4)联立解静力平衡方程和补充方程，求出全部未知力。

(二)梁弯曲超静定问题

前面讨论的梁都是静定梁，静定梁的支反力仅用静力平衡方程即可求得。在工程实际中，有时为了提高梁的强度和刚度，需要增加支座(或约束)，例如，安装在车床卡盘上的工件如果

比较细长，切削时就可能产生过大的弯曲变形，常在工件的一端用尾架上的顶尖顶住，这就相当于增加一个活动铰支座，如图 3-90 所示。

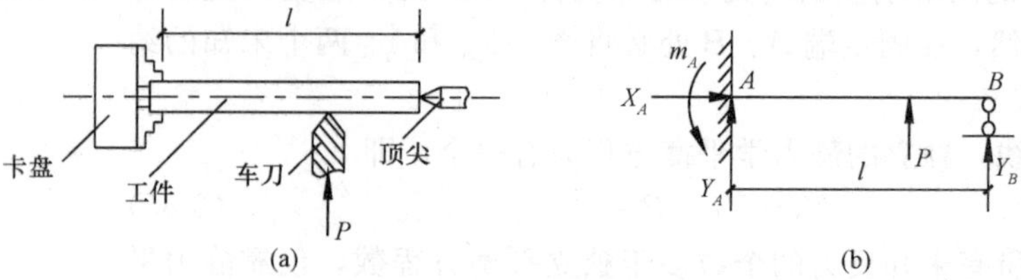

图 3-90　活动铰支座

仅靠静力平衡方程不能求出全部未知力的梁，称为超静定梁或静不定梁。那些超过维持平衡所必需的约束，称为多余约束，其对应的支反力称为多余反力。多余约束反力的个数与超静定的次数相同，有 n 个多余约束反力即为 n 次超静定，相应的就需建立 n 个补充方程。如图 3-90(b)所示的情况，作用在工件上的力系为平面一般力系，只有三个独立的平衡方程，而约束反力有四个，即 X_A、Y_A、m_A 和 Y_B，未知反力数比平衡方程数多一个，有一个多余约束，工件为一次超静定梁，需建立一个补充方程。

对超静定梁进行强度或刚度计算，首先须求出梁的约束反力。由于有多余约束反力，因此，确定超静定梁的所有约束反力时，除建立平衡方程外，还需建立补充方程。如何建立补充方程是求解超静定梁的关键，这里只介绍利用变形协调条件，进行变形比较来建立补充方程。这种解超静定梁的方法，称为变形比较法。下面通过例题说明这种解法的具体步骤。

【例 3-16】 图 3-91(a)所示为超静定梁。试求约束反力。

【解】 (1)画 AB 梁的受力图，确定超静定次数。

由图 3-91(a)所示 AB 梁的受力图可知，有四个约束反力；属于平面一般力系，只能建立三个独立平衡方程，有一个多余的反力，属于一次超静定梁，需建立一个补充方程。

(2)选择基本静定梁(或称为静定基)。若选择支座 B 为多余约束，将多余约束解除，代之以多余反力 Y_B，得到基本静定梁为图 3-91(b)所示的悬臂梁。

(3)研究多余约束 B 处的变形条件，建立补充方程。

图 3-90(b)所示基本静定梁在载荷 q 和多余约束反力 Y_B 的共同作用下，其变形情况应与原超静定梁图完全相同。基本静定梁在 q 和 Y_B 共同作用下，B 截面的挠度也应为零，即

$$y_B=0 \tag{3-90}$$

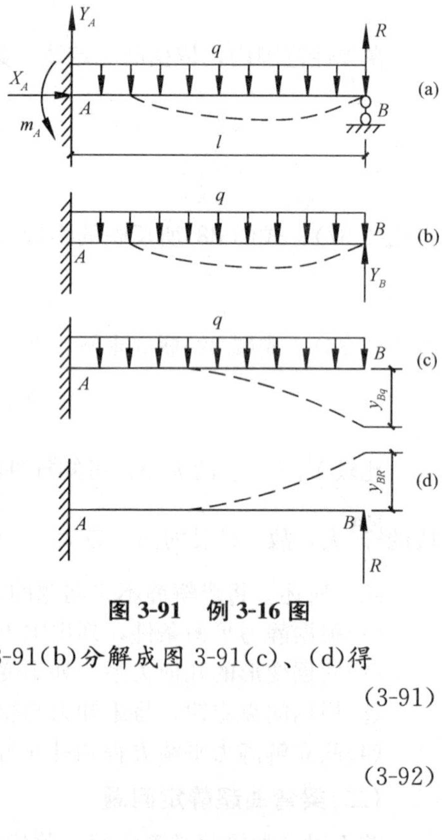

图 3-91　例 3-16 图

式(3-90)即为多余约束处的变形条件。利用叠加法，将图 3-91(b)分解成图 3-91(c)、(d)得

$$y_B=y_q+y_R \tag{3-91}$$

代入式(3-90)得

$$y_q+y_R=0 \tag{3-92}$$

查表得

$$y_q=-\frac{ql^4}{8EI},\quad y_R=\frac{Y_Bl^3}{3EI}$$

代入式(3-92)得补充方程

$$-\frac{ql^4}{8EI}+\frac{Y_Bl^3}{3EI}=0 \tag{3-93}$$

解得

$$R=\frac{3}{8}ql$$

(4)列静力平衡方程：

$$\sum X=0 \quad \sum Y=0 \quad \sum M_A=0$$

解得 $X_A=0$，$Y_A=\frac{5}{8}ql$，$m_A=\frac{ql^2}{8}$

求出超静定梁的各个约束反力之后，若要画剪力图及弯矩图、解决梁的强度及刚度问题，均和处理静定梁完全相同。

本节小结

(1)低碳钢试样在拉伸过程中的变形大致可分为四个阶段：①弹性阶段；②屈服阶段；③强化阶段；④颈缩阶段。

延伸率是以百分比表示的试样单位长度的塑性变形，即

$$\delta=\frac{l_1-l_0}{l_0}\times 100\%$$

断面收缩率是试样横截面面积改变的百分率，即

$$\psi=\frac{A_0-A_1}{A_0}\times 100\%$$

(2)构件的许用应力、安全系数、与极限应力之间关系为

$$[\sigma]=\frac{\sigma^0}{n}$$

(3)临界力、临界应力的欧拉公式，即

$$P_{lj}=\frac{\pi^2 EI}{(\mu l)^2}$$

$$\sigma_{lj}=\frac{\pi^2 E}{\lambda^2} \qquad \lambda=\frac{\mu l}{i}$$

欧拉公式的适用条件为

$$\sigma_{lj}=\frac{\pi^2 E}{\lambda^2}\leqslant\sigma_p \quad 或\ \lambda\geqslant\pi\sqrt{\frac{E}{\sigma_p}}$$

(4)提高梁强度的措施有：降低最大弯矩的数值；选用合理截面；采用等强度梁。

(5)构件的静不定问题，约束反力数目超过静力平衡方程的数目，称这类问题为静不定问题，也称超静定问题。

复习思考题

1. 什么是材料的力学性能？
2. 什么是工作应力、许用应力和极限应力？
3. 简述应力 σ_{02}、材料冷作硬化的概念。

4. 画出低碳钢应力应变曲线指出各阶段特点，并说明经冷作硬化后的主要特点？

5. 什么是压杆稳定？简述临界力、临界应力的概念。

6. 如何提高构件的承载能力？

7. 简述超静定概念及计算步骤。

8. 压杆柔度与哪些因素有关？

思考与练习

1. 一根直径为 $d=30$ mm 的钢拉杆，在轴向荷载 80 kN 的作用下，在 1.5 m 的长度内伸长了 1.15 mm，材料的比例极限为 210 MPa，泊松系数为 0.27，试求：①拉杆横截面上的正应力；②材料的弹性模量 E；③杆的直径改变量 Δd。

2. 一圆形横截面等直杆受轴向拉伸。已知杆的直径 $d=16$ mm，材料的屈服极限 $\sigma_s=235$ MPa，杆端拉力为 $P=20$ kN。求杆的工作安全系数 n_s。

3. 如图 3-92 所示的三压杆，其直径和材料皆相同。试判断哪一根能承受的压力最大？哪一根所承受的压力最小？若 $E=210$ GPa，$d=150$ mm，试求各杆的临界力。

4. 如图 3-93 所示的桁架，在 D 点受一铅直力 P 作用而使各杆发生弹性变形。已知杆 1、杆 2、杆 3 材料相同，其拉压弹性模量均为 E，杆 1 与杆 3 的横截面面积为 $A_1=A_3=A$，杆 2 的横截面面积为 $A_2(A_2>A)$。试求各杆轴力。

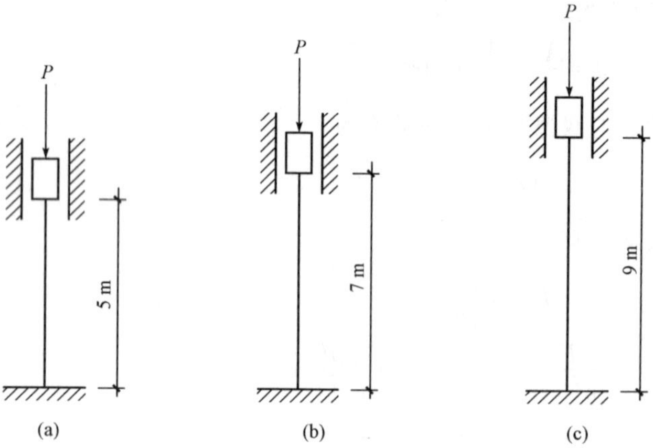

图 3-92　题 3 图

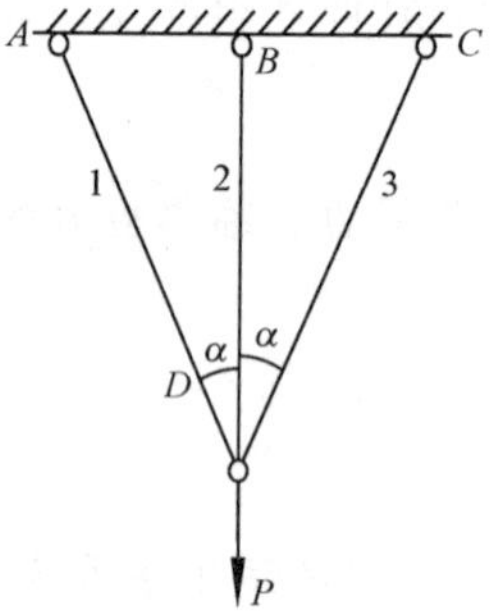

图 3-93　题 4 图

5. 如图 3-94 所示，在外径 $D=25$ mm、内径 $d=15$ mm、长 $l=200$ mm 的铸铁管内套进一根直径为 15 mm 的钢杆。设铸铁的弹性模量为 $E_1=140$ GPa，钢的弹性模量为 $E_2=200$ GPa，$P=12$ kN，求铸铁管和钢杆的应力 σ_1、σ_2 及变形 Δl。

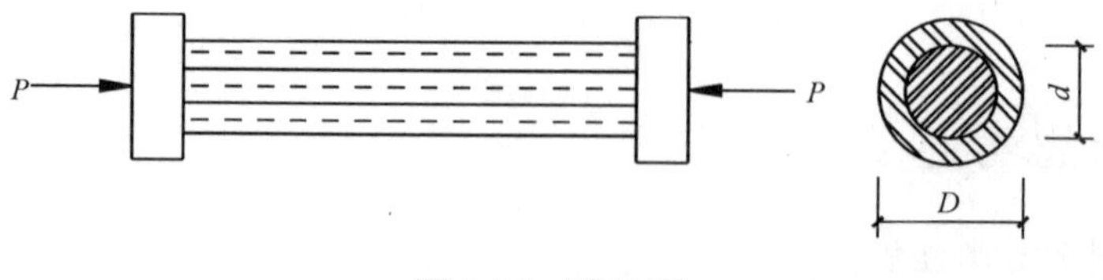

图 3-94　题 5 图

6. 试求图 3-95 所示各等截面梁的支座反力。

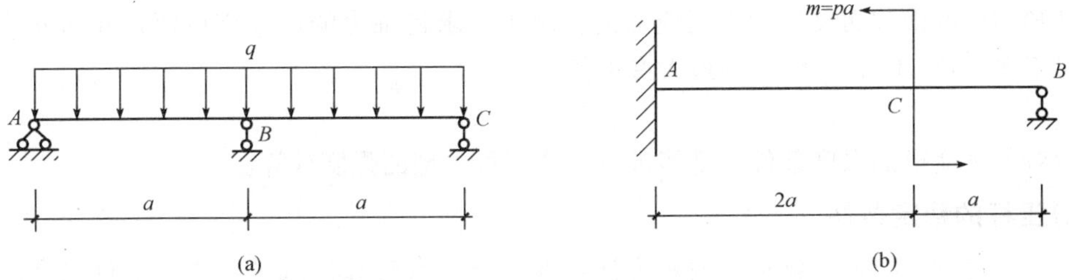

图 3-95　题 6 图

第四节　构件的强度、刚度、稳定性

在绪论中已指出建筑力学的主要任务是讨论构件的强度、刚度和稳定性问题。通过对构件的外力、内力、应力及承载能力的分析后，本章将继续研究构件的强度、刚度和稳定性分析及其工程计算的问题。但对每种基本变形研究的侧重面并不一样，如拉压杆件主要讨论强度、稳定性问题，剪切与挤压构件主要讨论强度问题，扭转构件主要讨论强度、刚度问题，弯曲构件主要讨论强度、刚度问题。本章还将讨论构件在复杂应力状态下及组合变形的强度分析问题。

一、拉压杆件的强度、稳定条件及计算

实践证明，构件的各种变形其任意一点处应力增大到一定程度时构件就会发生破坏，当变形过大时就会影响正常工作。因此，必须将最大的应力限制在材料的许用应力值以内，把这个限制条件称为强度条件；把构件最大变形量限制在构件的允许变形量数值内称为刚度条件。压杆保持稳定的条件是工作压应力不超过稳定许用应力。对轴向拉压杆而言，主要是强度分析和稳定分析。轴向拉压变形杆件和连接剪切构件一般不需要进行刚度验算。

(一)轴向拉压杆件的强度条件

当拉压杆件横截面上的最大正应力值不超过许用应力值，强度足够时，即

$$\sigma_{\max}=\frac{F_{\mathrm{N}}}{A}\leqslant[\sigma] \tag{3-94}$$

式(3-94)称为轴向拉伸(压缩)时的强度条件。需要注意的是，脆性材料的许用拉应力与许用压应力不等。因此，在使用强度条件时，先看一下构件是什么材料，再判断一下是拉应力还是压应力。

工程应用中，根据强度条件，可以进行三种类型的强度计算：

1. 校核强度

在已知构件尺寸、许用应力和所受外力的情况下，验算构件是否满足强度条件的要求，从而判断构件能否安全工作[式(3-94)]。

2. 选择或设计横截面尺寸

在已知构件的许用应力和所受外力的情况下，根据强度条件决定构件的横截面尺寸。对于轴向拉(压)杆，其横截面面积的取值范围由下式给出

$$A\geqslant\frac{F_{\mathrm{N}\max}}{[\sigma]} \tag{3-95}$$

3. 确定许可荷载

在已知构件的横截面尺寸和许用应力的情况下，求得轴力的最大许可值，并由此确定许可荷载。对于等直拉(压)杆，轴力的最大许可值$[F_N]$为

$$[F_N]=[\sigma]A \tag{3-96}$$

以后对各种变形的强度条件，都能进行上述三种类型的强度计算。

(二)压杆的稳定条件

在工程设计中，稳定计算常用两种方法，即安全系数法和折减系数法。本章只介绍折减系数法，压杆的稳定条件是受压杆的最大工作应力σ不超过压杆稳定许用应力$[\sigma]_w$。即

$$\sigma=\frac{P}{A}\leqslant[\sigma]_w \tag{3-97}$$

为了简化校核计算，将稳定许用应力$[\sigma]_w$与强度许用应力$[\sigma]$的比值定义为折减系数，并用φ表示，即

由$\varphi=\frac{[\sigma]_w}{[\sigma]}$，于是

$$[\sigma]_w=\varphi[\sigma] \tag{3-98}$$

折减系数φ是一个小于1的系数，φ值取决于压杆的柔度λ和选用的材料。几种常用材料的折减系数φ值可查表3-6。

表 3-6 折减系数 φ 值

柔度 $\lambda=\frac{\mu l}{i}$	Q235 钢	16 锰钢	铸铁	柔度 $\lambda=\frac{\mu l}{i}$	Q235 钢	6 锰钢
0	1.00	1.000	1.00	110	0.536	0.384
10	0.995	0.993	0.97	120	0.466	0.325
20	0.981	0.973	0.91	130	0.401	0.279
30	0.958	0.940	0.81	140	0.349	0.242
40	0.927	0.895	0.69	150	0.306	0.213
50	0.888	0.840	0.57	160	0.272	0.188
60	0.842	0.776	0.44	170	0.243	0.168
70	0.789	0.705	0.34	180	0.218	0.151
80	0.731	0.627	0.26	190	0.197	0.136
90	0.669	0.546	0.20	200	0.180	0.124
100	0.604	0.462	0.16	—	—	—

这样，压杆的稳定安全条件可以写成

$$\sigma=\frac{P}{A}\leqslant\varphi[\sigma] \tag{3-99}$$

式(3-99)称为压杆稳定条件，利用稳定条件可进行稳定校核、截面设计及求许可载荷三个方面问题。

(三)轴向拉压杆件的强度、稳定性实例计算

【例 3-17】 连杆的受力如图 3-96 所示，已知 $P=48$ kN，$[\sigma]=100$ MPa，试校核连杆的强度。

【解】 经比较可知，通过零件上部的 ϕ20 孔直径的横截面面积最小，其值为

$$A_{min}=(50-20)\times 20=600(\text{mm}^2)$$

连杆的 $N=P=48$ kN，所以

$$\sigma_{max}=\frac{48\times 10^3}{600}=80(\text{MPa})<[\sigma]=100\ \text{MPa}$$

连杆的强度足够。

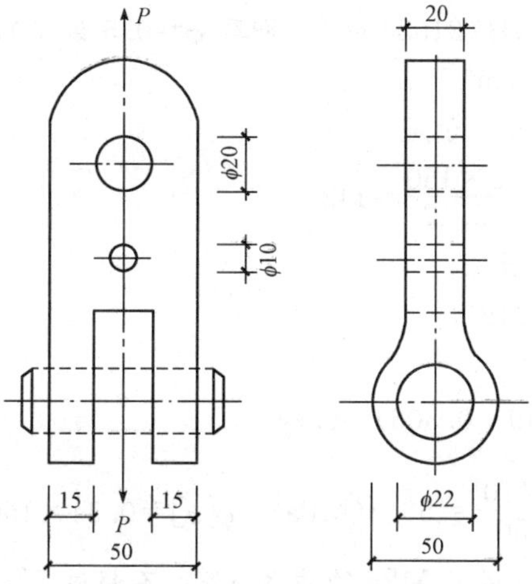

图 3-96　连杆的受力

【例 3-18】 钢架尺寸、受力如图 3-97 所示。材料为 Q235 钢，已知 AB 杆、BC 杆都为圆截面钢杆，AB 杆直径 $d=60$ mm，BC 杆直径 $d=50$ m，许用应力为 $[\sigma]=160$ MPa，试求构架能承受的最大荷载 P。

【解】 设 AB 杆、BC 杆的轴力分别为

$N_{AB}=1.732P$(压)　　　$N_{BC}=2P$(拉)

两杆的强度条件分别为

$$\sigma_{AB}=\frac{N_{AB}}{A_1}=\frac{1.732P}{\pi 60^2/4}\leqslant 160 \qquad (3\text{-}100)$$

$$\sigma_{BC}=\frac{N_{BC}}{A_2}=\frac{2P}{\pi\times 50^2/4}=\frac{8P}{\pi\times 50^2}\leqslant 160 \qquad (3\text{-}101)$$

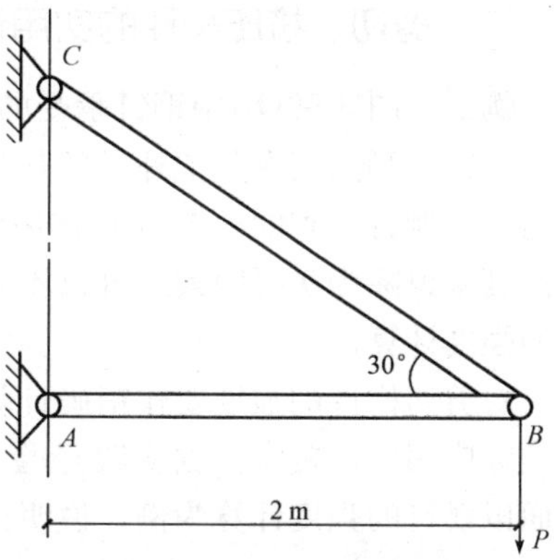

图 3-97　钢架的尺寸、受力

由式(3-100)解得　$P\leqslant 261.2$ kN

由式(3-101)解得　$P\leqslant 157$ kN

能同时满足以上两个不等式的解为 $P\leqslant 157$ kN。所以，构架按拉压强度条件能承受的最大荷载为 $P\leqslant 157$ kN。但 AB 杆是压杆，因此，需要对 AB 杆进行稳定分析，由压杆稳定条件得

$$\sigma=\frac{1.732\times P}{A}\leqslant\varphi[\sigma] \qquad i=\frac{d}{4}=15\ \text{mm}$$

$$\lambda=\frac{\mu l}{i}=\frac{1\times 2\,000}{15}=133$$

查表 $\varphi=0.386$　　$P\leqslant A\varphi[\sigma]=\dfrac{\pi\times 60^2}{4\times 1.732}\times 0.386\times 160=100.8(\text{kN})$

钢架能同时满足强度和压杆稳定的要求，只能取 $P\leqslant 100.8$ kN。

【例 3-19】 一端固定，另一端自由的压杆($\mu=2$)。材料为 Q235 钢。已知 $P=200$ kN，$l=1.5$ m，$[\sigma]=160$ MPa。试选择工字形截面(图 3-98)。

【解】 本题是一个压杆稳定问题，因工字形截面型号未知，不能计算λ，也就查不出φ值，无法应用公式进行校核。这时，可从强度上先估算出截面面积。即

$$\frac{P}{A}\leqslant[\sigma] \text{ 或 } A\geqslant\frac{P}{[\sigma]}=\frac{200\times10^3}{160}=1\,250(\mathrm{mm}^2)$$

从型钢表中按估算面积的 2.5 倍(31.25 cm^2，即取 $\varphi=0.5$ 试凑)，初选 20a 号工字钢，$A=35.5\ \mathrm{cm}^2$

最小惯性半径 $i_y=2.12$ cm。于是

$$\lambda=\frac{\mu l}{i_y}=\frac{2\times150}{2.12}=142$$

由表 4-1 按线性插值法找出 φ，

即 $\frac{\varphi-0.349}{142-140}=\frac{0.306-0.349}{150-140}$

得 $\varphi=0.349-\frac{2}{10}\times(0.349-0.306)=0.34$

$$\sigma=\frac{P}{A}=\frac{200\times10^3}{3\,550}=56.3(\mathrm{MPa})>\varphi[\sigma]=0.34\times160=54.4(\mathrm{MPa})$$

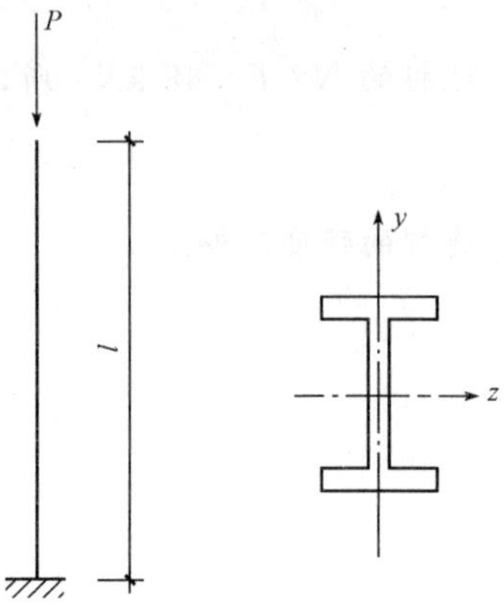

图 3-98 压杆

工作应力值σ超出 $\varphi[\sigma]=54.4$ MPa 约为 3.5%，不超过 5%，这时所选 20a 号工字钢是可用的。

二、剪切、挤压构件的实用计算

例如，图 3-99(b)中铆钉承受的两个外力 P 并不沿同一条直线作用，它们形成一个力偶，要保持平衡，必然还有其他外力的作用，于是就出现了拉伸、弯曲等形式的变形。但是，由于剪切构件如铆钉受到的两个力 P 作用线间的距离比其直径小得多，使这些附加的变形对剪切构件的强度来说降为次要因素，可以不加考虑。这些连接件的变形主要是剪切变形。本节将讨论它们的强度计算。

对剪切构件的强度要作精确计算是比较困难的。因为应力的实际分布情况十分复杂。因此在实际应用中，常常根据实践经验作一些假设，采用简化计算方法，称为连接件的实用计算。下面以铆钉的强度计算为例，说明这种方法。

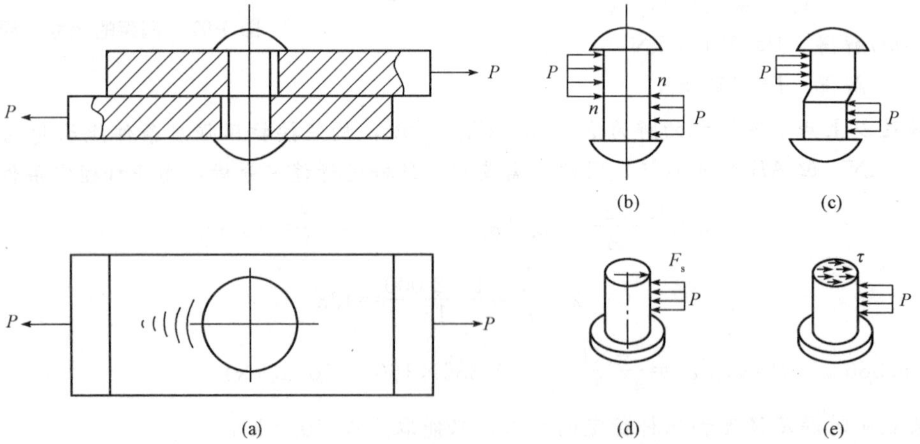

图 3-99 剪切构件的实用计算

(一)剪切的实用计算

由图 3-99(b)可见，铆钉在一对相距很近的 P 力作用下，可能沿剪切面 $n—n$ 发生破坏，如图 3-99(c)所示。为了分析确定 $n—n$ 面上的内力，用截面法，取下段讨论，如图 3-99(d)所示。为了保持平衡，剪切面上的内力必然是一个与外力 P 数值相等，方向相反，沿着剪切面作用的内力，即剪力。由平衡条件得 $F_s=P$。

与剪力相对应的应力为剪应力，用 τ 表示。剪力由截面上分布的剪应力合成。在剪切面上，其应力分布情况比较复杂，为计算方便，假设剪应力 τ 在剪切面上均匀分布[图 3-99(e)]。即

$$\tau=\frac{F_s}{A} \tag{3-102}$$

式中，A 为剪切面积，若铆钉直径为 d，$A=\frac{\pi d^2}{4}$，τ 为剪切面上的平均剪应力，方向与剪力相同。

为保证铆钉安全工作，要求其工作时的剪应力不得超过某一个许用值，从而得到铆钉的剪切强度条件为

$$\tau=\frac{F_s}{A}\leqslant[\tau] \tag{3-103}$$

式中，$[\tau]$为铆钉的许用剪应力。许用剪应力$[\tau]$与许用拉应力$[\sigma]$之间关系为$[\tau]=(0.6\sim0.8)[\sigma]$。

(二)挤压的实用计算

在外力作用下，铆钉除发生剪切破坏外，在连接板和铆钉相互接触的表面上，还会因承受较大的压力作用，使接触处的局部区域可能发生显著的塑性变形或被压溃。作用在接触面上的压力称为挤压力 P_{jy}，与之相对应的应力称为挤压应力 σ_{jy}。挤压力的作用面称为挤压面。对铆钉、销钉来说，挤压面为半圆柱侧面，如图 3-100(b)所示。根据理论分析，由挤压力引起的挤压应力在半圆柱面上的分布如图 3-100(c)所示，最大挤压应力在半圆弧的中点处。在实用计算中，用直径平面 hd 作为挤压计算面积 A_{jy}，如图 3-100(d)所示。假设挤压力在挤压计算面积上均匀分布，得挤压应力 σ_{jy}表达式为

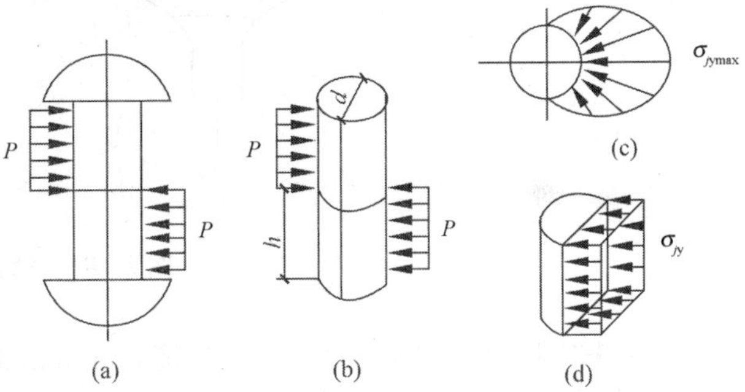

图 3-100　挤压构件的实用计算

$$\sigma_{jy}=\frac{P_{jy}}{A_{jy}} \tag{3-104}$$

式中，P_{jy}为挤压力，$P_{jy}=P$。A_{jy}为挤压计算面积。为了防止破坏，构件的挤压强度条件为

$$\sigma_{jy}=\frac{P_{jy}}{A_{jy}}\leqslant[\sigma]_{jy} \tag{3-105}$$

式中，σ_{jy}为材料的许用挤压应力，可以从有关设计手册中查到。对于钢材，一般采用$[\sigma]_{jy}=(1.7\sim2.0)[\sigma]^-$，$[\sigma]^-$为轴向压缩时的许用应力，若铆钉与被连接件的材料不同，$[\sigma]^-$应按抵抗挤压能力较弱者进行强度计算。

(三)工程实例分析

【例 3-20】 销钉连接如图 3-101 所示，钢板厚 $t=16$ mm，$[\tau]=20$ MPa，$[\sigma]_{jy}=70$ MPa 拉力 $P=15$ kN，试选择销钉直径 d。

【解】 销钉的受力情况如图 3-101(b)所示，用截面法沿销钉两个剪切面假想地切开，取出

部分销钉为研究对象，如图 3-101(c)所示，设剪切面上剪力为 F_s，由平衡条件得 $F_s=\dfrac{P}{2}$。

由剪切强度条件计算得销钉直径

$$d=\sqrt{\frac{2P}{\pi[\tau]}}=\sqrt{\frac{2\times15\times10^3}{\pi\times20}}=21.85(\text{mm})$$

由挤压强度条件计算得销钉直径：

$$d=\frac{p_{jy}}{t[\sigma_{jy}]}=\frac{15\times10^3}{16\times70}=13.39(\text{mm})$$

为了同时满足剪切、挤压强度条件，应选取 $d=22$ mm。

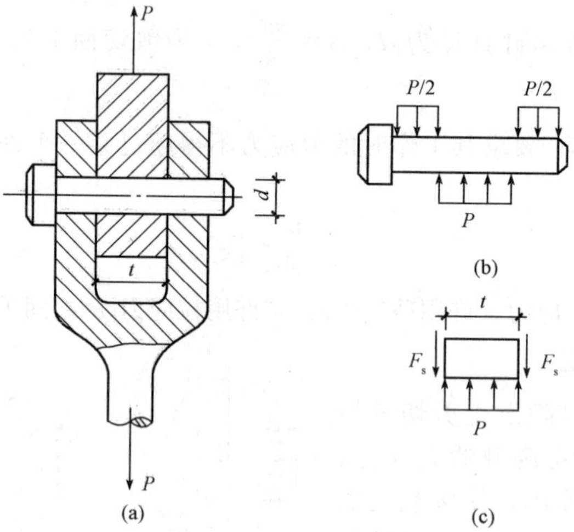

图 3-101　销钉连接

【例 3-21】 如图 3-102 所示，在厚度 $t=6$ mm 的钢板上冲成直径 $d=28$ mm 的孔，钢板剪切极限应力 $\tau^0=400$ MPa。试求冲床必须具有的冲压力 P。

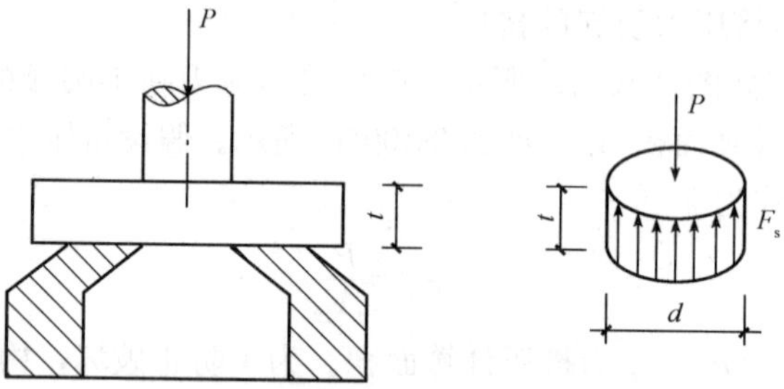

图 3-102　例 3-21 图

【解】 钢板剪切面面积 $A=\pi dt$。设剪应力均匀分布，则

$$F_s=\pi dt\tau$$

由平衡条件得 $F_s=P$

钢板剪切破坏条件应为 $\tau=\dfrac{F_s}{A}\geqslant\tau^0$

于是 $P\geqslant A\tau^0=\pi dt\tau^0=3.14\times28\times6\times400=211\times10^3=211(\text{kN})$

因此，冲床的冲压力 P 应大于此剪断力 211 kN。

三、圆轴扭转强度条件和刚度条件及其应用

(一)圆轴扭转的强度条件

当圆轴横截面上最大剪应力不超过材料的许用剪应力，圆轴强度足够。即

$$\tau_{\max}=\frac{M_{n\max}}{W_n}\leqslant[\tau] \tag{3-106}$$

式中，$M_{n\max}$是从扭矩图上确定的绝对值最大的扭矩值$|M|_{\max}$，对等截面轴最大剪应力$\tau_{\max}$就发生在$|M|_{\max}$所在截面的周边各点处。对阶梯轴，因W_n不是常量，这时要综合考虑M_n及W_n两者的变化情况来确定$\tau_{\max}$。扭转许用剪应力$[\tau]$是由扭转试验测得材料的极限剪应力除以适当的安全系数来确定。在静载荷作用下，$[\tau]$与拉伸许用应力$[\sigma]$之间有如下关系：对塑性材料，$[\tau]=(0.5\sim0.6)[\sigma]$；对脆性材料，$[\tau]=(0.8\sim1.0)[\sigma]$。

(二)圆轴扭转的刚度条件

圆轴扭转变形和梁弯曲变形在满足强度条件的基础上还需要进行刚度计算。为了保证轴的刚度，通常规定单位长度扭转角的最大值$\theta_{\max}$不应超过规定的允许值$[\theta]$。

$$\theta_{\max}=\frac{M_{n\max}}{GI_{\mathrm{p}}}\leqslant[\theta] \tag{3-107}$$

式中，$\theta_{\max}$的单位为 rad/m。工程中，许用单位长度扭转角$[\theta]$的单位常用度/米(°/m)表示，故

$$\theta_{\max}=\frac{M_{n\max}}{GI_{\mathrm{p}}}\times\frac{180^\circ}{\pi}\leqslant[\theta] \tag{3-108}$$

$[\theta]$的数值按照对机器的要求和轴的工作条件来确定，可以从有关手册中查到。

(三)工程实例计算

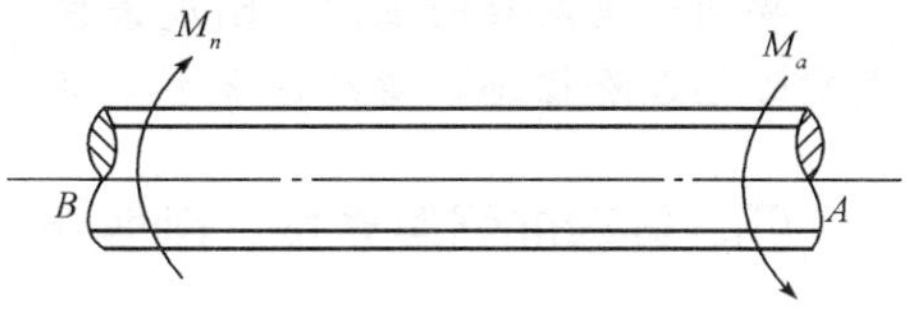

图 3-103　例 3-22 图

【例 3-22】 某传动轴如图 3-103 中所示的 AB 杆，由 45 号钢的无缝钢管制成。其外径 $D=90$ mm，内径 $d=85$ mm，工作时最大扭矩 $M_n=1.5$ kN·m，已知许用剪应力$[\tau]=60$ MPa。试校核该轴的强度，并求在最大剪应力相同情况下的实心轴直径，比较空心轴与实心轴的重量。

【解】 (1)$a=\frac{d}{D}=\frac{85}{90}=0.944$

$$W_n=\frac{\pi D^3}{16}(1-a^4)=\frac{3.14\times90^3}{16}\times(1-0.944^4)=29\ 454(\mathrm{mm}^3)$$

轴的最大剪应力

$$\tau_{\max}=\frac{M_n}{W_n}=\frac{1.5\times10^6}{29\ 454}=51(\mathrm{MPa})<[\tau]$$

所以 AB 轴的强度足够。

(2)设与空心轴强度相同的实心轴直径为 d_1，即

$$\tau_{\max}=\frac{1.5\times10^6}{\frac{\pi}{16}d_1^3}=51$$

$$d_1=\sqrt[3]{\frac{16\times1.5\times10^6}{\pi\times51}}=53.1(\mathrm{mm})$$

在两轴等长、同材的情况下，空、实心轴重量比即横截面面积之比。于是

$$\frac{A_{空}}{A_{实}}=\frac{\frac{\pi}{4}(D^2-d^2)}{\frac{\pi}{4}d_{11}^2}=\frac{D^2-d^2}{d_1^2}=\frac{90^2-85^2}{53.1^2}=0.31$$

计算结果表明，空心轴用材仅是实心轴用材的$\frac{1}{3}$左右。

【例 3-23】 传动轴如图 3-104 所示，转数 $n=300$ r/min，主动轮 A 输入功率 $P_{kA}=400$ kW，三个从动轮输出功率 $P_{kB}=P_{kC}=100$ kW，$P_{kD}=200$ kW，若$[\tau]=60$ MPa，$G=80$ GPa，$[\theta]=0.5°/\mathrm{m}$。试求设计轴径。

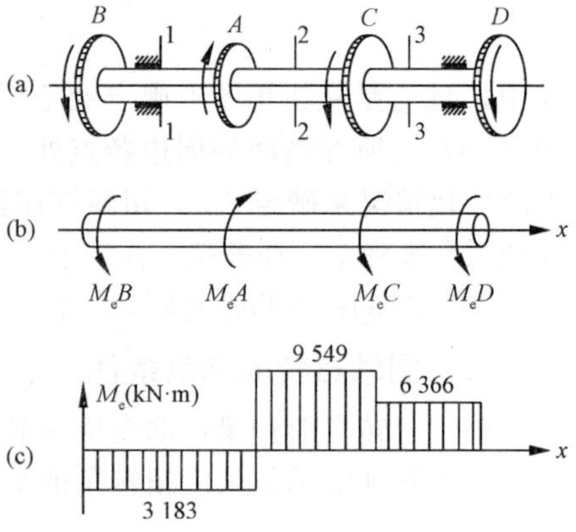

图 3-104　传动轴

【解】 (1)外力偶矩计算(略)。

(2)求扭矩 M_n 并作扭矩图(略)。

内力最大的危险截面在 AC 段内，最大扭矩值 $M_{n\max}=9\ 549$ N·m。

(3)确定轴的直径 d。

1)按强度条件得：

$$d\geqslant\sqrt[3]{\frac{16M_{n\max}}{\pi[\tau]}}=\sqrt[3]{\frac{16\times9\ 549\times10^3}{\pi\times60}}=93(\mathrm{mm})$$

2)按刚度条件得：

$$d\geqslant\sqrt[4]{\frac{32\times180M_{n\max}}{\pi^2G[\theta]}}=\sqrt[4]{\frac{32\times180\times9\ 549\times10^3}{\pi^2\times80\times10^3\times0.5\times10^{-3}}}=108(\mathrm{mm})$$

要同时满足轴的强度、刚度条件，只能取轴的直径为 $d\leqslant108$ mm。为了省料，也可以设计成空心轴或阶梯轴，留给读者去完成。

四、梁弯曲强度条件、刚度条件及应用

(一)梁弯曲强度条件及应用

当弯曲梁横截面上最大正应力不超过材料的许用正应力值，最大剪应力不超过材料的许用剪应力，梁的强度足够，即

$$\sigma_{\max}=\frac{|M|_{\max}y_{\max}}{I_z}=\frac{|M|_{\max}}{W_z}\leqslant[\sigma] \qquad (3\text{-}109)$$

$$\tau_{\max}=k\frac{|F_s|_{\max}}{A_z}\leqslant[\tau] \qquad (3\text{-}110)$$

在对梁进行强度计算时，必须同时满足正应力和剪应力强度条件。一般在下列几种情况才需进行剪切强度校核：①小跨度梁或载荷作用在支座附近，此时梁的$|M|_{\max}$可能较小而$|F_s|_{\max}$较大；②焊接的组合截面(如工字形)钢梁，当截面的腹板厚度与梁高度之比小于型钢截面的相应比值时，横截面上可能产生较大的剪应力 $\tau_{\max}$；③对于木梁，它在顺纹方向的抗剪能力差，可能沿中性层发生剪切破坏。

【例 3-24】 简支梁受力、尺寸如图 3-105 所示，$P=80$ kN，$l=1.2$ m，梁由工字钢制成，许用正应力$[\sigma]=160$ MPa，许用剪应力$[\tau]=100$ MPa，试选择工字钢的型号。

【解】 因梁的载荷靠近支座 A，故弯曲的正应力强度、剪应力强度应同时考虑。

(1)内力分析：

$$|F_s|_{\max}=60\ \mathrm{kN}$$
$$|M|_{\max}=18\ \mathrm{kN\cdot m}$$

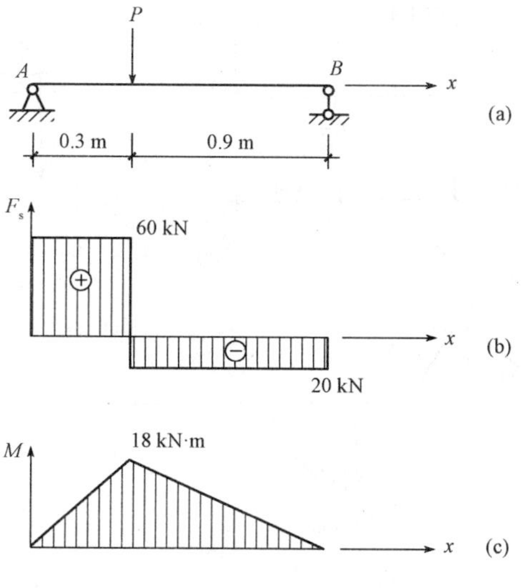

图 3-105　简支梁受力、尺寸图

(2)根据正应力强度条件选择截面：

$$W_z \geqslant \frac{M}{[\sigma]} = \frac{18\times10^6}{160} = 1.125\times10^5(\text{mm}^3) = 112.5\ \text{cm}^3$$

查附录型钢表，选用 16 号工字钢，$W_z=141\ \text{cm}^3$，高 $h=16$ cm，腿厚 $t=9.9$ mm，腹板厚 $b_1=6$ mm。

(3)校核剪应力强度：

$$\tau_{\max} = k\frac{|F_s|_{\max}}{A} = \frac{|F_s|_{\max}}{b_1 h_1} = \frac{60\times10^3}{6\times(160-2\times9.9)} = 71.3(\text{MPa}) < [\tau] = 100\ \text{MPa}$$

所以满足剪应力强度条件。

【例 3-25】 图 3-106(a)所示为 T 形截面铸铁梁。材料的许用拉应力$[\sigma]^+=40$ MPa，许用压力$[\sigma]^-=70$ MPa，已知截面对中性轴的惯性矩 $I_z=2\ 611\ \text{cm}^4$，且 $y_1=142$ mm，试校核梁的正应力强度。

【解】 (1)画弯矩图由静力平衡方程求出梁的支反力 $R_A=9$ kN，$R_B=33$ kN 画出梁的 M 图[图 3-106(b)]。由 M 图知，全梁弯矩有正负变化，梁的材料是铸铁，其抗拉强度小于抗压强度，又中性轴 z 不是对称轴，故危险截面可能在 B、C 两截面处。

(2)强度校核

1)B 截面最大拉应力在截面上边缘点，其值为

$$\sigma_{B\max}^{+} = \frac{M_B y_2}{I_z} = \frac{12\times10^6\times48}{2\ 611\times10^4} = 22(\text{MPa})$$

最大压力在截面下边缘点，其值为

$$\sigma_{B\max}^{-} = \frac{M_B y_1}{I_z} = \frac{12\times10^6\times142}{2\ 611\times10^4} = 65.3(\text{MPa})$$

2)C 截面最大拉应力在截面下边缘点，其值为

$$\sigma_{C\max}^{+} = \frac{M_C y_1}{I_z} = \frac{9\times10^6\times142}{2\ 611\times10^4} = 48.9(\text{MPa})$$

因 C 截面最大拉应力超过铸铁材料的许用拉应力$[\sigma]^+=40$ MPa，故梁强度不够。

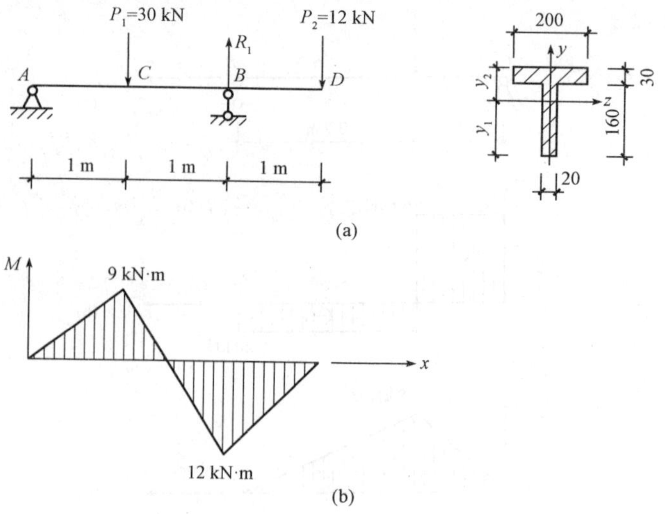

图 3-106　T 形截面铸铁梁

(二)弯曲梁的刚度条件

梁除满足强度条件外，还应满足刚度要求。根据工程实际的需要，梁的最大挠度和最大(或指定截面的)转角不超过某一规定值，由此梁的刚度条件为

$$|y|_{max} \leqslant [y] \tag{3-111}$$

$$|\theta|_{max} \leqslant [\theta] \tag{3-112}$$

式中，许可挠度$[y]$和许可转角$[\theta]$的大小可在工程设计的有关规范中查到，在梁的设计计算中，通常是根据强度条件确定截面尺寸，然后用刚度条件进行校核。

【例 3-26】　图 3-107(a)所示为一吊车梁，跨度 $l=10$ m，起吊最大重量 $P=32$ kN，梁为工字钢截面，已知许用应力$[\sigma]=160$ MPa，许可挠度$[y]=\dfrac{l}{600}$，弹性模量 $E=200$ GPa。试选择工字钢型号。

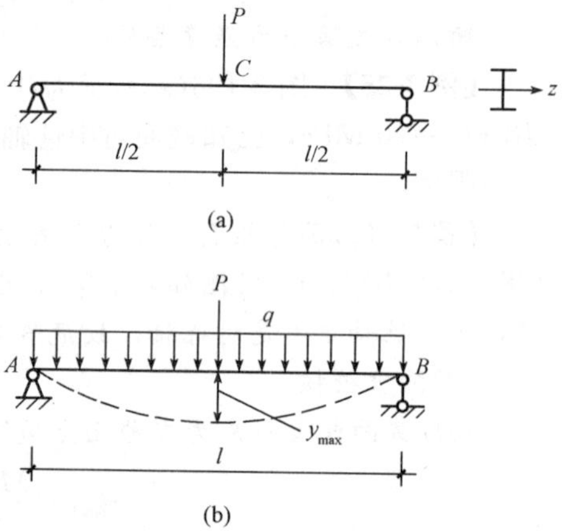

图 3-107　吊车梁

【解】　(1)按弯曲正应力强度条件设计截面尺寸，选择工字钢型号。

由于截面尺寸未定，暂不考虑梁的自重影响。当起吊的重物在跨中 C 时，如图 3-107(b)所示(因小车两轮很靠近及从偏安全考虑，图中载荷表示为一集中力 P)，C 截面将产生最大弯矩和最大挠度，最大弯矩为

$$(M_{max})_p=\frac{1}{4}Pl=\frac{32\times10}{4}=80(\text{kN}\cdot\text{m})$$

根据强度条件得

$$W_z \geqslant \frac{(M_{max})_p}{[\sigma]}=\frac{75\times10^6}{140}==536(\text{cm}^3)$$

查型钢表，初选得 28a 号工字钢，$W_z=508\ \text{cm}^3$，$I_z=7\ 114\ \text{cm}^4$

(2)进行刚度校核。

$$|y|_{max}=\frac{Pl^3}{48EI_z}=\frac{32\times10^3\times(10\ 000)^3}{48\times200\times10^3\times7\ 114\times10^4}=46.9(\text{mm})$$

$$[y]=\frac{l}{600}=\frac{10\ 000}{600}=16.7(\mathrm{mm})$$

由于$|y|_{\max}>[y]$，则 28 号工字钢不能满足刚度要求，需根据刚度条件重新选择型号，即得

$$I_z \geqslant \frac{Pl^3}{48E[y]}=\frac{32\times10^3\times(10\ 000)^3}{48\times200\times10^3\times16.7}=199\ 601(\mathrm{cm}^4)$$

(3)按选取的 36a 工字钢考虑自重影响，对梁的强度和刚度校核如图 3-83 所示，自重引起梁跨中最大弯矩：

$$(M_{\max})_q=\frac{1}{8}ql^2=\frac{1}{8}\times599\times10^2=7\ 488(\mathrm{N\cdot m})=7.488\ \mathrm{kN\cdot m}$$

载荷和自重共同引起梁的最大正应力为

$$\sigma_{\max}=\frac{(M_{\max})_P+(M_{\max})_q}{W_z}=\frac{(80+7.488)\times10^6}{875\times10^3}=100(\mathrm{MPa})<[\sigma]$$

梁的最大的挠度公式$\frac{Pl^3}{48EI_z}$和$\frac{5ql^4}{384EI_z}$，并用叠加法得

$$|y|_{\max}=y_{CP}+y_{Cq}=\frac{Pl^3}{48EI_z}+\frac{5ql^4}{384EI_z}$$

$$=\frac{32\times10^3\times10^3}{48\times200\times10^9\times15\ 760\times10^{-8}}\ \mathrm{m}+\frac{5\times599\times10^4}{384\times200\times10^9\times15\ 760\times10^{-8}}$$

$$=22.3\times10^{-3}(\mathrm{m})=22.3\ \mathrm{mm}>[y]$$

故 36a 号工字钢满足强度，但不满足刚度要求，需另选工字钢型号。

五、复杂应力状态的强度条件及应用

复杂应力状态的强度分析是靠强度理论来实现。强度理论是指人们通过对材料各种强度失效现象的观察和分析，经判断和推理，提出材料强度失效的主要因素的假说。

(一)常用四个强度理论的简介

1. 最大拉应力理论

这一理论认为：最大拉应力是引起材料发生脆性断裂的主要因素。即

$$\sigma_1\leqslant[\sigma] \tag{3-113}$$

早在 17 世纪就提出了这一理论，由于当时主要的建筑材料是砖、石、铸铁等脆性材料，所观察到的破坏现象多为脆性断裂。试验证明，这一理论能很好地解释脆性材料因拉伸、扭转或在二向拉应力状态下所产生的破坏现象。但是，它未考虑其余两个主应力的影响。

2. 最大线应变理论

这一理论认为：最大伸长线应变是引起材料发生脆性断裂的主要因素。即

$$\sigma_1-\mu(\sigma_2+\sigma_3)\leqslant[\sigma] \tag{3-114}$$

式中，$[\sigma]=\frac{\sigma_b}{n}$，这一理论考虑了三个主应力的影响，形式上比第一强度理论完善，它对石料或混凝土等脆性材料受压时沿纵向发生断裂的现象，能作出很好地解释。铸铁处于拉伸一压缩的二向应力状态，且压应力较大时，按此理论计算的结果也与试验结果相近。

3. 最大剪应力理论

这一理论认为：最大剪应力是引起材料发生塑性屈服的主要因素。即

$$\sigma_1-\sigma_3\leqslant[\sigma] \tag{3-115}$$

式中，$[\sigma]=\frac{\sigma_b}{n}$，试验表明，这一理论对塑性材料是符合的，但是，它未考虑σ_2的影响，稍偏于

安全。由于它计算简便，在工程中应用相当广泛。

4. 形状改变比能理论

这一理论认为：形状改变比能是引起材料塑性屈服的主要因素。即

$$\sqrt{\frac{1}{2}[(\sigma_1-\sigma_2)^2+(\sigma_2-\sigma_3)^2+(\sigma_3-\sigma_1)^2]}\leqslant[\sigma] \tag{3-116}$$

式中，$[\sigma]=\frac{\sigma_s}{n}$，试验证明，对于塑性材料，这一理论比第三强度理论更符合试验结果，第三和第四理论都得到广泛的应用。

(二)强度理论的应用

复杂应力状态下进行强度计算的步骤如下：

(1)从构件的危险点处取单元体，计算出单元体各面上的应力。

(2)确定主应力 σ_1、σ_2 和 σ_3 的大小。

(3)选择适当的强度理论进行强度计算。

大量的工程实践和试验结果表明，上述四种强度理论的有效性取决于材料的类别以及应力状态的类型。在三向拉伸应力状态下，无论是脆性材料还是塑性材料，都会发生脆性破坏，应采用最大拉应力理论。在三向压缩应力状态下，无论是塑性材料还是脆性材料，都会发生塑性屈服，应采用形状改变比能理论或最大切应力理论。一般而言，对脆性材料宜用第一或第二强度理论，对塑性材料宜采用第三和第四强度理论。

对于如图 3-108 所示的常见平面应力状态，相应的主应力为

$$\sigma_1=\frac{\sigma}{2}+\sqrt{\left(\frac{\sigma}{2}\right)^2+\tau^2}$$

$$\sigma_2=0$$

$$\sigma_3=\frac{\sigma}{2}-\sqrt{\left(\frac{\sigma}{2}\right)^2+\tau^2}$$

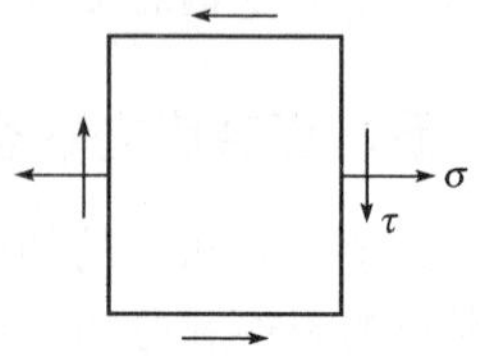

图 3-108　常见平面应力状态

将这些主应力代入式(3-115)和式(3-116)，化简后，即得第三强度和第四强度的强度条件为

$$\sigma_{xd3}=\sqrt{\sigma^2+4\tau^2}\leqslant[\sigma] \tag{3-117}$$

$$\sigma_{xd4}=\sqrt{\sigma^2+3\tau^2}\leqslant[\sigma] \tag{3-118}$$

【例 3-27】 试校核图 3-109 所示焊接梁的强度。已知梁的材料为 Q235 钢，其许用应力 $[\sigma]=170$ MPa，$[\sigma]=100$ MPa。其他条件如图所注。

【解】 (1)作梁的 F_s、M 图[图 3-109(c)、(d)]。

(2)计算截面的 I_z、W_z、S^*_{max}、S^*_z。

$$I_z=\frac{1}{12}\times240\times(800+2\times20)^3-2\times\frac{1}{2}\times\left(\frac{240-10}{2}\right)\times800^3=2.04\times10^9(\text{mm}^4)$$

$$W_z=\frac{I_z}{y_{max}}=\frac{2.04\times10^9}{420}=4.86\times10^6(\text{mm}^3)$$

$$S^*_{max}=240\times20\times410+10\times400\times200$$

$$=2.77\times10^6(\text{mm}^3)$$

$$S^*_z=240\times20\times410=1.97\times10^6(\text{mm}^3)$$

(3)梁的弯曲正应力强度校核。危险点在梁的跨中截面 E 的上、下边缘处，应力状态如图 3-85(e)所示，即

$$\sigma_{max}=\frac{M_{max}}{W_z}=\frac{870\times10^9}{4.86\times10^6}=179(\text{MPa})$$

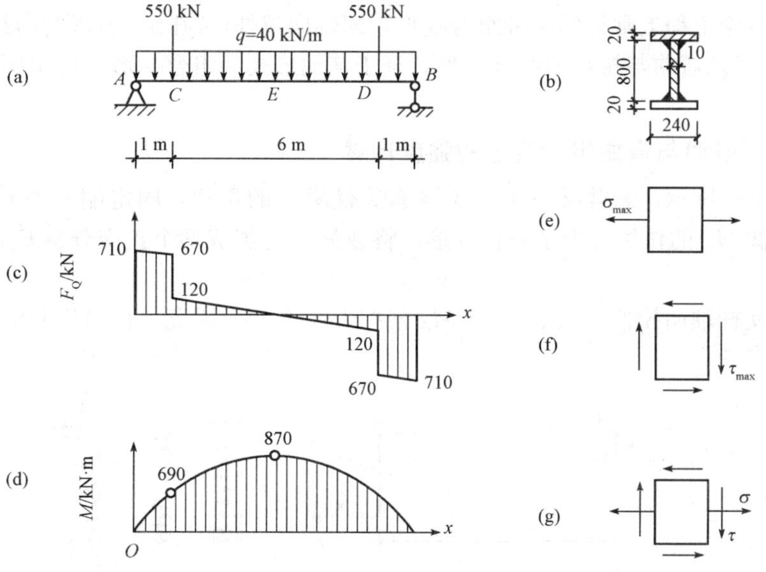

图 3-109　例 3-27 图

$$\frac{\sigma_{max}-[\sigma]}{[\sigma]}=\frac{179-170}{170}=5.3\%$$

计算结果尚在强度许可范围内。

(4)梁的切应力强度校核。危险点在两支座内侧截面的中性轴上，应力状态如图 3-85(f)所示，即

$$\tau_{max}=\frac{F_{smax}S^*_{max}}{bI_z}=\frac{719\times10^3\times2.77\times10^6}{10\times2.04\times10^9}=96.4(\text{MPa})<[\tau]$$

(5)梁的主应力强度校核。危险点在C(或D)即翼缘与腹板交界处，应力状态如图 3-85(g)所示，即

$$\sigma=\frac{My}{I_z}=\frac{690\times10^6\times40}{2.04\times10^9}=135.3(\text{MPa})$$

$$\tau=\frac{F_QS^*}{bI_z}=\frac{670\times10^3\times1.97\times10^6}{10\times2.04\times10^9}=64.8(\text{MPa})$$

按第四强度理论校核。将主应力的表达式代入第四强度理论的强度条件中，可简化为

$$\sigma_{xd4}=\sqrt{\sigma^2+3\tau_x^2}=\sqrt{135^2+3\times64.8^2}=175.56(\text{MPa})$$

$$\frac{\sigma_{xd4}-[\sigma]}{[\sigma]}=\frac{175.56-170}{170}=3.27\%$$

计算结果在强度允许限度之内。

对于国家标准的型钢(工字钢、槽钢)来说，并不需要对腹板与翼缘交界处的点用强度理论进行校核。

六、组合变形的强度计算

在工程上，大多数杆件在外力作用下产生的变形较为复杂，但经分析可知，这些变形均可看成是由若干种基本变形组合而成，故称这些复杂变形为组合变形。

在研究组合变形时，可将作用于杆件上的外力向杆件轴线简化后分组，使每一组载荷只发生一种基本变形，然后再应用叠加方法及选择适当的强度理论进行强度计算。

本章主要讨论工程上常见的两种组合变形，即轴向拉伸(或压缩)与弯曲的组合变形(包括偏心拉伸或压缩)以及弯曲与扭转的组合变形。至于其他形式的组合变形，可用同样的分析方法加以解决。

(一)拉伸(压缩)与弯曲组合变形的强度计算

如图 3-110(a)所示，悬臂梁 AB 在 B 端承受载荷 F 的作用，固定端 A 受约束反力 X_A、Y_A 以及约束反力偶 M_A 的作用。为了分析变形，将载荷 F 分解成两个正交分量 F_x 和 F_y，则

$$F_x = F\cos\alpha \qquad F_y = F\sin\alpha$$

F_x 和 X_A 使杆轴向拉伸，F_y、Y_A 和 M_A 使杆发生弯曲，因此，杆 AB 上发生轴向拉伸与弯曲的组合变形。

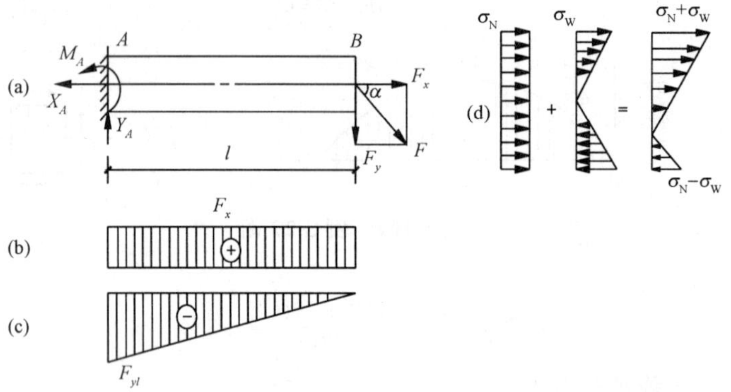

图 3-110　某悬臂梁承受载荷的作用

画出杆的轴力图和弯矩图[图 3-110(b)、(c)]。由内力图可知，截面 A 为危险截面，该截面上的轴力 $F_N = F_x$，弯矩为 $M_A = F_y l$。危险截面上的应力分布情况如图 3-110(d)所示，其中

$$\sigma_N = \frac{F_N}{A} \qquad \sigma_W = \frac{M}{W_z}$$

由应力分布图可知，危险点为 A 截面的上边缘各点。由于两种基本变形在危险点引起的应力均为正应力，故危险点处于单向应力状态，只需要将这两个同向应力代数相加，即得危险点的最大应力为

$$\sigma_{l\max} = \sigma_N + \sigma_W = \frac{F_x}{A} + \frac{F_y l}{W_z}$$

截面下边缘各点的应力(截面上的最大压应力)为

$$\sigma_{y\max} = \sigma_N - \sigma_W = \frac{F_x}{A} - \frac{F_y l}{W_z}$$

当杆件发生轴向拉压和弯曲组合变形时，对于拉、压强度相同的塑性材料，只需按截面上的最大应力进行强度计算，其强度条件为

$$|\sigma|_{\max} = \left|\frac{F_N}{A}\right| + \left|\frac{M}{W_z}\right| \leqslant [\sigma] \tag{3-119}$$

脆性材料，则要分别按最大拉应力和最大压应力进行强度计算，故强度条件分别为

$$\left.\begin{aligned} \sigma_{l\max} &= \frac{F_N}{A} + \frac{M}{W_z} \leqslant [\sigma]^+ \\ \sigma_{y\max} &= \left|-\frac{F_N}{A} - \frac{M}{W_z}\right| \leqslant [\sigma]^- \end{aligned}\right\} \tag{3-120}$$

【例 3-28】　一简易起重机如图 3-111(a)所示，横梁 AB 为 16a 工字钢。行车可沿梁 AB 移动，

行车自重力与起吊重物的重力合计为$G=25$ kN，梁AB材料的许用应力$[\sigma]=160$ MPa。当行车移动到梁AB的中点时，试校核梁的强度。

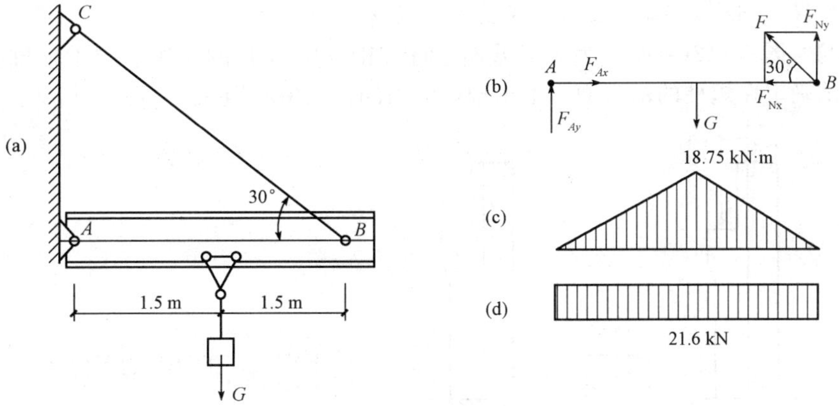

图 3-111　简易起重机

【解】 (1)横梁AB的受力如图3-87(b)所示，即

$$\sum M_A(F)=0$$

$$F\sin30°l-G\frac{1}{2}l=0 \quad F=G=25\ \text{kN}$$

$$\sum F_x=0 \qquad F_{Ax}-F\cos30°=0$$

$$F_{Ax}=F\cos30°=21.6\ \text{kN}$$

由前述分析可知，梁AB在外力作用下发生轴向压缩和弯曲组合变形。

(2)内力分析。梁的弯矩图和轴力图如图3-111(c)、(d)所示。由图可知，危险截面为梁的跨中截面，其上的轴力和弯矩分别为

$$F_N=F_{Ax}=-21.6\ \text{kN}$$

$$M_{max}=\frac{Gl}{4}=\frac{25\times3}{4}=18.75(\text{kN}\cdot\text{m})$$

(3)校核梁的强度。梁的最大正应力为压应力，发生在危险截面的上边缘各点处，其表达式为

$$\sigma_{ymax}=\left|-\frac{F_N}{A}-\frac{M_{max}}{W_z}\right|$$

查型钢表得，16a工字钢的横截面面积$A=2\ 610\ \text{mm}^2$，抗弯截面系数$W_z=141\ \text{cm}^3=141\times10^3\ \text{mm}^3$，代入上式得

$$\sigma_{ymax}=\left|-\frac{21.6\times10^3}{2\ 610}-\frac{18.75\times10^6}{141\times10^3}\right|=8.28+133=141.3(\text{MPa})<[\sigma]$$

故梁满足强度条件。

从该例看出，由弯曲引起的正应力远比由压缩引起的正应力大，在一般的工程问题中大致如此。因此，若此例改为选择工字钢型号，由于式(3-119)中包含着A和W两个未知量，无法得解。这时可利用抓主要矛盾的方法，即先不考虑轴向压缩(或拉伸)引起的正应力，而按弯曲正应力强度条件$\frac{M_{max}}{W_z}\leqslant[\sigma]$算得$W_z$，据此初选工字钢型号，然后再考虑轴向压缩(或拉伸)引起的正应力校核最大正应力。若能满足强度条件，则可用该型号的工字钢；若不满足强度条件，再另行选择。例如，本例中其他条件不变，要选择工字钢型号，则

$$W_z \geqslant \frac{M_{max}}{[\sigma]} = \frac{18.75\times10^6}{160} = 117\times10^3(\text{mm}^3) = 117\ \text{cm}^3$$

查型钢表得：16a 工字钢，最大压应力校核同前。

【例 3-29】 图 3-112(a)所示为矩形截面短柱，铅垂压力 P 的作用点位于 y 轴上，P、b、h 均为已知。试确定在短柱的横截面上不出现拉应力的最大偏心矩 e。

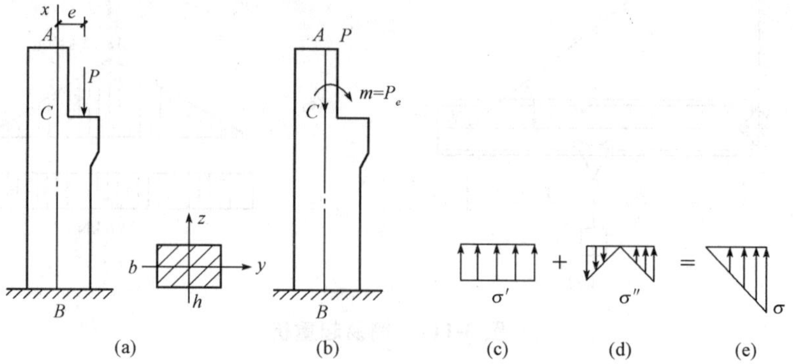

图 3-112　矩形截面短柱

【解】 (1)外力分析。将外力 P 向 C 截面形心简化(即平移)后，得作用线与短柱轴线重合的压力 P 和作用于 xy 平面内的力偶 $m=P_e$。在 P 和 m 共同作用下，短柱 CB 段产生压缩和弯曲的组合变形，如图 3-112(b)所示。

(2)内力分析。在轴向压力 P 单独作用下，CB 段各横截面上的轴力均为 $F_N=-P$；在平面力偶 m 单独作用下，CB 段各横截面上的弯矩均为 $M_z=P_e$。可见，CB 段内的各横截面均为危险截面。

(3)应力分析。由轴力 F_N 引起的横截面上各点的压应力均相等，即 $\sigma'=-\dfrac{P}{A}$；由弯矩引起的横截面上的弯曲正应力沿截面高度按线性分布，横截面左侧为拉应力，右侧为压应力，最大弯曲正应力为 $\sigma''=\pm\dfrac{P_e}{W_z}$。应力分布图如图 3-112(c)、(d)所示。

(4)求偏心矩 e。欲使横截面上不出现拉应力，应使 P 与 m 共同作用下横截面左侧边缘各点处的正应力 σ 等于零，即

$$\sigma=\sigma'+\sigma''=-\frac{P}{A}+\frac{P_e}{W_z}=0\ \text{或}\ -\frac{P}{hb}+\frac{P_e}{\frac{bh^2}{6}}=0$$

由上式解出 $e=\dfrac{h}{6}$ 即为所求的最大偏心距。由此可知，只要偏心距 $e\leqslant\dfrac{h}{6}$ 横截面上就不会出现拉应力。

(二)弯扭组合变形的强度计算

机械中的转轴，通常在弯曲与扭转组合变形下工作。现以电机轴为例，讨论这种组合变形的强度计算过程。图 3-113(a)所示的电机轴，在悬臂端装有带轮，工作时，电机的轴输入一定转矩，通过带轮的带传递给其他设备。设带的紧边拉力为 $2F$，松边拉力为 F，不计带轮自重。

1. 外力分析

将电机轴的外伸部分简化为悬臂梁，把作用于带上的拉力向杆的轴线简化，得到一个力 F' 和一个力偶 M_e[图 3-113(b)]其值分别为

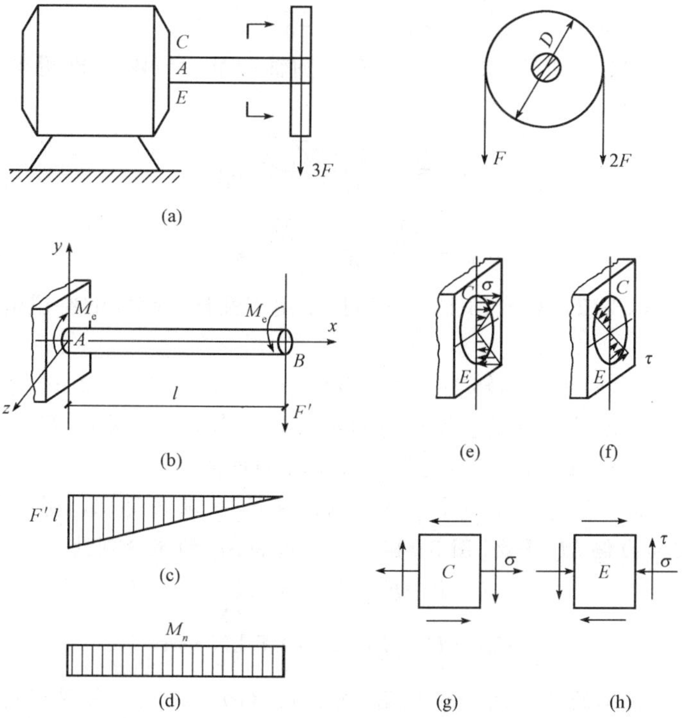

图 3-113　机械中的转轴

$$F'=3F \qquad M_e=2F\frac{D}{2}-F\frac{D}{2}=\frac{FD}{2}$$

力 F' 使轴在垂直平面内发生弯曲，力偶 M_e 使轴扭转，故轴上产生弯曲与扭转组合变形。

2. 内力分析

轴的弯矩图和扭矩如图 3-113(c)、(d)所示。由图可知，固定端截面 A 为危险截面，其上的弯矩和扭矩值分别为

$$M=3Fl \qquad M_n=M_e=\frac{FD}{2}$$

3. 应力分析

由于在危险截面上同时作用着弯矩和扭矩，故该截面上必然同时存在弯曲正应力和扭转切应力，其分布情况如图 3-113(e)、(f)所示。由应力分布图可见，C、E 两点的正应力和切应力均分别达到了最大值。因此，C、E 两点为危险点，该两点的弯曲正应力和扭转切应力分别为

$$\sigma=\frac{M}{W_z} \qquad \tau=\frac{M_n}{W_n} \tag{3-121}$$

取 C、E 两点的单元体[图 3-113(g)、(h)]，它们均属于平面应力状态，故需按强度理论来建立强度条件。

4. 建立强度条件

对于塑性材料制成的转轴，因其抗拉、压强度相同，因此，C、E 两点的危险程度是相同的，故只需对其一点来研究。

现取 C 点为例建立强度条件。由于转轴一般由塑性材料制成，故采用第三或第四强度理论进行计算。由前述可知，单元体 C 的第三、第四强度理论的相当应力分别为

$$\sigma_{xd3}=\sqrt{\sigma^2+4\tau^2} \tag{3-122}$$

$$\sigma_{xd4}=\sqrt{\sigma^2+3\tau^2} \tag{3-123}$$

将式(3-121)代入式(3-122)、式(3-123)，并注意到圆轴的 $W_n=2W_z$，即可得到按第三和第四强度理论建立的强度条件为

$$\sigma_{xd3}=\frac{\sqrt{M^2+M_n^2}}{W_z}\leqslant[\sigma] \tag{3-124}$$

$$\sigma_{xd4}=\frac{\sqrt{M^2+0.75M_n^2}}{W_z}\leqslant[\sigma] \tag{3-125}$$

需要指出的是，式(3-124)和式(3-125)只适用于由塑性材料制成的弯扭组合变形的圆截面和空心圆截面杆。

【例 3-30】 图 3-114(a)所示的转轴 AB 由电机带动，轴长 $l=1.2$ m，在跨中央装有带轮，轮的直径 $D=1$ m，重力不计，带紧边和松边的张力分别为 $F_1=3$ kN，$F_2=2$ kN，转轴材料的许用应力为$[\sigma]=140$ MPa。试用第三强度理论确定轴的直径 d。

【解】 (1)外力分析。将作用于带上的张力 F_1 和 F_2 向轴线简化，得一个力 F 和一个力偶 M_e，M_e 与电动机驱动力偶 M_0 平衡[图 3-114(b)]，F 和 M_e 的值分别为

$$F=F_1+F_2=5\text{ kN}$$

$$M_e=(F_1-F_2)\frac{D}{2}=0.5\text{ kN}\cdot\text{m}$$

(2)内力分析。作出轴的弯矩图和扭矩图[图 3-114(c)、(d)]。由图可见，轴中部的截面 C 为危险截面，其上的弯矩和扭矩值分别为

$$M=\frac{Fl}{4}=\frac{6\times1}{4}=1.5(\text{kN}\cdot\text{m})$$

$$M_n=M_e=0.5\text{ kN}\cdot\text{m}$$

(3)确定轴的直径。将 $W_z=\frac{\pi d^3}{32}$ 和危险截面上的弯矩和扭矩值代入式(3-124)，得轴的直径为

$$d\geqslant\sqrt[3]{\frac{32\sqrt{M^2+M_n^2}}{\pi[\sigma]}}=\sqrt[3]{\frac{32\sqrt{1.5^2+0.5^2}\times10^6}{\pi\times140}}=48.6(\text{mm})$$

故取 $d=50$ mm。

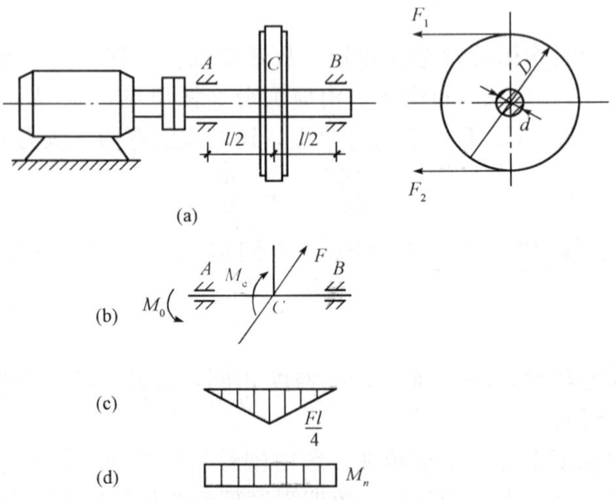

图 3-114　例 3-30 图

本节小结

(1)轴向拉压杆件的强度条件：$\sigma_{\max}=\frac{F_N}{A}\leqslant[\sigma]$。

根据强度条件，可以进行三种类型的强度计算：①校核强度；②选择或设计横截面尺寸；③确定许可荷载。

压杆的稳定条件：
$$\sigma=\frac{P}{A}\leqslant\varphi[\sigma]_w$$

(2)剪切强度条件为
$$\tau=\frac{F_s}{A}\leqslant[\tau]$$

挤压强度计算为
$$\sigma_{jy}=\frac{P_{jy}}{A_{jy}}\leqslant[\sigma_{jy}]$$

(3)圆轴扭转的强度条件：
$$\tau_{\max}=\frac{M_{n\max}}{W_n}\leqslant[\tau]$$

轴的刚度条件：
$$\theta_{\max}=\frac{M_{n\max}}{GI_p}\times\frac{180^\circ}{\pi}\leqslant[\theta]$$

(4)梁弯曲的强度足够。

1)正应力强度条件：
$$\sigma_{\max}=\frac{|M|_{\max}}{W_z}\leqslant[\sigma]$$

2)剪应力强度条件：
$$\tau_{\max}=k\frac{|F_s|_{\max}}{A_z}\leqslant[\tau]$$

(5)梁弯曲的刚度条件：
$$|y|_{\max}\leqslant[y]\qquad|\theta|_{\max}\leqslant[\theta]$$

(6)常用四个强度理论：

1)最大拉应力理论：$\sigma_1\leqslant[\sigma]$

2)最大线应变理论：$\sigma_1-\mu(\sigma_2+\sigma_3)\leqslant[\sigma]$

3)最大剪应力理论：$\sigma_1-\sigma_3\leqslant[\sigma]$

形状改变比能理论：$\sqrt{\frac{1}{2}[(\sigma_1-\sigma_2)^2+(\sigma_2-\sigma_3)^2+(\sigma_3-\sigma_1)^2]}\leqslant[\sigma]$

(7)轴向拉(压)和弯曲组合变形强度条件为
$$\sigma_{l\max}=\frac{F_N}{A}+\frac{M}{W_z}\leqslant[\sigma]^+$$
$$\sigma_{y\max}=\left|-\frac{F_N}{A}-\frac{M}{W_z}\right|\leqslant[\sigma]^-$$

圆轴弯扭组合变形的强度条件为
$$\sigma_{xd3}=\frac{\sqrt{M^2+M_n^2}}{W_z}\leqslant[\sigma]$$
$$\sigma_{xd4}=\frac{\sqrt{M^2+0.75M_n^2}}{W_z}\leqslant[\sigma]$$

复习思考题

1. 写出图 3-115 所示构件的各种变形的强度条件、刚度条件、稳定条件，并指出各强度条件可解决哪几方面工程计算问题？

2. 挤压面积与挤压计算面积是否相同？

3. 何谓组合变形？试判断图示各杆件为何种变形？指出危险截面位置，并写出相应的强度表达式？

4. 简述组合变形杆件的强度分析步骤。

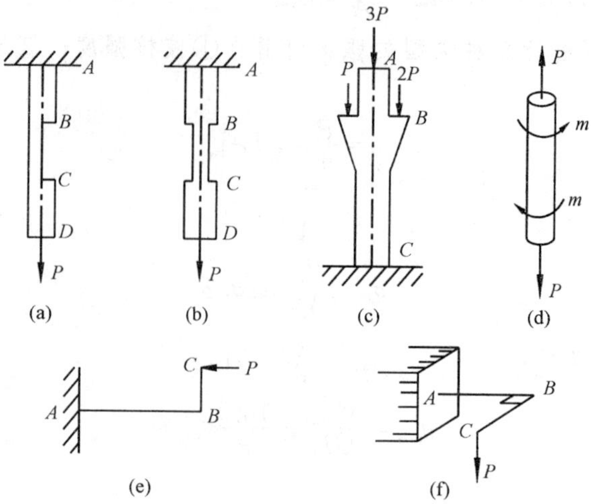

图 3-115　题 1 图

思考与练习

1. 图 3-116 所示为起重机吊钩的上端用的螺母固定。若螺纹最小直径 $d=60$ mm，材料的许用应力$[\sigma]=80$ MPa，试求吊钩最大起重量 P。

2. 图 3-117 所示汽缸内径 $D=200$ mm，内压强 $p=2$ MPa。已知活塞杆材料许用应力$[\sigma]=60$ MPa，①试确定活塞杆的直径 d；②若连接汽缸与汽缸盖的螺栓直径为 16 mm，螺栓的许用应力为$[\sigma]_{ll}=80$ MPa。试确定每个汽缸盖所需的螺栓数。

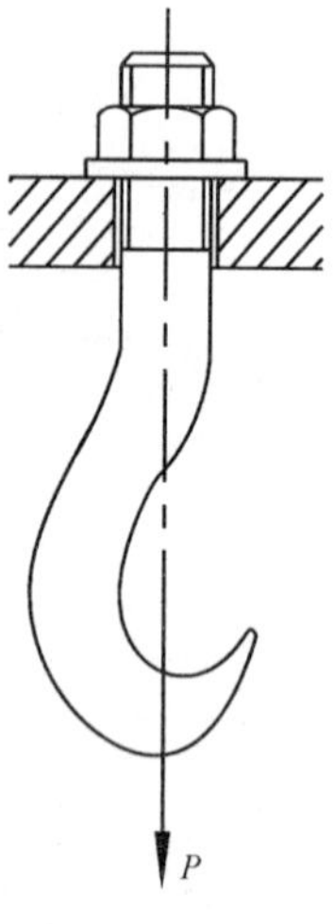

图 3-116　题 1 图

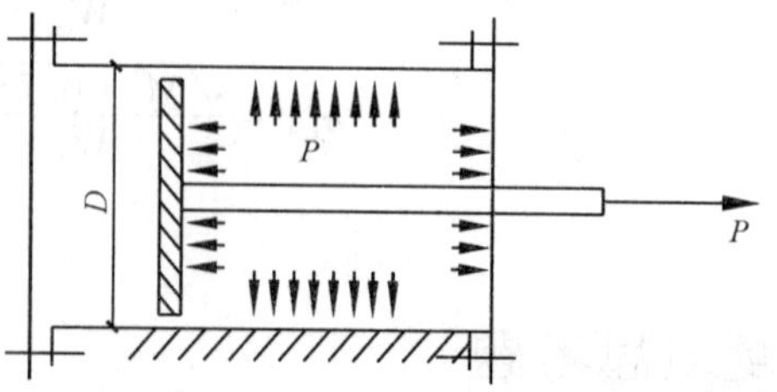

图 3-117　题 2 图

3. 如图 3-118 所示，在圆形钢杆上准备开一切槽如图所示，已知 $d=40$ mm，拉力 $P=100$ kN，材料许用应力$[\sigma]=120$ MPa，试设计切槽宽度 b 的允许值。

4. 如图 3-119 所示为一起重支架，$P=40$ kN，各杆的材料许用应力为$[\sigma]=120$ MPa，AC 杆、AD 杆为圆形截面，DE 杆为圆管，(内径与外径之比 $d/D=0.8$)，AB 柱为工字钢，试设计各杆的截面尺寸(提示：AB 柱按压弯组合变形计算，DE 杆按压杆稳定计算)。

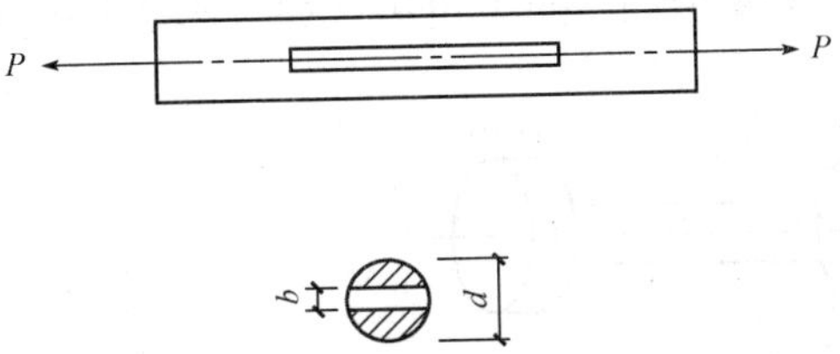

图 3-118　题 3 图

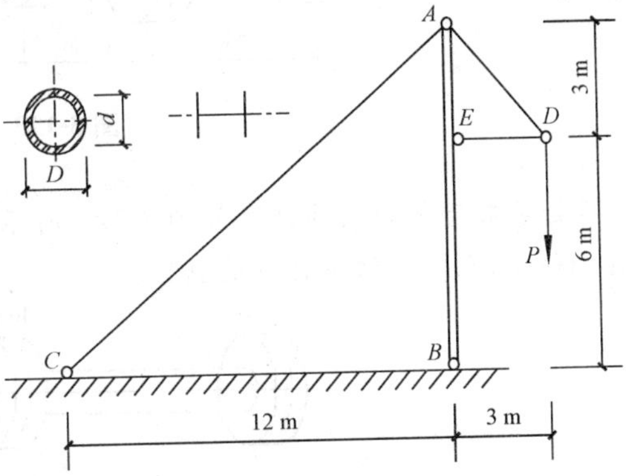

图 3-119　题 4 图

5. 如图 3-120 所示为连接件装置，试根据标注尺寸写出剪切面积，受拉面积、挤压面积的表达式。

6. 木质连接件装置如图 3-121 所示，许用拉应力$[\sigma]=12$ MPa，许用剪应力$[\sigma]=8$ MPa，许用挤压应力$[\sigma_{jy}]=20$ MPa，尺寸宽度 $b=200$ mm，拉力 $P=100$ kN，试设计尺寸 t 值。

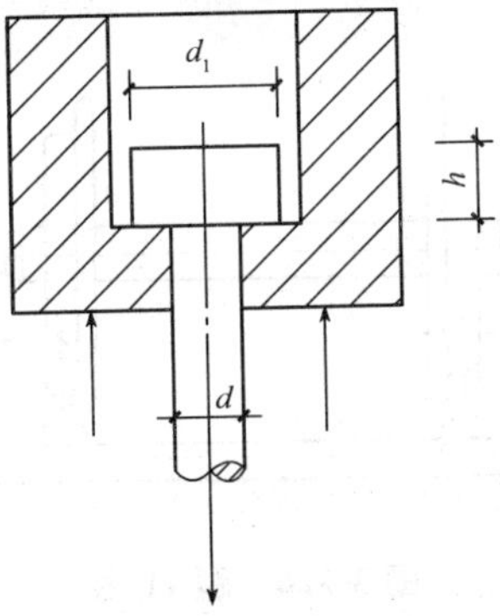

图 3-120　题 5 图

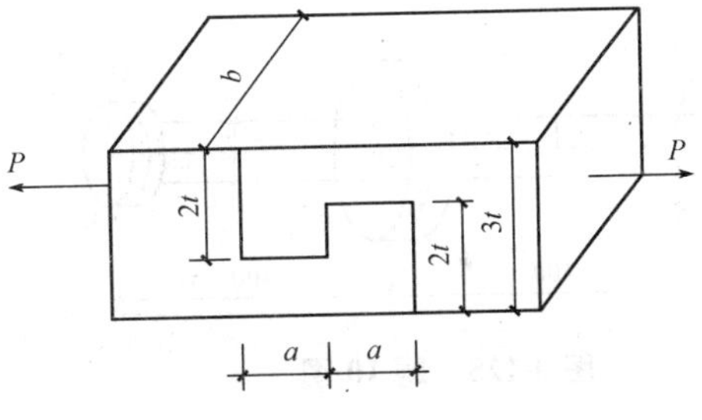

图 3-121　题 6 图

7. 图 3-122 所示为两块厚度为 10 mm 的钢板，用 4 个直径为 16 mm 的铆钉搭接在一起。已知铆钉和钢板许用应力$[\tau]=120$ MPa，$[\sigma_{jy}]=300$ MPa，$[\sigma]=160$ MPa，$P=110$ kN；试校核铆钉的强度，并确定板宽最小尺寸 b 的值。

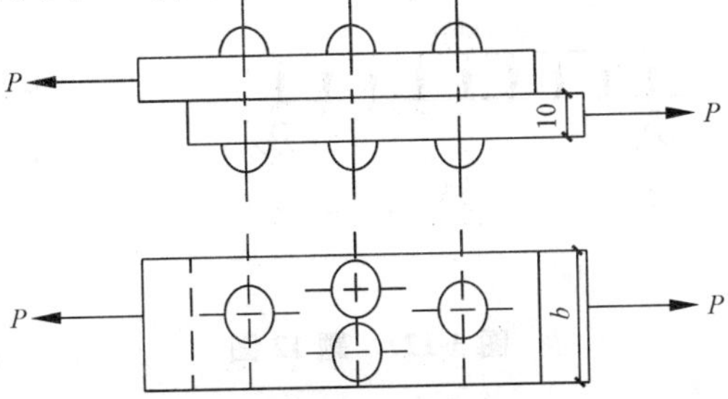

图 3-122　题 7 图

8. 传动轴上的功率分配如图 3-123 所示，已知转速 $n=300$ r/min，$G=80$ GPa，$[\tau]=40$ MPa，$[\theta]=1°/\mathrm{m}$。试作扭矩图，设计各段的阶梯轴直径，并计算 5 轮相对 1 轮的转角 φ_{15}。

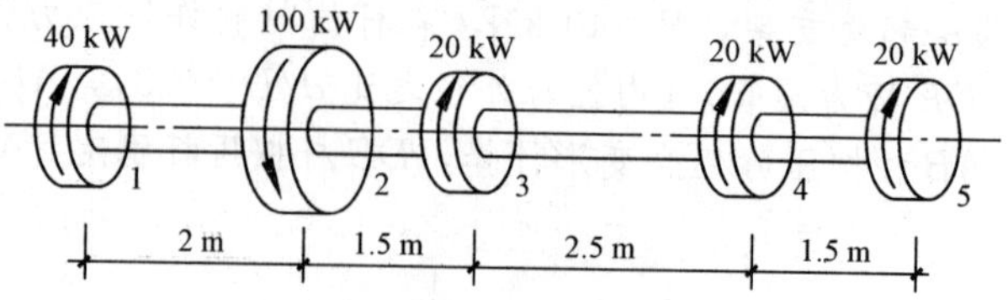

图 3-123　题 8 图

9. 已知等截面轴输入的功率如图 3-124 所示，转速 $n=1\ 450$ r/min，$[\tau]=60$ MPa，$[\theta]=0.6°/\mathrm{m}$，$G=80$ GPa。试设计轴的直径。

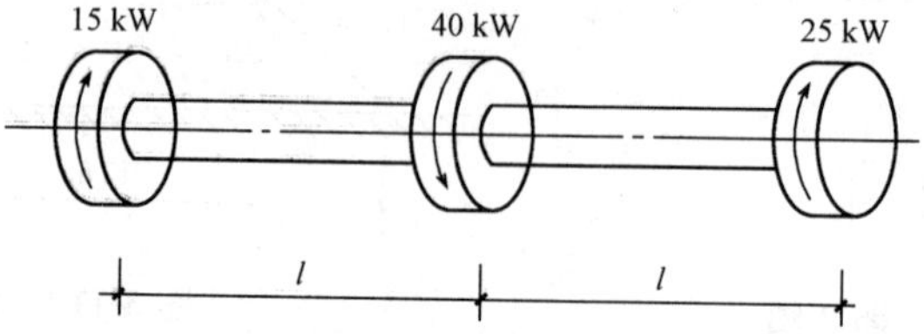

图 3-124　题 9 图

10. 传动轴外力矩 $M_A=3$ kN·m 分配如图 3-125 所示，$M_B=7$ kN·m、$M_C=4$ kN·m，$d_1=60$ mm、$d_2=65$ mm，试校核该轴各段的强度。

11. 一矿车车轴如图 3-126 所示。已知 $a=0.6$ m，$P=6$ kN，材料的许用应力$[\sigma]=100$ MPa，试选择车轴直径。

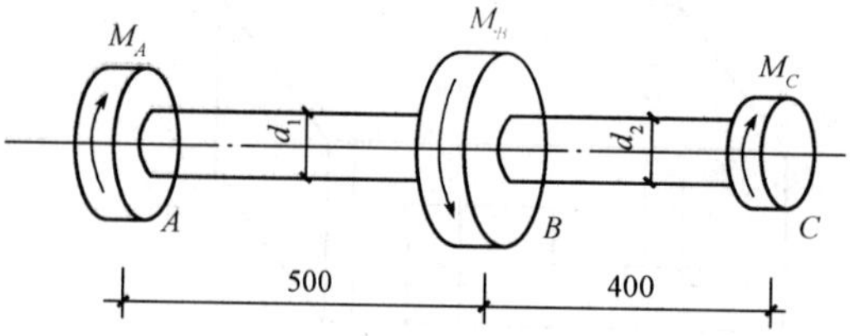

图 3-125　题 10 图

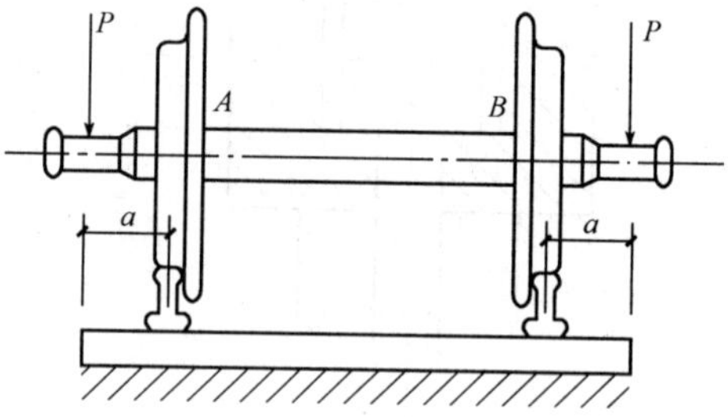

图 3-126　题 11 图

12. T 形截面外伸梁受力尺寸如图 3-127 所示，$Y_C=70$ mm，梁的材料$[\sigma^+]=30$ MPa，$[\sigma^-]=60$ MPa，试校核梁的强度。

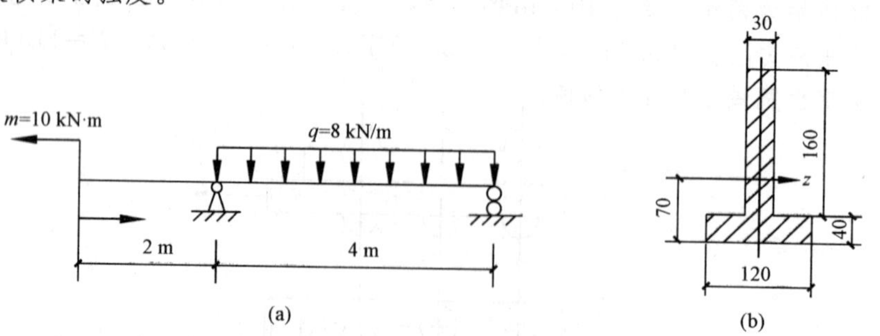

图 3-127　题 12 图

13. 薄板轧棍尺寸如图 3-128 所示，轧制力为 12×10^3 kN，轧制板的宽度为 1 000 mm，轧辊弯曲许用正应力$[\sigma]=100$ MPa，试设计轧棍直径 d 尺寸。

14. 某车间有一台 100 kN 的吊车和一台 150 kN 的吊车，借用一辅助梁共同起吊重量为 $P=250$ kN 的设备，如图 3-129 所示。

(1)重量距 100 kN 吊车的距离 x 应在什么范围内，才能保证两台吊车都不致超载？

(2)若用工字钢作辅助梁，试选择工字钢的型号。已知许用应力$[\sigma]=160$ MPa。

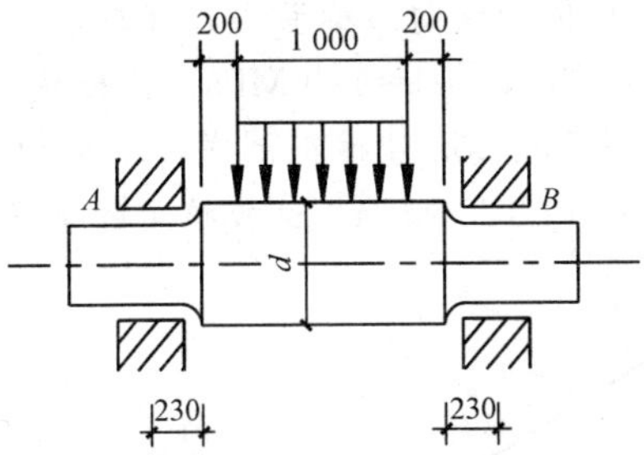

图 3-128　题 13 图

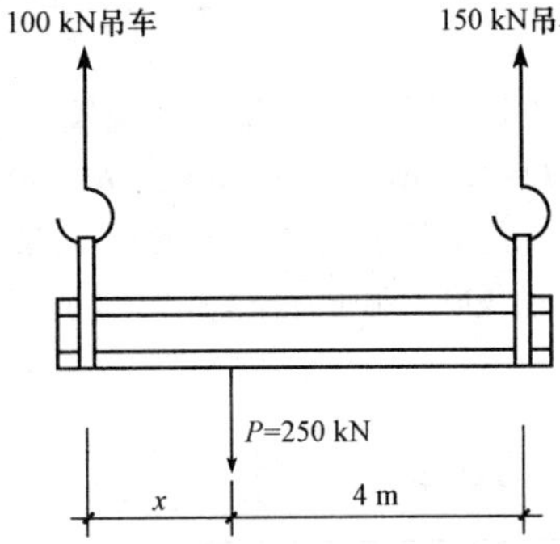

图 3-129　题 14 图

15. 简支梁由两根槽钢组成，受力如图 3-130 所示。已知 $l=4$ m，$q=10$ kN/m，$[\sigma]=100$ MPa，$E=200$ GPa，梁的许可挠度$[y]=\frac{l}{800}$。许可转角$[\theta]=0.01$ rad。试选择槽钢的型号，并考虑梁的自重影响。

16. 图 3-131 所示为一悬臂的工字钢梁，长度 $l=3$ m，在自由端作用力 $P=10$ kN，已知钢梁的许用应力$[\sigma]=160$ MPa，$[\tau]=100$ MPa，$E=200$ GPa，梁的许可挠度$[y]=\frac{l}{600}$，许可转角$[\theta]=0.02$ rad，试按强度条件和刚度条件选择工字钢梁的号码。

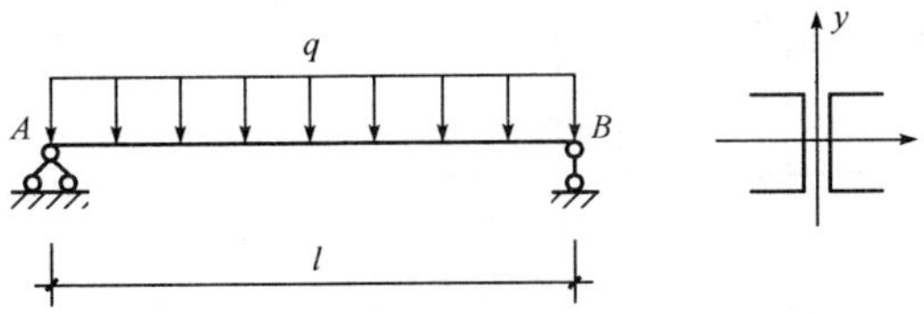

图 3-130　题 15 图

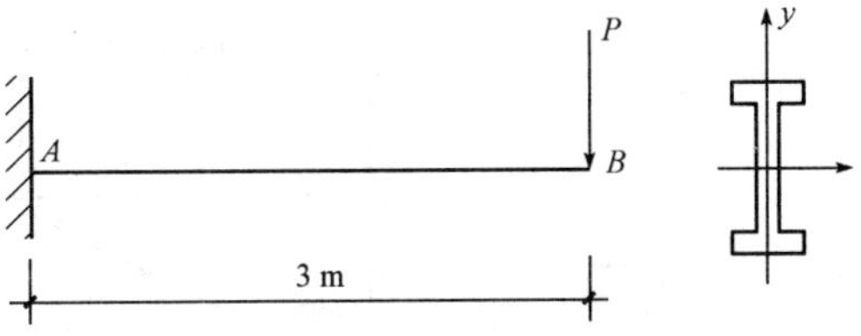

图 3-131　题 16 图

17. 炮筒横截面如图 3-132 所示。在危险点处 $\sigma_t=500$ MPa，$\sigma_r=-300$ MPa，第三个应力 σ_z 垂直于图面，且 $\sigma_z=420$ MPa。材料的$[\sigma]=950$ MPa，试用第三和第四强度理论进行强度校核。

18. 圆轴受力如图 3-133 所示。已知轴径 $d=30$ mm，轴材料的许用应力$[\sigma]=160$ MPa。试用第三强度理论校核该轴的强度。

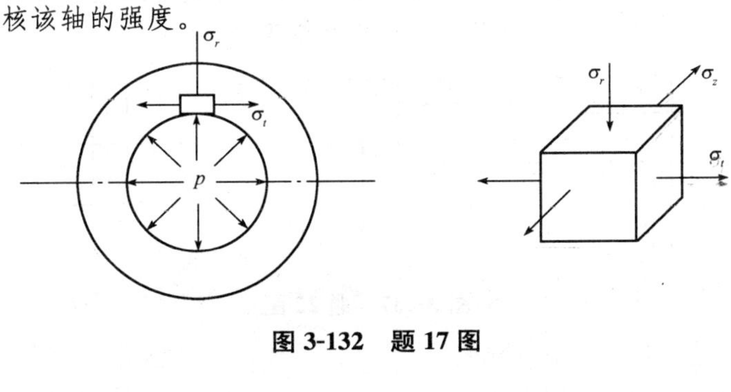

图 3-132　题 17 图

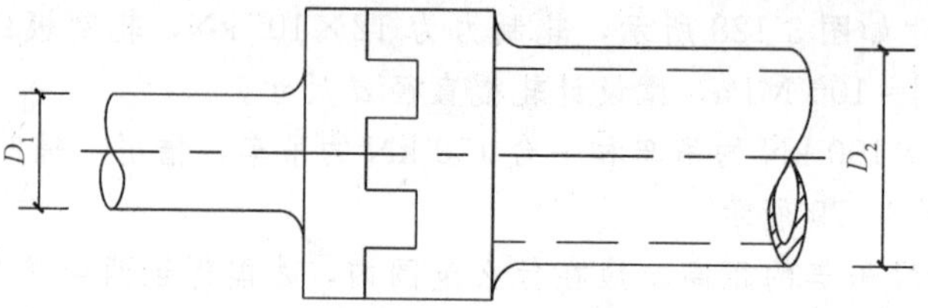

图 3-133　题 18 图

19. 如图 3-134 所示的矩形截面悬臂梁，载荷 P 位于纵向对称面内，且与水平线成 α 角。已知 $P=3$ kN，$l=1.2$ m，$b=40$ mm，$h=80$ mm，$\alpha=60^\circ$，$[\sigma]=120$ MPa，试校核悬臂梁的强度。

20. 如图 3-135 所示的简易起重机，横梁 AB 由两根 20a 号槽钢制成，小车的自重和起吊重量共计为 $P=40$ kN，梁长 $l=3$ m，梁的许用应力 $[\sigma]=120$ MPa，试校核梁的强度。

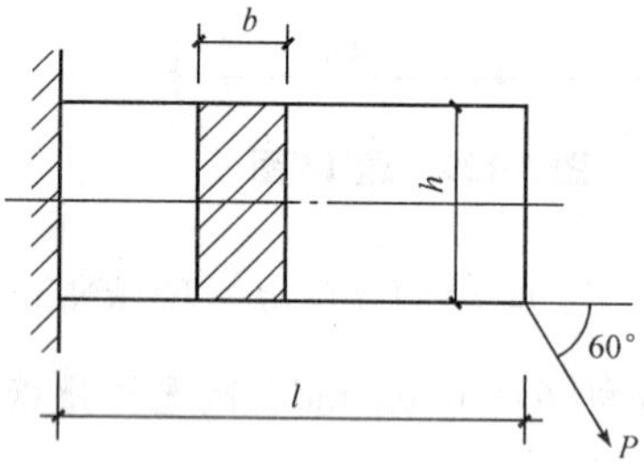

图 3-134　题 19 图

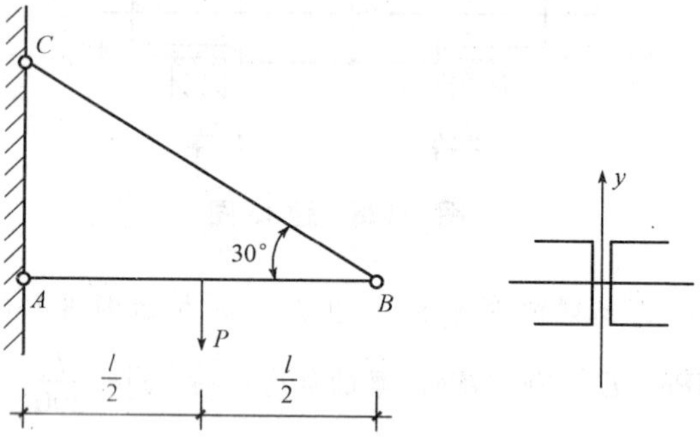

图 3-135　题 20 图

21. 如图 3-136 所示的三脚架，在横梁 AB 的端点 B 处受一集中力 $P=12$ kN 的作用，若横梁用工字钢制成，许用应力 $[\sigma]=120$ MPa，试选择工字钢型号。如 DC 杆用两根角钢支承，试选择角钢的型号。

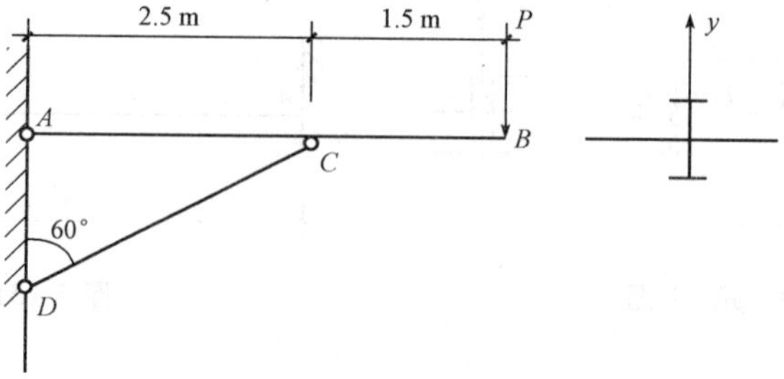

图 3-136　题 21 图

22. 如图 3-137 所示的起吊装置，直径 $D=360$ mm 的滑轮安装在悬臂梁 AB 的自由端。已知 $P=30$ kN，$l=1.2$ m，$[\sigma]=160$ MPa，试选择槽钢型号。

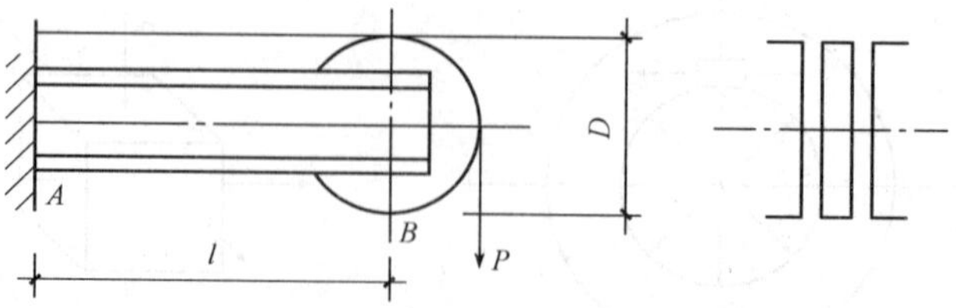

图 3-137　题 22 图

23. 矩形截面钢板如图 3-138 所示，已知拉力 $P=86$ kN，板宽 $b=80$ mm，板厚 $t=10$ mm，缺口深度 $a=12$ mm，钢板的许用应力$[\sigma]=160$ MPa，设不考虑缺口处应力集中的影响。试求：

(1)校核钢板的强度；

(2)若在缺口的对称位置再挖一个相同尺寸的缺口，此时钢板的强度有何变化。

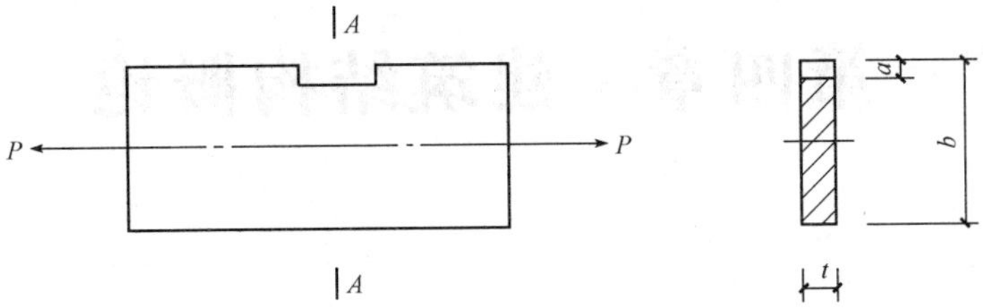

图 3-138　题 23 图

24. 矩形截面立柱受压，如图 3-139 所示。力 P_1 的作用线与立柱轴线重合，力 P_2 的作用线与立柱轴线平行，且位于 xy 平面内。已知 $P_1=P_2=100$ kN，$b=220$ mm，力 P_2 的偏心矩 $e=100$ mm，如果要求立柱的横截面不出现拉应力。试：①求截面尺寸 h；②当 h 确定后，求立柱内的最大压应力。

25. $b=80$ mm，$h=160$ mm 的矩形截面钢杆(图 3-140)，受偏心拉力 P(位于 xy 平面内)作用后，测得左侧边缘处的纵向线应变 $\varepsilon=2\times10^{-5}$，已知 $P=160$ kN，材料的弹性模量 $E=200$ GPa，试求偏心矩 e。

26. 处于水平位置的曲拐轴，受力情况如图 3-141 所示，已知圆截面杆的直径 $d=60$ mm，力 $P=40$ kN，尺寸 $a=120$ mm，$l=100$ mm，$[\sigma]=160$ MPa，试按第三强度理论校核曲拐轴强度。

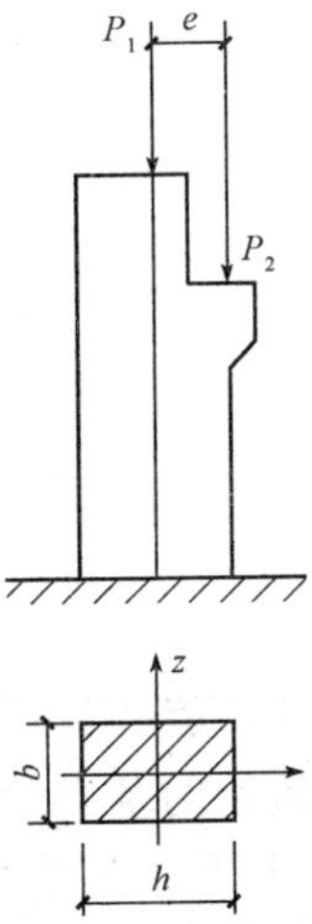

图 3-139　题 24 图

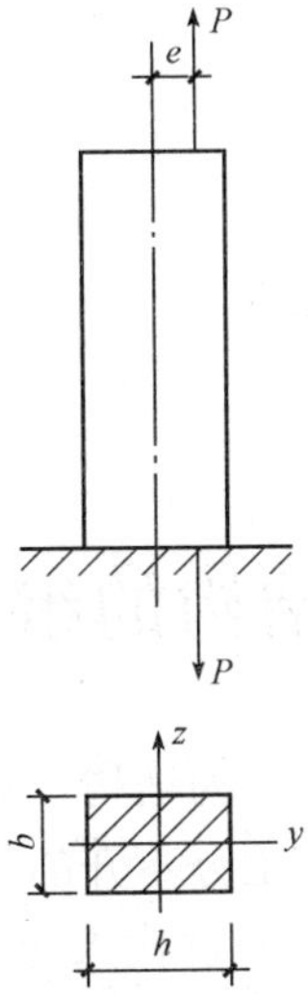

图 3-140　题 25 图

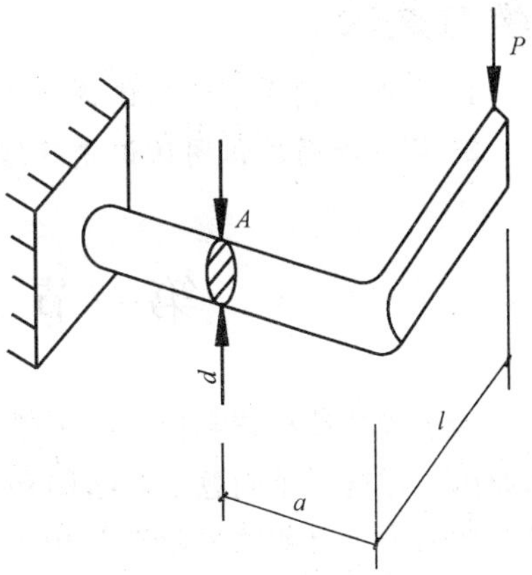

图 3-141　题 26 图

第二篇　建筑结构

第四章　建筑结构概论

内容提要

建筑结构是指在建筑物(包括构筑物)中，由建筑材料做成用来承受各种荷载或者作用，以起骨架作用的空间受力体系。本章内容主要包括建筑结构的组成与分类，建筑结构的发展及应用与建筑结构的基本设计原则。

知识目标

1. 熟悉建筑结构的组成与几种常见建筑结构的特点。
2. 了解建筑结构的发展趋势。
3. 理解建筑结构的基本设计原则。

能力目标

1. 能够根据建筑功能选择合理的结构形式。
2. 可以对实际建筑结构进行基本设计。

学习建议

1. 参观校园内不同的建筑结构，增加感性认识。
2. 尽可能通过识图认识建筑结构的组成。

第一节　建筑结构的组成和分类

为了成功地想象和设计一个建筑或建筑物中的结构，必须首先弄清楚其功能和其得以存在的原因。在这两个问题上，结构和建筑的作用是分不开的。结构永远是建筑物的基本部分。无论古代人为自己或家庭建造简单的掩蔽物，还是现代人建造可以容纳成百上千人在那里生产、贸易、娱乐的大空间，都必须用一定的材料，建造成具有足够抵抗能力的空间骨架，抵御自然界可能发生的各种作用力，为人类需要服务。这种骨架就是建筑结构，简称为结构。

一、建筑结构的组成

建筑结构是由若干个单元，按照一定的组成规则，通过正确的连接方法所组成的能够承受并传递荷载和其他间接作用的骨架，而这些单元就是建筑结构的基本构件。

以图 4-1 典型房屋为例，建筑结构由水平构件、竖向构件和基础组成。水平构件包括梁、板等，用以承受竖向荷载；竖向构件包括柱、墙等，其作用是支撑水平构件或承受水平荷载；基础的作用是将建筑物承受的荷载传递给地基。

(1)板。板承受施加在楼板的板面上并与板面垂直的重力荷载(含楼板、地面层、顶棚层的永久荷载和楼面上人群、家具、设备等可变荷载)。板的作用效应主要是受弯。如楼板、楼梯板、阳台板等均属于板。

(2)梁。梁承受板传来的荷载以及梁的自重。梁的截面宽度和高度尺寸远小于其长度尺寸。梁所承受荷载的作用方向与梁轴线垂直，其作用效应主要是受弯和受剪。如大梁、楼梯梁、悬臂梁均属于梁。

(3)墙。墙支撑水平承重构件，承受水平荷载及墙的自重。墙的长度、宽度尺寸远大于其厚度，但荷载主要作用方向却与墙面平行，当荷载作用在墙的截面形心轴线上时，墙表现为压缩；当荷载作用在偏离形心轴线时，墙还可能出现弯曲。

(4)柱。柱承受梁、板传来的竖向荷载及自身的重量。柱的截面尺寸远小于其高度，荷载作用方向与柱轴线平行。当荷载作用于柱截面形心时为轴心受压；当荷载作用在偏离截面形心时为偏心受压。

(5)基础。基础是埋在地面以下的建筑物底部的承重构件，承受墙、柱传来的荷载并将其扩散到地基上。

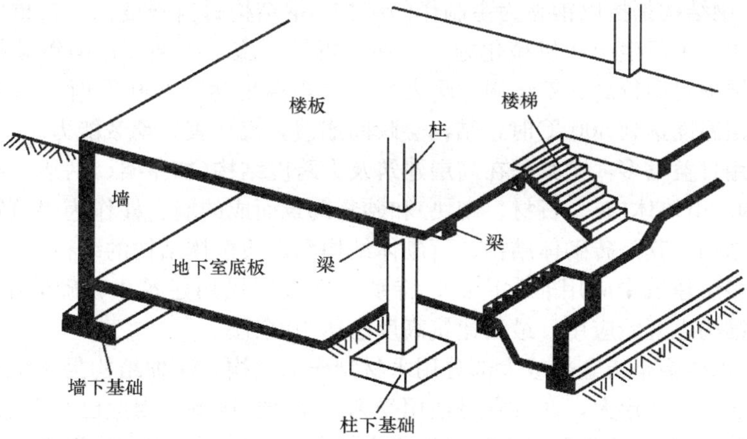

图 4-1　典型房屋构件组成

二、建筑结构的分类

建筑结构有许多不同的分类方法，其中，最常见的方法是按建筑所用材料及结构体系进行分类。

1. 按建筑所用材料分类

根据建筑所用材料的不同，建筑结构可分为以下几类。

(1)混凝土结构。混凝土结构是素混凝土结构、钢筋混凝土结构和预应力混凝土结构的总称。

素混凝土结构是指由无筋或不配置受力钢筋的混凝土制成的结构，在建筑工程中一般只用作基础垫层或室外地坪。

钢筋混凝土结构是指由配置受力的普通钢筋、钢筋网或钢筋骨架的混凝土制成的结构。在混凝土内配置受力钢筋，能明显提高结构或构件的承载能力和变形性能。由于混凝土的抗拉强度和抗拉极限应变很小，钢筋混凝土结构在正常使用荷载下一般是带裂缝工作的。这是钢筋混凝土结构最主要的缺点。为了克服这一缺点，可在结构承受荷载之前，在使用荷载作用下可能开裂的部位，预先人为地施加压应力，以抵消或减少外荷载产生的拉应力，从而达到使构件在正常的使用荷载下不开裂，或者延迟开裂、减小裂缝宽度的目的，这种结构称为预应力混凝土结构。

钢筋混凝土结构是混凝土结构中应用最多的一种，也是应用最广泛的建筑结构形式之一。其不但被广泛应用于多层与高层住宅、宾馆、写字楼以及单层与多层工业厂房等工业与民用建筑中，而且水塔、烟囱、核反应堆等特种结构也多采用钢筋混凝土结构。

钢筋和混凝土是两种物理力学性质不同的材料，在钢筋混凝土结构中之所以能够共同工作，是因为：

①钢筋表面与混凝土之间存在粘结作用；

②钢筋和混凝土的温度线膨胀系数几乎相同(钢筋为 1.2×10^{-5}，混凝土为 $1.0\times10^{-5}\sim1.5\times10^{-5}$)，在温度变化时，二者的变形基本相等，不致破坏钢筋混凝土结构的整体性；

③钢筋被混凝土包裹着，从而使钢筋不会因大气的侵蚀而生锈变质。

上述三个原因中，钢筋表面与混凝土之间存在粘结作用是最主要的原因。因此，钢筋混凝土构件配筋的基本要求，就是要保证二者共同受力，共同变形。

(2)钢结构。钢结构是指以钢材为主制作的结构。钢结构材料强度高，自重轻，塑性和韧性好，材质均匀；便于工厂生产和机械化施工，便于拆卸，施工工期短；但钢结构易腐蚀，需经常油漆维护，故维护费用较高。钢结构的耐火性差。当温度达到 250 ℃时，钢结构的材质将会发生较大变化；当温度达到 500 ℃时，结构会瞬间崩溃，完全丧失承载能力。

钢结构的应用日益增多，尤其是在高层建筑及大跨度结构(如屋架、网架、悬索等结构)中。

(3)砌体结构。由块体(砖、石材、砌块)和砂浆砌筑而成的墙、柱作为建筑物主要受力构件的结构称为砌体结构。其是砖砌体结构、石砌体结构和砌块砌体结构的统称。

砌体结构在多层建筑中应用非常广泛，特别是在多层民用建筑中，砌体结构占绝大多数。目前，高层砌体结构也开始应用，最大建筑高度已达 10 余层。

(4)木结构。木结构是指全部或大部分用木材制作的结构。这种结构易于就地取材，制作简单，但易燃、易腐蚀、变形大，并且木材使用受到国家严格限制，因此已很少采用。

(5)混合结构。由两种及两种以上材料作为主要承重结构的房屋称为混合结构。混合结构包含的内容较多。多层混合结构一般以砌体结构为竖向承重构件(如墙、柱等)，而水平承重构件(如梁、板等)多采用钢筋混凝土结构，有时采用钢木结构。其中，以砖砌体为竖向承重构件，钢筋混凝土结构为水平承重构件的结构体系称为砖混结构。高层混合结构一般是钢-混凝土混合结构，即由钢框架或型钢混凝土框架与钢筋混凝土筒体所组成的共同承受竖向和水平作用的结构。

钢-混凝土混合结构体系是近年来在我国迅速发展的一种结构体系。其不仅具有钢结构建筑自重轻、截面尺寸小、施工进度快、抗震性能好的特点，还兼有钢筋混凝土结构刚度大、防火性能好、成本低的优点，因而，被认为是一种符合我国国情的较好的高层建筑结构形式。我国大陆已经建成的最高的混合结构高层建筑为 101 层、高 492 m 的上海环球金融中心。

2. 按结构体系分类

根据承重结构体系分类，建筑结构可分为以下几种主要类型。

(1)砖混结构。砖混结构是由砌体结构构件和其他材料制成的构件所组成的结构。例如，许多多层住宅、宿舍等建筑，承重墙体采用砖砌体，水平承重构件，如梁和楼板等采用钢筋混凝土结构构件，故属于砖混结构。

砖混结构能够就地取材、施工方便、造价低，但整体性相对弱、抗震性能低，多用于层数较少、房间尺寸相对较小的住宅、旅馆、办公楼等建筑中。

(2)框架结构。框架结构是采用梁、柱组成的结构体系作为建筑承重结构。框架结构的主要构件是梁和柱，而墙体只是作为围护构件。框架结构的优点是：平面布置灵活，构件简单，制作方便；比砖混结构强度高，有较好的延展性和整体性；抗震性能较好，承受竖向荷载的能力较强；房间的空间分布比较灵活，容易满足生产、生活和使用要求。但框架结构楼层越高，水平力的作用就越大，这将在柱中产生很大的弯矩和剪力，而且会产生较大的侧移，因此，框架结构不宜建得太高，在非地震区一般用于15层以下的房屋，在地震区常用于10层以下的房屋。

(3)剪力墙结构。剪力墙结构是利用建筑物的纵向和横向的钢筋混凝土墙体作为主要承重构件，再配以梁板组成的承重结构体系。其墙体同时起围护及分割房间的作用。

剪力墙结构的空间整体性好，便于室内布置，方便使用，刚度较大，有较好的抗震性能。其不足之处是结构自重大。剪力墙结构是高层住宅普遍采用的结构形式。

(4)框架-剪力墙结构。框架-剪力墙结构简称框剪结构。其在框架结构的基础上，沿框架纵、横方向的某些位置，在柱与柱之间设置数道钢筋混凝土墙体作为剪力墙。因此，其是框架和剪力墙的有机结合，综合了二者的优点：一个布置灵活；一个抗侧力高。框剪结构中的剪力墙既可以单独设置，也可以利用电梯井、楼梯间、管道井等墙体设置，因此，这种结构已被广泛地应用于各类房屋建筑中。

(5)筒体结构。用钢筋混凝土墙组成一个筒体作为房屋的承重结构。筒体可以由密柱深梁组成一个筒体，也可以用多个筒体组成筒中筒、束筒，还可以将框架和筒体联合起来组成框筒结构。筒体结构在各个方向的抗侧刚度都很大，是目前高层建筑中较多采用的结构形式。

(6)大跨度结构。一些大型建筑，如体育馆、车站候车厅等，需要大跨度大空间，为了减轻屋盖的自重，常采用网架结构、悬索结构、薄壳结构等。

第二节　建筑结构的发展及应用

一、建筑结构的发展概况

建筑结构是随着人类社会的进步、科学技术的发展而不断发展起来的，有着悠久的历史。近代建筑的主体结构，大体上经历了三个发展阶段，即砖(石)木混合结构、砖(石)钢筋(钢骨)混凝土混合结构以及钢和钢筋混凝土框架结构。

(1)砖(石)木混合结构出现得很早，19世纪中期以后，就在中国有了较大的发展。最初传入我国的外国古典式和“券廊式”建筑，多采用这种结构形式。其主要特点是砖石承重、木架楼板、人字木屋架，并大量使用拱券。20世纪初期，各地建造的工厂、学校、商店、住宅、办公楼等，大多采用这种结构方式。而且，一些大城市中的砖木混合结构，已经可以做到较高的层数。如1900年建造的北京饭店，高5层。

(2)砖(石)钢筋(钢骨)混凝土混合结构大约在19世纪末、20世纪初开始使用。最初是用很厚的砖石承重墙，楼层结构用工字钢密肋，中间加混凝土、砖小拱。1905年建成的广州岭南大学(现中山大学)马丁堂，可能是中国第一幢砖石钢筋混凝土混合结构建筑。

(3)钢筋混凝土框架结构大概是在1850年前后出现。1925年以前，我国近代钢和钢筋混凝土框架结构建筑高度还没有超过10层。当时，多层建筑大多采用现浇钢筋混凝土框架结构，少数采用钢框架结构。

二、建筑结构的发展趋势

(1)材料方面。建筑结构的材料将向轻质、高强、新型、复合方向发展。

(2)结构方面。从低、矮、小跨度向高层大跨度发展。跨度结构向空间钢网架、悬索结构、薄壳结构方向发展。空间钢网架最大跨度已超过 100 m。

(3)设计方法方面。目前有学者提出全过程可靠度理论，将可靠度理论应用到工程结构设计、施工与使用的全过程中，以保证结构的安全可靠。随着模糊数学的发展，模糊可靠度概念正在建立。随着计算机的发展，工程结构计算正向精确化方向发展，结构的非线性分析是发展趋势。随着研究的不断深入、统计资料的不断积累，结构设计方法将会发展至全概率极限状态设计方法。

第三节　建筑结构的基本设计原则

一、结构设计的基本要求

1. 结构的设计基准期和设计使用年限

结构设计所采用的荷载统计参数以及时间有关的材料性能取值，都与时间参数有关，这就是设计基准期。其是确定设计荷载最大值取值的期限。《建筑结构可靠度设计统一标准》(GB 50068—2001)规定，设计基准期为 50 年。

建筑结构设计的使用年限是指按规定指标设计的建筑结构或构件，在正常施工、正常使用和正常维护下，不需要大修即可达到按其预定目的使用的期限。如我国普通房屋的设计使用年限是 50 年，纪念性的建筑和特别重要的建筑结构设计使用年限是 100 年。

2. 结构的功能要求

进行建筑结构设计的基本目的是在一定经济条件下，使结构在规定的使用期限内、规定的条件下能满足设计所预期的各种功能要求。这些功能要求包括以下几项：

(1)安全性。结构在正常施工和正常使用的条件下，能承受可能出现的各种作用；在设计规定的偶然事件(如强烈地震、爆炸、车辆撞击等)发生时和发生后，仍能保持必需的整体稳定性，即结构仅产生局部裂缝损坏而不致发生连续倒塌。

(2)适用性。结构在正常使用时具有良好的工作性能。例如，不会出现影响正常使用的过大变形或振动；不会产生使使用者感到不安的裂缝宽度等。

(3)耐久性。结构在正常维护条件下具有足够的耐久性能，即在正常维护条件下结构能够正常使用到规定的设计使用年限。

3. 结构功能的极限状态

在使用中，整个结构或结构的一部分超过某一特定状态就不能满足设计制定的某一功能(安全性、适用性、耐久性)，此特定状态称为该功能的极限状态。

结构功能的极限状态可分为承载能力极限状态和正常使用极限状态。

(1)承载能力极限状态。承载能力极限状态对应于结构或结构构件达到了最大承载能力，或产生了不适于继续承载的过大变形。当结构或结构构件出现了下列状态之一时，即认为超过了承载能力极限状态：

①结构构件或连接因超过材料强度而破坏，或因过度变形而不适于继续承载。

②整个结构或其中一部分作为钢体丧失稳定，如倾覆等。

③结构转变为机动体系。

④结构或结构构件丧失稳定，如压屈等。

⑤结构因局部破坏而发生连续倒塌。

⑥地基丧失承载力而破坏。

⑦结构或结构构件的疲劳破坏。

(2)正常使用极限状态。正常使用极限状态是对应于结构或结构构件达到正常使用或耐久性能的某项规定限值。当结构或构件出现了下列状态之一时，即认为结构或结构构件超过了正常使用极限状态：

①影响正常使用或外观的变形。

②影响正常使用或耐久性能的局部损坏，包括裂缝。

③影响正常使用的振动。

④影响正常使用的其他特定状态。

结构设计时，应对结构的不同极限状态进行计算或验算；当对某一极限状态进行计算或验算其控制作用时，可仅对该极限状态进行计算或验算。

二、结构上的作用与作用效应

凡是能使结构产生内力、应力、位移、应变、裂缝的因素都称之为结构上的作用。结构上的作用可分为直接作用和间接作用两种。直接作用是指施加在结构上的荷载；间接作用是指引起结构外加变形和约束变形的其他作用，如地基沉降、混凝土收缩、温度变化和地震等。本节重点讨论直接作用，即荷载。

1. 荷载的分类

结构上的荷载，通常按随时间的变异分类，可分为以下几类：

(1)永久荷载。永久荷载也称为恒荷载，是指在设计基准期内量值不随时间变化或其变化与平均值相比可以忽略的作用。如结构自重、土压力等。

(2)可变荷载。可变荷载也称活荷载或活载，是指在设计基准期内量值随时间变化，且其变化与平均值相比不可忽略的荷载。如使用时人员及物件等的荷载、施工时结构的某些自重、安装荷载、车辆荷载、吊车荷载、风荷载、雪荷载、冰荷载等。

(3)偶然荷载。偶然荷载是在设计基准期内不一定出现，但一旦出现，其量值很大、持续时间很短，如地震力、爆炸力等。

2. 荷载的代表值

在结构设计时，应根据不同的设计要求采用不同的荷载数值，称为荷载代表值。对永久荷载应采用标准值作为代表值；对可变荷载应根据设计要求采用标准值、组合值、频遇值或准永久值作为代表值；对偶然荷载应按建筑结构使用的特点确定其代表值。

(1)荷载标准值。荷载标准值是指结构在正常使用情况下，在其设计基准期(50 年)内可能出现的具有一定保证率的最大荷载值。其是荷载的基本代表值。

①永久荷载的标准值 G_k。结构自重为永久荷载值，结构构件的设计尺寸可根据结构构件的设计尺寸和材料单位体积的自重计算确定。

②可变荷载的标准值 Q_k。现行《建筑结构荷载规范》(GB 50009—2012)给出了楼面和屋面活荷载、吊车荷载、风荷载的标准值，设计时可以直接查用。

(2)可变荷载的组合值。当考虑两种或两种以上可变荷载在结构上同时作用时，由于其值不一定同时达到最大，因此需作适当调整。其调整的方法为：除其中最大荷载仍取标准值外，其他伴随的可变荷载均采用小于1.0的组合值系数乘以相应的标准值来表达其荷载代表值。这种经调整后的可变荷载称为可变荷载的组合值Q_c。

$$Q_c=\psi_c Q_k$$

式中，ψ_c为荷载组合值系数。

(3)可变荷载的频遇值。对于结构上偶尔出现的较大荷载，由于其出现的频率很小，持续时间较短，故对结构的破坏性有所减弱，因此，可变荷载的频遇值总是小于荷载的标准值，为可变荷载的标准值与其频遇值系数的乘积。

$$Q_f=\psi_f Q_k$$

式中，Q_f为可变荷载的频遇值，ψ_f为频遇值系数。

(4)可变荷载的准永久值。在进行结构构件变形和裂缝验算时，要考虑荷载长期作用对构件刚度和裂缝的影响。永久荷载长期作用在结构上，故取荷载标准值。而可变荷载在设计基准期内会随时间而发生变化，并且不同可变荷载在结构上的变化情况不一样。如住宅楼面活荷载，人群荷载的流动性较大，而家具荷载的流动性则相对较小。在设计基准期内经常达到或超过的那部分荷载值(总的持续时间不低于25年)，称为可变荷载准永久值Q_q。其对结构的影响类似于永久荷载。

$$Q_f=\psi_q Q_k$$

式中，Q_q为可变荷载的准永久值，ψ_q为准永久值系数。

3. 作用效应S

作用效应就是作用引起的结构或结构构件的内力(如弯矩、剪力和轴力等)及变形(如挠度、裂缝等)，即作用产生的效应。

作用效应除与荷载数值大小、分布的位置、结构尺寸及结构的支撑约束条件等有关外，还与作用效应的计算模式有关。而这些因素都具有不确定性，因此它是一个随机变量。

4. 结构抗力R

结构抗力是指整个结构或结构构件承受作用效应(即内力和变形)的能力，如构件的承载能力、刚度等。

结构抗力主要与结构构件的几何尺寸、配筋数量、材料性能以及抗力的计算模式与实际的吻合程度有关，由于这些因素也都是随机变量，因此结构抗力显然也是一个随机变量。

三、概率极限状态设计法

1. 概率极限状态设计法的概念

极限状态是结构或其构件能够满足前述某一功能要求的临界状态。超过这一界限，结构或其构件就不能满足设计规定的该项功能要求而进入失效状态。在进行结构设计时，应针对不同的极限状态，根据结构的特点和使用要求给出具体的极限状态限值，以作为结构设计的依据。这种以相应于结构各种功能要求的极限状态作为结构设计依据的设计方法，就称为“极限状态设计法”。

荷载产生的作用效应为S_d，结构抵抗或承受荷载效应的能力称为结构抗力，记为R_d，则：

$S_d<R_d$，表示结构能完成各项预定功能，结构处于可靠状态；

$S_d>R_d$，表示结构不能完成各项预定功能，结构处于失效状态；

$S_d=R_d$，表示结构处于极限状态。

从概率的观点来看，只要结构处于$S_d>R_d$失效状态的失效概率足够小，我们就可以认为结构是可靠的。

概率极限状态设计法，就是通过控制结构达到极限状态的概率，即控制失效概率的设计方法。

2. 极限状态实用设计表达式

(1)承载能力极限状态实用设计表达式。结构构件在进行承载能力极限状态设计时应采用的实用设计表达式为：

$$\gamma_0 S_d < R_d$$

式中 γ_0——结构的重要性系数，对安全等级为一级、二级、三级的结构构件，应分别取 1.1、1.0、0.9；

S_d——荷载组合的效应设计值；

R_d——结构构件抗力的设计值。

当结构上同时作用有多种可变荷载时，需要考虑荷载效应组合的问题。荷载效应组合是指对所有可能同时出现的各种荷载进行组合。在不同的荷载组合产生的荷载效应值中，应取对结构构件产生最不利的一组进行计算。荷载效应组合分为基本组合与偶然组合两种情况。

1)对于基本组合的效应设计值应从以下两种组合中取最不利值确定：

①由可变荷载控制点的效应设计值，应按下式进行计算：

$$S_d = \sum_{j=1}^{m} \gamma_{G_j} S_{G_j k} + \gamma_{Q_1} \gamma_{L_1} S_{Q_1 k} + \sum_{i=2}^{n} \gamma_{Q_i} \gamma_{L_i} \psi_{c_i} S_{Q_i k}$$

式中 γ_{G_j}——第 j 个永久荷载的分项系数；

γ_{Q_i}——第 i 个可变荷载的分项系数，其中 γ_{Q_1} 为主导可变荷载 Q_1 的分项系数；

γ_{L_i}——第 i 个可变荷载考虑设计使用年限的调整系数，其中 γ_{L_1} 为主导可变荷载 Q_1 考虑设计使用年限的调整系数(表 4-1)；

$S_{G_j k}$——按第 j 个永久荷载标准值 G_j 计算的荷载效应值；

$S_{Q_i k}$——按第 i 个可变荷载标准值 Q_{ik} 计算的荷载效应值，其中 $S_{Q_1 k}$ 为诸可变荷载效应中起控制作用者；

ψ_{c_i}——第 i 个可变荷载 Q_i 的组合值系数；

m——参与组合的永久荷载数；

n——参与组合的可变荷载数。

表 4-1 可变荷载考虑设计使用年限的调整系数 γ_{L1}

结构设计使用年限/年	5	50	100
γ_{Li}	0.9	1.0	1.1

②由永久荷载控制的效应设计值，应按下式进行计算：

$$S_d = \sum_{j=1}^{m} \gamma_{G_j} S_{G_j k} + \sum_{i=1}^{n} \gamma_{Q_i} \gamma_{L_i} \psi_{c_i} S_{Q_i k}$$

2)荷载偶然组合的效应设计值 S_d 可按下列规定采用：

①用于承载能力极限状态计算的效应设计值，应按下式进行计算：

$$S_d = \sum_{j=1}^{m} S_{G_j k} + S_{A_d} + \psi_{f_1} S_{Q_1 k} + \sum_{i=2}^{n} \psi_{q_i} S_{Q_i k}$$

式中 S_{A_d}——按偶然荷载标准值 A_d 计算的荷载效应值；

ψ_{f_1}——第 1 个可变荷载的频遇值系数；

ψ_{q_i}——第 i 个可变荷载的准永久值系数。

②用于偶然事件发生后受损结构整体稳固性验算的效应设计值，应按下式进行计算：

$$S_d = \sum_{j=1}^{m} S_{G_j k} + \psi_{f_1} S_{Q_1 k} + \sum_{i=2}^{n} \psi_{q_i} S_{Q_i k}$$

(2)正常使用极限状态实用设计表达式。结构构件在进行正常使用极限状态设计时应采用的实用设计表达式为：

$$S_d \leqslant C$$

式中　C——结构或结构构件达到正常使用要求的规定限制，例如变形、裂缝等的限值，应按各有关建筑结构设计规范的规定采用。

对于正常使用极限状态，应根据不同的设计要求，采用荷载的标准组合、频遇组合或准永久组合。

①对于标准组合，荷载效应组合的设计值按下式计算：

$$S_d = \sum_{j=1}^{m} S_{G_j k} + S_{Q_1 k} + \sum_{i=2}^{n} \psi_{c_i} S_{Q_i k}$$

②对于频遇组合，荷载效应组合的设计值按下式计算：

$$S_d = \sum_{j=1}^{m} S_{G_j k} + \psi_{f_1} S_{Q_1 k} + \sum_{i=2}^{n} \psi_{q_i} S_{Q_i k}$$

本章小结

建筑结构是由若干个单元，按照一定的组成规则，通过正确的连接方式所组成的能够承受并传递荷载和其他间接作用的骨架。本章介绍了建筑结构的组成和常见分类，以及各建筑形式的优缺点和发展概况，在此基础上进一步给出了建筑结构设计的基本原则。

复习思考题

1. 什么是建筑结构？
2. 建筑结构按所用材料可分为哪几类？各有哪些特点？
3. 建筑结构按结构体系可分为哪几类？各有哪些特点？
4. 建筑结构应满足哪些功能要求？
5. 什么是极限状态？根据结构的功能要求，极限状态可分为哪两类？
6. 荷载有哪些分类？荷载的代表值有哪些？

思考与练习

指出你所在的教学楼属于什么类型的建筑结构？它都包括哪些构件？

第五章　建筑结构材料

内容提要

研究建筑结构时必然先要研究结构主要组成材料的力学性能。本章内容主要包括钢筋混凝土结构材料、砌体结构材料以及建筑钢材的力学性能，以及各自材料之间的相互作用。

知识目标

1. 掌握钢筋的强度等主要的力学性能及常用钢筋的种类。
2. 掌握混凝土的各种强度、强度等级的概念，了解混凝土的变形。
3. 掌握钢筋与混凝土间粘结作用的概念。
4. 掌握砌体结构中砌体材料的特性。
5. 掌握建筑钢材的性能。

能力目标

1. 根据施工图纸和施工实际条件，明确结构施工图中结构构件以及各种构造措施的名称、作用。
2. 正确评价结构构件及各种构造措施设置的合理性。

学习建议

1. 进行混凝土结构材料力学性能试验，增强感性认识，加深理解。
2. 与前续课程《建筑材料》相联系。

第一节　钢筋混凝土结构材料

钢筋混凝土结构是由钢筋和混凝土两种性质不同的材料组成的，了解钢筋和混凝土材料各自的力学性能及其共同工作的原理是掌握钢筋混凝土构件的受力性能，正确进行钢筋混凝土结构设计的基础。

一、混凝土

1. 混凝土的强度

混凝土是用一定比例的水泥、砂、石子和水，经拌和、浇筑、振捣、养护，逐步凝结硬化形成的人造石材。在确定混凝土的强度指标时，必须以统一规定的标准试验方法为依据。

(1)立方体抗压强度。我国以立方体抗压强度值作为混凝土最基本的强度指标以及评价混凝土强度等级的标准，因为这种试件的强度比较稳定。《混凝土结构设计规范(2015 年版)》(GB

50010—2010)(以下简称为《规范》)规定，用边长为150 mm的标准立方体试件，在标准养护条件(温度在20 ℃±3 ℃，相对湿度不小于90%)下养护28天后在试验机上试压。试验时，全截面受力、加荷速度每秒钟为0.3～0.8 N/mm^2。试块加压至破坏时，所测得的具有95%保证率的抗压强度作为混凝土的立方体抗压强度标准值，用符号$f_{cu,k}$表示，单位为N/mm^2。如图5-1所示。

《规范》规定的混凝土强度等级，是按立方体抗压强度标准值确定的，用符号C表示，共有14个等级，即C15、C20、C25、C30、C35、C40、C45、C50、C55、C60、C65、C70、C75、C80。字母C后面的数字表示以N/mm^{2}为单位的立方体抗压强度标准值。

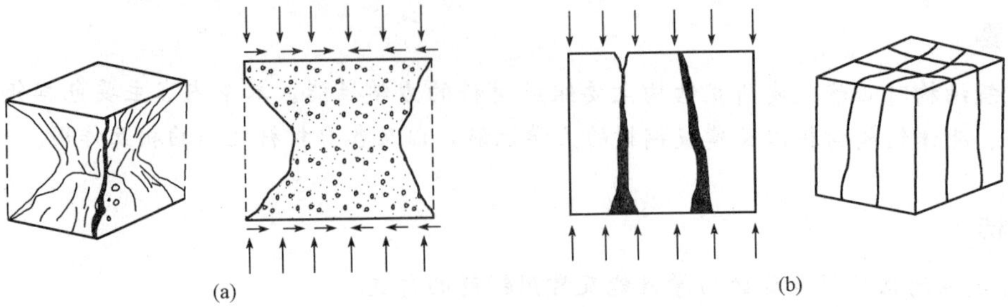

图5-1　混凝土立方体试件的破坏情况

(2)轴心抗压强度。用标准棱柱体试件测定的混凝土抗压强度，称为混凝土的轴心抗压强度或棱柱体强度，用符号f_c表示。在钢筋混凝土结构中，计算受弯构件正截面承载力、偏心受拉和受压构件时，采用混凝土的轴心抗压强度作为计算指标。我国混凝土材料试验中规定以150 mm×150 mm×300 mm的试件作为试验混凝土轴心抗压强度的标准试件。

混凝土的轴心抗压强度与立方体抗压强度之间关系很复杂，与很多因素有关。根据试验分析，混凝土轴心抗压强度标准值f_{ck}与边长为150 mm立方体抗压强度标准值$f_{cu,k}$的经验关系是：

$$f_{ck}=0.88\alpha_{c1}\alpha_{c2}f_{cu,k} \tag{5-1}$$

式中　α_{c1}——棱柱体抗压强度与立方体抗压强度之比，对C50及以下普通混凝土取0.76，对高强度混凝土C80取0.82，中间按线性插值；

α_{c2}——高强度混凝土脆性折减系数，对C40及以下普通混凝土取1.00，对高强度混凝土C80取0.87，中间按线性插值；

0.88——考虑到结构中混凝土强度与试件混凝土强度之间的差异修正系数。

(3)轴心抗拉强度。混凝土的抗拉强度远小于其抗压强度，一般只有抗压强度的1/18～1/9。因此，在钢筋混凝土结构中，一般不采用混凝土承受拉力。混凝土的轴心抗拉强度用符号f_t表示。在钢筋混凝土结构中，当计算受弯构件斜截面受剪、受扭构件及对某些构件进行开裂验算时，会用到混凝土的轴心抗拉强度。

《规范》采用直接测试法来测定混凝土的抗拉强度，即对棱柱体试件(100 mm×100 mm×500 mm)两端预埋钢筋(每端长度为150 mm，直径为16 mm的变形钢筋)，且使钢筋位于试件的轴线上，然后施加拉力(图5-2)，试件破坏时，截面的平均拉应力称为混凝土的轴心抗拉强度。

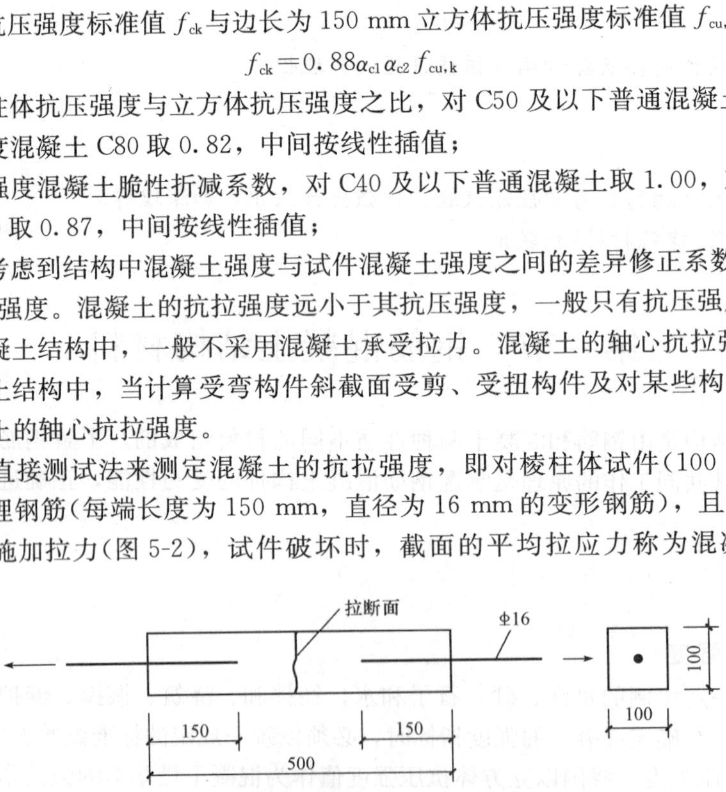

图5-2　用直接测试法测试混凝土抗拉强度

根据试验分析，并考虑到构件与试件的差别、尺寸效应及加荷速度等因素的影响，混凝土轴心抗拉强度标准值 f_{tk} 与立方抗拉强度平均值 $f_{cu,k}$ 的经验关系为：

$$f_{tk}=0.88\times0.395f_{cu,k}^{0.55}(1-1.645\delta)^{0.45}\times\alpha_{c2} \tag{5-2}$$

2. 混凝土的变形

混凝土的变形分为两类，一类为混凝土的受力变形，包括一次短期加荷的变形和荷载长期作用下的变形等；另一类称为混凝土的体积变形，包括混凝土由于收缩和温度变化产生的变形等。

(1)混凝土在一次短期加荷时的变形性能。混凝土在一次单调加载下的受压应力-应变关系是混凝土最基本的力学性能之一。其可以比较全面地反映混凝土的强度和变形特点，也是确定构件截面上混凝土受压区应力分布图形的主要依据。测定混凝土受压的应力-应变曲线，通常采用标准棱柱体试件。由试验测得的典型受压应力-应变曲线如图 5-3 所示。图中以 A、B、C 三点将全曲线划分为以下四个部分：

①OA 段：从加载至应力为(0.3～0.4)f_c。混凝土基本处于弹性工作阶段，其内部的变形尚未发展，应力-应变呈线性关系。

②AB 段：裂缝稳定发展阶段。混凝土表现出塑性性质，应变的增加开始大于应力的增加，应力-应变关系开始偏离直线，直线逐渐弯曲。

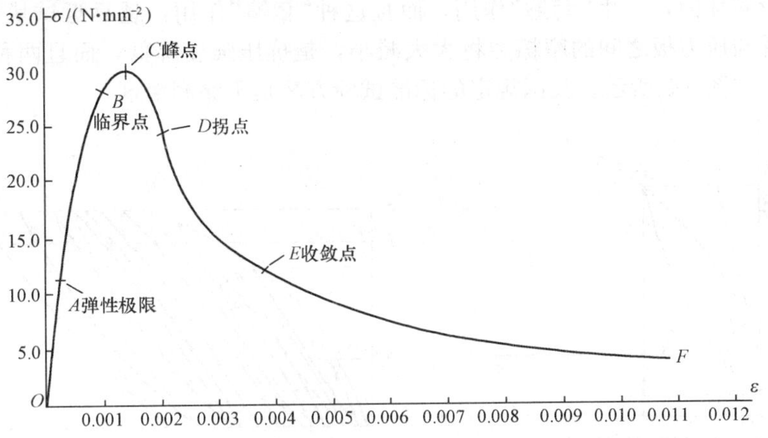

图 5-3　混凝土受压的应力-应变曲线

③BC 段：裂缝随荷载的增加迅速发展，塑性变形显著增大。C 点的应力达到峰值应力，即 $\sigma_{max}=f_c$，相应于峰值应力的应变为 ε_0，其值为 0.001 5～0.002 5 波动，平均值为 0.002。

④C 点以后：试件承载能力下降，应变继续增大，最终还会留下残余应力。OC 段为曲线的上升段，C 点以后为下降段。试验结果表明，随着混凝土强度的提高，上升段的形状和峰值应变的变化不很显著，而下降段的形状有显著差异。混凝土的强度越高，下降段的坡度越陡，即应力下降相同幅度时变形越小，延性越差，如图 5-4 所示。

混凝土受拉时的应力-应变曲线与受压时相似，但其峰值的应力、应变都较受压时的小得多，对应于 f_t 时的 ε_{cu} 很小，计算时可取 0.000 15。

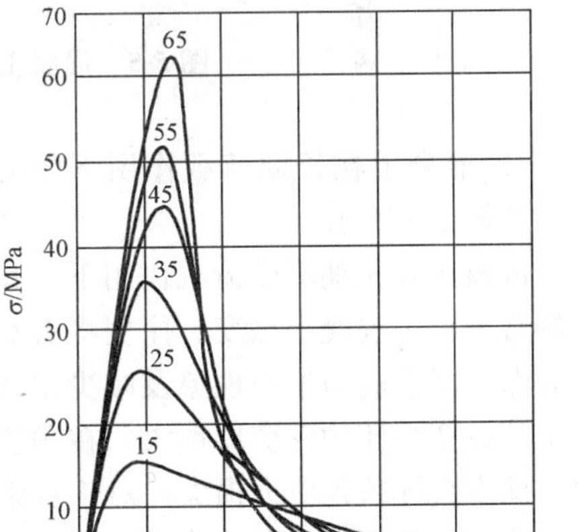

图 5-4　不同强度混凝土的应力-应变曲线

(2)混凝土在多次重复荷载作用下的变形性能。混凝土在多次重复荷载作用下，其应力-应变性质和短期一次加载情况有显著不同。由于混凝土是弹塑性材料，初次卸载至应力为零时，应变不可能全部恢复，可恢复的那部分称之为弹性应变 ε_e。弹性应变包括卸载时瞬时恢复的应变和卸载后弹性后效两部分，不可恢复的部分称之为残余应变，因此在一次加载卸载过程中，混凝土的应力-应变曲线形成一个环状。

混凝土在多次重复荷载作用下的应力-应变曲线。当加载应力相对较小时，随着加载卸载重复次数的增加，残余应变会逐渐减小，一般重复 5～10 次后，加载和卸载应力-应变曲线环就越来越闭合，并接近一条直线，混凝土呈现弹性工作性质。

如果加载应力超过某一个限值时，经过几次重复加载卸载，应力-应变曲线就变成直线，再经过多次重复加载卸载后，应力-应变曲线出现反向弯曲，逐渐凸向应变轴，斜率变小，变形加大，重复加载卸载到一定次数时，混凝土试件将因严重开裂或变形过大而破坏，这种因荷载多次重复作用而引起的破坏称为疲劳破坏。

试验方法对立方体抗压强度有较大影响，如试件表面是否涂润滑剂。不涂润滑剂时强度高，其主要原因是垫板通过接触面上的摩擦力约束混凝土试块的横向变形，当试件的压力达到极限值时，在竖向压力和水平摩擦力的共同作用下，首先是试块中部外围混凝土发生剥落，形成两个对顶的角锥形破坏面，产生“套箍”作用，而且这种“套箍”作用，越靠近试块中部作用越弱。而涂润滑后试件与压力板之间的摩擦力将大大减小，是抗压强度降低，而且两种情况下的破坏形态也不一样，如图 5-5 所示。我国规定的标准试验方法是不涂润滑剂。

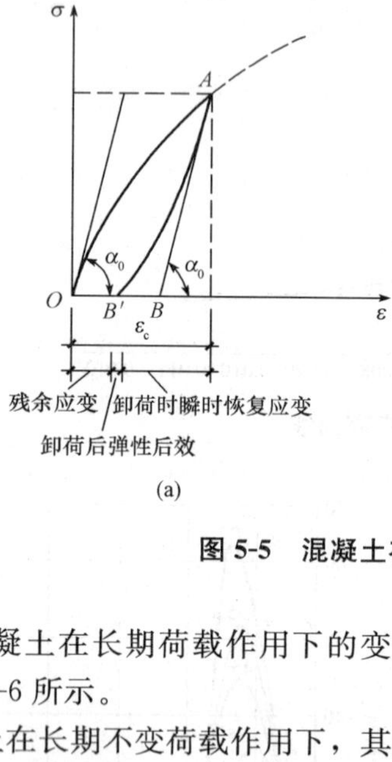

(a)

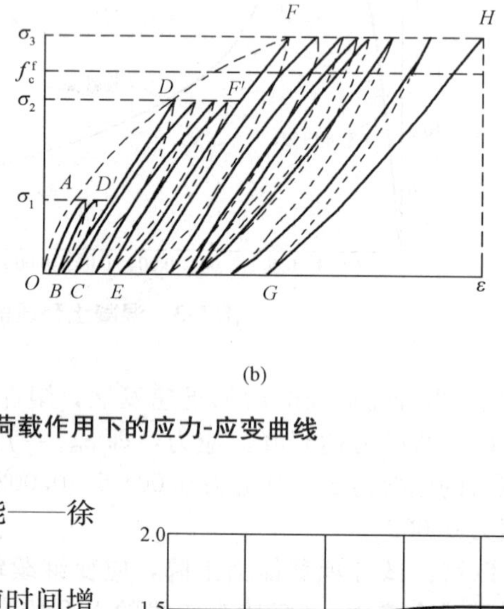

(b)

图 5-5　混凝土在重复荷载作用下的应力-应变曲线

(3)混凝土在长期荷载作用下的变形性能——徐变，如图 5-6 所示。

混凝土在长期不变荷载作用下，其应变随时间增长的现象称为混凝土徐变。徐变将有利于结构的内力重分布，减少应力集中现象及减少温度应力等。但混凝土的徐变会使构件变形增大；在预应力混凝土构件中，徐变会导致预应力损失；对于长细比较大的偏心受压构件，徐变会使偏心距增大，降低构件承载力，产生十分不利的影响。

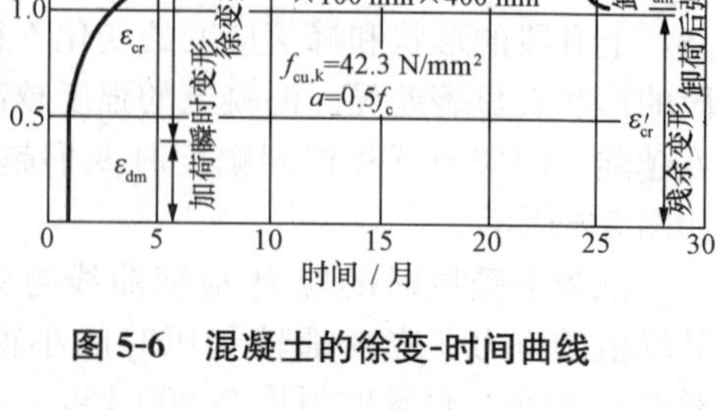

图 5-6　混凝土的徐变-时间曲线

影响混凝土徐变的因素有以下几个：

①加荷时混凝土的龄期越早，则徐变越大；

②持续作用的应力越大，徐变也越大；

③水胶比大，水泥用量多，徐变大；

④使用高质量水泥以及强度和弹性模量高、级配好的集料，徐变小；

⑤混凝土工作环境的相对湿度低则徐变大，高温干燥环境下徐变将显著增大。

(4)混凝土的收缩。混凝土在空气中结硬时体积减小的现象称为收缩。混凝土收缩的主要原因是混凝土硬化过程中化学反应产生的凝缩和混凝土内的自由水蒸发产生的干缩。混凝土的收缩对钢筋混凝土构件是不利的。例如，混凝土构件受到约束时，混凝土的收缩将使混凝土中产生拉应力。在使用前就可能因混凝土收缩应力过大而产生裂缝；在预应力混凝土结构中，混凝土的收缩会引起预应力损失。

试验还表明，水泥用量越多、水胶比越大，则混凝土收缩越大；集料的弹性模量大、级配好，混凝土浇捣越密实则收缩越小。同时，使用环境湿度越大，收缩越小。因此，加强混凝土的早期养护、减小水胶比、减少水泥用量，加强振捣是减小混凝土收缩的有效措施。

二、钢筋

1. 钢筋的强度和变形

(1)钢筋的应力-应变曲线。钢筋混凝土及预应力钢筋混凝土结构中所用的钢筋按其力学性能不同，可分为有明显屈服点的钢筋和无明显屈服点的钢筋(习惯上分别称为软钢和硬钢)两类。

有明显屈服点钢筋的典型拉伸应力-应变曲线如图 5-7 所示。在 a 点以前，应力与应变按比例增长其关系符合胡克定律，a 点对应的应力称为比例极限；过 a 点后，应变较应力增长快；到达 b 点后，应变急剧增长，而应力基本不变，应力-应变曲线呈现水平段 cd，钢筋产生相当大的塑性变形，此阶段称为屈服阶段。对于一般有明显屈服点的钢筋，b、c 两点称为屈服上限和屈服下限。屈服上限为开始进入屈服阶段时的应力，呈不稳定状态；到达屈服点下限时，应变增长，应力基本不变，比较稳定。相应于屈服下限 c 点的应力称为“屈服强度”。当钢筋屈服发生塑性流动到一定程度，即到达图中 d 点后，应力又开始增加，应力-应变曲线又呈上升趋势，其最高点为 e，de 段称为钢筋的“强化阶段”，相应于 e 点的应力称为钢筋的极限抗拉强度。过 e 后，钢筋的薄弱断面显著缩小，产生“颈缩”现象，如图 5-8 所示，变形迅速增加，应力随之下降，到达 f 点时被拉断。

由于构件中钢筋的应力达到屈服点后，会产生很大的塑性变形，使钢筋混凝土构件出现很大的变形及过宽的裂缝，以至于不能满足正常的使用要求。所以，在钢筋混凝土结构构件计算时，对于有明显屈服点的钢筋，取其屈服强度作为结构设计的强度指标。

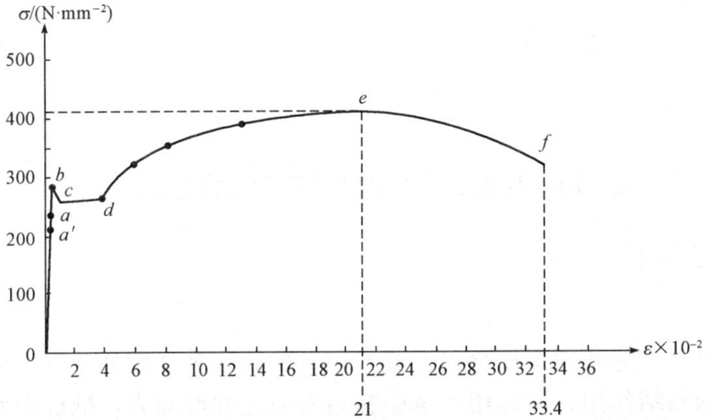

图 5-7 钢筋的应力-应变曲线

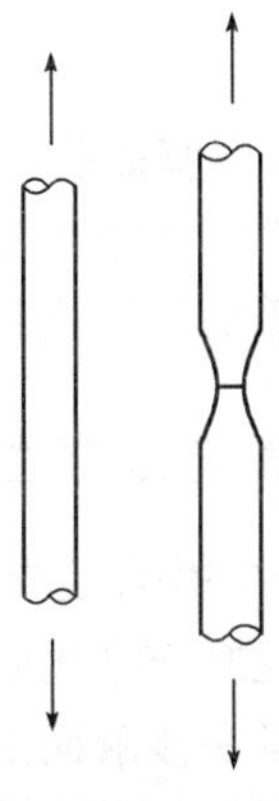

图 5-8 钢筋受拉时的颈缩现象

无明显屈服点钢筋的典型拉伸应力-应变曲线如图 5-9 所示。这类钢筋的极限强度一般很高，但变形很小，也没有明显的屈服点，通常取相应于残余应变 0.2%时的应力 $\sigma_{0.2}$ 作为名义屈服点，称为条件屈服强度。由于其条件屈服点不容易测定，因此，这类钢筋的检验以极限抗拉强度作为主要强度指标。

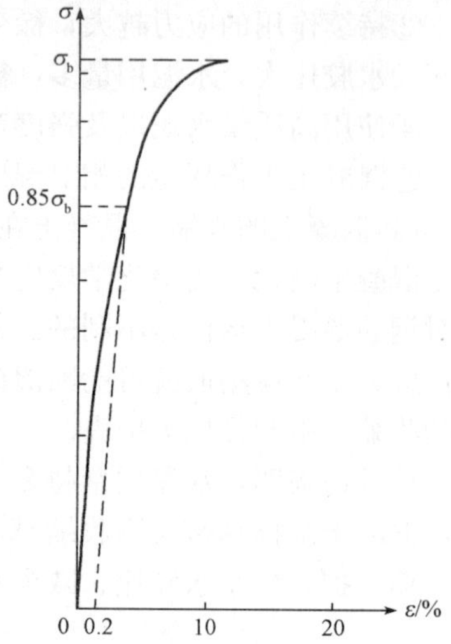

图 5-9　无明显屈服点钢筋的应力-应变曲线

(2)钢筋的塑性性能。在建筑结构中，钢筋除要有足够的强度外，还应具有一定的塑性变形能力。反映钢筋塑性变形性能的基本指标是伸长率和冷弯性能。

①伸长率是指规定标距的钢筋试件做拉伸试验时，拉断后的伸长值与拉伸前的原长之比：

$$\delta=\frac{l_2-l_1}{l_1}\times 100\% \tag{5-3}$$

式中　δ——伸长率(%)；

l_1——试件受力前的标距长度(一般取 $10d$ 或 $5d$，d 为试件直径)；

l_2——试件拉断后的标距长度。

上述方法反映颈缩区域的残留变形大小，还可以用颈缩区以外钢筋拉断前的均匀伸长率来作为钢筋的塑性指标。

伸长率大的钢筋塑性性能好，拉断前有明显的预兆；伸长率小的钢筋塑性性能差，其破坏突然发生，呈脆性特征。具有明显屈服点的钢筋有较大的伸长率，而无明显屈服点的钢筋伸长率很小。

②钢筋还应满足冷弯性能要求。冷弯是将钢筋绕某一规定直径的辊轴在常温下进行弯曲(图 5-10)。冷弯的两个参数是弯心直径 D 和冷弯角度 α。在达到规定的冷弯角度钢筋应不发生裂纹或断裂。冷弯性能可以间接地反映钢筋的塑性性能和内在质量。

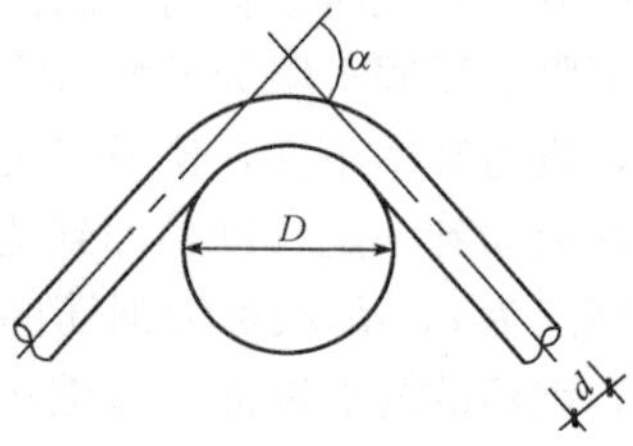

图 5-10　钢筋冷弯

屈服强度、极限强度、伸长率和冷弯性能是对有明显屈服点钢筋进行质量检验的四项主要指标。对无明显屈服点的钢筋则只测定后三种指标。

2. 钢筋的弹性模量

钢筋在屈服前(严格地讲是在比例极限之前)，应力-应变为直线关系，其比例即为弹性模量。即

$$E_s=\frac{\sigma_s}{\varepsilon_s} \tag{5-4}$$

式中　σ_s——屈服前的钢筋应力(N/mm^2)；

ε_s——相应的钢筋应变。

各种钢筋的弹性模量根据受拉试验测定，同一种钢筋的受拉和受压弹性模量相同。

三、钢筋与混凝土之间的粘结作用

1. 粘结作用的组成

在钢筋混凝土结构中，钢筋和混凝土能共同工作除二者具有相近的线膨胀系数外，更主要的原因是两者在接触面上具有良好的粘结作用，该作用可承受粘结表面上的剪应力，抵抗钢筋与混凝土之间的相对滑动。

根据粘结作用的产生原因可知，粘结作用由胶合作用、摩擦作用和咬合作用三部分组成。其中，胶合作用较小；在后两种作用中，光圆钢筋以摩擦为主，带肋钢筋(又称变形钢筋)以咬合作用为主。

2. 影响粘结强度的因素

钢筋与混凝土的粘结面上所能承受的平均剪应力的最大值称为粘结强度。影响钢筋和混凝土粘结强度的主要因素有以下几种：

(1)钢筋表面形状。

(2)混凝土的强度。

(3)侧向压应力。

(4)混凝土保护层厚度和钢筋净距。

(5)横向钢筋的设置。

(6)钢筋在混凝土中的位置。

由于影响钢筋与混凝土之间粘结强度的因素较多，故粘结强度变化较大，难以用计算方法来保证，我国设计规范采取有关构造措施(如钢筋的保护层厚度、净距、锚固长度、搭接长度等)来保证钢筋与混凝土的粘结强度，结构设计时必须遵守这些规定。

第二节　砌体结构材料

砌体是由块材和砂浆粘结而成的复合体，组成砌体的砌块和砂浆的种类不同，砌体的受力性能也不尽相同。

一、砌体材料

1. 块材

块材是砌体的主要部分，目前我国常用的块材可以分为砖、砌块和石材三大类。块体的强度等级符号以“MU”表示，单位为 MPa(N/mm^2)。

(1)砖。我国目前用作承重砌体结构的砖有烧结普通砖、烧结多孔砖和非烧结硅酸盐砖等。

①烧结普通砖。烧结普通砖是由黏土、煤矸石、页岩或粉煤灰为主要原料，经过焙烧而成的实心或空洞率不大于15%且外形尺寸符合规定的砖。目前，我国生产的烧结普通砖统一规格为 240 mm×115 mm×53 mm，实心黏土砖的重力密度为 16～18 kN/m^3，实心硅酸盐砖的重力密度为 14～15 kN/m^3。

烧结普通砖的强度可以满足一般结构的要求，且耐久性、保温隔热性好，生产工艺简单，砌筑方便，故在建筑工程中被广泛应用。多用作砌筑单层及多层房屋的承重墙、基础、隔墙和过梁，以及构筑物中的挡土墙、水池和烟囱等，同时，还适用于作为潮湿环境及承受较高温度的砌体。但是，由于生产黏土砖毁坏农田土地，浪费资源，我国许多省、市已禁止使用烧结普通黏土砖。

②烧结多孔砖。烧结多孔砖的外形尺寸，按《烧结多孔砖和多孔砌块》(GB 13544—2011)规定，长度(L)可分为 290 mm、240 mm、190 mm，宽度(B)可分为 240 mm、190 mm、180 mm、175 mm、140 mm、115 mm，高度(H)一般为 90 mm。产品还可以有 1/2 长度或 1/2 宽度的配砖配套使用，有的多孔砖可与烧结普通砖搭配使用。

目前最常用的烧结多孔砖规格如下(图 5-11)：

a. KM1 型：190 mm×190 mm×90 mm；其配砖尺寸：190 mm×90 mm×90 mm[图 5-11(a)、(b)]；

b. KP1 型：240 mm×115 mm×90 mm[图 5-13(c)]；KP2 型：240 mm×180 mm×115 mm [图 5-11(d)]；

c. KP1 和 KP2 配砖尺寸：240 mm×115 mm×115 mm，或 180 mm×115 mm×115 mm [图 5-11(e)、(f)]。

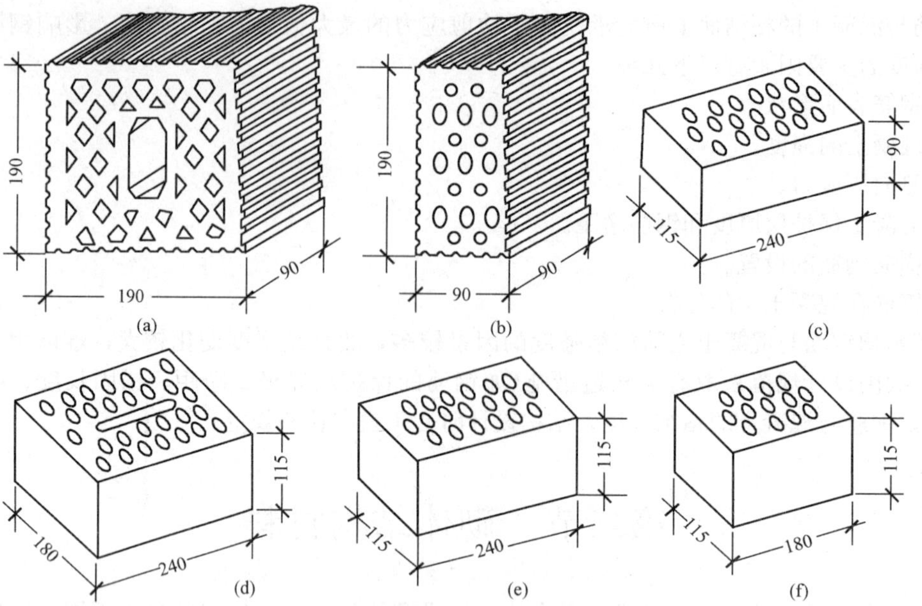

图 5-11　常用的几种烧结多孔砖规格

③非烧结硅酸盐砖。以硅质材料和石灰为主要原料压制成坯并经高压蒸汽养护而成的实心砖统称为硅酸盐砖。常用的有蒸压灰砂砖、蒸压粉煤灰砖、炉渣砖、矿渣砖等，其规格尺寸同烧结普通砖。

根据抗压强度，《砌体结构设计规范》(GB 50003—2011)（以下简称《砌体规范》）将砖的强度等级分成 MU30、MU25、MU20、MU15、MU10 五级。划分砖的强度等级，一般根据标准试验方法所测得的抗压强度确定，对于某些砖，还应考虑其抗折强度的要求。

(2)砌块。砌块一般指混凝土空心砌块、加气混凝土砌块以及硅酸盐实心砌块。另外，还有用黏土、煤矸石等为原料，经焙烧而制成的烧结空心砌块。

砌块按尺寸大小可分为小型、中型和大型三种。我国通常把砌块高度为 180～350 mm 的称为小型砌块；高度为 360～900 mm 的称为中型砌块；高度大于 900 mm 的称为大型砌块。混凝土空心砌块的重力密度一般为 12～18 kN/m^3。图 5-12 所示为常用的几种混凝土砌块。

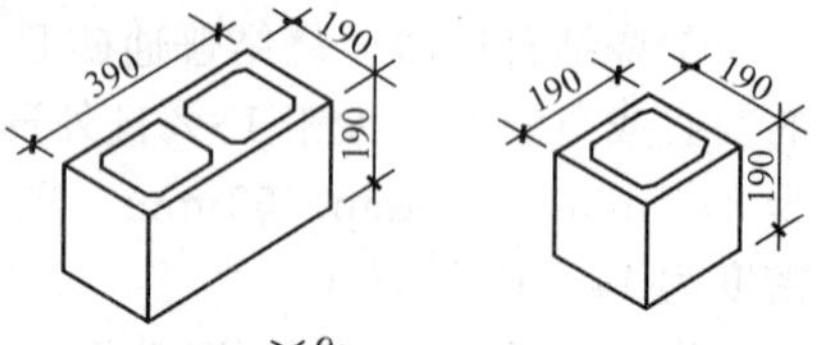

图 5-12　常用的几种混凝土砌块

砌块的强度等级分为 MU20、MU15、MU10、MU7.5、MU5 五级。

(3)石材。石材一般采用重质天然石，如花岗石、砂岩、石灰岩等，具有强度高、抗冻性好、耐久性好等优点。可作为承重墙体、基础、挡墙等。石材导热系数大，在我国寒冷及炎热地区不宜作为建筑物外墙。

石材按其加工的外形规则程度分为料石和毛石两大类。毛石是形状不规则、中部厚度不小于 200 mm 的块石；料石按照其加工的外形规则程度不同又可以划分细料石、半细料石和毛料石。

石材的强度等级是根据边长为70 mm立方体试块测得的抗压强度确定的。如采用其他尺寸立方体作为试块，则应乘以规定的换算系数。石材强度等级为MU100、MU80、MU60、MU50、MU40、MU30、MU20七级。

2. 砂浆

砂浆是由无机胶结材料、细集料和水组成的，胶结料一般有水泥、石灰和石膏等。砂浆的作用是将块体连接成整体而工作，保证砌体结构的整体性；还可找平块体接触面，使砌体受力均匀；另外，砂浆填满块体缝隙，减小了砌体的透气性，提高了砌体的隔热性。对砂浆的基本要求是强度、流动性(可塑性)和保水性。

按组成材料的不同，砂浆可分为水泥砂浆、石灰砂浆及混合砂浆。砂浆的强度等级是用70.7 mm的立方体标准试块，在温度为(20+3)℃和相对湿度在90%以上，混合砂浆在60%～80%的环境下硬化，龄期为28 d的抗压强度确定的。砂浆的强度等级符号以“M”表示，单位为MPa(N/mm^2)。

《砌体规范》将砂浆强度等级分为M15、M10、M7.5、M5、M2.5五级。

3. 混凝土小型空心砌块灌孔混凝土

混凝土小型空心砌块灌孔混凝土是砌块建筑灌注芯柱、孔洞的专用混凝土，是保证砌块建筑整体工作性能、抗震性能、承受局部荷载的施工配套材料。其是由水泥、集料、水以及根据需要掺入的掺和料和外加剂等组分，按一定比例采用机械搅拌后，用于浇筑混凝土小型空心砌块砌体芯柱或其他需要填实孔洞部位的混凝土。其掺和料主要采用粉煤灰，外加剂包括减水剂、早强剂、促凝剂、缓凝剂、膨胀剂等。混凝土小型空心砌块灌孔混凝土的强度划分为Cb40、Cb35、Cb30、Cb25和Cb20五个等级，相应于C40、C35、C30、C25和C20混凝土的抗压强度指标。这种混凝土的拌合物应均匀，颜色应一致，且不离析、不泌水，其坍落度不宜小于180 mm。

二、砌体的种类

砌体结构是指用砖砌体、石砌体或砌块砌体建造的结构。砌体可按照所用材料、砌法以及在结构中所起作用等方面的不同进行分类。根据配筋情况，砌体结构可分为无筋砌体和配筋砌体两大类。

1. 无筋砌体

按照所用材料不同无筋砌体可分为砖砌体、砌块砌体和石砌体。

(1)砖砌体。由砖和砂浆砌筑而成的整体材料称为砖砌体。在房屋建筑中，砖砌体常用作一般单层和多层工业与民用建筑的内外墙、柱、基础等承重结构，以及多高层建筑的围护墙与隔墙等自承重结构。

实心砖砌体墙常用的砌筑方法有一顺一丁、梅花丁、三顺一丁等组合方式，如图5-13所示。

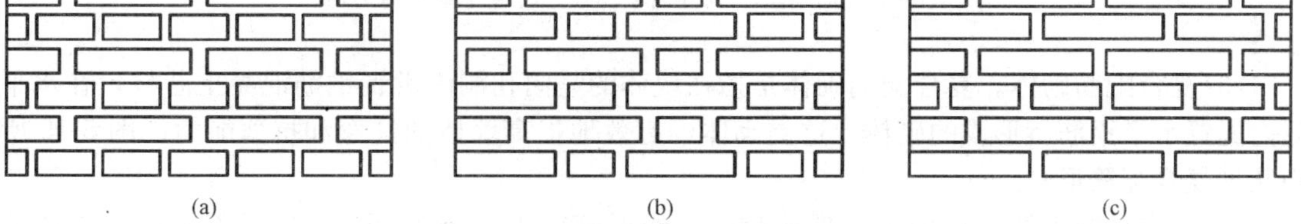

图5-13　砖的组砌方式

(a)一顺一丁；(b)梅花丁；(c)三顺一丁

(2)砌块砌体。砌块砌体是由砌块和砂浆砌筑而成的整体，目前，国内外常用的砌块砌体以混凝土空心砌块砌体为主，其中包括以普通混凝土为块体材料的混凝土空心砌块砌体和以轻集料混凝土为块体材料的轻集料混凝土空心砌块砌体。

砌块砌体根据块体尺寸可分为小型砌块砌体、中型砌块砌体和大型砌块砌体；按块体材料可分为混凝土砌块砌体、轻集料混凝土砌块砌体、加气混凝土砌块砌体和粉煤灰砌块砌体。

(3)石砌体。由天然石材和砂浆砌筑而成的整体材料称为石砌体。石砌体分为料石砌体、毛石砌体和毛石混凝土砌体。在产石区，采用石砌体比较经济。在工程中，石砌体主要用作受压构件，如一般民用建筑的承重墙、柱和基础。料石砌体和毛石砌体用砂浆砌筑，毛石混凝土砌体由混凝土和毛石交替铺砌而成。毛石混凝土砌体砌筑方便，在基础工程中应用较多，也常用于建造挡土墙等。

2. 配筋砌体

为提高砌体强度、减少其截面尺寸、增加砌体结构(或构件)的整体性，可采用配筋砌体。配筋砌体可分为配筋砖砌体和配筋砌块砌体。配筋砖砌体又可分为网状配筋砖砌体、组合砖砌体、砖砌体和钢筋混凝土构造柱组合墙；配筋砌块砌体又可分为约束配筋砌块砌体和均匀配筋砌块砌体。

(1)网状配筋砌体。网状配筋砌体又称为横向配筋砌体，在砖砌体的水平灰缝内配置钢筋网片，主要用以提高砌体的抗压承载力，一般在轴心受压和偏心距较小的受压构件中应用，如图 5-14(a)所示。横向配筋砌体的另一种形式是在墙体的水平灰缝内配置水平钢筋，用以提高砌体的抗剪承载力，但为了充分发挥水平钢筋的作用，它们往往与竖向配筋同时使用而构成复合配筋砌体。

(2)组合砌体。组合砌体是由砖砌体和钢筋混凝土面层或钢筋砂浆面层组成的砌体。钢筋混凝土或砂浆面层设置在垂直于弯矩作用方向的两侧，用以提高构件的抗弯能力，其主要用于偏心距较大的受压构件，如图 5-14(b)所示。

在国外，组合砌体还用作抗侧力剪力墙，先在两侧砌筑墙体作为模板，然后在中间的空腔内灌注配有竖向和横向钢筋的混凝土墙片，其受力性能与钢筋混凝土剪力墙相近，如图 5-14(c)所示。

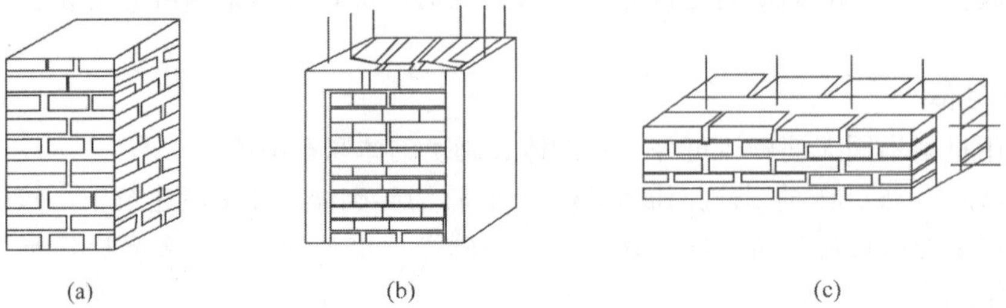

(a)　　　(b)　　　(c)

图 5-14　网状配筋砌体、组合砌体

(a)网状配筋砌体；(b)组合砌体柱；(c)组合砌体剪力墙

(3)复合配筋砌体。复合配筋砌体是指在块体的竖向孔洞内设置钢筋混凝土芯柱，在水平灰缝内配置水平钢筋所形成的砌体。这类砌体可有效地提高墙体的抗弯和抗剪能力。图 5-15 所示为几种复合配筋形式。

(4)约束配筋砌体和均匀配筋砌块砌体。约束配筋砌块砌体(图 5-16)是仅在砌块砌体的转角、接头部位及较大洞口的边缘设置竖向钢筋，并在这些部位设置一定数量的钢筋网片，主要用于中、低层建筑；均匀配筋砌块砌体是在砌块墙体上下贯通的竖向孔洞中插入竖向钢筋，并用灌孔混凝土灌实，使竖向和水平钢筋与砌体形成一个共同工作的整体，故又称配筋砌块剪力墙，可用于大开间建筑和中高层建筑。

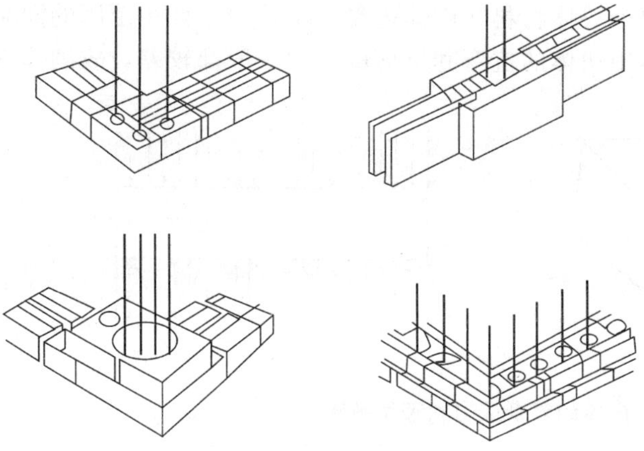

图 5-15　复合配筋砌体

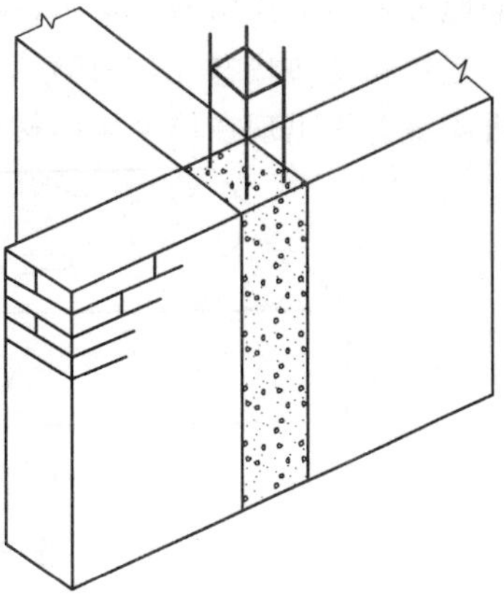

图 5-16　约束配筋砌体

三、砌体的受压性能

1. 砌体受压破坏特征

(1)砌体受压破坏情况。经试验研究表明，砌体轴心受压从加载直到破坏，按照裂缝的出现、发展和最终破坏，大致经历三个阶段，如图 5-17 所示。

第一阶段：从砌体开始受压，到出现第一条(批)裂缝[图 5-17(a)]。在此阶段，随着压力的增大，单块砖内产生细小裂缝，但就砌体而言，多数情况没有裂缝。如不再增加压力，单块砖内的裂缝也不发展。砖砌体内产生第一批裂缝时的压力为破坏时压力的 50%～70%。

第二阶段：随着压力的增加，单块砖内裂缝不断发展，并沿竖向通过若干皮砖，在砖体内逐渐连接成一段段的裂缝[图 5-17(b)]。此时，即使压力不再增加，裂缝仍会继续发展，砌体已临近破坏，处于十分危险的状态。其压力为破坏时压力的 80%～90%。

第三阶段：压力继续增加，砌体内裂缝迅速加长加宽，最后使砌体形成小柱体(个别砖可能被压碎)而失稳，整个砌体也随之破坏[图 5-17(c)]。以破坏时压力除以砌体横截面面积所得的应力称为该砌体的极限强度。

通过上述试验，砌体的标准试件尺寸为 240 mm×370 mm×720 mm，砖的强度为10 MPa，砂浆强度为 2.5 MPa，实测砌体抗压强度为 2.4 MPa。在砌体试验时，测得的砌体强度是远低于块体的抗压强度，这是其砌体中单个块体所处的复杂应力状态所造成的。

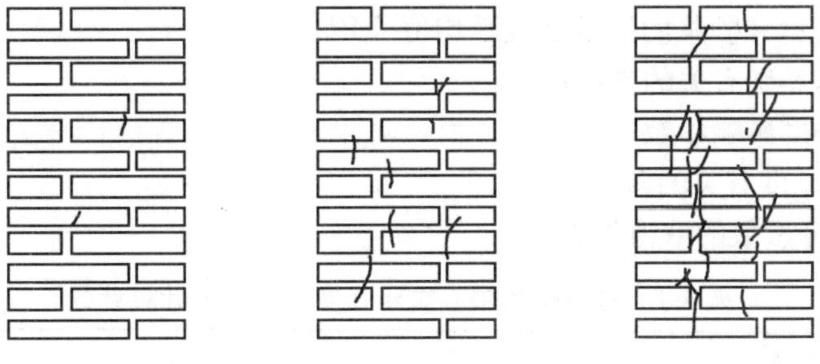

(a)　(b)　(c)

图 5-17　砖砌体轴心受压破坏情况

(2)砌体受压时应力状态分析。

①单个块体处于复杂的应力状态。由于砌体中的块体材料本身的形状不完全规则平整、灰缝的厚度不一定均匀饱满密实，故使得单个块体材料在砌体内受压不均匀，且在受压的同时还处于受弯和受剪状态(图 5-18)。由于砌体中块体的抗弯和抗剪的能力一般都较差，故砌体内第一批裂缝首先出现在单个块体材料内。

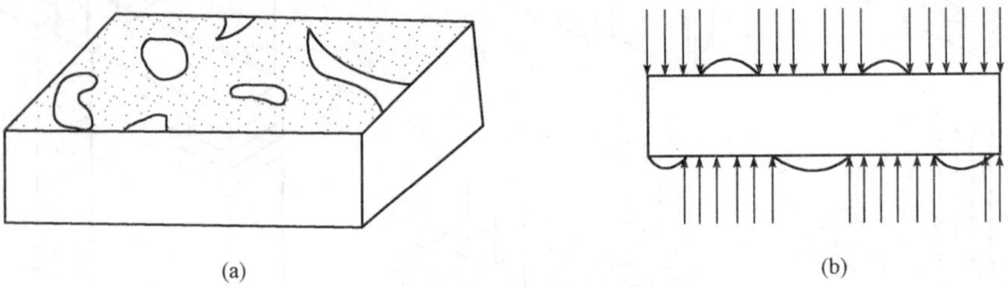

图 5-18　砌体内砖的复杂应力状态示意图

②砌体横向变形时砖和砂浆的交互作用。当砌体受压时，由于砌块与砂浆的弹性模量及横向变形系数不同，砌体中块体材料的弹性模量一般均比强度等级低的砂浆的弹性模量大。在砌体受压时，块体的横向变形将小于砂浆的横向变形，但由于砌体中砂浆的硬化粘结，块体材料和砂浆之间存在切向粘结力，在此粘结力作用下，块体将约束砂浆的横向变形，而砂浆则有使块体横向变形增加的趋势，并由此在块体内产生拉应力，故而单个块体在砌体中处于压、弯、剪及拉的复合应力状态，其抗压强度降低。相反砂浆的横向变形由于块体的约束而减小，因而砂浆处于三向受压状态，抗压强度提高。由于块体与砂浆的这种交互作用，使得砌体的抗压强度比相应块体材料的强度要低很多。

③弹性地基梁的作用。砖内受弯剪应力的大小不仅与灰缝厚度和密实性的不均匀有关，而且还与砂浆的弹性性质有关。每块砖可视为作用在弹性地基上的梁，其下面的砖体即为弹性“地基”。地基的弹性模量越小，砖的弯曲变形越大，砖内发生的弯剪应力越高。

④竖向灰缝上的应力集中。砌体的竖向灰缝不饱满、不密实，易在竖向灰缝上产生应力集中，同时，竖向灰缝内的砂浆和砌块的粘结力也不能保证砌体的整体性。因此，在竖向灰缝上的单个块体内将产生拉应力和剪应力的集中，从而加快块体的开裂，引起砌体强度的降低。

2. 砌体的抗压强度

(1)抗压强度平均值。长期以来经过对大量砌体抗压强度的试验研究，从中总结出了适用于各类砌体结构的抗压强度平均值计算公式：

$$f_m = k_1 f_1 (1 + 0.07 f_2) k_2 \alpha \tag{5-5}$$

式中　f_m——砌体抗压强度平均值(MPa)；

f_1、f_2——块材和砂浆的抗压强度平均值(MPa)；

k_1——与块体类别有关的参数；

k_2——砂浆强度影响参数；

α——与块体厚度有关的参数。

式(5-5)中各计算参数的取值见表 5-1。

表 5-1　各类砌体轴心抗压强度平均值的计算参数

砌体种类	k_1	α	k_2
烧结普通砖、烧结多孔砖、蒸压灰砂砖、蒸压粉煤灰砖	0.78	0.5	当 $f_2 < 1$ 时，$k_2 = 0.6 + 0.4 f_2$

续表

砌体种类	k_1	α	k_2
混凝土砌块	0.46	0.9	当 $f_2=0$ 时，$k_2=0.8$
毛料石	0.79	0.5	当 $f_2<1$ 时，$k_2=0.6+0.4f_2$
毛石	0.22	0.5	当 $f_2<2.5$ 时，$k_2=0.4+0.24f_2$

(2)砌体强度标准值。f_k 取具有 95%保证率的强度值，即

$$f_k=f_m-1.65\sigma_f \tag{5-6}$$

式中 f_m——砌体的强度平均值(MPa)；

σ_f——砌体的强度标准差(MPa)；

通过对大量的试验数据进行统计分析，可以得到砌体的抗压、轴心抗拉、弯曲抗拉及抗剪强度的平均值 f_m 及其强度标准差，由此所得各类砌体的强度标准值 f_k 见《砌体规范》。

四、砌体的抗拉、抗弯与抗剪性能

1. 砌体的轴心受拉

砌体轴心受拉时，依据拉力作用于砌体的方向，有三种破坏形态，即沿齿缝截面破坏[图 5-19(a)]、沿块体与竖向灰缝截面破坏[图 5-19(b)]以及沿通缝截面破坏[图 5-19(c)]三种形态。

当切向粘结强度低于块体的抗拉强度时，则砌体将沿水平和竖向灰缝成齿形或阶梯形破坏，也即沿齿缝破坏。这时，砌体的抗拉能力主要是由水平灰缝的切向粘结力提供(竖向灰缝不考虑参加受力)。这样，砌体的抗拉承载力实际上取决于破坏截面上水平灰缝的面积，也即与砌筑方式有关。

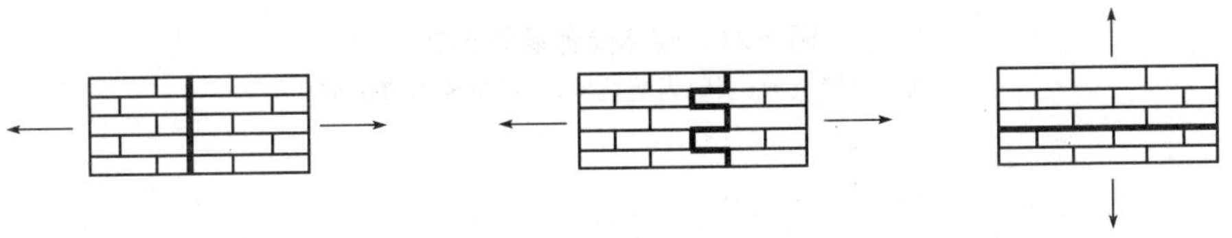

(a)　　(b)　　(c)

图 5-19　砌体受力的几种破坏形式

(a)沿齿缝截面破坏；(b)沿块体与竖向灰缝截面破坏；(c)沿通缝截面破坏

当切向粘结力高于块体的抗拉能力时，则砌体可能沿块体和竖向灰缝破坏。此时，砌体的抗拉能力完全取决于块体本身的抗拉能力(竖向灰缝不考虑)。所以，实际抗拉截面面积只有砌体受拉截面面积的一半，一般为了计算方便仍取全部受拉截面面积，但强度以块体抗拉强度的一半计算。

砌体的抗拉强度，计算时应取上述两种强度的较小值。

2. 砌体的弯曲受拉

砌体受弯时，总是在受拉区发生破坏，其与轴心受拉破坏类似也有三种破坏形式。砌体在水平方向弯曲时，有两种破坏可能，即沿齿缝截面破坏[图 5-20(a)]以及沿块体和竖向灰缝破坏[图 5-20(b)]。砌体在竖向弯曲时，应采用沿通缝截面的弯曲抗拉强度[图 5-20(c)]。和受拉情况一样，这两种破坏取其较小的强度值进行计算。

3. 砌体的受剪

砌体受剪时，根据构件的实际破坏情况可分为通缝抗剪[图 5-21(a)]、齿缝抗剪[图 5-21(b)]和阶梯形缝抗剪[图 5-21(c)]。其中，沿阶梯形缝破坏是地震中墙体最常见的破坏形式，块体和竖向灰缝的破坏不但很少遇到，且其承载力往往将由其上皮砌体的弯曲抗拉强度来决定。所以，《砌体规范》仅仅规定了上面三种抗剪强度，根据试验这三种抗剪强度基本一样。

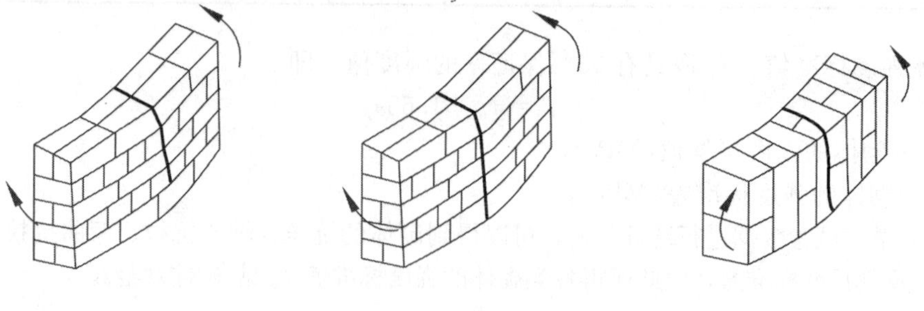

(a)　　(b)　　(c)

图 5-20　砌体弯曲受拉破坏形式

(a)沿齿缝截面破坏；(b)沿块体与竖向灰缝破坏；(c)沿通缝截面的弯曲抗拉强度

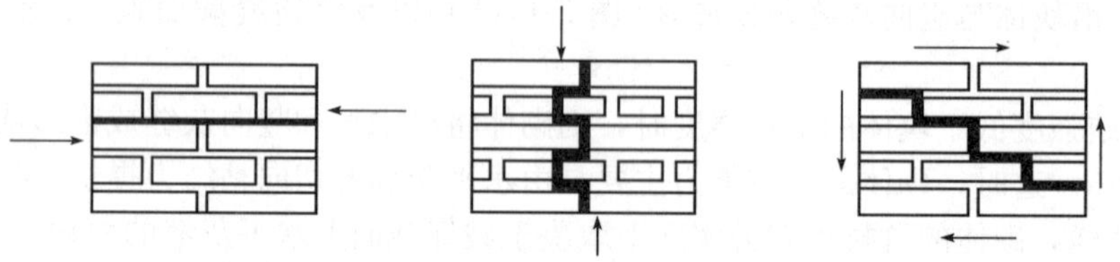

(a)　　(b)　　(c)

图 5-21　砌体受剪破坏形式

(a)通缝抗剪；(b)齿缝抗剪；(c)阶梯形缝抗剪

第三节　建筑钢材

国民经济各部门几乎都需要钢材，但由于各自用途的不同，所需钢材性能各异，符合钢结构性能要求的钢材只有碳素钢及合金钢中的少数几种。

用作钢结构的钢材必须具有下列性能：

(1)较高的强度，即抗拉强度和屈服点比较高。

(2)足够的变形能力，即塑性和韧性性能好。

(3)良好的加工性能，即适合冷、热加工，同时具有良好的可焊性，不因这些加工而对强度、塑性及韧性带来较大的有害影响。另外，根据结构的具体工作条件，在必要时还应该具有适应低温、有害介质侵蚀(包括大气锈蚀)以及重复荷载作用等的性能。在符合上述性能的条件下，与其他建筑材料一样，钢材也应该容易生产，价格便宜。

《钢结构设计规范》(GB 50017—2003)推荐的普通碳素结构钢 Q235 钢和低合金高强度结构钢 Q345、Q390 及 Q420 是符合上述要求的。

一、建筑钢材的品种和规格

1. 建筑钢材的品种

钢结构用的钢材主要有两类，即碳素结构钢和低合金高强度结构钢。后者因含有锰、钒等合金元素而具有较高的强度。另外，处在腐蚀性介质中的结构，则采用高耐候性结构钢。这种钢因铜、磷、铬、镍等合金元素而具有较高的抗锈能力。下面就碳素结构钢和低合金结构钢这两个钢种分别论述。

(1)碳素结构钢。碳素结构钢的牌号(简称钢号)有Q195，Q215A及B，Q235A、B、C及D，以及Q275。从Q195到Q275，是按强度由低到高排列的；钢材强度主要由其中碳元素含量的多少来决定，但与其他一些元素的含量也有关系。所以，钢号的由低到高在较大程度上代表了含碳量的由低到高。Q195及Q215的强度比较低，而Q275的含碳量超出低碳钢的范围，所以，建筑结构在碳素结构钢这一钢种中主要应用Q235。

(2)低合金高强度结构钢。低合金高强度结构钢是在钢的冶炼过程中添加少量合金元素(合金元素的总量低于5%)，使钢的强度明显提高，故称为低合金高强度结构钢。根据国家标准《低合金高强度结构钢》(GB/T 1591—2008)的规定，低合金高强度结构钢分为Q295、Q345、Q390、Q420、Q460五种，其符号的含义和碳素结构钢牌号的含义相同。其中，Q345、Q390和Q420是钢结构设计规范规定采用的钢种。

2. 建筑钢材的规格

钢结构构件一般宜直接选用型钢，这样可减少制造工作量，降低造价。型钢尺寸不够合适或构件很大时则用钢板制作。构件之间或直接连接或附以连接钢板进行连接。所以，钢结构中的元件是钢板及型钢。

(1)热轧钢板。热轧钢板分为厚板及薄板两种。厚板的厚度为4.5～60 mm；薄板厚度为0.35～4 mm。

(2)热轧型钢。角钢有等边和不等边两种。等边角钢(也称等肢角钢)，以边宽度和厚度表示，如∟100^3 10为肢宽100 mm、厚10 mm的等边角钢；不等边角钢(也称不等肢角钢)则以两边宽度和厚度表示，如∟100 mm×80 mm×8 mm等。我国目前生产的等边角钢，其肢宽为20～200 mm，不等边角钢的肢宽为25 mm×16 mm～200 mm×125 mm。

我国槽钢有两种尺寸系列，即热轧普通槽钢与热轧轻型槽钢。前者的表示法如30a，指槽钢外廓高度为30 cm且腹板厚度为最薄的一种；后者的表示法如25Q，表示外廓高度为25 cm，Q是汉语拼音“轻”的首字母。同样号数时，轻型者由于腹板薄及翼缘宽而薄，因而截面面积小但回转半径大，能节约钢材减少自重。不过轻型系列的实际产品较少。

工字钢与槽钢相同，也分成上述的两个尺寸系列，即普通型和轻型。与槽钢一样，工字钢外轮廓高度的厘米数即为型号，普通型者当型号较大时腹板厚度分a、b及c三种。轻型的由于壁厚很薄故不再按厚度划分。两种工字钢表示法，如Ⅰ32c，Ⅰ32Q等。

H型钢和剖分T型钢、热轧H型钢分为宽翼缘H型钢(HW)、中翼缘H型钢(HM)和窄翼缘H型钢(HN)三类。

(3)冷弯薄壁型钢。冷弯薄壁型钢是用2～6 mm厚的薄钢板经冷弯或模压而成型的。在国外，冷弯型钢所用钢板的厚度有加大范围的趋势，如美国可用到1英寸(25.4 mm)厚。压型钢板是近年来开始使用的薄壁型材，所用钢板厚度为0.4～2 mm，用作轻型屋面等构件。

二、建筑钢材的选用和力学性能

1. 钢材的选择

选择钢材的目的是要做到结构安全可靠，同时用材经济合理。为此，在选择钢材时应考虑下列各因素：

(1)结构或构件的重要性。

(2)荷载性质(静载或动载)。

(3)连接方法(焊接、铆接或螺栓连接)。

(4)工作条件(温度及腐蚀介质)。

(5)对于重要结构、直接承受动载的结构、处于低温条件下的结构及焊接结构，应选用质量较高的钢材。

(6)连接所用钢材，如焊条、自动或半自动焊的焊丝及螺栓的钢材应与主体金属的强度相适应。

2. 钢材的延性破坏和非延性破坏(塑性破坏和延性破坏)

有屈服现象的钢材或者虽然没有明显屈服现象而能发生较大塑性变形的钢材，一般属于塑性材料。没有屈服现象或塑性变形能力很小的钢材，则属于脆性材料。

钢结构需要用塑性材料制作。规范推荐的几种钢材都是塑性好、含碳量低的钢材，它们都是塑性材料。钢结构不能用脆性材料(如铸铁)来制造，因为没有明显变形的突然断裂会在房屋、桥梁及船体等供人使用的结构中造成恶性后果。

所谓塑性材料是指由于材料原始性能以及在常温、静载并一次加荷的工作条件之下能在破坏前发生较大塑性变形的材料。然而一种钢材具有塑性变形能力的大小，不仅取决于钢材原始的化学成分、熔炼与轧制条件，也取决于所处的工作条件。即使原来塑性表现极好的钢材，改变了工作条件，如在很低的温度之下受冲击作用，也完全可能呈现脆性破坏。所以，严格地说，不宜把钢材划分为塑性和脆性材料，而应该区分材料可能发生的塑性破坏与脆性破坏。

3. 钢材的主要性能

(1)单向拉伸时的工作性能。钢材的主要强度指标和变形性能都是根据标准试件一次拉伸试验确定的。

低碳钢和低合金钢(含碳量和低碳钢相同)一次拉伸时的应力-应变曲线如图 5-22(a)所示，简化的光滑曲线如图 5-22(b)所示。由应力-应变规律表示出的各种力学性能指标如下：

比例极限 σ_p 是应力-应变图中直线段的最大应力值。严格地说，比 σ_p 略高处还有弹性极限，但弹性极限与 σ_p 极其接近，所以通常略去弹性极限的点，把 σ_p 看作是弹性极限。这样，应力不超过 σ_p 时，应力与应变成正比关系，即符合胡克定律，且卸荷后变形完全恢复。这一阶段，是图 5-22(b)中的弹性阶段 OA。材料的比例极限与焊接构件整体试验所得的比例极限，往往有差别，这是由于构件中残余应力的影响所致。构件应力超过比例极限后，变形模量逐渐下降，对构件刚度有不利影响。应变 ε 在屈服点 σ_p 之后不再与应力成正比，而是逐渐加大，应力-应变间成曲线关系，一直到屈服点。这一阶段，是图 5-22(b)中的弹塑性阶段 AB。图 5-22(b)中 B 点的应力为屈服点 σ_y，在此之后，应力保持不变而应变持续发展，形成水平线段即屈服平台 BC，这是塑性流动阶段。应力超过 σ_p 以后，任一点的变形中都将包括弹性变形和塑性变形两部分，其中，塑性变形在卸载后不再恢复，故称残余变形或永久变形。

σ_p 与 σ_y 之间是简化了的光滑曲线[图 5-22(b)]，这样便于应用。实际上，由于加载速度及试件状况等试验条件的不同，屈服开始时总是形成曲线的上下波动，波动最高点称为上屈服点，最低点称为下屈服点。下屈服点的数值对试验条件不敏感，并形成稳定的水平线，所以，计算时以下屈服点作为材料抗力的标准(用符号 f_y 表示)。

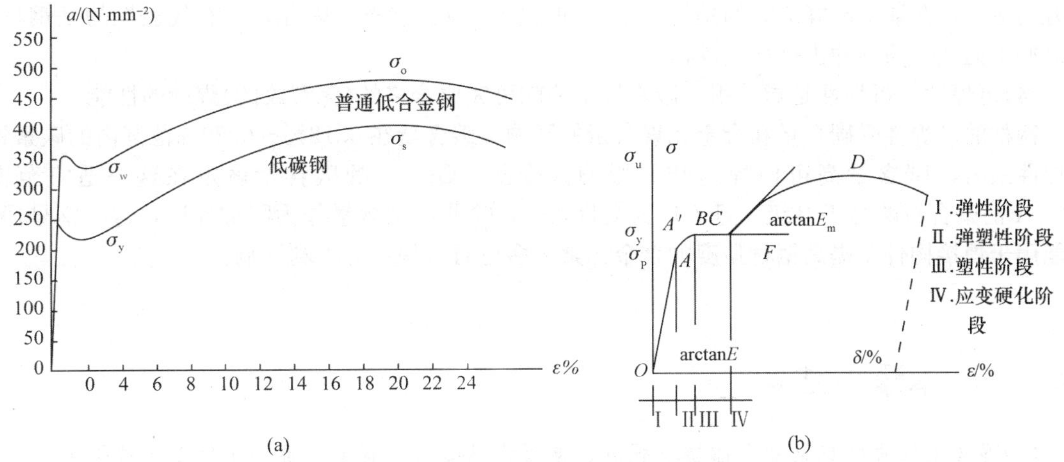

图 5-22　钢材的一次拉伸应力-应变曲线

低碳钢和低合金钢有明显的屈服点和屈服平台。而热处理钢材可以有较好的塑性性质但没有明显的屈服点和屈服平台，应力-应变曲线形成一条连续曲线。对于没有明显屈服点的钢材，规定永久变形为 $\varepsilon=0.2\%$时的应力作为屈服点，有时用 $\sigma_{0.2}$表示。为了区别起见，把这种名义屈服点称作屈服强度(图 5-23)。生产试验时为了简单易行，也可以用与 $\varepsilon=0.5\%$对应的应力作为屈服强度，因为它与 $\sigma_{0.2}$相差不多。以后，为简明统一起见，在钢结构中对 σ_y 与 $\sigma_{0.2}$不再区分而且用符号 f_y 表示，并统一用屈服强度一词。

抗拉强度 σ_u 屈服平台之后，应变增长时又需有应力的增长，但相对地说应变增加得快，呈现曲线关系直到最高点，这是应变硬化阶段[图 5-22(b)中 CD]。最高点应力为抗拉强度 σ_u(设计时作为材料抗力用 f_u 表示)。到达 σ_u 后试件出现局部横向收缩变形，即“颈缩”，随后断裂。

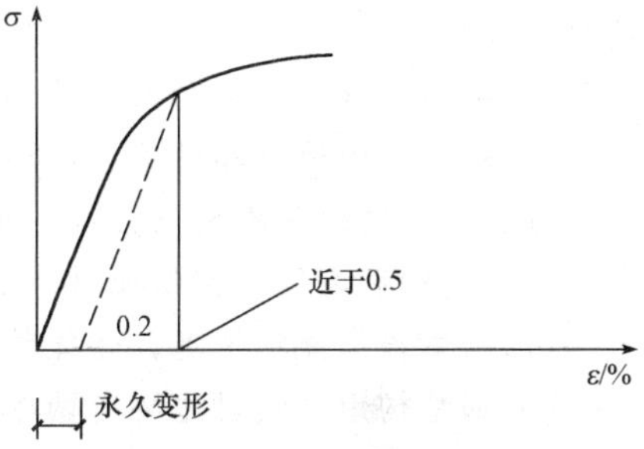

图 5-23　名义屈服点

由于到达 σ_y 后构件产生较大变形，故把它取为计算构件的强度标准；由于到达 D 点时构件开始断裂破坏，故 σ_u 是材料的安全储备。塑性设计虽然把钢材看作理想弹塑性体，忽略应变硬化的有利因素，却是以 σ_u 高出 σ_y 为条件的。如果没有硬化阶段，或是 σ_u 比 σ_y 高出不多，就不具备塑性设计应有的转动能力。因此，规范规定钢材必须有 $\sigma_u/\sigma_y\geqslant1.2$ 的强屈比。

伸长率 δ_{10}或 δ_5 伸长率是断裂前试件的永久变形与原标定长度的百分比。取圆形试件直径 d 的 5 倍或 10 倍为标定长度，其相应的伸长率用 δ_5 或 δ_{10}表示，伸长率代表材料断裂前具有的塑性变形的能力，这种能力使材料经受剪切、冲压、弯曲及锤击所产生的局部屈服而无明显损坏。

屈服点、抗拉强度和伸长率，是钢材的三个重要力学性能指标。钢结构中所采用的钢材都应满足钢结构设计规范对这三项力学性能指标的要求。

(2)冷弯性能。根据试样厚度，按规定的弯心直径将试样弯曲 180°，其表面及侧面无裂纹或分层则为“冷弯试验合格”。冷弯性能是判别钢材塑性变形能力及冶金质量的综合指标。重要结构中需要有良好的冷热加工的工艺性能时，应有冷弯试验合格保证。

(3)冲击韧性。与抵抗冲击作用有关的钢材的性能是韧性。韧性是钢材断裂时吸收机械能的量度。吸收较多能量才断裂的钢材，是韧性好的钢材。在实际工作中，用冲击韧性衡量钢材抗脆断的性能，因为实际结构中脆性断裂并不发生在单向受拉的地方，而总是发生在有缺口高峰应力的地方，在缺口高峰应力的地方常呈三向受拉的应力状态。因此，最有代表性的是钢材的缺口冲击韧性，简称冲击韧性或冲击功。

(4)可焊性。可焊性是指采用一般焊接工艺就可完成合格的(无裂纹的)焊缝的性能。

钢材的可焊性受碳含量和合金元素含量的影响。碳含量在0.12%～0.20%范围内的碳素钢，可焊性最好。碳含量高可使焊缝和热影响区变脆。Q235B的碳含量就定在这一适宜范围。Q235A的碳含量略高于B级，且不作为交货条件，除非把碳含量作为附加保证，这一钢号通常不能用于焊接构件。提高钢材强度的合金元素大多也对可焊性有不利影响。

本章小结

(1)混凝土的强度包括立方体抗压强度、混凝土轴心抗压强度、混凝土轴心抗拉强度。

(2)混凝土的变形。

①徐变：混凝土在长期不变荷载作用下，其应变随时间增长的现象。影响徐变的因素：水泥用量、集料含量、养护条件、构件加载前混凝土强度、构件截面应力。

②收缩：混凝土在空气中结硬时体积减小的现象称为收缩。影响收缩的因素包括水泥用量、水泥强度等级、集料弹性模量、养护条件、混凝土振捣密实程度、使用环境。

(3)钢筋按其力学性能的不同可分为有明显屈服点的钢筋和无明显屈服点的钢筋，前者的设计强度取屈服强度，后者的设计强度取条件屈服强度。

(4)在钢筋混凝土结构中，对钢筋性能的要求是强度高、塑性好、可焊性好、与混凝土的粘结锚固性能好。

(5)钢筋与混凝土之间的粘结力包括胶合力、摩擦力、咬合力。

(6)砌体是由块材和砂浆粘结而成的复合体，块材是砌体的主要部分，目前我国常用的块材可以分为砖、砌块和石材三大类。砂浆是由无机胶结材料、细集料和水组成的，胶结料一般有水泥、石灰和石膏等。按组成材料的不同，砂浆可分为水泥砂浆、石灰砂浆及混合砂浆。

(7)砌体根据配筋情况，砌体结构可分为无筋砌体和配筋砌体两大类。

(8)钢结构用的钢材主要有两个种类，即碳素结构钢和低合金高强度结构钢。

(9)屈服点、抗拉强度和伸长率，是钢材的三个重要力学性能指标。钢结构中所采用的钢材都应满足钢结构设计规范对这三项力学性能指标的要求。

(10)冷弯性能是判别钢材塑性变形能力及冶金质量的综合指标。

(11)与抵抗冲击作用有关的钢材的性能是韧性。韧性是钢材断裂时吸收机械能能力的量度。

复习思考题

1. 混凝土的强度等级是怎样确定的？混凝土的基本强度指标有哪些？

2. 什么是混凝土的徐变和收缩？影响混凝土徐变和收缩的因素有哪些？混凝土的徐变和收缩对结构构件有何影响？

3. 有明显屈服点的钢筋和没有明显屈服点的钢筋的应力-应变曲线有何特点？

4. 我国砌体结构中常用的块体材料有哪些？一般规定有哪些强度等级？

5. 砂浆的类型有哪几种?《砌体规范》规定的砂浆有哪些强度等级?

6. 砌体的种类有哪些? 何谓配筋砌体? 配筋砌体有何优点和用途?

7. 影响砌体抗压强度的主要因素有哪些? 从影响砌体抗压强度的因素分析，如何提高砌体的施工质量?

8. 砌体轴心受拉和弯曲受拉有哪几种破坏形态? 影响不同破坏形态的主要因素有哪些?

9. 钢结构中常用的钢材有哪几种? 钢材牌号的表示方法是什么?

思考与练习

某教学楼的内廊为简支在砖墙上的现浇钢筋混凝土板，计算跨度为 2.66 m，板厚为 100 mm。楼面的材料做法为：采用水磨石地面(10 mm 厚面层，20 mm 厚水泥砂浆打底)，自重为：板底抹灰厚 15 mm 混合砂浆，楼面活荷载的标准值为 2.5 kN/m^2，试计算该楼板的弯矩设计值。

第六章　钢筋混凝土结构基本构件

内容提要

以钢筋混凝土基本构件试验为基础，分析构件受弯、剪、压受力破坏现象和构件挠度、裂缝产生的机理，阐明基本假定；以基本假定为准则，绘出应力图形，突出问题的主要特性并使其简化；以应力图形为框架，推导基本公式和适用条件，并注重构造要求。

知识目标

1. 理解并掌握各类混凝土结构基本构件的试验研究结果、受力特点、计算方法及构造要求。
2. 了解钢筋混凝土理论建立的基本方法。
3. 理解受弯构件变形及裂缝宽度验算的基本概念与计算原理。

能力目标

1. 能够看懂受弯构件(梁和板)施工图所表达的工程内容。
2. 能够准确计算实际受弯构件的正截面承载力。

学习建议

1. 对不同形式构件的受力形式及破坏形态尽可能通过试验或教学视频完成讲解。
2. 与力学相关知识结合建立构件承载能力计算模型。
3. 识读相关的钢筋混凝土结构的施工图。

第一节　钢筋混凝土受弯构件

受弯构件是指截面上以同时承受弯矩 M 和剪力 V 为主，而轴力 N 可以忽略不计的构件。其是土木工程中数量最多，使用较为广泛的一类构件。工程结构中的梁和板就是典型的受弯构件。受弯构件的破坏有两种可能：一种是由弯矩作用引起的正截面破坏(破坏截面与构件的纵轴线垂直)；另一种是由弯矩和剪力共同作用而引起的斜截面破坏(破坏截面是倾斜的)。受弯构件的设计一般包括正截面受弯承载力计算、斜截面抗剪承载力计算、构件的变形和裂缝宽度验算，同时要满足各种构造要求。

一、工程实例和基本构造

实际工程中的受弯构件有梁、板、雨篷及楼梯。

1. 截面形状

工程结构中的梁和板的区别在于梁的截面高度一般大于自身的宽度，而板的截面高度则远小于自身的宽度。

如图 6-1 所示，梁的截面形状常见的有矩形、T 形、工字形、箱形、倒 L 形等；板的截面形状通常为矩形。

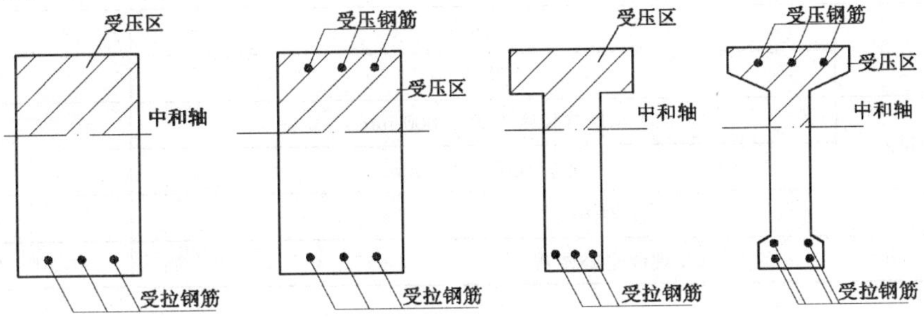

图 6-1　受弯构件常用截面形状

2. 截面尺寸

受弯构件截面尺寸的确定，既要满足承载能力的要求，也要满足正常使用的要求，同时，还要满足施工方便的要求。也就是说，梁、板的截面高度 h 与荷载的大小及梁的计算跨度(l_0)有关，一般根据刚度条件由设计经验确定。工程结构中梁的截面高度可参照表 6-1 选用。同时，考虑便于施工和利于模板的定型化，构件截面尺寸宜统一规格，可按下述要求采用。

表 6-1　不需要做变形验算的梁的截面最小高度

构件种类		简支	两端连续	悬臂
整体肋形梁	次梁	$l_0/15$	$l_0/20$	$l_0/8$
	主梁	$l_0/12$	$l_0/15$	$l_0/6$
独立梁		$l_0/12$	$l_0/15$	$l_0/6$
注：l_0 为梁的计算跨度；当 $l_0>9$ m 时表中数值应乘以 1.2 的系数；悬臂梁的高度指其根部的高度。				

(1)矩形截面梁的高宽比 h/b 一般取 2.0～3.5；T 形截面梁的 h/b 一般取 2.5～4.0。矩形截面的宽度或 T 形截面的梁肋宽 b 一般取为 100 mm、120 mm、150 mm(180 mm)、200 mm(220 mm)、250 mm、300 mm、350 mm、…，300 mm 以上每级级差为 50 mm。括号中的数值仅用于木模板。

(2)矩形截面梁和 T 形梁高度一般为 250 mm、300 mm、350 mm、…、750 mm、800 mm、900 mm、…。800 mm 以下每级级差为 50 mm；800 mm 以上每级级差为 100 mm。

(3)板的宽度一般比较大，设计计算时可取单位宽度(b=1 000 mm)进行计算。其厚度应满足(如已满足则可不进行变形验算)：①单跨简支板的最小厚度不小于 $l_0/35$；②多跨连续板的最小厚度不小于 $l_0/40$；③悬臂板的最小厚度(指悬臂板的根部厚度)不小于 $l_0/12$。同时，应满足表 6-2 的规定。

表 6-2　现浇钢筋混凝土板的最小厚度

板的类别		最小厚度/mm
单向板	屋面板	60
	民用建筑楼板	60
	工业建筑楼板	70
	行车道下的楼板	80

续表

板的类别		最小厚度/mm
双向板		80
密肋楼盖	面板	50
	肋高	250
悬臂板（根部）	悬臂长度不大于 500 mm	60
	悬臂长度 1 200 mm	100
无梁楼板		150
现浇空心楼盖		200

3. 钢筋布置

(1)梁的钢筋布置要求。在钢筋混凝土梁中，通常由纵向受力钢筋、弯起钢筋、箍筋及架立钢筋构成钢筋骨架。当梁的截面高度较大时，还应在梁侧设置构造钢筋及相应的拉筋。

为了便于混凝土的浇筑，保证钢筋能与混凝土粘结在一起，以保证钢筋周围混凝土的密实性，纵筋的净间距以及钢筋的最小保护层厚度应满足图 6-2 所示的要求。如果受力纵筋必须排成两排，则上下两排钢筋应对齐；若多于两排，则两排以上钢筋水平方向的中距应比下面两排的中距增大一倍。

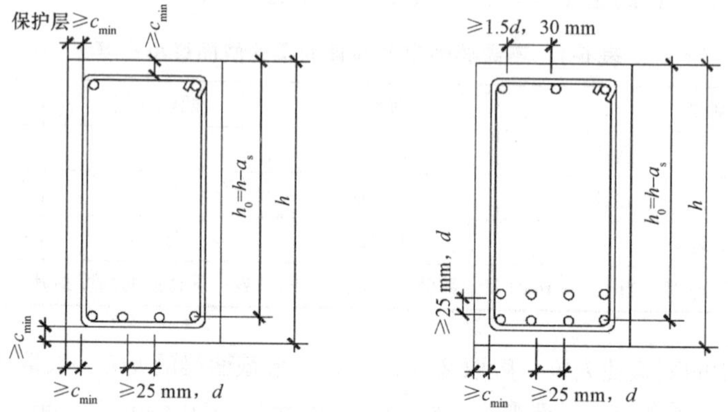

图 6-2 梁钢筋净距、保护层及有效高度

截面的有效高度 h_0 指的是梁截面受压区的外边缘至受拉钢筋合力点的距离，$h_0=h-a_s$，a_s 为受拉钢筋合力点至受拉区边缘的距离。当纵筋为一排时，$a_s=c+6(8)+d/2\approx40\sim45$ mm；当纵筋为两排时，$a_s=c+6(8)+d+e/2\approx60\sim65$ mm，此处 c 为混凝土保护层厚度即最外层钢筋外边缘至混凝土截面边缘的距离，依据表 6-3 选用。为了固定箍筋并与纵向钢筋形成骨架，在梁的受压区内应设置架立钢筋。架立钢筋的直径与梁的跨度 l 有关。当 $l>6$ m 时，架立钢筋的直径不宜小于 10 mm；当 l 为 4～6 m 时，架立钢筋的直径不宜小于 8 mm；当 $l<4$ m 时，架立钢筋的直径不宜小于 6 mm。

简支梁架立钢筋一般伸至梁端。当考虑其受力时，架立钢筋两端在支座内应有足够的锚固长度。

表 6-3 混凝土保护层的最小厚度

mm

环境类别	板、墙、壳	梁、柱、杆
一	15	20

续表

环境类别	板、墙、壳	梁、柱、杆
二 a	20	25
二 b	25	35
三 a	30	40
三 b	40	50

(2)板的钢筋布置要求。板中通常布置有两种钢筋，即受力钢筋和分布钢筋，如图 6-3 所示。

①板的受力钢筋。常用直径是 6 mm、8 mm、10 mm 和 12 mm。为了便于施工，设计时选用钢筋直径的种类越少越好。

为了便于浇筑混凝土，保证钢筋周围混凝土的密实性，板内钢筋间距不宜太密；为了正常承受弯矩，板内钢筋间距，板内钢筋间距也不宜过大。钢筋的间距一般为 70～200 mm；当采用绑扎钢筋时，若板厚 $h>150$ mm，则不应大于 $1.5h$，且不应大于 300 mm。

板的截面有效高度 $h_0=h-a_s$，受力钢筋一般是一排。截面设计时，$a_s=c+d/2\approx20\sim25$ mm；取 $d=10$ mm、$c=15\sim20$ mm，依据规范选用。

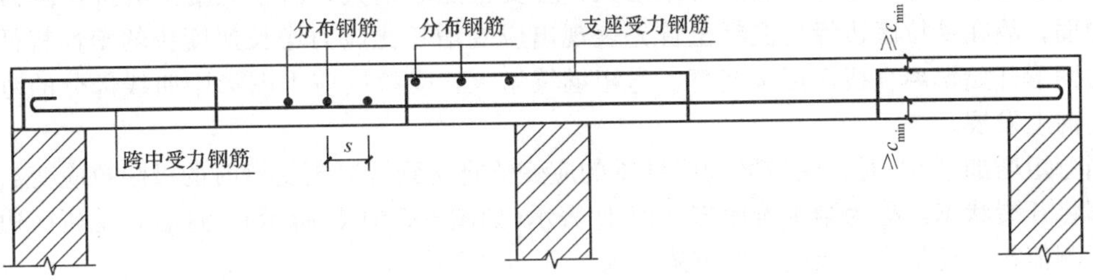

图 6-3　板的钢筋布置

②板的分布钢筋。当按单向板设计时，除沿受力方向布置受力钢筋外，还应在垂直受力钢筋方向布置分布钢筋。其作用是将荷载更均匀地传递给受力钢筋，同时，通过细铁丝与受力钢筋绑扎在一起，起到在施工中固定受力钢筋的位置，并抵抗温度、收缩应力。

分布钢筋宜常用直径为 6 mm 和 8 mm，截面面积不应小于受力钢筋面积的 15%，其间距不宜大于 250 mm；当集中荷载较大或温度应力过大时，分布钢筋的截面面积应适当增加，其间距不宜大于 200 mm。

二、正截面承载力计算

1. 正截面工作的三个阶段

受弯构件的承载力计算公式是通过试验研究和理论分析建立起来的。为了能消除剪力对正截面受弯的影响，使正截面只受到弯矩的作用，一般在试验中采取对一简支梁进行两点对称施加集中荷载的方式，如图 6-4 所示。使两个对称集中荷载之间的截面，在忽略自重的情况下，只受纯弯矩而无剪力，称为纯弯区段。

在纯弯区段内，沿梁高两侧布置测点，用仪表量测梁的纵向变形，并可观察加载后梁的受力全过程。荷载由零开始逐级施加，直至梁正截面受弯破坏。

(1)第Ⅰ阶段——弹性工作阶段(构件未开裂)。当荷载较小时，截面上的内力非常小，此时梁的工作情况与匀质弹性体梁相似，混凝土基本上处于弹性工作阶段，沿截面高度的混凝土的

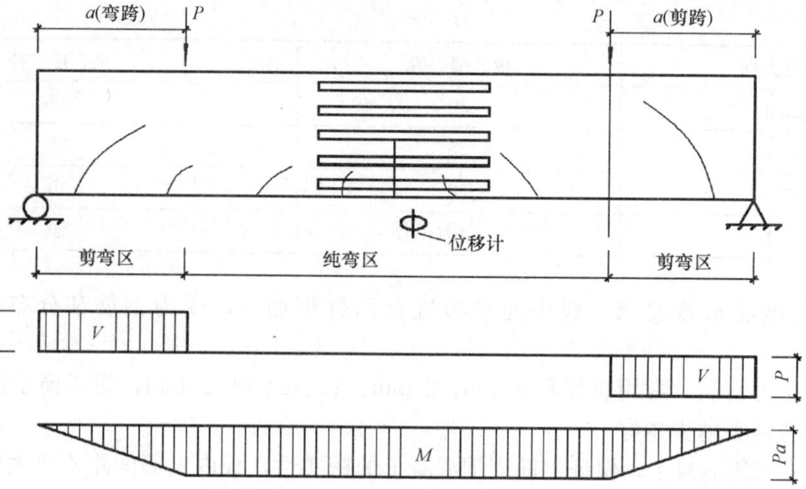

图 6-4　钢筋混凝土试验梁

应力与应变成正比，截面的应力分布成直线，如图 6-5 中Ⅰ所示，这种受力阶段称为第Ⅰ阶段。

当荷载逐渐增加，截面所受的弯矩增大，应变也随之增大，由于混凝土的抗拉能力远比抗压能力弱，故在受拉区边缘处混凝土首先表现出应变增长比应力增长速度快的塑性特征。受拉区应力图形开始偏离直线而逐步变弯。弯矩继续增大，受拉区应力图形中曲线部分的范围不断沿梁高向上发展。

当弯矩增加到 M_{cr} 时，受拉区边缘纤维的应变值将达到混凝土受弯时的极限拉应变 ε_{tu}，截面处于即将开裂状态，称为第Ⅰ阶段末，用 I_a 表示(如图 6-5 中 I_a 所示)。这时，受压区边缘纤维应变量测值相对还很小，故受压区混凝土基本上处于弹性工作阶段，受压区应力图形接近三角形，而受拉区应力图形则呈曲线分布。由于受拉区混凝土塑性的发展，I_a 阶段时中性轴的位置比第Ⅰ阶段初期略有上升。I_a 阶段可作为受弯构件正截面抗裂度的计算依据。

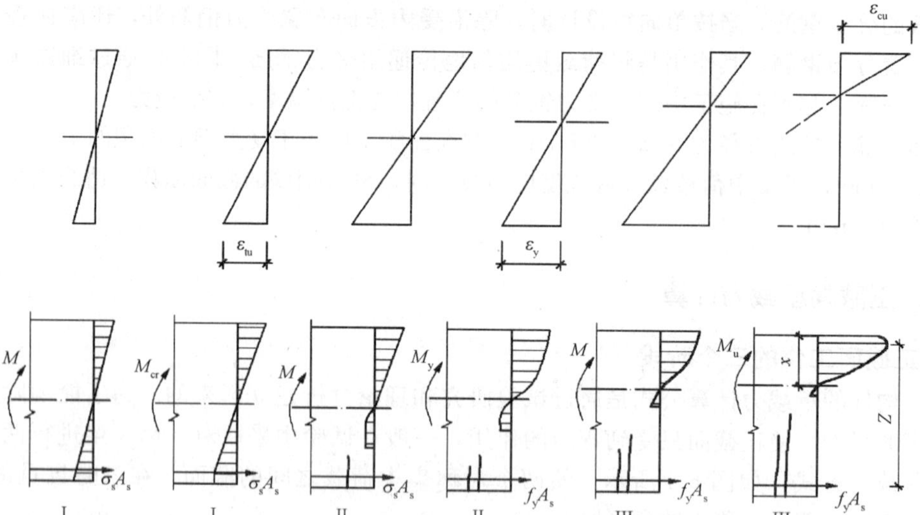

图 6-5　钢筋混凝土梁正截面的三个工作截断应力、应变图

(2)第Ⅱ阶段——带裂缝工作阶段(混凝土开裂后至钢筋屈服前)。截面受力达到 I_a 阶段后，荷载只要稍许增加，混凝土就会开裂，就把原先由混凝土承担的那一部分拉力传给钢筋，使钢筋应力突然增大许多，故裂缝出现时梁的挠度和截面曲率都突然增大。截面上应力会发生重分布，裂缝处的混凝土不再承受拉应力，受压区混凝土出现明显的塑性变形。应力图形呈曲线如图 6-5 中Ⅱ所示。这种受力阶段称为第Ⅱ阶段。

荷载继续增加，弯矩再增大，截面曲率加大，主裂缝开展越来越宽并向上扩展，中和轴位置也随之上升，受压区混凝土高度逐渐减小。受压区混凝土的应力与应变不断增加，其塑性特征越来越明显。当荷载增加到某一数值时，受拉区纵向受力钢筋开始屈服，钢筋应力达到其屈服强度，如图 4-5 中Ⅱ_a所示。这种特定的受力状态称为第Ⅱ_a阶段。

阶段Ⅱ_a相当于梁在正常使用时的应力状态，可作为正常使用极限状态的变形和裂缝宽度计算时的依据。

(3)第Ⅲ阶段——破坏阶段(钢筋开始屈服至截面破坏)。受拉区纵向受力钢筋屈服后，将继续变形而保持应力大小不变。截面曲率和梁的挠度也突然增大，裂缝宽度随之扩展并沿梁高向上延伸。中性轴继续上移，受压区高度进一步减小。

受压区混凝土压应力迅速增大，受压区混凝土边缘应变也迅速增长，塑性特征将表现得更为充分，受压区压应变图形更趋于丰满，如图 6-5 中Ⅲ所示。

当弯矩再增大至极限弯矩 M_u 时，称为第Ⅲ阶段末，用Ⅲ_a表示。此时，在荷载几乎保持不变的情况下，裂缝进一步急剧开展，受压区混凝土出现纵向裂缝，混凝土被完全压碎，截面发生破坏(如图 6-5 中Ⅲ_a所示)。第Ⅲ阶段末(Ⅲ_a)可作为受弯构件正截面承载力计算的依据。

试验同时表明，从开始加载到构件破坏的整个受力过程中，变形前的平面，在变形后仍保持平面。

2. 正截面破坏的三种形态

根据试验研究，梁正截面的破坏形式与配筋率 ρ 和钢筋、混凝土的强度等级有关。但是，以配筋率对构件破坏特征的影响最为明显。配筋率 $\rho=A_s/(bh_0)$，此处 A_s 为受拉钢筋截面面积，bh_0 为截面的有效面积。试验表明，在常用的钢筋级别和混凝土强度等级情况下，其破坏形式主要随配筋率 ρ 的大小而异。梁的破坏形式可以分为以下三种形态。

(1)适筋梁破坏。所谓适筋梁就是指配筋率比较适中，从开始加载至截面破坏，整个截面的受力过程符合前面所述的三个阶段的梁。这种梁的破坏特点是受拉钢筋首先达到屈服强度，维持应力不变而发生显著的塑性变形，直到受压区混凝土边缘应变达到混凝土弯曲受压的极限压应变时，受压区混凝土被压碎，截面即告破坏。梁在完全破坏以前，由于钢筋要经历较大的塑性伸长，随之引起裂缝急剧开展和梁挠度的激增，它将给人明显的破坏预兆。习惯上把这种梁的破坏称之为“塑性破坏”，如图 6-6(a)所示。

(2)超筋梁破坏。配筋率 ρ 过大的梁一般称为“超筋梁”，试验表明，由于这种梁内钢筋配置过多，抗拉能力过强，当荷载加到一定程度后，在钢筋拉应力尚未达到屈服之前，受压区混凝土已先被压碎，致使构件破坏。由于超筋梁在破坏前钢筋尚未屈服而仍处于弹性工作阶段，其延伸较小，因而梁的裂缝较细，挠度较小，破坏没有预兆，比较突然，习惯上称之为“脆性破坏”，如图 6-6(b)所示。

(3)少筋梁破坏。配筋率 ρ 很小的梁称为“少筋梁”。这种梁在开裂以前受拉区主要由混凝土承担，钢筋承担的拉力占很少的一部分。在Ⅰ_a段，受拉区一旦开裂，受拉区混凝土即退出工作，拉力就几乎全部转由钢筋承担。但由于受拉区钢筋数量配置太少，使裂缝截面的钢筋拉应力突然剧增直至超过屈服强度而进入强化阶段，此时受拉钢筋的塑性伸长已很大，裂缝开展过宽，梁将严重下垂，受压区混凝土不会压碎，但过大的变形及裂缝已经不适于继续承载，从而标志着梁的破坏，如图 6-6(c)所示。

少筋梁的破坏一般是在梁出现第一条裂缝后突然发生的，所以也属于“脆性破坏”。

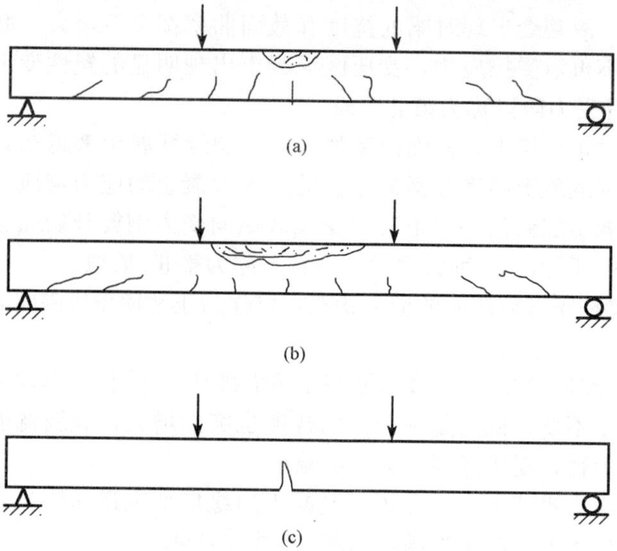

图 6-6　梁正截面的三种破坏形式

(a)适筋梁破坏；(b)超筋梁破坏；(c)少筋梁破坏

3. 受弯构件正截面承载力计算的原则

(1)基本假定。为了能推导出受弯构件正截面承载力的计算公式，根据试验研究，对钢筋混凝土受弯构件的正截面承载力计算采用了下列四个基本假定：

①截面应变保持平面(平截面假定)；

②不考虑受拉区混凝土的抗拉强度；

③混凝土的应力-应变关系曲线采用理想化的应力-应变曲线，如图 6-7 所示。

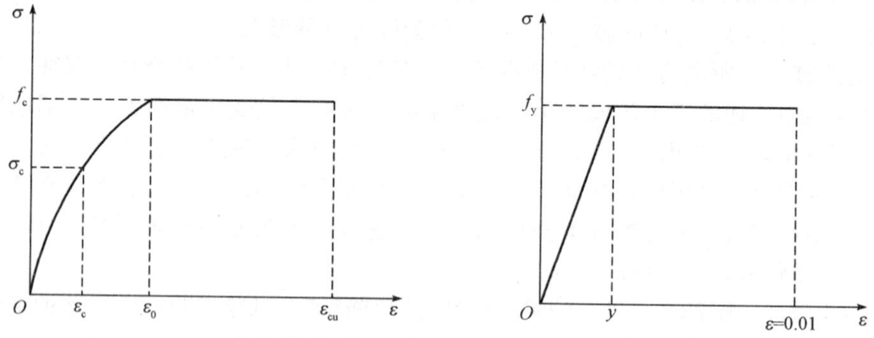

图 6-7　混凝土的应力-应变关系曲线

④纵向钢筋的应力-应变关系方程为 $\sigma_s = E_s\varepsilon_s \leqslant f_y$。纵向受拉钢筋的极限拉应变取为 0.01。

(2)基本方程。根据基本假定和正截面受力三个阶段的应力-应变曲线，适筋梁单筋矩形截面计算简图如图 6-8 所示。为了简化计算，采用等效矩形应力图形(图 6-8)来代替受压区混凝土的曲线应力图形。采用这种等效方法时，需要满足以下两个前提条件：

①等效矩形应力图形的形心位置与理论应力图形的总形心位置相同，即保持原来受压区混凝土合力 c 的作用点不变。

②等效矩形应力图形的面积与理论应力图形的面积相等，即保持原来受压区混凝土合力 c 的大小不变。

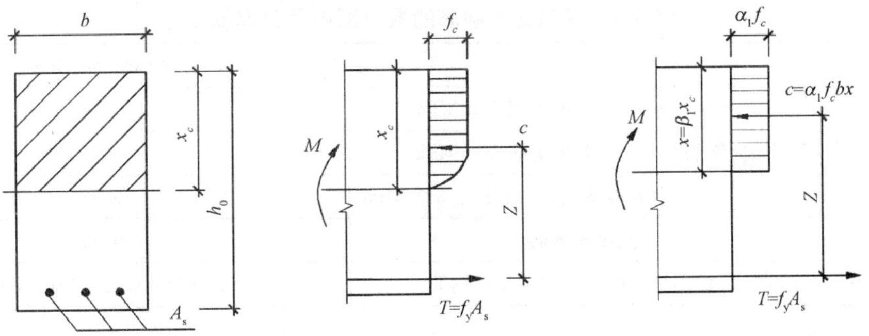

图 6-8 受压区混凝土的应力图形

在图 6-8 中，设曲线应力图形的高度为 x_c，应力为 f_c，等效矩形应力图形的高度 $x=\beta_1 x_c$；应力峰值为 $\alpha_1 f_c$，α_1 和 β_1 称为等效矩形应力图形系数，具体取值见表 6-4。

表 6-4 受压混凝土的简化应力图形系数 α_1 和 β_1

混凝土强度等级	≤C50	C55	C60	C65	C70	C75	C80
β_1	0.8	0.79	0.78	0.77	0.76	0.75	0.74
α_1	1.0	0.99	0.98	0.97	0.96	0.95	0.94

(3)适筋梁和超筋梁的破坏界限。比较适筋梁和超筋梁的破坏，适筋梁的破坏始于受拉区钢筋的屈服，超筋梁的破坏始于混凝土被压碎。从理论上讲，二者之间存在一种理论状态，即受拉区钢筋达到屈服的同时受压区边缘混凝土达到极限压应变，称为界限破坏。将受弯构件等效矩形应力图形的混凝土受压区高度 x 与界面有效高度 h_0 之比称为相对混凝土受压区高度，用 ξ 表示，$\xi=x/h_0$；适筋梁界限破坏时，等效受压区高度与截面有效高度之比称为界限相对混凝土受压高度，用 ξ_b 表示。

$\xi>\xi_b$ 构件破坏时受拉钢筋不能屈服，表明构件的破坏为超筋破坏；$\xi\leqslant\xi_b$ 构件破坏时，受拉钢筋已经达到屈服强度，表明发生的破坏为适筋破坏或少筋破坏。

各种钢筋的 ξ_b 值见表 6-5。

表 6-5 钢筋混凝土构件配有屈服点钢筋的 ξ_b 值

钢筋级别	混凝土强度等级						
	C50	C55	C60	C65	C70	C75	C80
HPB300	0.576	0.566	0.556	0.547	0.537	0.528	0.518
HRB335	0.550	0.541	0.531	0.522	0.512	0.503	0.493
HRB40、RRB400	0.520	0.508	0.499	0.490	0.481	0.472	0.463
HRB500、RRBF500	0.482	0.473	0.464	0.455	0.447	0.438	0.429

(4)适筋和少筋破坏的界限条件。适筋和少筋破坏的界限条件为

$$\rho_{min}=\frac{A_s}{bh}=0.45\frac{f_t}{f_y} \tag{6-1}$$

由式(6-1)可知，ρ_{min} 与混凝土抗拉强度及钢材强度有关。《规范》在综合考虑温度、收缩应力的影响及设计经验基础上，规定了最小配筋率 ρ_{min}，见表 6-6。

表 6-6　纵向受力钢筋的最小配筋百分率 ρ_{min}%

受力类型			最小配筋百分率
受压构件	全部纵向钢筋	强度等级 500 MPa	0.50
		强度等级 400 MPa	0.55
		强度等级 300 MPa、335 MPa	0.60
	一侧纵向钢筋		0.20
受弯构件、偏心受拉、轴心受拉构件一侧的受拉钢筋			0.20 和 $45f_t/f_y$ 中的较大值

注：1. 受压构件全部纵向钢筋最小配筋百分率，当采用C60以上强度等级的混凝土时，应按表中规定增大0.10；
2. 板类受弯构件(不包括悬臂板)的受拉钢筋，当采用强度等级400 MPa、500 MPa的钢筋时，其最小配筋百分率应允许采用0.15和$45f_t/f_y$中的较大值；
3. 偏心受拉构件中的受压钢筋，应按受压构件一侧纵向钢筋考虑；
4. 受压构件的全部纵向钢筋和一侧纵向钢筋的配筋率以及轴心受拉构件和小偏心受拉构件一侧受拉钢筋的配筋率应按构件的全截面面积计算；
5. 受弯构件、大偏心受拉构件一侧受拉钢筋的配筋率应按全截面面积扣除受压翼缘面积$(b'_f-b)h'_f$后的截面面积计算；
6. 当钢筋沿构件截面周边布置时，“一侧纵向钢筋”是指沿受力方向两个对边中一边布置的纵向钢筋。

4. 单筋矩形截面正截面承载力计算

(1)基本公式。单筋矩形截面受弯构件正截面承载力计算简图如图6-9所示。根据力的平衡条件，可以列出其基本方程

$$\sum X=0,\alpha_1 f_c bx=f_y A_s \tag{6-2a}$$

$$\sum M_c=0,M\leqslant M_u=f_y A_s(h_0-x/2) \tag{6-3a}$$

$$\sum M_{A_s}=0,M\leqslant M_u=\alpha_1 f_c bx(h_0-x/2) \tag{6-4a}$$

或

$$\sum X=0,\alpha_1 f_c bh_0\xi=f_y A_s \tag{6-2b}$$

$$\sum M_c=0,M\leqslant M_u=f_y A_s h_0(1-\xi/2) \tag{6-3b}$$

$$\sum M_{A_s}=0,M\leqslant M_u=\alpha_1 f_c bh_0^2\xi(1-\xi/2) \tag{6-4b}$$

令

$$\alpha_s=\xi(1-\xi/2);\gamma_s=(1-\xi/2)\text{ 得 }\xi=1-\sqrt{1-2\alpha_s} \quad\text{（表格法计算式）}$$

$$\sum M_c=0,M\leqslant M_u=f_y A_s h_0\gamma_s \tag{6-3c}$$

$$\sum M_{A_s}=0,M\leqslant M_u=\alpha_1 f_c bh_0^2\alpha_s \tag{6-4c}$$

式中　h_0——截面的有效高度。

(2)适用条件。

①为了防止超筋破坏，保证构件破坏时纵向受拉钢筋首先屈服，应满足 $x\leqslant\xi_b h_0$ 或 $\xi\leqslant\xi_b$ 或 $\rho\leqslant\rho_{max}$；

②为了防止少筋破坏，应满足 $\rho\geqslant\rho_{min}$，$A_s\geqslant\rho_{min}bh$。

(3)基本计算公式的应用。受弯构件正截面承载力计算包括截面设计和截面复核两类问题，计算方法有所不同。

①截面设计。已知截面设计弯矩M、混凝土强度等级、钢筋级别、截面尺寸$b\times h$(若截面尺寸未定，可根据构造确定)，求受拉钢筋截面面积A_s。

设计步骤：

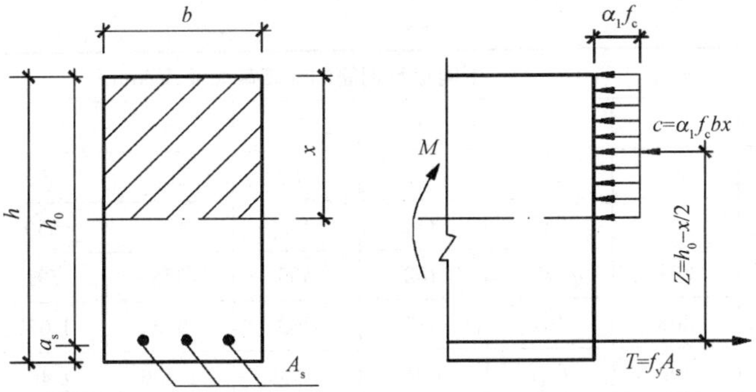

图 6-9　单筋矩形截面受弯构件正截面承载力计算简图

a. 根据环境类别和混凝土强度等级，确定混凝土保护层最小厚度 c，从而假定 a_s，得截面有效高度 $h_0=h-a_s$。

b. 由式(6-4a)解二次方程式，确定 $x=h_0-\sqrt{h_0^2-\dfrac{2M}{\alpha_1 f_c b}}$。

c. 验算适用条件①，要求满足 $x\leqslant\xi_b h_0$。若 $\xi\geqslant\xi_b$，则要加大截面尺寸(优先)或提高混凝土强度等级，或者改用双筋矩形截面重新计算。

d. 根据式(6-2b)解得

$$A_s=\xi\frac{\alpha_1 f_c}{f_y}bh_0 \tag{6-5}$$

e. 验算适用条件②，要求满足 $A_s\geqslant\rho_{min}bh$。若不满足，则按 $A_s=\rho_{min}bh$ 配置。

②截面复核。已知截面设计弯矩 M、截面尺寸 $b\times h$、受拉钢筋截面面积 A_s、混凝土强度等级及钢筋级别，求截面所能承受的最大弯矩设计值 M_u，判断构件正截面承载力是否足够。

复核步骤：

a. 根据环境类别和混凝土强度等级，确定混凝土保护层最小厚度 c，从而假定 a_s，得截面有效高度 $h_0=h-a_s$。

b. 判断梁的类型：

计算 $x=\dfrac{A_s f_y}{\alpha_1 f_c b}$，$\rho_{min}$ 或 ρ_{max}，若 $x\leqslant\xi_b h_0$ 且 $A_s\geqslant\rho_{min}bh$ 为适筋梁；若 $x>\xi_b h_0$ 或 $A_s>\rho_{min}bh$ 为超筋梁；若 $A_s<\rho_{min}bh$ 为少筋梁。

c. 计算截面受弯承载力 M_u。

适筋梁
$$M_u=f_yA_s\left(h_0-\frac{x}{2}\right) \tag{6-6}$$

超筋梁
$$M_u=M_{u,max}=\alpha_1 f_c bh_0^2\xi_b(1-0.5\xi_b) \tag{6-7}$$

少筋梁　修改设计。

d. 判断截面是否安全：若 $M\leqslant M_u$，认为截面受弯承载力满足要求，否则认为不安全。但若 M_u 大于 M 太多，则认为该截面设计不经济。

(4)钢筋表。常用钢筋的计算截面面积见表 6-7、表 6-8。

表 6-7　钢筋的计算截面面积

公称直径 / mm	不同根数钢筋的计算截面面积/mm²								
	1	2	3	4	5	6	7	8	9
6	28.3	57	85	113	142	170	198	226	255

续表

公称直径/mm	不同根数钢筋的计算截面面积/mm²								
	1	2	3	4	5	6	7	8	9
8	50.3	101	151	201	252	302	352	402	453
10	78.5	157	236	314	93	471	550	628	707
12	113.1	226	339	452	565	678	791	904	1 017
14	153.9	308	461	615	769	923	1 077	1 231	1 385
16	201.1	402	603	804	1 005	1 206	1 407	1 608	1 809
18	254.5	509	763	1 017	1 272	1 527	1 781	2 036	2 290
20	314.2	628	942	1 256	1 570	1 884	2 199	2 513	2 827
22	380.1	760	1 140	1 520	1 900	2 281	2 661	3 041	3 421
25	490.9	982	1 473	1 964	2 454	2 945	3 436	3 927	4 418
28	615.8	1 232	1 847	2 463	3 079	3 695	4 301	4 926	5 542
32	804.2	1 609	2 413	3 217	4 021	4 826	5 630	6 434	7 238
36	1017.9	2 036	3 054	4 072	5 089	6 107	7 125	8 143	9 161
40	1 256.6	2 513	3 770	5 027	6 283	7 540	8 796	10 053	11 310
50	1 963.5	3 928	5 892	7 856	9 820	11 784	13 748	15 712	17 676

表 6-8 板宽 1 000 mm 内各种钢筋间距时钢筋截面面积

钢筋间距/mm	当钢筋直径(mm)为下列数值时的钢筋截面面积/mm²											
	6	6/8	8	8/10	10	10/12	12	12/14	14	14/16	16	18
100	283	393	503	644	785	958	1 131	1 335	1 539	1 775	2 011	2 544
110	257	357	457	585	714	871	1 028	1 214	1 399	1 614	1 828	2 313
120	236	327	419	538	655	798	942	1 113	1 283	1 480	1 676	2 121
130	217	302	387	495	604	737	870	1 027	1 184	1 336	1 547	1 957
140	202	280	359	460	561	684	808	945	1 099	1 268	1 436	1 818
150	188	262	335	429	524	639	754	890	1 026	1 183	1 340	1 696
160	177	245	314	403	491	599	707	834	962	1 110	1 257	1 590
170	166	231	296	379	462	564	665	785	905	1 044	1 183	1 496
180	157	218	279	358	436	532	628	742	855	985	1 117	1 414
190	149	207	265	339	413	504	595	703	810	934	1 058	1 339
200	141	196	251	322	393	479	565	668	770	888	1 005	1 272

(5)例题分析。

【例 6-1】 已知某矩形钢筋混凝土梁，安全等级为二级，处于一类环境，计算跨度 $l=6.6$ m，承受的均布恒荷载标准值为 6.6 kN/m(未包括梁自重)，均布活荷载标准值为 10 kN/m，试设计此梁。

【解】 (1)选择材料：混凝土强度等级采用 C25，选用 HRB400 级钢筋，查表得 $f_c=11.9\ N/mm^2$，$f_t=1.27\ N/mm^2$，$\xi_b=0.518$，$f_y=360\ N/mm^2$。

(2)确定截面尺寸：$h=l/12=6\ 600/12=550$(mm)，取 $h=550$ mm；

$b=h/(2\sim3)=275\sim183.33$ mm，取 $b=250$ mm。

(3)内力计算：混凝土的标准重度为 25 kN/m³，则总均布荷载设计值如下。

①以恒荷载作为控制时：

$$q=(6.6+0.25\times0.55\times25)\times1.35+10\times1.4\times0.7=23.35(\text{kN/m})$$

②以活荷载作为控制时：

$$q=(6.6+0.25\times0.55\times25)\times1.2+10\times1.4=26.04(\text{kN/m})$$

取 $q=26.04$ kN/m，则梁跨中最大弯矩设计值为：

$$M=\frac{1}{8}ql^2=\frac{1}{8}\times26.04\times6.6^2=141.79(\text{kN}\cdot\text{m})$$

(4)配筋计算。一类环境，混凝土强度等级采用 C25，则 $c=25$ mm，箍筋直径按 10 mm，假定梁内只有一排受拉钢筋时：$h_0=h-a_s=550-25-10-20/2=505(\text{mm})$。

a. 基本公式法

$$x=\xi h_0=h_0\left(1-\sqrt{1-\frac{2M}{\alpha_1 f_c bh_0^2}}\right)=505\times\left(1-\sqrt{1-\frac{2\times141.79\times10^6}{1.0\times11.9\times250\times505^2}}\right)$$

$$=105.4(\text{mm})<\xi_b h_0=0.518\times505=261.6(\text{mm})$$

满足要求，把 x 代入式(6-2a)可得：

$$A_s=\frac{\alpha_1 f_c bx}{f_y}=\frac{1.0\times11.9\times250\times105.4}{360}=871(\text{mm}^2)$$

$$\rho_s=\frac{A_s}{bh}=\frac{871}{250\times550}=0.633\%>0.2\%>0.45\frac{f_t}{f_y}=0.45\times\frac{1.27}{360}=0.159\%$$

b. 表格法：由式(6-4c)得

$$\alpha_s=\frac{M}{\alpha_1 f_c bh_0^2}=\frac{141.79\times10^6}{1.0\times11.9\times250\times505^2}=0.187$$

$$\xi=1-\sqrt{1-2\alpha_s}=1-\sqrt{1-2\times0.187}=0.209$$

$$A_s=\frac{\alpha_1 f_c bh_0\xi}{f_y}=\frac{1.0\times11.9\times250\times505\times0.209}{360}=872(\text{mm}^2)$$

(5)配筋方案及构造。查表 6-7 选取配筋：2⌀16+2⌀18($A_s=911$ mm²)

截面设计并非只有一个唯一答案，M 值一定时，f_c、f_y、b、h_0 及相应的 A_s 均有多种方案来满足。在多种方案对比中，有一个(或几个)适宜的截面尺寸和相应的配筋率范围会使建筑使用空间和材料用量的综合经济效果达到最佳。不同的构件其经济配筋率范围有所区别，钢筋混凝土板为 0.3%～0.8%，矩形截面梁为 0.6%～1.5%，T 形截面梁为 0.9%～1.8%。

【例 6-2】 已知某矩形截面钢筋混凝土梁，截面尺寸为 $b\times h=200$ mm×500 mm，选用强度等级为 C35 混凝土和 HRB400 级钢筋，截面纵筋为 5⌀22($A_s=1\ 900$ mm²)(两排)，箍筋 ⌀8@200，安全等级为二级，处于一类环境，该梁承受的最大弯矩设计值 $M=210$ kN·m，复核该截面是否安全?

【解】 本例题属于截面复核类。

(1)设计参数：查表可知 $f_c=16.7$ N/mm²，$f_t=1.57$ N/mm²，$\xi_b=0.520$，$f_y=360$ N/mm²。

$c=25$ mm，则 $a_s=c+8+d+e/2=25+8+22+25/2=67.5(\text{mm})$；则 $h_0=h-a_s=500-67.5=432.5(\text{mm})$。

查表 6-6，有 $\rho_{\min}=0.2\%>0.45f_t/f_y=0.45\times\frac{1.57}{360}=0.196\%$

(2)公式适用条件判断。

①是否少筋。

$A_s=1\ 900\ \text{mm}^2>\rho_{min}bh=0.2\%\times200\times500=200(\text{mm}^2)$

因此，截面不会产生少筋破坏。

②计算受压区高度，判断是否超筋。由式(6-2a)可得：

$$x=\frac{f_yA_s}{\alpha_1 f_c b}=\frac{360\times1\ 900}{1.0\times16.7\times200}=204.8(\text{mm})<\xi_b h_0=0.520\times432.5=224.9(\text{mm})$$

因此，截面不会产生超筋破坏。

(3)计算截面所能承受的最大弯矩并复核截面

$$M_u=\alpha_1 f_c bx(h_0-0.5x)=1.0\times16.7\times200\times204.8\times(432.5-0.5\times204.8)$$
$$=225\ 798\ 963.2(\text{N}\cdot\text{mm})=225.80(\text{kN}\cdot\text{m})>M=210\ \text{kN}\cdot\text{m}$$

因此，该截面安全。

5. 双筋矩形截面受弯构件的正截面承载力计算

(1)概述。双筋矩形截面梁是指不仅在梁的受拉区配置纵向受力钢筋，而且在梁的受压区也配置纵向受力钢筋的矩形截面梁，即在矩形截面的受压区配置受压钢筋以承受部分压力的梁。

一般在正截面受弯中，采用纵向受压钢辅助混凝土承受压力是不经济的，工程中从承载力计算角度出发通常仅在以下情况下采用。

①弯矩很大，按单筋矩形截面计算所得的 ξ 又大于 ξ_b，而梁截面尺寸受到限制，混凝土强度等级又不能提高时，即在受压区配置钢筋以补充混凝土受压能力的不足。

②在不同荷载组合情况下，其中在某一组合情况下截面承受正弯矩，另一种组合情况下承受负弯矩，即梁截面承受异号弯矩，这时也出现双筋截面。

③由于受压钢筋可以提高截面的延性，因此，在抗震结构中要求框架梁必须配置一定比例的受压钢筋。

(2)计算公式和适用条件。

①计算公式。根据图 6-10 所示，双筋矩形截面梁达到受弯极限状态，由力的平衡条件和力矩的平衡条件即可建立基本计算公式。则

$$\alpha_1 f_c bx+f'_yA'_s=f_yA_s \tag{6-8}$$

$$M<M_u=\alpha_1 f_c bx\left(h_0-\frac{x}{2}\right)+f'_yA'_s(h_0-a'_s) \tag{6-9}$$

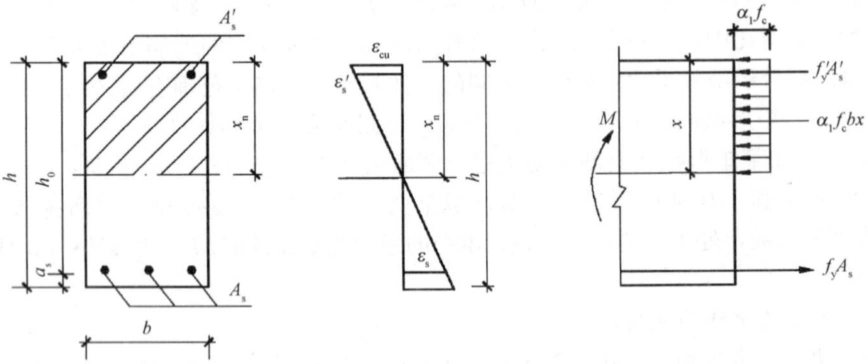

图 6-10　双筋矩形截面受弯构件正截面承载力计算简图

②适用条件。为防止出现超筋破坏，应满足：保证受拉区钢筋先屈服，然后混凝土被压碎。

$$x\leqslant\xi_b h_0$$

为保证受压钢筋屈服，应满足：

$$x\geqslant2a'_s$$

如果不满足该适用条件，说明受压钢筋不能屈服，此时不能应用基本计算公式。由于受压区高度 x 较小，可假定 $x=2a'_s$，即认为受压钢筋合力作用点与混凝土压应力合力作用点重合，然后对该作用点处取矩，则可推出：

$$M<M_u=f_yA_s(h_0-a'_s) \tag{6-10}$$

应该注意的是，按式(6-10)求得的 A_s 可能比不考虑受压钢筋而按单筋矩形截面计算的 A_s 还要大，这时应按单筋矩形截面设计配筋。在截面设计时，通常由于双筋截面中的受拉钢筋面积较大，一般不必对其是否满足最小配筋率进行验算；在进行截面复核时，有必要验算其是否满足最小配筋率。

(3)截面设计。

情况 1：已知截面尺寸 $b\times h$、材料等级、环境类别及弯矩 M，求纵向受拉和受压钢筋截面面积($f_y=f'_y$)。

由基本计算公式(6-8)和式(6-9)可知公式中含有三个未知数 x、A_s、A'_s，其解是不确定的。故还需补充一个条件才能求解。在一般情况下，为使($A_s+A'_s$)最小，取 $\xi=\xi_b$，即 $x=\xi_bh_0$。

代入式(6-9)得到

$$A'_s=\frac{M-\alpha_1f_cbh_0^2\xi_b(1-0.5\xi_b)}{f_y(h_0-a'_s)}$$

代入式(6-8)得到

$$A_s=A'_s\frac{f'_y}{f_y}+\xi_b\frac{\alpha_1f_cbh_0}{f_y}$$

情况 2：已知截面尺寸 $b\times h$、材料等级、环境类别、弯矩 M 及受压钢筋截面面积 A'_s，求纵向受拉钢筋截面面积 A_s。

在这种情况下，应考虑充分利用已给定的受压钢筋面积 A'_s，即受压钢筋应力达到其设计强度，以使总用钢量($A_s+A'_s$)最小。

由式(6-9)得

$$x=h_0\left(1-\sqrt{1-2\frac{M-f'_yA'_s(h_0-a'_s)}{\alpha_1f_cbh_0^2}}\right)$$

若 $2a'_s\leqslant x\leqslant\xi_bh_0$，则代入式(6-8)得

$$A_s=A'_s\frac{f'_y}{f_y}+\frac{\alpha_1f_cbx}{f_y}$$

若出现 $x<2a'_s$的情况，则可直接求得 A_s。

若求得 $x>\xi_bh_0$ 则应按 A'_s未知计算，按情况 1 进行计算 A_s。

注意：双筋截面一般不会出现少筋破坏情况，故可不必验算最小配筋率。

(4)截面复核。已知截面尺寸、材料等级、环境类别、受压钢筋截面面积及受拉钢筋截面面积，求截面能承担的弯矩。

未知数：受压区高度 x 和受弯承载力 M_u 两个未知数，有唯一解。

由式(6-8)求出：

$$x=\frac{f_yA_s-f'_yA'_s}{\alpha_1f_cb}$$

①$2a'_s\leqslant x\leqslant\xi_bh_0$，截面处于适筋状态，则

$$M_u=\alpha_1f_cbx\left(h_0-\frac{x}{2}\right)+f'_yA'_s(h_0a'_s)$$

②$x<2a'_s$，按 $x=2a'_s$计算，则

$$M_u=f'_yA'_s(h_0-a'_s)$$

③$x>\xi_b h_0$，截面处于超筋状态，取 $x=\xi_b h_0$，则

$$M_u=\alpha_1 f_c b h_0^2 \xi_b(1-0.5\xi_b)+f'_y A'_s(h_0-a'_s)$$

将截面的极限弯矩 M_u 与弯矩设计值 M 进行比较，判断截面是否安全。

【例 6-3】 已知梁的截面尺寸为 $b\times h=200\ \text{mm}\times 550\ \text{mm}$，混凝土强度等级为 C25，钢筋采用 HRB400 级，截面弯矩设计值 $M=285\ \text{kN}\cdot\text{m}$，环境类别为一类。求所需受压和受拉钢筋截面面积。

【解】 查表可知：$f_c=11.9\ \text{N/mm}^2$，$f_t=1.27\ \text{N/mm}^2$，$\xi_b=0.518$，$f_y=360\ \text{N/mm}^2$。

假定受拉钢筋为两排，取 $a_s=70$ mm，则 $h_0=550-70=480(\text{mm})$。

$$M_{max}=\alpha_1 f_c b h_0^2 \xi_b(1-0.5\xi_b)=1.0\times 11.9\times 200\times 480^2\times 0.518\times(1-0.5\times 0.518)$$
$$=210.5\times 10^6(\text{N}\cdot\text{mm})=210.5(\text{kN}\cdot\text{m})<285(\text{kN}\cdot\text{m})$$

这就说明，如果设计成单筋矩形截面，将会出现超筋情况，若不能加大截面尺寸，又不能提高混凝土强度等级，则应设计成双筋矩形截面。取 $\xi=\xi_b$，则

$$A'_s=\frac{M-\alpha_1 f_c b h_0^2 \xi_b(1-0.5\xi_b)}{f_y(h_0-a'_s)}=\frac{285\times 10^6-210.5\times 10^6}{360\times(480-45)}=475.7(\text{mm}^2)$$

$$A_s=A'_s\frac{f'_y}{f_y}+\xi_b\frac{\alpha_1 f_c b h_0}{f_y}=475.7\times\frac{300}{300}+0.518\times\frac{1.0\times 11.9\times 200\times 480}{360}=2\ 119.5(\text{mm}^2)$$

受拉钢筋选 6Φ22（$A_s=2\ 280\ \text{mm}^2$）。受压钢筋选 2Φ18（$A'_s=508\ \text{mm}^2$），如图 6-11 所示。

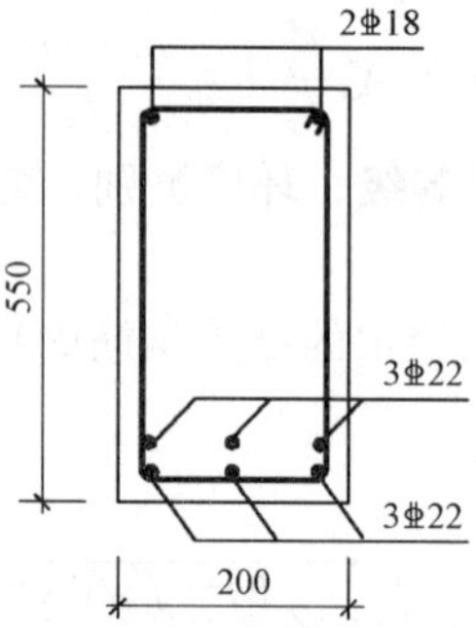

图 6-11　例 6-3 图

【例 6-4】 已知梁截面尺寸 $b=200$ mm，$h=400$ mm，混凝土强度等级为 C30，钢筋采用 HRB400 级，环境类别为二类 b，受拉钢筋采用 3Φ25（$A_s=1\ 473\ \text{mm}^2$），受压钢筋为 2Φ16（$A'_s=402\ \text{mm}^2$），要求承受的弯矩设计值 $M=90\ \text{kN}\cdot\text{m}$，验算此梁是否安全。

【解】 查表可知：$f_c=14.3\ \text{N/mm}^2$，$\xi_b=0.518$，$f_y=360\ \text{N/mm}^2$，$c=35$ mm。

故 $a_s=35+8+25/2=55.5(\text{mm})$　$a'_s=35+8+16/2=51(\text{mm})$。

$h_0=400-55.5=344.5(\text{mm})$

将以上有关数值代入基本公式，可得

$$x=\frac{f_y A_s-f'_y A'_s}{\alpha_1 f_c b}=\frac{360\times(1\ 473-402)}{1.0\times 14.3\times 200}=134.81(\text{mm})\ \begin{matrix}>2a'_s=2\times 51=102(\text{mm})\\ <\xi_b h_0=0.518\times 344.5=178.45(\text{mm})\end{matrix}$$

可见满足基本公式的适用条件。

将 x 值代入基本公式得

$$M_u=\alpha_1 f_c b x(h_0-0.5x)+f'_y A'_s(h_0-a'_s)$$
$$=1.0\times 14.3\times 200\times 134.81\times(344.5-0.5\times 134.81)+360\times(344.5-51)$$
$$=106.94\times 10^6(\text{N}\cdot\text{mm})$$

由于 $M=90\ \text{kN}\cdot\text{m}<M_u=106.94\ \text{kN}\cdot\text{m}$，故此梁安全。

6. 单筋 T 形截面梁的正截面承载力计算

(1)T 形截面受弯构件特点。在工程结构中，T 形截面受弯构件的应用很多。由矩形截面受弯构件的受力分析可知，受弯构件进入破坏阶段以后，大部分受拉区混凝土已退出工作，正截面承载力计算时不考虑混凝土的抗拉强度，因此，设计时可将一部分受拉区的混凝土去掉，将原有纵向受拉钢筋集中布置在梁肋中，形成 T 形截面，如图 6-12 所示。其中伸出部分称为翼缘，中间部分称为梁肋。与原矩形截面相比，T 形截面的极限承载能力不受影响，同时还能节省混凝土，减轻构件自重，产生一定的经济效益。

T 形截面与矩形截面的主要区别在于翼缘参与受压。现浇 T 形截面梁(肋形梁)的翼缘往往较宽，如图 6-13 所示，但只取翼缘计算宽度 b'_f 进行计算。

《规范》规定了 T 形及倒 L 形截面受弯构件翼缘计算宽度 b'_f的取值，考虑到 b'_f 与翼缘厚度、梁跨度和受力状况等因素有关，应按表 6-9 中规定各项的最小值采用。

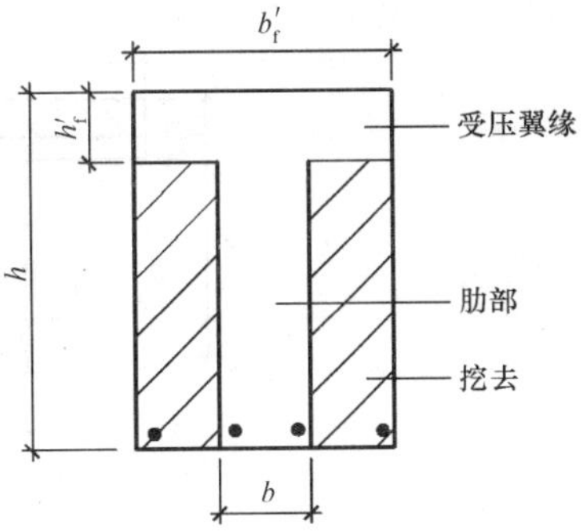

图 6-12　T 形截面

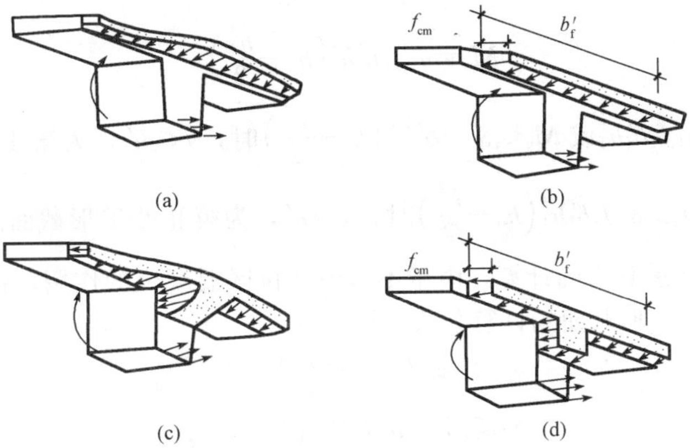

图 6-13　T 形截面应力分布图

表 6-9　T 形和倒 L 形截面受弯构件翼缘计算宽度 b'_f

考虑情况		T 形截面		倒 L 形截面
		肋形梁(板)	独立梁	肋形梁(板)
按计算跨度 l_0 考虑		$l_0/3$	$l_0/3$	$l_0/6$
按梁(肋)净距 s_n 考虑		$b+s_n$	—	$b+s_n/2$
按翼缘高度 h'_f考虑	当 $h'_f/h_0 \geqslant 0.1$	—	$b+12h'_f$	—
	当 $0.1>h'_f/h_0 \geqslant 0.05$	$b+12h'_f$	$b+6h'_f$	$b+5h'_f$
	当 $h'_f/h_0<0.05$	$b+12h'_f$	b	$b+5h'_f$

注：1. 表中 b 为梁的腹板宽度；
2. 如肋形梁在梁跨内设有间距小于纵肋间距的横肋时，则可不遵守表列第三种情况的规定；
3. 独立梁受压区的翼缘板在荷载作用下经验算沿纵肋方向可能产生裂缝时，其计算宽度应取腹板宽度 b。

(2)计算公式。T形截面受弯构件一般采用单筋截面，其破坏特征与单筋截面受弯构件相同，故T形截面正截面承载力的计算公式和适用条件与单筋矩形截面基本相同，不同之处在于需要考虑受压翼缘的作用。根据中和轴是否在翼缘中，将T形截面分为以下两种类型。

第Ⅰ类T形截面(图6-14)：中和轴在翼缘内，即 $x \leqslant h_f'$，受压区为矩形。

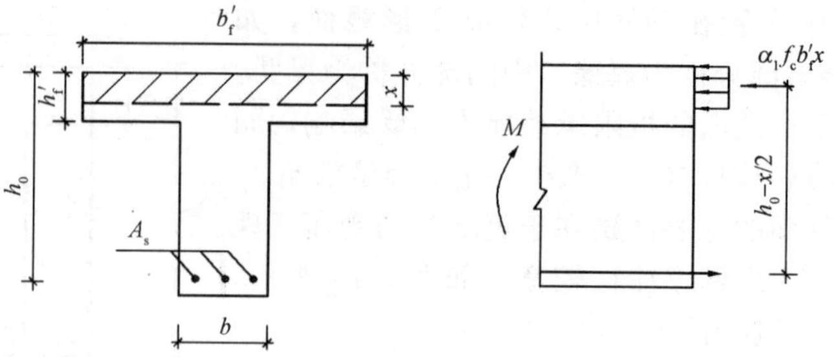

图6-14　第Ⅰ类T形截面

第Ⅱ类T形截面(图6-15)：中和轴在梁肋内，即 $x > h_f'$，受压区为T形。

为了判别两种不同类型，首先应建立 $x = h_f'$ 情况下的平衡方程式：

$$f_y A_s = \alpha_1 f_c b_f' h_f'$$

$$M_u = \alpha_1 f_c b_f' h_f' \left(h_0 - \frac{h_f'}{2}\right)$$

显然，若 $f_y A_s \leqslant \alpha_1 f_c b_f' h_f'$ 或 $M_u \leqslant \alpha_1 f_c b_f' h_f' \left(h_0 - \frac{h_f'}{2}\right)$ 时，$x \leqslant h_f'$，为第Ⅰ类T形截面；反之，若 $f_y A_s > \alpha_1 f_c b_f' h_f'$ 或 $M_u > \alpha_1 f_c b_f' h_f' \left(h_0 - \frac{h_f'}{2}\right)$ 时，$x > h_f'$，为第Ⅱ类T形截面。

①第Ⅰ类T形截面承载力的计算。由于不考虑受拉区混凝土的作用，计算第Ⅰ类T形截面承载力时，与梁宽为 b_f' 矩形截面的计算公式相同，即

$$\alpha_1 f_c b_f' x = f_y A_s \tag{6-11}$$

$$M \leqslant M_u = \alpha_1 f_c b_f' x \left(h_0 - \frac{x}{2}\right) \tag{6-12}$$

基本公式适用条件：

a. $x \leqslant \xi_b h_0$。由于T形截面的 h_f' 较小，而第Ⅰ类T形截面中和轴在翼缘中，故 x 值较小，该条件一般都可满足，不必验算。

b. $A_s \geqslant \rho_{min} bh$。

②第Ⅱ类T形截面承载力的计算。第Ⅱ类T形截面的中和轴在梁肋中，可将该截面分为伸出翼缘和矩形梁肋两部分。

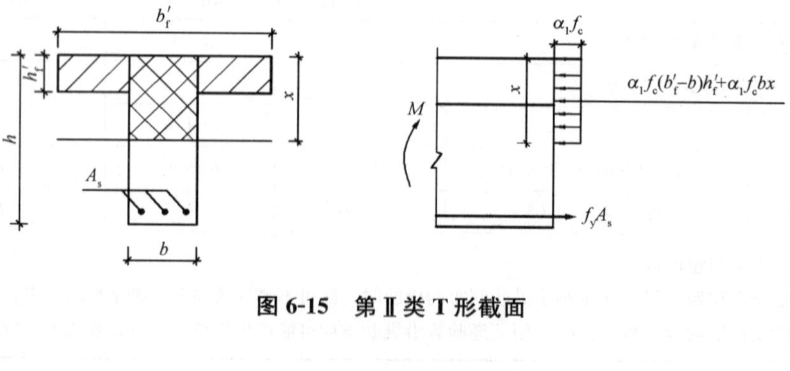

图6-15　第Ⅱ类T形截面

则计算公式根据平衡条件得

$$\alpha_1 f_c bx+\alpha_1 f_c(b'_f-b)h'_f=f_y A_s \tag{6-13}$$

$$M\leqslant M_u=\alpha_1 f_c bx\left(h_0-\frac{x}{2}\right)+\alpha_1 f_c(b'_f-b)h'_f\left(h_0-\frac{h'_f}{2}\right) \tag{6-14}$$

或

$$M_1=\alpha_1 f_c bx\left(h_0-\frac{x}{2}\right)$$

$$M_2=\alpha_1 f_c(b'_f-b)h'_f\left(h_0-\frac{h'_f}{2}\right)$$

则

$$A_{s1}=\frac{\alpha_1 f_c bx}{f_y},\ A_{s2}=\frac{\alpha_1 f_c(b'_f-b)h'_f}{f_y},\ A_s=A_{s1}+A_{s2}$$

式(6-13)和式(6-14)的适用条件如下：

a. $x\leqslant\xi_b h_0$。

b. $A_s\geqslant\rho_{\min}bh_0$。该条件一般都可满足，不必验算。

(3)基本计算公式的应用。

①截面设计。已知截面弯矩设计值M、截面尺寸、混凝土强度等级和钢筋级别，求受拉钢筋截面面积A_s。

计算步骤：

a. 判别T形截面的类型，按相应的公式计算，最后验算适用条件。

当满足式$M_u\leqslant\alpha_1 f_c b'_f h'_f\left(h_0-\frac{h'_f}{2}\right)$时，为第Ⅰ类T形截面；反之，若满足式$M_u>\alpha_1 f_c b'_f h'_f\left(h_0-\frac{h'_f}{2}\right)$时，为第Ⅱ类T形截面。

b. 计算配筋。

第一类T形截面，按$b'_f\times h$的单筋矩形截面计算(计算方法略)。

第二类T形截面，计算方法如下：将T形截面所承担的弯矩M_u分成两部分：一部分为翼缘挑出部分的混凝土和相应一部分受拉钢筋A_{s1}所承担的弯矩M_{u1}；另一部分为矩形截面受压区混凝土与相应的另一部分受拉钢筋A_{s2}所承担的弯矩M_{u2}。于是有：

$$A_{s1}=\frac{\alpha_1 f_c(b'_f-b)h'_f}{f_y},\ M_{u1}=\alpha_1 f_c(b'_f-b)h'_f\left(h_0-\frac{h'_f}{2}\right),\ M_{u2}=M_u-M_{u1}$$

$$\alpha_s=\frac{M_{u2}}{\alpha_1 f_c bh_0^2}$$

由α_s查表得系数γ_s和ξ。

若$\xi>\xi_b$，则属于超筋梁，说明截面尺寸不够，应加大截面，或提高混凝土强度等级，或改为双筋T形截面，重新计算。

若$\xi\leqslant\xi_b$，则$A_{s2}=\frac{M_{u2}}{f_y\gamma_s h_0}$或$A_{s2}=\frac{\alpha_1 f_c bh_0\xi}{f_y}$。

全部纵向受拉钢筋截面面积：$A_s=A_{s1}+A_{s2}$。

②截面复核。已知截面弯矩设计值M、截面尺寸、受拉钢筋截面面积A_s、混凝土强度等级及钢筋级别，求正截面受弯承载力M_u是否足够。

复核步骤：

当满足式$f_yA_s\leqslant\alpha_1 f_c b'_f h'_f$时，$x\leqslant h'_f$，为第Ⅰ类T形截面(略)；反之，若$f_yA_s>\alpha_1 f_c b'_f h'_f$时，$x>h'_f$，为第Ⅱ类T形截面，有$x=\frac{f_yA_s-\alpha_1 f_c(b'_f-b)h'_f}{\alpha_1 f_c b}$。

若$x\leqslant\xi_b h_0$，则$M_u=\alpha_1 f_c bx\left(h_0-\frac{x}{2}\right)+\alpha_1 f_c(b'_f-b)h'_f\left(h_0-\frac{h'_f}{2}\right)$

若 $x>\xi_b h_0$，取 $x=\xi_b h_0$，则 $M_u=\alpha_1 f_c b h_0^2 \xi_b(1-0.5\xi_b)+\alpha_1 f_c(b_f'-b)h_f'(h_0-0.5h_f')$

若 $M_u \geqslant M$，则承载力足够，截面安全。

三、斜截面承载力计算

斜截面承载能力包括斜截面受剪承载力和斜截面受弯承载力。在实际工程设计中，斜截面受剪承载力通过计算配置腹筋来保证，而斜截面受弯承载力则通过构造措施来保证。

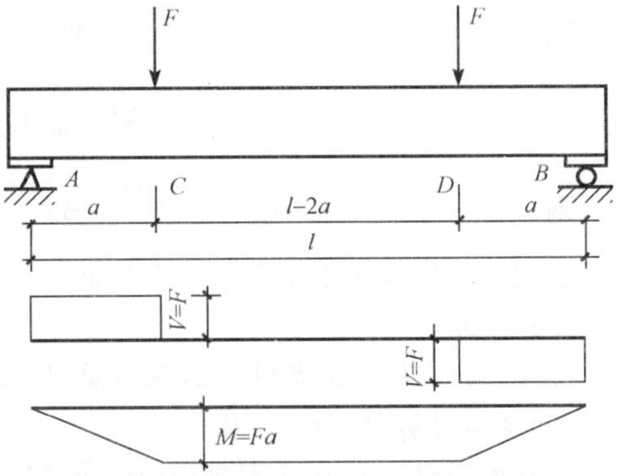

图 6-16　对称加载的钢筋混凝土简支梁

图 6-16 所示为一对称集中加载的钢筋混凝土简支梁，忽略自重影响，集中荷载之间的 CD 段仅承受弯矩，称为纯弯段；AC 和 BD 段承受弯矩和剪力的共同作用，称为弯剪段。当梁内配有足够的纵向钢筋保证不致引起纯弯段的正截面受弯破坏时，则构件还可能在弯剪段发生斜截面破坏。斜截面破坏通常较为突然，具有脆性性质，其危险性更大。所以，钢筋混凝土受弯构件除应进行正截面承载力计算外，还须对弯矩和剪力共同作用的区段进行斜截面承载力计算。

1. 受弯构件斜截面受剪破坏形态

为了防止梁沿斜截面破坏，就需要在梁内设置足够的抗剪钢筋，通常，由与梁轴线垂直的箍筋和与主拉应力方向平行的斜筋共同组成。斜筋常利用正截面承载力多余的纵向钢筋弯起而成，所以又称为弯起钢筋。箍筋与弯起钢筋统称为腹筋。在受弯构件内，一般由纵向钢筋(受力和构造筋)和腹筋构成如图 6-17 所示的钢筋骨架。所谓无腹筋梁，就是不配置箍筋与弯起钢筋的梁，在实际工程中的梁一般都是要配箍筋的。

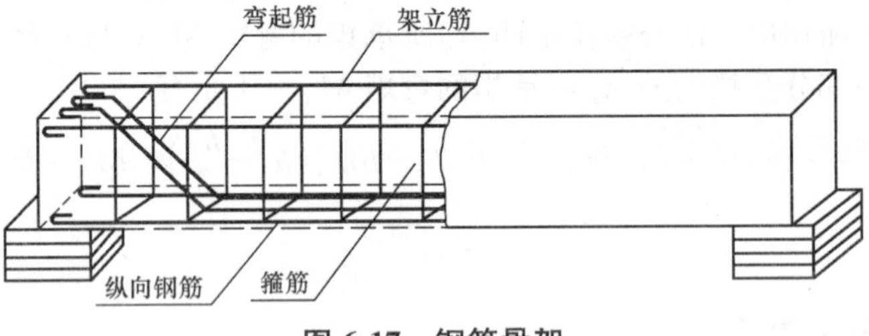

图 6-17　钢筋骨架

(1)斜截面受剪分析。集中荷载的作用位置对剪弯段内梁的受力影响甚大，通常把集中荷载位置至支座之间的距离 a 称为剪跨。其与截面有效高度 h_0 的比值称为剪跨比 λ，两个集中荷载作用截面的剪跨比为 $\lambda=a/h_0$。

(2)斜截面受剪破坏形式。根据试验研究，随着箍筋数量和剪跨比的不同，梁的斜截面受剪破坏有以下三种主要破坏形式。

①斜拉破坏。当剪跨比 λ 较大(一般 $\lambda>3$，均布荷载下为跨高比 $l/h>9$)且箍筋配置过少时，常为斜拉破坏。这种破坏现象是斜裂缝一出现就很快形成一条主要斜裂缝，并迅速向受压边缘发展，直至将整个截面裂通，使构件劈裂为两部分而破坏，如图 6-18(a)所示。其特点是整个破坏过程急速而突然，具有很明显的脆性，破坏荷载比斜裂缝形成时的荷载增加不多。

②剪压破坏。当剪跨比 λ 适中(一般 $1\leqslant\lambda\leqslant3$，均布荷载下为跨高比 $1\leqslant l/h\leqslant9$)且箍筋配置适量时，常为剪压破坏。这种破坏现象是当荷载增加到一定程度时，多条斜裂缝中的一条形成

主要斜裂缝，该主要斜裂缝向斜上方伸展，使受压区高度逐渐减小，直到斜裂缝顶端的混凝土在剪应力和压应力共同作用下被压碎而破坏，如图 6-18(b)所示。其特点是破坏过程比斜拉破坏缓慢些，破坏时的荷载明显高于斜裂缝出现时的荷载。

③斜压破坏。当剪跨比 λ 较小(一般 $\lambda \leqslant 1$，均布荷载下为跨高比 $l/h \leqslant 3$)且箍筋配置过多过密时，常为斜压破坏。当集中荷载距支座较近时，斜裂缝由支座向集中荷载处发展，支座反力与荷载之间的混凝土形成一斜向受压短柱，随着荷载的增加，当主压应力超过了混凝土的抗压强度时，短柱被压碎而破坏，如图 6-18(c)所示。其特点是斜裂缝细而密，破坏时的荷载也明显高于斜裂缝出现时的荷载。

上述三种主要破坏形态，就它们的斜截面承载力而言，斜拉破坏最低，剪压破坏较高，斜压破坏最高，其中斜拉破坏的脆性更为突出。

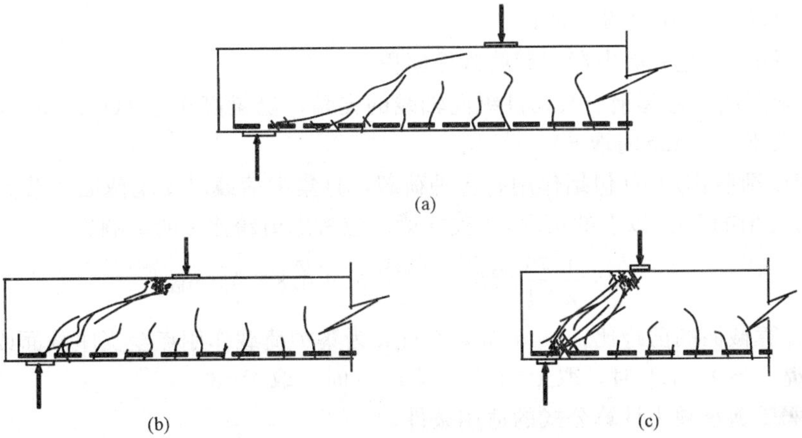

图 6-18　梁的受剪破坏形态

(a)斜拉破坏；(b)剪压破坏；(c)斜压破坏

箍筋用量以配箍率 ρ_{sv} 来表示，其反映了梁沿纵向单位水平截面含有的箍筋截面面积，如图 6-19 所示。

$$\rho_{sv}=\frac{A_{sv}}{bs},\ A_{sv}=nA_{sv1}$$

式中　A_{sv}——同一截面内的箍筋截面面积；

n——同一截面内箍筋的肢数；

A_{sv1}——单肢箍筋截面面积；

s——沿梁轴线方向箍筋的间距；

b——矩形截面的宽度，T 形或 I 形截面的腹板宽度。

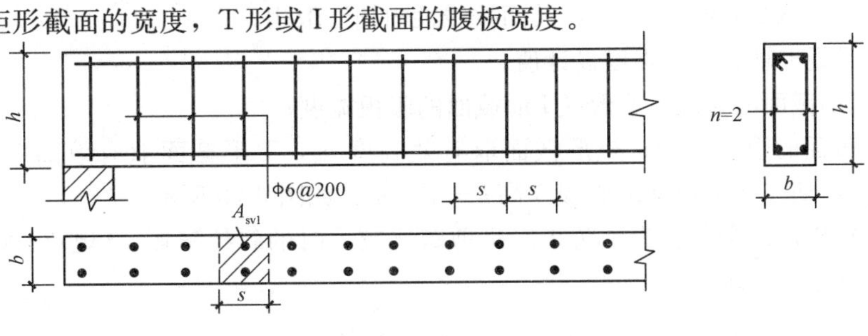

图 6-19　梁的纵、横、水平剖面图

在进行斜截面受剪承载力设计时，以剪压破坏特征为基础建立计算公式，用配置一定的腹筋来防止斜拉破坏，采用截面限制条件的方法来防止斜压破坏。

(3)斜截面承载力计算公式。按斜截面受剪承载力计算模型可得：

$$V=V_c+V_{sv}+V_{sb}=V_{cs}+V_{sb}$$

①对矩形、T形和I形截面的一般受弯构件(包括连续梁和约束梁)：

$$V=0.7f_tbh_0+\frac{f_{yv}A_{sv}}{s}h_0+0.8f_yA_{sb}\sin\alpha_s \tag{6-15}$$

式中 f_t——混凝土轴心抗拉强度设计值；

b——矩形截面的宽度或T形、I形截面的腹板宽度；

h_0——截面有效高度；

f_{yv}——箍筋抗拉强度设计值；

A_{sb}——同一弯起平面内弯起钢筋截面面积；

α_s——斜截面上弯起钢筋与构件纵向轴线的夹角，当梁高小于800 mm时取45°，当梁高大于800 mm时取60°。

②对于集中荷载作用下(包括作用有多种荷载，且集中荷载对支座截面或节点边缘所产生的剪力值占总剪力值的75%以上的情况)的独立梁。应考虑剪跨比λ的影响。

$$V=\frac{1.75}{\lambda+1}f_tbh_0+\frac{f_{yv}A_{sv}}{s}h_0+0.8f_yA_{sb}\sin\alpha_s \tag{6-16}$$

式中 λ——计算截面的剪跨比，$\lambda=a/h_0$，在此a为集中荷载作用点至支座截面或节点边缘的距离。当$\lambda<1.5$时，取$\lambda=1.5$；当$\lambda>3$时，取$\lambda=3$。

(4)斜截面受剪承载力计算公式的适用条件。

①防止斜压破坏的条件。为了防止发生斜压破坏和避免构件在使用阶段过早地出现斜裂缝及斜裂缝开展过大，构件截面尺寸或混凝土强度等级应符合下列要求。

对于一般梁，即当$h_w/b\leqslant4$时，应满足：

$$V\leqslant0.25\beta_cf_cbh_0 \tag{6-17}$$

对于薄腹梁，即当$h_w/b>6$时，应满足：

$$V\leqslant0.2\beta_cf_cbh_0 \tag{6-18}$$

当$4<h_w/b<6$时，应满足：

$$V\leqslant0.025(14-\frac{h_w}{b})\beta_cf_cbh_0 \tag{6-19}$$

式中 V——构件斜截面上的最大剪力设计值；

β_c——混凝土强度影响系数，当混凝土强度等级不超过C50时取$\beta_c=1$，当混凝土强度等级为C80时取$\beta_c=0.8$，其间按线性内插法取用；

f_t——混凝土轴心抗压强度设计值；

b——矩形截面的宽度，T形或I形截面的腹板宽度；

h_w——截面的腹板高度，矩形截面取有效高度h_0，T形截面取有效高度减去翼缘高度h_0-h_f'，I形截面取腹板净高$h-h_f'-h_f$，如图6-20所示。

②防止斜拉破坏的条件。为了防止发生剪跨比较大时的斜拉破坏，《规范》规定箍筋的配置应满足其最小配筋率要求。即

$$\rho_{sv,min}=0.24\frac{f_t}{f_{yv}}$$

式中 $\rho_{sv,min}$——箍筋的最小配筋率。

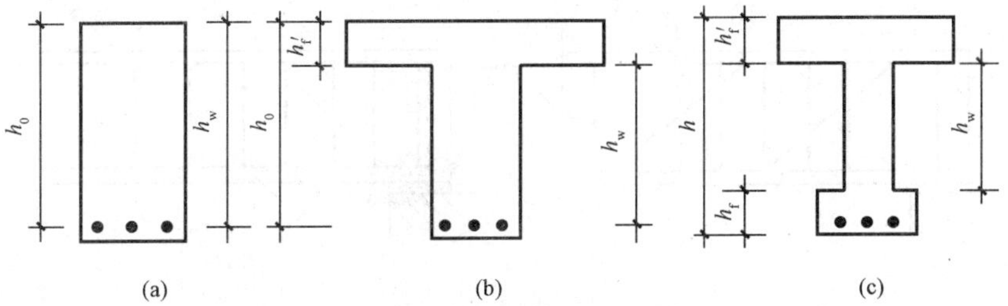

图 6-20　梁的腹板高度

当一般受弯构件 $V\leqslant 0.7f_tbh_0$ 或集中荷载作用下的独立梁 $V\leqslant\frac{1.75}{\lambda+1}f_tbh_0$ 时，剪力设计值不足以引起梁斜截面混凝土开裂，此时，箍筋的配筋率可不遵循 $\rho_{sv}\geqslant\rho_{sv,min}$，而按表 6-10 及相应的构造要求配筋。

表 6-10　梁中箍筋的最大间距 s_{max}　mm

梁高 h	$V>0.7f_tbh_0+0.05N_{P0}$	$V<0.7f_tbh_0+0.05N_{P0}$
$150<h\leqslant 300$	150	200
$300<h\leqslant 500$	200	300
$500<h\leqslant 800$	250	350
$h>800$	300	400

(5)斜截面受剪承载力设计步骤。受弯构件斜截面受剪承载力计算包括截面设计和截面复核两类问题。

①截面设计。

a. 验算初选的截面是否满足要求，按式(6-17)～式(6-19)验算，若不满足，则应加大截面面积或提高混凝土强度等级。

b. 当梁满足下列条件时，可不进行抗剪能力计算，只需满足最小配箍率、最小箍筋直径和最大箍筋间距的要求，按构造箍筋配置。

Ⅰ. 均布荷载作用下的矩形，T 形及 I 形截面的一般梁。

$$V\leqslant V_c=0.7f_tbh_0$$

Ⅱ. 集中荷载作用下的矩形截面独立梁。

$$V\leqslant V_c=\frac{1.75}{\lambda+1}f_tbh_0$$

c. 配筋计算(见例题)。

②截面复核。

已知：梁截面尺寸、材料强度等级、梁的腹筋配置(箍筋、弯起钢筋)，确定截面能承受的剪力值。截面复核后，直接将数据代入斜截面受剪承载力计算公式。

(6)斜截面受剪承载力的计算位置。计算截面的选择一般应满足下列规定(图 6-21)：

①支座边缘处截面(1—1)；

②受拉区弯起钢筋弯起点处的截面(2—2、3—3)；

③箍筋直径或间距改变处的截面(4—4)；

④腹板宽度改变处的截面。

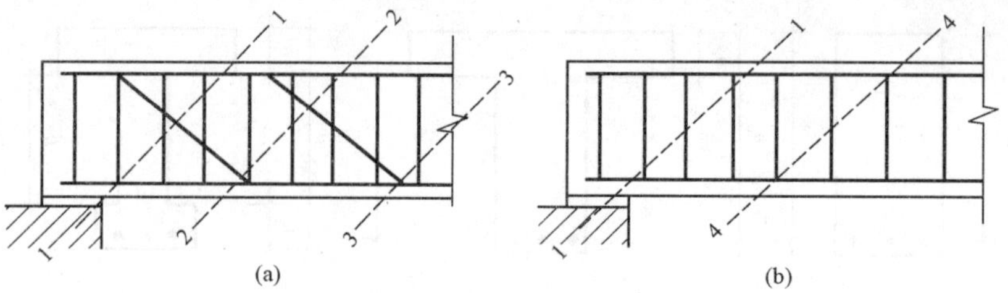

图 6-21　受剪计算斜截面

2. 保证斜截面受弯承载力的措施

(1)抵抗弯矩图。

①抵抗弯矩图是梁各个截面配置的纵向受力钢筋所确定的各正截面抗弯承载力沿梁轴线分布图，又称为材料图。其反映了沿梁长正截面的抗力。

②抵抗弯矩图的作用表现在以下几个方面：

a. 反映材料的利用程度。

b. 确定纵向钢筋的弯起数量和位置。

c. 确定纵向钢筋的截断位置。

(2)纵向受拉钢筋弯起时保证斜截面受弯能力的构造措施。图 6-22 中，2 号钢筋在 G 点弯起时，虽然满足了正截面抗弯能力的要求，但是斜截面受弯能力却可能不满足，只有在满足了规定的构造措施后才能同时保证斜截面受弯承载力。

钢筋弯起点位置与按计算充分利用该钢筋的截面之间的距离不应小于 $h_0/2$。同时，弯起钢筋与梁中心线的交点位于不需要该钢筋的截面之外，就保证了斜截面受弯承载力而不必再计算。

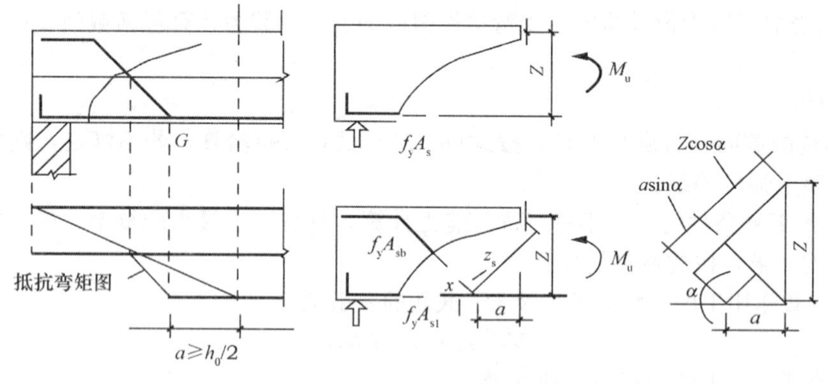

图 6-22　斜截面受弯承载力

(3)纵向受拉钢筋截断时的构造措施。纵向受拉钢筋不宜在受拉区截断，通常将计算上不需要的钢筋弯起作为抗剪钢筋或作为支座截面承受负弯矩的钢筋，而不采用截断钢筋的配筋方式。但是对于悬臂梁或连续梁、框架梁等构件，为了合理配筋，通常需将支座处承受负弯矩的纵向受拉钢筋按弯矩图形的变化，将计算上不需要的上部纵向受拉钢筋在跨中分批截断。为了保证钢筋强度的充分利用，截断的钢筋必须在跨中有足够的锚固长度。

当在受拉区截断纵向受拉钢筋时，应满足以下构造措施。但对于某些集中荷载较大或腹板较薄的受弯构件，如纵向受拉钢筋必须在受拉区截断时，还应按斜截面受弯承载力进行计算。

①保证在截断钢筋强度的充分利用。为了保证截断钢筋能充分利用其强度，就必须将钢筋从其强度充分利用截面向外延伸一定的长度 l_{d1}，依靠这段长度与混凝土的粘结锚固作用维持钢

筋有足够的拉力。

②保证斜截面受弯承载力。图 6-23 中，设 A 截面是 2 号钢筋的理论截断点，则在正截面 A 上，正截面受弯承载力与弯矩设计值相等，即 $M_{uA}=M_A$，满足了正截面受弯承载力的要求。但是经过 A 点的斜裂缝截面，其弯矩设计 M_B 大于 M_A，因此，不满足斜截面受弯承载力的要求，只有把纵筋伸过理论截断点 A 一段长度 l_{d2} 后才能截断。l_{d2} 的长度与所截断的钢筋直径有关，直径越大，所需补偿的箍筋应越多，l_{d2} 值也应越大。另外，l_{d2} 值也与配箍率有关。

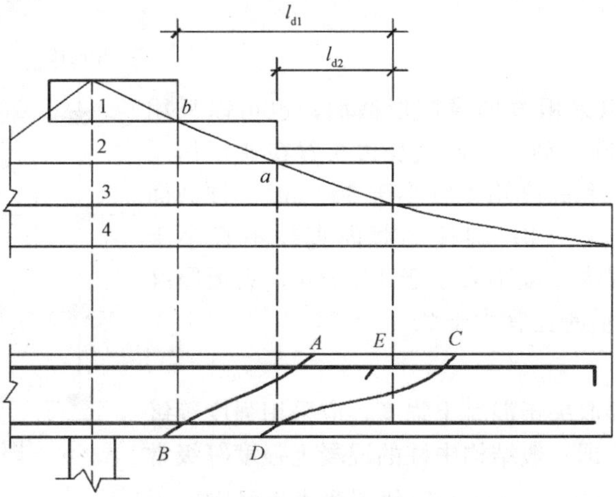

图 6-23　纵筋截断位置图

结构设计中，应从上述两个条件中选用较长的外伸长度作为纵向受力钢筋的实际延伸长度 l_d，以确定其真正的切断点。《规范》规定，钢筋混凝土连续梁、框架梁支座截面的负弯矩钢筋不宜在受拉区截断。当必须截断时，其延伸长度可按表 6-11 中 l_{d1} 和 l_{d2} 中取外伸长度较大者确定。其中，l_{d1} 是从“充分利用该钢筋强度的截面”延伸出的长度；l_{d2} 是从“按正截面承载力计算不需要该钢筋的截面”延伸出的长度。l_a 为受拉钢筋的锚固长度，d 为钢筋的公称直径，h_0 为截面的有效高度。

表 6-11　负弯矩钢筋的延伸长度

截面条件	充分利用截面伸出 l_{d1}	计算不需要截面伸出 l_{d2}
$V\leqslant 0.07f_cbh_0$	$1.2l_a$	$20d$
$V>0.07f_cbh_0$	$1.2l_a+h_0$	$20d$ 且 $\geqslant h_0$
$V>0.07f_cbh_0$ 且截断点仍位于负弯矩受拉区内	$1.2l_a+1.7h_0$	$20d$ 且 $\geqslant 1.3h_0$

第二节　钢筋混凝土受压构件

一、工程实例和基本构造

工程中以承受轴向压力为主，并同时承受弯矩、剪力的构件，如多层框架房屋和单层厂房中的柱是典型的受压构件。柱把屋盖和楼层荷载传递至基础，是建筑结构中的主要承重构件。另外，桥梁结构中的桥墩、桩，桁架中的受压弦杆、腹杆，以及刚架、拱等均属于受压构件。

受压构件在结构中起重要作用，一旦产生破坏，将导致整个结构的破坏，甚至倒塌。

受压构件按轴向压力在截面上作用位置的不同可分为轴心受压构件、单向偏心受压构件及双向偏心受压构件。

在工程设计中，对以恒载为主的等跨多层房屋的中间柱和只承受节点荷载的桁架受压弦杆及腹杆可近似地按轴心受压构件设计，或以轴心受压构件作为估算截面、复核承载力的方法。多层框架结构房屋的柱，在地震作用下常同时受到轴向力及两个方向弯矩的作用，属于双向偏心受压构件。

1. 截面形式和尺寸

受压柱(图 6-24)可以采用方形或矩形截面，也可以采用T形、I形截面。桩常用圆形截面。截面长边布置在弯矩作用方向，矩形柱的截面宽度和高度均不宜小于 300 mm，柱截面高度与宽度的比值不宜大于 3；圆柱的截面直径不宜小于 350 mm；I形截面柱的翼缘厚度不宜小于 120 mm，腹板厚度不宜小于 100 mm；柱的剪跨比宜大于 2。

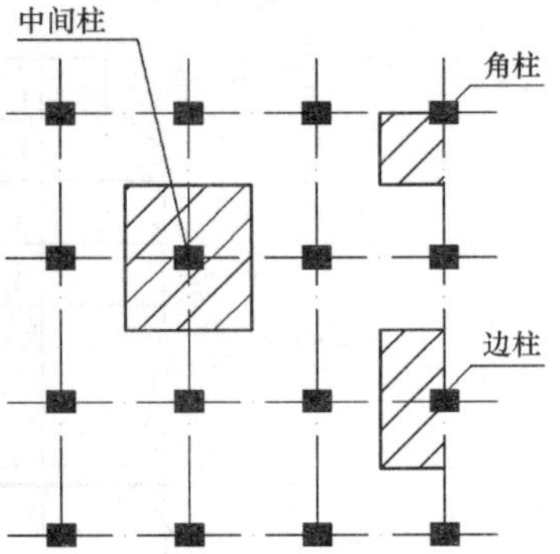

图 6-24　受压柱

2. 混凝土

受压构件承载力主要取决于混凝土强度，应采用强度等级较高的混凝土。目前，我国一般结构中柱的混凝土强度等级常用 C25～C40，在高层建筑中，C50～C60 级混凝土也经常使用。

3. 钢筋

(1)柱中纵向受力钢筋。柱中纵向受力钢筋应符合下列规定：

①纵向受力钢筋的直径不宜小于 12 mm；全部纵向钢筋的配筋率不应小于 0.5%；

②柱中纵向受力钢筋的净间距不应小于 50 mm，且不宜大于 300 mm；

③偏心受压柱的截面高度 $h \geqslant 600$ mm 时，在柱的侧面上应设置直径为 10 mm 的纵向构造钢筋，并相应设置复合箍筋或拉筋；

④圆柱中纵向钢筋不宜少于 8 根，不应少于 6 根，且宜沿周边均匀布置；

⑤在偏心受压柱中，垂直于弯矩作用平面的侧面上的纵向受力钢筋，以及轴心受压柱中各边的纵向受力钢筋，其中距不宜大于 300 mm。

(2)箍筋。

①箍筋直径不应小于 $d/4$，且不应小于 6 mm，d 为纵向钢筋的最大直径；

②箍筋间距不应大于 400 mm 及构件截面的短边尺寸，且不应大于 $15d$，d 为纵向受力钢筋的最小直径；

③柱及其他受压构件中的周边箍筋应做成封闭式；对圆柱中的箍筋，搭接长度不应小于锚固长度，且末端应做成 135°弯钩，弯钩末端平直段长度不应小于箍筋直径的 5 倍；

④当柱截面短边尺寸大于 400 mm 且各边纵向钢筋多于 3 根时，或当柱截面短边尺寸不大于 400 mm 但各边纵向钢筋多于 4 根时，应设置复合箍筋；

⑤当柱中全部纵向受力钢筋的配筋率大于 3%时，箍筋直径不应小于 8 mm，间距不应大于纵向受力钢筋最小直径的 10 倍，且不应大于 200 mm；箍筋末端应做成 135°弯钩，且弯钩末端平直段长度不应小于箍筋直径的 10 倍。

二、轴心受压构件

钢筋混凝土轴心受压柱，按照箍筋作用和配置方式的不同可分为纵向钢筋及普通箍筋栓和纵向钢筋及螺旋箍筋栓两种。纵向钢筋及普通箍筋柱——普通箍筋的作用是防止纵向钢筋压屈，并与纵筋形成钢筋骨架，便于施工；纵向钢筋及螺旋箍筋柱——螺旋箍筋是在纵筋外围配置连续环绕的间距较密的螺旋筋或间距较小的焊接钢环，其作用是使截面中间核心部分的混凝土形成约束混凝土，可提高构件的承载力和延性。

本节重点介绍普通箍筋柱设计的计算方法。

1. 轴心受压构件的破坏特征

按照长细比 l_0/b 的大小，轴心受压柱可分为短柱和长柱两类。对方形和矩形柱，当 $l_0/b \leqslant 8$ 时属于短柱；反之属于长柱。其中，l_0 为柱的计算长度，b 为矩形截面的短边尺寸。

(1)轴心受压短柱的破坏特征。配有普通箍筋的矩形截面短柱，在轴向压力 N 作用下整个截面的应变基本上是均匀分布的。N 较小时，构件的压缩变形主要为弹性变形。随着荷载的增大，构件变形迅速增大。与此同时，混凝土塑性变形增加，弹性模量降低，应力增长逐渐变慢，而钢筋应力的增加则越来越快。在临近破坏时，柱子表面出现纵向裂缝，混凝土保护层开始剥落，最后，箍筋之间的纵向钢筋压屈而向外凸出，混凝土被压碎崩裂而破坏[图 6-25(a)]。破坏时，混凝土的应力达到棱柱体抗压强度 f_c。当短柱破坏时，混凝土达到极限压应变 $\varepsilon_0=0.002$，相应的纵向钢筋应力值 $\sigma_s'=2\times10^5\times0.002=400(\mathrm{N/mm^2})$。因此，当纵向钢筋为高强度钢筋时，构件破坏时纵向钢筋可能达不到屈服强度。设计中对于屈服强度超过 400 $\mathrm{N/mm^2}$ 的钢筋，《规范》规定在计算时其抗压强度设计值取 400 $\mathrm{N/mm^2}$。

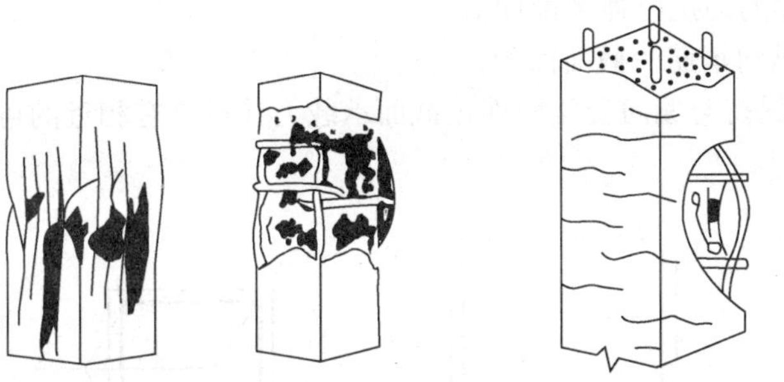

(a)　　　　(b)

图 6-25　普通箍筋柱

(a)轴心受压短柱的破坏形态；(b)轴心受压长柱的破坏形态

(2)轴心受压长柱的破坏特征。对于长细比较大的长柱，由于各种偶然因素造成的初始偏心距的影响是不可忽略的，在轴心压力 N 作用下，由初始偏心距将产生附加弯矩，而这个附加弯矩产生的水平挠度又加大了原来的初始偏心距，这样相互影响的结果，促使了构件截面材料破坏较早到来，导致承载能力的降低。破坏时首先在凹边出现纵向裂缝，接着混凝土被压碎，纵向钢筋被压弯向外凸出，侧向挠度急速发展，最终柱子失去平衡并将凸边混凝土拉裂而破坏[图 6-25(b)]。试验表明，柱的长细比越大，其承载力越低，对于长细比很大的长柱，还有可能发生“失稳破坏”。

由上述试验可知，在同等条件下，即截面相同、配筋相同、材料相同的条件下，长柱承载力低于短柱承载力。在确定轴心受压构件承载力计算公式时，规范采用构件的稳定系数 φ 来表示长柱承载力降低的程度。试验的实测结果表明，稳定系数主要和构件的长细比 l_0/b 有关，长细比 l_0/b 越大，φ 值越小。构件的计算长度 l_0 与构件两端支承情况有关，在实际工程中，由于构件支承情况并非完全符合理想条件，应结合具体情况按表 6-12 的规定取用。

表 6-12　钢筋混凝土轴心受压构件的稳定系数 φ

l_0/b	≤8	10	12	14	16	18	20	22	24	26	28
l_0/d	≤7	8.5	10.5	12	14	15.5	17	19	21	22.5	24
l_0/i	≤28	35	42	48	55	62	69	76	83	90	97
φ	1.0	0.98	0.95	0.92	0.87	0.81	0.75	0.70	0.65	0.60	0.56
l_0/b	30	32	34	36	38	40	42	44	46	48	50
l_0/d	26	28	29.5	31	33	34.5	36.5	38	40	41.5	43
l_0/i	104	111	118	125	132	139	146	153	160	167	174
φ	0.52	0.48	0.44	0.40	0.36	0.32	0.29	0.26	0.23	0.21	0.19

注：表中 b 为矩形截面的短边尺寸；d 为圆形截面的直径；i 为截面的最小回转半径。

2. 普通箍筋柱的计算

在轴向力设计值 N 作用下，轴心受压构件承载力计算公式可按下式计算(图 6-26)：

$$N=0.9\varphi(f_cA+f'_yA'_s) \tag{6-20}$$

式中　φ——钢筋混凝土轴心受压构件的稳定系数；

f_c——混凝土的轴心抗压强度设计值；

A——构件截面面积，当纵向钢筋的配筋率大于 3%时，A 改用 $A-A'_s$；

f'_y——纵向钢筋的抗压强度设计值；

A'_s——全部纵向钢筋的截面面积；

0.9——为了保持与偏向受压构件正截面承载力计算具有相近的可靠度而引入的系数。

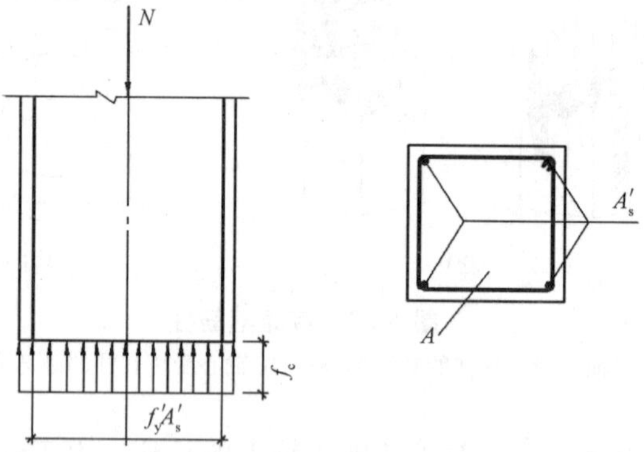

图 6-26　轴心受压柱的计算图形

【例 6-5】　某多层房屋为现浇钢筋混凝土框架结构，底层中间柱按轴心受压构件设计。该柱以承受恒载为主，轴向力设计值 $N=$ 2 600 kN。柱计算长度 $l_0=5.0$ m，混凝土强度等级为 C30($f_c=$ 14.3 N/mm²)，纵筋采用 HRB400 级钢筋($f'_y=360$ N/mm²)。该柱截面尺寸为 $b\times h=$400 mm×400 mm，安全等级为二级，试求该柱所需的纵向钢筋截面面积。

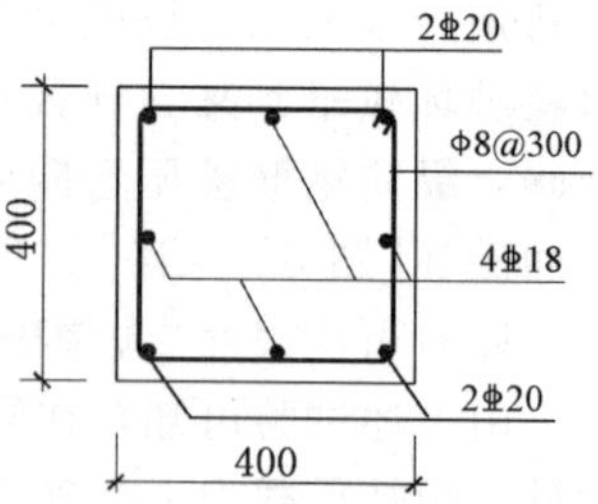

图 6-27　例 6-5 图

【解】　(1)确定稳定系数 φ。由 $l_0/b=5\,000/400=12.5$，查表 6-12 得 $\varphi=0.94$。

(2)计算配筋(图 6-27)。

由式(6-20)可得：

$$A_s'=\frac{\left(\frac{N}{0.9\varphi}-f_cA\right)}{f_y'}=\frac{\left(\frac{2\ 600\ 000}{0.9\times0.94}-14.3\times400\times400\right)}{360}=2\ 181(\mathrm{mm}^2)$$

故选用钢筋 4Φ20＋4Φ18($A_s'=2\ 273\ \mathrm{mm}^2$)

$$\rho'=\frac{A_s'}{A}=\frac{2\ 273}{400\times400}=1.4\%\quad 0.6\%<1.4\%<3\%$$

满足配筋率要求。

三、偏心受压构件

1. 偏心受压构件的破坏形态及其特征

根据钢筋混凝土偏心受压构件正截面的受力特点与破坏特征，偏心受压构件可分为大偏心受压构件和小偏心受压构件两种类型，如图 6-28 所示。

(1)大偏心受压(受拉破坏)。在偏心轴向力的作用下，远离轴向力一侧的截面受拉，近轴向力一侧的截面受压。随着轴向力的增加，受拉区首先出现横向裂缝。偏心距越大，受拉钢筋越少，横向裂缝出现得越早，裂缝的开展与延伸越快。继续增加轴向力，主裂缝逐渐明显，受拉钢筋首先达到屈服，受拉变形的发展大于受压变形的发展，中和轴上升，混凝土压区的高度减少，压区边缘混凝土的应变达到其极限值，受压钢筋受压屈服，在压区出现纵向裂缝，最后混凝土压碎崩脱。这种破坏一般发生在轴向力的偏心距较大，且受拉钢筋配置不多的情况。

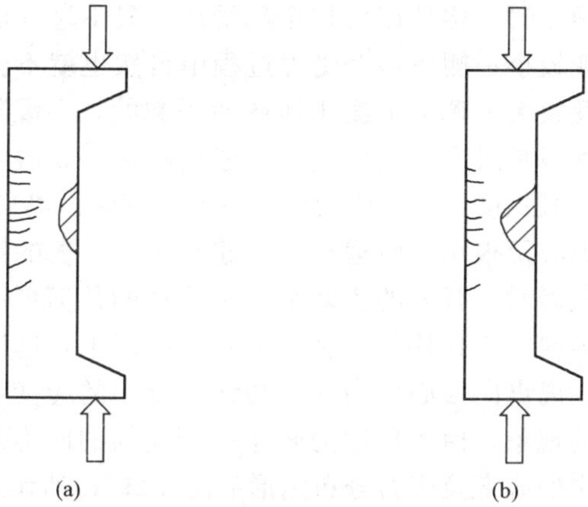

图 6-28　试验所得的典型破坏状况

(a)大偏心受压破坏；(b)小偏心受压破坏

在上述破坏过程中，关键的破坏特征是受拉钢筋首先达到屈服，然后受压钢筋也能达到屈服，最后由于受压区混凝土压碎而导致构件破坏，这种破坏形态在破坏前有明显的预兆，属于延性破坏。所以把这类破坏称为受拉破坏。破坏阶段截面中的应变及应力分布图形如图 6-29(a)所示。

(2)小偏心受压(受压破坏)。当偏心距较小，或偏心距虽然较大，但受拉钢筋配置较多时，截面可能处于大部分受压而少部分受拉状态。当荷载增加到一定程度时，受拉边缘混凝土将达到其极限拉应变，从而沿构件受拉边一定间隔将出现垂直于构件轴线的裂缝。但由于构件截面受拉区的应变增长速度较受压区慢，因此受拉区裂缝的开展也较为缓慢。在构件破坏时，中和轴距离受拉钢筋较近，钢筋中的拉应力较小，受拉钢筋达不到屈服强度，因此，也不可能形成明显的主拉裂缝。构件的破坏是由受压区混凝土的压碎所引起的，而且压碎区的长度往往较大。当柱内配置的箍筋较少时，还可能在混凝土压碎前在受压区内出现较长的纵向裂缝。在混凝土压碎时，受压一侧的纵向钢筋只要强度不是过高，受压钢筋压应力一般都能达到屈服强度。破坏阶段截面中的应变及应力分布图形如图 6-29(b)所示。需要注意的是，由于受拉钢筋中的应力没有达到屈服强度，因此在截面应力分布图形中其拉应力只能用 σ_s 表示。

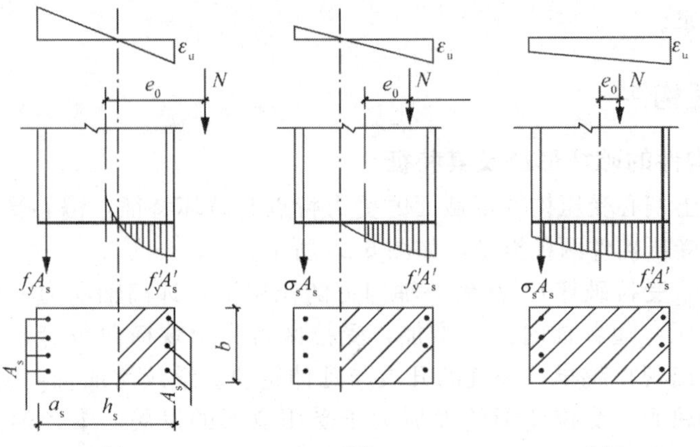

图 6-29　偏心受压构件截面受力的几种情况

当轴向压力的偏心距很小时，构件截面将全部受压，只不过一侧压应变较大，另一侧压应变较小。这类构件的压应变较小一侧在整个受力过程中自然也就不会出现与构件轴线垂直的裂缝。构件的破坏是由压应变较大一侧的混凝土压碎所引起的。在混凝土压碎时，接近纵向偏心力一侧的纵向钢筋只要强度不是过高，其压应力一般均能达到屈服强度。由于受压较小一侧的钢筋压应力通常也达不到屈服强度，故在应力分布图形中其应力也只能用 σ_s 表示。

另外，当轴向压力的偏心距很小，而远离纵向偏心压力一侧的钢筋配置得过少，接近纵向偏心压力一侧的钢筋配置较多时，截面的实际重心和构件的几何形心不重合，重心轴向纵向偏心压力方向偏移，且越过纵向压力作用线，在这种特殊情况下，远离纵向偏心压力一侧的混凝土的压应力反而大，出现远离纵向偏心压力一侧边缘混凝土的应变首先达到极限压应变，混凝土被压碎，最终构件破坏的现象。由于压应力较小一侧钢筋的应力通常也达不到屈服强度，这种受压情况破坏阶段截面中的应变及应力分布图形如图 6-29(c)所示。因此，在截面应力分布图形中其应力只能用 σ_s 来表示。

上述小偏心受压情况所共有的关键性破坏特征是，构件的破坏是由受压区混凝土的压碎所引起的。破坏时，压应力较大一侧的受压钢筋的压应力一般都能达到屈服强度，而另一侧的钢筋无论受拉还是受压，其应力一般都达不到屈服强度。构件在破坏前变形不会急剧增长，但受压区垂直裂缝不断发展，破坏时没有明显预兆，属于脆性破坏。所以把具有这类特征的破坏形态统称为“受压破坏”。

2. 界限破坏

在“受拉破坏”和“受压破坏”之间存在着一种界限状态，称为“界限破坏”。其不仅有横向主裂缝，而且比较明显。它在受拉钢筋应力达到屈服的同时，受压混凝土出现纵向裂缝并被压碎。在界限破坏时，混凝土压碎区段的大小比“受拉破坏”情况时的大，比“受压破坏”情况时的要小。要保证受拉钢筋先达屈服强度，相对受压区高度必须满足 $\xi \leqslant \xi_b$ 的条件。ξ_b 的取值与受弯构件正截面承载能力分析的相同。因此，可用相对受压区高度进行大、小偏心受压的判别。

(1)$\xi \leqslant \xi_b$ 时，属于大偏心受压；

(2)$\xi > \xi_b$ 时，属于小偏心受压。

3. 纵向弯曲对其承载能力的影响

钢筋混凝土偏心受压构件在偏心轴向力的作用下将产生弯曲变形，使临界截面的轴向力偏心距增大。如图 6-30 所示为一两端铰支柱，在其两端作用偏心轴向力，在此偏心轴向力的作用下，柱将产生弯曲变形，在临界截面处将产生最大挠度，因此，临界截面的偏心距由 e_0 增大到 e_0+f，弯矩 Ne_0 增大到 $N(e_0+f)$，f 随着荷载的增大而不断加大，因而弯矩的增长也就越来越快，结果致使柱的承载力降低。截面弯矩中的弯矩 Ne_0 称为一阶弯矩，Nf 称为二阶弯矩或者附加弯矩。

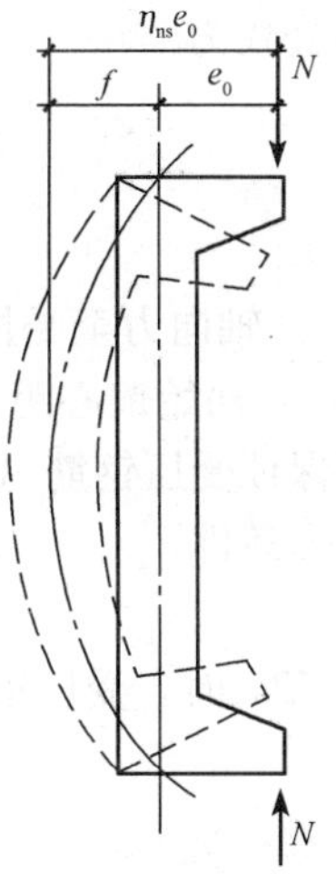

图 6-30　偏心受压构件的侧向挠度

《规范》规定，弯矩作用平面内截面对称的偏心受压构件，当同一主轴方向的杆端弯矩比 $M_1/M_2 \leqslant 0.9$ 且设计轴压比不大于 0.9 时，若杆件的长细比满足式(6-21)的要求，则不考虑附加弯矩的影响，否则应考虑其影响。

$$\frac{l_c}{i} \leqslant 34-12\frac{M_1}{M_2} \tag{6-21}$$

式中　M_1、M_2——偏心受压构件两端截面按结构分析确定的对同一主轴的弯矩设计值，绝对值较大端的为 M_2，绝对值较小端的为 M_1，当构件按单曲率弯曲时，为 M_1/M_2 正，否则为负；

l_c——构件的计算长度，可近似取偏心受压构件相应的主轴方向两个支撑点之间的距离；

i——偏心方向的截面回转半径。

《规范》除排架结构柱外，其他偏心受压构件考虑轴向压力在挠曲杆件中产生的附加弯矩后控制截面的弯矩设计值，应按下式计算：

$$M=C_m\eta_{ns}M_2 \tag{6-22}$$

$$C_m=0.7+0.3\frac{M_1}{M_2}\geqslant 0.7 \tag{6-23}$$

$$\eta_{ns}=1+\frac{1}{1\,300(M_2/N+e_a)}\left(\frac{l_c}{h}\right)^2\zeta_c \tag{6-24}$$

$$\zeta_c=0.5f_cA/N \tag{6-25}$$

当 $C_m\eta_{ns}<1.0$ 时取 1.0。

式中　C_m——构件端截面偏心距调节系数；

η_{ns}——弯矩增大系数；

N——与弯矩设计值 M_2 相应的轴向压力设计值；

e_a——附加偏心距，$e_a=h/30 \geqslant 20$ mm；

ζ_c——截面曲率修正系数，当计算值>1.0 时，取 1.0；

h——截面高度，对环形截面取外径，对圆形截面取直径；

A——构件的截面面积。

4. 矩形截面偏心受压构件的正截面承载力基本计算公式

偏心受压构件正截面承载力计算采用与受弯构件正截面承载力计算相同的基本假定，用等效矩形应力图形代替混凝土压区的实际应力图形。

(1)大偏心受压构件。承载能力极限状态时，大偏心受压构件中的受拉和受压钢筋应力都能达到屈服强度，根据截面力和力矩的平衡条件[图 6-31(a)]，大偏心受压构件正截面承载能力计算的基本公式为

$$N\leqslant\alpha_1 f_c bx+f'_y A'_s-f_y A_s \tag{6-26}$$

$$Ne\leqslant\alpha_1 f_c bx(h_0-x/2)+f'_y A'_s(h_0-a'_s) \tag{6-27}$$

$$e=e_i+0.5h-a_s \tag{6-28}$$

式中　e——轴向力至受拉钢筋合力点的距离；

e_i——初始偏心距，$e_i=e_0+e_a$，其中 $e_0=M/N$。

为了保证受压钢筋 A'_s应力到达 f'_y及受拉钢筋 A_s 应力达到 f_y，构件截面的相对受压区高度应符合下列条件：

$$2a'_s\leqslant x\leqslant\xi_b h_0$$

当 $x<2a'_s$时，受压钢筋应力达不到 f'_y，与双筋受弯构件类似，可取 $x=2a'_s$，根据平衡条件可得：

$$Ne'\leqslant f_y A_s(h_0-a'_s) \tag{6-29}$$

故有

$$A_s=\frac{Ne'}{f_y(h_0-a'_s)} \tag{6-30}$$

式中　e'——轴向力至受压钢筋合力点的距离，$e'=e_i-h/2+a'_s$。

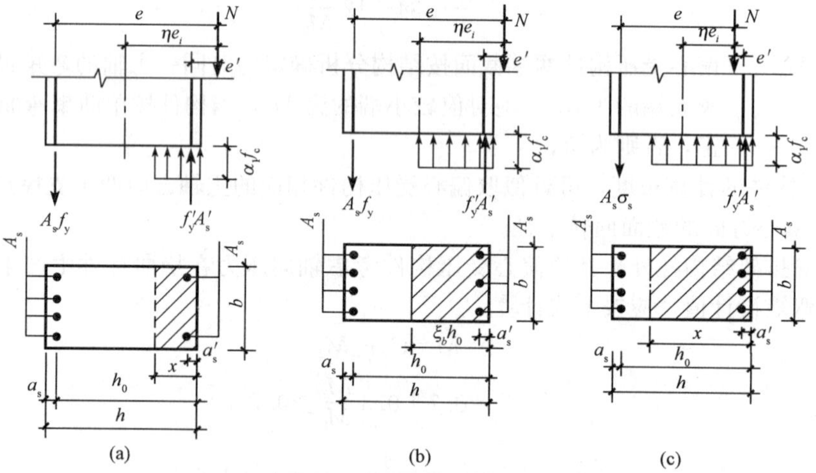

图 6-31　矩形截面偏心受压构件正截面承载能力计算图式

(a)大偏心受压；(b)界限偏心受压；(c)小偏心受压

(2)小偏心受压构件。对于矩形截面小偏心受压构件而言，由于离轴力较远一侧纵筋受拉不屈服或处于受压状态，其应力大小与受压区高度有关，而在构件截面配筋计算中受压区高度也是未知的，所以计算相对较为复杂。根据截面力和力矩的平衡条件[图 6-31(c)]，可得矩形截面小偏心受压构件正截面承载能力计算的基本公式为

$$N\leqslant\alpha_1 f_c bx+f'_y A'_s-\sigma_s A_s \tag{6-31}$$

$$Ne\leqslant\alpha_1 f_c bx(h_0-x/2)+f'_y A'_s(h_0-a'_s) \tag{6-32}$$

$$e'=0.5h-e_i-a'_s \tag{6-33}$$

式中　σ_s——远离轴向力一侧钢筋的应力，可按下式近似计算：

$$\sigma_s=f_y\frac{\xi-\beta_1}{\xi_b-\beta_1} \tag{6-34}$$

按式(6-34)算得的钢筋应力应符合下列条件

$$-f'_y \leqslant \sigma_s \leqslant f_y \tag{6-35}$$

当混凝土强度等级≤C50 时，$\beta_1=0.8$。

当相对偏心距很小且 A'_s 比 A_s 大很多时，也可能在离轴向力较远的一侧的混凝土先被压坏，称为反向破坏。为了避免发生反向压坏，对于小偏心受压构件除按式(6-31)和式(6-32)或式(6-33)计算外，还应满足下述条件

$$N[0.5h-a'_s-(e_0-e_a)] \leqslant \alpha_1 f_c bh(h'_0-0.5h)+f'_y A_s(h'_0-a_s) \tag{6-36}$$

5. 对称配筋矩形截面的承载能力计算与复核

在工程设计中考虑各种荷载的组合，偏心受压构件常常要承受变号弯矩的作用，或为了构造简单便于施工，避免施工错误，一般采用对称配筋截面，$A_s=A'_s$，$f_y=f'_y$，$a_s=a'_s$。

(1)截面受压类型的判别。由式(6-26)可知，当 $A_s=A'_s$，$f_y=f'_y$时，可得：

$$x=\frac{N}{\alpha_1 f_c b} \tag{6-37}$$

因此，当 $x \leqslant \xi_b h_0$ 时为大偏心受压；当 $x > \xi_b h_0$ 时为小偏心受压。

(2)大偏心受压构件截面设计。将式 x 值代入式(6-27)可得

$$A_s=A'_s=\frac{Ne-\alpha_1 f_c bx(h_0-x/2)}{f'_y(h_0-a'_s)} \tag{6-38}$$

如 $x<2a'_s$，对受压钢筋合力点取矩，按下式求 A_s 和 A'_s

$$A'_s=A_s=\frac{Ne'}{f'_y(h_0-a'_s)} \tag{6-39}$$

(3)小偏心受压构件截面设计。在小偏心的情况下，由于$-f'_y \leqslant \sigma_s \leqslant f_y$，《规范》采用下列近似计算方法求 A_s 和 A'_s：

$$A_s=A'_s=\frac{Ne-\alpha_1 f_c bh_0^2 \xi(1-\xi/2)}{f'_y(h_0-a'_s)} \tag{6-40}$$

$$\xi=\frac{N-\xi_b \alpha_1 f_c bh_0}{\dfrac{Ne-0.43\alpha_1 f_c bh_0^2}{(\beta_1-\xi_b)(h_0-a'_s)}+\alpha_1 f_c bh_0}+\xi_b \tag{6-41}$$

(4)截面复核。给定轴向作用力的偏心距 e_0，求轴向力设计值 N。由于给定的截面尺寸、配筋和材料强度均已知，故未知数有 x 和 N。故可先按大偏心受压情况对轴向力 N 的作用点取矩，根据静力平衡条件得：

$$\alpha_1 f_c bx(e-h_0+x/2)+f'_y A'_s e'-f_y A_s e=0 \tag{6-42}$$

可求得 x。

①若 $2a'_s \leqslant x \leqslant \xi_b h_0$ 时，可按式(6-37)求 N；

②若 $x<2a'_s$时，可按式(6-29)求 N；

③若 $x>\xi_b h_0$ 时，可按式(6-31)、式(6-32)、式(6-33)求解 x 和 N。

第三节　钢筋混凝土受拉构件简介

一、受拉构件的分类

在钢筋混凝土结构中，承受轴向拉力或承受轴向拉力及弯矩共同作用的构件称为受拉构件。其中，轴向拉力作用点通过截面质量中心连线且不受弯矩作用的构件称为轴心受拉构件，轴向

拉力作用点偏离构件截面质量中心连线或构件承受轴向拉力及弯矩共同作用的构件称为偏心受拉构件。由于混凝土是一种非匀质材料，加之施工上的误差，无法做到纵向拉力能通过构件任意横截面的质量中心连线，因此，严格地说实际工程中没有真正的轴心受拉构件。但当构件上弯矩很小(或偏心距很小)时，为方便计算，可将此类构件简化为轴心受拉构件进行设计。如圆形水池的池壁、钢筋混凝土屋架的下弦杆等就是轴心受拉构件；矩形水池的池壁、承受节间荷载的桁架下弦杆则是偏心受拉构件。

二、轴心受拉构件的正截面承载力

1. 轴心受拉构件的受力特点

与适筋受弯构件相似，轴心受拉构件从开始加载到破坏，其受力过程也可分为三个受力阶段：第Ⅰ阶段为从加载到混凝土开裂前；第Ⅱ阶段为混凝土开裂到受拉钢筋屈服前；第Ⅲ阶段为受拉钢筋达到屈服，此时，拉力 N 值基本不变，构件裂缝开展很大，可认为构件达到极限承载力。

2. 轴心受拉构件正截面承载力计算

轴心受拉构件破坏时，混凝土不承受拉力，全部拉力由钢筋来承受，故轴心受拉构件正截面承载力计算公式如下

$$N \leqslant A_s f_y \tag{6-43}$$

式中　N——轴向拉力设计值；

A_s——受拉钢筋截面面积；

f_y——钢筋抗拉强度设计值。

三、偏心受拉构件的正截面承载力

1. 偏心受拉构件的分类

根据偏心拉力 N 的作用位置不同，将偏心受拉构件分为大偏心受拉构件和小偏心受拉构件两种。如图 6-32 所示，设轴向拉力 N 的作用点距构件截面重心轴的距离为 e_0，在截面上靠近偏心拉力 N 一侧的钢筋截面面积为 A_s，在截面另一侧的钢筋截面面积为 A'_s。

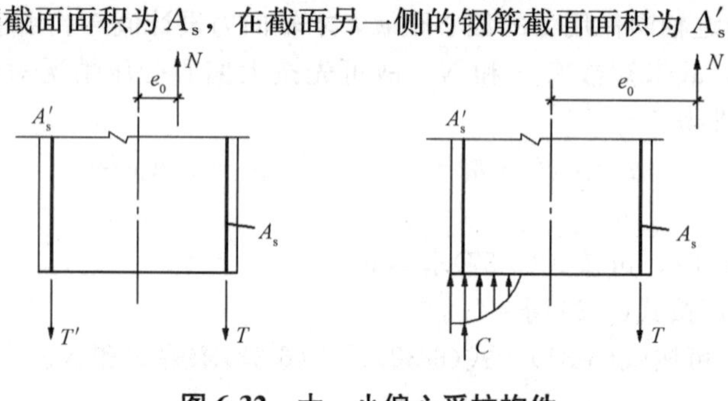

图 6-32　大、小偏心受拉构件

当纵向拉力 N 作用在 A_s 合力点与 A'_s 合力点之间时[图 6-32(a)]，构件全截面混凝土裂通，仅由钢筋 A_s 和 A'_s 提供的拉力 $f_y A_s$ 和 $f'_y A'_s$ 与轴向拉力 N 平衡，构件的破坏取决于 A_s 和 A'_s 的抗拉强度。这类情况称为小偏心受拉。

当纵向拉力 N 作用在 A_s 外侧时[图 6-32(b)]，构件截面 A_s 一侧受拉，A'_s 一侧受压，截面部分开裂但不会裂通，构件的破坏取决于 A_s 的抗拉强度或混凝土受压区的抗压能力。这类情况称为大偏心受拉。

可见，大、小偏心受拉构件的本质界限是构件截面上是否存在受压区。由于截面上受压区的存在与否与轴向拉力 N 作用点的位置有直接关系，所以，在实际设计中以轴向拉力 N 的作用点在钢筋 A_s 和 A'_s 之间或钢筋 A_s 和 A'_s 之外，作为判定大小偏心受拉的界限，即

(1)偏心距 $e_0 \leqslant h_0/2-a_s$ 时，属于小偏心受拉构件；

(2)偏心距 $e_0 > h_0/2-a_s$ 时，属于大偏心受拉构件。

2. 小偏心受拉构件正截面承载力计算

小偏心受拉构件在截面达到极限承载力时，全截面混凝土裂通，拉力全部由钢筋承担，其应力均达到屈服强度 f_y。分别对 A'_s 及 A_s 取矩(图 6-33)，可得到矩形截面小偏心受拉构件正截面承载力的基本计算公式

$$Ne' \leqslant f_y A_s (h'_0 - a_s) \tag{6-44}$$

$$Ne \leqslant f_y A'_s (h_0 - a'_s) \tag{6-45}$$

式中　e——轴向拉力至钢筋 A_s 合力点之间的距离，$e=h_0/2-a_s-e_0$；

e'——轴向拉力至钢筋 A'_s 合力点之间的距离，$e'=h_0/2-a'_s+e_0$。

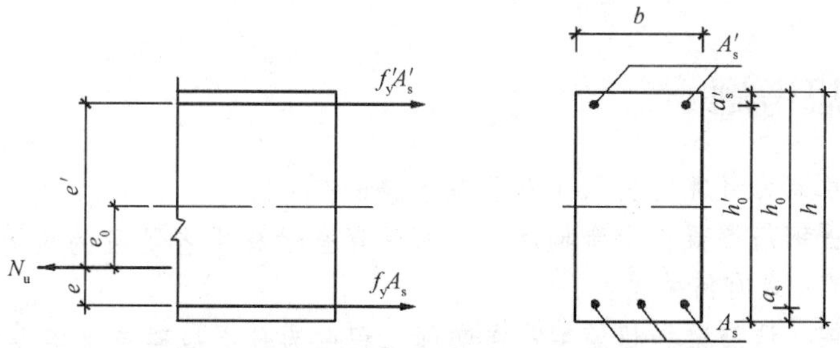

图 6-33　小偏心受拉构件正截面受拉承载力计算图

3. 大偏心受拉构件正截面承载力计算

大偏心受拉构件在截面达到极限承载力时，截面受拉侧混凝土产生裂缝，拉力全部由钢筋承担，受拉钢筋达到屈服；在对应的另一侧形成受压区，混凝土达到极限压应变，如图 6-34 所示，由力和力矩平衡条件，可得到大偏心受拉构件正截面承载力的基本计算公式：

$$N \leqslant f_y A_s - f'_y A'_s - \alpha_1 f_c bx \tag{6-46}$$

$$Ne \leqslant \alpha_1 f_c bx(h_0 - 0.5x) + f'_y A'_s (h_0 - a'_s) \tag{6-47}$$

式中，
$$e = e_0 - h_0/2 + a_s$$

基本公式的适用条件　$2a'_s \leqslant x \leqslant \xi_b h_0$

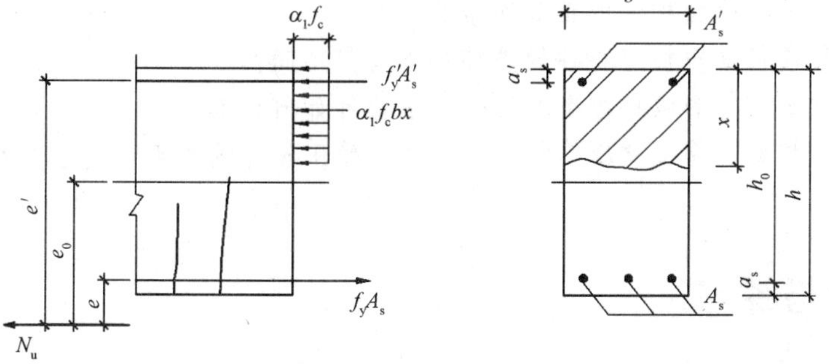

图 6-34　大偏心受拉构件正截面受拉承载力计算图

本章小结

(1)受弯构件是内力以弯矩和剪力为主的构件，梁、板是常见的受弯构件。受弯构件计算包括正截面和斜截面的计算。正截面计算包括单筋和T形截面的承载力计算；斜截面承载力计算分为仅配箍筋和既配箍筋又配弯起钢筋两种配筋形式的计算。在选用钢筋时，应注意既要满足承载力要求，又要满足构造要求和考虑施工因素。

(2)受扭构件在结构上主要以弯剪扭为主，计算采用“分别计算，统一配筋”的方法。

(3)受压构件分为轴心受压构件和偏心受压构件，柱是典型的受压构件。偏心受压构件按混凝土受压区高度的大小分为大偏心受压构件和小偏心受压构件。

(4)受拉构件分为轴心受拉构件和偏心受拉构件，常见的受拉构件有水池、筒仓等。偏心受拉构件按轴力位置分为大偏心受拉构件和小偏心受拉构件。

复习思考题

1. 进行正截面承载力计算时引入了哪些基本假设？
2. 为什么要掌握钢筋混凝土受弯构件正截面受弯全过程中各阶段的应力状态，其与建立正截面受弯承载力计算公式有何关系？
3. 什么是少筋梁、适筋梁和超筋梁？在实际工程中为什么应避免采用少筋梁和超筋梁？
4. 如何防止将受弯构件设计成少筋构件和超筋构件？
5. 什么是配筋率，其对梁的正截面受弯承载力有何影响？
6. T形截面如何分类？怎样判别第一类T形截面和第二类T形截面？
7. 试述剪跨比的概念及其对斜截面破坏的影响。
8. 梁上斜裂缝是怎样形成的？它发生在梁的什么区段内？
9. 斜裂缝有哪几种类型？有何特点？
10. 试述梁斜截面受剪破坏的三种形态及其破坏特征。
11. 影响斜截面受剪性能的主要因素有哪些？
12. 在设计中采用什么措施来防止梁的斜压和斜拉破坏？
13. 试说明为什么大、小偏心受拉构件的区分只与轴向力的作用位置有关，与配筋率无关。
14. 怎样区别偏心受拉构件所属的类型？
15. 怎样计算小偏心受拉构件的正截面承载力？
16. 轴心受压普通箍筋短柱与长柱的破坏形态有何不同？
17. 简述偏心受压构件的破坏形态。偏心受压构件如何分类？
18. 对称配筋矩形截面偏心受压构件大、小偏心受压破坏的界限如何区分？

思考与练习

1. 已知梁截面弯矩设计值$M=90\ \text{kN}\cdot\text{m}$，混凝土强度等级为C30，钢筋采用HRB335级，梁的截面尺寸为$b\times h=200\ \text{mm}\times 500\ \text{mm}$，环境类别为一类。试求：所需纵向钢筋截面面积$A_s$。

2. 已知梁的截面尺寸 $b\times h=200\ \mathrm{mm}\times 450\ \mathrm{mm}$，混凝土强度等级为 C30，配有 4 根直径为 16 mm 的 HRB335 级钢筋，环境类别为一类。若承受弯矩设计值 $M=70\ \mathrm{kN\cdot m}$，试验算此梁正截面承载力是否安全。

3. 已知一 T 形梁截面设计弯矩 $M=410\ \mathrm{kN\cdot m}$，梁的尺寸 $b\times h=200\ \mathrm{mm}\times 600\ \mathrm{mm}$，$b'_f=1\ 000\ \mathrm{mm}$，$h'_f=90\ \mathrm{mm}$；混凝土强度等级为 C25，钢筋采用 HRB400 级，环境类别为一类，求：受拉钢筋截面面积 A_s。

4. 一混凝土框架柱，承受轴向压力设计值 $N=1\ 000\ \mathrm{kN}$，弯矩设计值 $M=430\ \mathrm{kN\cdot m}$，截面尺寸为 $b\times h=400\ \mathrm{mm}\times 500\ \mathrm{mm}$，该柱计算长度 $l_0=5.0\ \mathrm{m}$，混凝土强度等级为 C30，钢筋为 HRB400 级，对称配筋。试确定该柱所需的纵向钢筋截面面积 A_s 和 A'_s。

5. 钢筋混凝土连续梁受均布荷载作用，截面尺寸为 $b\times h=300\ \mathrm{mm}\times 600\ \mathrm{mm}$，$a_s=a'_s=45\ \mathrm{mm}$，混凝土保护层厚度为 25 mm；在支座处承受的内力：$M=90\ \mathrm{kN\cdot m}$，$V=900\ \mathrm{kN}$，$T=28.3\ \mathrm{kN\cdot m}$。采用的混凝土强度等级为 C25，纵向钢筋为 HRB400 级，箍筋为热轧 HPB300 级钢筋。试确定该截面配筋。

第七章 钢筋混凝土基本结构单元

内容提要

本章内容主要包括钢筋混凝土楼盖、楼梯的结构布置、受力特点、内力计算方法、截面设计要点以及构造要求。

知识目标

1. 掌握单、双向板肋梁楼盖的划分、受力特点、传力途径。

2. 掌握单向板肋梁楼盖、次梁和主梁的计算简图、荷载折减、内力计算和主梁包络图的绘制。

3. 掌握单向板肋梁楼盖中的板、次梁按塑性方法计算的塑性铰，塑性内力重分布的概念。

4. 掌握构件截面设计及构造要求，楼盖中各构件施工图的绘制。

5. 了解双向板按弹性方法的计算特点，塑性方法计算板的配筋及其构造要求。

6. 了解板式及梁式楼梯的受力特点和传力途径，板式楼梯设计和施工图的绘制。

能力目标

1. 能运用单向板肋梁楼盖的弹性理论、塑性理论来计算内力。

2. 熟悉连续梁、板截面设计特点及配筋构造要求。

学习建议

1. 参观校园内已建或在建工程结构及结构组成，增加感性认识。

2. 结合工程实际案例进行讲解学习，增强实际应用能力。

梁、板结构是由梁和板组成的结构体系，其支撑结构体系可为柱或墙体，是土木工程中常见的结构形式，如楼(屋)盖、楼梯、阳台、雨篷、地下室底板和挡土墙等。除在建筑结构中得到广泛应用外，梁、板结构还用于桥梁的桥面结构，特种结构中水池的顶盖、池壁和底板等。楼盖和屋盖是最典型的梁板结构。按施工方法不同，其可分为现浇整体式、装配式、装配整体式三种。

现浇钢筋混凝土楼(屋)盖具有整体刚度好、抗震性能强、防水性能好、对房屋的不规则平面适应性强等优点；缺点是费工费模板、现场工作量较大、施工周期长。

装配式楼盖结构是由预制构件在现场安装连接而成的，构件通过规格化、定型化，可在工厂大批量生产，造价较低，同时节约劳动力，可加快施工进度。其缺点是整体性、抗震性、防水性较差，不便开设洞口。对于高层建筑、有抗震设防要求的建筑以及使用上要求防水和开设孔洞的楼面，均不宜采用。

装配整体式钢筋混凝土楼盖是将各种预制构件在现场吊装就位后，通过连接措施和现浇混凝土形成整体，优缺点介于以上二者之间。本章主要介绍现浇钢筋混凝土楼盖。

第一节　现浇钢筋混凝土楼盖

一、现浇钢筋混凝土楼盖的类型

现浇钢筋混凝土楼盖按结构形式可分为肋梁楼盖、井式楼盖、密肋楼盖和无梁楼盖。

(1)肋梁楼盖由板、次梁和主梁组成。其是楼盖中最常见的结构形式，楼面荷载由板传给次梁、主梁，再传至柱或墙，最后传至基础。一般将四周支承在主、次梁上的板称为一个区格。肋形楼盖的特点是结构布置灵活，可以适应不规则的柱网布置、复杂的工艺及建筑平面要求。其优点是用钢量较低；缺点是支模比较复杂，如图 7-1 所示。

(2)当柱网接近于方形时，两个方向的梁可采用相同的截面，不分主、次梁，共同直接承受板传来的荷载，形成交叉梁系，即为井式楼盖。这种楼盖的结构高度比主次梁肋形楼盖要小，且具有较好的建筑效果。因此，这种楼盖适用于房间为矩形的楼盖(两个方向边长越接近越经济)，常用于公共建筑的厅、堂，如图 7-2 所示。

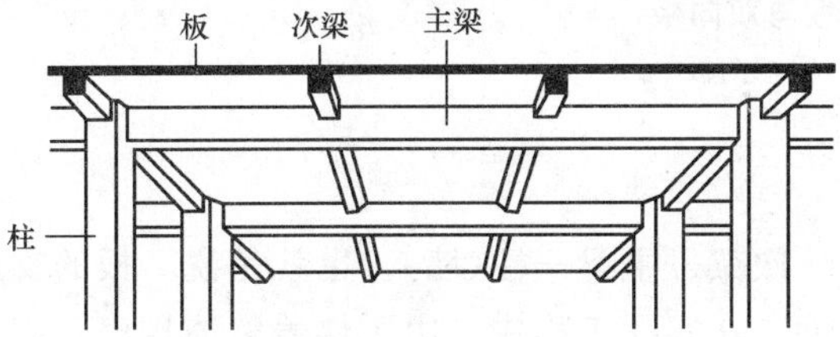

图 7-1　肋梁楼盖

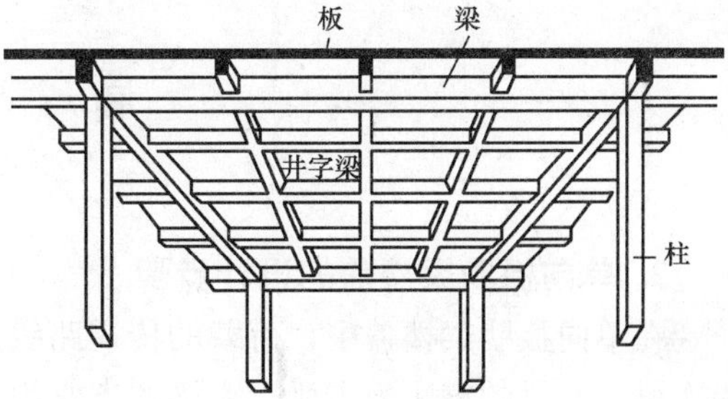

图 7-2　井式楼盖

(3)将井式楼盖中两个方向梁的间距减小，板的厚度也减小，即形成双向密肋楼盖。近年来，采用预制塑料模壳克服了双向密肋楼盖支模复杂的缺点，使这种楼盖的应用逐渐增多。这种楼盖的优点是节省混凝土、自重轻，有良好的建筑效果，如图 7-3 所示。

(4)当柱网接近方形时，可不设置梁，将板直接支承于柱上，做成无梁楼盖。无梁楼盖的特点是结构高度小，净空大，支模简单，但自重大，用钢量大。其常用于仓库、商店等建筑，有时也用于水池的顶板、底板和筏形基础等处。当柱网较大(6～8 m)，且荷载较大时，需设置柱帽，以提高板的抗冲切能力，如图 7-4 所示。

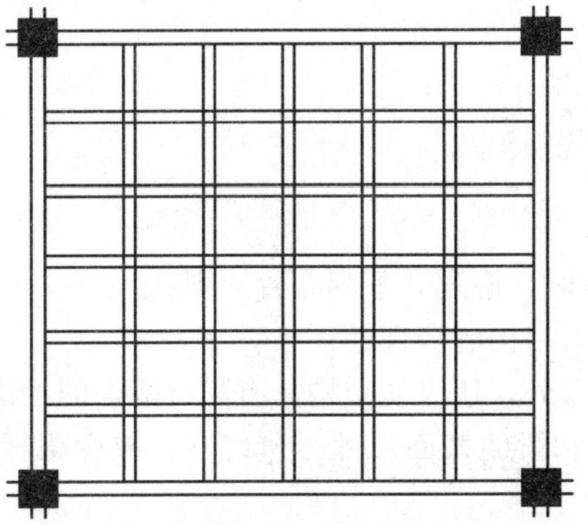

图 7-3　密肋楼盖

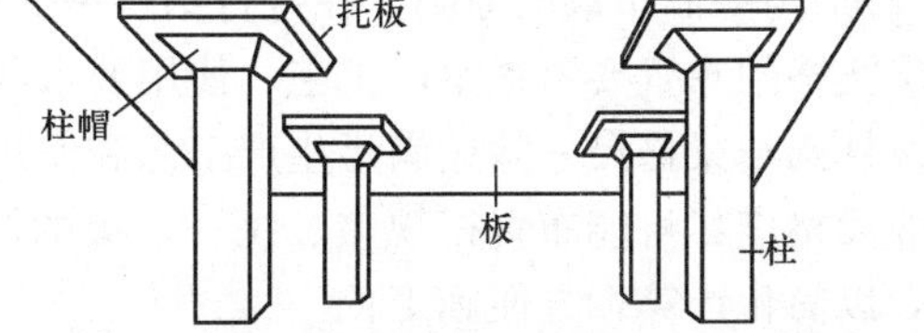

图 7-4　无梁楼盖

二、现浇钢筋混凝土单向板肋形楼盖

1. 单向板与双向板的划分

《规范》规定，对两边支撑的板和单边嵌固的悬臂板，一定应按单向板计算。如图 7-5 所示，对于四周支承的板，当长短边比值 $l_2/l_1 \geqslant 3$ 时，宜按沿短边方向的单向板计算，并应沿长边方向布置构造钢筋；当长短边比值 $l_2/l_1 \leqslant 2$ 时，应按双向板计算；当 $2<l_2/l_1<3$ 时宜按双向板计算。

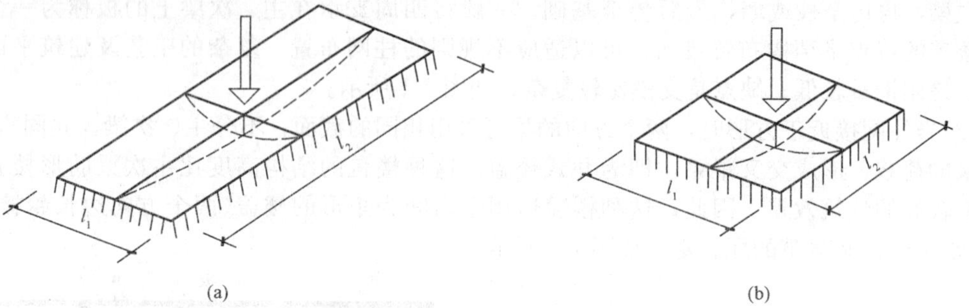

图 7-5　单向板与双向板

(a)单向板；(b)双向板

2. 单向板肋梁楼盖的设计步骤

在单向板肋梁楼盖中，荷载的传递路线是板—次梁—主梁—柱(墙)。也就是说，板的支座为次梁，次梁的支座为主梁，主梁的支座为柱和墙。在实际工程中，由于楼盖整体现浇，因此楼盖中的板和梁往往形成多跨连续结构，在内力计算和构造要求上与单跨简支的板和梁的计算均有较大的区别，这是现浇楼盖在设计和施工中必须注意的一个重要特点。

单向板肋梁楼盖的设计步骤一般分以下几步进行：

(1)结构平面布置，对梁板进行分类编号，初步确定板厚和主、次梁的截面尺寸；

(2)确定板和主、次梁的计算简图；

(3)进行梁、板的内力计算及内力组合；

(4)截面配筋计算及构造措施；

(5)绘制施工图。

3. 结构平面布置

(1)结构平面布置的内容。

①确定柱网尺寸，即确定主梁、次梁的计算跨度；

②确定次梁的间距，即确定板的跨度；

③确定梁、板的截面尺寸。

(2)结构平面布置的原则。在进行结构平面布置时，应遵守下列布置原则：

①梁格的布置要考虑生产工艺、使用要求和支承结构的合理性；

②柱网与梁格尺寸除应满足生产工艺和使用要求外，还应使结构具有尽可能好的经济效果；

③梁格应尽可能布置得规整、统一，板的厚度和梁的截面尺寸尽量统一，减少梁板跨度的变化，以简化计算，方便施工；

④避免集中荷载直接作用于板上。

(3)梁、板的跨度及截面尺寸确定。根据平面布置原则，在实际工程中，常用的梁、板跨度及截面尺寸如下。

主梁：跨度 l=5～8 m，截面高度 $h=l/14\sim l/8$，宽度 $b=(1/3\sim1/2)h$。

次梁：跨度 l=4～7 m，截面高度 $h=l/18\sim l/12$，宽度 $b=(1/3\sim1/2)h$。同时为了方便施工，次梁的高度宜比主梁的高度小 50 mm 以上。

板：跨度 l=1.7～2.7 m，一般不宜超过 3 m。

根据以上原则，即可对楼盖进行结构布置。在无特殊要求的情况下，应把整个柱网布置成正方形或长方形，梁、板应尽量布置成等跨度的，以便使板的厚度和梁的截面尺寸都可能统一，这样，既便于内力计算又有利于施工。

图 7-6 所示为单向板肋梁楼盖布置的几个示例。

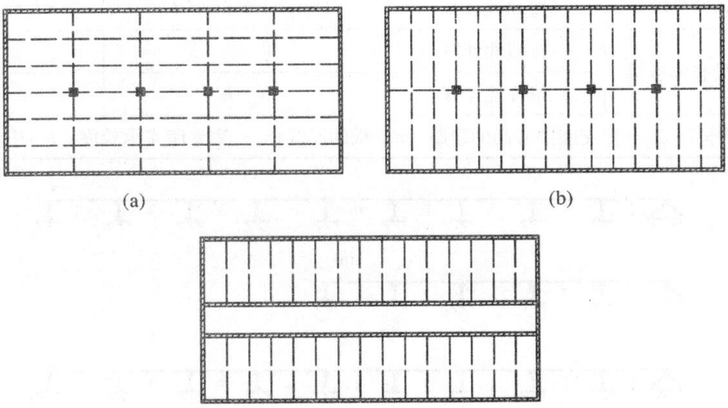

(a)　　(b)

(c)

图 7-6　单向板肋梁楼盖结构布置示意图

(a)主梁沿横向布置；(b)主梁沿纵向布置；(c)有中间走道

4. 单向板肋梁楼盖的计算简图

楼盖结构布置完成以后，即可确定结构的计算简图，以便对板、次梁、主梁分别进行计算。在确定计算简图时，除了应考虑现浇楼盖中板和梁多跨连续这个特点以外，还应对荷载计算、支座影响以及板、梁的计算跨度和跨数做简化处理。

(1)支座的选择。板支承在次梁或墙体上，为简化计算，将次梁或墙体作为板的不动铰支座。次梁支承在主梁(柱)或墙体上，将主梁(柱)或墙体作为次梁的不动铰支座。主梁支承在柱或墙体上，当主梁支承在墙体上时，将墙体作为主梁的不动铰支座，主梁支承在柱子上时，当节点两侧梁的线刚度之和与节点上下柱的线刚度之和的比值大于 3 时，将柱作为主梁的不动铰支座。否则，应按框架进行内力分析。

(2)计算跨度与跨数。连续板梁各跨的计算跨度是指在计算内力时所采用的跨长(用于计算弯矩、计算剪力时用净跨)，其取值与支座的构造形式、构件的截面尺寸以及内力计算方法有关，对于单跨及多跨连续板、梁在不同支撑条件下的计算跨度，通常按表 7-1 采用。

当连续梁的某跨度受到荷载作用时，它的相邻各跨也会受到影响而产生内力和变形，但这种影响是距该跨越远越小。当超过两跨以上时，影响已很小，因此，对于多跨连续梁跨度相同或相差不超过 10%，若跨数超过五跨时，可按五跨来计算。此时，除连续梁两边的第一跨、第二跨外，其余的中间各跨跨中及中间支座的内力值均按五跨连续梁的中间跨中和中间支座采用，如图 7-7 所示。如果跨数未超过五跨，则计算时应按实际跨数考虑。

表 7-1　板、次梁、主梁的计算跨度

跨数	支座情形		计算跨度	
			板	梁
单跨	两端支座		$l_0=l_n+h$	$l_0=l_n+a\leqslant 1.05l_n$
	一端简支另一端与梁整体连接		$l_0=l_n+0.5h$	
	两端与梁整体连接		$l_0=l_n$	
多跨	两端简支		当 $a\leqslant 0.1l_c$，$l_0=l_c$	当 $a\leqslant 0.05l_c$，$l_0=l_c$
			当 $a>0.1l_c$，$l_0=1.1l_c$	当 $a>0.05l_c$，$l_0=1.05l_c$
	一端简支另一端与梁整体连接	按塑性计算	$l_0=l_n+0.5h$	$l_0=l_n+0.5a\leqslant 1.025l_n$
		按弹性计算	$l_0=l_n+0.5(h+b)$	$l_0=l_c\leqslant 1.025l_n 0.5b$
	两端与梁整体连接	按塑性计算	$l_0=l_n$	$l_0=l_n$
		按弹性计算	$l_0=l_c$	$l_0=l_c$
注：l_n—支座间净距；l_c—为支座中心间的净距；h—板的厚度；a—边支座支承长度；b—中间支座宽度。				

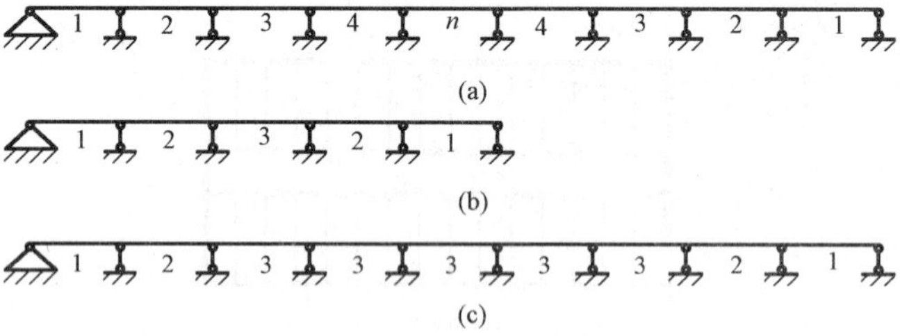

图 7-7　多跨连续梁、板计算跨数

(a)实际简图；(b)计算简图；(c)配筋构造简图

(3)荷载计算。作用在楼盖上的荷载有恒荷载和活荷载。恒荷载包括结构自重、各构造层自重、永久设备自重；活荷载主要为使用时的人群、家具及一般设备的重量，上述荷载均按均布荷载考虑。

确定楼板结构构件上的荷载时，为减少计算工作量，一般不对整个结构进行分析，而是从实际结构中选取有代表性的一部分作为计算的对象，称为计算单元。当楼面承受均布荷载时，对于板，通常取 1 m 的板带作为计算单元，板所承受的荷载为板带自重(包括面层及粉刷等)及板带上的均布可变荷载(也称活载)。在确定板传递给次梁的荷载和次梁传递给主梁的荷载时，一般均忽略结构的连续性，按简支梁进行计算，所以，对于次梁，取相邻板跨中线所分割出来的面积作为它的受荷面积。次梁所承受的荷载为次梁自重及其上受荷面积上板传来的荷载。对于主梁，其承受主梁自重及由次梁传来的集中荷载，但由于主梁自重与次梁传来的荷载相比较小，故为了简化计算，一般可将主梁均布自重化为若干个集中荷载，加入次梁传来的集中荷载，合并计算，如图 7-8 所示。

(4)折算荷载。在进行连续梁、板内力计算时，一般假设其支座为铰支座，即忽略支座对梁(板)的约束作用。实际上，当连续梁、板与支座为整体现浇时，这种假设与实际不完全相符。

当荷载各跨布置时，由于构件的弯曲变形将使支承梁发生扭转。对于连续板，次梁是其支座，由于次梁两端被主梁所约束，次梁的抗扭刚度将部分地阻止板的自由转动；对于次梁，主梁同样有部分阻止次梁自由转动的作用。这种作用反映在支座处转角比铰接支座的转角小，其效果相当于减少了跨中的最大正弯矩。这种影响通常难以精确计算，一般采用调整荷载(即加大恒载，减少活载)的方法加以考虑。也就是说，在进行荷载最不利组合及内力计算时，仍按铰接支座假定，但用折算荷载代替实际的计算荷载，如图 7-9 所示。

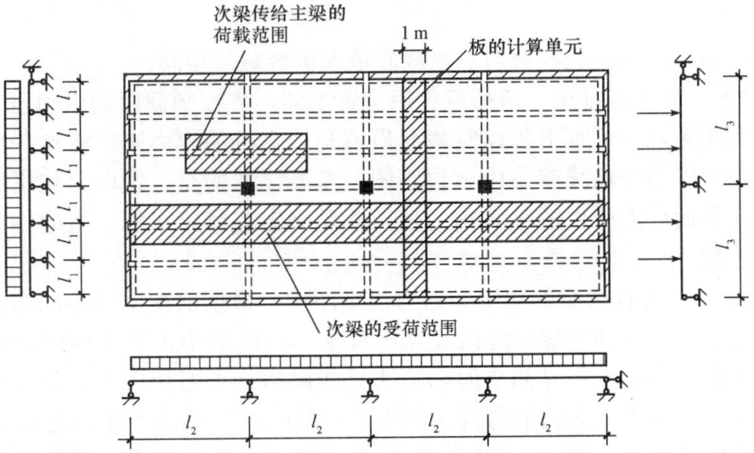

图 7-8　单向板肋形楼盖及其计算简图

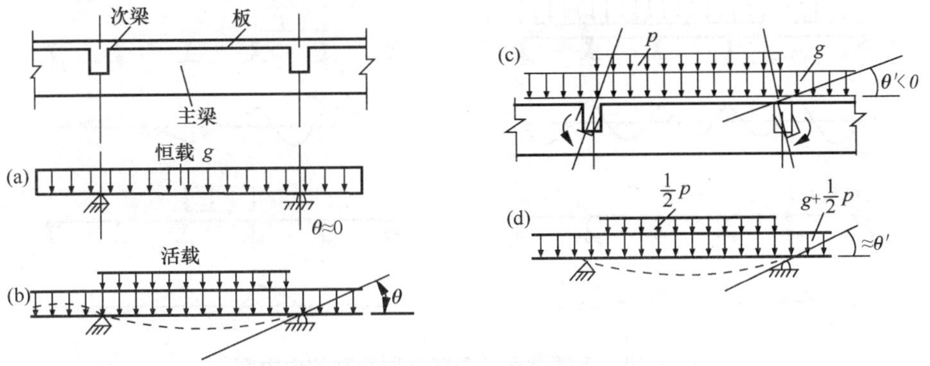

图 7-9　连续梁(板)的折算荷载

对于板，折算恒载 $g'=g+0.5q$，折算活载 $q'=0.5q$；

对于次梁，折算恒载 $g'=g+0.25q$，折算活载 $q'=0.75q$；

其中，g，q 为实际的恒载及活载。

在连续主梁和支座均为砖墙的连续板、梁中，上述影响较小，因此，不需要进行荷载折算。

5. 单向板肋梁楼盖的内力计算——弹性计算法

按弹性理论方法计算内力，即假定梁板为理想弹性体系，根据前述方法选取的计算简图，按结构力学所述的力矩分配法进行内力计算。为了计算方便，对于等跨的规则荷载的连续梁(板)，均已编制有关计算表格供计算时查用。

(1)活荷载的最不利布置。梁、板上的荷载有恒荷载和活荷载。其中，恒荷载的大小和位置均不变化，而活荷载的大小和位置是随意变化的，引起构件各截面的内力也是变化的，如图 7-10 所示。所以，要使构件在各种情况下保证安全，就必须确定活荷载布置在哪些位置，控制截面(支座、跨中)可能产生最大内力。

分析连续梁(板)内力图的变化规律(图 7-11)，可以得出确定截面最不利活荷载布置的原则。

①求某跨跨中最大弯矩时，应将活荷载布置在该跨，然后每隔一跨均应布置活荷载；

②求某跨跨中最小弯矩时，该跨应布置活荷载，而在两相邻跨布置活荷载，然后每隔一跨

布置活荷载；

③求某支座截面最大负弯矩时，应在该支座相邻跨上布置活荷载，然后每隔一跨布置活荷载；

④求某支座剪力时，活荷载布置与求该截面最大负弯矩时相同。

(2)内力包络图。对于连续梁，活荷载作用位置不同，各控制截面的内力也不相同，按照前述活荷载的最不利布置后，可画出各控制截面最不利内力时的内力图，将这些内力图在同一基线上画出，这些内力图的外包线就是内力包络图。需要注意的是，做内力包络图时不要遗漏恒荷载。其反映出各界面可能产生的最大内力值，并是确定连续梁纵筋、弯起钢筋、箍筋的布置和绘制配筋图的依据。

如图 7-12 所示的五跨连续梁的弯矩和剪力包络图中，根据活荷载的不同布置情况，每跨都可以画出四个弯矩图形，分别对应于跨内最大正弯矩、跨内最小正弯矩(或负弯矩)和左、右支座截面的最大负弯矩。当端支座是简支时，边跨只能画出三个弯矩图形，其外包线就形成了弯矩包络图。从图中可以看出，无论活荷载如何布置，梁的任一截面产生的弯矩(剪力)总不会超过弯矩(剪力)包络图的范围。因此，弯矩包络图是计算和配置纵向受力钢筋的依据；剪力包络图是计算和配置横向受力钢筋的依据。

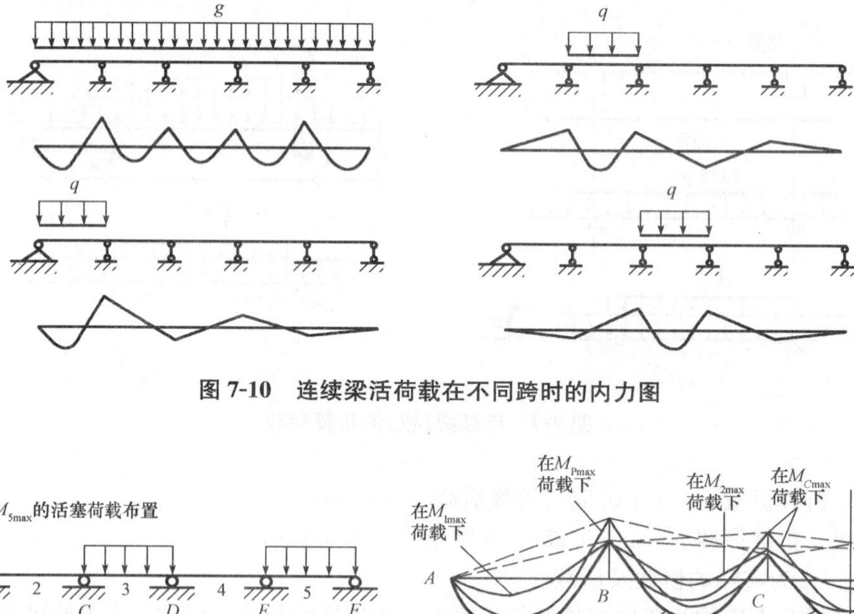

图 7-10　连续梁活荷载在不同跨时的内力图

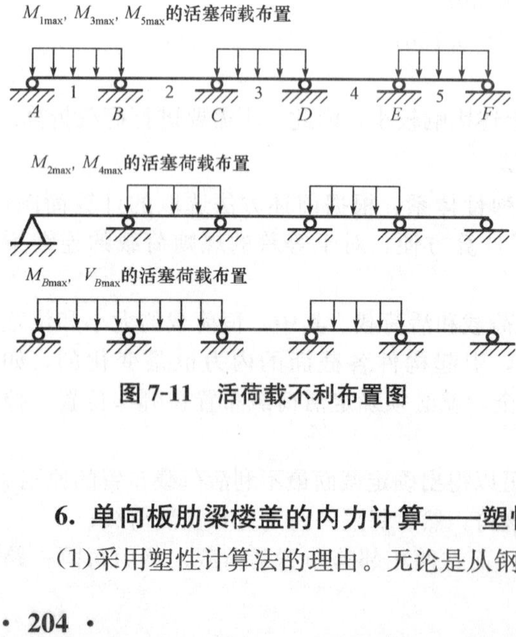

图 7-11　活荷载不利布置图

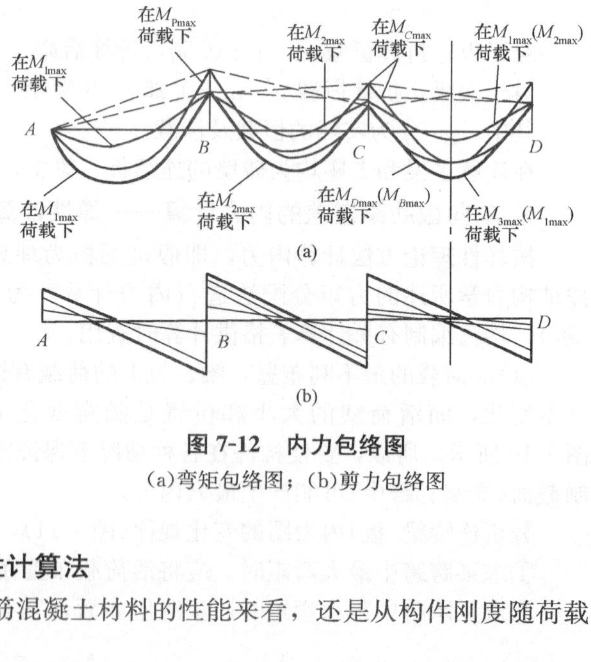

图 7-12　内力包络图

(a)弯矩包络图；(b)剪力包络图

6. 单向板肋梁楼盖的内力计算——塑性计算法

(1)采用塑性计算法的理由。无论是从钢筋混凝土材料的性能来看，还是从构件刚度随荷载而改变的特点来看，按弹性理论计算结构内力，显然没有考虑非弹性性质，不能准确反映结构的真实内力。另外，由于钢筋混凝土连续梁、板结构是超静定结构，即使其中某个正截面的受拉钢筋达到屈服，整个结构仍是几何不变体系，仍具有一定的承载能力，因此，在楼盖设计中，考虑材料的塑性性质来分析结构内力将更加合理。

塑性计算法是考虑塑性变形引起结构内力重分布的实际情况计算连续梁内力的方法。其既可消除内力计算与截面承载力计算的不协调，又可获得节省材料方便施工的效果。

(2)钢筋混凝土受弯构件的塑性铰。图 7-13 所示为一钢筋混凝土简支梁，梁上作用着集中荷载，当跨中截面进入第Ⅲ阶段时，截面的受拉钢筋首先屈服，钢筋的应变增加而应力保持不变，导致截面的曲率不断增加，截面的受压区高度不断减小，此时，截面的弯矩增加很小，当受压区混凝土达到极限压应变，截面即告破坏。从图中可以看出，从钢筋屈服到混凝土被压碎，截面产生很大的转动，好像形成了一个铰，工程中把这种铰称为钢筋混凝土塑性铰。塑性铰出现后，简支梁即形成机动体系，标志构件达到破坏状态。

钢筋混凝土塑性铰与普通铰的区别主要有以下几点。

①塑性铰分布在一定的长度上，而普通铰则是在结构的一点；

②塑性铰只能沿弯矩作用方向发生单向转动，而普通铰可沿任意方向进行转动；

③塑性铰只能在钢筋屈服到混凝土被压碎之间转动，而普通铰可以无限制转动；

④塑性铰在转动的同时可承担一定的弯矩，即截面极限弯矩 M_u，且不能承担大于 M_u 的弯矩，而普通铰转动时不承担弯矩。

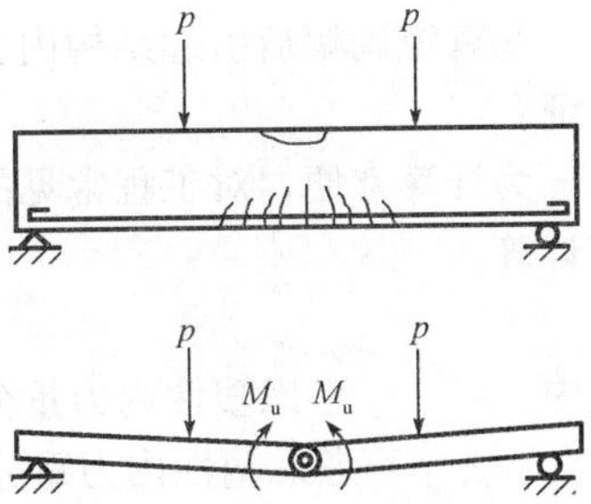

图 7-13　塑性铰的概念

(3)连续梁的塑性内力重分布。对于静定的钢筋混凝土梁，当某一截面形成塑性铰时，结构即成为几何可变体系(机构)，到达其承载力极限状态。但对于超静定结构，当某一截面形成塑性铰($M=M_u$)时，该截面处的弯矩 M 不再增大，但转角可继续增大，这相当于使超静定结构减少一个约束，结构承受的荷载仍可继续增大，直到其他截面出现塑性铰使结构成为几何可变体系，结构才到达其极限承载力。

超静定结构出现塑性铰后，随着荷载的增加，结构内力不再按原来的规律分布，塑性变形将使内力重新分布，这种现象称为塑性内力重分布。

钢筋混凝土连续梁塑性内力重分布的基本规律如下。

①钢筋混凝土连续梁到达承载力极限状态的标志，不是某一截面达到极限弯矩，而是必须出现足够的塑性铰，使整个结构成为几何可变体系。

②塑性铰出现以后，结构计算简图发生改变，各截面的弯矩增长率发生变化。

③按塑性内力重分布理论计算，梁的弯矩系数不是定值，而是随截面的配筋比而变化。内力与外力符合平衡条件，但转角相等的变形协调关系在塑性铰截面处已不再适用，因为在塑性铰处存在有集中的塑性转角。

④通过控制支座截面和跨中截面的配筋比，可以控制连续梁中塑性铰出现的早晚和位置，即控制弯矩调幅的大小和方向。

(4)连续梁塑性内力重分布的计算方法——调幅法。工程中，常用的连续梁考虑塑性内力重分布的计算方法为调幅法。所谓调幅法就是在按弹性理论计算所得的弯矩包络图的基础上，对首先出现的塑性铰截面的弯矩值进行调幅；将调幅后的弯矩值加在相应的塑性铰截面，再用一般力学方法分析对结构其他部分内力的影响；经过综合分析研究选取连续两个界面的内力值，然后进行配筋计算。应用调幅法进行塑性内力重分布计算可以节约钢筋，使弯矩包络图的面积为最小。

根据理论和试验研究结果及工程实践，对弯矩进行调幅时应遵循以下原则：

①必须保证塑性铰有足够的转动能力，使整个结构或局部形成机动可变体系才丧失承载力。

②为了避免塑性铰出现过早、转动幅度过大，致使梁的裂缝宽度及变形过大，应控制弯矩调整幅度，以不超过20%为宜。

③调整后的弯矩应满足静力平衡条件，每跨两端支座负弯矩绝对值的平均值与跨中弯矩之和应不小于简支梁的跨中弯矩。

(5)用弯矩调幅法计算等跨连续梁板内力。综合考虑影响内力重分布的影响因素后，《规范》提出下列设计原则。

①受力钢筋宜采用HRB400级、HRB335级热轧钢筋，混凝土强度等级宜在C20～C45范围；截面的相对受压区高度ξ应满足$0.1 \leqslant \xi \leqslant 0.35$；

②弯矩调幅后引起结构内力图形和正常使用状态的变化，应进行验算，并由构造措施加以保证。

为计算方便，对工程常见的承受均布荷载的等跨连续梁、板的控制截面内力，可按下列公式计算：

$$M=\alpha_m(g+q)l_0^2,\ V=\beta_v(g+q)l_n$$

式中 α_m——考虑塑性内力重分布的弯矩系数，按表7-2取值；

β_v——考虑塑性内力重分布的剪力系数，按表7-3取值；

g，q——均布恒荷载与活荷载设计值；

l_0——计算跨度，按表7-1取值；

l_n——净跨。

表7-2 考虑塑性内力重分布的弯矩系数α_m

支承情况		截面位置				
		端支座	边跨跨中	离端第二支座	中间跨中	中间支座
梁、板搁置在墙上		0	1/11	两跨连续－1/10 三跨以上连续－1/11	1/16	－1/14
板	与梁整浇连接	－1/16	1/14			
梁		－1/24				
梁与柱整浇连接		－1/16	1/14			

注：1. 表中系数适用于荷载比$q/g>0.3$的等跨连续梁和连续单向板。

2. 连续梁或连续单向板的各跨长度不等，但相邻两跨的长跨与短跨之比值小于1.0时，仍可采用表中弯矩系数值。计算支座弯矩时应取相邻两跨中的较长跨度值，计算跨中弯矩时应取本跨长度。

表7-3 考虑塑性内力重分布的剪力系数β_v

支承情况	截面位置				
	端支座内侧	离端第二支座		中间支座	
		外侧	内侧	外侧	内侧
搁在墙上	0.45	0.6	0.55	0.55	0.55
与梁或柱整体连接	0.5	0.55			

各跨跨中及支座名称如图7-14所示。

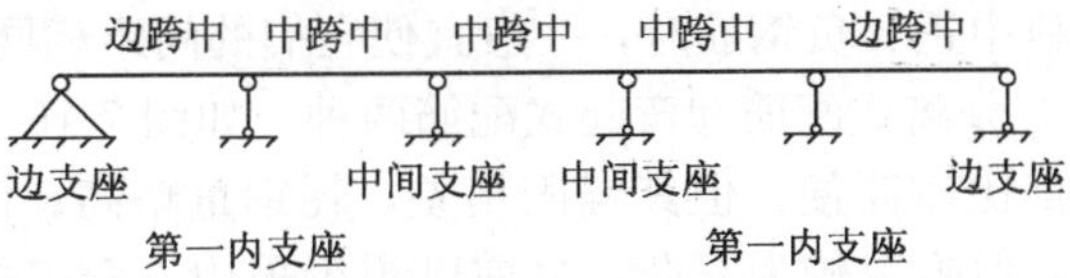

图 7-14　各跨跨中及支座名称

(6)塑性理论计算方法适用范围。按塑性理论方法计算，由于其方法简单，计算结果更符合结构的实际工作情况，能节省材料，合理调整钢筋布置，克服支座处钢筋的拥挤现象，故在设计混凝土连续梁、板时，应尽量采用这种方法。但塑性理论方法是以形成塑性铰为前提的，因此，并不是在任何情况下都能适用。通常在下列情况下，应按弹性理论方法进行设计：

①直接承受动力和重复荷载的结构；

②在使用阶段不允许出现裂缝或对裂缝开展有较严格限制的结构；

③处于重要部位，要求有较大强度储备的结构，如肋形楼盖中的主梁。

楼盖中的连续板和次梁，无特殊要求，一般采用塑性计算。但主梁是楼盖中的重要构件，为了使其具有较大的承载力储备，一般不考虑塑性内力重分布，仍按弹性计算方法。

7. 单向板肋梁楼盖板的截面设计与构造

(1)板的计算要点。

①支承在次梁或砖墙上的连续板，一般按塑性内力重分布的方法计算内力；

②取 1 m 宽板带未计算单元，按单筋矩形截面受弯构件进行配筋计算，板内受力钢筋的数量是根据连续板各跨跨中及支座截面处的最大正、负弯矩分别进行计算得到的；

③板一般均能满足斜截面承载力要求，设计时可不进行抗剪承载力计算；

④连续板弯矩的折减。如图 7-15 所示，当连续板在四周与梁整体连接时，支座截面负弯矩使板上部开裂。跨中正弯矩使板下部开裂，使板的实际轴线形成拱形，在板面荷载作用下，板对次梁产生主动水平推力。次梁对板产生被动水平推力，对板的承载能力有利。因此，可以将四周与梁整体连接的板的中间跨板带的跨中截面及中间支座截面的计算弯矩折减 20%(边跨跨中及第一个内支座截面弯矩不折减)。

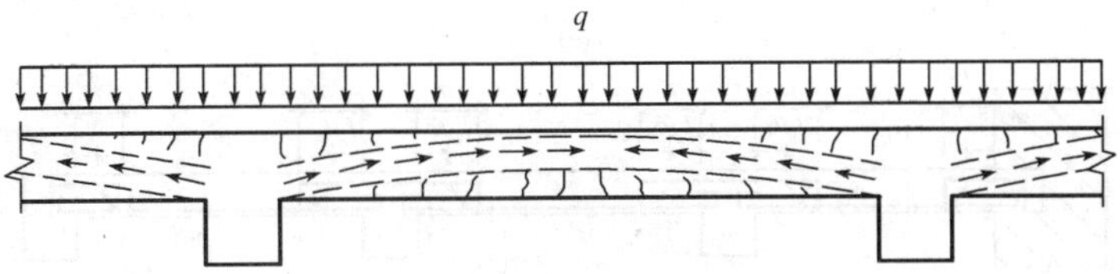

图 7-15　板的内拱作用

(2)板的构造要求。

①板的支承长度。板在砖墙上的支承长度应大于或等于 120 mm，并大于板厚 h。

②板中受力钢筋。

a. 板中受力钢筋直径：由计算确定的受力钢筋分为承受负弯矩板面负筋和承受正弯矩板面正筋两种。常用的钢筋直径为 Φ6～Φ12。正钢筋采用 HPB300 级时，端部采用半圆弯钩，负钢筋端部应做成直钩支撑在底模上。为了施工中不易被踩下，负筋一般不小于 Φ8。

b. 钢筋的间距：对于绑扎钢筋，当板厚 $h<150$ mm 时，间距不应大于 240 mm；板厚 $h>150$ mm 时，不应大于 $1.5h$，且不应大于 300 mm。伸入支座的钢筋，其间距不应大于 400 mm，且截面面积不得小于受力钢筋的 1/3。钢筋间距也不宜小于 70 mm。在简支梁支座处或连续板端支座及中间支座外，下部正钢筋伸入支座的长度不应小于 $5d$。

为了施工方便，选择板中正、负钢筋时，一般宜使它们的间距相同，直径不宜多于两种。

c. 受力钢筋的形式：有分离式配筋和弯起式配筋两种，如图 7-16 所示。分离式配筋对于设计时选择钢筋和施工备料都比较简便，但其锚固稍差，耗钢量略高；而弯起式配筋钢筋锚固较好，整体性强，节约钢材，但施工较为复杂，目前已很少采用。弯起式配筋一般采用隔一弯一的形式，弯起角度一般为 30°，当板厚 $h>120$ mm 时，可采用 45°。连续单向板内受力钢筋的弯起和截断，一般可按图 7-16 确定。图 7-16(a)所示为支座负弯矩钢筋至支座边距离。a 按下列规定取值：当 $q/g\leqslant 3$ 时，$a=l_n/4$；当 $q/g>3$ 时，$a=l_n/3$。

如图 7-16 所示的配筋要求，适用于承受均布荷载的等跨或相邻跨度相差不大于 20%的多跨连续板，可不必绘制弯矩包络图进行钢筋布置。如果板相邻跨度差超过 20%，或各跨荷载相差较大时，受力钢筋的弯起和截断的位置则应按弯矩包络图确定。

③构造钢筋。

a. 单向板长边方向的分布钢筋：单向板除沿短边方向布置受力钢筋外，还应沿长边方向布置分布钢筋，分布钢筋的间距不宜大于 250 mm，直径不宜小于 6 mm，单位长度分布钢筋的截面面积不宜小于单位宽度上受力钢筋截面面积的 15%，且不宜小于该方向板截面面积的 15%。对于温度变化较大或集中荷载较大的情况，分布钢筋间距不宜大于 200 mm。

b. 垂直于主梁的板面附加钢筋：单向板设计中，认为主梁不直接承受板上传来的荷载，但实际上在主梁附近的板上荷载将直接传递给主梁，使主梁边缘处板面产生支座负弯矩，导致板面产生裂缝。因此，必须在主梁上部的板面配置附加短钢筋，其数量应不小于板中受力钢筋的 1/3，且直径不宜小于 8 mm，间距不宜大于 200 mm，伸出主梁边缘的长度不宜小于板计算跨度 l_0 的 1/4，如图 7-17 所示。

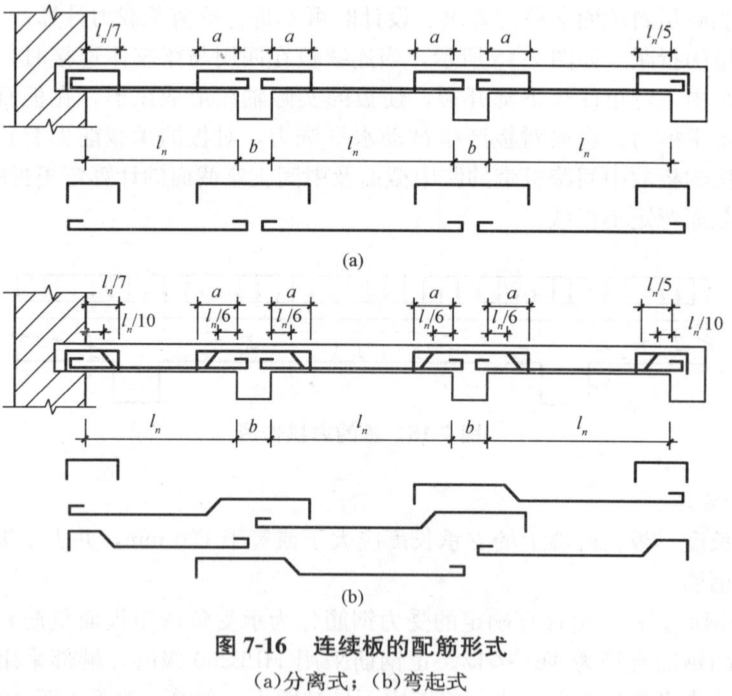

图 7-16 连续板的配筋形式

(a)分离式；(b)弯起式

c. 板角附加短钢筋：嵌固在承重墙内的板，其计算简图是按简支考虑的，实际上由于墙体的约束作用而使板产生负弯矩。因此，对嵌固在承重砖墙内的现浇板，在板的上部应配置直径不大于 8 mm，间距不大于 200 mm 的构造钢筋，其伸出墙边的长度不宜小于板短边 l_0 的 1/7。

对于两边嵌固于墙内的板角部分，应在板的上部双向配置上述构造钢筋，其伸出墙边的长度不宜小于 $l_0/4$，如图 7-17 所示。

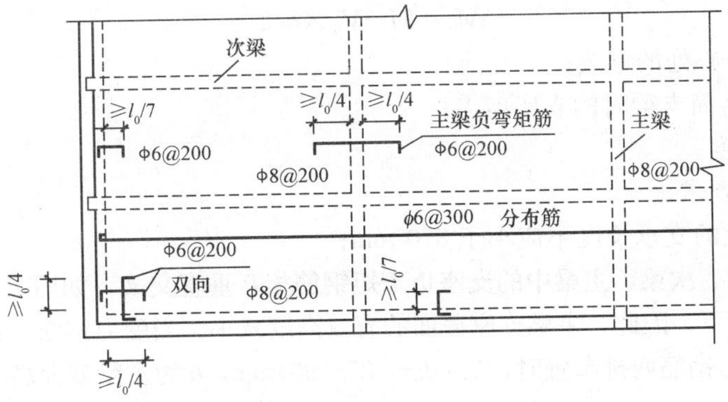

图 7-17 单向板中构造钢筋

8. 单向板肋梁楼盖次梁的配筋计算与构造要求

(1)次梁的配筋计算。单向板肋梁楼盖的次梁，应根据所求的内力进行正截面和斜截面承载力的配筋计算。由于次梁和板是整体连接，板作为梁的翼缘参加工作。正截面承载力计算中，跨中截面按 T 形截面考虑，支座截面按矩形截面考虑。在斜截面承载力计算中，当荷载、跨度较小时，一般可以只配置箍筋。否则，宜在支座附近设置弯起钢筋，以减少箍筋用量。

(2)次梁的构造要求。

①次梁在砌体墙上的支承长度 a 不应小于 240 mm。

②次梁中纵向受力钢筋的弯起与截断，原则上应按弯矩包络图确定。但对于相邻跨度不超过 20%，承受均布荷载且活荷载与恒荷载之比 $q/g \leqslant 3$ 时，可按图 7-18 确定钢筋弯起和截断的位置。工程上，一般采用分离式配筋，即不设弯起钢筋，并且将支座负筋中至少两根通长布置以取代架立筋，其余的支座负筋可在离支座边缘 1/3 处截断(若钢筋较多，可分批截断)。

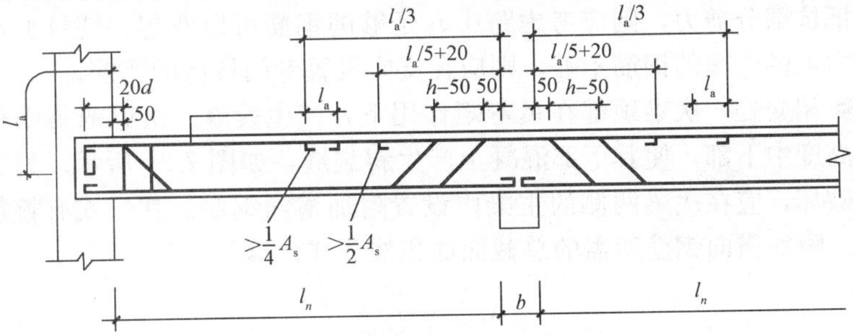

图 7-18 次梁配筋的构造要求

连续次梁因截面上、下均配置受力钢筋，所以，一般均沿梁全长配置封闭式箍筋，第一根箍筋可距支座边 50 mm 处开始布置，同时，在简支端的支座范围内，一般宜布置一根箍筋。

9. 单向板肋梁楼盖主梁的计算与构造要求

(1)主梁的配筋计算。主梁在正截面承载力计算时，截面选取和次梁相同。即跨中按 T 形截面，支座按矩形截面。对于出现负弯矩的跨中，也按矩形截面。计算当按构造要求选择梁的截面尺寸和钢筋直径时，一般可不做挠度验算和裂缝宽度验算。

由于主梁一般按弹性方法计算内力，计算跨度取支座中心线之间的距离，计算所得的支座弯矩其位置是支座中心处，但此处因与支座整体连接，梁的截面高度显著增大，故并不危险。

最危险的支座截面应在支座边缘处，如图 7-19 所示。

因此，支座截面配筋的计算，应取支座边缘的弯矩 M_b 值近似地按下式计算

$$M_b = M - V_0 \times b/2 \tag{7-1}$$

式中 M——支座中心处的弯矩；

V_0——该跨为简支梁时的支座剪力；

b——支座宽度。

(2)主梁的构造要求。

①主梁在砖墙上的支承长度不应小于 370 mm；

②在支座处，板、次梁、主梁中的支座负弯矩钢筋相互垂直交叉，如图 7-20 所示，且主梁负筋位于次梁的负筋之下，因此，主梁支座截面的有效高度减小。当受力钢筋一排布置时，$h_0 = h-(65-70)$mm；当受力钢筋两排布置时，$h_0 = h-(85-90)$mm，h 为主梁截面高度。

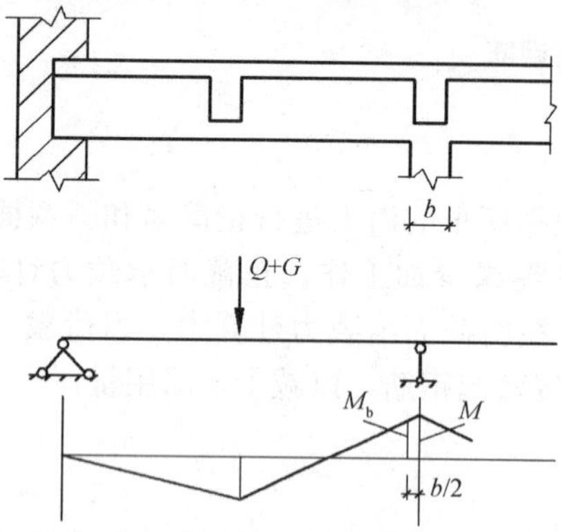

图 7-19 支座中心与支座边缘的弯矩

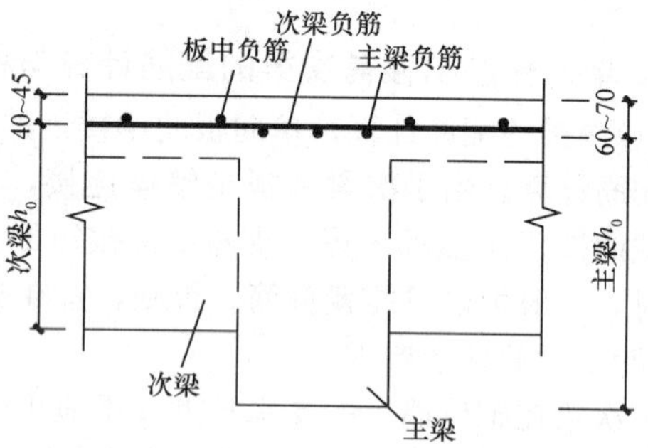

图 7-20 主梁支座处的截面有效高度

主梁纵向受力钢筋的弯起和截断应根据弯矩包络图进行布置。

(3)主梁的横向附加钢筋。主梁主要承受集中荷载，剪力图呈矩形。如果在斜截面抗剪计算中利用弯起钢筋抵抗部分剪力，则应考虑跨中有足够的钢筋可以弯起，使抗剪承载力图完全覆盖包络图。若跨中可供弯起的钢筋不够，则应在支座设置专门抗剪的鸭筋。

在次梁与主梁相交处，次梁顶部在负弯矩作用下，产生裂缝。次梁的集中荷载将通过剪压区传至主梁截面高度中下部，使其下部混凝土产生斜裂缝，如图 7-21 所示。为了防止斜裂缝的发生而引起局部破坏，应在次梁两侧的主梁内设置附加横向钢筋。其形式有箍筋和吊筋，一般宜优先采用箍筋。附加横向钢筋所需的总截面面积按下式计算

$$A_{sv} \geqslant \frac{F}{f_y \sin\alpha} \tag{7-2}$$

式中 A_{sv}——承受集中荷载所需附加横向钢筋总面积；

F——次梁传给主梁的集中荷载设计值；

f_y——钢筋的抗拉强度设计值；

α——附加横向与梁轴线的夹角，α 宜取 45°或 60°。

附加钢筋应布置在 $3b+2h_1$ 的范围之内。

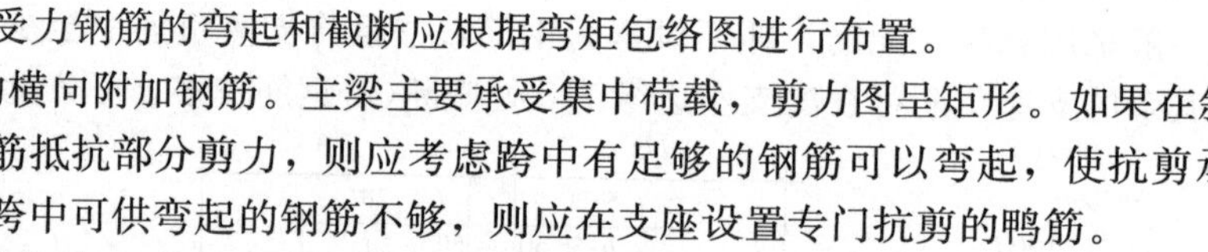

图 7-21 附加横向钢筋的布置

第二节　现浇钢筋混凝土双向板肋形楼盖

在肋梁楼盖中，如果梁格布置使区格板的长边和短边之比 $l_2/l_1 \leqslant 2$ 时，应按双向板设计。由双向板和支承梁组成的楼盖称为双向板肋梁楼盖。双向板常用于空间不大且接近正方形时的工业建筑楼盖，公共建筑门厅部分以及横墙较多的民用建筑。

双向板肋梁楼盖和单向板肋梁楼盖的主要区别是双向板上的荷载沿两个方向传递，除传递给次梁外，还有一部分直接传递给主梁。板在两个方向产生弯曲，并产生内力。所以，双向板应沿两个方向配置受力钢筋。

一、双向板的破坏特征及受力特点

对于四边简支的双向板，在均布荷载作用下的试验结果表明，当荷载增加时，第一批裂缝出现在板底中间部分，随后沿着对角线的方向向四角扩展。当荷载增加到板接近破坏时，板面的四角附近出现垂直于对角线方向而大体上成圆形的裂缝。这种裂缝的出现，促使板对角线方向裂缝的进一步发展，最后跨中钢筋达到屈服，整个板即告破坏，如图 7-22 所示。

无论是简支的正方形板还是矩形板，当受到荷载作用时，板的四角均有翘起的趋势。另外，板传递给四边支座的压力，并不是沿边长均匀分布的，而是各边的中部较大，两端较小。

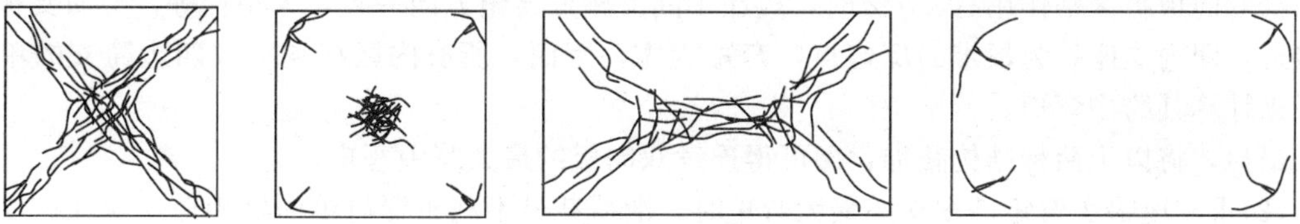

(a)　　(b)　　(c)　　(d)

图 7-22　双向板的裂缝示意图

(a)正方形板底裂缝；(b)正方形板面裂缝；(c)矩形板底裂缝；(d)矩形板面裂缝

二、双向板按弹性理论计算

双向板内力计算的顺序是先板后梁。其内力计算方法有弹性理论和塑性理论两种。但塑性计算方法存在局限性，在工程中很少采用，这里介绍弹性计算法。

弹性计算法是假定板为均质弹性板，按弹性薄板理论为依据而进行计算的一种方法。荷载在两个方向上的分配与板两个方向跨度的比值和板周边的支承条件有关。板四周的支承条件分为 7 种情况，即四边简支；一边固定，三边简支；两对边固定，两对边简支；两邻边固定，两邻边简支；三边固定，一边简支；四边固定；三边固定，一边自由。

1. 单跨板的计算

为方便计算，根据双向板两个方向跨度比值和支承条件制成计算用表，从表中直接查得弯矩系数，即可求得单跨板的跨中弯矩和支座弯矩。

2. 多跨连续双向板的计算

对于多跨的连续双向板，需要考虑活荷载的不利位置，精确计算相当复杂，需要进行简化。当在同一方向区格的跨度差不超过 20%时，可通过荷载分解将多跨连续板化为单跨板进行计算。

(1)求跨中最大弯矩。求连续区格板某跨跨中最大弯矩时，需要考虑活荷载的最不利布置，如图 7-23 所示。即在某区格及其前后左右每隔一区布置活荷载(棋盘式布置)，则可使该区格跨中弯矩最大。为了求此弯矩，可将活荷载 q 与恒荷载 g 分解为 $g+q/2$ 与 $\pm q/2$ 两部分，分别作用于相应区格，其作用效果是相同的。

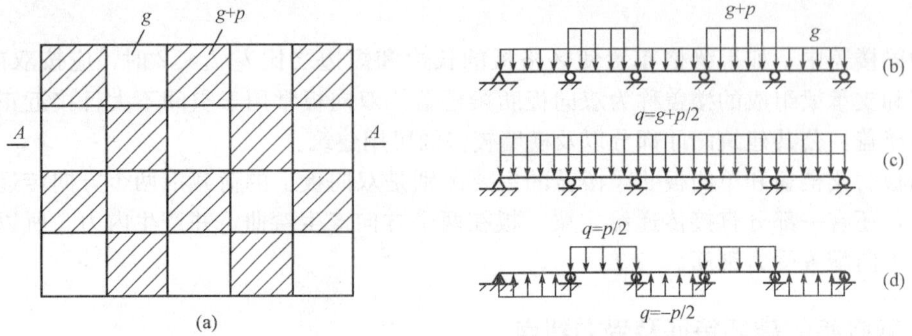

图 7-23　双向板计算跨中弯矩时的荷载不利布置

当双向板各区格均作用有 $g+q/2$ 时，由于板的各内支座上转动变形很小，可近似地认为转动角为零。故内支座可近似地看作嵌固边，因而所有中间区格板可按四边固定的单跨双向板计算其跨中弯矩。如果边支座为简支，则边区格为三边固定，一边简支的支承情况；而角区格为两邻边固定，两邻边简支的情况。

当双向板各区格作用有 $\pm q/2$ 时，板在中间支座处转角方向一致，大小相等，与简支板的转角接近，即内支座处为板带的反弯点，弯矩为零，因而，所有内区格均可按四边简支的单跨双向板来计算其跨中弯矩。

最后，将以上两种结构叠加，即可得连续双向板的最大跨中弯矩。

(2)求支座最大弯矩。求支座最大弯矩时，活荷载最不利布置与单向板相似，应在该支座两侧区格内布置活荷载，然后在各跨布置。但考虑到布置方式复杂，计算烦琐，为了简化计算，可近似地假定活荷载布满所有区域时所求得的支座弯矩，即为支座最大弯矩。这样，对所有中间区格即可按四边固定的单跨双向板计算其支座弯矩。对于边区格按该板四周实际支承情况来计算其支座弯矩。

第三节　楼梯

楼梯是多、高层房屋的竖向通道，是建筑物的一个重要组成部分，由梯段和休息平台构成。楼梯的平面布置和踏步尺寸等由建筑设计确定。为了满足承重及防火要求，在一般多、高层建筑中常采用钢筋混凝土楼梯。钢筋混凝土楼梯的类型，按施工方法的不同分为整体式楼梯和装配式楼梯，按梯段结构形式的不同分为梁式、板式、剪刀式、螺旋式楼梯，如图 7-24 所示。

选择楼梯的结构形式应根据楼梯的使用要求、材料供应、施工条件因素，按照经济、适用、在可能的条件下注意美观的原则确定，一般当楼梯使用荷载不大且梯段的水平投影长度小于 3 m 时，通常采用板式楼梯；当使用荷载较大且梯段水平投影大于 3 m 时，采用梁式楼梯较为经济；当建筑中不宜设置平台梁和平台板支承时，可以采用折板悬板式楼梯；当建筑中有特殊要求时，不便设置平台，或需要特殊建筑造型时，可以采用螺旋楼梯。折板式楼梯和螺旋楼梯属于空间受力体系，内力计算比较复杂，造价高，施工复杂。

本节重点介绍最基本的现浇板式楼梯和梁式楼梯。

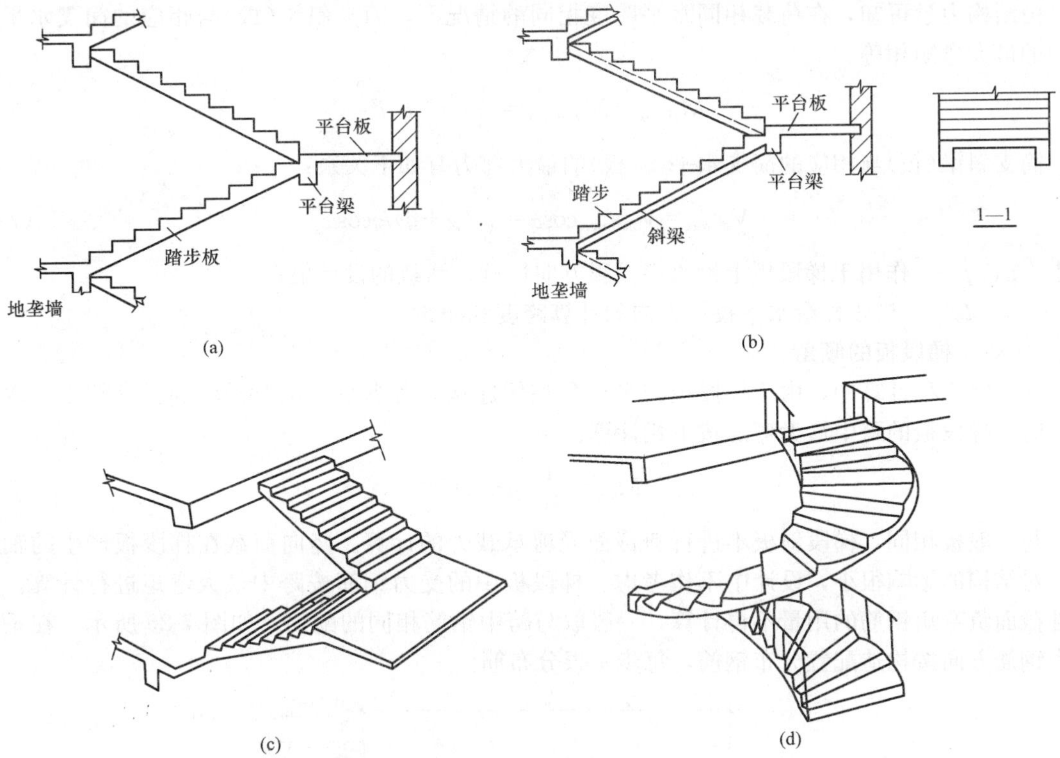

图 7-24　各种形式楼梯示意图

(a)板式楼梯；(b)梁式楼梯；(c)剪刀式楼梯；(d)螺旋式楼梯

一、现浇板式楼梯的计算与构造

板式楼梯是由梯段板(踏步板)、平台板和平台梁组成。梯段板是一块带踏步的斜板，分别支承于上、下平台梁上，底层下端支承在地垄墙上。板式楼梯的优点是梯段板下表面平整，支模简单；其缺点是梯段板跨度较大时，斜板厚度较大，结构材料用量较多。

1. 梯段板

梯段板的厚度选取，应保证刚度要求，一般可取梯段水平投影跨度的 1/30～1/25 左右。梯段板的荷载计算，应考虑斜板、踏步、粉刷层等恒荷载和活荷载。活荷载沿水平方向分布，恒荷载沿梯段板倾斜方向分布，为计算方便，一般将恒荷载换算成水平方向分布。

计算梯段板时，可取出 1 m 宽板带或整个梯段板作为计算单元，内力计算时，可以简化为简支斜板，如图 7-25 所示。

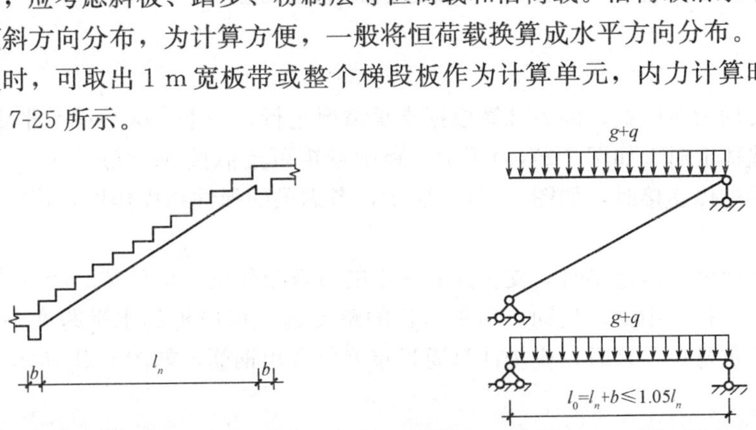

图 7-25　梯段板的内力计算

由结构力学可知，在荷载相同水平跨度相同的情况下，简支斜梁(板)与相应的简支水平梁(板)的最大弯矩相等。

$$M_{斜\max}=M_{水平\max}=\frac{1}{8}(g+q)l_0^2 \tag{7-3}$$

简支斜梁(板)与相应的简支水平梁(板)的最大剪力有如下关系：

$$V_{斜\max}=V_{水平\max}\cos\alpha=\frac{1}{8}(g+q)l_n\cos\alpha \tag{7-4}$$

式中　g，q——作用于梯段板上沿水平投影方向恒载、活载的设计值；

l_0，l_n——梯段板沿水平投影方向的计算跨度和净跨；

α——梯段板的倾角。

在实际工程计算中，由于梯段板与平台梁整体连接，考虑平台梁对梯段的弹性约束，内力计算时，梯段板的跨中最大弯矩按下式计算：

$$M_{\max}=\frac{1}{10}(g+q)l_0^2 \tag{7-5}$$

与一般板相同，梯段斜板不进行斜截面受剪承载力的计算。竖向荷载在梯段板产生的轴向力，对结构的影响很小，设计中不作考虑。梯段板中的受力钢筋按跨中最大弯矩进行计算。支座处截面负弯矩钢筋的用量不再计算，一般取与跨中钢筋相同的配筋，如图 7-26 所示。在垂直受力钢筋方向按构造配置分布钢筋，每步一根分布筋。

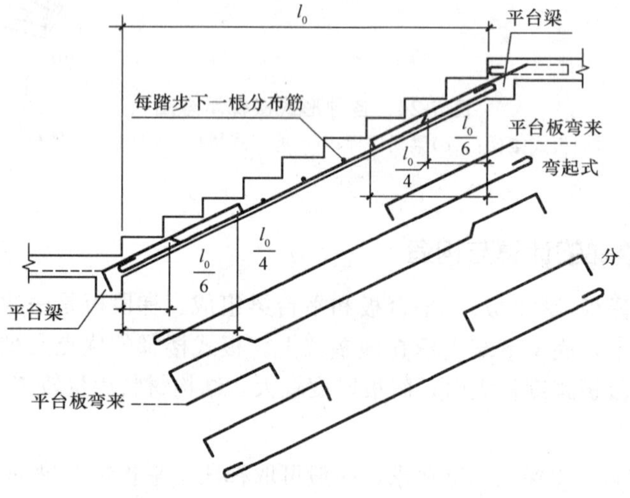

图 7-26　板式楼梯梯段板配筋构造

2. 平台板

平台板一般均为单向板，内力计算根据支承情况进行，当平台板一端与平台梁整体连接时，另一端支承在墙体上时，如图 7-27(a)所示，跨中弯矩可近似按 $M=(g+q)l_0{}^2/8$ 计算；当平台板的两端均与梁整体连接时，如图 7-27(b)所示，考虑梁的弹性约束作用，跨中弯矩按 $M=(g+q)l_0{}^2/10$ 计算。

平台板与平台梁整体连接时，支座处有一定的负弯矩作用，应按梁、板要求配置构造负筋，数量一般取与平台板跨中钢筋相同。当平台板的跨度远比梯段板的水平跨度小时，平台板跨度内可能全部出现负弯矩。这时，应按计算通长布置负弯矩钢筋，如图 7-28 所示。

3. 平台梁

板式楼梯的平台梁，一般支承在楼梯间两侧的横墙上(框架结构时支撑在柱上)。截面高度

一般取 $h \geqslant l_0/12$（l_0 为平台梁的计算跨度），平台梁承受梯段板、平台板传来的均布荷载和平台梁的自重，忽略上下梯段之间的间隙，按荷载满布于全跨的简支梁计算。由于平台梁与平台板整体连接，配筋计算时按倒 L 形截面进行。考虑到平台梁两侧荷载不一致引起的扭矩，宜酌量增加纵筋和箍筋的用量。

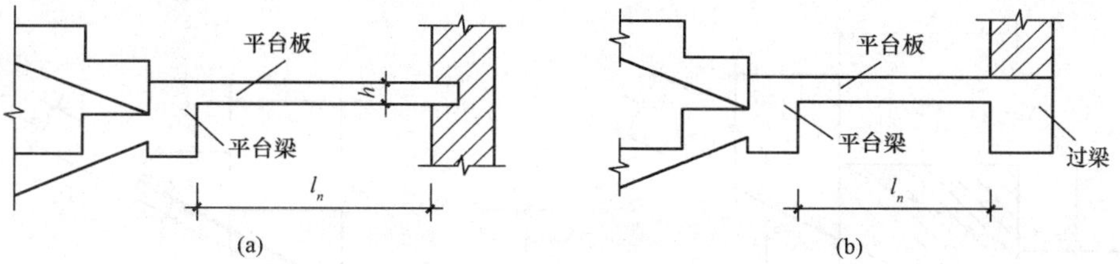

图 7-27　平台板与梁的连接

(a)一端与平台梁整体连接；(b)两端均与平台梁整体连接

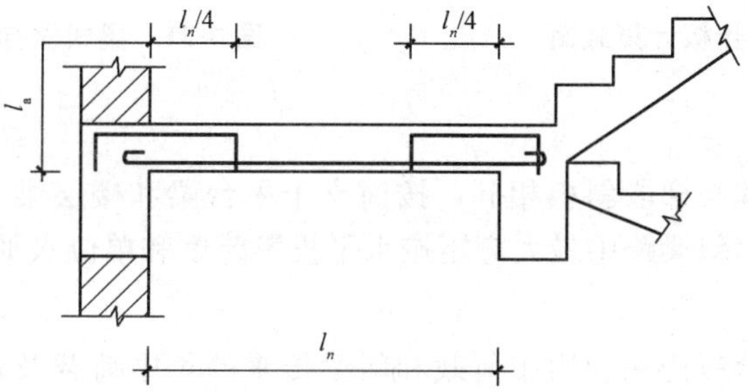

图 7-28　平台板支承及配筋

二、现浇梁式楼梯的计算与构造

梁式楼梯由踏步板、斜梁、平台板和平台梁组成，如图 7-29 所示。踏步板支承在梯段斜梁上，梯段斜梁和平台板支承在平台梁上，平台梁支承在楼梯间墙上。当梯段板水平方向的跨度大于 3.0～3.3 m 时，采用梁式楼梯较为经济，其缺点是施工时支模比较复杂，外观也显得笨重。

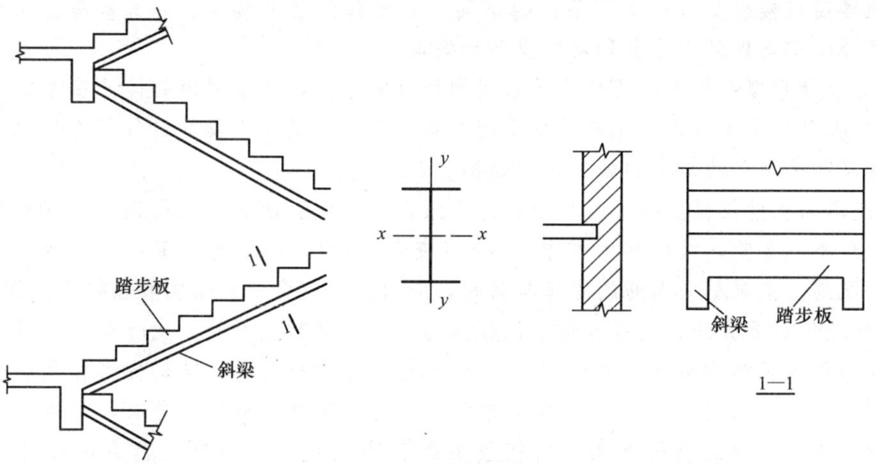

图 7-29　梁式楼梯

1. 踏步板

踏步板按两端简支在斜梁上的单向板计算，计算时，取一个踏步作为计算单元。计算时将踏步板截面简化为与踏步板同宽的矩形截面简支板计算，厚度为截面高度，可取为 30～40 mm，在截面配筋计算时可近似取平均高，如图 7-30 所示。踏步板配筋如图 7-31 所示。

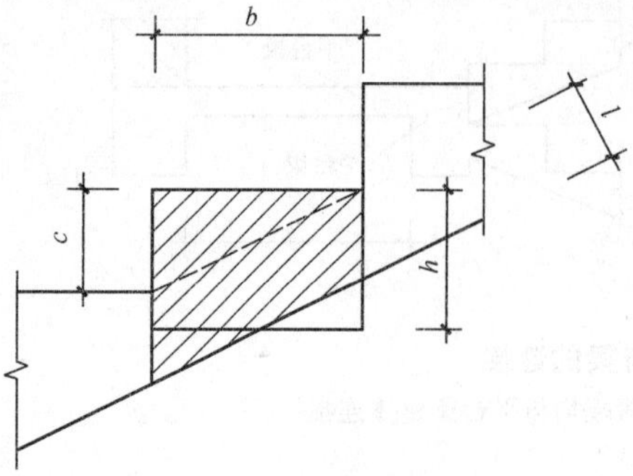

图 7-30　踏步板计算截面

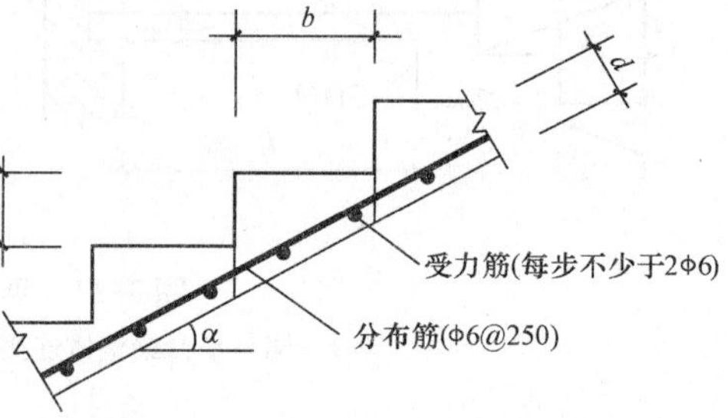

图 7-31　梁式楼梯的踏步板配筋

2. 斜梁

斜梁的内力计算原理与梯段斜板相同，按简支于平台梁和楼层梁上的简支梁计算，承受由踏步板传来的均布荷载。斜梁跨中最大弯矩按水平投影跨度和单位水平长度的线荷载计算。

3. 平台梁

平台梁承受休息平台板传来的均布荷载和斜梁传来的集中荷载及自重，按支承于两端墙体上的简支梁计算内力。

斜梁及平台梁的截面高度均应满足不须进行变形验算的简支梁允许高跨比的要求。斜梁及平台梁的配筋构造要求同一般现浇肋形楼盖梁。

本章小结

(1)钢筋混凝土楼盖按其施工方法可分为现浇整体式、装配式和装配整体式三种类型。现浇钢筋混凝土楼盖按楼板受力和支撑条件的不同，又可分为肋形楼盖、井式楼盖、无梁楼盖。肋形楼盖又可分为单向板肋形楼盖和双向板肋形楼盖。

(2)单向板肋形楼盖板和次梁的设计采用塑性计算方法，主梁采用弹性计算方法。

(3)单向板肋形楼盖的设计包括结构平面布置，板、次梁和主梁的计算简图的确定，内力计算，配筋计算和采用平法表示的施工图的绘制。

(4)现浇单向板肋梁楼盖按弹性理论计算方法，是将板、次梁、主梁简化成多跨连续梁，考虑活荷载的最不利布置，按结构力学方法求得(查表)内力。由内力计算板、梁的配筋，结合构造要求进行配筋。主梁纵向钢筋的弯起与截断，应通过绘制弯矩包络图和抵抗弯矩图确定。

(5)塑性理论计算方法，是考虑钢筋混凝土为非匀质弹塑性材料，对于超静定结构，某个截面的屈服并不是代表结构破坏，随着塑性铰的出现和荷载的增加，结构内力将重新分布，通过调节配筋，在一定范围内可以人为控制其内力值。利用内力的塑性重分布，可得连续梁的支座弯矩与跨中弯矩，取得经济的配筋。对抗裂要求较高或较重要的结构仍应按弹性理论的方法计算。

(6)双向板按弹性理论方法计算，是考虑活荷载的最不利布置，利用结构力学内力系数表，求得板内两个方向上的内力，进行配筋计算和按构造配筋。

(7)现浇钢筋混凝土楼梯包括板式结构和梁式结构。跨度较小时适用板式楼梯，跨度较大时适用梁式楼梯。

复习思考题

1. 现浇钢筋混凝土楼盖结构有哪几种类型？其各自受力特点如何？
2. 何谓单向板、双向板？结构设计时如何划分？
3. 什么是塑性内力重分布？
4. 单向板和双向板中各需布置哪些构造钢筋？其作用是什么？
5. 简述单向板肋梁楼盖的设计步骤及包括的内容。

思考与练习

图 7-32 所示结构沿梁长的承载力均为(±)M_u。其中($P=qL$)。求：

(1)按弹性理论计算，其极限承载力 P_u；

(2)若取调幅系数为 0.25，则调幅后 A 支座的弯矩；

(3)若按塑性理论计算，极限承载力 P_u。

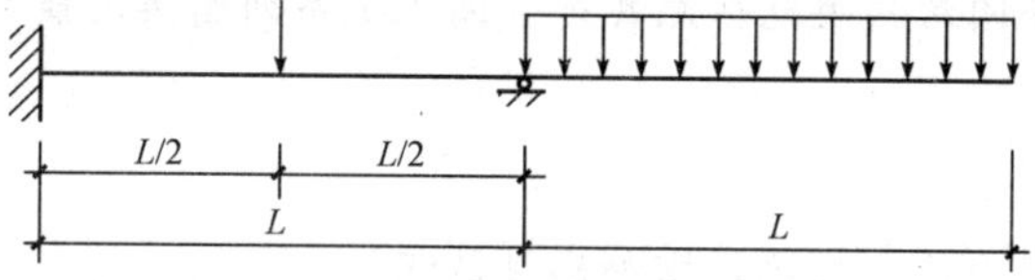

图 7-32　练习题图

第八章　预应力混凝土基本知识

内容提要

本章内容主要包括预应力混凝土的基本概念，施加预应力的方法，结构构件材料的基本要求，预应力的损失与防治，预应力混凝土构件的基本构造措施。

知识目标

1. 理解预应力混凝土的基本概念。
2. 掌握预应力混凝土结构构件施加预应力的方法。
3. 了解预应力构件的基本构造措施。

能力目标

1. 能运用预应力混凝土的基本概念选择正确的施加预应力的方法。
2. 能对先张法和后张法构件进行正确的计算并配筋(绘制施工图)。
3. 通过学习，培养查阅结构规范，尤其是查阅101系列图集的能力。

学习建议

1. 参观构件厂或预应力施工场地，增加感性认识。
2. 结合标准图进行教学。
3. 每个教学班应有一套《规范》和相应的标准图集。

第一节　预应力混凝土概述

一、预应力混凝土的基本概念

钢筋混凝土受拉与受弯等构件，由于混凝土抗拉强度及极限拉应变值都很低，所以在使用荷载作用下，通常是带裂缝工作的。因而，对使用上不允许开裂的构件，不能充分利用受拉钢筋的强度。为了满足变形和裂缝控制的要求，则需增大构件的截面尺寸和用钢量，这将导致自重过大，使钢筋混凝土结构用于大跨度或承受动力荷载的结构成为不可能或很不经济。因而，钢筋混凝土结构中采用高强度钢筋不能发挥其作用，而提高混凝土强度等级对提高构件的抗裂性能和控制裂缝宽度的作用也不大。

鉴于此，人们很自然地提出了这样的设想，可否借助于混凝土的抗压强度来补偿其抗拉强度的不足，推迟受拉区混凝土的开裂？即在构件承受荷载以前，使其产生一种预压应力状态，用以减少或抵消外荷作用所产生的拉应力。如图8-1所示的混凝土梁，在受外荷以前，在预留孔道中穿入钢筋，以构件为支座用千斤顶张拉钢筋，张拉到所需拉力后，将钢筋锚固在梁上，利用钢筋的回弹对混凝土施加压力 N。在轴向压力 N 及梁自重作用下，截面产生如图 8-1(a)所示的预压应力分布。设外荷作用引起的截面应力分布如图 8-1(b)所示，二者叠加以后的截面应力状态如图 8-1(c)所示。调整轴力 N 的大小及其作用位置(偏心距 e)，可使梁受外荷作用以后出现下列几种截面应力状态。

(1)不出现拉应力，$\sigma \leqslant 0$；

(2)拉应力不超过混凝土的抗拉强度，$\sigma \leqslant f_{tk}$；

(3)拉应力超过 f_{tk}，即允许开裂，但裂缝出现较晚。因为外荷产生的拉应力中有一部分已为预压应力所抵消。

预应力混凝土的概念就是利用受拉区混凝土原有的抗压强度，对其施加预压应力，用以抵消或减小荷载产生的拉应力，以达到防止开裂(或推迟开裂)、提高钢筋混凝土构件的抗裂性和刚度的目的。

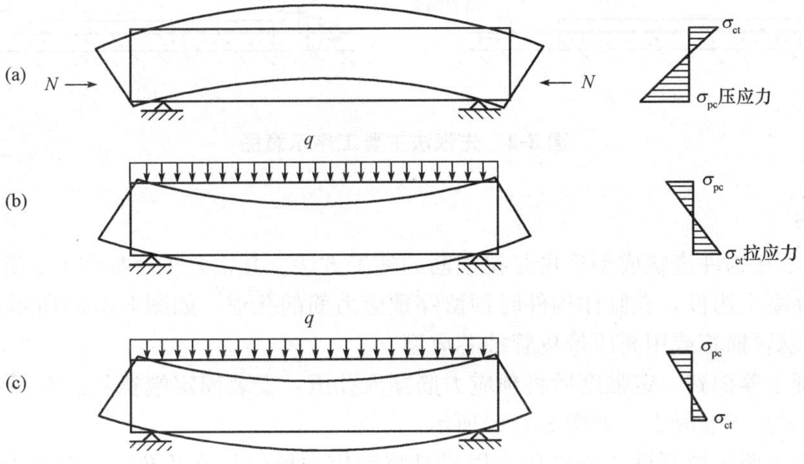

图 8-1 预应力混凝土梁示意图

预应力混凝土与普通混凝土相比，具有以下特点。

(1)构件的抗裂度和刚度提高。由于预应力钢筋混凝土中预应力的作用，当构件在使用阶段外荷载作用下产生拉应力时，首先要抵消预压应力。这就推迟了混凝土裂缝的出现并限制了裂缝的发展，从而提高了混凝土构件的抗裂度和刚度。

(2)构件的耐久性增加。预应力混凝土能避免或延缓构件出现裂缝，而且能限制裂缝的扩大，构件内的预应力筋不容易锈蚀，延长了使用期限。

(3)自重减轻。由于采用高强度材料，构件截面尺寸相应减小，自重减轻。

(4)节省材料。预应力混凝土可以发挥钢材的强度，钢材和混凝土的用量均可减少。

(5)预应力混凝土施工，需要专门的材料和设备、特殊的工艺，造价较高。

由此可见，预应力混凝土构件从本质上改善了钢筋混凝土结构受力性能，因而，具有技术革命的意义。

二、预应力混凝土建立的方法

预应力混凝土按施加预应力的方法，可以分为先张法预应力混凝土和后张法预应力混凝土。

1. 先张法

先张法就是张拉钢筋先于混凝土构件浇筑成型的方法，其主要工序如图 8-2 所示。

(1)在台座或钢模上张拉预应力筋：将预应力筋穿入台座横梁或钢模的孔洞中，一端用夹具固定，另一端用千斤顶张拉，如图 8-2(a)所示，待张拉到预定的拉力后，将预应力筋用夹具锚固在台座横梁上。

(2)支模、绑扎非预应力钢筋、浇筑混凝土，如图 8-2(b)所示。

(3)待混凝土养护到一定强度后，切断或放松钢筋，通过钢筋与混凝土之间的粘结力挤压混凝土，使构件产生预压应力，如图 8-2(c)所示。

先张法构件中，预应力是靠钢筋和混凝土之间的粘结力传递。但是这种力的传递过程，需要经过一段传递长度 l_{tr} 才能完成。

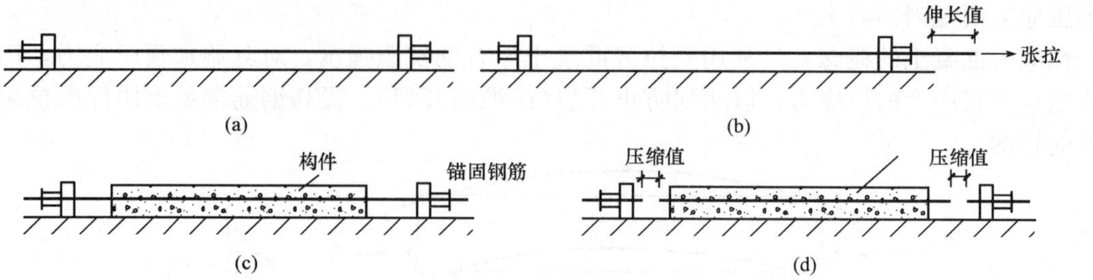

图 8-2　先张法主要工序示意图

2. 后张法

后张法就是在构件浇筑成型后再张拉钢筋的施工方法。其主要工序如图 8-3 所示。

(1)浇筑混凝土构件，在制作构件时预留穿预应力筋的孔道，如图 8-3(a)所示。孔道可采用预埋铁皮管、钢管抽芯或用充压橡皮管抽芯成型。

(2)待混凝土养护到一定强度后将预应力筋穿入孔道，安装固定端锚具。在另一端用千斤顶张拉钢筋，同时挤压混凝土，如图 8-3(b)所示。

(3)在预应力筋张拉到设计要求后，用锚具将预应力筋锚固在构件上，使之保持张拉状态，如图 8-3(c)所示。

(4)最后用压力灌浆在孔道内灌入水泥砂浆，使预应力筋与构件混凝土形成整体。

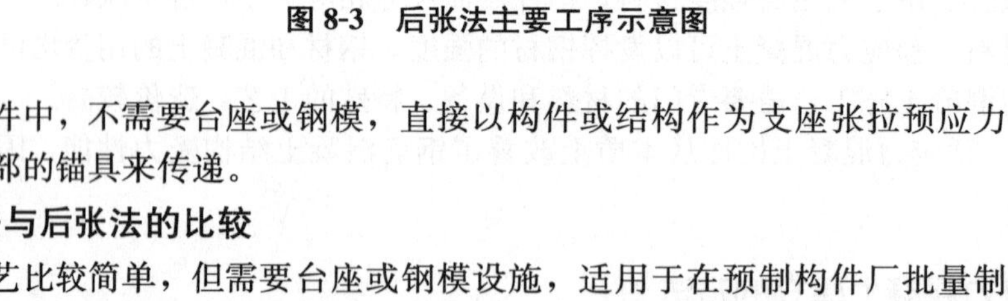

图 8-3　后张法主要工序示意图

后张法构件中，不需要台座或钢模，直接以构件或结构作为支座张拉预应力钢筋，预应力主要靠钢筋端部的锚具来传递。

3. 先张法与后张法的比较

先张法工艺比较简单，但需要台座或钢模设施，适用于在预制构件厂批量制造的、便于运输的中小型构件，如空心板、吊车梁、15 m 以下的屋面梁及 V 形折板等。采用长线法(100 m 台座)生产时，张拉一次同时生产大量构件，效率高。

后张法不需要台座或钢模，但工序多，工艺较复杂，需要在构件上安装永久性工作锚具，成本高。后张法更适用于在现场浇筑、就地张拉的大型构件，如屋架、桥梁和电视塔等特殊结构。

后张法的优点是可以采用曲线预应力配筋，使构件的受力状态更为合理。后张法无粘结预应力施工技术不需要预留孔道(孔道占截面积较大)，可减少截面高度，因此，更适合于用作板类构件的配筋。

第二节　预应力混凝土材料

一、预应力钢筋

预应力混凝土构件所用的钢筋(钢丝)需要满足以下要求。

(1)高强度。预应力混凝土构件在制作和使用过程中，由于种种原因，会出现各种预应力损失，为了在扣除预应力损失后仍然能使混凝土建立起较高的预应力值，需采用较高的张拉应力，因此，预应力钢筋必须采用高强度钢筋(丝)。

(2)具有一定的塑性。为防止发生脆性破坏，要求预应力钢筋在拉断时，具有一定的伸长率。

(3)良好的加工性能。要求钢筋有良好的可焊性，以及钢筋“墩粗”后并不影响原来的物理性能。

(4)与混凝土之间有较好的粘结强度。先张法构件的预应力传递是靠钢筋和混凝土之间的粘结力完成的，因此需要有足够的粘结强度。

二、混凝土

混凝土需要满足以下要求。

(1)高强度。预应力混凝土需要采用较高强度的混凝土，才能建立起较高的预压应力，并可减少构件截面尺寸，减轻结构自重。先张法构件采用较高强度的混凝土，可提高粘结强度。

(2)收缩、徐变小。混凝土的收缩、徐变产生的应力损失，占总应力损失中的很大比例。采用收缩、徐变小的混凝土，可减少应力损失。

(3)快硬、早强。为了提高台座、模具、夹具等设备的周转率，尽早施加预应力，加快施工进度，降低间接费用，预应力混凝土需要采用早期强度高的混凝土。

《规范》规定，预应力混凝土构件的混凝土强度等级不应低于C30，当采用碳素钢丝、钢绞线、热处理钢筋作为预应力筋时，混凝土强度等级不宜低于C40。

三、孔道及灌装材料

后张法混凝土构件的预留孔道是通过制孔器来形成的，常用的制孔器的形式有两类：一类为抽拔式制孔器，即在预应力混凝土构件中根据设计要求预留制孔器具，待混凝土初凝后抽拔出制孔器具，形成预留孔道。常用橡胶抽拔管作为抽拔式制孔器；另一类为埋入式制孔器，即在预应力混凝土构件中根据设计要求永久埋置制孔器(管道)，形成预留孔道。常用铁皮管或金属波纹管作为埋入式制孔器。

目前，常用的留孔方法是预留金属波纹管。金属波纹管是由薄钢带用卷管机压波后卷成，具有质量轻、刚度好、弯折和连接简便、与混凝土粘结性好等优点，是预留后张预应力钢筋孔道的理想材料。

对于后张预应力混凝土构件，为避免预应力筋腐蚀，保证预应力筋与其周围混凝土共同变形，应向孔道中灌入水泥浆。同时，要求水泥浆具有一定的粘结强度，且收缩不能过大。

第三节　张拉控制应力与预应力损失

一、张拉控制应力

张拉控制应力是指在张拉预应力筋时应达到的规定应力，用 σ_{con} 表示。在施加预应力时，千斤顶油压表所控制的总拉力除以预应力钢筋截面面积得到的应力即为张拉控制应力 σ_{con}。

张拉控制应力 σ_{con} 取值越高，混凝土预压应力也越高；但 σ_{con} 过高，裂缝出现时预应力筋应力将接近其抗拉强度设计值，构件破坏前缺乏足够的预兆。另外，σ_{con} 过高将使预应力筋的应力松弛损失加大；当进行超张拉时(为了减少摩擦损失及应力松弛损失)，σ_{con} 过高可能使个别钢丝发生脆断。

张拉控制应力允许值的大小主要与钢筋种类有关，《规范》规定张拉控制应力宜符合表 8-1 的规定。

表 8-1　张拉控制应力允许值

钢筋种类	最大值	最小值
消除应力钢丝、钢绞线	$0.75f_{ptk}$	$0.40f_{ptk}$
中强度预应力钢丝	$0.70f_{ptk}$	$0.40f_{ptk}$
预应力螺纹钢筋	$0.85f_{pyk}$	$0.50f_{pyk}$

注：1. 分别为预应力钢筋的极限强度标准值和屈服强度标准值。
2. 当符合下列情况之一时，上述张拉控制应力限值可相应提高 $0.05f_{ptk}$ 或 $0.05f_{pyk}$：
(1)要求提高构件在施工阶段的抗裂性能而在使用阶段受压区内设置的预应力筋。
(2)要求部分抵消由于应力松弛、摩擦、钢筋分批张拉以及预应力钢筋与张拉台座之间的温差等因素产生的预应力损失。

二、预应力损失及减少预应力损失的措施

预应力钢筋张拉完毕或经历一段时间后，由于张拉工艺、材料性能和锚固等因素的影响，预应力钢筋中的拉应力值将逐渐降低，这种现象称为预应力损失。

(1)锚具变形和钢筋内缩引起的预应力损失 σ_{l1}。直线预应力钢筋张拉完锚固时，由于锚具、垫板与构件之间的所有缝隙被挤紧，钢筋和楔块在锚具中滑移，使已拉紧的钢筋内缩了 a，造成预应力损失 σ_{l1}，其值按下式计算：

$$\sigma_{l1}=\frac{a}{l}E_s \tag{8-1}$$

式中　a——张拉端锚具变形和预应力筋内缩值(mm)，按表 8-2 取用；

E_s——预应力钢筋的弹性模量；

l——张拉端至锚固端之间的距离(mm)。

表 8-2　锚具变形和钢筋的回缩值 a　　mm

锚具类型		a
支承式锚具 (钢丝束镦头锚具等)	螺帽缝隙	1
	每块后加垫板的缝隙	1

锚具类型		a
夹片式锚具	有顶压时	5
	无顶压时	6～8

减少损失的措施有：

①选择变形小或预应力钢筋内缩小的锚具，尽量减少垫板数；

②增加台座的长度。

(2)预应力钢筋与孔道之间摩擦引起的预应力损失 σ_{l2}。损失值按下式计算：

$$\sigma_{l2}=\sigma_{con}\left(1-\frac{1}{e^{(kx+\mu\theta)}}\right) \tag{8-2}$$

当 $kx+\mu\theta\leqslant0.3$ 时，σ_{l2} 可按下式近似计算：

$$\sigma_{l2}=(kx+\mu\theta)\sigma_{con} \tag{8-3}$$

式中 k——考虑孔道每米长度局部偏差对摩擦系数；

x——张拉端至计算截面的孔道长度，可近似取该孔道在纵轴上的投影长度(m)；

μ——预应力筋与孔道壁之间的摩擦系数；

θ——从张拉端至计算截面曲线孔道部分切线的夹角之和(rad)。

减少该项损失可采取以下措施：

①对较长的构件可在两端进行张拉；

②采用超张拉工艺：$0\rightarrow1.1\sigma_{con}(2\ \text{min})\rightarrow0.85\sigma_{con}(2\ \text{min})\rightarrow\sigma_{con}$

(3)混凝土加热养护时温差引起的损失 σ_{l3}。为了缩短先张法构件的生产周期，混凝土常采用蒸汽养护办法。升温时，新浇的混凝土尚未结硬，预应力钢筋受热自由伸长，但两端的台座是固定不动的，故钢筋就松了，钢筋的应力降低；降温时，预应力钢筋与混凝土已粘结成整体，钢筋不能自由回缩，因而产生了温差损失。按下式计算：

$$\sigma_{l3}=2\Delta t(\text{N/mm}^2) \tag{8-4}$$

减少此项损失的措施有：

①采用二次升温养护。先在常温下养护至混凝土强度等级达到 C7～C10 时，再逐渐升温至规定的养护温度，这时可以认为钢筋与混凝土已结成整体，能够一起胀缩而不引起预应力损失。

②在钢模上张拉预应力钢筋。由于钢模和构件一起加热养护，升温时两者温度相同，可不考虑此项损失。

(4)钢筋应力松弛引起的预应力损失 σ_{l4}。钢筋的应力松弛是指钢筋在高应力作用下及钢筋长度不变条件下，其应力随时间增长而降低的现象。

钢筋应力松弛具有以下特点。

①应力松弛与时间有关，开始快，以后慢；

②应力松弛与钢材品种有关，冷拉钢筋、热处理钢筋的应力松弛损失比碳素钢丝、冷拔低碳钢丝、钢绞线要小；

③张拉控制应力 σ_{con} 高，应力松弛大。

采用超张拉可使应力松弛损失有所降低。

$$0\rightarrow(1.05\sim1.1)\sigma_{con}\xrightarrow{2\ \text{min}}0\rightarrow\sigma_{con}$$

在较高应力下持荷 2 min 产生的松弛损失与在较低应力下经过较长时间才能完成的松弛损失大体相当，所以经过超张拉后再张拉至 σ_{con} 时，一部分松弛损失已完成。

(5)混凝土的收缩和徐变引起的预应力损失 σ_{l5}。混凝土在正常温度条件下，结硬时产生体积收缩，而在预压力作用下，混凝土又发生压力方向的徐变。收缩、徐变都使构件的长度缩短，预应力钢筋也随之回缩，造成预应力损失 σ_{l5}。当构件中配置有非预应力钢筋时，非预应力钢筋将产生压应力 σ_{l5}。由于收缩和徐变是伴随产生的，且二者的影响因素相似。同时，收缩和徐变引起钢筋应力的变化规律也是相似的，因此，将二者产生的预应力损失合并考虑。

减少此项损失的措施有：

①采用高强度等级水泥，减少水泥用量，降低水胶比；

②采用级配良好的集料，加强振捣，提高混凝土的密实性；

③加强养护，以减少混凝土的收缩；

④控制混凝土应力 σ_{pc}，要求 $\sigma_{pc} \leqslant 0.5 f'_{cu}$，以防止发生非线性徐变。

(6)用螺旋式预应力筋作配筋的环形构件由于混凝土的局部挤压引起的预应力损失 σ_{l6}。对水管、蓄水池等圆形结构物，可采用后张法施加预应力。先用混凝土或喷射砂浆建造池壁，待池壁硬化达到足够强度后，用缠丝机沿圆周方向把钢丝连续不断地缠绕在池壁上并加以锚固，最后围绕池壁敷设一层喷射砂浆作保护层。把钢筋张拉完毕锚固后，由于张紧的预应力钢筋挤压混凝土，钢筋处构件的直径减小，预拉应力下降。《规范》规定，当 $d \leqslant 3$ m 时，$\sigma_{l6} = 30$ MPa；当 $d > 3$ m 时，$\sigma_{l6} = 0$。

三、预应力损失值的组合

为了计算方便，《规范》把预应力损失分为两批，混凝土受预压前产生的预应力损失为第一批预应力损失，而混凝土受预压后产生的预应力损失为第二批预应力损失，见表 8-3。

表 8-3　各阶段预应力损失值的组合

预应力损失值的组合	先张法构件	后张法构件
混凝土预压前(第一批)的损失	$\sigma_{l1}+\sigma_{l2}+\sigma_{l3}+\sigma_{l4}$	$\sigma_{l1}+\sigma_{l2}$
混凝土预压后(第二批)的损失	σ_{l5}	$\sigma_{l4}+\sigma_{l5}+\sigma_{l6}$

本章小结

(1)预应力混凝土结构是在结构承受荷载之前，预先对受拉区混凝土施加压应力，用于减少或抵消外荷载所产生的拉应力，达到推迟受拉区混凝土开裂，同时，提高构件的刚度和减少构件的变形的目的。

(2)根据施加预应力方法的不同，分为先张法和后张法。先张法适用于小型构件的施工；后张法适用于大型构件的施工。

(3)预应力混凝土构件在施工过程中会产生预应力的损失，故需采用不同措施尽可能减小预应力损失是设计预应力混凝土结构构件的重要问题。

复习思考题

1. 何谓预应力？为什么要对构件施加预应力？施加预应力的方法有哪些？其实施过程及适用范围是什么？

2. 什么是张拉控制应力？为什么要对预应力钢筋的张拉应力进行控制？

3. 引起预应力损失的因素有哪些？如何减少各项预应力损失？

第九章　多层及高层钢筋混凝土房屋

内容提要

本章内容主要包括多层与高层钢筋混凝土房屋结构体系的概念、特点、适用范围。

知识目标

1. 熟悉多层与高层钢筋混凝土结构的一般构造要求。

2. 了解钢筋混凝土多层及高层房屋常用的结构体系：框架体系、框架-剪力墙体系、剪力墙体系和筒体体系等。

3. 了解钢筋混凝土框架结构的结构布置及受力特点。

能力目标

1. 能区分多层与高层混凝土结构房屋。

2. 能正确选择钢筋混凝土框架结构布置方案。

学习建议

1. 参观校园内已建或在建工程中的框架结构，增加感性认识。

2. 结合标准图进行教学。

3. 每个教学班应有一套《规范》和相应的标准图集。

现代高层建筑是随着社会生产的发展和人们生活的需要而发展起来的，是商业化、工业化和城市化的结果。

高层建筑的发展之所以如此迅猛，是因为它有节省土地、节约市政工程费用，减少拆迁费用，有利于建筑工业化的发展和城市的美化等优点，同时科学技术的进步，轻质高强材料的涌现，以及机械化、电气化、计算机在建筑中的广泛应用，为高层建筑的发展提供了物质和技术条件。但房屋过高和过分集中会带来一系列问题，不仅使房屋的结构、供水、供电、空调、防火等费用大幅度提高，还给人们的工作、生活带来诸多不便和压力。“9.11”事件发生后，高层建筑的安全问题又成了人们关注的新课题。需要指出，关于多层与高层建筑的界限，各国有不同的标准。我国不同标准也有不同的定义。《高层建筑混凝土结构技术规程》(JGJ 3—2010)(以下简称《高规》)以 10 层及 10 层以上或高度大于 28 m 的房屋为高层建筑；《民用建筑设计通则》(GB 50352—2005)和《建筑设计防火规范》(GB 50016—2014)均以 10 层及 10 层以上或高度大 24 m 的房屋为高层建筑。

目前，多层房屋多采用混合结构和钢筋混凝土结构；高层房屋常采用钢筋混凝土结构、钢结构、钢-混凝土混合结构。本章介绍钢筋混凝土多层与高层房屋。

第一节　常用结构体系

结构构件受力与传力的结构组成方式称为结构体系。目前，钢筋混凝土多层及高层房屋常用的结构体系有框架体系、剪力墙体系、框架-剪力墙体系和筒体体系等。

一、框架体系

由梁和柱为主要构件组成的承受竖向和水平作用的结构称为框架结构，如图 9-1 所示。框架结构体系的最大特点是承重结构和围护、分隔构件完全分开，墙只起围护、分隔作用。框架结构建筑平面布置灵活，空间划分方便，易于满足生产工艺和使用要求，构件便于标准化，具有较高的承载力和较好的整体性，因此，广泛应用于多层工业厂房及多高层办公楼、医院、旅馆、教学楼、住宅等。框架结构在水平荷载下表现出抗侧移刚度小，水平位移大的特点，属于柔性结构，故随着房屋层数的增加，水平荷载逐渐增大，就将因侧移过大而不能满足要求，或形成肥梁胖柱而不经济。框架结构的适用高度为 6～15 层，非地震区也可建到 15～20 层。

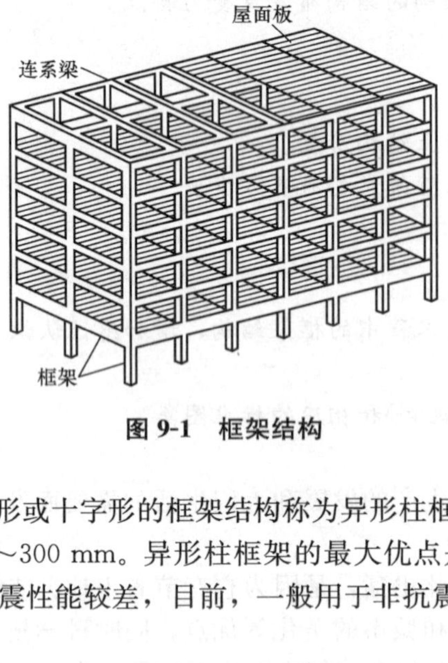

图 9-1　框架结构

柱截面为 L 形、T 形、Z 形或十字形的框架结构称为异形柱框架，如图 9-2 所示。其柱截面厚度与墙厚相同，一般为 180～300 mm。异形柱框架的最大优点是柱截面宽度等于墙厚，室内墙面平整，便于布置。但其抗震性能较差，目前，一般用于非抗震设计或按 6、7 度抗震设计的 12 层以下的建筑中。

图 9-2　异形柱截面形状

二、剪力墙体系

利用建筑物的墙体作为竖向承重和抵抗侧力的结构称为剪力墙结构体系。所谓剪力墙，实质上是固结于基础的钢筋混凝土墙片，具有很高的抗侧移能力。因其既承担竖向荷载，又承担水平荷载——剪力，故名剪力墙。

一般情况下，剪力墙结构楼盖内不设梁，楼板直接支承在墙上，墙体既是承重构件，又起围护、分隔作用，钢筋混凝土剪力墙结构横墙多，侧向刚度大，整体性好，对承受水平力有利；无凸出墙面的梁柱，整齐美观，特别适合居住建筑，并可使用大模板、隧道模、桌模、滑升模板等先进施工方法，有利于缩短工期，节省人力。但剪力墙体系的房间划分受到较大限制，因而，一般用于住宅、旅馆等开间要求较小的建筑，适用高度为15～50层。当高层剪力墙结构的底部要求有较大空间时，可将底部一层或几层部分剪力墙设计为框支剪力墙，形成部分框支剪力墙体系。部分框支剪力墙结构属于竖向不规则结构，上、下层不同结构的内力和变形通过转换层传递，抗震性能较差，烈度为9度的地区不应采用。

三、框架-剪力墙体系

为了弥补框架结构随房屋层数增加，水平荷载迅速增大而抗侧移刚度不足的缺点，可在框架结构中增设钢筋混凝土剪力墙，形成框架和剪力墙结合在一起共同承受竖向和水平力的体系——框架-剪力墙体系，简称框-剪体系。剪力墙可以是单片墙体，也可以是电梯井、楼梯井、管道井组成的封闭式井筒。

框架-剪力墙体系的侧向刚度比框架结构大，大部分水平力由剪力墙承担，而竖向荷载主要由框架承受，因而，用于高层房屋比框架结构更为经济合理；同时，由于其只在部分位置上有剪力墙，保持了框架结构易于分割空间、立面易于变化等优点；另外，这种体系的抗震性能也较好。所以，框-剪体系在多层及高层办公楼、旅馆等建筑中得到了广泛应用。框-剪体系的适用高度为15～25层，一般不宜超过30层。

四、筒体体系

由筒体为主组成的承受竖向和水平作用的结构称为筒体结构体系。筒体是由若干片剪力墙围合而成的封闭井筒式结构，其受力与一个固定于基础上的筒形悬臂构件相似。根据开孔的多少，筒体有空腹筒和实腹筒之分。实腹筒一般由电梯井、楼梯间、管道井等形成，开孔少，因其常位于房屋中部，故又称核心筒。空腹筒又称框筒，由布置在房屋四周的密排立柱和截面高度很大的横梁组成。立柱柱距一般为1.22～3.0 m，横梁(称为窗裙梁)梁高一般为0.6～1.22 m。筒体体系就是由核心筒、框筒等基本单元组成的。根据房屋高度及其所受水平力的不同，筒体体系可以布置成核心筒结构、框筒结构、筒中筒结构、框架-核心筒结构、成束筒结构和多重筒结构等形式。筒中筒结构通常用框筒作外筒，实腹筒作内筒。

上述四种结构体系适用的最大高度见表9-1。

除上述四种常用结构体系外，还有悬挂结构、巨型框架结构、巨型桁架结构、悬挑结构等新的竖向承重结构体系，但目前应用较少。

表9-1　钢筋混凝土房屋的最大适用高度　　m

结构体系		非抗震设计	设防烈度			
			6度	7度	8度	9度
框架结构		70	60	55	45	25
框架-剪力墙结构		140	130	120	100	50
剪力墙结构	全部落地剪力墙结构	150	140	120	100	60
	部分框支剪力墙结构	130	120	100	80	不应采用

续表

结构体系		非抗震设计	设防烈度			
			6 度	7 度	8 度	9 度
筒体结构	框架-核心筒结构	160	150	130	100	70
	筒中筒结构	200	180	150	120	80
注：房屋高度指室外地面到主要屋面板板顶的高度(不包括局部突出屋顶部分)。						

第二节　框架结构基本构造

一、框架结构的布置

1. 承重框架布置方案

在框架体系中，主要承受楼面和屋面荷载的梁称为框架梁，另一方向的梁称为连系梁。框架梁和柱组成主要承重框架，连系梁和柱组成非主要承重框架。若采用双向板，则双向框架都是承重框架。承重框架有以下三种布置方案。

(1)横向布置方案。框架梁沿房屋横向布置，连系梁和楼(屋)面板沿纵向布置[图 9-3(a)]。由于房屋纵向刚度较富裕，而横向刚度较弱，采用这种布置方案有利于增加房屋的横向刚度，提高抵抗水平作用的能力，因此，在实际工程中应用较多；缺点是由于主梁截面尺寸较大，当房屋需要较大空间时，其净空间较小。

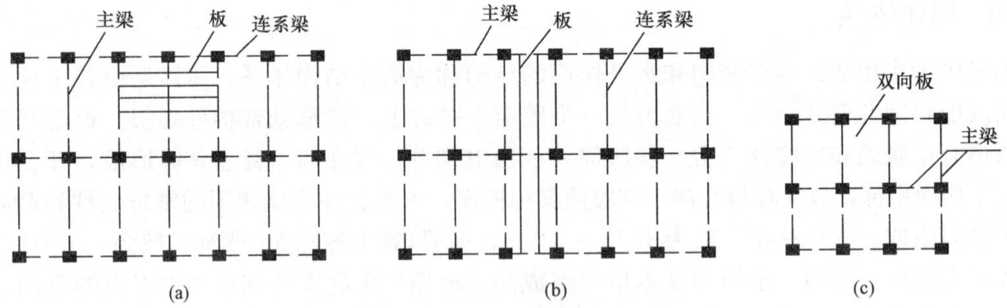

图 9-3　承重框架布置方案

(a)横向布置方案；(b)纵向布置方案；(c)纵横向布置方案

(2)纵向布置方案。框架梁沿房屋纵向布置，楼板和连系梁沿横向布置[图 9-3(b)]。其房间布置灵活，采光和通风好，有利于提高楼层净高，需要设置集中通风系统的厂房常采用这种方案；但因其横向刚度较差，在民用建筑中一般较少采用。

(3)纵横向布置方案。沿房屋的纵向和横向都布置承重框架[图 9-3(c)]。采用这种布置方案，可使两个方向都获得较大的刚度，因此，柱网尺寸为正方形或接近正方形，地震区的多层框架房屋，以及由于工艺要求需双向承重的厂房常用这种方案。

2. 柱网布置和层高

框架结构房屋的柱网和层高，应根据生产工艺、使用要求、建筑材料、施工条件等因素综合考虑，并应力求简单规则，有利于装配化、定型化和工业化。柱网尺寸，即平面框架的跨度(进深)及其间距(开间)。民用建筑的柱网尺寸和层高因房屋用途不同而变化较大，但一般按 300 mm

进级。常用跨度为4.8 m、6.4 m、6 m、6.6 m等，常用柱距为3.9 m、4.5 m、4.8 m、5.1 m、5.4 m、5.7 m、6 m。采用内廊式时，走廊跨度一般为2.4 m、2.7 m、3 m。常用层高为3.0 m、3.3 m、3.6 m、3.9 m、4.2 m。工业建筑典型的柱网布置形式有内廊式、等跨式、对称不等跨式等(图9-4)。采用内廊式布置时，常用跨度(房间进深)为6 m、6.6 m、6.9 m，走廊宽度常用2.4 m、2.7 m、3 m。开间方向柱距为3.6～8 m。等跨式柱网的跨度常用6 m、7.5 m、9 m、12 m，柱距一般为6 m。

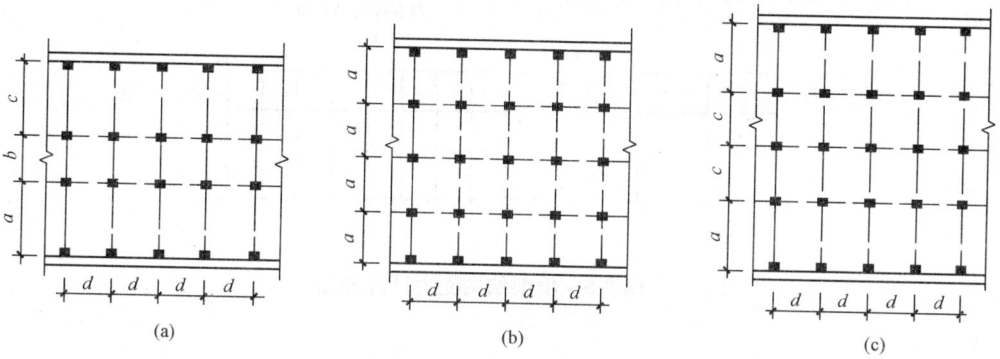

图9-4　框架结构柱网布置

(a)内廊式；(b)等跨式；(c)对称不等跨式

工业建筑底层往往有较大设备和产品，甚至有起重运输设备，故底层层高一般较大。底层常用层高为4.2 m、4.5 m、4.8 m、5.4 m、6.0 m、7.2 m、8.4 m，楼层常用层高为3.9 m、4.2 m、4.5 m、4.8 m、5.6 m、6.0 m、7.2 m等。

二、框架结构的受力特点

框架结构承受的作用包括竖向荷载、水平荷载和地震作用。竖向荷载包括结构自重及楼(屋)面活荷载，一般为分布荷载，有时有集中荷载；水平荷载为风荷载；地震作用主要是水平地震作用。

框架结构是一个空间结构体系，沿房屋的长向和短向可分别视为纵向框架和横向框架。纵、横向框架分别承受纵向和横向水平荷载。而竖向荷载传递路线则根据楼(屋)布置方式而不同，现浇平板楼(屋)盖主要向距离较近的梁上传递，预制板楼盖传至支承板的梁上。

在多层框架结构中，影响结构内力的主要是竖向荷载，而结构变形则主要考虑梁在竖向荷载作用下的挠度，一般不必考虑结构侧移对建筑物的使用功能和结构可靠性的影响。随着房屋高度增大，增加最快的是结构位移，弯矩次之。因此，在高层框架结构中，竖向荷载的作用与多层建筑相似，柱内轴力随层数增加而增加，而水平荷载的内力和位移则将成为控制因素。

框架结构在水平荷载作用下的受力变形特点：其侧移由两部分组成，第一部分侧移由柱和梁的弯曲变形产生。柱和梁都有反弯点，形成侧向变形。框架下部的梁、内力大，层间变形也大，越到上部层间变形越小。第二部分侧移由柱的轴向变形产生。在水平力作用下，柱的拉伸和压缩使结构出现侧移。

除装配式框架外，一般可将框架结构的梁、柱节点视为刚接节点，柱固结于基础顶面，所以，框架结构受力计算简图多为高次超静定结构(图9-5)。

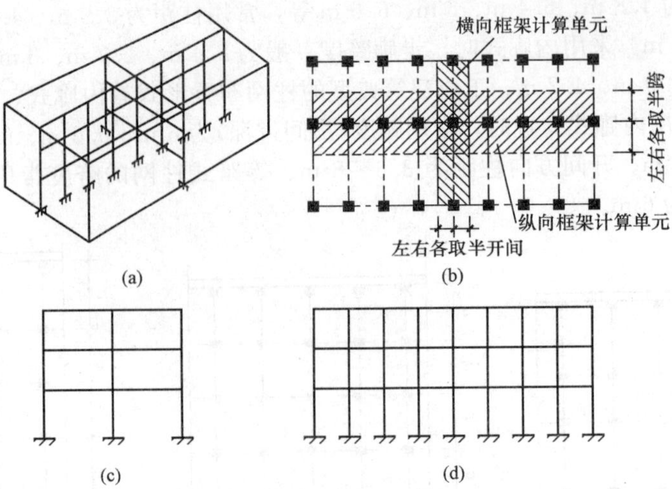

图 9-5　框架结构受力计算简图

三、框架结构的构造

1. 梁、柱截面形状及尺寸

框架梁的截面形状，现浇框架多做成矩形，装配整体式框架多做成花篮形，装配式框架可做成矩形、T形或花篮形[图 9-6(a)]；连系梁的截面多做成 T形、⺁形、L形、⊥形、Z形等[图 9-6(b)]。

柱的截面形状一般做成方形或矩形，其截面尺寸不小于 400 mm×350 mm，也不宜大于柱净高的 1/4，通常采用 400 mm×400 mm、450 mm×450 mm、500 mm×500 mm、550 mm×550 mm、600 mm×600 mm 等。

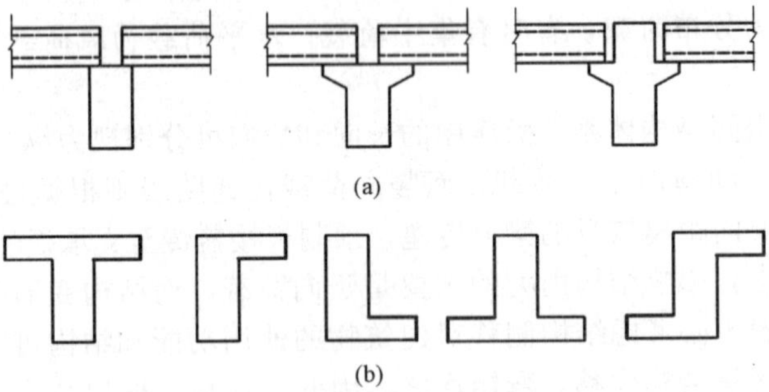

图 9-6　框架梁和连系梁的截面形状

(a)框架梁；(b)连系梁

2. 现浇框架节点构造

梁、柱节点构造是保证框架结构整体空间受力性能的重要措施。现浇框架的梁、柱节点应做成刚性节点。

(1)框架梁纵向钢筋。

①上部纵向钢筋。当采用直线锚固形式时，框架梁上部纵向钢筋伸入中间层端节点的锚固长度不应小于 l_a，且应伸过柱中心线不宜小于 $5d$(d 为梁上部纵向钢筋的直径)[图 9-7(a)]；当上部纵向钢筋在节点内水平锚固长度不够时，应伸至节点对边并向下弯折，但弯折前的水平锚

固长度(包括弯弧段在内)不应小于 $0.4l_a$，弯折后的竖直锚固长度(包括弯弧段在内)应取为 $15d$[图 9-7(b)]。

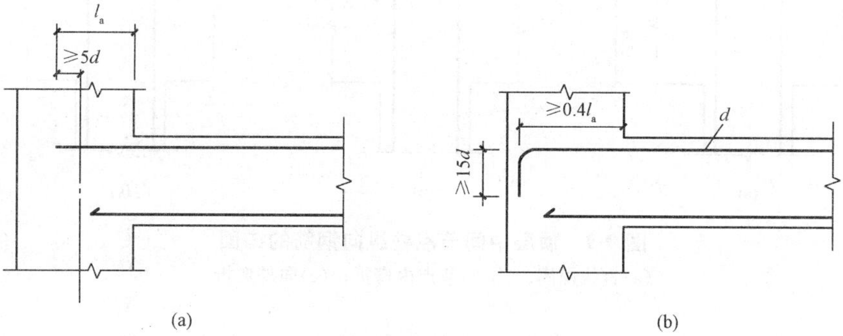

图 9-7　中间层端节点梁上部钢筋的锚固

(a)直线锚固；(b)90°弯折锚固

框架梁上部纵向钢筋应贯穿中间节点。

②下部纵向钢筋。框架梁下部纵向钢筋在中间节点处应满足下列锚固要求：当计算中不利用该钢筋强度时，其伸入节点的锚固长度 l_a，带肋钢筋不应小于 $12d$，光圆钢筋不应小于 $15d$(d 为纵向钢筋直径)；当计算中充分利用钢筋的抗拉强度时，下部纵向钢筋应锚固在节点内。此时，可采用直线锚固[图 9-8(a)]，也可采用带 90°弯折的锚固形式[图 9-8(b)]，也可伸过节点范围并在梁中弯矩较小处设置搭接接头[图 9-8(c)]。

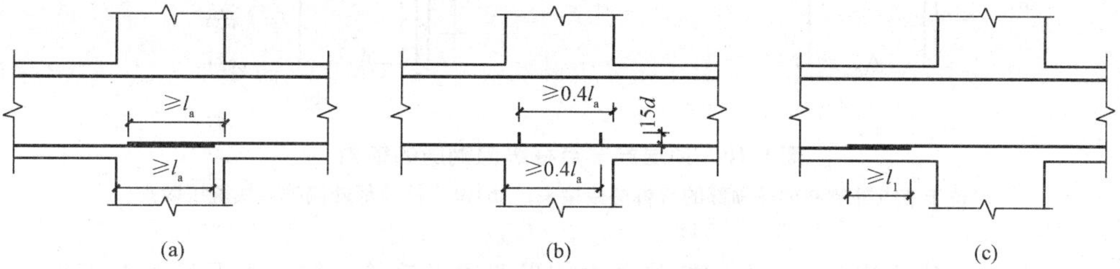

图 9-8　中间层中间节点梁下部钢筋的锚固

(a)直线锚固；(b)90°弯折锚固；(c)节点外锚固

(2)框架柱纵向钢筋。顶层中间节点的柱纵向钢筋及顶层端节点的内侧柱纵向钢筋可用直线方式锚入顶层节点，其自梁底标高算起的锚固长度不应小于 l_a，且必须伸至柱顶[图 9-9(a)]。当顶层节点处梁截面高度不足时，柱纵向钢筋应伸至柱顶并向节点内水平弯折。当充分利用柱纵向钢筋的抗拉强度时，其锚固段弯折前的竖直投影长度不应小于 $0.5l_a$，弯折后的水平投影长度不应小于 $12d$(d 为纵向钢筋的直径)[图 9-9(b)]。当柱顶有现浇板且板厚不小于 80 mm，混凝土强度等级不低于 C20 时，柱纵向钢筋也可向外弯折，弯折后的水平投影长度不应小于 $12d$[图 9-9(c)]。

框架柱的纵向钢筋应贯穿中间层中间节点和中间层端节点，柱纵向钢筋接头应设在节点区外。在搭接接头范围内，箍筋间距应不大于 $5d$(d 为柱较小纵向钢筋的直径)，且不应大于 100 mm。

(3)顶层端节点梁上部纵向钢筋和柱外侧纵向钢筋。框架顶层端节点处的梁、柱端均主要受负弯矩作用，相当于一段 90°的折梁。为了保证梁、柱钢筋在节点区的搭接传力，应将柱外侧纵向钢筋的相应部分弯入梁内作梁上部纵向钢筋使用(当梁上部钢筋和柱外侧钢筋匹配时)，或将梁上部纵向钢筋与柱外侧纵向钢筋在顶层端节点及其附近部位搭接，而不允许采用将柱筋伸至

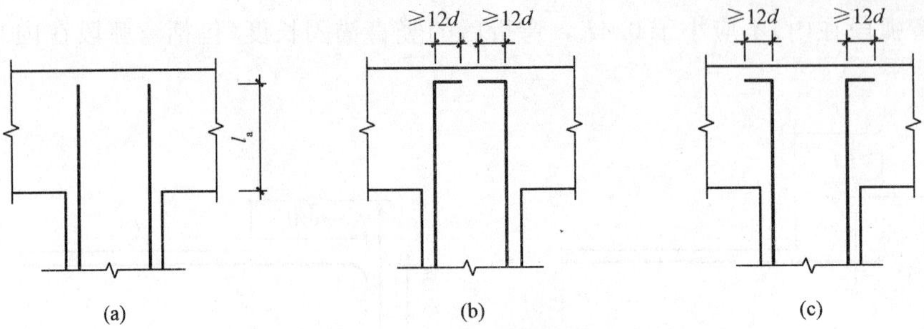

图 9-9　顶层中间节点柱纵向钢筋的锚固

(a)直线锚固；(b)向节点内弯折；(c)向外弯折

柱顶，将梁上部钢筋锚入节点的做法。搭接方案有下列两种。

①搭接接头沿顶层端节点外侧及梁端顶部布置[图 9-10(a)]。

②搭接接头沿柱顶外侧布置[图 9-10(b)]。

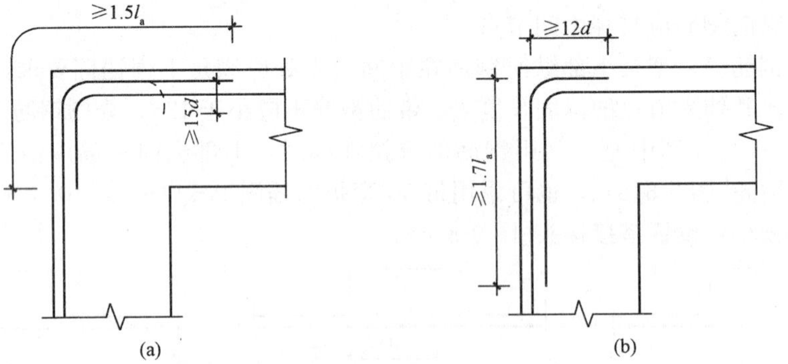

图 9-10　顶层端节点柱纵向钢筋的锚固

(a)位于节点外侧和梁端顶部的弯折搭接接头；(b)位于柱顶部外侧的直线搭接接头

(4)框架节点内的箍筋设置。在框架节点内应设置水平箍筋，但间距不宜大于 250 mm。对四边均有梁与之相连的中间节点，由于除四角以外的柱纵向钢筋外均不存在过早压屈的危险，故节点内可只设置沿周边的矩形箍筋，不必设置复合箍筋。

本章小结

(1)框架、剪力墙、框架-剪力墙结构体系布置特点。

(2)侧向位移是高层建筑结构设计的控制因素，高层建筑结构构件轴向变形(墙、柱轴力大)与剪切变形(截面高度大)对结构内力和位移影响不可忽略。

(3)框架、剪力墙、框架-剪力墙结构选用材料及构造有特殊要求。

复习思考题

1. 什么是高层建筑结构？

2. 高层建筑结构体系有哪些？

第十章　砌体结构构件和基本结构单元

内容提要

本章内容主要包括无筋砌体受压构件和刚性方案房屋的计算，对砌体结构中的过梁、墙梁、挑梁的受力性能及构造，并对多层砌体房屋的构造要求进行了说明。

知识目标

1. 掌握无筋砌体受压构件承载力计算和刚性方案房屋的计算。
2. 熟悉多层砌体房屋的构造要求。
3. 了解过梁、墙梁、挑梁的受力特点及其构造要求。

能力目标

1. 能将砌体结构的一般构造规定用于结构设计。
2. 能对各种砌体结构构件进行正确的计算及验算。
3. 通过结构设计，培养查阅结构规范的能力。

学习建议

1. 参观校园内已建或在建工程中砌体结构，增加感性认识。
2. 结合标准图进行教学。
3. 每个教学班应有一套《砌体结构设计规范》(GB 50003—2011)。

第一节　砌体结构构件计算

一、砌体结构受压构件承载力的计算

1. 无筋砌体受压构件的受力状态

在砌体结构中，最常用的是受压构件，如墙、柱等。受压砌体可以分为轴心受压和偏心受压两种情况。试验表明，当构件的高厚比$\beta \leqslant 3$时(称为短柱)，砌体破坏时材料强度可以得到充分发挥，不会因整体失去稳定性影响其抗压承载力。砌体受压短柱的承载力将随构件偏心距的增大而降低。砌体受压长柱($\beta > 3$)在承受轴心压力时，由于砌体材料的不均匀性及施工误差等原因，使轴心受压构件产生附加弯矩和侧向挠曲变形。尤其是在砌体结构中，水平灰缝数量多，削弱了砌体的整体性，故纵向弯曲现象更加明显，从而产生纵向弯曲破坏。当构件的高厚比再大时，还可能产生失稳破坏。

2. 无筋砌体受压构件的承载力计算

《砌体结构设计规范》(GB 50003—2011)在试验研究的基础上，确定把轴向力偏心距和构件

的高厚比对受压构件承载力的影响采用同一系数来考虑。因此，对砌体受压构件的承载力按下式计算：

$$N \leqslant \varphi f A \tag{10-1}$$

式中 N——轴向力设计值；

φ——高厚比 β 和轴向力的偏心距 e 对受压构件承载力的影响系数；

f——砌体的抗压强度设计值；

A——截面面积，对各类砌体均应按毛截面计算；带壁柱墙的计算截面翼缘宽度 b_f 按如下规定采用：对多层房屋，当有门窗洞口时，可取窗间墙宽度；当无门窗洞口时，每侧翼缘墙宽度可取壁柱高度的1/3；对单层房屋，可取壁柱宽加2/3墙高，但不大于窗间墙宽度和相邻壁柱间距离。

下列情况的各类砌体，其砌体抗压强度设计值应乘以调整系数 γ_a：

(1)对无筋砌体构件，其截面面积 $A<0.3\ \text{m}^2$ 时，$\gamma_a=0.7+A$。

(2)当砌体用强度等级小于M5的水泥砂浆砌筑时，$\gamma_a=0.9$。

高厚比 β 和轴向力偏心距 e 对受压构件承载力的影响系数按下式计算：

$$\varphi=\frac{1}{1+12\left[\frac{e}{h}+\sqrt{\frac{1}{12}\left(\frac{1}{\varphi_0}-1\right)}\right]^2} \tag{10-2}$$

$$\varphi_0=\frac{1}{1+\alpha\beta^2} \tag{10-3}$$

式中 e——轴向力的偏心距，按内力设计值计算；

h——矩形截面轴向力偏心方向的边长，当轴心受压时为截面较小边长；若构件为T形截面，则 $h=h_t$，h_t 为T形截面的折算厚度，可近似按 $3.5i$ 计算(i 为截面回转半径)；

φ_0——轴心受压构件的稳定系数，当 $\beta \leqslant 3$ 时，$\varphi_0=l$；

α——与砂浆强度等级有关的系数，当砂浆强度等级大于或等于M5时，$\alpha=0.001\,5$；当砂浆强度等级等于M2.5时，$\alpha=0.002$；当砂浆强度等级为0时，$\alpha=0.009$。

计算影响系数 φ 时，构件高厚比 β 按下式确定：

$$\beta=\gamma_\beta \frac{H_0}{h} \tag{10-4}$$

式中 γ_β——不同材料砌体构件的高厚比修正系数，见表10-1，该系数主要考虑不同砌体种类受压性能的差异性；

H_0——受压构件的计算高度，见表10-4。

受压构件计算中应该注意以下问题。

①轴向力偏心距的限值。由于轴向力的偏心距 e 较大时，构件在使用阶段容易产生较宽的水平裂缝，使构件的侧向变形增大，承载力显著下降，既不安全也不经济。因此，《砌体结构设计规范》(GB 50003—2011)规定，按内力设计值计算的轴向力的偏心距 $e \leqslant 0.6y$，y 为截面重心到轴向力所在偏心方向截面边缘的距离。当轴向力的偏心距 e 超过 $0.6y$ 时，宜采用组合砖砌体构件，也可采取减少偏心距的其他可靠工程措施。

②对于矩形截面构件，当轴向力偏心方向的截面边长大于另一方向的截面边长时，除按偏心受压计算外，还应对较小边长按轴心受压计算。

表10-1 高厚比修正系数

砌体材料类别	γ_β
烧结普通砖、烧结多孔砖	1.0

续表

砌体材料类别	γ_β
混凝土普通砖、混凝土多孔砖、轻集料混凝土砌块	1.1
蒸压灰砂普通砖、蒸压粉煤灰普通砖、细料石	1.2
粗料石、毛石	1.5

【例 10-1】 一无筋砌体砖柱，截面尺寸为 370 mm×490 mm，柱的计算高度为 3.3 m，柱底承受的轴心压力设计值为 192 kN，结构的安全等级为二级，施工质量控制等级为 B 级，采用 MU10 烧结普通砖和 M5 混合砂浆砌筑。试验算该柱的承载能力。

【解】 $\beta=\gamma_\beta\frac{H_0}{h}=1.0\times\frac{3\ 300}{370}=8.92$，M5 混合砂浆，$\alpha=0.001\ 5$，得

$$\varphi=\varphi_0=\frac{1}{1+\alpha\beta^2}=\frac{1}{1+0.001\ 5\times8.92^2}=0.893$$

柱截面面积 $A=0.37\times0.49=0.18(\mathrm{m}^2)<0.3\ \mathrm{m}^2$

砌体强度设计值应乘以调整系数 γ_a

$$\gamma_a=0.7+0.18=0.88$$

查表得，MU10 烧结普通砖和 M5 混合砂浆：$f=1.5$ MPa。

$$\varphi fA=0.893\times0.88\times1.5\times0.18\times10^3=212.2(\mathrm{kN})>N=192\ \mathrm{kN}$$

故柱底截面承载力满足要求。

【例 10-2】 一矩形截面偏心受压砖柱，截面尺寸为 370 mm×620 mm，柱的计算高度为 6 m，承受的轴心压力设计值为 120 kN，沿长边方向作用弯矩设计值 $M=15$ kN·m，采用 MU10 烧结普通砖和 M5 混合砂浆砌筑。试验算该柱的承载能力。

【解】 (1)验算柱长边方向承载力

偏心距 $e=M/N=15/120=0.125(\mathrm{m})=125\ \mathrm{mm}$

$$y=h/2=620/2=310(\mathrm{mm})$$

$$0.6y=0.6\times310=186(\mathrm{mm})>e=125\ \mathrm{mm}$$

满足规范要求。

$$\beta=\gamma_\beta\frac{H_0}{h}=1.0\times\frac{6\ 000}{620}=9.68，\text{M5 混合砂浆}，\alpha=0.001\ 5，\text{得}$$

$$\varphi_0=\frac{1}{1+\alpha\beta^2}=\frac{1}{1+0.001\ 5\times9.68^2}=0.877$$

$$\varphi=\frac{1}{1+12\left[\frac{e}{h}+\sqrt{\frac{1}{12}\left(\frac{1}{\varphi_0}-1\right)}\right]^2}=\frac{1}{1+12\times\left[\frac{125}{620}+\sqrt{\frac{1}{12}\times\left(\frac{1}{0.877}-1\right)}\right]^2}=0.466$$

柱截面面积 $A=0.37\times0.62=0.229\ 4(\mathrm{m}^2)<0.3\ \mathrm{m}^2$

砌体强度设计值应乘以调整系数 γ_a：

$$\gamma_a=0.7+0.229\ 4=0.929\ 4$$

查表得，MU10 烧结普通砖和 M5 混合砂浆：$f=1.5$ MPa。

$$\varphi fA=0.466\times0.929\ 4\times1.5\times0.229\ 4\times10^3=149(\mathrm{kN})>\mathrm{N}=120\ \mathrm{kN}$$

(2)验算较小边长轴心受压计算：

$$\beta=\gamma_\beta\frac{H_0}{h}=1.0\times\frac{6\ 000}{370}=16.22，\text{M5 混合砂浆}，\alpha=0.001\ 5，\text{得}$$

$$\varphi=\varphi_0=\frac{1}{1+\alpha\beta^2}=\frac{1}{1+0.001\ 5\times16.22^2}=0.717$$

$$\varphi fA=0.717\times0.929\ 4\times1.5\times0.229\ 4\times10^{3}=229(\text{kN})>N=120\ \text{kN}$$

因此，承载力满足要求。

3. 无筋砌体局部受压承载力计算

局部受压是工程中常见的情况，其特点是压力仅仅作用在砌体的局部受压面上，如独立柱基的基础顶面、屋架端部的砌体支承处、梁端支承处的砌体均属于局部受压的情况。若砌体局部受压面积上压应力呈均匀分布，则称为局部均匀受压，如图10-1所示。

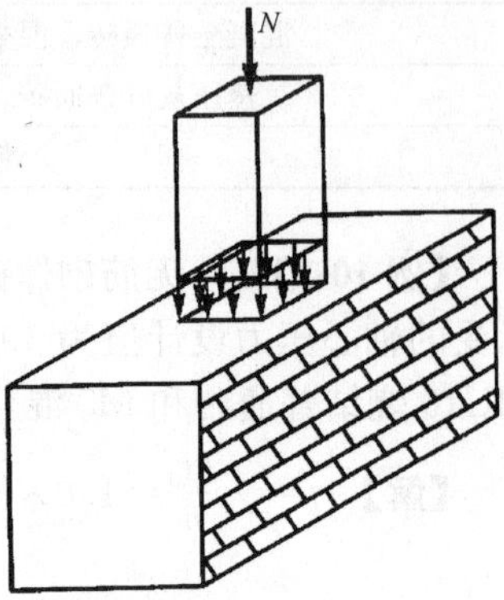

图 10-1 局部均匀受压

(1)砌体局部均匀受压时的承载力计算。砌体截面中受局部均匀受压作用时的承载力应按下式计算：

$$N_l\leqslant\gamma fA_l \tag{10-5}$$

式中 N_l——局部受压面积上的轴向力设计值；

γ——砌体局部抗压强度提高系数；

f——砌体的抗压强度设计值，局部受压面积小于0.3 m²，可不考虑强度调整系数 γ_a 的影响；

A_l——局部受压面积。

由于砌体周围未直接受荷部分对直接受荷部分砌体的横向变形起着约束作用，因而，砌体局部抗压强度高于砌体抗压强度。《砌体结构设计规范》(GB 50003—2011)用局部抗压强度提高系数 γ 来反映砌体局部受压时抗压强度的提高。

砌体局部抗压强度提高系数，按下式计算：

$$\gamma=1+0.35\sqrt{\frac{A_0}{A_l}-1} \tag{10-6}$$

式中 A_0——影响砌体局部抗压强度的计算面积，按图10-2所示规定采用。

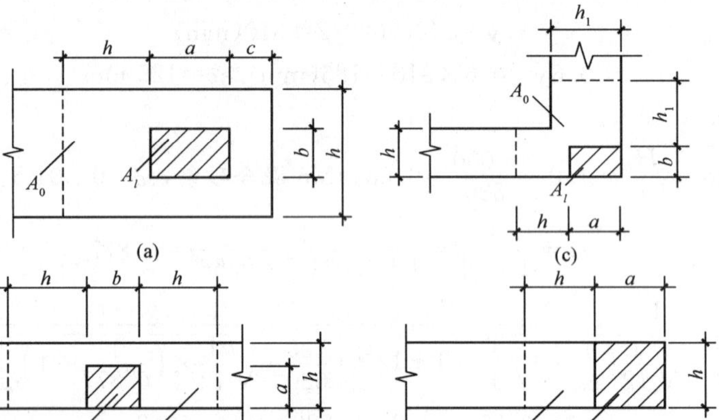

图 10-2 影响局部抗压强度的面积

a，b—矩形局部受压面积 A_l 的边长；

h，h_1—墙厚或柱的较小边长、墙厚；

c—矩形局部受压面积的外边缘至构件边缘的较小边距离，当大于 h 时，应取为 h。

(2)梁端支承处砌体的局部受压承载力计算。

①梁支承在砌体上的有效支承长度。当梁支承在砌体上时，由于梁受力变形翘曲，支座内边缘处砌体的压缩变形较大，使得梁的末端部分与砌体脱开，梁端有效支承长度 a_0 可能小于其

实际支承长度 a(图 10-3)。

经试验分析，为了便于工程应用，《砌体结构设计规范》(GB 50003—2011)给出梁端有效支承长度的计算公式为

$$a_0=10\sqrt{\frac{h_c}{f}} \tag{10-7}$$

式中 a_0——梁端有效支承长度(mm)；当 $a_0>a$ 时，取 $a_0=a$；

h_c——梁的截面高度(mm)；

f——砌体的抗压强度设计值(MPa)。

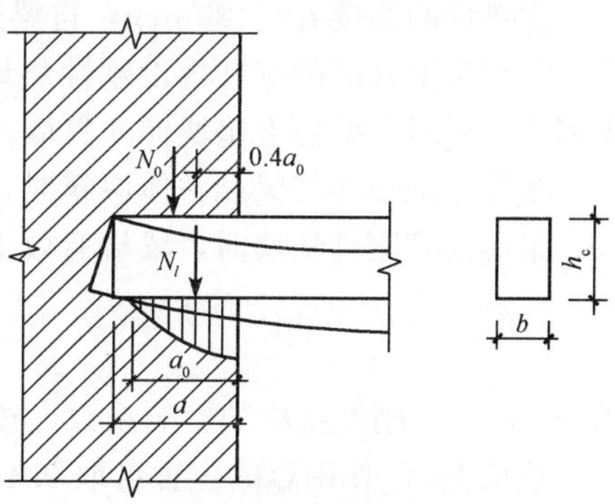

图 10-3 梁端支承长度变化

②上部荷载对局部受压承载力的影响。上部荷载对砌体局部抗压的影响，《砌体结构设计规范》(GB 50003—2011)用上部荷载的折减系数 ψ 来考虑，按下式计算

$$\psi=1.5-0.5\frac{A_0}{A_l} \tag{10-8}$$

式中 A_l——局部受压面积，$A_l=a_0b$，b 为梁宽。当 $A_0/A_l\geqslant3$ 时，取 $\psi=0$。

③梁端支承处砌体的局部受压承载力计算公式：

$$\psi N_0+N_l\leqslant\eta\gamma fA_l \tag{10-9}$$

式中 N_0——局部受压面积内上部荷载轴向力设计值，$N_0=\sigma_0A_l$；

σ_0——上部平均压应力设计值(N/mm^2)；

N_l——梁端支承压力设计值(N)；

η——梁端底面压应力图形的完整系数，应取 0.7，对于过梁和墙梁可取 1.0。

(3)梁端下设有刚性垫块的砌体局部受压承载力计算。梁端支承处的砌体局部受压承载力不满足式(10-9)的要求时，可在梁端下的砌体内设置垫块(图 10-4)。通过垫块可增大局部受压面积，减少其上的压应力，有效地解决砌体的局部承载力不足的问题。

刚性垫块下的砌体局部受压承载力应按下式计算

$$N_0+N_l\leqslant\varphi\gamma_1fA_b \tag{10-10}$$

式中 N_0——垫块面积 A_b 内上部轴向设计值(N)，$N_b=\sigma_0A_b$；

A_b——垫块面积(mm^2)，$A_b=a_bb_b$(a_b 和 b_b 分别为垫块伸入墙内的长度和宽度)；

φ——垫块上 N_0 和 N_l 的合力的影响系数，应采用式(10-2)当 $\beta\leqslant3$ 时的 φ 值；

γ_1——垫块外砌体面积的有利影响系数，$\gamma_1=0.8\gamma$，但不小于 1.0，γ 为砌体局部抗压强度提高系数，按式(10-6)计算(以 A_b 代替 A_l)。

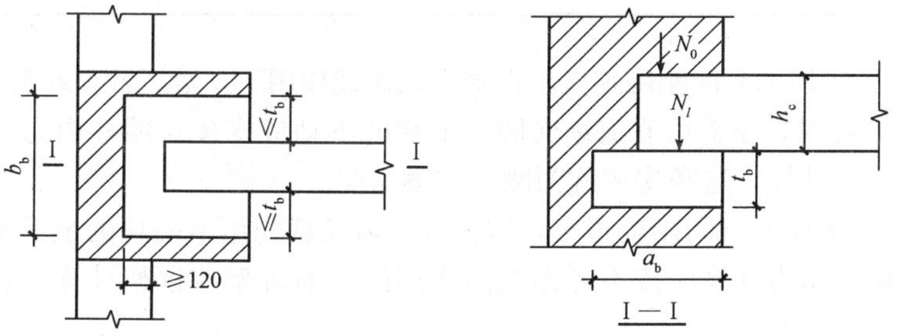

图 10-4 壁柱设有垫块时梁端局部受压情况

刚性垫块的构造应符合下列规定：

①垫块的高度 $t_b \leqslant 180$ mm，自梁边算起的垫块挑出长度不宜大于垫块的高度 t_b；

②在带壁柱墙的壁柱内设刚性垫块时，其计算面积应取壁柱范围内的面积，而不应计算翼缘部分，同时，壁柱上垫块伸入翼墙内的长度不应小于 120 mm；

③当现浇垫块与梁端整体浇筑时，垫块可在梁高范围内设置。

梁端设有刚性垫块时，梁端有效支承长度 a_0 应按下式计算：

$$a_0 = \delta_1 \sqrt{\frac{h_c}{f}} \tag{10-11}$$

式中 δ_1——刚性垫块的影响系数，按表 10-2 采用。

垫块上 N_l 作用点的位置可取 $0.4a_0$ 处。

表 10-2 刚性垫块的影响系数 δ_1

σ_0/f	0	0.2	0.4	0.6	0.8
δ_1	5.4	5.7	6.0	6.9	7.8
注：表中其间的数值可采用插入法求得。					

二、砌体结构静力计算方案

砌体结构房屋是由屋盖、楼盖、墙、柱、基础等主要承重构件组成的空间受力体系，共同承担作用在房屋上的各种竖向荷载(结构的自重、屋面、楼面的活荷载)、水平风荷载和地震作用。墙体计算主要包括内力计算和截面承载力计算(或验算)。计算墙体内力首先要确定其计算简图，也就是如何确定房屋的静力计算方案的问题。

1. 房屋的静力计算方案

《砌体结构设计规范》(GB 50003—2011)为方便计算，仅考虑屋盖刚度和横墙间距两个主要因素的影响，按房屋的空间刚度(作用)大小，将砌体结构房屋静力计算方案分为三种(表 10-3)。

表 10-3 房屋的静力计算方案

屋盖和楼盖类别	刚性方案	刚弹性方案	弹性方案
整体式、装配整体和装配式无檩体系钢筋混凝土楼(屋)盖	$s<32$	$32 \leqslant s \leqslant 72$	$s>72$
装配式有檩体系钢筋混凝土屋盖、轻钢屋盖和有密铺望板的木屋盖或木楼盖	$s<20$	$20 \leqslant s \leqslant 48$	$s>48$
瓦材屋面的木屋盖和轻钢屋盖	$s<16$	$16 \leqslant s \leqslant 36$	$s>36$
注：s 为房屋横墙间距，其长度单位为 m。			

(1)刚性方案。房屋的空间刚度很大，在水平风荷载作用下，墙、柱顶端的相对位移 $u_s/H \approx 0$ (H 为纵墙高度)。此时，屋盖可看成纵向墙体上端的不动铰支座，墙柱内力可按上端有不动铰支承的竖向构件进行计算，这类房屋称为刚性方案房屋。

(2)弹性方案。房屋的空间刚度很小，即在水平风荷载作用下墙顶的最大水平位移接近于平面结构体系，其墙柱内力计算应按不考虑空间作用的平面排架或框架计算，这类房屋称为弹性方案房屋。

(3)刚弹性方案。房屋的空间刚度介于上述两种方案之间，在水平风荷载作用下纵墙顶端水平位移比弹性方案要小但又不可忽略不计，其受力状态介于刚性方案和弹性方案之间，这时墙柱内力计算应按考虑空间作用的平面排架或框架计算，这类房屋称为刚弹性方案房屋。

2.《砌体结构设计规范》(GB 50003—2011)对横墙的要求

作为刚性和刚弹性方案房屋的横墙，《砌体结构设计规范》(GB 50003—2011)规定应符合下列要求：

(1)横墙中开有洞口时，洞口的水平截面面积不应超过横墙截面面积的50%；

(2)横墙的厚度不宜小于180 mm；

(3)单层房屋的横墙长度不宜小于其高度，多层房屋的横墙长度不宜小于$H/2$(H为横墙总高度)。

当横墙不能同时符合上述要求时，应对横墙的刚度进行验算。如其最大水平位移值$u_{max}<H/4\ 000$(H为横墙总高度)时，仍可视作刚性或刚弹性方案房屋的横墙；凡符合此刚度要求的一段横墙或其他结构构件(如框架等)，也可以视作刚性或刚弹性方案房屋的横墙。

三、砌体结构构件高厚比的验算

砌体结构房屋中的墙、柱均是受压构件，除应满足承载力的要求外，还必须保证其稳定性。《砌体结构设计规范》(GB 50003—2011)规定：用验算墙、柱高厚比的方法来保证墙、柱的稳定性。所谓高厚比是指构件的计算高度H_0与相应方向边长h的比值，用β表示，即$\beta=H_0/h$。

1. 墙、柱的计算高度

对墙、柱进行承载力计算或验算高厚比时所采用的高度，称为计算高度。其是由墙、柱的实际高度H，并根据房屋类别和构件两端的约束条件来确定的。按照弹性稳定理论分析结果，并为了偏于安全，《砌体结构设计规范》(GB 50003—2011)规定，受压构件的计算高度H_0可按表10-4采用。

表10-4 受压构件计算高度H_0

屋盖类别			柱		带壁柱墙或周边拉接的墙		
			排架方向	垂直排架方向	$s>2H$	$2H\geq s>H$	$s\leq H$
有吊车的单层房屋	变截面柱上段	弹性方案	$2.5H_u$	$1.25H_u$	$2.5H_u$		
		刚性、刚弹性方案	$2.0H_u$	$1.25H_u$	$2.0H_u$		
	变截面柱下段		$1.0H_l$	$0.8H_l$	$1.0H_l$		
无吊车的单层和多层房屋	单跨	弹性方案	$1.5H$	$1.0H$	$1.5H$		
		刚弹性方案	$1.2H$	$1.0H$	$1.2H$		
	多跨	弹性方案	$1.25H$	$1.0H$	$1.25H$		
		刚弹性方案	$1.1H$	$1.0H$	$1.1H$		
	刚性方案		$1.0H$	$1.0H$	$1.0H$	$0.4s+0.2H$	$0.6s$

注：1. 表中H_u为变截面柱的上段高度；H_l为变截面柱的下段高度。

2. 对于上端为自由端的构件，$H_0=2H$。

3. 对独立柱，当无柱间支撑时，柱在垂直排架方向的H_0应按表中数值乘以1.25后采用。

4. s为房屋横墙间距。

5. 自承重墙的计算高度应根据周边支承或拉结条件确定。

2. 高厚比的影响因素

影响墙、柱允许高厚比$[\beta]$的因素比较复杂，难以用理论推导的公式来计算，《砌体结构设计规范》(GB 50003—2011)规定的限值是综合考虑以下各种因素确定的。

(1)砂浆强度等级。砂浆强度直接影响砌体的弹性模量，而砌体弹性模量的大小又直接影响砌体的刚度。所以，砂浆强度是影响允许高厚比的重要因素。砂浆强度越高，允许高厚比也相应增大。

(2)砌体类型。毛石墙比一般砌体墙刚度差，允许高厚比要降低，而组合砌体由于钢筋混凝土的刚度好，允许高厚比可提高。

(3)横墙间距。横墙间距越小，墙体稳定性和刚度越好；横墙间距越大，墙体稳定性和刚度越差。高厚比验算时用改变墙体的计算高度来考虑这一因素，柱子没有横墙连系，其允许高厚比应比墙小些。这一因素，在计算高度和相应高厚比的计算中来考虑。

(4)砌体截面刚度。砌体截面惯性矩较大，稳定性则好。当墙上门窗洞口削弱较多时，允许高厚比值降低，可以通过有门窗洞口墙允许高厚比的修正系数来考虑此项影响。

(5)构造柱间距及截面。构造柱间距越小，截面越大，对墙体的约束越大，因此，墙体稳定性越好，允许高厚比的提高，可通过修正系数来考虑。

(6)支承条件。刚性方案房屋的墙柱在屋盖和楼盖支承处假定为不动铰支座，刚性好；而弹性和刚弹性房屋的墙柱在屋(楼)盖处侧移较大，稳定性差。验算时用改变其计算高度来考虑这一因素。

(7)构件重要性和房屋使用情况。对次要构件，如自承重墙允许高厚比可以增大，通过修正系数考虑；对于使用时有振动的房屋，则应酌情降低。

表 10-5 墙、柱允许高厚比[β]值

砌体类型	砂浆强度等级	墙	柱
无筋砌体	M2.5 M5.0 或 Mb5.0、Ms5.0 ≥M7.5 或 Mb7.5、Ms7.5	22 24 26	15 16 17
配筋砌块砌体	—	30	21

注：1. 毛石墙、柱允许高厚比应按表中数值降低 20%。
2. 组合砖砌体构件的允许高厚比，可按表中数值提高 20%，但不得大于 28。
3. 验算施工阶段砂浆尚未硬化的新砌砌体高厚比时，允许高厚比对墙取 14，对柱取 11。

3. 允许高厚比及其修正

墙、柱高厚比的允许极限值称允许高厚比，用[β]表示，可按表 10-5 采用。需要指出，[β]值与墙、柱砌体材料的质量和施工技术水平等因素有关。随着科学技术的进步，在材料强度日益增高，砌体质量不断提高的情况下，[β]值将有所增大。

自承重墙是房屋中的次要构件，其允许高厚比的限值可适当放宽，即[β]可乘以一个大于 1 的修正系数 μ_1。对于厚度 $h<240$ mm 的自承重墙，μ_1 的取值分别为：

当 $h=240$ mm 时，$\mu_1=1.2$；

当 90 mm$<h<$240 mm 时，μ_1 按插入法取值；

当 $h=90$ mm 时，$\mu_1=1.5$。

上端为自由端墙的允许高厚比，除按上述规定提高外，尚可再提高 30%；对厚度小于 90 mm 的墙，当双面用不低于 M10 的水泥砂浆抹面，包括抹面层的墙厚不小于 90 mm 时，可按墙厚等于 90 mm 验算高厚比。

对有门窗洞口的墙，允许高厚比[β]，按表 10-5 所列数值乘以修正系数 μ_2，μ_2 可按下式计算：

$$\mu_2=1-0.4\frac{b_s}{s} \tag{10-12}$$

式中 b_s——在宽度 s 范围内的门窗洞口总宽度(图 10-5)；

s——相邻横墙或壁柱之间的距离。

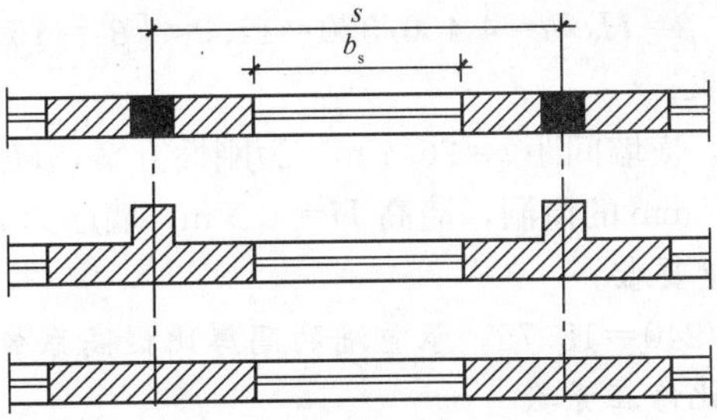

图 10-5　门窗洞口宽度示意图

当按式(10-12)计算的 $\mu_2<0.7$ 时，应采用 0.7；当洞口高度等于或小于墙高的 1/5 时，取 $\mu_2=1.0$。

4. 墙、柱高厚比验算

(1)一般墙、柱高厚比验算。

$$\beta=\frac{H_0}{h}\leqslant\mu_1\mu_2[\beta] \tag{10-13}$$

式中　H_0——墙、柱的计算高度，按表 10-4 取用；

h——墙厚或矩形柱与 H_0 相对应的边长；

μ_1——自承重墙允许高厚比的修正系数，按前述规定采用；

μ_2——有门窗洞口的墙允许高厚比修正系数，按前述规定采用；

$[\beta]$——墙、柱允许高厚比，按表 10-5 取用。

(2)带壁柱墙的高厚比验算。

①整片墙高厚比验算。整片墙高厚比验算可按下式计算：

$$\beta=\frac{H_0}{h_t}\leqslant\mu_1\mu_2[\beta] \tag{10-14}$$

式中　h_t——带壁柱墙截面的折算厚度，$h_t=3.3i$。

i——带壁柱墙截面的回转半径，$i=\sqrt{I/A}$，A 分别为带壁柱墙截面的惯性矩和截面面积。

《砌体结构设计规范》(GB 50003—2011)规定，当确定带壁柱墙的计算高度 H_0 时，s 应取相邻横墙间距。在确定截面回转半径 i 时，带壁柱墙的计算截面翼缘宽度 b_f 可按下列规定采用(取小值)。

a. 多层房屋，当有门窗洞口时，可取窗间墙宽度；当无门窗洞口时，每侧翼墙宽度可取壁柱高度的 1/3。

b. 单层房屋，可取壁柱宽加 2/3 墙高，但不大于窗间墙宽度和相邻壁柱间距离。

c. 计算带壁柱墙的条形基础时，可取相邻壁柱间的距离。

②壁柱间墙的高厚比验算。壁柱间墙的高厚比可按无壁柱墙公式(10-13)进行验算，此时可将壁柱视为壁柱间墙的不动铰支座。因此，计算 H_0 时，s 应取相邻壁柱间距离，而且无论带壁柱墙体的房屋的静力计算采用何种计算方案，H_0 一律按表 10-4 中的刚性方案取用。

【例 10-3】　已知某单层房屋层高为 3.9 m，砖柱截面尺寸为 490 mm×370 mm，采用 M5 混合砂浆砌筑，房屋的静力计算方案为刚性方案。试验算此砖柱的高厚比。

【解】　查表 10-4 可知

$H_0=1.0H=3.9+0.5=4.4$ m(其中 0.5 m 是指单层砖柱从室内地坪到基础顶面的距离)

查表 10-5 可知，$[\beta]=16$

$$\beta = H_0/h = 4\ 400/370 = 11.9 < [\beta] = 16$$

则砖柱的高厚比满足要求。

【例 10-5】 某单层食堂，横墙间距 $s=26.4$ m，为刚性方案，$H_0=H$，外纵墙承重且每 3.3 m 开间有一个 1 500 mm×3 600 mm 的窗洞，墙高 $H=4.5$ m，墙厚为 240 mm，砂浆采用 M2.5。试验算外纵墙的高厚比是否满足要求。

【解】 $\beta = H_0/h = 4\ 500/240 = 18.75$，承重墙的高厚比提高系数 $\mu_1=1.0$

有门窗洞口的允许高厚比修正系数

$$\mu_2 = 1 - 0.4b_s/s = 1 - 0.4 \times 1.5/3.3 = 0.818$$

查表 10-5 可知，$[\beta]=22$，则

$$\mu_1\mu_2[\beta] = 1.0 \times 0.818 \times 22 = 18 < \beta = 18.75$$

则该外纵墙的高厚比验算不满足要求。

第二节　刚性方案房屋计算

一、多层房屋承重纵墙的计算

(1)计算单元。在进行多层房屋纵墙的内力及承载力计算时，通常选择有代表性的一段或荷载较大，以及截面较弱的部位作为计算单元。计算单元的受荷宽度为$(l_1+l_2)/2$，如图 10-6 所示。一般情况下，对有门窗洞口的墙体，计算截面宽度取窗间墙宽度，对无门窗洞口的墙体，计算截面宽度取$(l_1+l_2)/2$。对无门窗洞口且受均布荷载的墙体，取 1 m 宽的墙体计算。

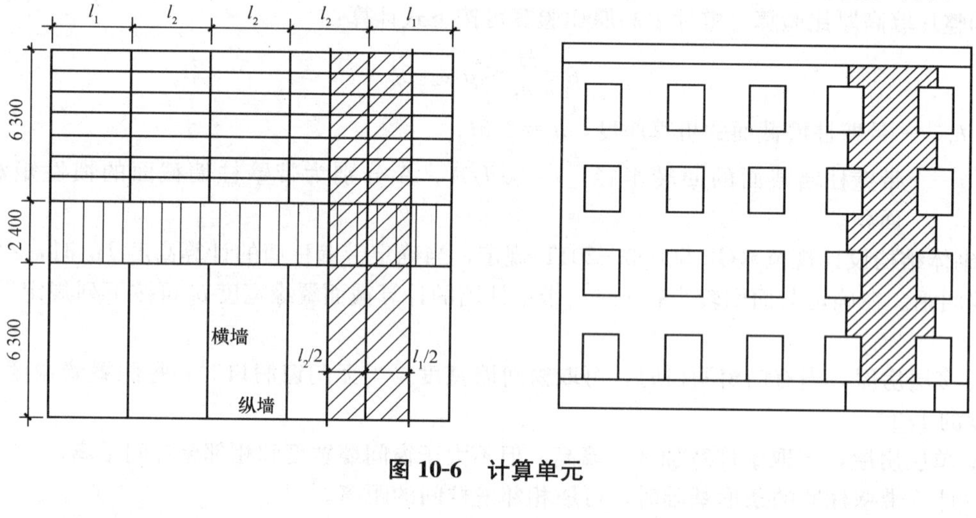

图 10-6　计算单元

(2)计算简图。

①竖向荷载作用下墙体的计算简图。对多层民用建筑，在竖向荷载作用下，多层房屋的墙体相当于一竖向连续梁，由于楼盖嵌砌在墙体内，使得墙体在楼盖处被削弱，使此处墙体所能传递的弯矩减小，可假定墙体在各楼盖处均为不连续的铰支承(图 10-7)。在刚性方案房屋中，墙体与基础连接的截面竖向力较大，弯矩值较小，按偏心受压与按轴心受压计算结果相差很小，为简化计算，也假定墙铰接于基础顶面，因此在竖向荷载作用下，多层砌体房屋的墙体可假定为以楼盖和基础为铰支的多跨简支梁。计算每层内力时，分层按简支梁分析墙体内力，其计算高度等于每层层高，底层计算高度要算至基础顶面。

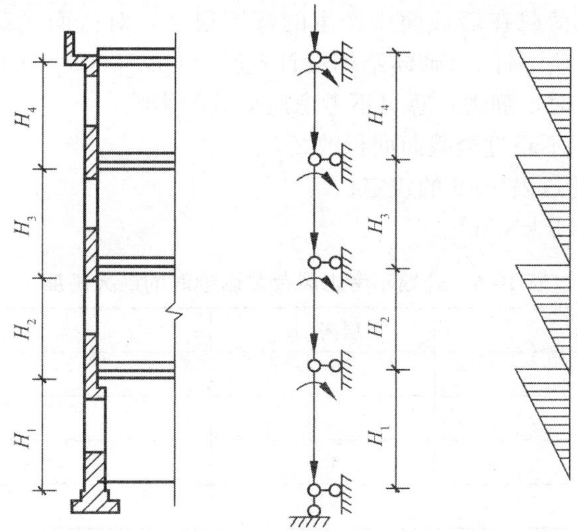

图 10-7　外纵墙竖向荷载作用下的计算简图

因此，竖向荷载作用下多层刚性方案房屋的计算原则如下：

a. 上部各层荷载沿上一层墙体的截面形心传至下层；

b. 在计算某层墙体弯矩时，要考虑梁、板支承压力对本层墙体产生的弯矩，当本层墙体与上层墙体形心不重合时，要考虑上层墙体传来的荷载对本层墙体产生的弯矩，其荷载作用点如图 10-8 所示；

c. 每层墙体的弯矩按三角形变化，上端弯矩最大，下端为零。

②在水平风荷作用下墙体的计算简图。作用于墙体上的水平荷载是指风荷载，在水平风荷载作用下，纵墙可以按连系梁分析其内力，其计算简图如图 10-9 所示。

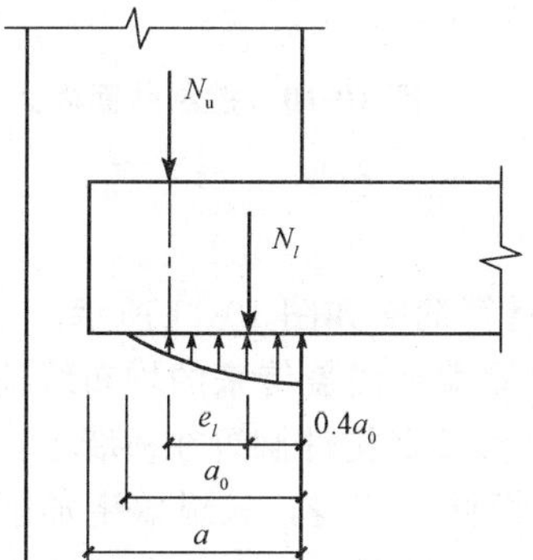

图 10-8　竖向荷载的作用位置图

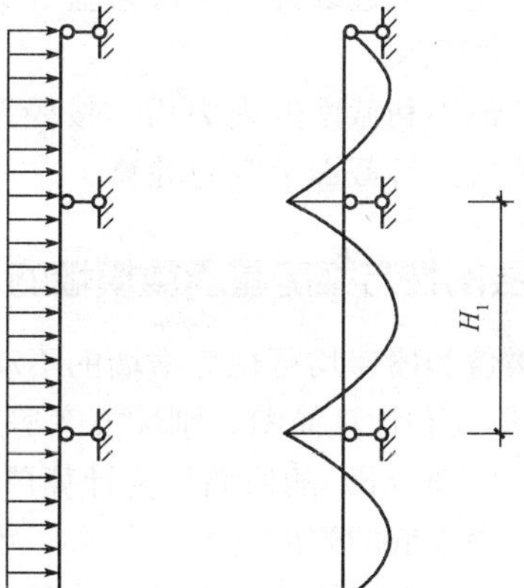

图 10-9　水平风荷载作用下纵墙计算简图

由风荷载引起的纵墙弯矩可以近似按下式计算

$$M = wH_i^2/12 \tag{10-15}$$

式中　w——沿楼层高均布风荷载设计值(kN/m)；

H_i——第 i 层层高。

在迎风面，风荷载表现为压力；在背风面，风荷载表现为吸力。

在一定的条件下，风荷载在墙截面中产生的弯矩很小，对截面承载力影响不显著，因此，风荷载引起的弯矩可以忽略不计。《砌体结构设计规范》(GB 50003—2011)规定，刚性方案多层房屋的外墙符合下列要求时，静力计算可不考虑风荷载的影响。

a. 洞口水平截面面积不超过全截面面积的 2/3；

b. 层高和总高度不超过表 10-6 的规定；

c. 屋面自重不小于 0.8 kN/m²。

表 10-6　外墙不考虑风荷载影响时的最大高度

基本风压值/($kN \cdot m^{-2}$)	层高/ m	总高/ m
0.4	4.0	28
0.5	4.0	24
0.6	4.0	18
0.7	3.5	18

注：对于多层混凝土砌块房屋，当外墙厚度不小于 190 mm、层高不大于 2.8 m、总高不大于 19.6 m、基本风压不大于 0.7 kN/ m² 时，可不考虑风荷载的影响。

(3)控制截面与截面承载力验算。对于多层砌体房屋，如果每一层墙体的截面与材料强度都相同，则只需验算底层墙体承载力，如有截面或材料强度的变化，则还需要验算变截面处墙体的承载力。对于梁下支承处，还应进行局部受压承载力验算。

每层墙体的控制截面有楼盖大梁底面处、窗口上边缘处、窗口下边缘处、下层楼盖大梁底面处，如图 10-10 所示。

求出墙体最不利截面的内力后，按受压构件承载力计算公式进行截面承载力验算。

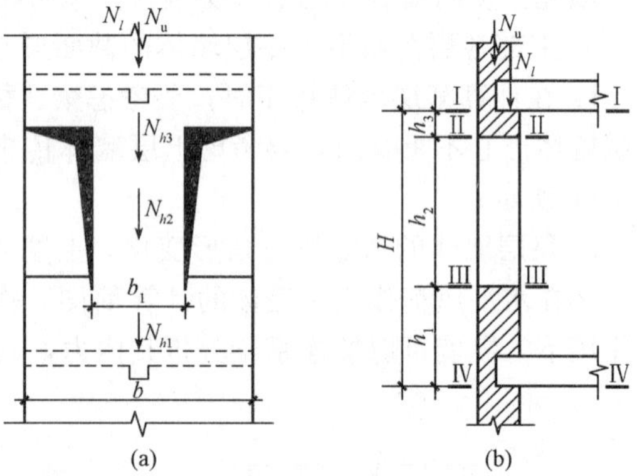

图 10-10　控制截面内力

二、多层刚性方案房屋承重横墙的计算

房屋的楼盖和屋盖均可视为横墙的不动铰支座，其计算简图如图 10-11 所示。

(1)计算单元和计算简图。刚性方案房屋的横墙承受屋盖和楼盖传来的均布线荷载，通常取单位宽度(b=1 000 mm)的横墙作为计算单元；一般屋盖和楼盖构件搁置在横墙上，因而，屋面板和楼板可视为横墙的侧向支承。另外，由于墙两侧楼板伸入墙身，较纵墙更加削弱了墙体在该处的整体性以及在底层墙与基础连接处，墙体整体性虽未削弱，但由于上部传来的轴向力与该处弯矩相比大很多，因此，计算简图可简化为每层横墙视为两端不动铰接的竖向构件，构件的高度一般取为层高。但对于底层，取基础顶面至楼板顶面的距离，基础埋置较深且有刚性地坪时，可取室外地面下 500 mm 处；对于顶层为坡屋顶时，则取层高加上山墙高度的一半。

(2)控制截面的承载力验算。横墙承受的荷载也和纵墙一样，但对中间墙则承受两边楼盖传来的竖向力，即 N_u、N_{l1}、N_{l2}，其中 N_{l1}、N_{l2}分别为横墙左、右两侧楼板传来的竖向力。当由横墙两边的恒载和活载引起的竖向力相同时，沿整个横墙高度都承受轴心压力，横墙的控制截面应取该层墙体的底部。否则，应按偏心受压验算横墙顶部的承载力。当横墙上有洞口时应考虑洞口削弱的影响。对直接承受风荷载的山墙，其计算方法与纵墙相同。

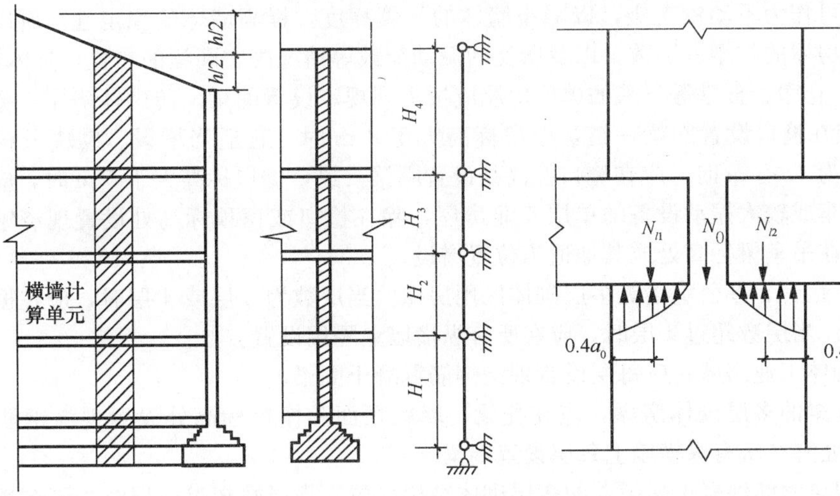

图 10-11　多层刚性方案房屋承重横墙的计算简图

第三节　过梁、圈梁

一、过梁

1. 过梁的类型

过梁是砌体结构门窗洞口上常用的构件，主要有钢筋混凝土过梁、钢筋砖过梁、砖砌平拱过梁和砖砌弧拱过梁等几种不同的形式。

2. 过梁的荷载

(1)梁、板荷载。对砖和小型砌块砌体，当梁、板下的墙体高度 $h_w<l_n$ 时(为过梁的净跨)应计入梁、板传来的荷载，如 $h_w\geqslant l_n$，可不考虑梁、板荷载。

(2)墙体荷载。对砖砌体，当过梁上墙体高度 $h_w<l_n/3$ 时，应按墙体的均布自重采用。当墙体高度 $h_w\geqslant l_n/3$ 时，应按高度 $l_n/3$ 墙体的均布自重采用；对混凝土砌块砌体，当过梁上墙体高度 $h_w<l_n/2$ 时，应按墙体的均布自重采用。当墙体高度 $h_w\geqslant l_n/2$ 时，应按高度 $l_n/2$ 墙体的均布自重采用。

二、圈梁

在砌体结构房屋中，在墙体内连续设置并形成水平封闭状的钢筋混凝土梁或钢筋砖梁，称为圈梁。在房屋±0.000 m 以下基础中设置的圈梁，称为地圈梁或基础圈梁；位于顶层屋面梁及板下的圈梁，称为檐口圈梁。

1. 圈梁的作用及布置

为了增强房屋的整体性及空间刚度，防止由于地基不均匀沉降或较大振动作用等对房屋产生的不利影响，可在墙中设置现浇的钢筋混凝土圈梁，其中，以设置在基础顶面部位和檐口部位的圈梁对抵抗不均匀沉降作用最为有效。当房屋中部沉降比房屋两端大时，则位于檐口部位的圈梁作用较大。圈梁与构造柱相配合还有助于提高砌体的抗震性能，同时，在验算壁柱间墙高厚比时圈梁可作为不动铰支座，以减小墙体的计算高度，提高墙体的稳定性。所以，应该根据地基情况、房屋的类型、层数，以及所受的振动荷载等情况决定圈梁的布置，具体规定如下。

(1)车间、仓库、食堂等空旷的单层房屋应按下列规定设置圈梁。砖砌体房屋，檐口标高为5～8 m时，应在檐口设置圈梁一道，檐口标高大于8 m时，宜适当增设。砌块及料石砌体房屋，檐口标高为4～5 m时，应在檐口标高处设置圈梁一道，檐口标高大于5 m时，应增加设置数量。对有吊车或较大振动设备的单层工业房屋，除在檐口或窗顶标高处设置现浇钢筋混凝土圈梁外，还应在吊车梁标高处或其他适当位置增设。

(2)住宅、宿舍、办公室楼等多层砌体民用房屋，当层数为3层或4层时，应在檐口标高处设置圈梁一道。当层数超过4层时，应在所有纵横墙上隔层设置。

(3)多层砌体工业房屋，应每层设置现浇钢筋混凝土圈梁。

(4)设置墙梁的多层砌体房屋，应在托梁、墙梁顶面和檐口标高处设置现浇钢筋混凝土圈梁，其他楼盖处宜在所有纵横墙上每层设置圈梁。

(5)采用现浇钢筋混凝土楼屋盖的多层砌体结构房屋，当层数超过5层时，除在檐口标高处设置一道圈梁外，可隔层设置圈梁，并与楼(屋)面板一起现浇。未设置圈梁的楼面板嵌入墙内的长度不宜小于120 mm，沿墙长设置的纵向钢筋不应小于2Φ10。

(6)建造在软弱地基或不均匀地基上的砌体房屋，除按上述规定外，圈梁的设置还应符合国家现行《建筑抗震设计规范(2016年版)》(GB 50011—2010)的有关规定。

2. 圈梁构造要求

(1)圈梁宜连续地设在同一水平面上，并形成封闭状。当圈梁被门窗洞口截断时，应在洞口上部增设相同截面的附加圈梁。附加圈梁和圈梁的搭接长度不应小于其垂直间距的2倍，且不得小于1 m，如图10-12所示。

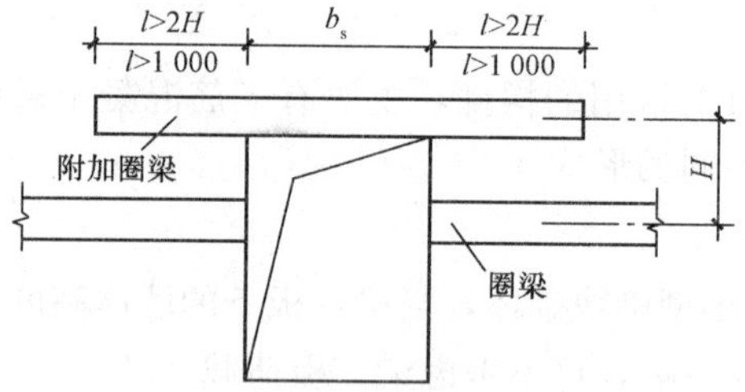

图10-12 附加圈梁和圈梁的搭接示意图

(2)纵横墙交接处的圈梁应有可靠的连接，如图10-13所示。刚弹性和弹性方案房屋，圈梁应与屋架、大梁等构件可靠连接。

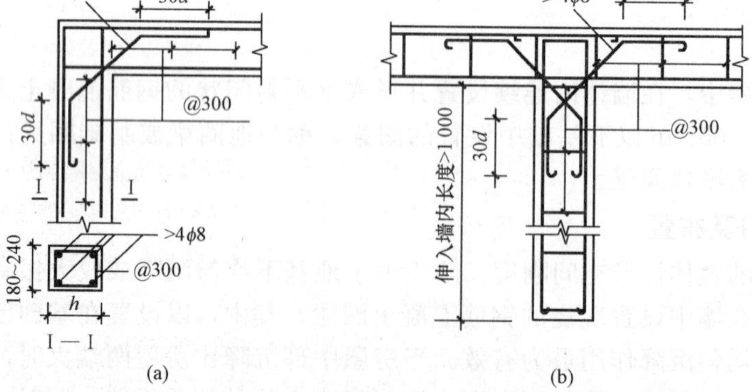

图10-13 纵横墙交接处的圈梁的连接构造示意图

(3)钢筋混凝土圈梁的宽度宜与墙厚相同，当墙厚$h \geqslant 240$ mm时，其宽度不宜小于$2h/3$，圈梁高度不应小于120 mm，纵向钢筋不应少于4Φ10，绑扎接头的搭接长度按受拉钢筋考虑，箍筋间距不应大于300 mm。

(4)圈梁兼作过梁时，在过梁部分的钢筋应按计算用量另行增配。

本章小结

(1)影响无筋砌体受压承载力的主要因素是构件的高厚比和轴向力的偏心距。《砌体结构设计规范》(GB 50003—2011)用影响系数φ来考虑高厚比和偏心距对砌体受压承载力的影响。同时，应用砌体受压承载力计算公式时，限制偏心距e不应超过$0.6y$。

(2)砌体局部受压包括局部均匀受压和局部非均匀受压。在局部压应力作用下，砌体局部抗压强度高于全截面抗压强度，《砌体结构设计规范》(GB 50003—2011)引入了局部抗压强度提高系数γ。当梁端下砌体局部受压承载力不满足要求时，可设置垫块及垫梁等提高砌体局部受压承载力。

(3)当无筋砌体受压构件的抗压承载力不足时，可以采用配筋砌体来提高砌体结构的承载力。用作受压构件的配筋砌体主要有网状配筋砖砌体和组合砖砌体。

(4)根据房屋的楼(屋)盖类型及满足一定刚度要求的横墙间距，混合结构房屋划分为刚性、弹性和刚弹性三种静力计算方案。

(5)高厚比验算是保证砌体墙(柱)在施工和使用过程中稳定性和刚度的一项重要的构造措施。对高厚比验算的要求是指墙(柱)的实际高厚比β应不超过《砌体结构设计规范》(GB 50003—2011)规定的允许高厚比$[\beta]$。

(6)进行多层刚性方案房屋的墙体计算时，对于承重纵墙，一般取一个开间作为计算单元。在竖向荷载作用下，每层墙体按铰支于楼层或屋盖的竖向简支构件进行计算；在水平荷载作用下，外墙按支承于楼层和屋盖的多跨竖向连续梁计算。符合一定条件时，外墙可不考虑风荷载的影响。

复习思考题

1. 在何种情况下，砌体强度设计值需要乘以调整系数γ_a？
2. 轴心受压与偏心受压砌体的承载力计算公式能否用一个式子表达？为什么？
3. 什么是砌体局部受压？其有哪几种破坏形态？
4. 在局部受压计算中，梁端有效支承长度a_0如何确定？它与哪些因素有关？
5. 什么样的横墙称为刚性横墙？静力计算方案有哪几种？
6. 为什么要验算墙、柱的高厚比？带壁柱墙高厚比如何验算？
7. 多层刚性方案房屋的墙体计算单元如何选择？
8. 圈梁的作用是什么？设置圈梁时有哪些规定？

实践与思考

1. 某截面尺寸为 490 mm×490 mm 的砖柱，柱计算高度 $H_0=H=4.8$ m，采用 MU10 烧结普通砖和 M5 水泥砂浆砌筑，柱底承受的轴心压力设计值为 $N=200$ kN，结构的安全等级为二级，施工质量控制等级为 B 级。试验算该柱的承载能力。

2. 一偏心受压砖柱，截面尺寸为 490 mm×620 mm，柱的计算高度 $H_0=H=4.8$ m，承受的轴心压力设计值为 200 kN，沿长边方向作用弯矩设计值 $M=25$ kN·m(沿长边方向)，采用 MU10 烧结普通砖和 M5 混合砂浆砌筑，结构的安全等级为二级，施工质量控制等级为 B 级。试验算该柱底截面是否安全。

3. 窗间墙截面尺寸为 370 mm×1 200 mm，砖墙采用 MU10 的烧结普通砖和 M5 的混合砂浆砌筑。位于窗间墙中部的大梁的截面尺寸为 200 mm×550 mm，在墙上的搁置长度为 240 mm。大梁的支座反力为 100 kN，窗间墙范围内梁底截面处的上部荷载设计值为 240 kN，试对大梁端部下砌体的局部受压承载力进行验算。

4. 某单层房屋层高 4 m，砖柱截面尺寸为 370 mm×490 mm，采用 M5 混合砂浆砌筑，房屋的静力计算方案为刚性方案。试验算该柱的高厚比。

5. 某单层单跨无吊车的仓库，柱间距离为 4 m，中间开宽为 1.8 m 的窗，车间长 40 m，屋架下弦标高为 5 m，壁柱为 370 mm×490 mm，墙厚为 240 mm，房屋的静力计算方案为刚弹性方案。试验算带壁柱墙的高厚比。

第十一章　钢结构的连接

内容提要

钢结构通常是由钢板、型钢通过组合连接成为基本构件，再通过安装连接成为整体结构骨架。本章内容主要包括钢结构连接方法；对接焊缝、角焊缝的构造及计算；普通螺栓、高强度螺栓的构造及计算；对各种连接方式的标注及焊接残余应力、残余变形也做了适当的介绍。

知识目标

1. 掌握对接焊缝、角焊缝的构造和强度计算。
2. 了解焊接残余应力、残余变形产生的原因及对钢结构的影响。
3. 熟悉螺栓连接的构造要求，掌握普通螺栓受剪、受拉承载力设计计算方法，熟悉高强度螺栓连接计算方法。

能力目标

1. 能正确选择钢结构的连接方式。
2. 能进行一般钢结构连接的计算。

学习建议

1. 参观已建或在建钢结构工程中的连接部分，增加感性认识。
2. 复习建筑力学相关强度方面的知识，为钢结构连接计算打好基础。

第一节　钢结构的连接方法

钢结构通常是由钢板、型钢通过组合连接成为基本构件，再通过安装连接成为整体结构骨架。因此，连接方式及其质量优劣直接影响钢结构的工作性能。钢结构的连接必须符合安全可靠、传力明确、构造简单、制造方便和节约钢材的原则。

钢结构的连接方法可以分为焊缝连接、铆钉连接和螺栓连接三种，如图 11-1 所示。

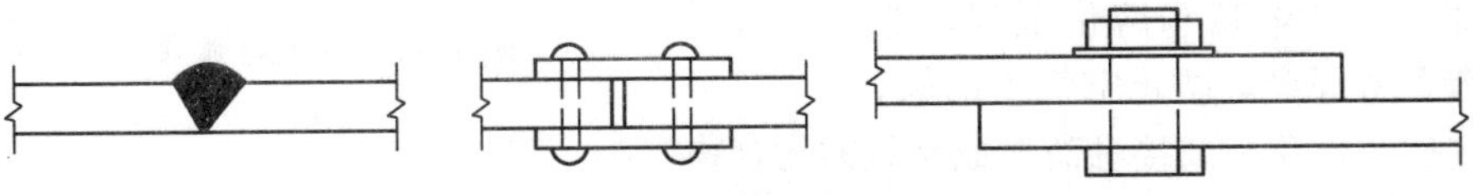

(a)　　　　(b)　　　　(c)

图 11-1　钢结构的连接方法

(a)焊缝连接；(b)铆钉连接；(c)螺栓连接

一、焊缝连接

焊缝连接是现代钢结构最主要的连接方法。其优点是：构造简单，任何形式的构件都可直接相连；用料经济，不削弱截面；制作加工方便，可实现自动化操作；连接的密闭性好，结构刚度大。其缺点是：在焊缝附近的热影响区内，钢材的金属组织发生改变，导致局部材料变脆；产生焊接残余应力和残余变形使受压构件承载力降低；焊接结构对裂纹很敏感，局部裂纹一旦发生，就容易扩展到整体，低温冷脆问题较为突出。

二、铆钉连接

铆钉连接由于结构复杂，费钢费工，现已很少采用。但是铆钉连接的塑性和韧性较好，传力可靠，质量易于检查，在一些重型和直接承受动力荷载的结构中，有时仍然采用。

三、螺栓连接

螺栓连接通过螺栓这种紧固件把被连接件连成一体，是钢结构的重要连接之一。其优点是：施工工艺简单、安装方便，特别适用于工地安装连接，工程进度和质量易得到保证；且由于装拆方便，适用于需要装拆结构连接和临时性连接。其缺点是：螺栓连接需制孔，拼装和安装需对孔，工作量增加，且对制造的精度要求较高；此外，螺栓连接因开孔对截面有一定的削弱，在构造上还需增设辅助连接件，故用料增加，构造较繁。螺栓连接分普通螺栓连接和高强度螺栓连接两种。

第二节　焊接方法、焊缝连接形式及标注

一、钢结构常用焊接方法

焊接方法很多，但在钢结构中通常采用电弧焊。电弧焊有手工电弧焊、埋弧焊(埋弧自动或半自动焊)以及气体保护焊等。

(1)手工电弧焊。这是最常用的一种焊接方法(图 11-2)。通电后，在涂有药皮的焊条与焊件之间产生电弧。电弧的温度可高达 3 000 ℃。在高温作用下，电弧周围的金属变成液态，形成熔池。同时，焊条中的焊丝很快熔化，滴落入熔池中，与焊件的熔融金属相互结合，冷却后形成焊缝。焊条药皮则在焊接过程中产生气体，保护电弧和熔化金属，并形成熔渣覆盖着焊缝，防止空气中的氧、氮等有害气体与熔化金属接触而形成易脆的化合物。

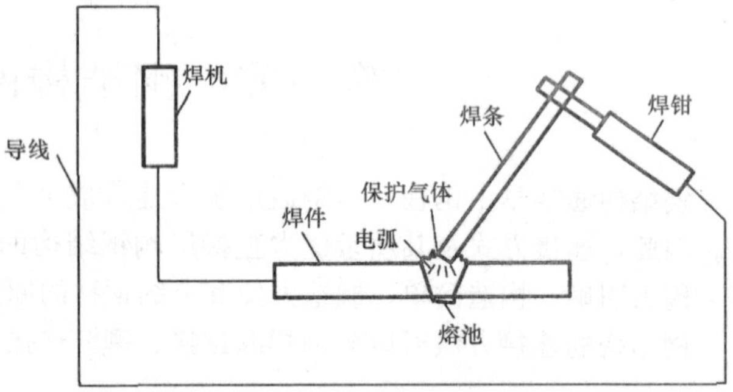

图 11-2　手工电弧焊

手工电弧焊的设备简单，操作灵活方便，适用于任意空间位置的焊接，特别适用于焊接短焊缝。但生产效率低，劳动强度大，焊接质量和焊工的精神状态与技术水平有很大关系。

手工电弧焊所用焊条应与焊件钢材(或称主体金属)相适应，一般为：对 Q235 钢，采用 E43 型焊条(E4300-E4328)；对 Q345 钢，采用 E50 型焊条(E5000-E5048)；对 Q390 和 Q420 钢，采

用 E55 型焊条(E5500-E5518)。焊条型号中，字母 E 表示焊条(Electrode)，前两位数字为金属的最小抗拉强度(以 kgf/mm^2 计)，第三、四位数字表示适用焊接位置、电流以及药皮类型等。不同钢种的钢材焊接时，例如，Q235 钢和 Q345 钢相焊接，宜采用与低强度钢材相适应的焊条。

(2)埋弧焊(自动或半自动)。埋弧焊是电弧在焊剂层下燃烧的一种电弧焊方法。焊丝松紧和电弧按焊接方向的移动由专门机构控制完成的称“埋弧自动电弧焊”(图 11-3)；焊丝送进有专门机构，而电弧按焊接方向的移动靠人手工操作完成的称为“埋弧半自动电弧焊”。埋弧焊的焊丝不涂药皮，但施焊端为焊剂所覆盖，能对较细的焊丝采用大电流。电弧热量集中，熔深大，适于厚板的焊接，具有较高的生产率。由于采用了自动或半自动化操作，焊接时的工艺条件稳定，焊缝的化学成分均匀，故形成的焊缝质量好，焊件变形小。同时，高的焊速也减小了热影响的范围。但埋弧对焊件边缘的装配精度(如间隙)要求比手工焊高。

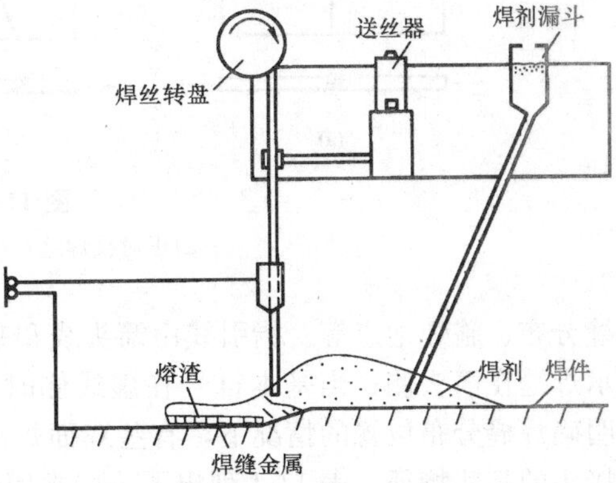

图 11-3　埋弧自动电弧焊

埋弧焊所用焊丝应与主体金属强度相适应，即要求焊缝与主体金属等强度。

二、焊缝连接形式及焊缝形式

(1)焊缝连接形式。焊缝连接形式按被连接钢材的相互位置可分为对接、搭接、T 形连接和角部连接四种(图 11-4)。

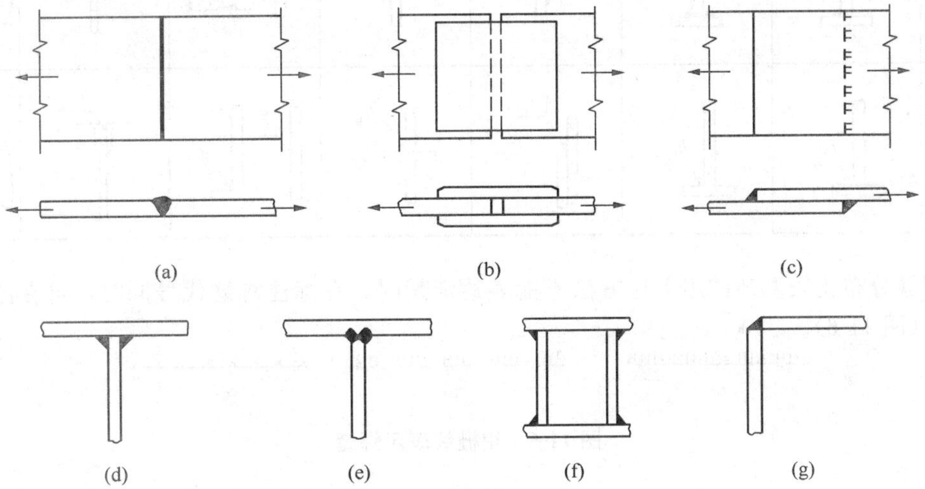

图 11-4　焊缝连接的形式

(a)对接连接；(b)拼接盖板的对接连接；(c)搭接连接；(d)、(e)T 形连接；(f)、(g)角部连接

(2)焊缝形式。焊缝分为对接焊缝和角焊缝。对接焊缝按所受力的方向可分为正对接焊缝[图 11-5(a)]和斜对接焊缝[图 11-5(b)]。角焊缝[图 11-5(c)]可分为正面角焊缝、侧面角焊缝和斜焊缝。

三、焊缝符号及标注方法

国家现行标准《焊缝符号表示法》(GB/T 324—2008)规定：焊缝符号包括指引线、基本符号、补充符号、尺寸符号及数据等。基本符号表示焊缝横截面的基本形式或特征，如表面形状、

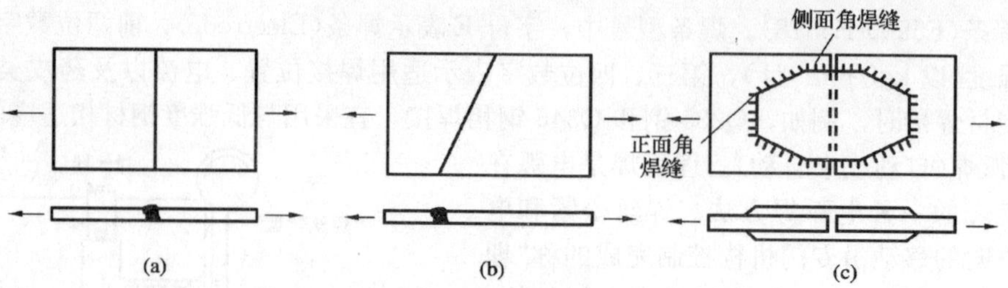

图 11-5　焊缝形式

(a)正对接焊缝；(b)斜对接焊缝；(c)角焊缝

焊缝分布、施焊地点等。指引线由箭头线和基准线(实线和虚线)组成。当基本符号在实线侧时，表示焊缝在箭头侧；当基本符号在虚线侧时，表示焊缝在非箭头侧。对称焊缝允许省略虚线，在明确焊缝分布位置的情况下，有些双面焊缝也可省略虚线。补充符号用来补充说明有关焊缝或接头的某些特征。表 11-1 列出了一些常用焊缝的代号，可供设计时参考。

表 11-1　焊缝代号

类型	角焊缝				对接焊缝	塞焊缝	三面围焊
	单面焊缝	双面焊缝	安装焊缝	相同焊缝			
形式					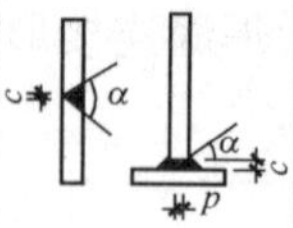		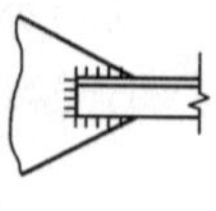
标注方法	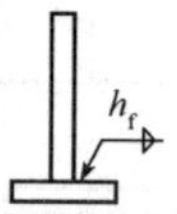	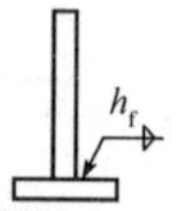	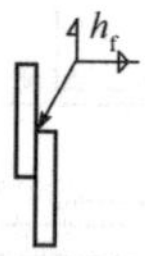	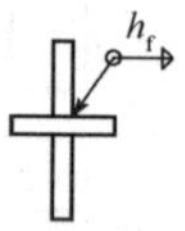	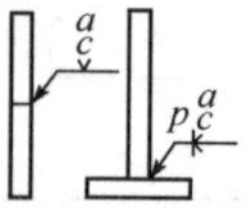		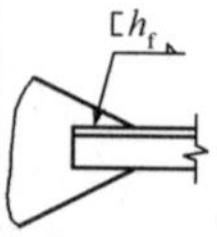

当焊缝分布比较复杂或用上述方法不能表达清楚时，在标注焊缝代号同时，可在图形上加栅线表示(图 11-6)。

(a)　(b)　(c)

图 11-6　用栅线表示焊缝

第三节　对接焊缝连接

一、对接焊缝的构造

对接焊缝的焊件常需做成坡口，故又叫作坡口焊缝。坡口形式与焊件厚度有关。当焊件厚度很小(手工焊 6 mm，埋弧焊 10 mm)时，可用直边缝；对于一般厚度的焊件，可采用具有斜坡口的单边 V 形或 V 形焊缝；对于较厚的焊件(t>20 mm)，则采用 U 形、K 形和 X 形坡口(图 11-7)。

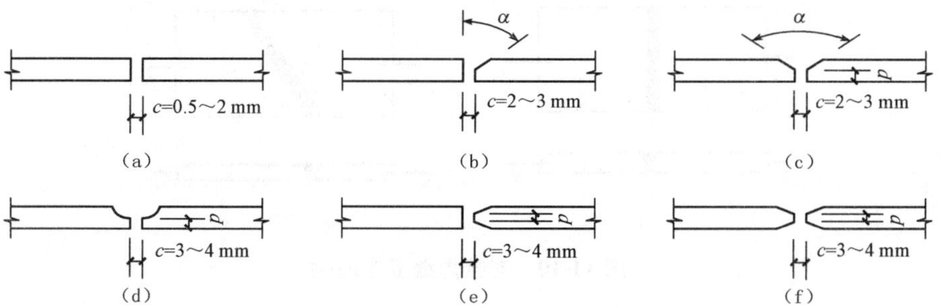

图 11-7　对接焊缝的坡口形式

(a)直边缝；(b)单边 V 形坡口；(c)V 形坡口；(d)U 形坡口；(e)K 形坡口；(f)X 形坡口

对接焊缝坡口形式，宜根据板厚和施工条件按《钢结构焊接规范》(GB 50661—2011)要求选用。

在对接焊缝的拼接处，当焊件的宽度不同或厚度相差 4 mm 以上时，应分别在宽度方向或厚度方向从一侧或两侧做成坡度不大于 1∶2.5 的斜角(图 11-8)，以使截面过渡减小应力集中。

在焊缝的起灭弧处，常会出现弧坑等缺陷，这些缺陷对承载力影响极大，故焊接时一般应设置引弧板和引出板(图 11-9)，焊后将其割除。对受静力荷载的结构设置引弧(出)板有困难时，可令焊缝计算长度等于实际长度减 $2t$(t 为较薄焊件厚度)。

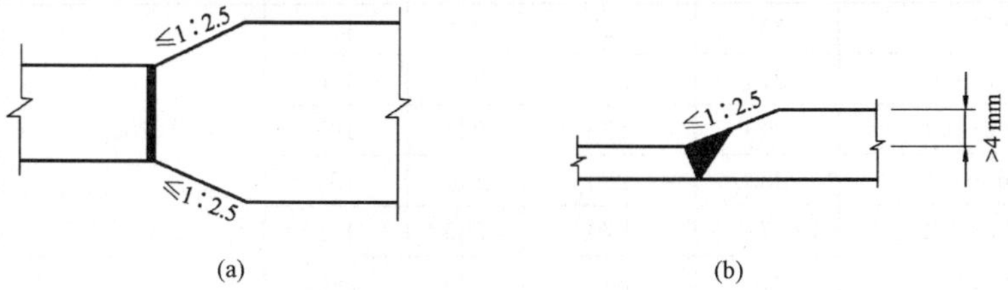

图 11-8　不同宽度和不同厚度钢板的拼接

(a)不同宽度；(b)不同厚度

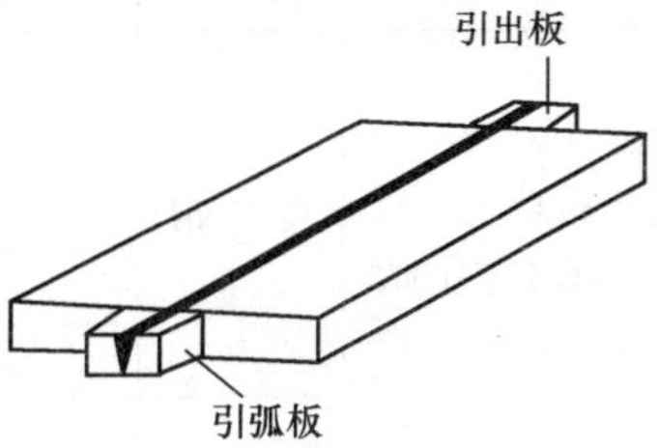

图 11-9　引弧板和引出板

二、对接焊缝的计算

对接焊缝分焊透和部分焊透的计算。本书只介绍焊透的对接焊缝的计算。

对接焊缝是焊件截面的组成部分，焊缝中的应力分布情况基本上与焊件原来的情况相同，故计算方法与构件的强度计算相似。

1. 轴心受力作用下的对接焊缝计算

轴心受力的对接焊缝(图 11-10)，可按下式计算：

$$\sigma=\frac{N}{l_{w}t}\leqslant f_{t}^{w} \text{ 或 } f_{c}^{w} \tag{11-1}$$

式中　N——轴心拉力或压力；

l_w——焊缝的计算长度，当未采用引弧板时，取实际长度减去 $2t$；

t——在对接接头中连接件的较小厚度；在 T 形接头中为腹板厚度；

f_t^w、f_c^w——对接焊缝的抗拉、抗压强度设计值，见表 11-2。由于一、二级检验的焊缝与母材强度相等，故只有三级检验的焊缝才需按式(11-1)进行抗拉强度验算。如果用直缝不能满足强度要求时，可采用如图 11-10(b)所示的斜对接焊缝。计算证明，焊缝与作用力之间的夹角 θ 满足 $\tan\theta\leqslant1.5$ 时，斜焊缝的强度不低于母材强度，可不再进行验算。

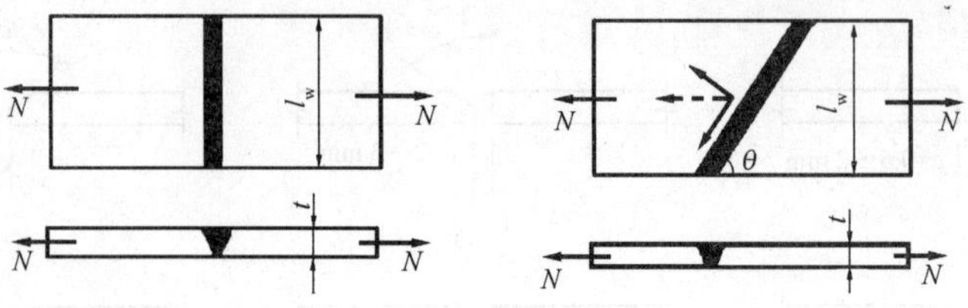

(a)　　　　　　　　　　(b)

图 11-10　对接焊缝受轴心力

表 11-2　焊缝的强度设计值　　　　N/mm²

焊接方法和焊条型号	钢材牌号规格和标准号		对接焊缝				角焊缝
	牌号	厚度或直径 /mm	抗压 f_c^w	焊缝质量为下列等级时，抗拉 f_t^w		抗剪 f_v^w	抗拉、抗压和抗剪 f_f^w
				一级、二级	三级		
自动焊、半自动焊和 E43 型焊条手工焊	Q235 钢	≤16	215	215	185	125	160
		>16～40	205	205	175	120	
		>40～60	200	200	170	115	
		>60～100	200	200	170	115	
自动焊、半自动焊和 E50、E55 型焊条手工焊	Q345 钢	≤16	305	305	260	175	200
		>16～40	295	295	250	170	
		>40～63	290	290	245	165	
		>63～80	280	280	240	160	
		>80～100	270	270	230	155	
自动焊、半自动焊和 E50、E55 型焊条手工焊	Q390 钢	≤16	345	345	295	200	200(E50) 220(E55)
		>16～40	330	330	280	190	
		>40～63	310	310	265	180	
		>63～80	295	295	250	170	
		>80～100	295	295	250	170	
自动焊、半自动焊和 E55、E60 型焊条手工焊	Q420 钢	≤16	375	375	320	215	220(E55) 240(E60)
		>16～40	355	355	300	205	
		>40～63	320	320	270	185	
		>63～80	305	305	260	175	
		>80～100	305	305	260	175	
		>35～50	290	290	245	170	
		>50～100	285	285	240	165	

注：1. 手工焊用焊条、自动焊和半自动焊所采用的焊丝和焊剂，应保证其熔敷金属的力学性能不低于母材的性能。

2. 焊缝质量等级应符合现行国家标准《钢结构焊接规范》(GB 50661)的规定，其检验方法应符合现行国家标准《钢结构工程施工质量验收规范》(GB 50205)的规定。其中，厚度小于 8 mm 钢材的对接焊缝，不应采用超声波探伤确定焊缝质量等级。

3. 对接焊缝在受压区的抗弯强度设计值取 f_c^w，在受拉区的抗弯强度设计值取 f_t^w。

4. 表中厚度是指计算点的钢材厚度，对轴心受拉和轴心受压构件是指截面中较厚板件的厚度。

5. 进行无垫板的单面施焊对接焊缝的连接计算时，本表规定的强度设计值应乘折减系数 0.85。

由表 11-2 可以看出，对接焊缝的强度与所用钢材的牌号、焊条型号及焊缝质量的检验标准等因素有关。如果焊缝中不存在任何缺陷，焊缝金属的强度是等于母材的。由于焊接技术问题，焊缝中可能有气孔、夹渣、咬边、未焊透等缺陷，试验证明，焊接缺陷对受压、受剪的对接焊缝影响不大，故可以认为受压、受剪的对接焊缝与母材强度相等，但受拉的对接焊缝对缺陷甚为敏感。我国钢结构施工规范中，将对接焊缝的质量检验标准分为三级：三级检验为只要求通过外观检查；二级检验为要求通过外观检查和超声波探伤检查；一级检验为要求通过外观检查、超声探伤检查和 X 射线检查。当焊缝质量等级为一级或二级时，由于焊缝的内部缺陷很少，对焊缝的抗拉强度影响很小，因此，一级或二级焊缝与母材强度相等。当焊缝质量等级为三级时，由于焊缝内部存在较多的缺陷(当缺陷的面积与焊件截面面积之比超过 5%时，对接焊缝的抗拉强度将明显下降)，故《钢结构设计规范》(GB 50017—2003)将其抗拉强度设计值取为母材的 85%。综上所述，对接焊缝一般只在焊缝质量等级为三级时才需按式(11-1)进行抗拉强度验算。

【例 11-1】 试验算图 11-10(a)所示钢板的接焊缝的强度。图中 $l_w=540$ mm，$t=22$ mm，轴心力的设计值为 $N=2\ 150$ kN。钢材为 Q235－B，手工焊，焊条为 E43 型，三级检验标准的焊缝，施焊时加引弧板。

【解】 直缝连接长度 $l_w=54$ cm。焊缝正应力为：

$$\sigma=\frac{N}{l_w t}=\frac{2\ 150\times10^3}{540\times22}=181(\text{N/mm}^2)>f_t^w=175\ \text{N/mm}^2$$

不满足要求，改用斜对接焊缝，取截割斜度为 1.5：1，即 $\theta=56°$。故此时焊缝的正应力为：

$$\sigma=\frac{N\cdot\sin 56°}{l_w t}=\frac{2150\times10^3\times\sin 56°}{650\times22}=125\ \text{N/mm}^2<f_t^w=175\ \text{N/mm}^2$$

剪应力为：

$$\tau=\frac{N\cdot\cos 56°}{l_w t}=\frac{2\ 150\times10^3\times\cos 56°}{650\times22}=84(\text{N/mm}^2)<f_v^w=120\ \text{N/mm}^2$$

这就说明当 $\tan\theta\leqslant1.5$ 时，焊缝强度能够保证，可不必计算。

2. 弯矩和剪力共同作用下的对接焊缝计算

如图 11-11(a)所示是对接接头受到弯矩和剪力的共同作用，由于焊缝截面是矩形，正应力与剪应力图形分别为三角形与抛物线形，其最大值分别满足下列强度条件：

$$\sigma_{max}=\frac{M}{W_w}=\frac{6M}{l_w^2 t}\leqslant f_t^w \tag{11-2}$$

$$\tau_{max}=\frac{VS_w}{l_w t}=\frac{3}{2}\cdot\frac{V}{l_w t}\leqslant f_v^w \tag{11-3}$$

式中 W_w——焊缝截面模量；

S_w——焊缝截面面积矩；

I_w——焊缝截面惯性矩。

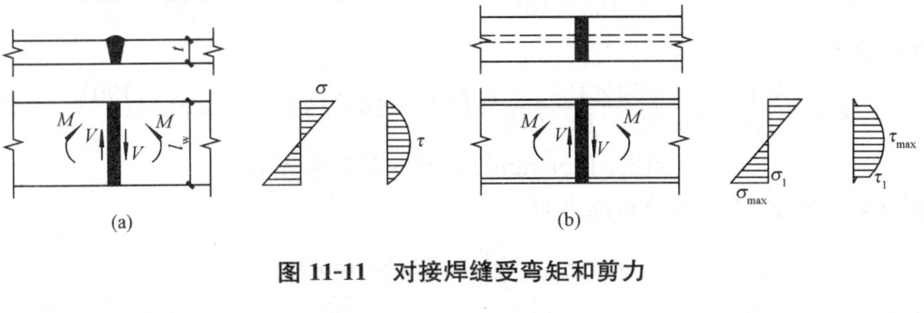

图 11-11　对接焊缝受弯矩和剪力

图 11-11(b)所示是工字形截面梁的接头，采用对接焊缝，除应分别验算最大正应力和剪应

力外，对于同时受有较大正应力和较大剪应力处，例如，腹板与翼缘交接点，还应按下式验算折算应力：

$$\sqrt{\sigma_1^2+3\tau_1^2}\leqslant 1.1 f_t^w \tag{11-4}$$

式中 σ_1、τ_1——腹板与翼缘交界处的焊缝正应力和剪应力；

1.1——考虑到最大折算应力只在局部出现，而将强度设计值适当提高的系数。

3. 轴心力、弯矩和剪应力共同作用下的对接焊缝计算

当轴心力与弯矩、剪力共同作用时，焊缝的最大正应力应为轴心力和弯矩引起的应力之和，即

$$\sigma_{max}=\sigma_N+\sigma_M=\frac{N}{l_w t}+\frac{M}{W_w}\leqslant f_t^w \tag{11-5}$$

剪应力按式(11-3)验算，对于工字形、箱形截面，还要计算腹板与翼缘交界处的折算应力，其计算公式为

$$\sigma_f=\sqrt{(\sigma_N+\sigma_{m1})^2+3\tau_1^2}\leqslant 1.1 f_t^w \tag{11-6}$$

【例 11-2】 计算工字形截面牛腿与钢柱连接的对接焊缝强度(图 11-12)。F=550 kN(设计值)，偏心距 e_1=300 mm，钢材为 Q235－B，手工焊，焊条为 E43 型，三级检验标准的焊缝，上、下翼缘加引弧板施焊。

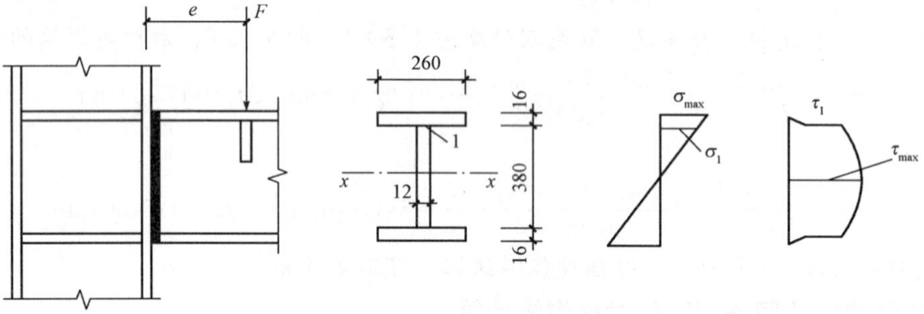

图 11-12 例 11-2 图

【解】 对接焊缝的计算截面与牛腿的截面相同，因而

$$I_x=\frac{1}{12}\times1.2\times38^3+2\times1.6\times26\times19.8^2=38\ 105(\text{cm}^4)$$

$$S_{x1}=26\times1.6\times19.8=824(\text{cm}^3)$$

$$V=F=550\ \text{kN},\ M=550\times0.30=165(\text{kN}\cdot\text{m})$$

最大正应力为：

$$\sigma_{max}=\frac{M}{I_x}\cdot\frac{h}{2}=\frac{165\times10^6\times206}{38\ 105\times10^4}=89.2(\text{N/mm}^2)\leqslant f_t^w=185\ \text{N/mm}^2$$

最大剪应力为：

$$\tau_{max}=\frac{VS_x}{I_x t}=\frac{550\times10^3}{38\ 105\times10^4\times12}\times\left(260\times16\times198+190\times12\times\frac{190}{2}\right)$$

$$=125.1(\text{N/mm}^2)\leqslant f_v^w=125\ \text{N/mm}^2$$

上翼缘和腹板交接处“1”点的正应力为：

$$\sigma_1=\sigma_{max}\cdot\frac{190}{206}=82(\text{N/mm}^2)$$

剪应力为：

$$\tau_{max}=\frac{VS_{x1}}{I_x t}=\frac{550\times10^3\times824\times10^3}{38\ 105\times10^4\times12}=99(\text{N/mm}^2)$$

由于"1"点同时受有较大的正应力和剪应力，故应按式(11-4)验算折算应力：

$$\sqrt{82^2+3\times99^2}=190(\text{N/mm}^2)<1.1\times185=204(\text{N/mm}^2)$$

故该对接焊缝强度满足要求。

第四节　角焊缝连接

一、角焊缝的形式和构造要求

1. 角焊缝的形式

角焊缝是最常用的焊缝。角焊缝按其与作用力的关系可分为：焊缝长度方向与作用力方向垂直为正面角焊缝；焊缝长度方向与作用力方向平行为侧面角焊缝；焊缝长度方向与作用力方向既不垂直也不平行为斜焊缝。按其截面形式可分为直角角焊缝截面(图 11-13)和斜角角焊缝截面(图 11-14)，通常均采用直角角焊缝截面。

直角角焊缝通常做成表面微凸的等腰直角三角形截面，如图 11-13(a)所示。在直接承受动力荷载的结构中，正面角焊缝的截面常采用如图 11-13(b)所示的方式，侧面角焊缝的截面则作成凹面式[图 11-13(c)]。直角边边长 h_f 称为角焊缝的焊脚尺寸，$h_e=h_f\cos 45°=0.7h_f$ 为直角角焊缝的有效厚度。

两焊脚边的夹角 $\alpha>90°$或 $\alpha<90°$的焊缝，称为斜角角焊缝，如图 11-14 所示。

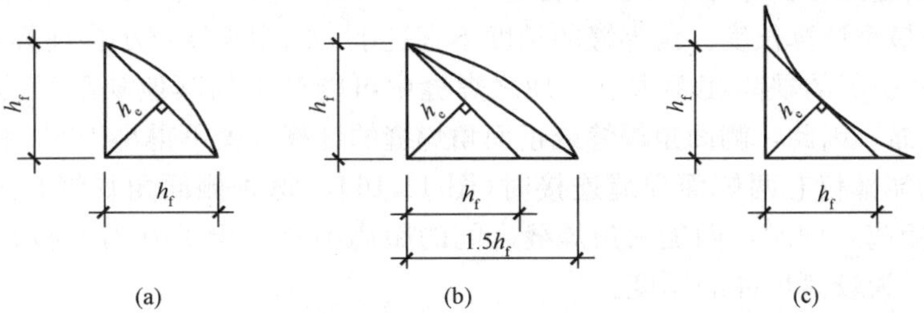

图 11-13　直角角焊缝截面

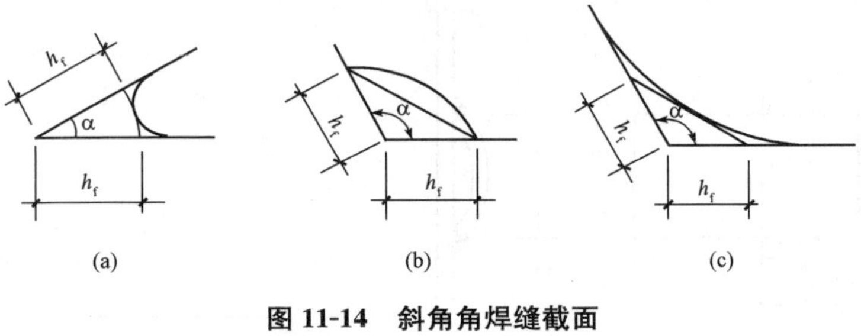

图 11-14　斜角角焊缝截面

2. 角焊缝的构造要求

(1)最小焊脚尺寸。角焊缝的焊脚尺寸不能过小，以保证焊缝的最小承载力，并防止焊缝冷却速度过快，产生淬硬组织，导致母材开裂。《钢结构设计规范》(GB 50017—2003)规定：角焊

缝的焊脚尺寸 h_f(mm)不得小于 $1.5\sqrt{t}$，t 为较厚焊件厚度(mm)。但对埋弧自动焊，最小焊脚尺寸可减小 1 mm；对 T 形连接的单面角焊缝，应增加 1 mm。当焊件厚度等于或小于 4 mm 时，则最小焊脚尺寸应与焊件厚度相同。

(2)最大焊脚尺寸。角焊缝的焊脚尺寸不宜太大，以避免焊缝穿透较薄的焊件。《钢结构设计规范》(GB 50017—2003)规定，焊脚尺寸不宜大于较薄焊件厚度的 1.2 倍(钢管结构除外)[图 11-15(a)]，但板件(厚度为 t)边缘的角焊缝最大焊脚尺寸还应符合下列要求[图 11-15(b)]：

1)当 $t \leqslant 6$ mm 时，$h_f \leqslant t$；

2)当 $t > 6$ mm 时，$h_f \leqslant t-(1\sim2)$mm。

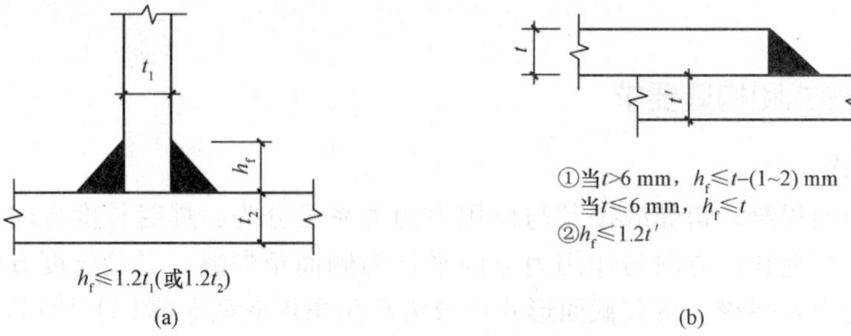

图 11-15　最大焊脚尺寸

(3)侧面角焊缝的最大计算长度。在静力荷载作用下，如果焊缝长度不过大，当焊缝两端点处的应力达到屈服强度后，继续加载，应力会渐趋均匀。但是如果焊缝长度超过某一限值时，有可能首先在焊缝的两端破坏，故一般规定侧面角焊缝的计算长度 $l_w \leqslant 60h_f$。当实际长度大于上述限值时，其超过部分在计算中不予考虑。

(4)角焊缝的最小计算长度。角焊缝的长度不宜过小，因为长度过小会使焊件的局部加热严重，焊缝起灭弧所引起的缺陷相距太近，加之焊缝中可能产生的其他缺陷(气孔、非金属夹杂等)使焊缝不够可靠。因此，侧面角焊缝或正面角焊缝的计算长度不得小于 $8h_t$ 和 40 mm。

(5)当板件的端部仅有两侧面焊缝连接时(图 11-16)，每条侧面角焊缝长度不宜小于两侧面角焊缝之间的距离；同时，两侧面角焊缝之间的距离不宜大于 $16t$(当 t>12 mm)或 190 mm(当 $t \leqslant 12$ mm)，t 为较薄焊件的厚度。

(6)当角焊缝的端部在构件的转角做长度为 $2h_f$ 的绕角焊时，转角处必须连续施焊(图 11-16)。

(7)在搭接连接中，搭接长度不得小于焊件较小厚度的 5 倍，且不得小于 25 mm(图 11-17)。

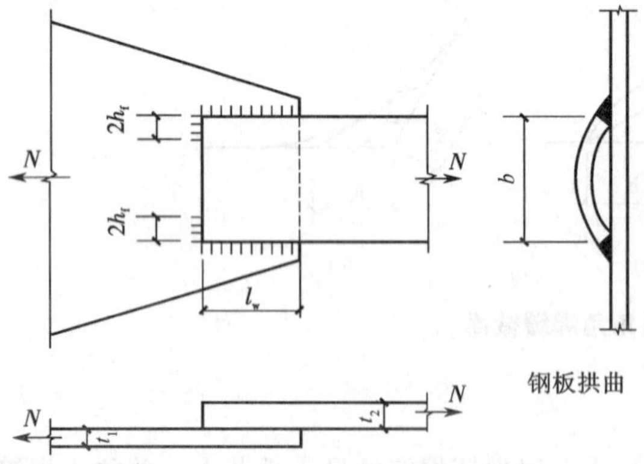

图 11-16　焊缝的长度及间距

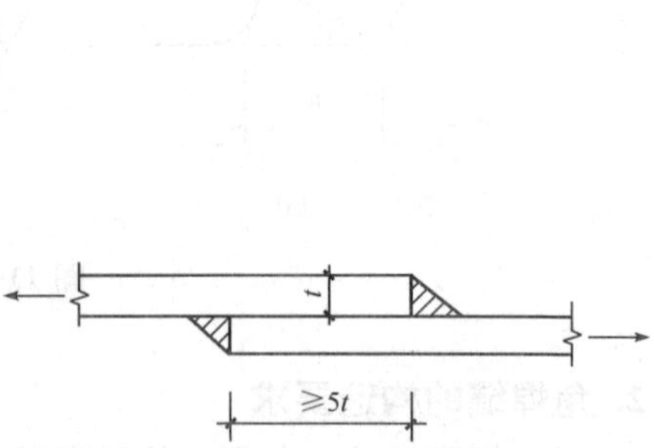

图 11-17　搭接连接

二、直角角焊缝连接的计算

角焊缝的应力状态十分复杂，建立角焊缝的计算公式主要靠试验分析。大量试验表明，如图 11-18 所示，通过 A 点的任一辐射面都可能是破坏截面，侧焊缝的破坏大多在 45°线的喉部，而端焊缝则多数不在该截面破坏，但端焊缝的破坏强度是侧焊缝的 1.35～1.55 倍，因此，偏于安全地假定直角角焊缝的破坏截面在 45°喉部截面，并略去了焊缝截面的圆弧形加高部分，即最小截面沿焊缝截面的 45°方向成为角焊缝的有效截面，其截面高度为 h_e，截面面积为 $h_e l_w$。角焊缝的强度设计值就是根据对该截面的试验研究结果确定的。

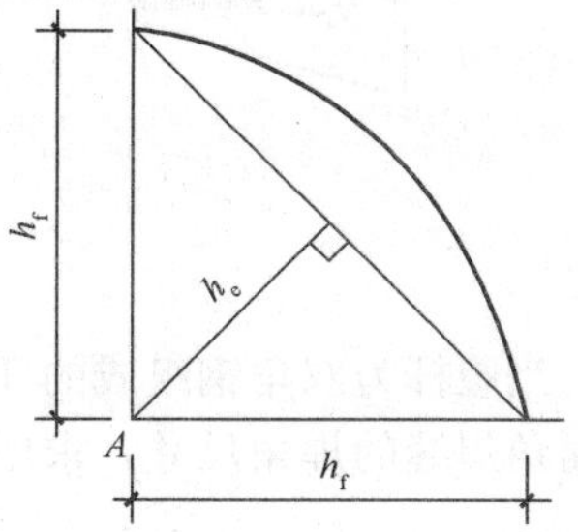

图 11-18　直角角焊缝的有效厚度

计算角焊缝强度时，假定有效截面上的应力均匀分布，并且不分抗拉、抗压或抗剪，都用同一强度设计值 f_f^w。

1. 角焊缝受轴心力作用时的计算公式

当轴向力通过角焊缝群形心时，认为焊缝沿长度方向的应力均匀分布。当作用力与焊缝长度方向之间关系不同时，角焊缝的强度计算表达式分别如下：

(1)侧面角焊缝(作用力平行于焊缝长度方向的角焊缝)：

$$\tau_f = \frac{N}{h_e \sum l_w} \leqslant f_f^w \tag{11-7}$$

(2)正面角焊缝(作用力垂直于焊缝长度方向的角焊缝)：

$$\sigma_f = \frac{N}{h_e \sum l_w} \leqslant \beta_f f_f^w \tag{11-8}$$

(3)两方向力综合作用的角焊缝，应分别计算各焊缝在两方向力作用下的 σ_f 和 τ_f，然后按下式计算其强度：

$$\sqrt{\left(\frac{\sigma_f}{\beta_f}\right)^2 + \tau_f^2} \leqslant f_f^w \tag{11-9}$$

(4)由侧面、正面和斜向各种角焊缝组成的周围角焊缝，假设破坏时各部分角焊缝都达到各自的极限强度，则

$$\frac{N}{\sum(\beta_f h_e l_w)} \leqslant \beta f_f^w \tag{11-10}$$

式中　N——轴心力(N)；

h_e——直角角焊缝的有效厚度(mm)；

$\sum l_w$——连接一侧角焊缝的总计算长度，对每条焊缝取其实际长度减去 $2h_f$(mm)；

σ_f——按焊缝有效截面计算，垂直于焊缝长度方向的应力(N/mm^2)；

τ_f——按焊缝有效截面计算，平行于焊缝长度方向的应力(N/mm^2)；

β_f——正面角焊缝的强度设计值提高系数，对承受静力或间接承受动力荷载的结构取 1.22，对直接承受动力荷载的结构取 1.0；

f_f^w——角焊缝的强度设计值(N/mm^2)，按表 11-2 采用。

2. 轴心力作用下角钢与其他构件连接的角焊缝计算

在桁架中，角钢腹杆与节点板的连接焊缝一般采用两面侧焊，也可以采用三面围焊，特殊情况也允许采用 L 形围焊(图 11-19)。腹杆受轴心力作用；为了避免焊缝偏心受力，焊缝所传递的合力的作用线应与角钢杆件的轴线重合。

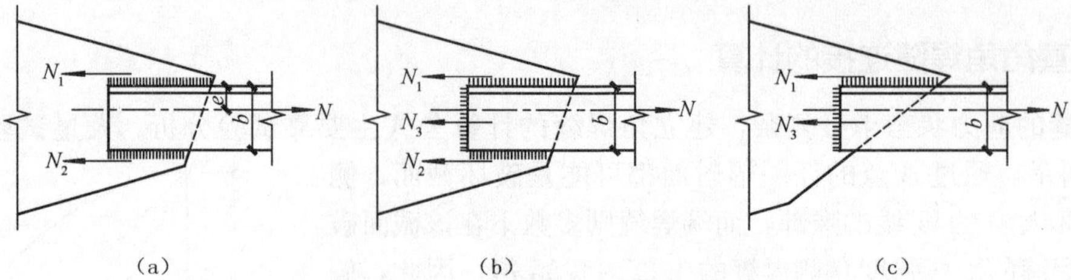

图 11-19　桁架腹杆与节点板的连接

当腹杆为双角钢组成的T形截面，且肢宽为 b 时，对于三面围焊[图 11-19(b)]，可先假设正面角焊缝的焊角尺寸，求出正面角焊缝所分担大的轴心力

$$N_3 = 2 \times 0.7 h_{f3} b \beta_f f_f^w \tag{11-11}$$

由平衡条件($\sum M = 0$)可得：

$$N_1 = \frac{N(b-e)}{b} - \frac{N_3}{2} = k_1 N - \frac{N_3}{2} \tag{11-12}$$

$$N_2 = \frac{N_e}{b} - \frac{N_3}{2} = k_2 N - \frac{N_3}{2} \tag{11-13}$$

式中　N_1、N_2——角钢肢背和肢尖上的侧面角焊缝所分担的轴力(N)；

e——角钢的形心距(mm)；

k_1、k_2——角钢肢背和肢尖焊缝的内力分配系数，可按表 11-3 的近似值采用。

表 11-3　角钢角焊缝的轴力分配系数

角钢种类	连接情况	角钢肢背 k_1	角钢肢尖 k_2
等肢角钢	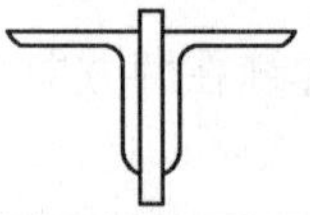	0.70	0.30
不等肢角钢短肢连接	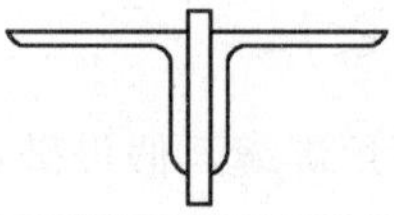	0.75	0.25
不等肢角钢长肢连接	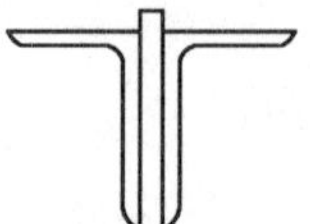	0.65	0.35

对于两面侧焊[图 11-19(b)]，因 $N_3 = 0$，得

$$N_1 = k_1 N \tag{11-14}$$

$$N_2 = k_2 N \tag{11-15}$$

求得各条焊缝所受的内力后，按构造要求(角焊缝的尺寸限制)假定肢背和肢尖焊缝的焊脚尺寸，即可求出焊缝的计算长度。

$$l_{w1} = \frac{N_1}{2 \times 0.7 h_{f1} f_f^w} \tag{11-16}$$

$$l_{w2} = \frac{N_2}{2 \times 0.7 h_{f2} f_f^w} \tag{11-17}$$

式中　h_{f1}、l_{w1}——一个角钢肢背上的侧面角焊缝的焊脚尺寸及计算长度(mm)；

h_{f2}、l_{w2}——一个角钢肢尖上的侧面角焊缝的焊脚尺寸及计算长度(mm)。

考虑到每条焊缝两端的起灭弧缺陷，实际焊缝长度为计算长度加 $2h_f$；但对于三面围焊，由于在杆件端部转角处必须连续施焊，每条侧面角焊缝只有一端可能起灭弧，故焊缝实际长度为计算长度加 h_f；对于采用绕角焊的侧面角焊缝实际长度等于计算长度(绕角焊焊缝长度 $2h_f$ 不计入计算)。

当杆件受力很小时，可采用L形围焊[图 11-19(c)]。由于只有正面角焊缝肢背上的侧面角焊缝，令式(11-13)中的 $N_2=0$，得

$$N_3=2k_2N \tag{11-18}$$

$$N_1=N-N_3 \tag{11-19}$$

角钢肢背上的角焊缝长度可按式(11-16)计算，角钢端部的正面角焊缝的长度已知，可按下式计算其焊脚尺寸：

$$h_{w3}=\frac{N_3}{2\times0.7h_{f3}f_f^w} \tag{11-20}$$

【例 11-3】 试设计拼接盖板的对接连接(图 11-20)。已知钢板宽 $B=270$ mm，厚度 $t_1=28$ mm，拼接盖板的厚度 $t_2=16$ mm。该连接承受的静态轴心力 $N=1\ 400$ kN(设计值)，钢材为Q235－B，手工焊，焊条为E43型。

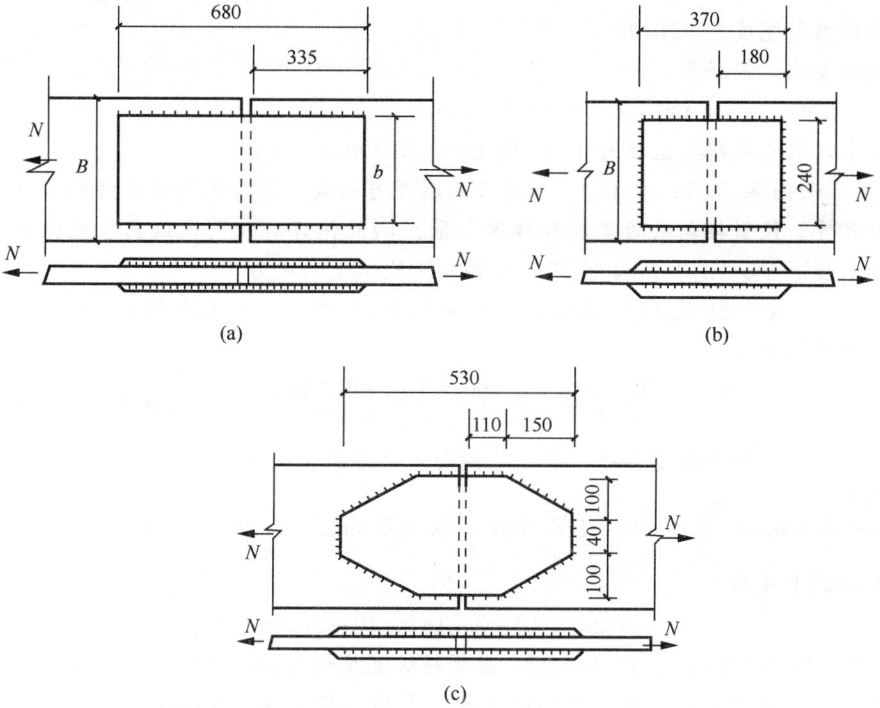

图 11-20　例 11-3 图

【解】 设计拼接盖板的对接连接有两种方法。一种方法是假定焊脚尺寸求焊缝长度，再由焊缝长度确定拼接盖板的尺寸；另一种方法是假定焊脚尺寸和拼接盖板的尺寸，然后验算焊缝的承载力。如果假定的焊缝尺寸不能满足承载力的要求时，则应调整焊脚尺寸，再进行验算，直到满足承载力要求为止。

角焊缝的焊脚尺寸 h_f 应根据板件厚度确定：

由于此处的焊缝在板件边缘施焊，且拼接盖板厚度 $t_2=16\text{ mm}>6\text{ mm}$，$t_2<t_1$，则

$$h_{f\max}=16-(1\sim2)=15(\text{mm})\text{或 }14\text{ mm}$$

$$h_{f\max}=1.2t_{\min}=1.2\times16=19.2(\text{mm})$$

$$h_{f\min}=1.5\sqrt{t}=1.5\sqrt{28}=7.9(\text{mm})$$

取 $h_f=10$ mm，查表 11-2 得角焊缝强度设计值 $f_f^w=160\ \text{N/mm}^2$

(1)采用两面侧焊[图 11-20(a)]。连接一侧所需焊缝的总长度，可按式(11-7)计算，得

$$\sum l_w=\frac{N}{h_e f_f^w}=\frac{1\ 400\times10^3}{0.7\times10\times160}=1\ 250(\text{mm})$$

此对接连接采用了上、下两块拼接盖板，共有 4 条侧焊缝，一条侧焊缝的实际长度为

$$l'_w=\frac{\sum l_w}{4}+2h_f=\frac{1\ 250}{4}+20=333(\text{mm})<60h_f=60\times10=600(\text{mm})$$

所需拼接盖板长度为

$L=2l'_w+10=2\times333+10=676(\text{mm})$，取 680 mm。

式中，10 mm 为两块被连接钢板的间隙。

拼接盖板的宽度 b 就是两条侧面角焊缝之间的距离，应根据强度条件和构造要求确定。根据强度条件，在钢材种类相同的情况下，拼接盖板的截面面积 A' 应等于或大于被连接钢板的截面积。

选定拼接盖板宽度 $b=240$ mm。

根据构造要求，应满足：

$b=240\ \text{mm}<l_w=315$ mm，$b<16t=256$ mm。

满足要求，故选定拼接盖板尺寸为 680 mm×240 mm×16 mm。

(2)采用三面围焊[图 11-20(b)]。采用三面围焊可以减小两条侧面角焊缝的长度，从而减小拼接盖板的尺寸。设拼接盖板的宽度和厚度与采用两面侧焊时相同，仅需求盖板长度。已知正面角焊缝的长度 $l'_w=b=240$ mm，则正面角焊缝所能承受的内力为

$$N'=2h_e l'_w \beta_f f_f^w=2\times0.7\times10\times240\times1.22\times160=655\ 872(\text{N})$$

焊缝的总长度为

$$\sum l_w=\frac{N-N'}{h_e f_f^w}=\frac{1\ 400\times10^3-655\ 872}{0.7\times10\times160}=664(\text{mm})$$

连接一侧共有 4 条侧面角焊缝，则一条侧面角焊缝的长度为：

$l'_w=\dfrac{\sum l_w}{4}+h_f=\dfrac{664}{4}+10=176(\text{mm})$，取 180 mm。

拼接盖板的长度为

$$L=2l'_w+10=2\times180+10=370(\text{mm})$$

(3)采用菱形拼接盖板[图 11-20(c)]。当拼接板宽度较大时，采用菱形拼接盖板可减小角部的应力集中，从而使连接的工作性能得以改善。菱形拼接盖板的连接焊缝由正面角焊缝、侧面角焊缝和斜焊缝等组成。设计时，一般先假定拼接盖板的尺寸再进行验算。拼接盖板尺寸如图 11-20(c)所示，则各部分焊缝的承载力分别如下。

正面角焊缝：

$$N_1=2h_e l_{w1}\beta_f f_f^w=2\times0.7\times10\times40\times1.22\times160=109.3(\text{kN})$$

侧面角焊缝：

$$N_2=4h_f l_{w2} f_f^w=4\times0.7\times10\times(110-10)\times160=448.0(\text{kN})$$

斜焊缝：此焊缝与作用力夹角 $\theta=33.7°$，可得 $\beta_{f\theta}=1.06$，故有

$$N_3=4h_e l_{w3}\beta_{f\theta} f_f^w=4\times0.7\times10\times180\times1.06\times160=854.8(\text{kN})$$

连接一侧焊缝所能承受的内力为：

$$N'=N_1+N_2+N_3=1\ 412(\text{kN})>1\ 400\ \text{kN}$$

满足要求。

【例 11-4】 试确定图 11-21 所示承受静态轴心力的三面围焊连接的承载力及肢尖焊缝的长度。已知角钢为 2 125×10，与厚度为 8 mm 的节点板连接，其搭接长度为 300 mm，焊脚尺寸 $h_f=8$ mm，钢材为 Q235−B，手工焊，焊条为 E43 型。

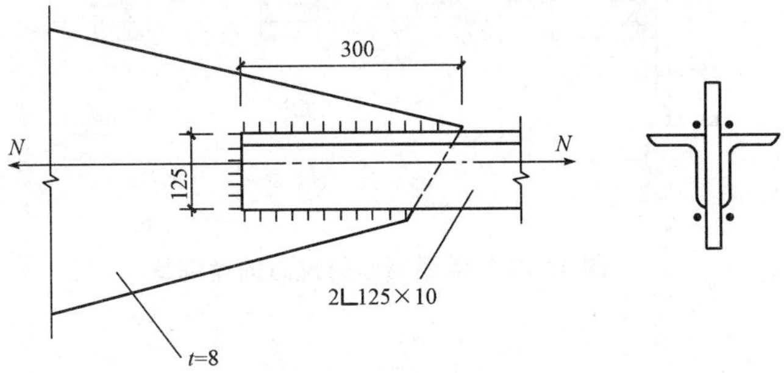

图 11-21　例 11-4 题

【解】 角焊缝强度设计值 $f_f^w=160\ \text{N/mm}^2$。焊缝内力分配系数为 $k_1=0.70$，$k_2=0.30$。正面角焊缝的长度等于相连角钢肢的宽度，即 $l_{w3}=b=125$ mm，则正面角焊缝所能承受的内力 N_3 为：

$$N_3=2h_e l_{w3}\beta_{f\theta} f_f^w=2\times0.7\times8\times125\times1.22\times160=273.3(\text{kN})$$

肢背角焊缝所能承受的内力 N_1 为

$$N_1=2h_e l_w f_f^w=2\times0.7\times8\times(300-8)\times160=523.3(\text{kN})$$

由

$$N_1=k_1 N-\frac{N_3}{2}=0.7N-\frac{273.3}{2}=523.3$$

得

$$N=\frac{523.3+136.6}{0.7}=943(\text{kN})$$

由式(11-13)计算肢尖焊缝承受的内 N_2 为

$$N_2=k_2 N-\frac{N_3}{2}=0.3\times943-\frac{273.3}{2}=146(\text{kN})$$

由此可计算出肢尖焊缝的长度为

$$l_{w2}=\frac{N_2}{2\times0.7h_{f2} f_f^w}+8=\frac{146\times10^3}{2\times0.7\times8\times160}+8=89(\text{mm})$$

3. 在弯矩、轴心力和剪力共同作用下的角焊缝连接计算

如图 11-22 所示的双面角焊缝连接承受偏心斜拉力 N 作用，计算时，可将作用力 N 分解为 N_x 和 N_y 两个分力。角焊缝同时承受轴心力 N_x、剪力 N_y 和弯矩 $M=N_x\cdot e$ 的共同作用。焊缝计算截面上的应力分布如图 11-22(b)所示，图中 A 点应力最大为控制设计点。此处垂直于焊缝长度方向的应力由两部分组成，即由轴心拉力 N_x 产生的应力为

$$\sigma_N=\frac{N_x}{A_e}=\frac{N_x}{2h_e l_w} \tag{11-21}$$

由弯矩 M 产生的应力为

$$\sigma_M=\frac{M}{W_e}=\frac{6M}{2h_e l_w^2} \tag{11-22}$$

这两部分引力由于在 A 点处的方向相同，可直接叠加，故 A 点垂直于焊缝长度方向的应力为

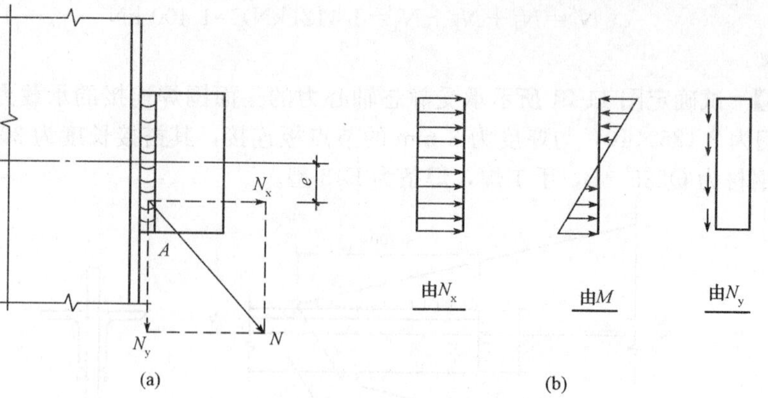

图 11-22　承受偏心斜拉力的角焊缝

$$\sigma_f=\frac{N_x}{2h_e l_w}+\frac{6M}{2h_e l_w^2} \tag{11-23}$$

剪力 N_y 在 A 点处产生平行于焊缝长度方向的应力为

$$\tau_y=\frac{N_y}{A_e}=\frac{N_y}{2h_e l_w} \tag{11-24}$$

式中　l_w——焊缝的计算长度，为实际长度减 $2h_f$。

则焊缝的强度计算式为

$$\sqrt{\left(\frac{\sigma_f}{\beta_f}\right)^2+\tau_f^2}\leqslant f_f^w \tag{11-25}$$

当连接直接承受动力荷载作用时，取 $\beta_f=1.0$。

第五节　焊接应力与焊接变形

一、焊接应力与焊接变形的产生

焊接过程是一个局部热源(焊条端产生的电弧)不断移动的过程，在施焊位置及其邻近区域温度最高，可达到1 600 ℃以上，而且加热速度非常快，加热极不均匀，而在这以外的区度却急剧下降，因而焊件上的温度梯度极大。由于焊件冷却一般是在自然条件下连续进行的，先焊的区域先冷却达到常温，后焊的区域后冷却，先后施焊的区域表现出明显的热不均匀性。这将使得焊缝及其附近热影响区金属的应力状态及金属组织发生明显变化。

在施焊过程中，焊件由于受到不均匀的电弧高温作用所产生的变形和应力，称为热变形和热应力。而冷却后，焊件中所存在的反向应力和变形，称为焊接应力和焊接变形。由于这种应力和变形是焊件经焊接并冷却至常温以后残留于焊件中的，故又称为焊接残余应力和残余变形。

二、减少焊接应力与焊接变形的措施

焊接应力和焊接变形是焊接结构的主要缺点。焊接应力会使钢材抗冲击断裂能力及抗疲劳破坏能力降低，尤其是低温下受冲击荷载的结构，焊接应力的存在更容易引起低温工作应力状态下的脆断。焊接变形会使结构构件不能保持正确的设计尺寸及位置，影响结构正常工作，严重时还可使各个构件无法安装就位。

为减少或消除焊接应力与焊接变形的不利影响，可在设计、制造和焊接工艺等方面采取相应的措施。

1. 设计方面

(1)选用适宜的焊脚尺寸和焊缝长度，最好采用细长焊缝，不用粗短焊缝。

(2)焊缝应尽可能布置在结构的对称位置上，以减少焊接残余变形。

(3)对接焊缝的拼接处，应做成平缓过渡，以减少连接处的应力集中。

(4)不宜采用带锐角的板料作为肋板[图 11-23(a)]，板料的锐角应切掉，以免焊接时锐角处板材被烧损，影响连接质量。

(5)焊缝不宜过于集中[图 11-23(b)]，以防焊接变形受到过大的约束而产生过大的残余应力导致裂纹。

(6)当拉力垂直于受力板面时，要考虑板材有分层破坏的可能，应采用如图 11-23(c)右图传递拉力的连接构造。

(7)尽量避免三向焊缝相交。应采用使次要焊缝中断而主要焊缝连续通过的构造。对于直接承受动荷载的吊车梁受拉翼缘处，还应将加劲肋切短 50～100 mm，以提高抗疲劳强度。

(8)要注意施焊方便，尽量避免采用仰焊及立焊等。

2. 制造方面

(1)焊前预热或焊后后热法。对于小尺寸焊件，焊前预热或焊后回火加热至 60℃左右，然后缓慢冷却，可以消除焊接应力与焊接变形。

(2)选择合理的施焊次序。例如，钢板对接时采用分段退焊，厚焊缝采用分层施焊，工字形截面按对角跳焊等。

(3)施焊前给构件施加一个与焊接变形方向相反的预变形，使之与焊接所引起的变形相互抵消，从而达到减小焊接变形的目的。

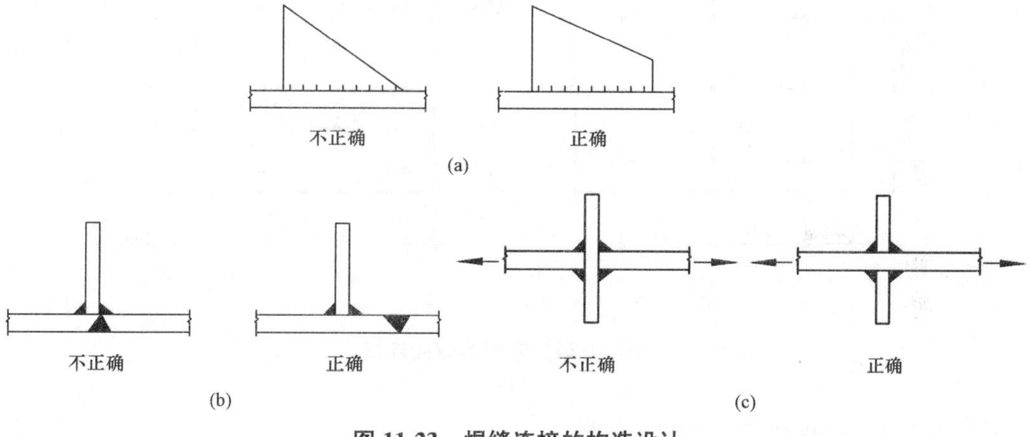

图 11-23　焊缝连接的构造设计

第六节　普通螺栓连接

一、普通螺栓连接的构造

1. 普通螺栓的种类

普通螺栓连接分为 A、B、C 三级。A 级与 B 级为精制螺栓，C 级为粗制螺栓。C 级螺栓材料性能等级为 4.6 级或 4.8 级。小数点前的数字表示螺栓成品的抗拉强度不小于 400 N/mm^2，小数点后的数字表示其屈强比(屈服与抗拉强度之比)为 0.6 或 0.8。A、B 级精制螺栓是由毛坯在车床上经过切削加工精制而成。材料性能等级则为 8.8 级，其抗拉强度不小于 800 N/mm^2，屈强比为 0.8。

C 级螺栓由未加工的圆钢压制而成。由于螺栓表面粗糙，一般采用在单个零件上一次冲成或不用钻膜钻成设计孔径的孔(Ⅱ类孔)。螺栓孔的直径比螺栓杆的直径大 1.5～3 mm(表 11-4)。对于采用 C 级螺栓的连接，由于螺栓杆与螺栓孔之间有较大的间隙，受剪力作用时，将会产生较大的剪切滑移，连接的变形大。但安装方便，且能有效地传递拉力，故一般可用于沿螺栓杆轴受拉的连接中，以及次要结构的抗剪连接或安装时的临时固定。

表 11-4　*C* 级螺栓孔径

螺杆公称直径/mm	12	16	20	(22)	24	(27)	30
螺栓孔公称直径/mm	13.5	17.5	22	(24)	26	(30)	33

A 级与 B 级精制螺栓表面光滑、尺寸准确，其孔径只比栓杆直径大 0.3～0.5 mm，对成孔质量要求高(Ⅰ类孔)。由于有较高的精度，因而受剪性能好。但制作和安装复杂，价格较高，已很少在钢结构中采用。

2. 螺栓的排列

螺栓在构件上的排列应简单、统一、整齐而紧凑，通常分为并列和错列两种形式，如图 11-24 所示。并列比较简单、整齐，所用连接板尺寸小，但由于螺栓孔的存在，对构件截面的削弱较大。错列可以减小螺栓孔对截面的削弱，但螺栓孔排列不如并列紧凑，连接板尺寸较大。

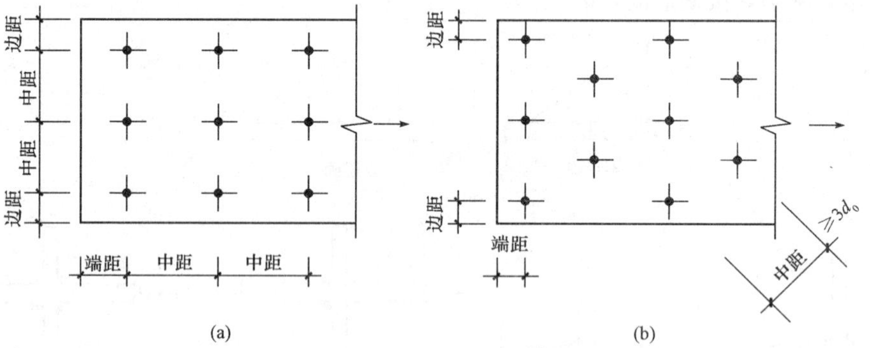

图 11-24　钢板的螺栓连接

螺栓在构件上的排列应考虑以下要求：

(1)受力要求。在垂直于受力方向：对于受拉构件，各排螺栓的中距及边距不能过小，以免使螺栓周围应力集中相互影响，且使钢板的截面削弱过多，降低其承载能力。在顺力作用方向：端距应按被连接材料的抗挤压及抗剪切等强度条件确定，以使钢板在端部不致被螺栓撕裂，规范规定端距不应小于 $2d_0$。受压构件上的中距不宜过大，否则在被连接板件间容易发生鼓曲现象。

(2)构造要求。螺栓的中距及边距不宜过大，否则钢板之间不能紧密贴合，潮气侵入缝隙使钢材锈蚀。

(3)施工要求。要保证有一定的空间，便于用扳手拧紧螺帽。根据扳手尺寸和工人的施工经验，规定最小中距为 $3d_0$。

根据以上要求，规范规定的钢板上螺栓的容许距离详见图 11-24 及表 11-5。螺栓沿型钢长度方向上排列的间距，除应满足表 11-5 的最大、最小距离外，还应充分考虑拧紧螺栓时的净空要求。在角钢、普通工字钢、槽钢截面上排列螺栓的线距应满足图 11-25 的要求。在 H 型钢截面上排列螺栓的线距如图 11-25(d)所示，腹板上的 c 值可参照普通工字钢；翼缘上的 e 值或 e_1、e_2 值可根据其外伸宽度参照角钢。

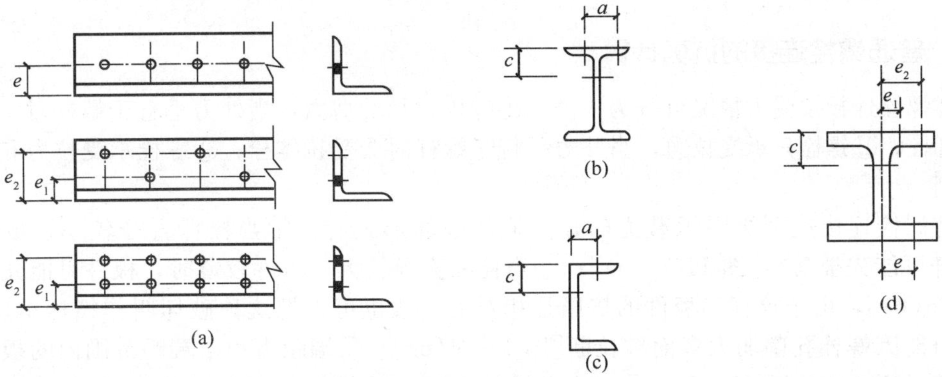

图 11-25　型钢上螺栓的排列

表 11-5　螺栓或铆钉的最大、最小容许距离

名称	位置和方向			最大容许距离（取两者的较小值）	最小容许距离
中心间距	外排(垂直内力方向或顺内力方向)			$8d_0$ 或 $12t$	$3d_0$
	中间排	垂直内力方向		$16d_0$ 或 $24t$	
		顺内力方向	构件受压力	$12d_0$ 或 $18t$	
			构件受拉力	$16d_0$ 或 $24t$	
	沿对角线方向			——	
中心至构件边缘距离	顺内力方向			$4d_0$ 或 $8t$	$2d_0$
	垂直内力方向	剪切边或手工气切割边			$1.5d_0$
		轧制边、自动精密气割或锯割边	高强度螺栓		
			其他螺栓或铆钉		$1.2d_0$

注：1. d_0 为螺栓孔或铆钉孔直径，t 为外层较薄板件的厚度；
2. 钢板边缘与刚性构件(如角钢、槽钢等)相连的螺栓或钉的最大间距，可按中间排的数值采用。

3. 螺栓连接的构造要求

螺栓连接除满足上述螺栓排列的容许距离外，根据不同情况还应满足下列构造要求：

(1)为了使连接可靠，每一杆件在节点上以及拼接接头的一端，永久性螺栓数不宜少于两个。但根据实践经验，对于组合构件的缀条，其端部连接可采用一个螺栓。

(2)对直接承受动力荷载的普通螺栓连接应采用双螺帽或其他防止螺帽松动的有效措施，例如，采用弹簧垫圈，或将螺帽和螺杆焊死等方法。

(3)由于C级螺栓与孔壁之间有较大间隙，只宜用于沿其杆轴方向受拉的连接。承受静力荷载结构的次要连接、可拆卸结构的连接和临时固定构件用的安装连接中，也可用C级螺栓受剪。但在重要的连接中，例如，制动梁或吊车梁上翼缘与柱的连接，由于传递制动梁的水平支撑反力，同时，受到反复动力荷载作用，不得采用C级螺栓。柱间支撑与柱的连接，以及在柱间支撑处吊车梁下翼缘的连接，承受着反复的水平制动力和卡轨力，应优先采用高强度螺栓。

(4)当型钢构件的拼接采用高强度螺栓连接时，由于型钢的抗弯刚度较大，不能保证摩擦面紧密贴合，故不能用型钢作为拼接件，而应采用钢板。

(5)在高强度螺栓连接范围内，构建接触面的处理方法应在施工图中说明。

二、普通螺栓连接的抗剪计算

普通螺栓连接按受力情况可分为三类：①螺栓只承受剪力，当外力垂直于螺杆时，该螺栓为受剪螺栓；②螺栓只承受拉力，当外力平行于螺杆时为受拉螺栓；③螺栓承受拉力和剪力的共同作用。

抗剪螺栓连接达到极限承载力时，可能的破坏形式有：①当栓杆直径较小，板件较厚时，栓杆可能先被剪断[图 11-26(a)]；②当栓杆直径较大，板件较薄时，板件可能先被挤坏[图 11-26(b)]，由于栓杆和板件的挤压是相对的，故也可以把这种破坏叫作螺栓承压破坏；③板件可能因螺栓孔削弱太多而被拉断[图 11-26(c)]；④端距太小，端距范围内的板件有可能被栓杆冲剪破坏[图 11-26(d)]；⑤当板件太厚，栓杆较长时，可能发生栓杆受弯破坏[图 11-26(e)]。

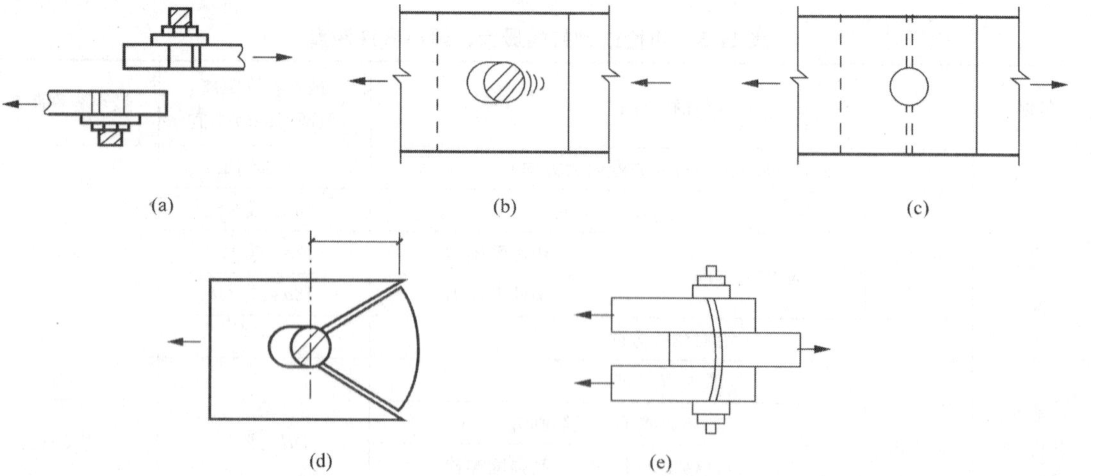

图 11-26　抗剪螺栓连接的破坏形式

上述五种破坏形式中，前三种通过相应的强度计算来防止，后两种采取相应的构造措施来保证。第④种破坏形式由螺栓端距$\geqslant 2d_0$来保证，第⑤种破坏形式用限制螺杆杆长$l\leqslant 5d$来保证。

1. 单个普通螺栓的抗剪承载力

普通螺栓连接的抗剪承载力，应考虑螺栓杆受剪和孔壁承压两种情况。假定螺栓受剪面上的剪应力是均匀分布的，则单个抗剪螺栓的抗剪承载力设计值为

$$N_v^b = n_v \frac{\pi d^2}{4} f_v^b \tag{11-26}$$

式中　n_v——受剪面数目，单剪$n_v=1$，双剪$n_v=2$，四剪$n_v=4$；

d——螺栓杆直径(mm)；

f_v^b——螺栓抗剪强度设计值(N/mm²)，见表 11-6。

表 11-6　螺栓连接的强度设计值　　　　N/mm²

螺栓的性能等级、锚栓和构件钢材的牌号		普通螺栓						锚栓	承压型或网架用高强度螺栓		
		C 级螺栓			A 级、B 级螺栓						
		抗拉 f_t^b	抗剪 f_v^b	承压 f_c^b	抗拉 f_t^b	抗剪 f_v^b	承压 f_c^b	抗拉 f_t^b	抗拉 f_t^b	抗剪 f_v^b	承压 f_c^b
普通螺栓	4.6 级、4.8 级	170	140	—	—	—	—	—	—	—	—
	5.6 级	—	—	—	210	190	—	—	—	—	—
	8.8 级	—	—	—	400	320	—	—	—	—	—
锚栓	Q235 钢	—	—	—	—	—	—	140	—	—	—
	Q345 钢	—	—	—	—	—	—	180	—	—	—
	Q390 钢	—	—	—	—	—	—	185	—	—	—
承压型连接高强度螺栓	8.8 级	—	—	—	—	—	—	—	400	250	—
	10.9 级	—	—	—	—	—	—	—	500	310	—
	10.9 级	—	—	—	—	—	—	—	430	—	—
构件	Q235 钢	—	—	305	—	—	405	—	—	—	470
	Q345 钢	—	—	385	—	—	510	—	—	—	590
	Q390 钢	—	—	400	—	—	530	—	—	—	615
	Q420 钢	—	—	425	—	—	560	—	—	—	655
	Q460 钢	—	—	450	—	—	595	—	—	—	695
	Q345GJ 钢	—	—	400	—	—	530	—	—	—	615

注：1. A 级螺栓用于 $d \leqslant 24$ mm 和 $L \leqslant 10d$ 或 $L \leqslant 150$ mm(按较小值)的螺栓；B 级螺栓用于 $d > 24$ mm 和 $L > 10d$ 或 $L > 150$ mm(按较小值)的螺栓；d 为公称直径，L 为螺栓公称长度。

2. A、B 级螺栓孔的精度和孔壁表面粗糙度，C 级螺栓孔的允许偏差和孔壁表面粗糙度，均应符合现行国家标准《钢结构工程施工质量验收规范》(GB 50205)的要求。

单个抗剪螺栓的承压承载力设计值为

$$N_c^b = d\sum t f_c^b \tag{11-27}$$

式中　$\sum t$——在同一受力方向的承压构件的较小总厚度(mm)；

f_c^b——螺栓承压强度设计值(N/mm²)，见表 11-6。

单个普通螺栓连接的抗剪承载力取两者中的最小值，即

$$N_{min}^b = \min[N_v^b,\ N_c^b]$$

2. 普通螺栓群抗剪连接计算

试验证明，螺栓群的抗剪连接承受轴心力时，螺栓群在长度方向各螺栓受力不均匀(图 11-27)，两端受力大，而中间受力小。当连接长度 $l_1 \leqslant 15d_0$ (d_0 为螺孔直径)时，由于连接工作进入弹塑性阶段后，内力发生重分布，螺栓群中各螺栓受力逐渐接近，故可认为轴心力 N 由每个螺栓平均分担，即螺栓数 n 为

$$n = \frac{N}{N_{min}^b} \tag{11-28}$$

式中　N_{min}^b——一个螺栓抗剪承载力设计值与承压承载力设计值的较小值。

当 $l_1 \leqslant 15d_0$ 时，连接工作进入弹塑性阶段后，各螺杆所受内力也不易均匀，端部螺栓首先

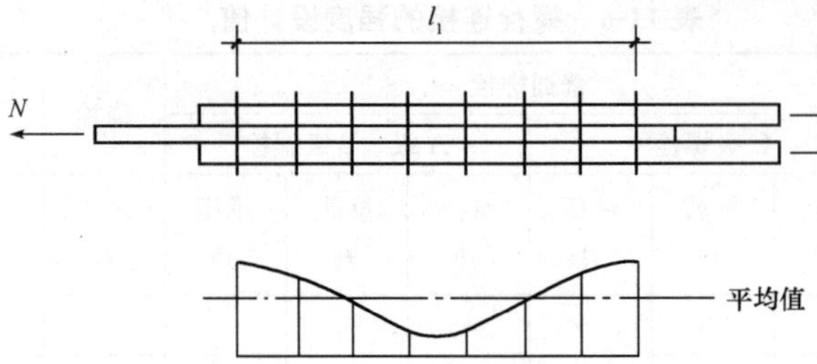

图 11-27　普通螺栓群轴心受剪

达到极限强度而破坏，随后由外向里依次破坏。由试验可知，当 $l_1/d_0>15$ 时，连接强度明显下降，螺栓抗剪承载力设计值应乘以折减系数，折减系数为

$$\eta=1.1-\frac{l_1}{150d_0}\geqslant 0.7 \tag{11-29}$$

则对长连接所需抗剪螺栓数为

$$n=\frac{N}{\eta N_{\min}^{b}} \tag{11-30}$$

由于螺栓孔削弱了构件的截面，因此，在排列好所需的螺栓后，还需验算构件净截面强度，其表达式为

$$\sigma=\frac{N}{A_n}\leqslant f \tag{11-31}$$

式中　A_n——构件净截面面积(mm^2)。

　　f——钢材的抗拉强度设计值(N/mm^2)，见附表 9。

【例 11-5】 两截面为 360 mm×8 mm 的钢板，采用 C 级普通螺栓的双盖板拼接，试设计此连接。已知轴心拉力的设计值 $N=325$ kN，钢材为 Q235－A，螺栓采用 M20。

【解】 (1)螺栓连接的计算。

一个螺栓的承载力设计值：

抗剪承载力设计值：

$$N_v^b=n_v\frac{\pi d^2}{4}f_v^b=2\times\frac{3.14\times20^2}{4}\times140=87\ 920(\mathrm{N})=87.92\ \mathrm{kN}$$

承压承载力设计值：

$$N_c^b=d\sum tf_c^b=20\times8\times305=48\ 800(\mathrm{N})=48.8\ \mathrm{kN}$$

连接一侧所需螺栓数，$n=\frac{325}{48.8}=6.7$。

采用错列排列，每侧用 8 个螺栓，按表 11-5 的规定排列，如图 11-28 所示。

(2)构件强度的验算。取螺栓孔径 $d_0=21.5$ mm。由于是错列排列，所以构件强度验算应验算最小净截面。

直线截面Ⅰ－Ⅰ净截面面积为

$$A_{n\mathrm{I}}=360\times8-2\times21.5\times8=2\ 536(\mathrm{mm}^2)$$

锯齿状截面Ⅱ－Ⅱ净截面面积为

$$A_{n\mathrm{II}}=2\times80+2\times\sqrt{100^2+80^2}\times8-3\times21.5\times8=1\ 693(\mathrm{mm}^2)$$

$$\sigma=\frac{N}{A_{\min}}=\frac{325\times10^3}{1\ 693}=192.0\ \mathrm{N/mm^2}<f=215\ \mathrm{N/mm^2}$$

故构件强度满足要求。

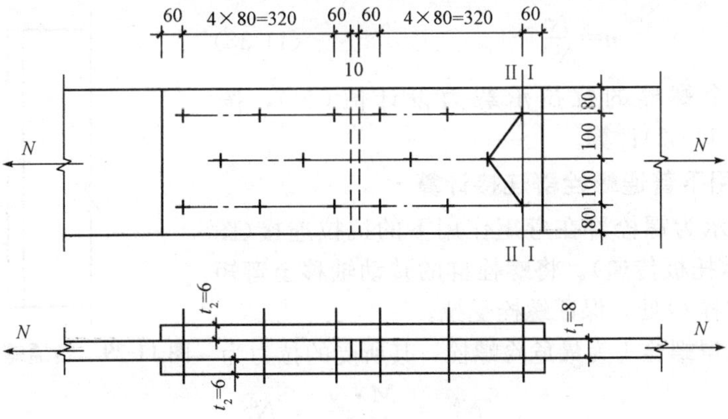

图 11-28　例 11-5 题

三、普通螺栓的抗拉连接

1. 单个普通螺栓的抗拉承载力

抗拉螺栓连接在外力作用下，构件的接触面有脱开趋势。此时，螺栓受到沿杆轴方向的拉力作用，故抗拉螺栓连接的破坏形式为栓杆被拉断。

单个抗拉螺栓的承载力设计值为

$$N_t^b = A_e f_t^b = \frac{\pi d_e^2}{4} f_t^b \tag{11-32}$$

式中　d_e——螺栓的有效直径(mm)，见表 11-7；

f_t^b——螺栓抗拉强度设计值(N/mm^2)，见表 11-6。

表 11-7　螺栓的有效直径和有效面积

螺栓直径 d/mm	螺距 t/mm	螺栓有效直径 d_e/mm	螺栓有效面积 A_e/mm^2	螺栓直径 d/mm	螺距 t/mm	螺栓有效直径 d_e/ mm	螺栓有效面积 A_e/ mm^2
16	2	14.123 6	156.7	52	5	47.309 0	1 758
18	2.5	15.654 5	192.5	56	5.5	50.839 9	2 030
20	2.5	17.654 5	244.8	60	5.5	54.839 9	2 362
22	2.5	19.654 5	303.4	64	6	58.370 8	2 676
24	3	21.185 4	352.5	68	6	62.370 8	3 055
27	3	24.185 4	459.4	72	6	66.370 8	3 460
30	3.5	26.716 3	560.6	76	6	70.370 8	3 889
33	3.5	29.716 3	693.6	80	6	74.370 8	4 344
36	4	32.247 2	816.7	85	6	79.370 8	4 948
39	4	35.247 2	975.8	90	6	84.370 8	5 591
42	4.5	37.778 1	1 121	95	6	89.370 8	6 273
45	4.5	40.778 1	1 306	100	6	94.370 8	6 995
48	5	43.309	1 473				

2. 普通螺栓群轴心受拉

如图 11-29 所示螺栓群在轴心力作用下的抗拉连接，通常假定每个螺栓平均受力，则连接所需螺栓数为

$$n=\frac{N}{N_t^b} \tag{11-33}$$

式中 N_t^b——一个螺栓的抗拉承载力设计值(N)，按式(11-32)计算。

3. 在弯矩作用下普通螺栓群连接计算

如图 11-30 所示为螺栓群在弯矩作用下的抗拉连接(图中的剪力 V 通过承托板传递)。将螺栓群的转动轴移至弯矩指向一侧最外排螺栓 O 处，保证螺栓受拉。

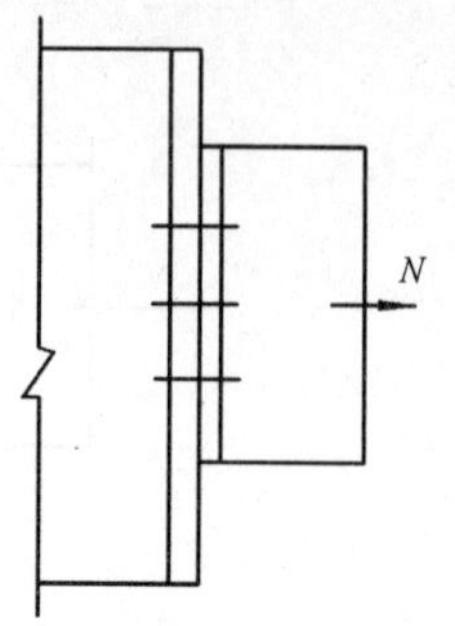

图 11-29 普通螺栓群承受轴心拉力

由力学知识可得螺栓 1 为最危险螺栓，其所受的拉力为

$$N_1^M=\frac{M\cdot y_1}{m\sum y_i^2}\leqslant N_t^b \tag{11-34}$$

式中 m——螺栓纵向列数。

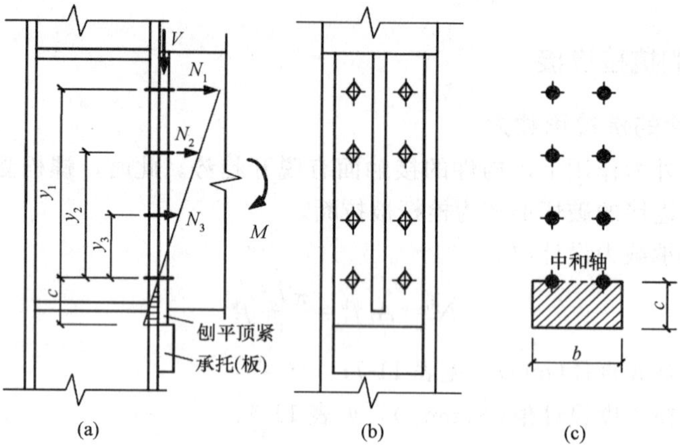

图 11-30 普通螺栓群在弯矩作用下的抗拉连接

设计时，要求受力最大的最外排螺栓的拉力不超过一个螺栓的抗拉承载力设计值。

4. *M*、*N* 共同作用(偏心受拉)普通螺栓群连接计算

如图 11-31 所示为螺栓群在弯矩、轴力共同作用下的抗拉连接(图中的剪力 V 通过承托板传递)。假设螺栓群形心轴和弯矩作用时的转动轴相重合，轴心拉力 N 由各螺栓均匀承受；弯矩 M 则引起以螺栓群形心 O 为中和轴的三角形内力分布。

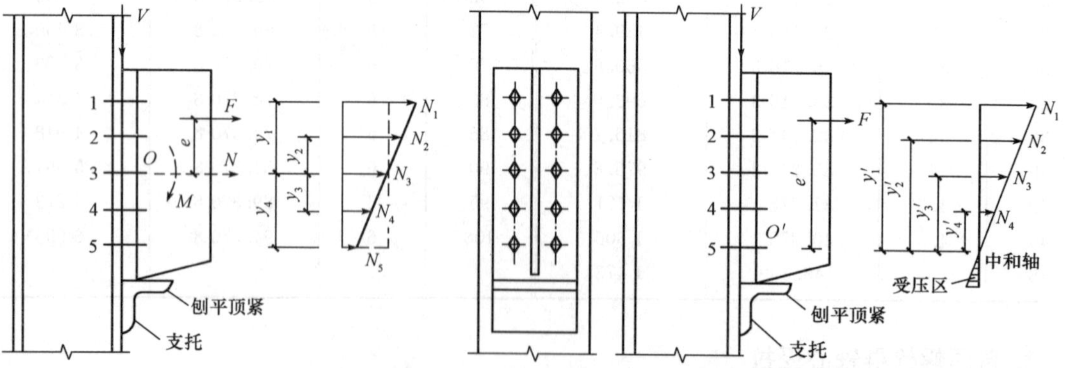

图 11-31 螺栓群在弯矩、轴力共同作用下的抗拉连接

(a)螺栓群小偏心受拉；(b)螺栓群大偏心受拉

可推出最大、最小受力螺栓的拉力和满足设计要求的公式如下：

$$N_{\max}=\frac{N}{n}+\frac{Ney_1}{m\sum y_i^2}\leqslant N_t^b \tag{11-35}$$

$$N_{\min}=\frac{N}{n}-\frac{Ney_1}{m\sum y_i^2}\geqslant 0 \tag{11-36}$$

式(11-36)表示全部螺栓受拉，为小偏心，不存在受压区。如果按式(11-36)求得的 $N_{\min}<0$，说明为大偏心，即端板底部将出现受压区，将螺栓群的转动轴下移至弯矩指向一侧最外排螺栓处，最大拉力在背向弯矩一侧最外排螺栓处，其值应满足：

$$N_{\max}=\frac{Ne'y_1'}{m\sum y_i'^2}\leqslant N_t^b \tag{11-37}$$

【例 11-6】 牛腿与柱用 C 级普通螺栓和承托连接，承受竖向荷载(设计值)$F=220$ kN，偏心距 $e=200$ mm。试验算其螺栓连接的承载力。已知构件和螺栓均用 Q235 钢材，螺栓为 M20，孔径为 21.5 mm。

【解】 牛腿的剪力 $V=F=220$ kN 由端板刨平顶紧于承托传递；弯矩 $M=F\cdot e=44\times 10^3$ kN·mm 由螺栓连接传递，使螺栓受拉。初步假定螺栓布置如图 11-32 所示。对最下排螺栓 O 轴取矩，最大受力螺栓(最上排 l)的拉力为：

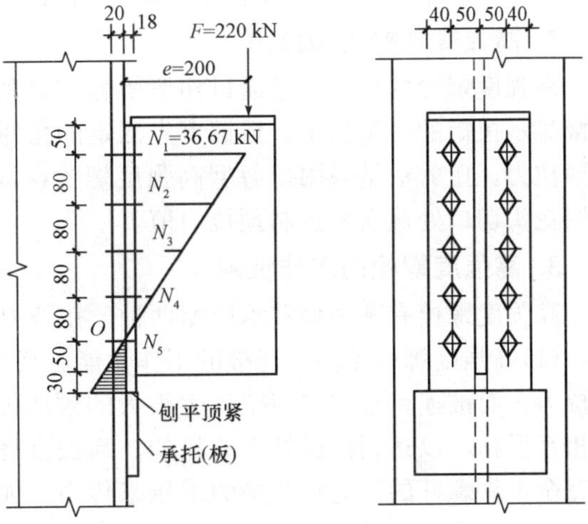

图 11-32　例 11-6 题

一个螺栓的抗拉承载力设计值为：

$N_t^b=A_e f_t^b=244.8\times 170=41\ 620\text{(N)}=41.62\ \text{kN}>N_1=36.67\ \text{kN}$

该螺栓连接承载力满足要求。

四、拉力、剪力共同作用下螺栓群连接的计算

如图 11-33 所示，螺栓既受轴心剪力又受偏心拉力的作用，其计算公式为：

$$\sqrt{\left(\frac{N_v}{N_v^b}\right)+\left(\frac{N_t}{N_t^b}\right)}\leqslant 1 \tag{11-38}$$

式中　N_v^b——受剪螺栓的抗剪承载力设计值(N)；

N_t^b——受拉螺栓的承载力设计值(N)；

N_t——受拉力最大螺栓的拉力设计值(N)；

N_v——一个螺栓承受的剪力设计值(N)；一般假定剪力 V 由每个螺栓平均承担，$N_v=V/n$，(n 为螺栓个数)，$N_v\leqslant N_c^b$，N_c^b 为孔壁承压承载力设计值(N)。

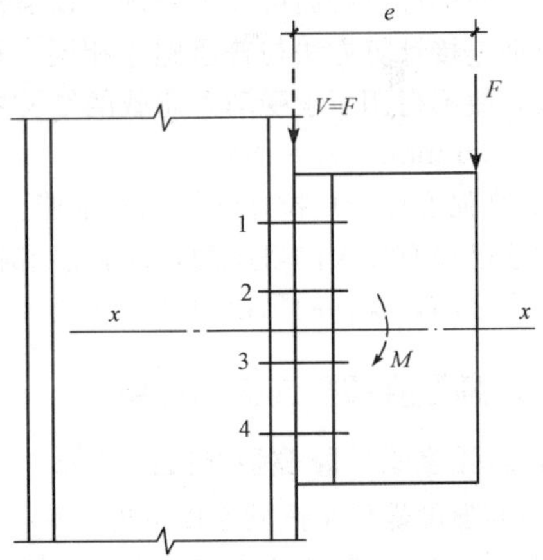

图 11-33　普通螺栓群受剪力和拉力共同作用

第七节　高强度螺栓连接的工作性能和计算

一、高强度螺栓连接的工作性能

1. 高强度螺栓的材料和性能等级

高强度螺栓的杆身、螺帽和垫圈都要用抗拉强度很高的钢材制作。螺杆一般采用 45 号钢或 40 号硼钢制成，螺帽和垫圈用 45 号钢制成，且都要经过热处理以提高其强度。现在工程中已逐渐采用 20MnTiB 钢作为高强度螺栓的专用钢。目前，我国采用的高强度螺栓性能等级按热处理后的强度分为 10.9 级和 8.8 级两种。其中，整数部分表示螺栓成品的抗拉强度 f_u 不低于 1 000 N/mm^2 和 800 N/mm^2，小数部分则表示其屈强比 f_y/f_u 为 0.9 和 0.8。

2. 高强度螺栓的预拉力

高强度螺栓的预拉力是通过扭紧螺帽实现的。一般采用扭矩法和扭剪法。扭矩法是采用可直接显示扭矩的特制扳手，根据事先测定的扭矩和螺栓拉力之间的关系施加扭矩，使之达到预定预拉力。扭剪法是采用扭剪型高强度螺栓，该螺栓端部设有梅花头，拧紧螺帽时，靠拧断螺栓梅花头切口处截面来控制预拉力值。

3. 高强度螺栓的工作性能

高强度螺栓有摩擦型和承压型两种。在外力作用下，螺栓承受剪力或拉力。

(1)高强度螺栓摩擦型连接的工作性能。高强度螺栓安装时将螺栓拧紧，使螺杆产生很大的预拉力，而被连接板件之间则产生很大的预压力。连接受力后，接触面产生的摩擦力阻止板件的相互滑移，以达到传递外力的目的。高强度螺栓摩擦型连接与普通螺栓连接的重要区别，就是完全不靠螺杆的抗剪和孔壁的承压来传力，而是靠钢板间接触面的摩擦力传力。摩擦型连接的剪切变形小，弹性性能好，施工较简单，可拆卸，耐疲劳，特别适用于承受动力荷载的结构。摩擦型连接高强度螺栓的孔径比螺栓公称直径 d 大 1.5～2.0 mm。

(2)高强度螺栓承压型连接的工作性能。高强度螺栓承压型连接的传力特征是剪力超过摩擦力时，构件之间发生相对滑移，螺杆杆身与孔壁接触，使螺杆受剪和孔壁受压，破坏形式与普通螺栓相同。承压型连接中高强度螺栓采用的钢材与摩擦型连接中的高强度螺栓相同。预应力也相同，但构件接触面可以不处理，仅需清除油污及浮锈。因容许被连接件之间产生滑移，所以，抗剪连接计算方法与普通螺栓相同。承压型连接的承载力高于摩擦型，连接紧凑，但剪切变形大，故不得用于承受动力荷载的结构中。承压型连接高强度螺栓的孔径比螺栓公称直径 d 大 1.0～1.5 mm。

(3)高强度螺栓抗拉连接的工作性能。高强度螺栓连接由于预拉力作用，构件之间在承受外力作用前已经有较大的挤压力，高强度螺栓受到外拉力作用时，首先要抵消这种挤压力，在克服挤压力之前，螺杆的预拉力基本不变。

二、高强度螺栓连接的计算

1. 高强度螺栓摩擦型连接的计算

(1)高强度螺栓摩擦型连接抗剪计算。摩擦型连接的承载力取决于构件接触面的摩擦力，而此摩擦力的大小与螺栓所受预拉力和摩擦面的抗滑系数以及连接的传力摩擦面数有关。

一个摩擦型连接高强度螺栓的抗剪承载力设计值为

$$N_v^b = 0.9 n_f u P \tag{11-39}$$

式中　0.9——抗力分项系数 γ_R 的倒数，即取 $\gamma_R = 1/0.9 = 1.111$；

n_f——传力摩擦面数目：单剪时，$n_f=1$；双剪时，$n_f=2$；

P——一个高强度螺栓的设计预拉力(N)，按表 11-9 采用；

μ——摩擦面抗滑移系数，按表 11-8 采用。

表 11-8　一个高强度螺栓的设计预拉力值　　kN

螺栓的性能等级	螺栓公称直径/mm					
	M16	M20	M22	M24	M27	M30
8.8 级	80	125	155	180	230	285
10.9 级	100	155	190	225	290	355

表 11-9　摩擦面的抗滑移系数 μ 值

在连接处构件接触面的处理方法	构件的钢号		
	Q235 钢	Q345、Q390 钢	Q420 钢
喷砂	0.45	0.50	0.50
喷砂后涂无机富锌漆	0.35	0.40	0.40
喷砂后生赤锈	0.45	0.50	0.50
钢丝刷消除浮锈或对干净轧制表面	0.30	0.35	0.40

(2)高强度螺栓摩擦型连接抗拉计算。试验表明，当外拉力过大时，螺栓将发生松弛现象，这对连接抗剪性能是不利的，因此，《钢结构设计规范》(GB 50017—2003)规定，单个高强度螺栓抗拉承载力设计值为

$$N_t^b=0.8P \tag{11-40}$$

(3)高强度螺栓摩擦型连接拉剪计算。当高强度螺栓摩擦型连接同时承受摩擦面间的剪力和螺栓杆轴方向的外拉力时，其承载力应按下式计算

$$\frac{N_v}{N_v^b}+\frac{N_t}{N_t^b}\leqslant 1 \tag{11-41}$$

式中　N_v、N_t——分别为某个高强度螺栓所承受的剪力和拉力(N)；

N_v^b、N_t^b——分别为一个高强度螺栓的抗剪、抗拉承载力设计值(N)。

2. 高强度螺栓承压型连接的计算

(1)承压型连接的高强度螺栓预拉力 P 应与摩擦型连接高强度螺栓相同。连接处构件接触面应清除油污及浮锈。

(2)在抗剪连接中，每个承压型连接高强度螺栓的承载力设计值的计算方法与普通螺栓相同，但当计算剪切面在螺纹处时，其受剪承载力设计值应按螺纹处的有效截面面积进行计算。

(3)在杆轴受拉的连接中，每个承压型连接高强度螺栓的承载力设计值的计算方法与普通螺栓相同。

(4)同时承受剪力和杆轴方向拉力的承压型连接的高强度螺栓，应符合下列公式的要求，即

$$\sqrt{\left(\frac{N_v}{N_v^b}\right)^2+\left(\frac{N_t}{N_t^b}\right)^2}\leqslant 1 \tag{11-42}$$

$$N_v\leqslant N_c^b/1.2 \tag{11-43}$$

式中　N_v、N_t——某个高强度螺栓所承受的剪力和拉力(N)；

N_v^b、N_t^b、N_c^b——一个高强度螺栓按普通螺栓计算时的抗剪、抗拉和承压承载力设计值(N)。

本章小结

(1)钢结构连接方法以焊接和螺栓连接应用最为广泛。

(2)焊接在制造和安装工程中均可使用，对接焊缝受力性能好，但加工要求精度高，只用于制造中材料拼接及重要部位的连接；角焊缝连接受力性能差，但加工方便，应用广泛。

(3)在设计角焊缝连接时，首先将外力分解为平行和垂直于焊缝长度方向上的两个分力，然后再求出各分力在焊缝上产生的平均正应力和剪应力，最后进行强度验算。

(4)螺栓连接分为普通螺栓连接和高强度螺栓连接。普通螺栓分为 A、B、C 三个等级。A、B 级为精制螺栓，C 级为粗制螺栓。高强度螺栓连接包括摩擦型连接和承压型连接两种类型。

复习思考题

1. 钢结构的连接方式有几种？各自有何特点？
2. 角焊缝的形式和尺寸都有哪些构造要求？
3. 螺栓在钢板和型钢上的允许距离都有哪些规定？其规定的依据是什么？
4. 普通螺栓与高强度螺栓有哪些不同之处？
5. 受拉螺栓群在偏心拉力的作用下，如何判别大小偏心？

思考与练习

1. 验算如图 11-34 所示的两块钢板的对接焊缝连接强度，钢板宽度 $B=430$ mm，厚度 $t=10$ mm，计算轴心拉力设计值 $N=926$ kN，钢材为 Q235-B・F，焊条为 E43 型，采用手工焊，施焊时不用引弧板，焊缝质量标准为三级。

2. 设计双角钢与节点板的角焊缝连接(图 11-35)。钢材为 Q235-B，焊条为 E43 型，手工焊，作用轴心力 $N=1\ 000$ kN(设计值)，分别采用三面围焊两面侧焊进行设计。

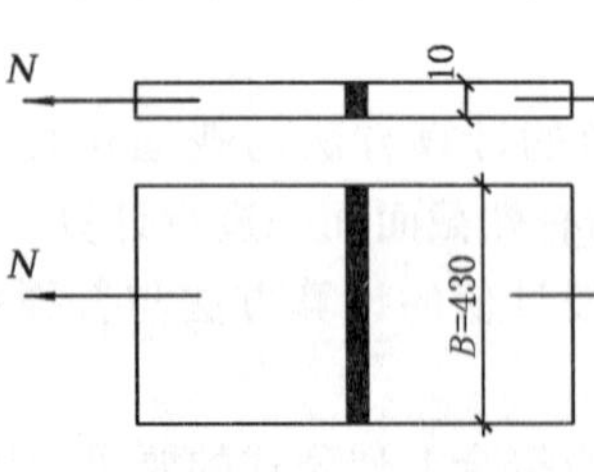

图 11-34　题 1 图

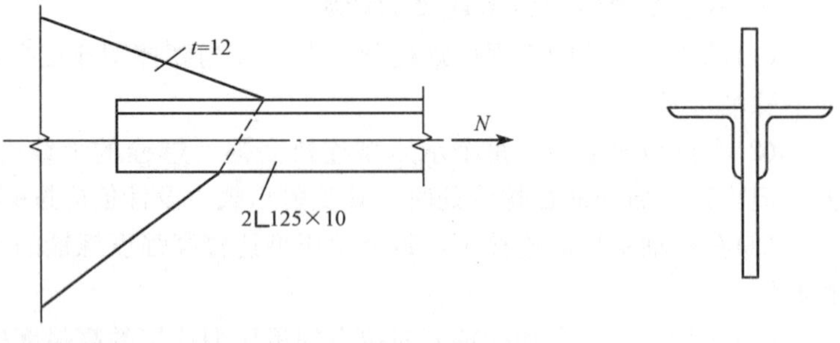

图 11-35　题 2 图

3. 试求图 11-36 所示连接的最大设计载荷。钢材为 Q235-B，焊条为 E43 型，手工焊，角焊缝焊脚尺寸 $h_f=8$ mm，$e_1=150$ cm。

4. 计算如图 11-37 所示的双盖板拼接的C级普通螺栓连接所能承受的轴心拉力 N，被拼接钢板的截面尺寸为 370 mm×16 mm，钢材 Q235，螺栓直径 $d=20$ mm。

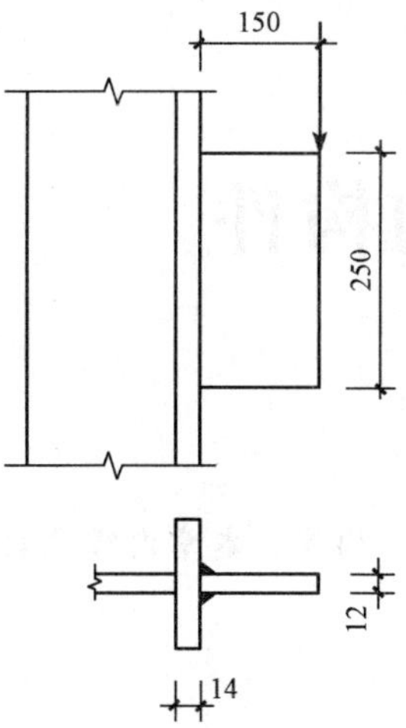

图 11-36　题 3 图

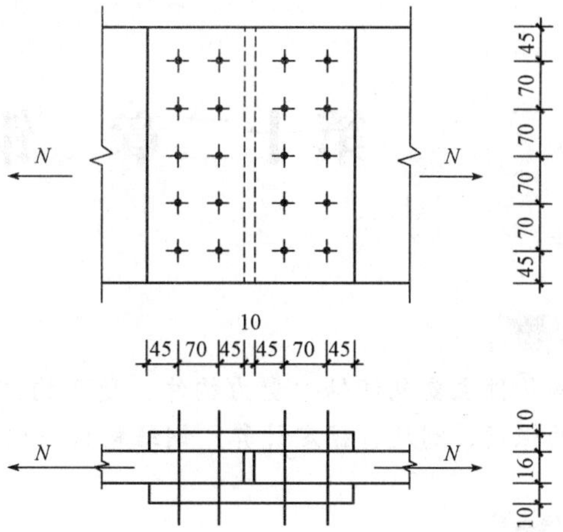

图 11-37　题 4 图

5. 如图 11-38 所示普通螺栓连接(C 级)，钢材为 Q235，螺栓直径 $d=20$ mm。外力 $F=160$ kN(设计值)，试验算此连接的强度。

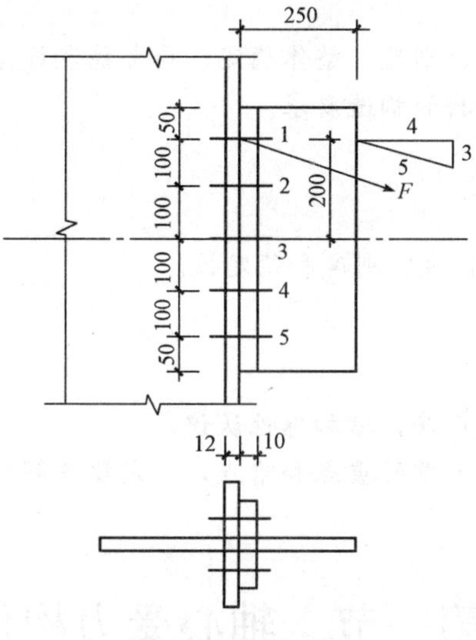

图 11-38　题 5 图

第十二章　钢结构构件

内容提要

钢结构构件主要包括轴心受力构件、受弯构件、拉弯压弯构件。本章内容主要包括钢结构各种构件的强度、刚度、稳定计算；钢结构构件构造要求。

知识目标

1. 掌握轴心受力构件强度、刚度、整体稳定、局部稳定计算，理解轴心受压构件整体稳定的基本概念，了解影响整体稳定的因素。

2. 掌握受弯构件强度、刚度、整体稳定、局部稳定计算，了解影响梁整体稳定的因素，熟悉加劲肋的构造要求。

3. 掌握拉弯压弯构件强度、刚度、整体稳定、局部稳定计算。

4. 掌握梁的拼接及柱头柱脚的构造要求。

能力目标

能正确计算钢结构构件的强度、刚度和稳定性。

学习建议

1. 参观已建或在建钢结构厂房，增加感性认识。

2. 钢结构构件稳定计算是本章的重点和难点，一定要理解整体稳定及局部稳定的概念。

第一节　轴心受力构件

一、轴心受力构件的应用和截面形式

1. 轴心受力构件的应用

轴心受力构件是钢结构的基本构件，在钢结构中应用十分广泛，例如，桁架、塔架和网架杆件体系，如图 12-1 所示。这类结构通常假设节点为铰接连接，当无节间荷载作用时，只受轴心力作用。

轴心压杆也经常用作建筑物的支柱，柱由柱头、柱身和柱脚三部分组成(图 12-2)。柱头用来支撑梁或桁架，柱脚的作用是将压力传至基础。

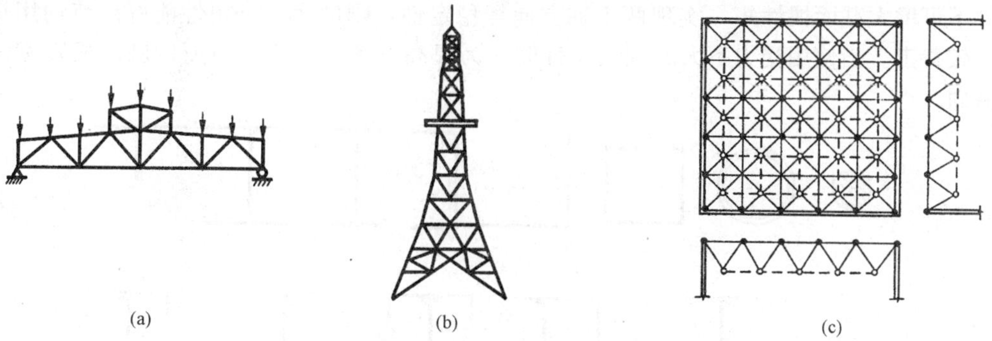

图 12-1　轴心受力构件在工程中的应用

(a)桁架；(b)塔架；(c)网架

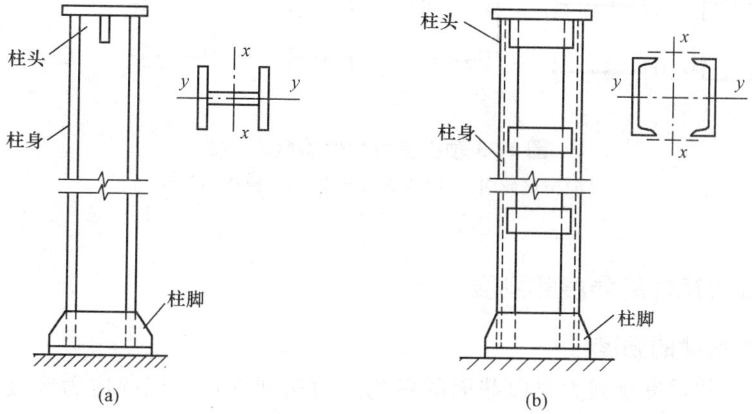

图 12-2　柱的组成

(a)实腹柱；(b)格构柱

2. 轴心受力构件的截面形式

轴心受力构件的截面形式一般可分为型钢截面和组合截面两种形式。型钢截面如图 12-3(a)所示，有圆钢、钢管、角钢、T 形钢、槽钢、工字钢和 H 形钢等。它们只需经过少量加工就可用作构件。由于制造工作量少，省工省时，故使用型钢截面构件成本较低。一般只用于受力较小的构件。组合截面是由型钢和钢板连接而成，按其形式可分为实腹式截面[图 12-3(b)]和格构式截面[图 12-3(c)]两种。由于组合截面的形状和尺寸几乎不受限制，由此可根据轴心受力性质和力的大小选用合适的截面。如轴心受拉杆一般由强度条件决定，故只需选用满足强度要求的截面面积，并使截面较开展以满足必要的刚度要求即可。但对轴心压杆除强度和刚度条件外，往往取决于整体稳定条件，故应使截面尽可能开展以提高其稳定承载能力。

格构式构件一般由两个或多个分肢用缀件联系组成，采用较多的是两肢式格构式构件，如图 12-3(c)所示。在格构式构件截面中，通过分肢腹板的主轴叫作实轴，通过分肢缀件的主轴叫作虚轴。分肢通常采用轧制槽钢或工字钢，承受荷载较大时可采用焊接工字形或槽形组合截面。肢件之间采用缀条或缀板连成整体，一般设置在分肢翼缘两侧平面内，其作用是将各分肢连成整体，使其共同受力，并承受绕虚轴弯曲时产生的剪力。缀条用斜杆组成或斜杆与横杆共同组成。缀条常采用单角钢，与分肢翼缘组成桁架体系，使承受横向剪力时有较大的刚度。缀板常采用钢板，与分肢翼缘组成刚架体系。格构式截面构件与实腹式截面构件相比，在用材料相等的条件下可增大截面惯性矩，实现两主轴方向等稳定性，刚度大，抗扭性能好。节约用钢，但制造比较费工。当使用受力不大的较长构件时，为提高刚度可采用三肢或四肢组成较宽大的格构式截面。

(a)

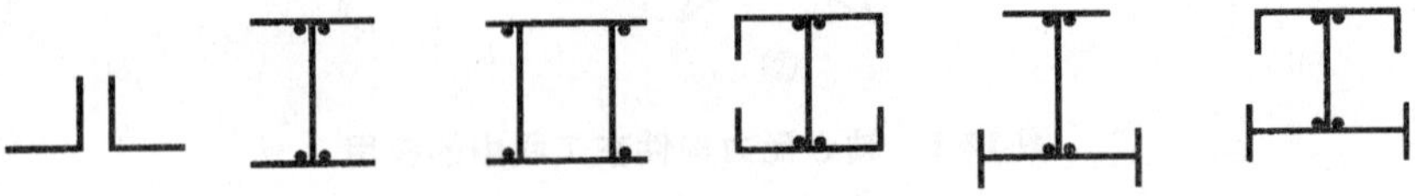

(b)

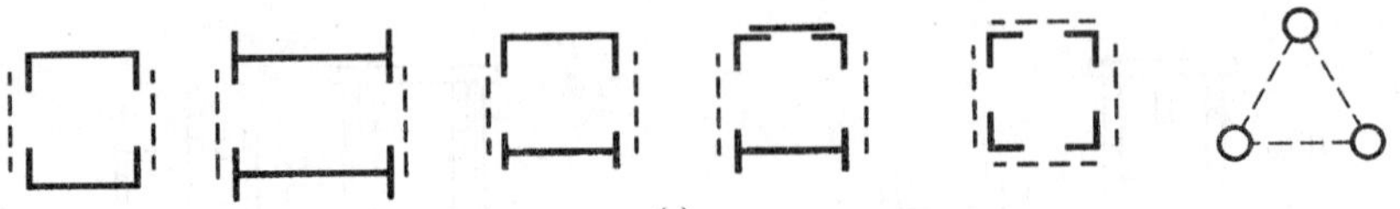

(c)

图 12-3 轴心受力构件的截面形式

(a)型钢截面；(b)实腹式截面；(c)格构式截面

二、轴心受力构件的强度和刚度

1. 轴心受力构件的强度

轴心受力构件的强度承载力是以截面的平均应力达到钢材的屈服应力为极限。轴心受拉和轴心受压构件的强度应按式(12-1)进行计算。

$$\sigma=\frac{N}{A_n}\leqslant f \tag{12-1}$$

式中 N——轴心拉力或轴心压力设计值(kN)：

A_n——构件的净截面面积(mm^2)；

f——钢材的抗拉强度或抗压强度设计值(N/mm^2)，见附表 9。

2. 轴心受力构件的刚度

按正常使用极限状态的要求，轴心受拉构件和轴心受压构件均应具有一定的刚度，以避免产生过大的变形和振动。当构件刚度不足时，在本身重力作用下，会产生过大的挠度；且在运输安装过程中容易造成弯曲，在承受动力荷载的结构中，还会引起较大的振动，轴心受力构件的刚度应满足式(12-2)的要求。

$$\lambda=\frac{l_0}{i}\leqslant[\lambda] \tag{12-2}$$

式中 λ——构件最不利方向的长细比，一般为两主轴方向长细比的较大值；

l_0——相应方向的构件计算长度，按各类构件的规定取值(m)；

i——相应方向的截面回转半径；

$[\lambda]$——受压构件或受拉构件的容许长细比，分别按表 12-1 或表 12-2 采用。

表 12-1　受压构件的容许长细比

项次	构件名称	长细比限度
1	柱、桁架和天窗架构件，柱的缀条、吊车梁和吊车桁架以下的柱间支撑	150
2	其他支撑(吊车梁和吊车桁架以下的柱间支撑除外)用以减少受压构件长细的杆件	200

注：1. 桁架(包括空间桁架)的受压腹杆，当其内力等于或小于承载能力的 50%时，容许长细比值可取 200。
2. 计算单角钢受压构件的长细比时，应采用角钢的最小回转半径，但计算在交叉点相互连接的交叉杆件平面外的长细比时，可采用与角钢肢边平行轴的回转半径。
3. 跨度等于或大于 60 m 的桁架，其受压弦杆和端压杆的容许长细比值宜取 100，其他受压腹杆可取 150(承受静力荷载或间接承受动力荷载)或 120(直接承受动力荷载)。
4. 由容许长细比控制截面的杆件，在计算其长细比时，可不考虑扭转效应。

表 12-2　受拉构件的容许长细比

项次	构件名称	承受静力荷载或间接承受动力荷载的结构		直接承受动力荷载的结构
		一般建筑结构	有重级工作制吊车的厂房	
1	桁架的杆件	350	250	250
2	吊车梁或吊车桁架以下的柱间支撑	300	200	—
3	其他拉杆、支撑、系杆等(张紧的圆钢除外)	400	350	—

注：1. 除对腹杆提供面外支点的弦杆外，承受静力荷载的结构受拉构件，可仅计算竖向平面内的长细比。
2. 在直接或间接承受动力荷载的结构中，单角钢受拉构件长细比的计算方法与表 12-1 注 2 相同。
3. 中、重级工作制吊车桁架下弦杆的长细比不宜超过 200。
4. 在设有夹钳或刚性料耙等硬钩起重机的厂房中，支撑的长细比不宜超过 300。
5. 受拉构件在永久荷载与风荷载组合作用下受压时，其长细比不宜超过 250。
6. 跨度等于或大于 60 m 的桁架，其受拉弦杆和腹杆的长细比不宜超过 300(承受静力荷载或间接承受动力荷载)或 250(直接承受动力荷载)。

【例 12-1】 有一重级工作制吊车的厂房钢屋架下弦(不等边角钢，两短边相连)，其最大设计内力 $N=420$ kN(拉力)，其截面如图 12-4 所示，计算长度 $l_{ox}=300$ cm，$l_{oy}=885$ cm，钢材为 Q235，试验算其强度与刚度是否满足要求。

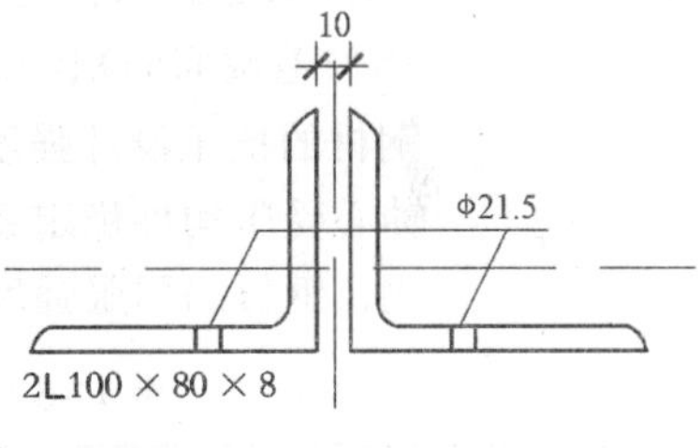

图 12-4　例 12-1 图

【解】 (1)强度验算。由型钢表查得∟100×80×8 的截面面积 $A=13.94\ \text{cm}^2$，则此下弦杆净截面面积为：

$$A_n=2\times(13.94-2.15\times0.8)=24.44(\text{cm}^2)=2\ 444\ \text{mm}^2$$

$$\sigma=\frac{N}{A_n}=\frac{420\times10^3}{2\ 444}=171.85(\text{N/mm}^2)<f=215\ \text{N/mm}^2$$

(2)长细比验算。由附表 19 查得：$i_x=2.37$ cm，$i_y=4.73$ cm

$$\lambda_x=\frac{l_{ox}}{i_x}=\frac{300}{3.15}=95.24\leqslant[\lambda]=250$$

$$\lambda_y=\frac{l_{oy}}{i_y}=\frac{885}{4.73}=187\leqslant[\lambda]=250$$

经验算此钢屋架下弦杆满足强度与刚度要求。

三、轴心受压构件的整体稳定

对于理想轴心受压构件，当轴心压力较小时，构件保持一稳定的直线平衡状态，即使在侧向干扰下会产生微弯，但干扰除去后，构件能恢复其原来的直线状态；当N增大到一定大小时，再给其加一侧向干扰使其微弯，则构件将保持微弯，并能达到另一稳定平衡状态；当N再增大时，构件将产生不可恢复的弯曲变形，使构件最终丧失承载力。这种现象称为构件的弯曲屈曲或弯曲失稳。对于双轴对称的截面(如工字形、H形截面)，一般抗扭刚度较大，失稳时主要产生弯曲屈曲，如图12-5(a)所示。

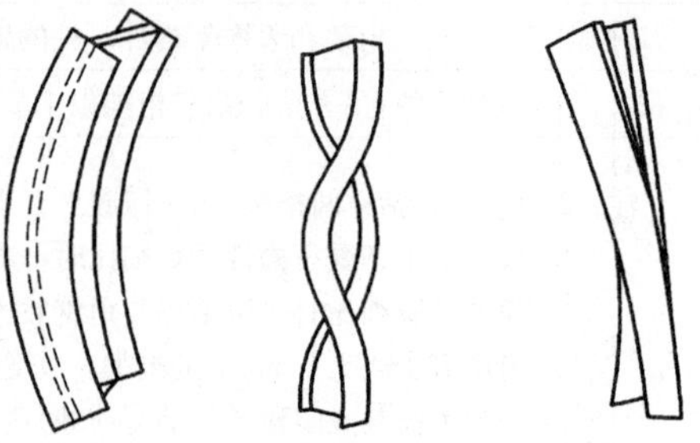
(a) (b) (c)

图12-5 轴心受压构件的屈曲形式

(a)弯曲屈曲；(b)扭转屈曲；(c)弯扭屈曲

当轴心受压构件截面的抗扭刚度较差时，当N达到某一界限值时，构件将由原来的直线稳定状态变为绕构件纵轴微微扭转的平衡状态；当N再稍增加，则扭转变形迅速增大，而使构件丧失承载能力。这种现象称为构件的扭转屈曲或扭转失稳。对于某些十字形截面，截面的抗扭刚度较小，失稳时则可能产生扭转屈曲，如图12-5(b)所示。而对于单轴对称截面(如T形)的轴心受压构件，如图12-5(c)所示，其绕非对称轴屈曲时为弯曲屈曲，但绕对称轴屈曲时，由于形心与剪切中心不重合，弯曲产生的剪力不经过截面的剪切中心，将会有附加扭矩产生。因此，绕对称轴的弯曲变形总会伴随着扭矩变形。这种屈曲形式称为弯扭屈曲或弯扭失稳。

综上所述，理想轴心压杆失稳时有三种可能的屈曲形式：弯曲屈曲、扭转屈曲和弯扭屈曲。影响轴心受压构件稳定承载力的主要因素有：构件的截面形状、构件的长细比、构件的残余应力分布及几何缺陷。

《钢结构设计规范》(GB 50017—2003)规定，轴心受压构件的稳定性应按下式计算：

$$\frac{N}{\varphi \cdot A} \leqslant f \tag{12-3}$$

式中 N——构件承受的轴心压力(kN)；

A——构件毛截面面积(mm^2)；

f——钢材的抗压设计强度(N/mm^2)；

φ——轴心受压构件稳定系数，取截面两主轴稳定系数中的较小者，应根据构件的长细比、钢材的屈服强度和表12-3、表12-4的截面分类，按附录二采用。

表12-3 轴心受压构件的截面分类(板厚$t<40$ mm)

截面形式		对x轴	对y轴
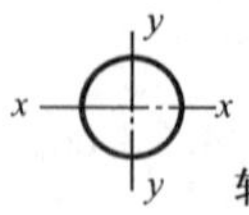 轧制		a类	b类
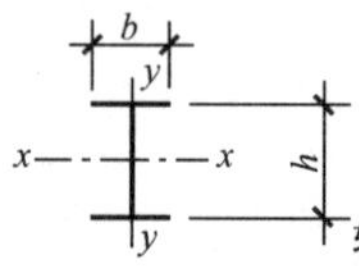 轧制	$b/h\leqslant0.8$	a类	b类
	$b/h>0.8$	b类	c类

续表

截面形式	对 x 轴	对 y 轴
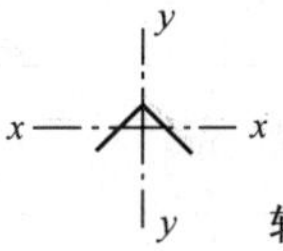 轧制等边角钢	b类	b类
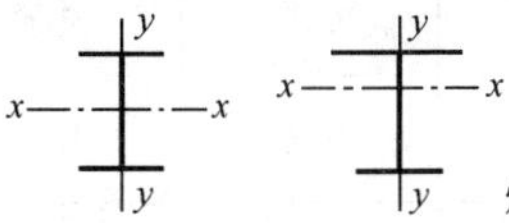 焊接，翼缘为焰切边 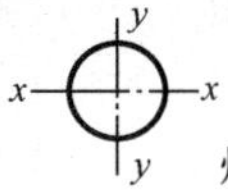 焊接	b类	b类
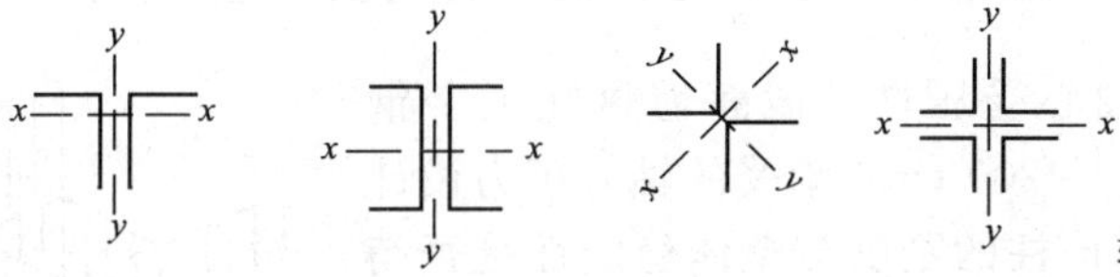 轧制	b类	b类
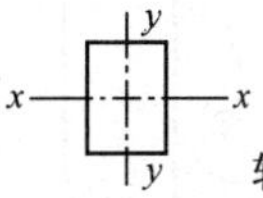 轧制，焊接(板件宽厚比>20) 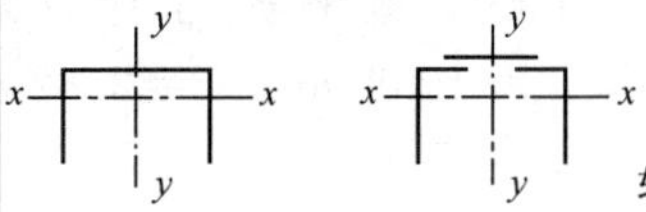 轧制或焊接	b类	b类
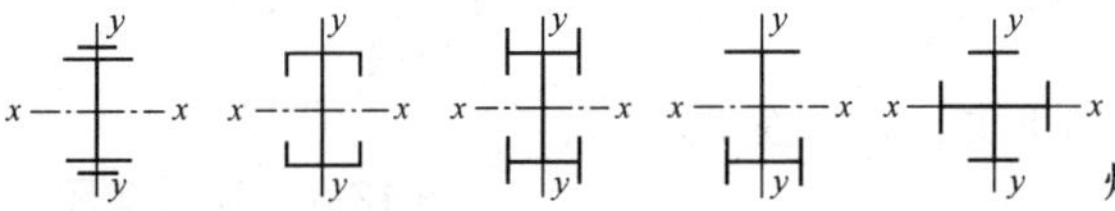 焊接 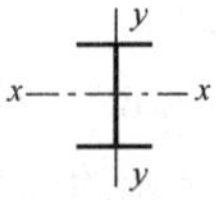 轧制截面和翼缘为焰切边的焊接截面	b类	b类
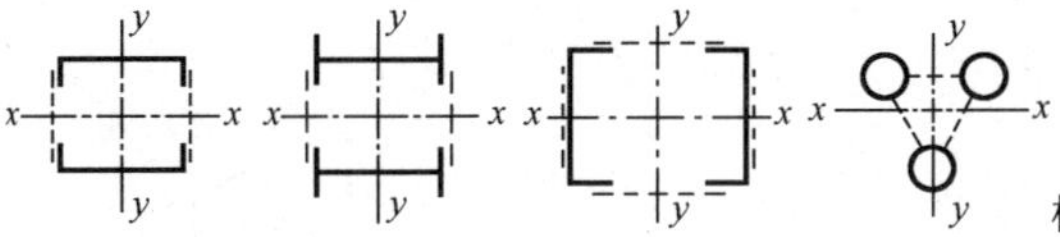 格构式 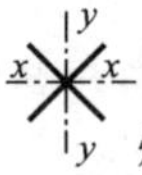 焊接，板件边缘焰切	b类	b类
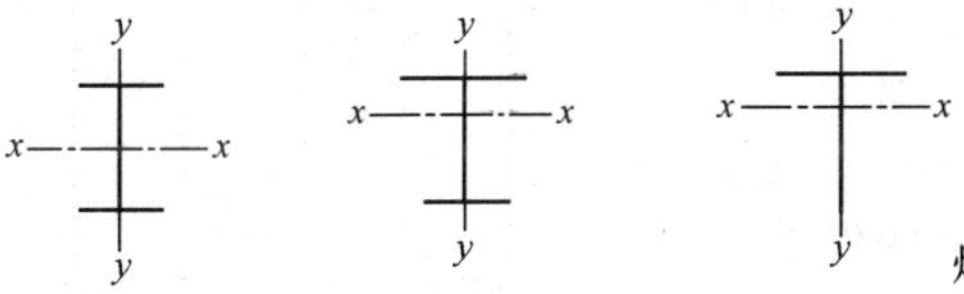 焊接，翼缘为轧制或剪切边	b类	c类
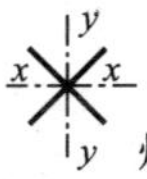 焊接，板件边缘轧制或剪切 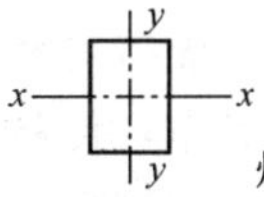 焊接，板件宽厚比≤20	c类	c类

表 12-4　轴心受压构件的截面分类(板厚 $t \geqslant 40$ mm)

截面形式		对 x 轴	对 y 轴
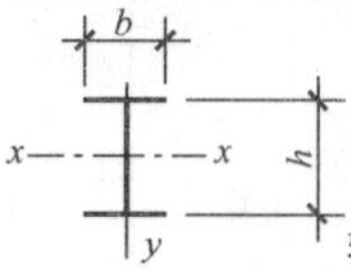 轧制工字形或 H 形截面	$t<80$ mm	b 类	c 类
	$t \geqslant 80$ mm	c 类	d 类
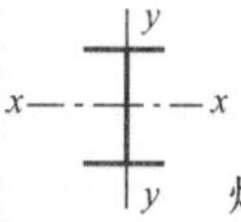 焊接工字形截面	翼缘为焰切边	b 类	b 类
	翼缘为轧制或剪切边	c 类	d 类
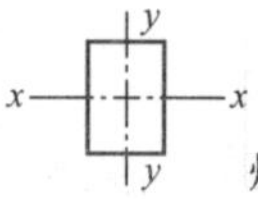 焊接箱形截面	板件宽厚比>20	b 类	b 类
	板件宽厚比≤20	c 类	c 类

【例 12-2】 如图 12-6 所示的轴心受压柱，截面为热轧工字钢 I132a 型，计算长度 $l_{ox}=600$ cm，$l_{oy}=200$ cm，承受的轴心压力设计值为 900 kN，钢材为 Q235。试验算该柱的刚度与整体稳定性是否满足要求。

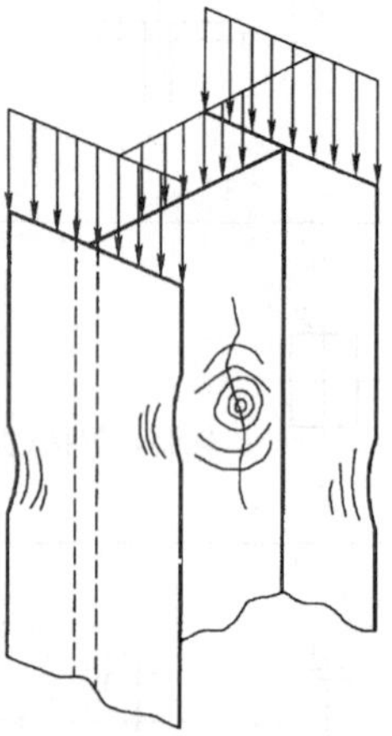

图 12-6　例 12-2 图

【解】 查表可知，$f=215\ \text{N/mm}^2$，查附表 14 可知工字钢符号 32a 的截面特性为：$A=67.1\ \text{cm}^2$，$i_x=12.8$ cm，$i_y=2.62$ cm。

柱子的长细比为：

$$\lambda_x=\frac{l_{0x}}{i_x}=\frac{600}{12.8}=46.9 \leqslant [\lambda]=150$$

$$\lambda_y=\frac{l_{0y}}{i_y}=\frac{200}{2.62}=76.3 \leqslant [\lambda]=150$$

由表 12-3 可知，截面对 x 轴为 a 类，对 y 轴为 b 类，分别查附表 10、附表 11 可知，$\varphi_x=0.924$，$\varphi_y=0.712$，取 $\varphi=\varphi_y=0.712$，则 $\sigma=\dfrac{N}{\varphi A}=\dfrac{900\times10^3}{0.712\times67.1\times10^2}=188.4(\text{N/mm}^2)<f=215\ \text{N/mm}^2$。

所以，截面满足容许长细比和整体稳定的要求。

四、轴心受压构件的局部稳定

轴心受压构件不仅有丧失整体稳定的可能性，而且也有丧失局部稳定的可能性。组成构件的板件，如工字形截面构件的翼缘和腹板，其厚度与板其他两个尺寸相比都较小。在均匀压力的作用下，当压力到达某一数值时，板件不能继续维持平面平衡状态而产生凸曲现象，因为板件只是构件的一部分，所以，把这种屈曲现象称为丧失局部稳定。图 12-7 为一工字形截面轴心受压构件发生局部失稳的变形形态示意图。在腹板和翼缘失稳的情况下，构件还可能维持着整体稳定的平衡状态，但由于部分板件屈曲后退出工作，使构件的有效截面减少，导致构件过早丧失承载能力。因此，《钢结构设计规范》(GB 50017—2003)规定，轴心受压构件必须满

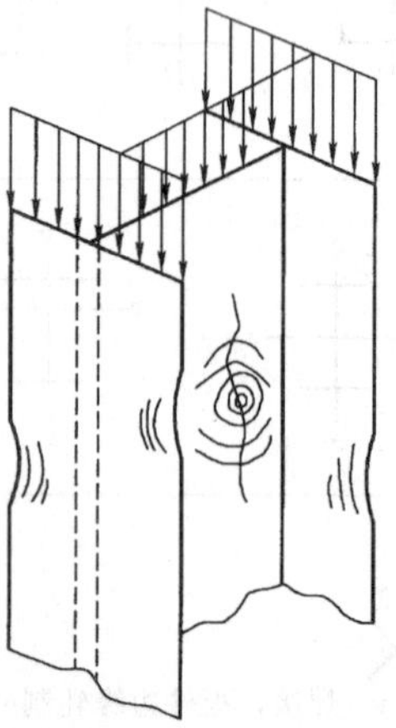

图 12-7　轴心受压构件的局部屈曲

足局部稳定的要求。

《钢结构设计规范》规定轴心受压构件的局部稳定是控制板件宽厚比限值，下面以工字形截面的板件为例。

1. 翼缘自由外伸段宽厚比的限值

翼缘板自由外伸宽度 b 与其厚度 t 之比，应符合：

$$\frac{b_1}{t}\leqslant(10+0.1\lambda)\sqrt{\frac{235}{f_y}} \tag{12-4}$$

2. 工字形截面腹板的高厚比限值

工字形截面腹板的高厚比限值为

$$\frac{h_0}{t_w}\leqslant(25+0.5\lambda)\sqrt{\frac{235}{f_y}} \tag{12-5}$$

式中，λ 为构件两方向长细比的较大值，当 $\lambda<30$ 时，取 $\lambda=30$；当 $\lambda<100$ 时，取 $\lambda=100$。

【例 12-3】 某焊接组合工字形截面轴心受压构件的截面尺寸如图 12-8 所示，承受轴心压力设计值(包括构件自重)$N=2\ 000$ kN，计算长度 $l_{0y}=6$ m，$l_{0x}=3$ m，翼缘钢板为焰切边，钢材为 Q345，截面无削弱。要求验算该轴心受压构件的整体稳定和局部稳定是否满足设计要求。

【解】 (1)截面及构件几何特性计算。

$A=250\times12\times2+250\times8=8\ 000(\text{mm}^2)$

$I_y=(250\times274^3-242\times250^3)/12=1.134\ 5\times10^8(\text{mm}^4)$

$I_x=(12\times250^3\times2+250\times8^3)/12=3.126\times10^7(\text{mm}^4)$

$i_y=\sqrt{I_y/A}=\sqrt{1.134\ 5\times10^8/8\ 000}=119.1(\text{mm})$

$i_x=\sqrt{I_x/A}=\sqrt{3.126\times10^7/8\ 000}=62.5(\text{mm})$

$\lambda_y=l_{0y}/i_y=6\ 000/119.1=50.4$

$\lambda_x=l_{0x}/i_x=3\ 000/62.5=48.0$

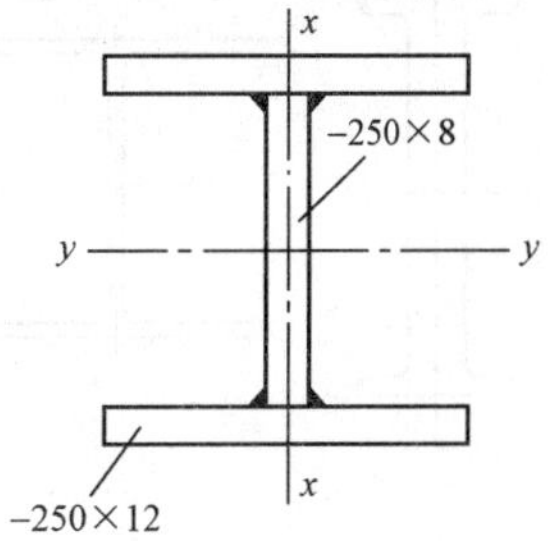

图 12-8 焊接工字形截面

(2)整体稳定性验算。

查表 12-3，截面关于 x 轴和 y 轴都属于 b 类，$\lambda_y>\lambda_x$。

$\lambda_y\sqrt{f_y/235}=50.4\sqrt{345/235}=61.1$

查附表 11 得 $\varphi=0.801\ 6$

$$\frac{N}{\varphi A}=\frac{2\ 000\times10^3}{0.801\ 6\times8\ 000}=311.9(\text{N/mm}^2)\approx f=310\ \text{N/mm}^2$$

故可认为整体稳定性满足要求。

(3)翼缘：

$$\frac{b_1}{t}=\frac{121}{12}=10.08<(10+0.1\lambda)\sqrt{235/f_y}=(10+0.1\times50.4)\sqrt{235/345}=12.41$$

翼缘满足局部稳定性要求。

腹板：

$$\frac{h_0}{t_w}=\frac{250}{8}=31.25<(25+0.5\lambda)\sqrt{235/f_y}=(25+0.5\times50.4)\sqrt{235/345}=41.43$$

腹板满足局部稳定性要求。

第二节　受弯构件

一、受弯构件的形式和应用

1. 受弯构件的截面形式

用来承受横向荷载的受弯实腹式构件叫作梁。根据使用情况，它可能只在一个主平面内受弯，称为单向受弯构件，也可能在两个主平面内同时受弯，称为双向受弯构件。受弯构件有两个正交的形心主轴，如图 12-9 所示的 x 轴与 y 轴。其中，绕 x 轴的惯性矩、截面模量最大，称 x 轴为强轴，相对的另一轴（y 轴）则为弱轴。

钢梁按截面形式可分为型钢梁和组合梁两类（图 12-9）。型钢梁构造简单、制造省工，成本较低，应优先采用。但在荷载较大或跨度较大时，由于轧制条件的限制，型钢的尺寸和规格不能满足梁承载力和刚度要求时，必须采用组合梁。

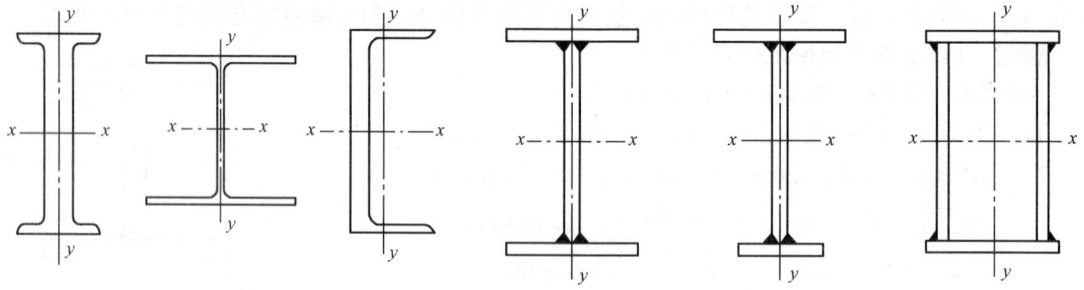

图 12-9　梁的截面形式

(a)工字钢；(b)H 型钢；(c)槽钢；(d)、(e)组合梁；(f)箱形截面

当跨度和荷载较小时，可直接选用型钢梁。常用的型钢梁有热轧工字钢、热轧 H 型钢和槽钢，其中，以 H 型钢的截面分布最合理，翼缘的外边缘平行，与其他构件连接方便，应优先采用。用于梁的 H 型钢宜为窄翼缘型（HN 型）。槽钢的剪力轴不在腹板平面内，弯曲时将同时伴随着扭转，对受力不利，如果能在结构上保证截面不发生扭转，或在扭矩很小的情况下，才可采用槽钢。

当跨度和荷载较大时，可采用组合梁。组合梁的截面组成，常用的截面如图 12-9(d)和图 12-9(e)所示。当荷载很大，梁高受到限制或抗扭要求较高时，可采用箱形截面如图 12-9(f)所示。组合梁的截面组成比较灵活，可使材料在截面上的分布更为合理，节省钢材。

2. 受弯构件的应用

根据梁的支撑情况，钢梁可做成简支梁、连续梁、悬伸梁等。简支梁用钢量较多，但制造和安装简单，修理方便，而且不受温度变化和支座沉陷的影响，因此，其使用最为广泛。

为了更好地发挥钢材的性能，钢梁可以做成截面沿梁长度方向变化的变截面梁。常用的有楔形梁，如图 12-10 所示。这种梁仅改变腹板高度，其他尺寸不变，加工方便，经济性能较好，目前已经广泛地用于轻型门式刚架房屋中。对于简支梁，可以在支座附近降低截面高度，除节约材料外，还可节省净空，已广泛应用于大跨度吊车梁中，如图 12-11 所示。另外，还可以改变翼缘板的宽度和厚度成为变截面梁。

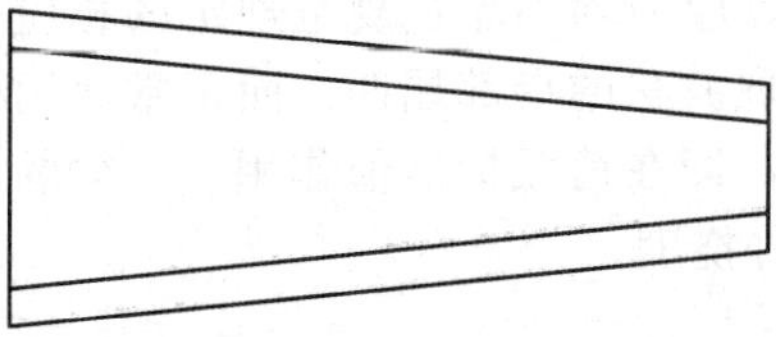

图 12-10　楔形梁

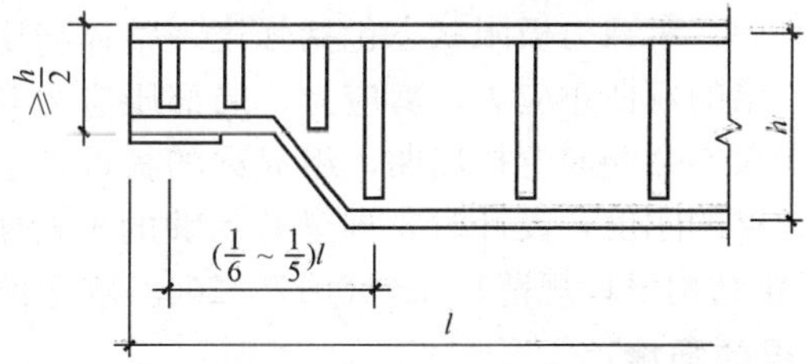

图 12-11　变截面高度吊车梁

钢结构中，除少数情况如吊车梁、起重机大梁或上承式铁路板桥梁等可单根或两根梁成对布置外，通常采用纵、横交叉的主、次梁组成的梁格，再在梁格上铺设面板，形成结构的承重体系，如屋盖、楼盖、工作平台等。在这种结构中，荷载的传递方式是由面板传到次梁，次梁再传给主梁，主梁传给柱和墙，最后传给基础。

根据主梁和次梁的排列情况，梁格可分为三种类型，如图 12-12 所示即为工作平台梁格布置示意图。

(1)单向梁格[图 12-13(a)]只有主梁，适用于跨度小或面板宽度较大的楼盖或平台结构。

(2)双向梁格[图 12-13(b)]有主梁及一个方向的次梁，次梁由主梁支承，并将板划分为较小区格，减小了面板的跨度和厚度，使梁格更为经济是最为常用的梁格形式。

(3)复式梁格[图 12-13(c)]在主梁间设纵向次梁，纵向次梁间再设与主梁平行的横向次梁，以减小面板的支撑跨度和厚度，使梁格更为经济。这种梁格荷载传递层次多，构造复杂，故应用较少，只适用于荷载重和主梁间距很大的情况。

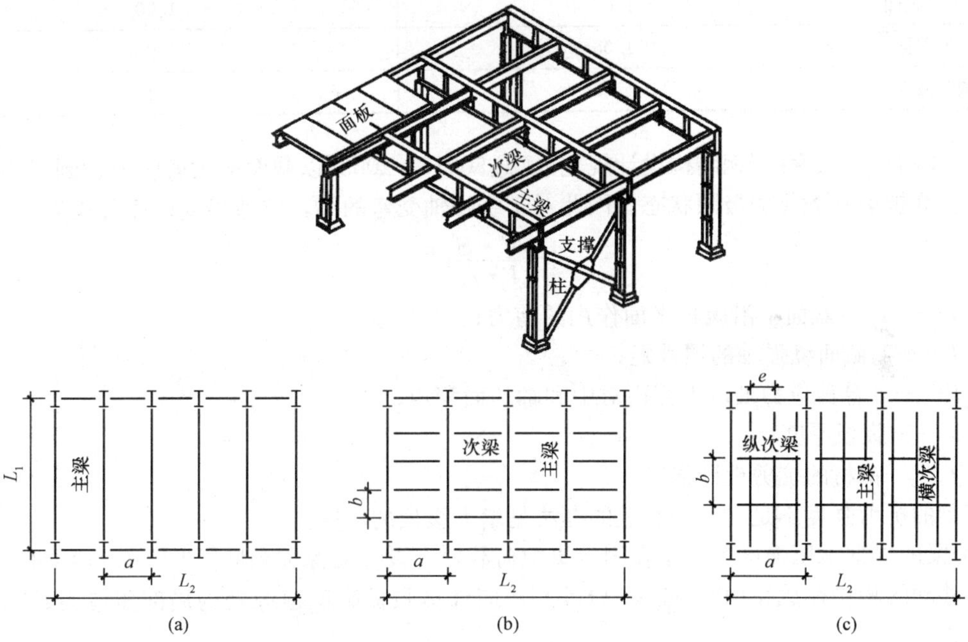

图 12-12　梁格形式

(a)单向梁格；(b)双向梁格；(c)复式梁格

二、受弯构件的强度、刚度

为确保安全使用、经济合理，钢梁在设计时必须同时考虑承载力极限状态和正常使用极限状态。其中，承载力极限状态包括强度、整体稳定和局部稳定三个方面。它要求在荷载设计值作用下，梁的弯曲正应力、剪应力、局部压应力和折算应力均不超过规范规定的相应强度设计值；整个梁不会侧向弯扭屈曲；组成梁的板件不会出现波状的局部屈曲。而正常使用极限状态主要考虑梁的刚度，设计时要求梁有足够的抗弯刚度，即在荷载标准值作用下，梁的最大挠度不大于《钢结构设计规范》(GB 50017—2003)规定的容许挠度。

1. 梁的强度

梁的强度分抗弯强度、抗剪强度、局部承压强度和在复杂应力作用下的强度。

(1)梁的抗弯强度。在计算梁的抗弯强度时，考虑截面塑性发展比不考虑截面塑性发展要节省钢材，塑性铰的形成将导致梁的挠度过大，影响梁的正常使用，因此，《钢结构设计规范》(GB 50017—2003)在弹性设计的基础上引入了塑性发展系数。梁的抗弯强度设计公式为：

单向弯曲梁

$$\sigma=\frac{M_x}{\gamma_x W_{nx}}\leqslant f \tag{12-6}$$

双向弯曲梁

$$\sigma=\frac{M_x}{\gamma_x W_{nx}}+\frac{M_y}{\gamma_y W_{ny}}\leqslant f \tag{12-7}$$

式中 M_x、M_y——同一截面处绕 x 轴和 y 轴的弯矩设计值；

W_{nx}、W_{ny}——截面对 x 轴和 y 轴的净截面抵抗矩；

γ_x、γ_y——截面塑性发展系数，按表 12-5 采用，$b/t\geqslant 13$ 及直接承受动力荷载时 $\gamma=1.0$

表 12-5 常用截面形式的塑性发展系数

截面形式	绕强轴的截面塑性发展系数 γ_x	绕弱轴的截面塑性发展系数 γ_y
工字形截面	1.05	1.20
箱形截面	1.05	1.05
圆管截面	1.15	1.15

(2)梁的抗剪强度。《钢结构设计规范》(GB 50017—2003)以截面最大剪应力达到所用钢材抗剪强度作为抗剪承载能力极限状态。因此对于绕强轴受弯的梁，抗剪强度计算公式为

$$\tau=\frac{V\cdot S}{I\cdot t_w}\leqslant f_v \tag{12-8}$$

式中 V——计算截面上沿腹板平面作用的剪力；

I——毛截面绕强轴的惯性矩；

S——计算剪应力处以上截面对中和轴的面积矩；

t_w——腹板厚度；

f_v——钢材的抗剪设计强度。

当梁的抗剪强度不足时，最有效的办法是增大腹板的厚度。

(3)梁的局部承压强度。当梁在固定集中荷载处未设置支撑加劲肋[图 12-13(a)]时，或当上翼缘有移动的集中荷载作用时[图 12-14(b)]，应计算腹板高度边缘处的局部压应力。其计算公式为

$$\sigma_c=\frac{\varphi\cdot F}{t_w\cdot l_z}\leqslant f \tag{12-9}$$

式中 F——集中荷载，支座处为支反力 R，如为吊车轮压，应考虑动力系数；

φ——集中荷载增大系数，重级工作制吊车轨压 $\varphi=1.35$；其他荷载 $\varphi=1.0$；

t_w——腹板的厚度；

l_z——集中荷载按 45°扩散在腹板计算高度边缘上的假定分布长度，按下式计算，即：

$$l_z=a+2h_y$$

a——集中荷载沿梁跨度方向的支承长度，对吊车轮压取 $a=50$ mm；

h_y——由吊车梁轨顶或其他梁顶面至腹板计算高度边缘的距离。

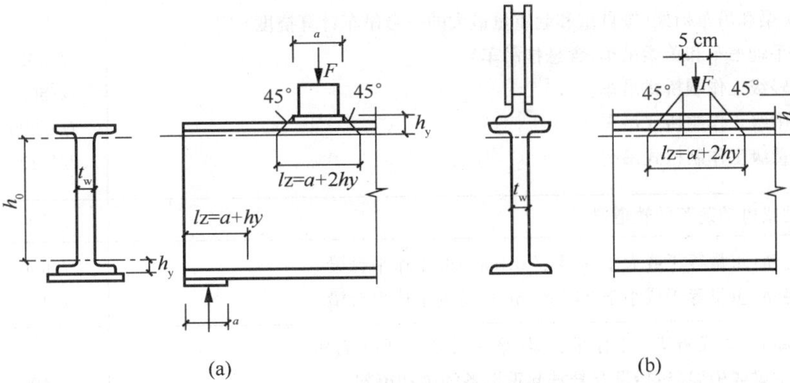

图 12-13　局部承压应力

(a)集中荷载处支撑加劲肋；(b)上翼缘有移动的集中荷载作用

腹板的计算高度规定如下：

①对于型钢梁为腹板与翼缘相接处两圆弧起点之间的距离。

②对于焊接梁则为腹板高度。

当局部承压验算不满足要求时，对于固定集中荷载作用处可设置支撑加劲肋；对移动的集中荷载，则应增加腹板厚度。

(4)梁在复杂应力作力下的强度计算。在组合梁腹板的计算高度边缘处，如果同时有较大的正应力 σ、剪应力 τ 的局部压应力作用，或同时有较大的正应力 σ、剪应力 τ 时，应按(12-10)验算折算应力：

$$\sqrt{\sigma^2+\sigma_c^2-\sigma\sigma_c+3\tau^2}\leqslant\beta_1\cdot f \tag{12-10}$$

式中　σ、σ_c、τ——腹板计算高度边缘同一点上同时产生的正应力、局部压应力和剪应力；

β_1——系数，当 σ 和 σ_c 异号时，取 $\beta_1=1.2$；当 σ 和 σ_c 同号或 $\sigma_c=0$ 时，取 $\beta_1=1.1$，这是考虑到折算应力达承载力极限只是在局部发生，因此，可提高钢材的设计强度。

2. 梁的刚度

梁的刚度以标准荷载作用下的挠度大小来度量。在荷载作用下，梁出现过大变形时，会影响到梁的正常使用。如楼盖梁的挠度超过正常使用的某一限值时，一方面给人一种不舒服和不安全的感觉，另一方面可使其上部的楼面及下部的抹灰开裂影响结构的功能。因此，梁必须具有足够的刚度，以保证其变形不超过正常使用的极限状态。梁的刚度要求，就是限制使用时梁的最大变形。《钢结构设计规范》(GB 50017—2003)规定，梁的最大挠度 v 或相对挠度 v/l 不超过规定容许值。

$$V\leqslant[\nu]\quad 或\quad \frac{\nu}{l}\leqslant\left[\frac{\nu}{l}\right] \tag{12-11}$$

式中　ν——梁的最大挠度，按标准荷载计算；

$[\nu]$——梁的容许挠度，按表 12-6 采用。

表 12-6　受弯构件挠度容许表

项次	构件类别	挠度容许值	
		$[\nu_T]$	$[\nu_0]$
1	吊车梁和吊车桁架(按自重和起重量最大的一台吊车计算挠度) (1)手动吊车和单梁吊车(含悬挂吊车) (2)轻级工作制桥式吊车 (3)中级工作制桥式吊车 (4)重级工作制桥式吊车	 $l/500$ $l/800$ $l/1\ 000$ $l/1\ 200$	—
2	手动或电动葫芦的轨道梁	$l/400$	—
3	有重轨(重量等于或大于 38 kg/ m)轨道的工作平台梁 有轻轨(重量等于或小于 24 kg/ m)轨道的工作平台梁	$l/600$ $l/400$	—
4	楼(屋)盖梁或桁架、工作平台梁(第 3 项除外)和平台板 (1)主梁或桁架(包括设有悬挂起重设备的梁和桁架) (2)仅支承压型金属板屋面和冷弯型钢檩条 (3)除支承压型金属板屋面和冷弯型钢檩条外，尚有吊顶 (4)抹灰顶棚的次梁 (5)除(1)、(2)款外的其他梁(包括楼梯梁) (6)屋盖檩条： 支承压型金属板、无积灰的瓦楞铁和石棉瓦屋面者 支承有积灰的瓦楞铁和石棉瓦等屋面者 支承其他屋面材料者 (7)有吊顶 (8)平台板	 $l/400$ $l/180$ $l/240$ $l/250$ $l/250$ $l/150$ $l/200$ $l/200$ $l/240$ $l/150$	 $l/500$ $l/350$ $l/300$ — — — —
5	墙架构件(风荷载不考虑阵风系数) (1)支柱 (2)抗风桁架(作为连续支柱的支承时) (3)砌体墙的横梁(水平方向) (4)支承压型金属板的横梁(水平方向) (5)支承瓦楞铁和石棉瓦墙面的横梁(水平方向) (6)带有玻璃窗的横梁(竖直和水平方向)	 — — — — — $l/200$	 $l/400$ $l/1\ 000$ $l/300$ $l/100$ $l/200$ $l/200$

注：1. l 为受弯构件的跨度(对悬臂梁和伸臂梁为悬伸长度的 2 倍)。
2. $[\nu_T]$为永久和可变荷载标准值产生的挠度(如有起拱应减去拱度)的容许挠度值，$[\nu_0]$为可变荷载标准值产生的挠度的容许挠度值。

梁的挠度可按材料力学和结构力学的方法计算。下面列出几种常用等截面简支梁的最大挠度计算公式。

均布荷载作用下的简支梁：

$$\frac{\nu}{l}=\frac{5}{384}\frac{q_k l^3}{EI_x} \tag{12-12}$$

跨中有一个集中荷载的简支梁：

$$\frac{\nu}{l}=\frac{8}{384}\frac{p_k l^2}{EI_x}=\frac{1}{48}\frac{p_k l^2}{EI_x} \tag{12-13}$$

跨间等距离布置两个相等的集中荷载的简支梁：

$$\frac{\nu}{l}=\frac{6.33}{384}\frac{p_k l^2}{EI_x} \tag{12-14}$$

式中 ν——梁的最大挠度；

q_k——均布荷载标准值；

P_k——各个集中荷载标准值之和；

l——梁的跨度；

E——钢材的弹性模量($E=2.06\times10^5$ N/mm²)；

I——梁的毛截面惯性矩。

【例 12-4】 如图 12-14 所示，某楼盖抹灰顶棚的次梁为简支梁，计算跨度为 6 m，采用型钢梁工字钢符号 32a，材料为 Q235。跨中承受集中荷载，其中，永久荷载为 10 kN，可变荷载为 50 kN，集中荷载沿梁跨度方向的支承长度为 50 mm，试验算梁的强度和刚度。

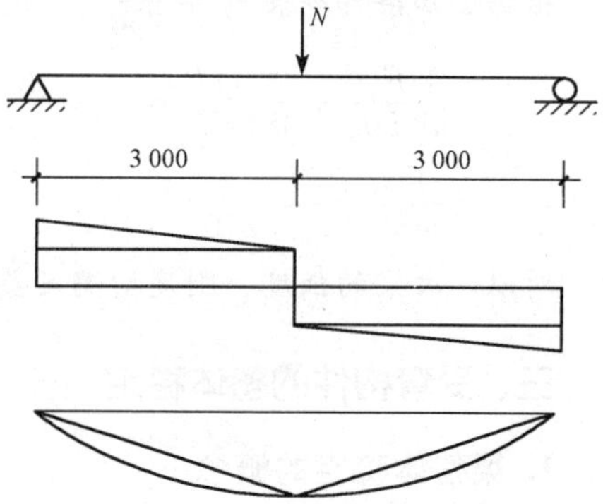

图 12-14 例 12-4 图

【解】 (1)截面特性：查型钢表可得工字钢符号 32a 的截面特征为：

$W_x=692.5\ cm^3$；$I_x=11\ 080\ cm^4$；$\frac{I_x}{S_x}=27.7$ cm；

$t_w=9.5$ mm；$h_y=26.5$ mm，自重为 $q_b=52.7$ kg/ m。

(2)内力计算。

集中荷载标准值：$F_k=10+50=60$(kN)

集中荷载设计值：$F=1.2\times10+1.4\times50=82$(kN)

自重产生的均布荷载标准值：$q_k=0.516$(kN/ m)

自重产生的均布荷载设计值：$q=1.2\times0.516=0.62$(kN/ m)

跨中最大弯矩设计值：

$$M_x=\frac{1}{4}Fl+\frac{1}{8}ql^2=\frac{1}{4}\times82\times6+\frac{1}{8}\times0.62\times6^2=125.8(\text{kN}\cdot\text{m})$$

跨中最大剪力设计值：$V_1=\frac{F}{2}=\frac{82}{2}=41$(kN)

支座最大剪力设计值：$V_1=\frac{F}{2}+\frac{1}{2}ql=\frac{82}{2}+\frac{1}{2}\times0.62\times6=42.9$(kN)

(3)强度验算。

①抗弯强度验算(跨中截面)。

$$\sigma=\frac{M_x}{\gamma_x W_{nx}}=\frac{125.8\times10^6}{1.05\times692.5\times10^3}=173.0(\text{N/mm}^2)\leqslant f=215\ \text{N/mm}^2$$

②抗剪强度验算(支座截面)。

$$\tau=\frac{V\cdot S}{I\cdot t_w}=\frac{42.9\times10^3}{277\times9.5}=16.3(\text{N/mm}^2)<f_v=125\ \text{N/mm}^2$$

③局部承压验算(集中荷载作用处)。

$$l_z=a+2h_y=50+2\times26.5=103(\text{mm})$$

$$\sigma_c=\frac{\varphi\cdot F}{t_w\cdot l_z}=\frac{1.0\times82\times10^3}{9.5\times103}=83.8(\text{N/mm}^2)<f=215\ \text{N/mm}^2$$

④折算应力的验算(跨中集中荷载作用处翼缘与腹板连接处)。

$$\sigma=\frac{M_x}{I_x}y_1=\frac{125.8\times10^6}{11\ 080\times10^4}\times133.5(\mathrm{N/mm^2})=151.6(\mathrm{N/mm^2})$$

$$\tau_1=\frac{V_1\cdot S_1}{I\cdot t_w}=\frac{41\times10^3\times297\ 375}{11\ 080\times10^4\times9.5}=11.6(\mathrm{N/mm^2})$$

$$\sqrt{\sigma^2+\sigma_c^2-\sigma\sigma_c+3\tau_1{}^2}=\sqrt{151.6^2+83.8^2-151.6\times83.8+3\times11.6^2}$$
$$=133(\mathrm{N/mm^2})<\beta_1 f=1.1\times215=236.5(\mathrm{N/mm^2})$$

计算表明，型钢腹板上剪应力很小。

(4)刚度计算。

根据已知条件查表$\frac{[\nu]}{l}=\frac{1}{250}$

$$\frac{\nu}{l}=\frac{1}{48}\frac{F_k l^2}{EI_x}+\frac{5}{384}\frac{q_k l^3}{EI_x}=\frac{60\times10^3\times6\ 000^2}{48\times206\times10^3\times11\ 080\times10^4}+\frac{5\times0.516\times6\ 000^2}{384\times206\times10^3\times11\ 080\times10^4}$$
$$=\frac{1}{508}<\frac{[\nu]}{l}=\frac{1}{250}$$

所以，次梁的强度、刚度均满足要求。

三、受弯构件的整体稳定

1. 梁整体稳定的概念

在梁的强度设计时，为了有效地发挥材料的作用，梁的截面常设计成窄而高(图 12-15)。当梁上荷载作用在最大刚度平面内，而荷载较小时，梁只在弯矩作用平面内弯曲。虽然外界各种因素会使梁产生微小的侧向弯曲和扭转变形，但外界的影响消失后，梁便能恢复到原来的平衡状态。当荷载逐渐增加到某一数值时，梁突然发生侧向弯曲和扭转，失去继续承受荷载的能力，这种现象称为梁丧失了整体稳定。使梁丧失整体稳定的弯矩或弯曲正应力称为临界弯矩或临界应力。如果临界应力低于钢材屈服点，梁将在强度破坏之前发生整体失稳。梁的整体失稳是突然发生的，事先并无明显征兆，因此，必须特别注意。设计梁时必须验算整体稳定性。

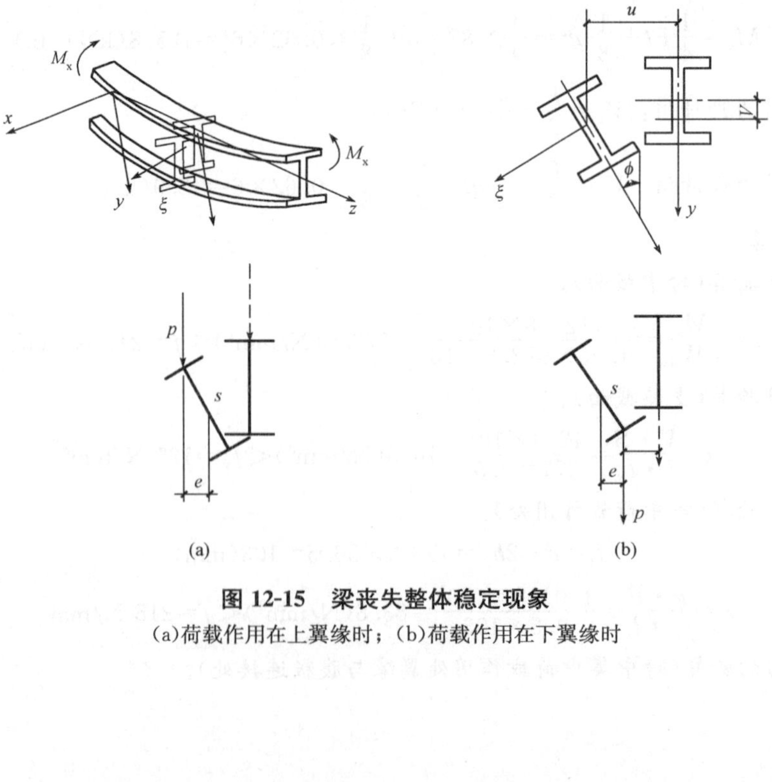

图 12-15　梁丧失整体稳定现象

(a)荷载作用在上翼缘时；(b)荷载作用在下翼缘时

梁整体稳定就是要保证梁在荷载作用下产生的最大正应力不超过丧失稳定时的临界应力。梁整体稳定的临界应力与梁的侧向抗弯刚度、抗扭刚度、荷载沿梁跨分布情况及其在截面上的作用点位置有关，一般梁的抗弯刚度 EI_y、抗扭刚度 GI_t 越大，相应梁的整体稳定临界应力越高；纯弯构件、承受均布荷载的构件以及承受集中荷载的梁的临界应力依次递增；在均布荷载和集中荷载的情况下，荷载作用于上翼缘比作用在下翼缘时，临界应力要小；梁受压翼缘的自由长度 l_1 越大，临界弯矩 M_{cr}越小。最后值得注意的是，设计梁时必须从构造上保证梁的支座及侧向支撑能有效地阻止梁的侧向弯曲和扭转。

2. 梁整体稳定的保证

《钢结构设计规范》(GB 50017—2003)规定，在符合下列情况之一时，梁的整体稳定可以得到保证，可不计算梁的整体稳定性。

(1)有铺板(各种钢筋混凝土板和钢板)密铺在梁的受压翼缘上，并与其牢固相连，能阻止受压翼缘的侧向位移时。

(2)H 型钢或等截面工字形简支梁受压翼缘的自由长度 l_1(梁测向支撑点之间的距离)与其宽 b_1 之比不超过表 12-7 所规定的数值时。

表 12-7　工字形截面简支梁不需计算整体稳定的最大 l_1/b_1 值

钢号	跨中无侧向支撑点的梁		跨中有侧向支撑点的梁不论荷载作用在何处
	荷载作用在上翼缘	荷载作用在下翼缘	
Q235	13.0	20.0	16.0
Q345	10.5	16.5	13.0
Q390	10.0	15.5	12.5
Q420	9.5	15.0	12.0

注：1. 其他钢号的梁不需计算锥体稳定性的最大 l_1/b_1 值，应取 Q235 钢的数值乘以 $\sqrt{235/f_y}$。
2. 梁的支座处，应采取构造措施以防止梁端截面的扭转。
3. 对跨中无侧向支撑点的梁，l_1 为其跨度；对跨中有侧向支撑点的梁，l_1 为受压翼缘侧向支承点间的距离(梁的支座处视为有侧向支撑)。

3. 梁整体稳定的计算

为保证梁不丧失整体稳定，应使最大弯矩截面上的实际应力不超过临界应力。验算梁整体稳定性的公式为

$$\frac{M_{max}}{\varphi_b \cdot W_x} \leqslant f \tag{12-15}$$

式中 φ_b——梁的整体稳定系数；

M_{max}——最大刚度主平面内的最大弯矩；

W_x——梁按受压翼缘确定的毛截面抵抗矩。

整体稳定性系数的确定如下：

(1)轧制普通工字钢简支梁，由于截面几何尺寸有一定的比例关系，可将 φ_b 值按工字钢型号和受压翼缘的自由长度 l_1，从表 12-8 中查得。

上述梁整体稳定的临界应力是按弹性稳定理论确定的，因此，整体稳定系数 φ_b 只适用于梁的弹性工作阶段。而在实际工程结构中，有些梁在失稳时常处于弹塑性工作阶段，因此，应对

φ_b 值加以修正。梁的弹性工作与弹塑性工作的分界点是 $\varphi_b=0.6$，当 $\varphi_b>0.6$ 时，梁进入弹塑性阶段工作，整体稳定临界应力有明显的降低，必须对 φ_b 进行修正。

规范规定应按表 12-9 查出相应的 φ_b' 代替 φ_b。

表 12-8　轧制普通工字钢简支梁的 φ_b 值

项次	荷载情况			工字钢型号	自由长度 l_1/ m								
					2	3	4	5	6	7	8	9	10
1	跨中无侧向支撑点的梁	集中荷载作用处	上翼缘	10～20	2.0	1.3	0.99	0.80	0.68	0.58	0.53	0.48	0.43
				22～32	2.4	1.48	1.09	0.86	0.72	0.62	0.54	0.49	0.45
				36～63	2.8	1.60	1.07	0.83	0.68	0.56	0.50	0.45	0.40
2			下翼缘	10～20	3.1	1.95	1.34	1.01	0.82	0.69	0.63	0.57	0.52
				22～40	5.5	2.80	1.84	1.37	1.07	0.86	0.73	0.64	0.56
				45～63	7.3	3.6	2.30	1.62	1.20	0.96	0.80	0.69	0.60
3		均布荷载作用处	上翼缘	10～20	1.7	1.12	0.84	0.68	0.57	0.50	0.45	0.41	0.37
				22～40	2.1	1.3	0.93	0.73	0.60	0.51	0.45	0.40	0.36
				45～63	2.6	1.45	0.97	0.73	0.59	0.50	0.44	0.38	0.35
4			下翼缘	10～20	2.5	1.55	1.08	0.83	0.68	0.56	0.52	0.47	0.42
				22～40	4.0	2.20	1.45	1.10	0.85	0.70	0.60	0.52	0.46
				45～63	5.6	2.80	1.80	1.25	0.95	0.78	0.65	0.55	0.49
5	跨中有侧向支撑点的梁			10～20	2.2	1.39	1.01	0.79	0.66	0.57	0.56	0.47	0.42
				22～40	3.0	1.80	1.24	0.96	0.76	0.65	0.56	0.49	0.43
				45～63	4.0	2.20	1.38	1.01	0.80	0.66	0.56	0.49	0.43

注：1. 项次 1 和 2 两栏的数值，主要用于少数几个集中荷载位于跨度中间 1/3 范围内的情况，其他情况的集中荷载，应按项次 3 和 4 栏内的数值采用。

2. 表中的 φ_b 适用于 Q235 钢，对其他钢号，表中数值应乘以 $235/f_y$。

表 12-9　整体稳定系数 φ_b 值

φ_b	0.60	0365	0.70	0.75	0.80	0.85	0.90
φ_b'	0.600	0.627	0.653	0.676	0.697	0.715	0.732
φ_b	0.95	1.00	1.05	1.10	1.15	1.2	1.25
φ_b'	0.748	0.762	0.775	0.788	0.799	0.809	0.819
φ_b	1.30	1.35	1.40	1.45	1.5	1.6	1.50
φ_b'	0.828	0.837	0.845	0.852	0.859	0.872	0.894
φ_b	2.00	2.25	2.5	3.00	3.50	≥4.00	
φ_b'	0.919	0.931	0.946	0.970	0.987	1.000	

(2)焊接工字形等截面(图 12-16)简支梁，根据理论推导，其整体稳定系数 φ_b 的计算公式为

$$\varphi_b=\beta_b\frac{4\,320}{\lambda_y^2}\frac{Ah}{W_x}\left[\sqrt{1+\left(\frac{\lambda_y t_1}{4.4h}\right)^2}+\eta_b\right]\frac{235}{f_y} \tag{12-16}$$

式中　A——梁的毛截面面积；

t_1——梁受压翼缘板的厚度；

h——梁截面的全部高度；

f_y——钢材的屈服点，Q235 钢 $f_y=235$ MPa；

λ_y——梁对弱轴 $y-y$ 长细比，$\lambda_y=\frac{l_1}{i_y}$，$i_y$ 为梁的毛截面对 y 轴的回转半径；

W_x——梁按受压纤维确定的毛截面抗矩；

β_b——系数，按表 12-10 采用；

η_b——截面不对称影响系数。

对双轴对称工字形截面[图 12-16(a)]，$\eta_b=0$。

对单轴对称工字形截面：

加强受压翼缘时[图 12-16(b)]，$\eta_b=0.8(2\alpha_b-1)$；

加强受拉翼缘时[见图 12-16(c)]，$\eta_b=(2\alpha_b-1)$；

其中，$\alpha_b=\dfrac{I_1}{I_1+I_2}$；$I_1$ 和 I_2 分别为受压翼缘和受拉翼缘对 y 轴的惯性矩。

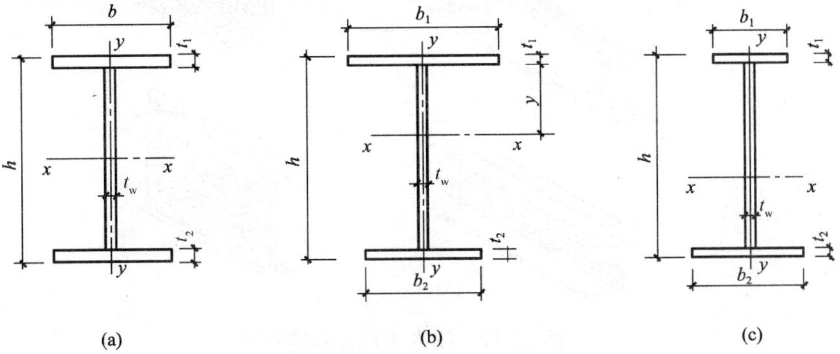

图 12-16 工字形截面

(a)双轴对称截面；(b)单轴对称加强受压翼缘；(c)单轴对称加强受拉翼缘的惯性矩

表 12-10 工字形截面简支梁的系数 β_b

项次	侧向支撑	荷载		$\zeta=l_1t_1/b_1h$		
				$\zeta\leqslant2.0$	$\zeta>2.0$	适用范围
1	跨中无侧向支撑	均布荷载作用	上翼缘	$0.69+0.13\zeta$	0.95	对称截面及上翼缘加强的截面
2			下翼缘	$1.73-0.20\zeta$	1.33	
3		集中荷载作用处	上翼缘	$0.73+0.18\zeta$	1.09	
4			下翼缘	$2.23-0.28\zeta$	1.67	
5	跨度中点有一个侧向支点	均布荷载作用	上翼缘	1.15		对称截面、上翼缘加强及下翼缘加强的截面
6			下翼缘	1.40		
7		集中荷载作用在截面任意处		1.75		
8	跨中有不少于两上等距离侧向支点	任意荷载作用处	上翼缘	1.20		
9			下翼缘	1.40		
10	侧向支点之间无横向荷载			$1.75-1.05(M_2/M_1)+0.3(M_2/M_1)^2$，但$\leqslant2.3$		

注：1. l_1、t_1 和 b_1 分别是受压翼缘的自由长度，厚度和宽度。

2. M_1 和 M_2 为梁的端弯矩，使梁发生单曲率时二者取同号，产生双轴率时取异号 $|M_1|\geqslant|M_2|$。

3. 项次 3、4 和 7 指一个或少数几个集中荷载位于跨中附近，梁的弯矩图接近等腰三角形的情况；其他情况的集中荷载应按项次 1、2、5 和 6 的数值采用。

4. 当 $\alpha_b>0.8$ 时，下列情况的 β_b 值应乘以下系数：①项次 1，当 $\zeta\leqslant1.0$ 时，0.95；②项次 3，当 $\zeta\leqslant0.5$ 时，0.90；当 $0.5\leqslant\zeta\leqslant1.0$ 时，0.95。

四、受弯构件的局部稳定

设计梁的截面时，从使用和经济效果出发，总是希望采用宽而薄的翼缘板和高而薄的腹板。但是，当钢板过薄时，腹板和受压翼缘在还未达到强度和整体稳定性限值之前，就可以发生波浪变形的屈曲(图 12-17)。这种现象称为梁失去局部稳定。梁的翼缘或腹板出现了局部失稳，说明已有局部截面退出工作，这样就可能导致整个梁的提前破坏，设计时必须注意。

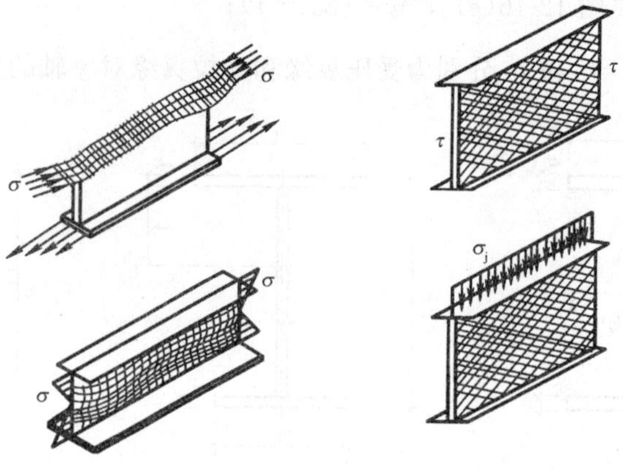

图 12-17　梁丧失局部稳定现象

为了避免出现局部失稳，可以采用以下措施：

(1)限制板件的宽度比或高厚比；

(2)在垂直于钢板平面的方向，设置具有一定刚度的加劲肋，以防止局部失稳。

1. 翼缘板的局部稳定

翼缘板远离截面的形心，强度一般能够得到比较充分的利用，因此，常采用限制宽厚比的办法，来防止翼缘板发生局部屈曲，保证其局部稳定。

工字形与箱形截面翼缘的自由外伸宽度 b_1 与其厚度 t 之比如图 12-18(a)、(b)所示，应满足：

$$\frac{b_1}{t} \leqslant 13\sqrt{\frac{235}{f_y}} \tag{12-17}$$

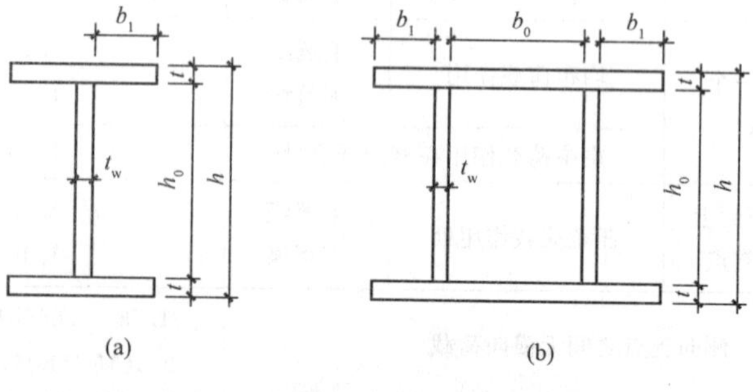

图 12-18　翼缘的外伸宽度与厚度

(a)工字形截面；(b)箱形截面

式(12-17)可以考虑截面发展部分塑性。若为弹性设计，则宽厚比可以放宽为

$$\frac{b_1}{t} \leqslant 15\sqrt{\frac{235}{f_y}} \tag{12-18}$$

箱形截面梁两腹板中间受压翼缘板保证局部稳定的条件为

$$\frac{b_0}{t}\leqslant 40\sqrt{\frac{235}{f_y}} \tag{12-19}$$

2. 腹板的局部稳定

梁的腹板以承受剪力为主，按抗剪所需的厚度一般较小，如果采用加厚腹板或降低梁高的办法来保证局部稳定，显然是不经济的。因此，组合梁的腹板主要通过配置加劲肋的办法来防止局部失稳。

加劲肋有横向、纵向、短加劲肋和支撑加劲肋几种，如图 12-19 所示，与梁跨度方向垂直的叫作横向加劲肋，主要是用来防止因剪切使腹板产生的屈曲；在梁的受压区，顺梁跨度方向设置的叫作纵向加劲肋，主要是用来防止因弯曲而使腹板产生的屈曲。

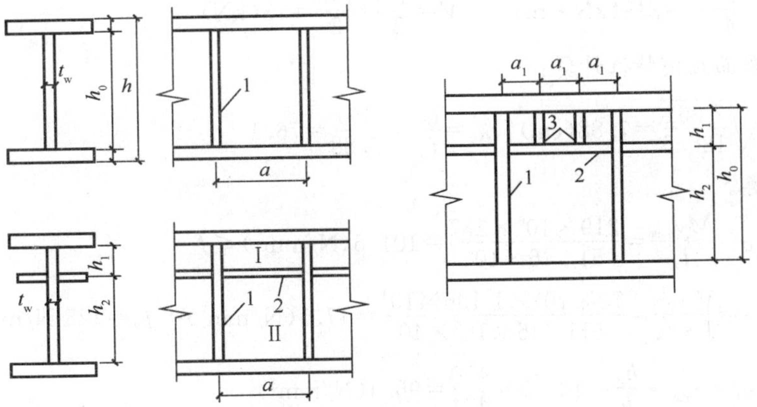

图 12-19　加劲肋的布置

腹板加劲肋的配置规定如下：

(1)当$\frac{h_0}{t_w}\leqslant 80\sqrt{\frac{235}{f_y}}$时，对无局部压应力($\sigma_c=0$)的梁，可不配置加劲肋；对有局部压应力($\sigma\neq 0$)的梁，宜按构造配置横向加劲肋，其间距不大于 $2h_0$(图 12-19)。

(2)当$\frac{h_0}{t_w}\leqslant 80\sqrt{\frac{235}{f_y}}$时，应配置横向加劲肋，其中，当$\frac{h_0}{t_w}>170\sqrt{\frac{235}{f_y}}$(对受压翼缘扭转受到约束，如连有刚性铺板、制动板或焊有钢轨时)或当$\frac{h_0}{t_w}>150\sqrt{\frac{235}{f_y}}$(对受压翼缘扭转受到约束时，或按计算需要时，应在弯曲应力较大区格的受压区增加配置纵向加劲肋。局部压应力很大的梁，必要时还应在受压区配置短加劲肋。

(3)梁的支座处和上翼缘受有较大固定集中荷载处，宜设置支撑加劲肋。

另外，在任何情况下，腹板的高厚比值均不宜超过 $250\sqrt{\frac{235}{f_y}}$。

【例 12-5】 如图 12-20 所示，一焊接组合截面钢梁，截面尺寸如图 12-20 所示，钢材为 Q235。梁的两端简支，跨度为 6 m，跨中受一集中荷载作用，荷载标准值为：恒载 40 kN，活载 70 kN(静力荷载)。试对梁的抗弯强度、抗剪强度、折算应力、整体稳定性进行验算。已知：$A=126.6\ \text{cm}^2$；$I_x=51\ 146\ \text{cm}^4$；$I_y=7\ 861\ \text{cm}^4$；$W_x=2\ 158\ \text{cm}^3$；$S_x=1\ 196\ \text{cm}^3$；$S_{x1}=942\ \text{cm}^3$。

提示：计算中不考虑局部压应力，部分公式及参数如下：

$$\varphi_b=\beta_b\frac{4\ 320Ah}{\lambda_y^2 W_x}\left[\sqrt{1+\left(\frac{\lambda_y t_1}{4.4h}\right)^2}+\eta_b\right]\frac{235}{f_y}；\beta_b=0.81。$$

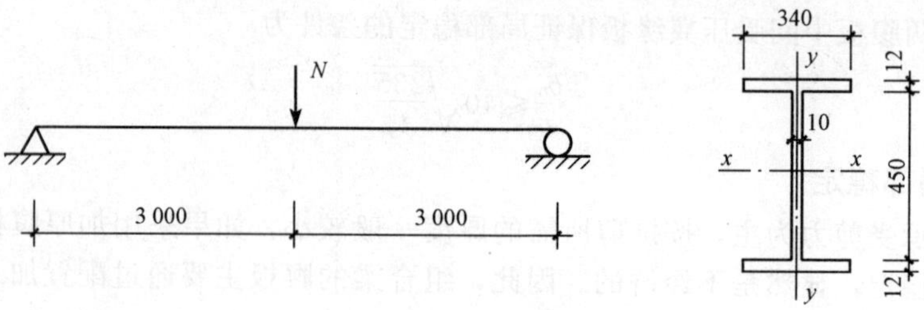

图 12-20　例 12-5 图

【解】 荷载设计值计算：$P=1.2\times40+1.4\times70=146(\text{kN})$

$M=\dfrac{PL}{4}=\dfrac{146\times6}{4}=219(\text{kN}\cdot\text{m})$　　$V=\dfrac{P}{2}=\dfrac{146}{2}=73(\text{kN})$

(1)构件的截面几何特性计算：

$i_x=\sqrt{\dfrac{I_y}{A}}=\sqrt{\dfrac{7\ 861}{126.6}}=7.88(\text{cm})$，$\lambda_y=\dfrac{l_{0y}}{i_y}=\dfrac{600}{7.88}=76.1$

(2)强度验算。

抗弯强度：$\sigma=\dfrac{My_{\max}}{I_x}=\dfrac{219\times10^6\times237}{51\ 146\times10^4}=101.5(\text{N/mm}^2)<f$

抗剪强度：$\tau=\dfrac{V\cdot S}{I\cdot t_w}=\dfrac{73\times10^3\times1\ 196\times10^3}{511\ 446\times10^4\times10}=17.1(\text{N/mm}^2)<f_v=125\ \text{N/mm}^2$

折算应力：$\sigma_1=\sigma_{\max}\cdot\dfrac{h_0}{h}=101.5\times\dfrac{450}{474}=96.4(\text{N/mm}^2)$

$\tau_1=\dfrac{V\cdot S_{x1}}{I\cdot t_w}=\dfrac{73\times10^3\times942\times10^3}{511\ 446\times10^4\times10}=13.4(\text{N/mm}^2)$

$\sqrt{\sigma_1^2+3\tau_1^2}=\sqrt{96.4^2+3\times13.4^2}=99.2\ \text{N/mm}^2<1.1f$

(3)整体稳定验算。

因 $l/b=600/34=17.6>13$，故需要验算整体稳定性。

$$\varphi_b=\beta_b\frac{4\ 320Ah}{\lambda_y^2W_x}\left[\sqrt{1+\left(\frac{\lambda_yt_1}{4.4h}\right)^2}+\eta_b\right]\frac{235}{f_y}$$

$$=0.81\times\frac{4\ 320}{76.1^2}\times\frac{126.6\times47.4}{2\ 158}\left[\sqrt{1+\left(\frac{76.1\times1.2}{4.4\times47.4}\right)^2}+0\right]\times1$$

$$=1.834>0.6$$

查表 12-9 得 $\varphi_b'=0.916<1$

$\dfrac{M}{\varphi_b'W_x}=\dfrac{219\times10^6}{0.916\times2\ 158\times10^3}=110.8(\text{N/mm}^2)<f$

第三节　受弯构件

一、拉弯和压弯构件概述

同时承受轴向力和弯矩的构件称为压弯(或拉弯)构件，如图 12-21、图 12-22 所示。弯矩可能由轴向力的偏心、端弯矩或横向荷载作用等三种因素形成。

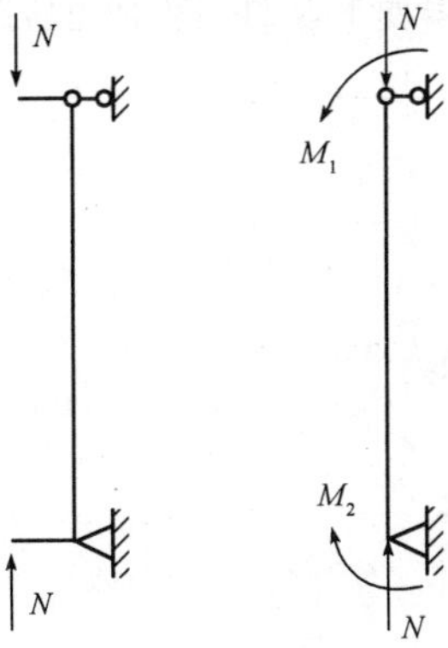

图 12-21　拉弯构件

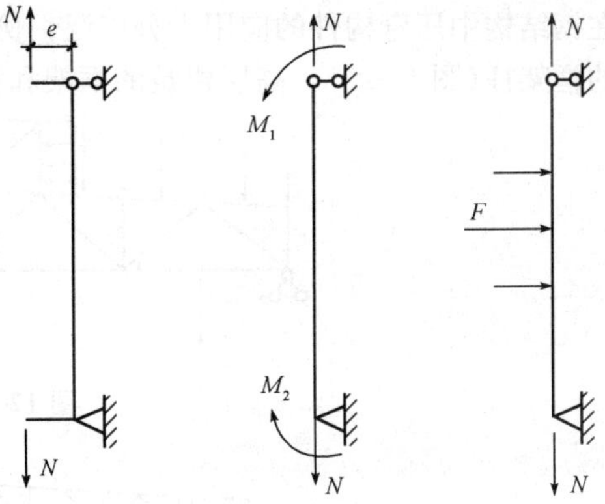

图 12-22　压弯构件

1. 拉弯构件

对于拉弯构件，如果所承受的弯矩较小，而承受轴心拉力较大时，其截面形式和一般的轴心拉杆是一样的。但当拉弯构件承受的弯矩很大时，应采用在弯矩作用平面内有较大抗弯刚度的截面。

在钢结构中拉弯构件的应用较少，钢屋架中下弦杆一般属于轴心拉杆，但在下弦杆的节点间作用有横向荷载时就属于拉弯构件。

2. 压弯构件

对于压弯构件，如果承受的弯矩很小，而轴心压力却很大时，其截面形式和一般轴心受压构件相同。但当构件承受的弯矩相对很大时，可采用截面高度较大的双轴对称截面。而当只有一个方向弯矩较大时，可采用如图 12-23(a)所示的单轴对称截面，使弯矩绕强轴(x 轴)作用，并使较大的翼缘位于受压一侧。此外，压弯构件也可以采用由型钢和缀材组成的格构柱，如图 12-23(b)所示。以便充分利用材料，获得较好的经济效果。

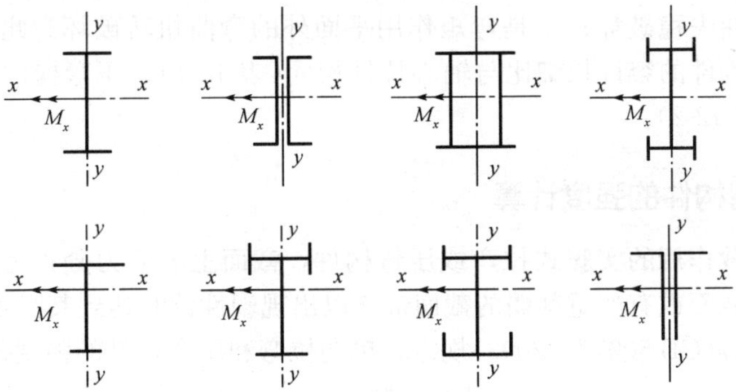

(a)

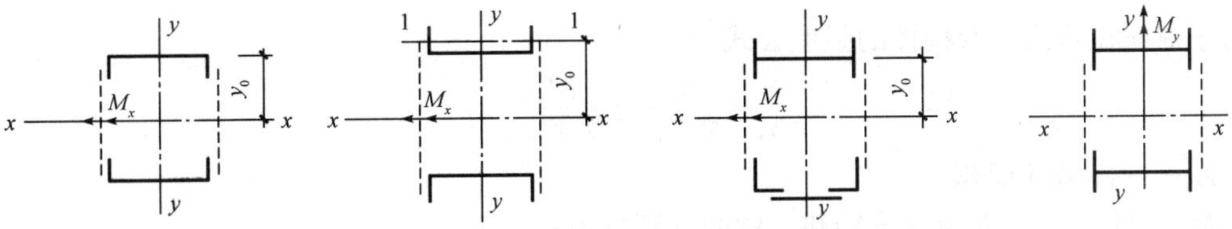

(b)

图 12-23　压弯构件截面形式

在钢结构中压弯构件的应用十分广泛，例如，有节间荷载作用的屋架上弦杆(图 12-24)以及厂房的框架柱(图 12-25)，高层建筑的框架和海洋平台上的立柱等。

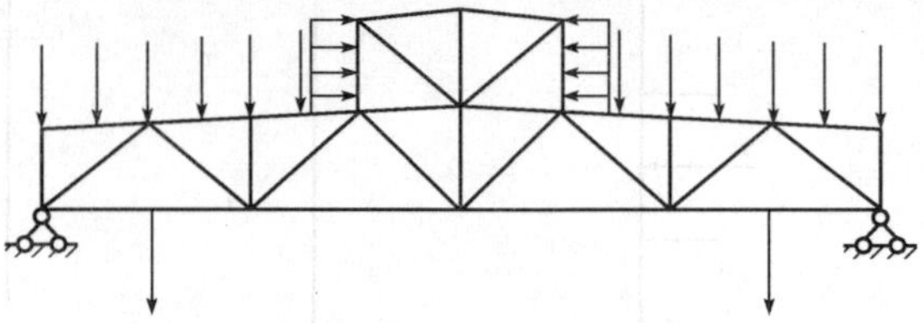

图 12-24　钢屋架

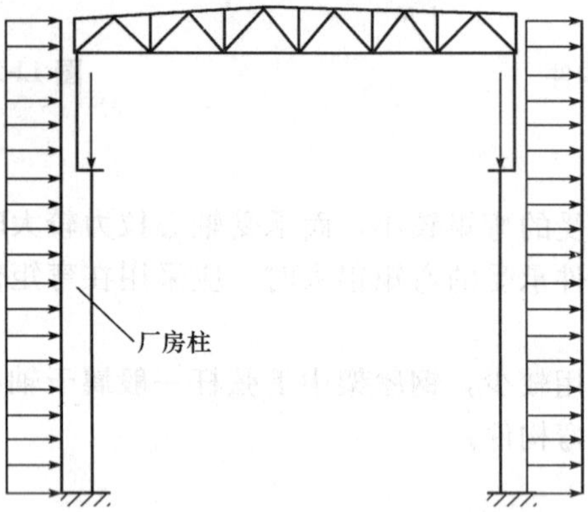

图 12-25　单层厂房框架柱

与轴心受力构件一样，拉弯构件和压弯构件除应满足承载力极限状态要求外，还应满足正常使用极限状态要求，拉弯构件需要计算其强度和刚度(限制长细比)；对压弯构件，则存在局部失稳和三种整体破坏形式：一是当杆端弯矩很大或截面局部有严重削弱时的强度破坏；二是弯矩作用平面内的弯曲失稳破坏；三是弯矩作用平面外的弯曲扭转破坏。此外，还需计算刚度(限制长细比)。拉弯构件的容许长细比与轴心拉杆相同(表 12-1)；压弯构件的容许长细比与轴心受压构件的相同(表 12-2)。

二、拉弯和压弯构件的强度计算

对于承受静力荷载作用的实腹式拉弯或压弯构件，截面上的应力分布是不均匀的，其最不利截面，即最大弯矩截面或有严重削弱的截面最终以出现塑性铰时达到其强度极限状态而破坏。

《钢结构设计规范》(GB 50017—2003)规定，单向拉弯和压弯构件的强度公式为

$$\frac{N}{A_n}\pm\frac{M_x}{\gamma_x W_{nx}}\leqslant f \tag{12-20}$$

对于双向拉弯或压弯构件的强度公式为

$$\frac{N}{A_n}\pm\frac{M_x}{\gamma_x W_{nx}}\pm\frac{M_y}{\gamma_y W_{ny}}\leqslant f \tag{12-21}$$

式中　A_n——净截面面积；

M_x、M_y——分别为对 x 轴和 y 轴的计算弯矩；

W_{nx}、W_{ny}——分别为对 x 轴和 y 轴的净截面抵抗矩，取值应与正负弯曲应力相适应；

γ_x、γ_y——截面塑性发展系数，按表 12-5 采用。

对于直接承受动力荷载作用且需计算疲劳的实腹式拉弯或压弯构件或格构式拉弯、压弯构

件，当弯矩绕虚轴作用时，由于不宜考虑截面发展塑性，因此，《钢结构设计规范》(GB 50017—2003)规定以截面边缘纤维屈服的弹性工作状态作为强度承载能力的极限状态。即式(12-20)和式(12-21)中截面塑性发展系数 $\gamma_x=\gamma_y=1.0$。

在确定 γ 值时，为了保证压弯构件受压翼缘在截面发展塑性时不发生局部失稳，对压应力较大翼缘的自由外伸宽度 b_1 与其厚度 t 之间应偏严限制，即应使 $b_1/t\leqslant 13\sqrt{235/f_y}$。当 $15\sqrt{235/f_y}\geqslant b_1/t>13\sqrt{235/f_y}$ 时，不应考虑塑性发展，$\gamma_x=1.0$。

三、拉弯和压弯构件的刚度计算

拉弯、压弯构件的刚度也是以长细比 λ 来控制。根据《钢结构设计规范》(GB 50017—2003)的规定：

$$\lambda_{max}\leqslant[\lambda] \tag{12-22}$$

式中 $[\lambda]$——容许长细比，见表 12-1、表 12-2。

四、实腹式压弯构件的整体稳定计算

压弯构件的截面尺寸通常由稳定承载力确定。对于双轴对称截面一般将弯矩绕强轴作用，而单轴对称截面则将弯矩作用在对称轴平面内，故构件可能在弯矩作用平面内弯曲屈曲。但因构件在垂直于弯矩作用平面的刚度较小，所以，也可能因侧向弯曲和扭转使构件产生弯扭屈曲，即通称的弯矩作用平面外失稳。因此，对压弯构件须分别对其他两个方向的稳定进行计算。

1. 实腹式压弯构件在弯矩作用平面内的稳定性

《钢结构设计规范》(GB 50017—2003)规定，实腹式压弯构件在弯矩平面内稳定性的计算公式为

$$\frac{N}{\varphi_x A}+\frac{\beta_{mx}M_x}{\gamma_{1x}W_{1x}\left(1-0.8\dfrac{N}{N'_{Ex}}\right)}\leqslant f \tag{12-23}$$

式中 N——压弯构件的轴心压力设计值；

φ_x——在弯矩作用平面内，不计弯矩作用时，轴心受压构件的稳定系数；

A——构件截面面积；

M_x——所计算构件段范围内的最大弯矩设计值；

N'_{Ex}——参数，$N'_{Ex}=\dfrac{\pi^2EA}{1.1\lambda_x^2}$；

W_{1x}——弯矩作用平面内较大受压纤维的毛截面模量；

γ_{1x}——与 W_{1x} 相应的截面塑性发展系数，按表 12-5 选用；

β_{mx}——弯矩作用平面内等效弯矩系数，《钢结构设计规范》(GB 50017—2003)规定，按下列情况取值。

(1)框架柱和两端有支撑的构件。

1)无横向荷载作用时：$\beta_{mx}=0.65+0.35M_2/M_1$，$M_1$ 和 M_2 为端弯矩，使构件产生同向曲率(无反弯点)时取同号，使构件产生反向曲率(有反弯点)时取异号，$[M_1]\geqslant[M_2]$；

2)有端弯矩和横向荷载同时作用时：使构件产生同向曲率时，$\beta_{mx}=1.0$；使构件产生反向曲率时，$\beta_{mx}=0.85$；

3)无端弯矩但有横向荷载作用时：$\beta_{mx}=1.0$。

(2)悬臂构件和分析内力未考虑二阶效应的无支撑纯框架和弱支撑框架柱，$\beta_{mx}=1.0$。

2. 实腹式压弯构件在弯矩作用平面外的稳定性

《钢结构设计规范》(GB 50017—2003)规定，实腹式压弯构件在弯矩平面外稳定性的计算公式为

$$\frac{N}{\varphi_y A}+\eta\frac{\beta_{tx}M_x}{\varphi_b W_{1x}}\leqslant f \tag{12-24}$$

式中 M_x——所计算构件范围内(构件侧向支撑点之间)的最大弯矩设计值；

φ_y——弯矩作用平面外的轴心受压构件的稳定系数；

η——截面影响系数，闭口(箱形)截面 $\eta=0.7$，其他截面 $\eta=1.0$；

φ_b——均匀弯曲的受弯构件整体稳定系数，可按表 12-8、表 12-9 选用或按式(12-16)计算；

β_{tx}——弯矩作用平面外等效弯矩系数，应根据下列规定采用：

(1)在弯矩作用平面外有支撑的构件，应根据两相邻支撑点之间构件段内的荷载和内力情况确定：

1)所考虑构件段无横向荷载作用时：$\beta_{tx}=0.65+0.35M_2/M_1$，$M_1$ 和 M_2 是弯矩作用平面内的端弯矩，使构件产生同向曲率(无反弯点)时取同号，使构件产生反向曲率(有反弯点)时取异号，$[M_1]\geqslant[M_2]$；

2)所考虑构件段内有端弯矩和横向荷载同时作用时：使构件产生同向曲率时，$\beta_{tx}=1.0$；使构件产生反向曲率时，$\beta_{tx}=0.85$；

3)所考虑构件段内无端弯矩但有横向荷载作用时：$\beta_{tx}=1.0$。

(2)变矩作用平面外为悬臂的构件：$\beta_{tx}=1.0$。

五、实腹式压弯构件的局部稳定

实腹式压弯构件常用工字形、箱形和 T 形截面，这些截面由较宽且较薄的板件组成时，也可能会丧失局部稳定。因此，设计应满足其局部稳定。实腹式压弯构件的局部稳定与轴心受压构件和受弯构件一样，也是以受压翼缘和腹板宽厚比限值来保证的。

第四节　钢结构构件构造

一、梁与梁的连接构造

1. 梁的拼接

梁的拼接有工厂拼接和工地拼接两种。由于钢材尺寸的限制，必须将钢材接长或拼大，这种拼接常在工厂中进行，称为工厂拼接。由于运输或安装条件的限制，梁必须分段运输，然后在工地拼装连接，称为工地拼接。

(1)型钢梁的拼接。当型钢梁的跨度超过型材供应长度，或者为了利用短材时，可进行并拼接。但接头不应做在最大弯矩截面处，通常设在离支座(1/3～1/4)l 的位置，同时，按该截面所在位置的弯矩和剪力来设计。

型钢梁的拼接常在同一截面采用对接直焊缝相连。当直焊缝不能满足抗拉设计强度时，受拉翼缘的拼接应采用斜焊缝，其他采用直焊缝。如果安装时有可能把上、下翼缘弄颠倒时，则上、下翼缘都宜采用斜焊缝(图 12-26)。

(2)组合梁的拼接。由于钢材尺寸限制，翼缘和腹板不能用整块钢板做成时，可在工厂拼

接。若梁的跨度较大，不便于运输时，梁需要分段制造，运至工地后再进行拼接。

梁在工厂拼接时，翼缘和腹板的拼接位置常由钢材的尺寸来确定。但翼缘与腹板的拼接位置最好错开。同时，腹板的拼接焊缝与横向加劲肋之间的距离不小于 $10t_w$(图 12-27)。

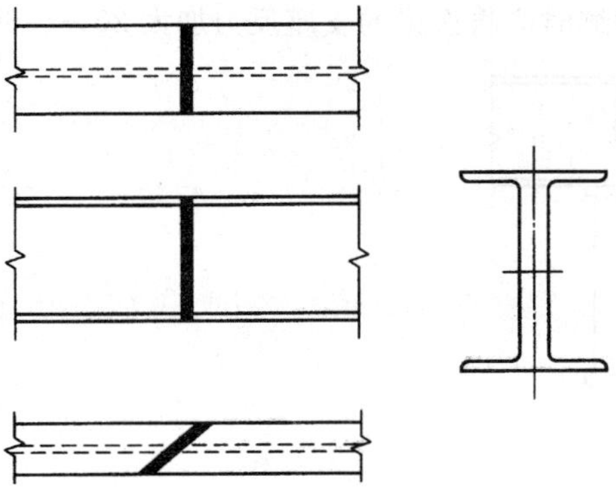

图 12-26　型钢梁用对接焊缝拼接

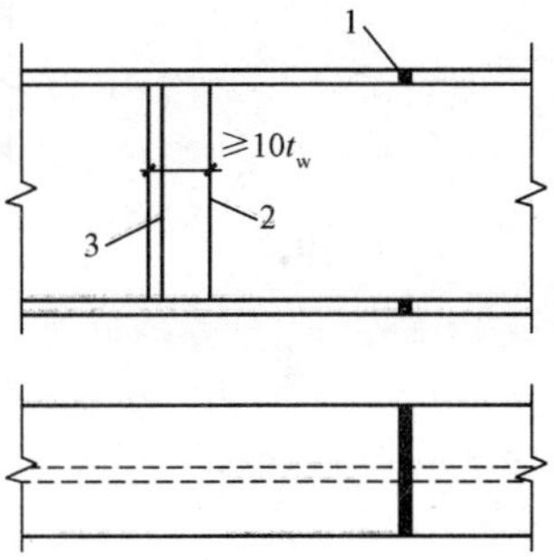

图 12-27　焊接梁的工厂拼接

1—翼缘对接焊缝；2—腹板对接焊缝；3—加劲肋

腹板及翼缘一般采用对接直焊缝。对接焊缝施焊时应加引弧板，并采用一级或二级焊缝。

梁在工地拼接时，拼接位置可由安装及运输条件确定。翼缘和腹板常在同一截面处断开(图 12-28)，以便于分段运输。接头应布置在内力较小的位置。采用工地对接焊缝时，其坡口形式宜采用开口向上的 V 形，以便俯焊。在工厂焊接时，可将腹板和翼缘的连接焊缝在端部预留出 500 mm 左右，使工地焊缝收缩比较自由。同时，在工地焊接时，还应考虑施焊的顺序，如图 12-28(a)所示，这样可以减少焊接残余应力。有时将翼缘和腹板略为错开一些，如图 12-28(b)所示，这样受力情况较好，但这个单元突出部分应特别保护，以免碰损。

对于较重要或承受动力荷载作用的大型组合梁，考虑到现场施焊条件较差，焊缝质量不宜保证，其工地拼接宜采用高强度螺栓连接，如图 12-28(c)所示。

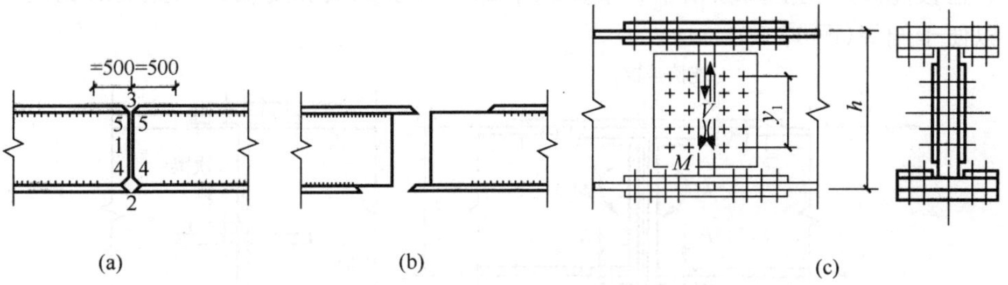

图 12-28　焊接梁的工地拼接

(a)施焊顺序；(b)端部预留；(c)高强度螺栓连接

2. 次梁与主梁的连接

次梁与主梁的连接形式有叠接和平接两种。铰接和刚接是次梁与主梁连接的两种方式。一般情况下，次梁与主梁连接常用铰接。但对于连续梁或多层框架，则要用刚接。

铰接按其构造情况可分为叠接和平接两种(图 12-29)。叠接就是把次梁直接放在主梁上面。用焊缝或螺栓使之固定。这种连接方法，其优点是构造简单，缺点是结构高度大，使用上常受空间尺寸的限制。平接就是次梁与主梁的顶面平齐，也可以略高于或略低于主梁顶面。因此，结构高度较小。当次梁受力较小时，次梁与主梁可以直接用螺栓和安装焊缝连接。当次梁受力较大时，也可借助于短角钢进行连接。每一种连接构造都要将次梁支座的压力传给主梁，实质上这些支座压力就是梁的剪力。而腹板的主要作用是抗剪，所以，应将次梁的腹板连于主梁的腹板上，或连于与主梁腹板相连的铅垂方向抗剪刚度较大的加劲肋上或支托的竖直板上。为方便连接，次梁端部上翼缘或下翼缘应切去一小部分。考虑到这种连接并不是真正的铰接，连接处会有一定的弯矩作用。因此，在计算螺栓数量及焊缝时应将次梁的支座反力加大 20%～30%。

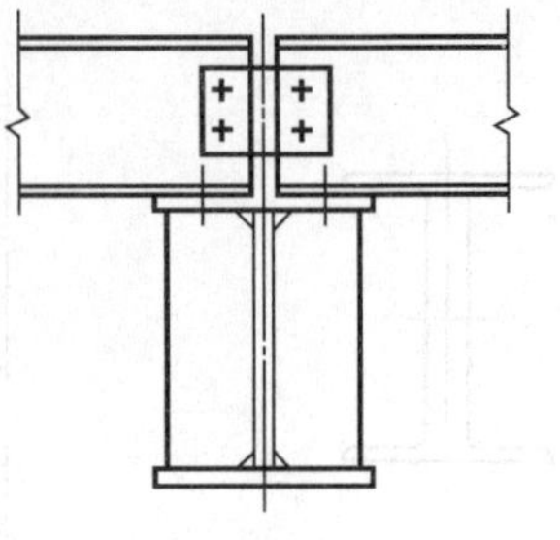
(a)

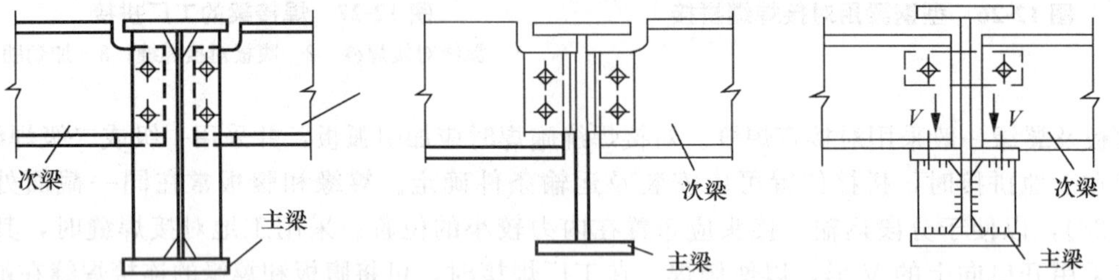

(b)

图 12-29　次梁与主梁铰接连接

(a)主梁与次梁的铰接(叠接)；(b)主梁与次梁的铰接(平接)

次梁与主梁采用刚接，是为了承担次梁端部的弯矩。其连接形式主要是在次梁上翼缘设置连接盖板，盖板宽度应比上翼缘稍窄，下翼缘下部设有承托板和肋板，承托板的宽度应比下翼缘稍宽，以便于俯焊(图 12-30)。

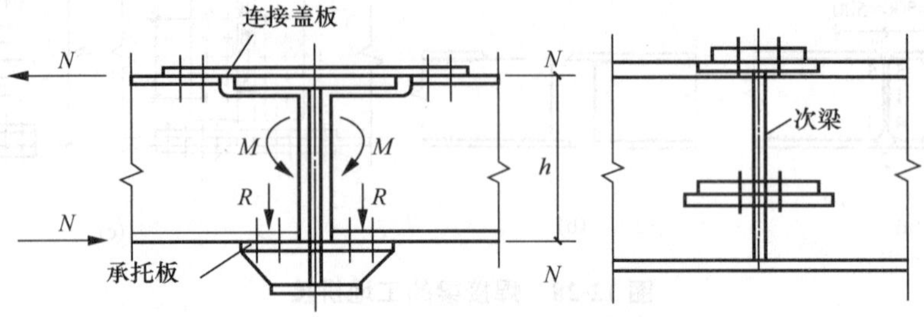

图 12-30　次梁与主梁刚接连接

3. 梁与梁连接的其他构造要求

(1)铆接(或高强度螺栓摩擦型连接)梁的翼缘板不宜超过三层，翼缘角钢面积不宜少于整个翼缘面积的 30%，当采用最大型号的角钢仍不能符合此要求时，可加设腋板(图 12-31)。此时，角钢与腋板面积之和不应少于翼缘总面积的 30%。当翼缘板不沿梁通长设置时，理论截断点处外伸长度内的铆钉(或摩擦型连接的高强度螺栓)数目，应按该板 1/2 净截面面积的抗拉、抗压承载力进行计算。

(2)为了减小焊接应力，避免焊缝的过分集中，横向加劲肋的端部应切去宽约 $b_s/3$(但不小于 40 mm)，高约 $b_s/2$(但不大于 60 mm)的斜角(图 12-32)，以使梁的翼缘焊缝连续通过。在纵向和横向加劲肋相交处，应将纵向加劲肋两端切去相应的斜角，从而使横向加劲肋与腹板连接的焊缝连续通过。

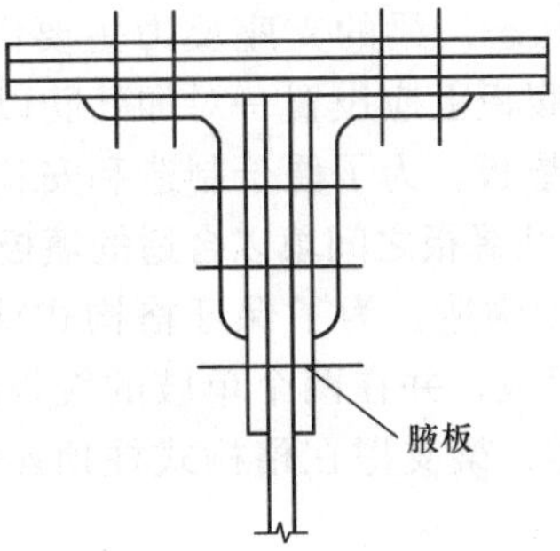

图 12-31 铆接(或高强度螺栓摩擦型连接)梁的翼缘截面

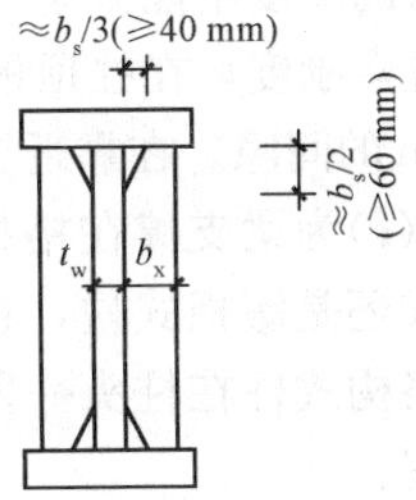

图 12-32 加劲肋的切角

(3)梁的端部支撑加劲肋的下端，按端面承压强度设计值进行计算时，应刨平顶紧，其中凸缘加劲板的伸出长度不得大于其厚度的 2 倍，如图 12-33 所示。

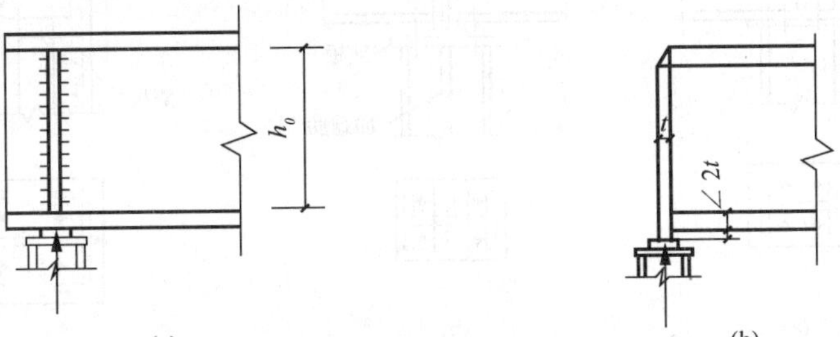

(a) (b)

图 12-33 梁的支承加劲肋

二、柱及主要节点的构造

(1)框架的格构式柱宜采用缀条柱。

(2)格构式柱和大型实腹式柱，在受有较大水平力处和运送单元的端部应设置横隔，横隔的间距不得大于柱截面长边尺寸的 9 倍和 8 m。横隔可用钢板或交叉角钢做成，如图 12-34 所示。

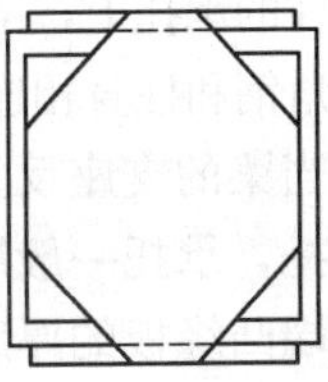

图 12-34 柱的横隔

(3)柱与梁的连接形式和构造。柱与梁的连接节点分为铰接和刚接两大类。按梁端弯矩与梁柱曲线相对转角之间的关系，确定梁与柱连接节点的类型。当梁与柱的连接节点只能传递理想刚性连接弯矩的 20%以下时，即可认为是铰接连接。当梁与柱的连接节点能够承受理想刚性连接弯矩的 90%以上时，即可认为是刚性连接。

1)柱与梁的铰接连接。轴心受压柱主要承受由梁传来的荷载，与梁的连接一般均用铰接。铰接一般有两种方案，一种是梁支撑于柱顶，另一种是梁连接于柱的侧面。

①梁支撑于柱顶的铰接连接。如图 12-35 所示为梁支承在柱顶的铰接构造。梁的支座反力通过柱顶板传给柱身，顶板与柱身采用焊缝连接。每个梁端与柱采用螺栓连接，使其位置固定在柱顶板上。顶板厚度一般取 16～20 mm。

在图 12-35(a)中，梁端加劲肋对准柱的翼缘板，使梁的支座支力通过梁端加劲肋直接传给柱的翼缘。这种连接形式构造简单、施工方便，适用于相邻梁的支座反力相等或差值较小的情况。两相邻梁在调整、安装就位后，用连接板和螺栓在靠近梁下翼缘处连接起来。

在图 12-35(b)中，梁端采用凸缘支座，凸缘板底部刨平(或铣平)，与柱顶板直接顶紧，梁的支座反力通过凸缘板作用在柱身的轴线附近。这种连接即使两相邻梁支座反力不相等时，对柱所产生的偏心弯矩也很小，柱仍接近轴心受压状态。梁的支座反力主要由柱的腹板来承受，所以，柱腹板的厚度不能太薄。在柱顶板之下的柱腹板上应设置一对加劲肋以加强腹板。为了加强柱顶板的抗弯刚度，在柱顶板中心部位加焊一块垫板。为了便于制造和安装，两相邻梁之间预留 10～20 mm 的间隙。在靠近梁下翼缘处的梁支座凸缘板之间填以合适的填板，并用螺栓相连。

图 12-35(c)为梁支撑在格构式柱顶的铰接连接构造。为了保证格构式柱两单肢受力均匀，不论是缀条式还是缀板式柱，在柱顶处应设置端缀板，并在两个单肢的腹板内侧中央处设置竖向隔板，使格构式柱在柱头一段变为实腹式。这样，梁支撑在格构式柱顶连接构造可与实腹式柱的同样处理。

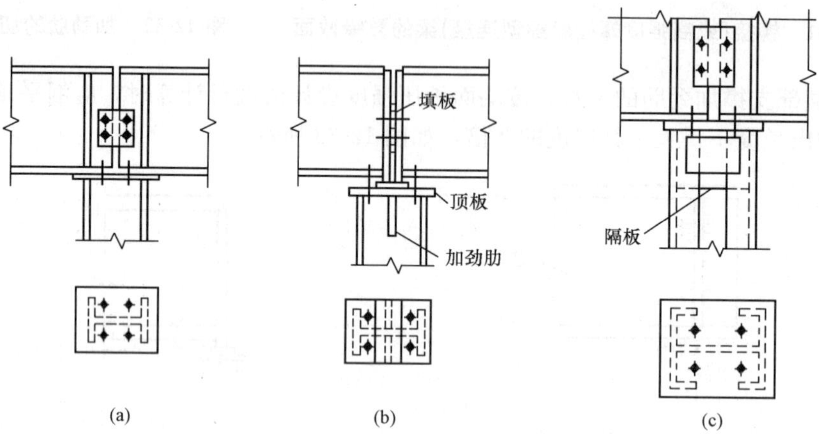

图 12-35　梁支承于柱顶的铰接连接

②梁支撑于柱侧面的铰接连接。梁连接在柱的侧面上，在柱侧面设置承托，以支承梁的支座反力，其铰接构造如图 12-36 所示。

当梁的支座反力不大时，可采用如图 12-36(a)所示的连接构造。梁端可不设支撑加劲肋，直接放在柱的承托上，用普通螺栓固定其位置。梁端与柱侧面预留一定间隙，在梁腹板靠近上翼缘处设一短角钢和柱身相连，以防止梁端向平面外方向产生偏移。这种连接形式比较简单、施工方便。

当梁的支座反力较大时，可采用如图 12-36(b)所示的连接构造。梁的支座反力由凸缘板传给承托，承托一般用厚钢板制作，有时为了安装方便，也可采用加劲后的角钢。承托的厚度应比梁端凸缘板的厚度大 10～12 mm，承托的宽度应比梁端凸缘板的宽度大 10 mm。承托与柱侧面用焊缝相连。承托的顶面应刨平，与梁端凸缘板顶紧并以局部承压传力。为了便于安装，梁端与柱侧面应预留 5～10 mm 的间隙，安装时加填板并设置构造螺栓，以固定梁的位置。

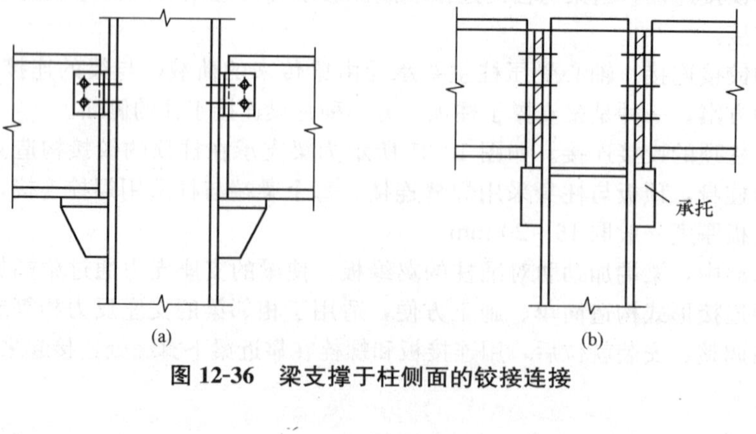

图 12-36　梁支撑于柱侧面的铰接连接

2)梁与柱的刚性连接。框架梁与柱的连接节点做成刚性连接，可以增强框架的抗侧移刚度，减小框架横梁的跨中弯矩。在多、高层框架中梁与柱的连接节点一般都是采用刚性连接。梁与柱节点的刚性连接就是要保证将梁端的弯矩和剪力可以有效地传给柱子。图 12-37 是梁与柱的刚性连接构造图。

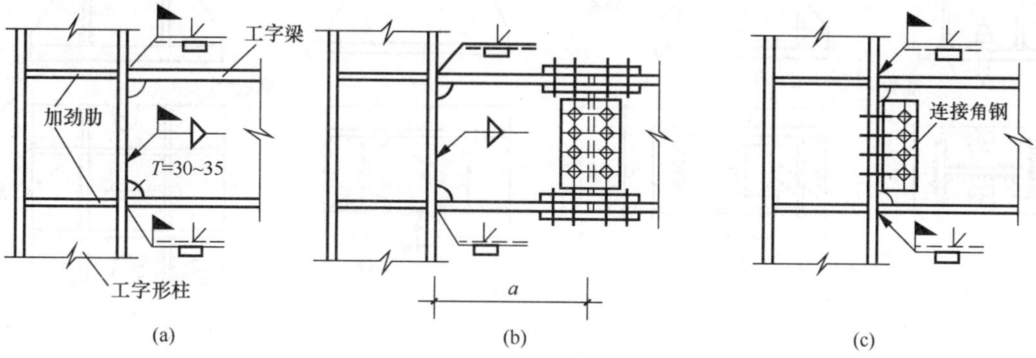

图 12-37　梁与柱的刚性连接

图 12-37(a)所示为多层框架工字形梁和工字形柱全焊接刚性连接。梁翼缘与柱翼缘采用坡口对接焊缝连接。为了便于梁翼缘处坡口焊缝的施焊和设置衬板，在梁腹板两端上、下角处各开 $r=30\sim35$ mm 的半圆孔。梁翼缘焊缝承受由梁端弯矩产生的拉力和压力；梁腹板与柱翼缘采用角焊缝连接以传递梁端剪力。这种全焊接节点的优点是省工省料，其缺点是梁需要现场定位、工地高空施焊，不便于施工。为了消除上述缺点，可以将框架横梁做成两段，并把短梁段在工厂制造时先焊在柱子上，如图 12-37(b)所示，在施工现场再采用高强度螺栓摩擦型连接将横梁的中间段拼接起来。框架横梁拼接处的内力比梁端处小，因而有利于高强度螺栓连接的设计。图 12-37(c)为梁腹板与柱翼缘采用连接角钢和高强度螺栓连接，并利用高强度螺栓兼作安装螺栓。横梁安装就位后再将梁的上、下翼缘与柱的翼缘用坡口对接焊缝连接。这种节点连接包括高强度螺栓和焊缝两种连接件，要求它们联合或分别承受梁端的弯矩和剪力，常称为混合连接。

(4)柱脚的形式与构造。柱脚的作用是将柱的下端固定于基础，并将柱身所受的内力传给基础。基础一般由钢筋混凝土做成，其强度远比钢材低。为此，需要将柱身的底端放大，以增加其与基础顶部的接触面积，使接触面上的压应力小于或等于基础混凝土的抗压强度设计值。柱脚按其与基础的连接方式不同，可分为铰接和刚接两种形式。铰接柱脚只传递轴心压力和剪力，刚接柱脚除传递轴心压力和剪力外，还要传递弯矩。

1)铰接柱脚。图 12-38 所示是几种常用的铰接柱脚形式，主要用于轴心受压柱。图 12-38(a)在柱子下端直接与底板焊接。柱子压力由焊缝传给底板，由底板扩散并传给基础。由于底板在各方向均为悬臂，在基础反力作用下，底板抗弯刚度较弱。所以，这种柱脚形式只适用于柱子轴力较小的情况。

当柱子轴力较大时，通常采用图 12-38(b)、(c)、(d)所示的柱脚形式。在柱子底板上设置靴梁、隔板和肋板，底板被分隔成若干小的区格。底板上的靴梁、隔板和肋板相当于这些小区格板块的边界支座，改变了底板的支撑条件。在基础反力作用下，底板的最大弯矩值变小了。柱子轴力通过竖向角焊缝传给靴梁，靴梁再通过水平角焊缝传给底板。图 12-38(b)中，靴梁焊在柱翼缘的两侧，在靴梁之间设置隔板，以增加靴梁的侧向刚度；同时，底板被进一步分成更小的区格，底板中的弯矩也因此而减小。图 12-38(c)是格构柱仅采用靴梁的柱脚形式。图 12-38(d)在靴梁外侧设置肋板，使柱子轴力向两个方向扩散，通常在柱的一个方向采用靴梁，另一方向设置肋板，底板宜做成正方形或接近正方形。此外，在设计柱脚中的连接焊缝时，要考虑施焊的方便与可能性。

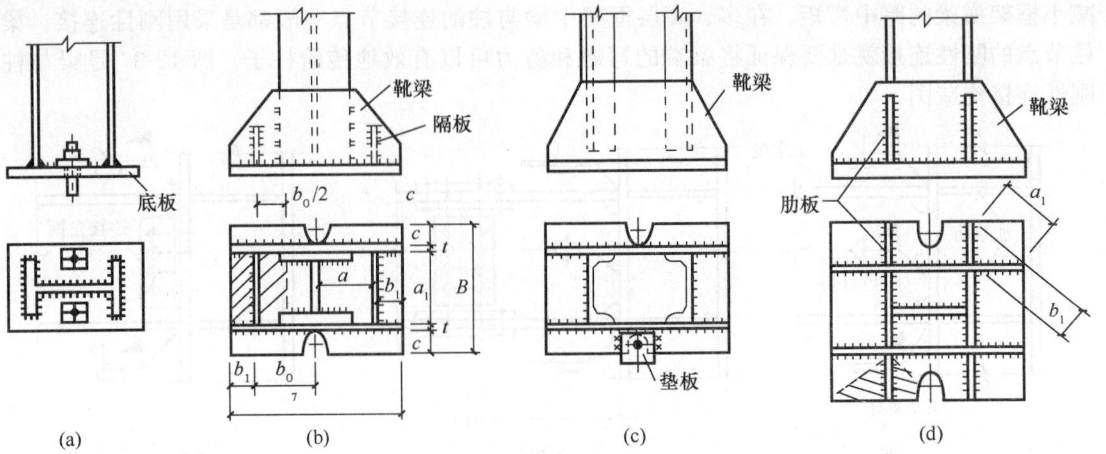

图 12-38　铰接柱脚

2)刚接柱脚。图 12-39 是常用的刚接柱脚形式，主要用于框架柱(压弯构件)。图 12-39(a)是整体式刚接柱脚，用于实腹柱和肢间距离小于 1.5 m 的格构柱。当格构柱肢间距离较大时，采用整体式柱脚是不经济的，这时多采用分离式柱脚，如图 12-39(b)所示，每个分肢下的柱脚相当于一个轴心受力铰接柱脚，两柱脚之间用膈材联系起来。

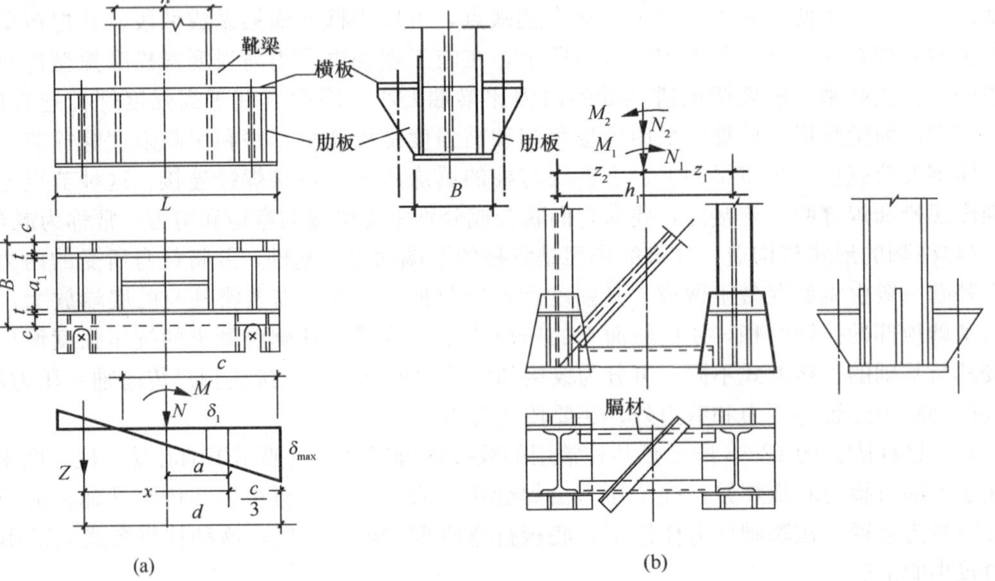

图 12-39　刚接柱脚

本章小结

(1)钢结构构件分为轴心受力构件、受弯构件、拉弯和压弯构件。

(2)轴心受拉构件应计算强度和刚度；轴心受压构件除计算强度和刚度外，还应计算整体稳定，其中，组合柱还应计算翼缘和腹板的局部稳定。

(3)轴心受压实腹式组合柱的翼缘和腹板的局部稳定性通过控制板件的高厚比来实现。

(4)钢结构中最常见的梁有型钢梁和组合梁。其计算包括强度(抗弯、抗剪、局部承压和折算应力)、刚度、整体稳定和局部稳定。

(5)提高梁的整体稳定性的关键是增强梁的抵抗侧向弯曲和扭转变形的能力。

复习思考题

1. 轴心受压构件设计需要进行哪些内容的计算?
2. 轴心受压构件的屈曲形式有哪几种?
3. 格构式构件与实腹式构件相比有哪些优点?
4. 影响轴心受压构件稳定承载力的主要因素有哪些?
5. 梁的整体稳定性与哪些因素有关?如何提高梁的整体稳定性?
6. 何谓梁的局部稳定性?组合梁翼缘不满足局部稳定性要求时应如何处理?
7. 梁的整体稳定系数值与哪些因素有关?为什么当 $\varphi_b<0.6$ 时，要进行修正?
8. 何谓梁的整体失稳?
9. 影响梁整体稳定的因素包括哪些?提高梁整体稳定的措施包括哪些?
10. 什么情况下梁的整体稳定可以得到保证，不必计算?
11. 腹板配置加劲肋的原则是什么?
12. 在计算实腹式压弯构件的强度和整体稳定时，在哪些情况应取计算公式中的 $\lambda_x=1.0$?
13. 拉弯构件和压弯构件采用什么样的截面形式比较合理?
14. 梁与柱的铰接和刚接适用于哪些情况?试绘出它们的连接构造图。
15. 铰接和刚接的柱脚各适用于哪些情况?试绘出它们的构造图。

思考与练习

1. 已知一轴心受压杆材料采用 Q235 钢，用热轧 H 型钢 250×250×9×14，$l_{0x}=l_{0y}=6$ m，试计算最大允许轴心受压力设计值。

2. 某屋架上弦杆，承受的轴心压力设计值 $N=800$ kN，截面形式如图 12-40 所示，截面无削弱，计算长度 $l_{0x}=150.8$ cm，$l_{0y}=301.6$ cm，试对其进行整体稳定验算。

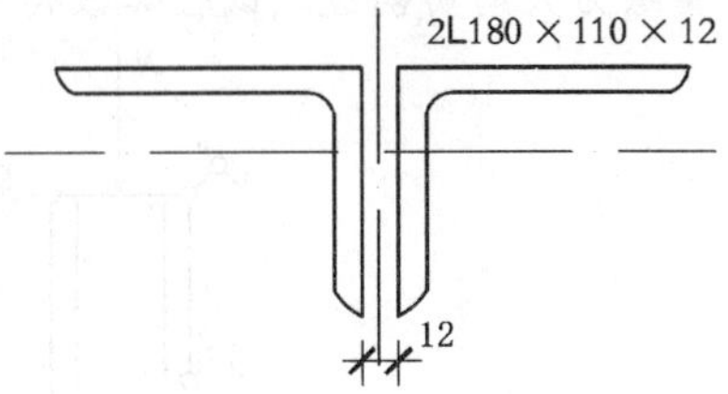

图 12-40 题 2 图

3. 图 12-41 所示为一支架，其支柱的压力设计值 $N=$ 1 600 kN，柱两端铰接，钢材为 Q235，容许长细比 $[\lambda]=$ 150。截面无孔眼削弱。支柱选用工字钢符号 56a($f=205$ N/mm^2)，试验算此支柱的承载力。已知 $A=135$ cm^2，$i_x=22.0$ cm，$i_y=3.18$ cm。

4. 热轧普通工字钢简支梁如图 12-42 所示，型号为工字钢符号 36a，跨度为 5 m，梁上翼缘作用有均布荷载设计值 $q=36$ kN/m(包括自重)，荷载标准值 $q_k=27.69$ kN/ m。试验算此梁的强度、刚度与整体稳定性。

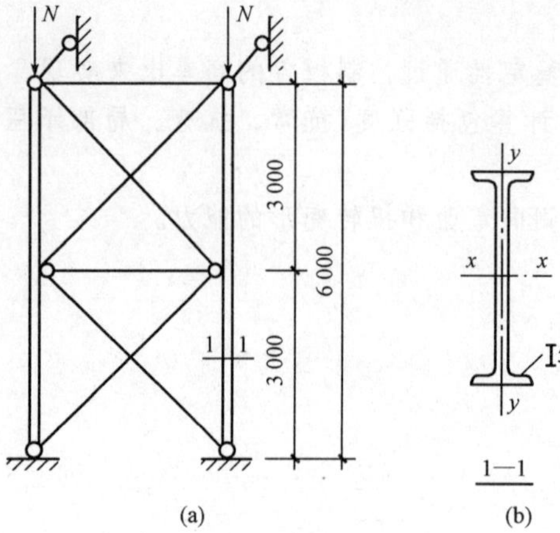

图 12-41　题 3 图

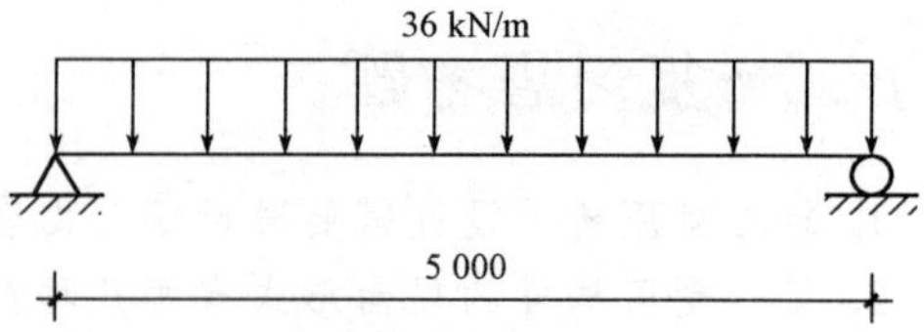

图 12-42　题 4 图

5. 如图 12-43 所示，焊接工字钢梁，均布荷载作用在上翼缘，Q345B 钢，试验算该梁的整体稳定性。已知：$A=13\ 744\ \text{mm}^2$，$W_x=2\ 826.3\ \text{cm}^3$，$I_y=72\ 022\ 101\ \text{mm}^4$，$\varphi_b=\beta_b\dfrac{4\ 320}{\lambda_y^2}\times\dfrac{Ah}{W_x}\left[\sqrt{1+\left(\dfrac{\lambda_y t_1}{4.4h}\right)^2}+\eta_b\right]\dfrac{235}{f_y}$，$\beta_b=0.85$，$\varphi'_b=1.07-\dfrac{0.282}{\varphi_b}\leqslant 1.0$，$f=310\ \text{N/mm}^2$。

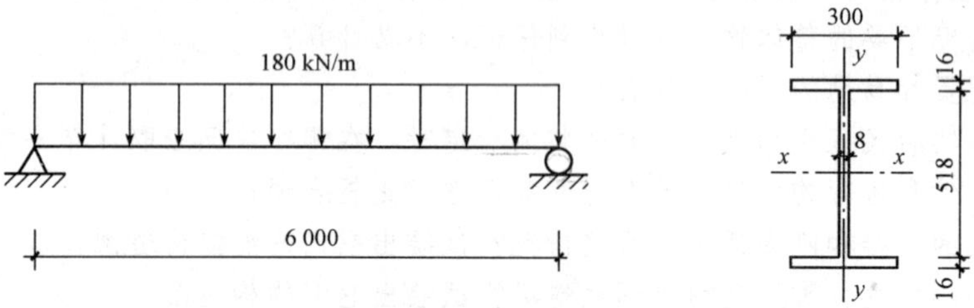

图 12-43　题 5 图

6. 如图 12-44 所示压弯构件长 12 m。承受轴心压力设计值 $N=1\ 800$ kN。构件的中央作用横向荷载设计值 $F=540$ kN，弯矩作用平面外有两个侧向支撑(在构件的三分点处)钢材 Q235，翼缘为火焰切割边。试验算该构件的整体稳定性。

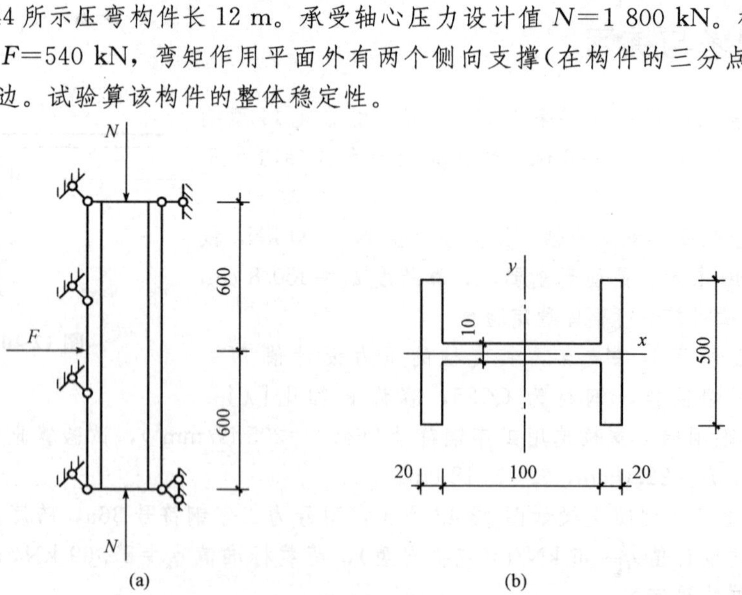

图 12-44　题 6 图

第三篇　建筑结构抗震

第十三章　建筑结构抗震设计基本知识

内容提要

抗震是结构设计中必不可少的内容。本章内容主要包括地震的相关概念，抗震设防标准及抗震设防目标，抗震概念设计；掌握多层及高层钢筋混凝土房屋、多层砌体房屋的抗震措施。

知识目标

1. 了解抗震相关概念和基本内容；
2. 掌握多层及高层钢筋混凝土房屋的抗震措施；
3. 掌握多层砌体房屋的抗震措施。

能力目标

1. 能进行多层及高层钢筋混凝土房屋的抗震概念设计；
2. 能进行多层砌体房屋的抗震概念设计。

学习建议

1. 参观校园内已建或在建工程的建筑，区分钢筋混凝土结构和砌体结构；
2. 识读抗震设计规范；
3. 识读国家标准图集。

第一节　地震基本知识

地震是一种自然灾害。地震时强烈的地面运动会造成建筑物倒塌或损坏，并可能引发火灾、水灾、山崩、滑坡及海啸等一系列灾害，对人类造成极大的威胁。我国是一个地震频发的国家，6度及6度以上的震区几乎遍及全国各个省和自治区。随着我国经济的发展及城市化进程的加快，预防、减少地震灾害的任务十分艰巨。

一、地震类型及成因

地震按其成因分为诱发地震和天然地震两类。诱发地震是由于人工爆破、矿山开采、水库储水、深井注水等原因所引发的地震。天然地震又可以分为构造地震和火山地震。火山地震是由于火山爆发引起的地震。构造地震是由于地应力在某一地区逐渐增加，岩石变形也不断增加，当地应力超过岩石的极限强度时，在岩石的薄弱处突然发生断裂和错动，部分应变能突然释放，引起振动，其中，一部分能量以波的形式传到地面，产生地震，构造地震发生断裂错动的地方所形成的断层叫作发震断层。

工程上通常讨论的就是这种地震，因为构造地震占发震总数的90%以上。

地球内部发生地震的地方称为震源。震源在地球表面的投影称为震中。地球上某一地点到震中的距离称为震中距。震中附近地区称为震中区，破坏最为严重的地区称为极震区，震源到震中的垂直距离称为震源深度(图 13-1)。

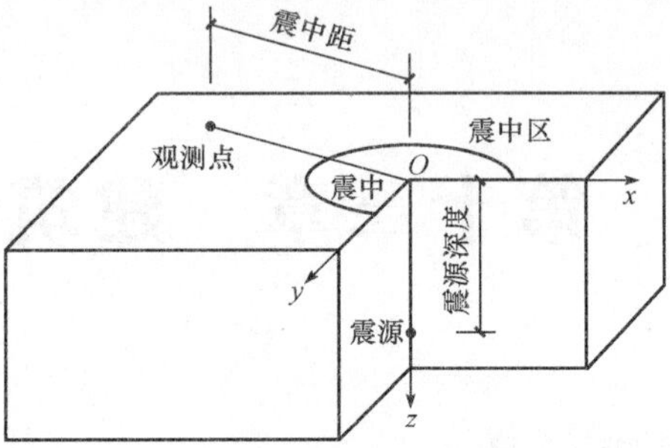

图 13-1　地震术语图

按震源的深浅，地震又可分为浅源地震、中源地震和深源地震。浅源地震的震源深度在60 km 以内，约占地震总数的 70%，一年中全世界所有地震释放能量约 85%来自浅源地震。浅源地震波及范围较小，破坏程度较大。中源地震的震源深度为 60～300 km，约占地震总数的 25%，深源地震的震源深度在 300 km 以上，约占地震总数的 5%。

根据震中距的大小，地震又可分为地方震、近震和远震。震中距在 100 km 以内的地震称为地方震；震中距在 100～1 000 km 的震称为近震；震中距大于 1 000 km 的地震称为远震。

二、地震震级及地震烈度

(一)地震震级

地震震级是度量地震中震源所释放能量多少的指标。人们通过地震地面运动的振幅来量测地震震级。

采用标准地震仪在距离震中 100 km 处记录到的以微米($\mu m=10^{-6}$ m)为单位的最大水平地面位移 A 的常用对数值来表示地震震级的大小，即

$$M=\lg A \tag{13-1}$$

式中　M——地震震级，通常称为里氏震级；

　　　A——由记录到的地震曲线图上得到的最大振幅(mm)。

地震震级是表征地震大小或强弱的指标，是一次地震释放能量多少的度量，它是地震的基本参数之一。一次地震只有一个震级。震级直接与震源释放的能量的多少有关，可以用下式表示。

$$\lg E=11.8+1.5M \tag{13-2}$$

式中　M——地震震级；

　　　E——地震能量(J)。

到目前为止，世界上记录到的震级最大的地震为 2011 年 3 月 11 日在日本东北部海域发生的里氏 9.0 级的“东日本大地震”。地震震中位于宫城县以东太平洋海域，震源深度海下 10 km。东京有强烈震感。地震引发的海啸影响到太平洋沿岸的大部分地区。造成重大人员伤亡和财产损失，并造成日本福岛第一核电站 1～4 号机组发生核泄漏事故。

(二)地震烈度

地震烈度表示地震造成地面上各地点的破坏程度。地震烈度与震级、震中距、震源深度、地质构造、建筑物和构筑物的地基条件有关。烈度的大小是根据人的感觉、地面房屋受破坏程度等综合因素评定的结果。

地震震级和地震烈度是描述地震现象的两个参数。一次地震只有一个震级，而地震烈度值

可以有多个。震级越大，震中烈度越高；离震中越远，地震烈度越低。震源深度越浅，地震烈度就高。震源深度越深，地震烈度越低。

三、地震灾害

工程结构的破坏是造成人民生命财产损失的主要原因，其破坏可能是由于地基失效引起的，也可能是由于上部结构承载力不足形成的破坏或结构丧失整体稳定性造成的。地震历史资料表明，由于地基失效引起的工程结构的破坏仅仅占结构破坏的10%左右，其余90%是由于结构承载力不足或丧失整体稳定造成的。世界各国的抗震设计规范都将主要精力集中在上部结构的破坏机理的分析和研究上。

强烈地震除引起结构的破坏外，一般常常会引起其他一些次生灾害，如火灾、水灾、泥石流、海啸、滑坡等。一般来说，地震本身造成的直接损失往往小于由于地震所产生的次生灾害所造成的间接损失。所以，对地震灾害的预防应强调其综合性和连锁性。

第二节　抗震设计基本要求

一、抗震设防依据

(一)地震基本烈度

基本烈度是指该地区今后一定时间内(一般是指50年)，在一般场地条件下可能遭遇的超越概率为10%的地震烈度。它是一个地区进行抗震设防的依据。根据地震危险性分析，一般认为我国地震烈度的概率密度函数符合极值Ⅲ型分布(图13-2)。

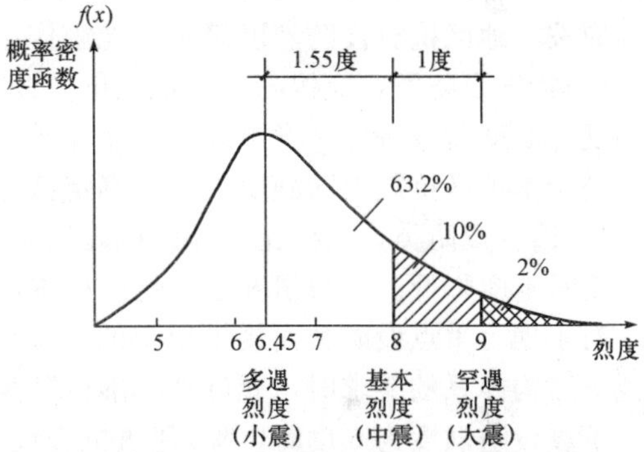

图13-2　地震概率密度函数

(二)抗震设防目标及小震、大震

工程结构抗震设防的基本目的就是在一定的经济条件下，最大限度地限制和减轻工程结构的地震破坏，避免人员伤亡，减少经济损失。为了实现这一设计准则，我国明确提出了三个水准的抗震设防要求，具体如下。

第一水准：当遭受低于本地区设防烈度的多遇地震影响时，建筑物一般不受损害或不需修理仍可继续使用。

第二水准：当遭受相当于本地区设防烈度的基本地震影响时，建筑物可能损坏，但经一般修理即可恢复正常使用。

第三水准：当遭受高于本地区设防烈度的罕遇地震影响时，建筑不致倒塌或发生危及生命安全的严重破坏。

在进行建筑抗震设计时，要满足上述三个水准的抗震设防要求。我国通过简化的两阶段设计方法来实现。

第一阶段设计：采用第一水准烈度的地震动参数，计算出结构在弹性状态下的地震作用效应，与风、重力等荷载效应组合，并引入承载力抗震调整系数，进行构件截面设计，从而满足第一水准的强度要求；同时，采用同一地震动参数计算出结构的弹性层间位移角，使其不超过规定的限值；另外，采用相应的抗震结构措施，保证结构具有相应的延性、变形能力和塑性耗能能力，从而自动满足第二水准的变形要求。

第二阶段设计：采用第三水准烈度的地震动参数，计算出结构的弹塑性层间位移角，满足规定的要求，并采取必要的抗震构造措施，从而满足第三水准的防倒塌要求。

(三)建筑抗震设防分类和设防标准

对于不同的建筑物，地震破坏所造成的后果不同。因此，有必要对不同用途的建筑物采取不同的设防标准。我国《建筑工程抗震设防分类标准》(GB 50223—2008)将建筑物按其用途的重要性分为四类。

(1)特殊设防类：指使用上有特殊设施，涉及国家公共安全的重大建筑工程和地震时可能发生严重次生灾害等特别重大灾害后果，需要进行特殊设防的建筑，简称甲类。

(2)重点设防类：指地震时使用功能不能中断或需尽快恢复的生命线相关建筑，以及地震时可能导致大量人员伤亡等重大灾害后果，需要提高设防标准的建筑，简称乙类。

(3)标准设防类：指大量的除(1)、(2)、(4)款以外按标准要求进行设防的建筑，简称丙类。

(4)适度设防类：指使用上人员稀少且震损不致产生次生灾害，允许在一定条件下适度降低要求的建筑，简称丁类。

各抗震设防类别建筑的抗震设防标准，应符合下列要求：

(1)标准设防类，应按本地区抗震设防烈度确定其抗震措施和地震作用，达到在遭遇高于当地抗震设防烈度的预估罕遇地震影响时不致倒塌或发生危及生命安全的严重破坏的抗震设防目标。

(2)重点设防类，应按高于本地区抗震设防烈度一度的要求加强其抗震措施；但抗震设防烈度为 9 度时应按比 9 度更高的要求采取抗震措施；地基基础的抗震措施，应符合有关规定。同时，应按本地区抗震设防烈度确定其地震作用。

(3)特殊设防类，应按高于本地区抗震设防烈度提高一度的要求加强其抗震措施；但抗震设防烈度为 9 度时应按比 9 度更高的要求采取抗震措施。同时，应按批准的地震安全性评价的结果且高于本地区抗震设防烈度的要求确定其地震作用。

(4)适度设防类，允许比本地区抗震设防烈度的要求适当降低其抗震措施，但抗震设防烈度为 6 度时不应降低。一般情况下，仍应按本地区抗震设防烈度确定其地震作用。

对于划为重点设防类而规模很小的工业建筑，当改用抗震性能较好的材料且符合抗震设计规范对结构体系的要求时，允许按标准设防类设防。

抗震设防烈度为 6 度时，除《建筑抗震设计规范(2016 年版)》(GB 50011—2010)有具体规定外，对乙、丙、丁类建筑可不进行地震作用计算。

二、抗震概念设计

地震是一种随机震动，地震及其影响有其不确定性。在结构分析方面，由于不可能完全、充分考虑结构的空间作用、结构材料的性质、特别是结构进入弹塑性以后材料的非弹性性质、阻尼变化等因素，结构计算也有其不准确性。所以，建筑结构的抗震问题不可能完全依赖“计算设计”而必须强调“概念设计”。建筑抗震概念设计是指根据地震灾害和工程经验等形成的基本设计原则和设计思想，进行建筑和结构总体布置并确定细部构造的过程。

概念设计强调根据抗震设计的基本原则，在建筑场地选择、建筑体形(平、立面)、结构体系、刚度分布、构件延性等方面综合考虑，在总体上消除建筑中的薄弱环节，再加上必要的计算和抗震构造措施，使得所设计出的建筑具有良好的抗震性能。

(一)场地和地基

地震灾害表明，建筑的破坏不仅与建筑本身的抗震性能有关，还与建筑物所在场地条件有关。在选择建筑场地时，就应该根据工程需要，掌握地震活动情况、工程地质和地震地质的有关资料、对抗震有利、不利和危险地段作出综合评价。对不利地段，应提出避开要求，当无法避开时应采取有效的措施。对危险地段，严禁建造甲、乙类的建筑，不应建造丙类的建筑。

(二)规则的建筑结构

建筑结构的平、立面是否规则，对结构的抗震性能具有重要的影响，也是建筑设计首先遇到的问题。建筑物的平、立面布置的基本原则是：平面形状规则、对称，竖向质量、刚度连续、均匀，避免楼板错层。

地震区的建筑，平面形状以正方形、矩形、圆形为好，正多边形、椭圆形也是较好的平面形状。但是在实际工程中，由于建筑用地、城市规划、建筑艺术和使用功能等多方面要求，建筑物不可能都设计成正方形、圆形，必然会出现L形、T形、U形、H形等各种各样的平面形状。对于非方形、非圆形的建筑平面，也不一定就是不规则的建筑，只要不满足表13-1规定的建筑物，就可以认为是平面规则的建筑。

表 13-1　平面不规则类型

不规则的类型	定义
扭转不规则	在具有偶然偏心的规定水平力作用下，楼层两端抗侧力构件弹性水平位移(或层间位移)，大于该楼层两端弹性水平位移(或层间位移)的最大值与平均值的比值大于1.2
凹凸不规则	平面凹进的尺寸，大于相应投影方向总尺寸的30%
楼板局部不连续	楼板的尺寸和平面刚度急剧变化，例如，有效楼板宽度小于该层楼板典型宽度的50%，或开洞面积大于该层楼面面积的30%，或较大的楼层错层

除建筑立面外形几何尺寸的变化外，工程中经常会由于要求大的室内空间、层高变化等建筑使用功能的要求，而出现取消部分抗震墙或结构柱的现象，这常出现在底部大空间剪力墙结构或框筒的下部大柱距楼层，或顶层设置空旷的大房间而取消部分抗震墙或内柱。这样，就会产生结构在竖向的不规则类型(表13-2)。

表 13-2　竖向不规则类型

不规则的类型	定义和参考指标
侧向刚度不规则	该层的侧向刚度小于相邻上一层的70%，或小于其上相邻三个楼层侧向刚度平均值的80%，除顶层或出屋面小建筑外，局部收进的水平向尺寸大于相邻下一层的25%
竖向抗侧力构件不连续	竖向抗侧力构件(柱、抗震墙、抗震支撑)的内力由水平转换构件(梁、桁架等)向下传递
楼层承载力突变	抗侧力结构的层间受剪承载力小于相邻上一楼层的80%

三、结构体系

抗震结构体系要通过综合分析，采用合理而经济的结构类型。结构体系应根据建筑的抗震设防类别、抗震设防烈度、建筑高度、场地条件、地基、结构材料和施工等因素，经技术、经济和使用条件综合比较确定。

从结构材料的抗震性能方面分析，钢结构由于具有良好的延性、可靠的节点，在低周往复荷载下饱满稳定的滞回曲线，结构变形能力和耗能能力强，历次地震中，钢结构建筑的表现都很好，但也有个别建筑因设计不良或竖向支撑失效而破坏。总的情况来看，钢结构的抗震性能优于其他各类结构，但材料也是较昂贵的。

事实表明，经过合理的抗震设计和较好的施工质量的保证，现浇混凝土结构是有足够的抗震可靠度的。由于它可以通过现场浇筑，形成具有整体性节点的连续性结构；有较大的侧移刚度，可以减少结构的侧移量，从而减少非结构构件的破坏；经过良好的设计使结构有相当的延性并且造价较低，使得现浇钢筋混凝土结构在地震区得到广泛的应用。但钢筋混凝土结构也存在着在周期性往复水平荷载作用下，构件开裂的缺点，使得混凝土结构一旦进入弹塑性状态，结构就会出现永久性损坏而必须经过修复方可继续使用。

砌体结构是由块体加砂浆所形成的材料构成的，其材料本身脆性性质决定了砌体结构抗剪、抗拉、抗弯强度低，变形能力差，结构自重大，因此，它的抗震能力是比较差的。但实践证明，经过合理的抗震设计，构造措施到位，施工质量良好，在中、强地震区，砌体结构是具有一定的抗震能力的。

除结构材料的选择外，结构体系的确定是结构选型的另一项任务。选择结构体系需要考虑的主要因素有：抗震设防烈度、建筑高度、建筑使用功能的要求和经济条件的情况。常见的结构体系有框架结构、框架-抗震墙结构、框架-支撑结构、抗震墙结构、筒体结构等，框架结构使用灵活、方便，但侧移刚度较低，常用于多层和较低的高层建筑；框架-抗震墙和框架-支撑结构既可提供较大室内空间，又有较大侧向刚度，可广泛地用于各类高层建筑中；抗震墙结构的侧向刚度大，整体性好，有着良好的抗震性能，但因为墙体间距的限制使得该结构形式的应用受到一定限制；筒体结构是一种空间受力体系，侧向刚度很大，一般用于较高的高层建筑中。

第三节　钢筋混凝土房屋抗震规定

一、钢筋混凝土框架结构房屋的震害特点

框架结构体系是指由钢筋混凝土框架梁和框架柱所组成的结构体系。框架结构既负担竖向重力荷载，又承担水平荷载。按施工方法不同，框架结构又可以分为以下几类：梁、板、柱全部现浇的全现浇框架；楼板预制，梁、柱现场浇筑的现浇框架；梁、板预制，柱现场浇筑的半装配式框架；梁、板、柱全部预制的全装配式框架等。

框架结构体系的优点是建筑平面布置灵活，可以提供较大的内部空间；在竖向可以通过框架梁的外挑或内收，或者设置构架等方法，形成较为丰富的立面，因此，框架结构广泛应用于商场、餐厅、展览馆、教学、办公等公共建筑及多层工业厂房。但由于框架结构侧向刚度低，在房屋高度增加的情况下其内力和侧移增加很快，因此，框架结构只适用于多层或较低的高层建筑。

多次地震经验表明，钢筋混凝土结构房屋一般具有较好的抗震性能。只要经过合理的抗震设计和正常的施工程序，在一般烈度区建造多层钢筋混凝土结构房屋是可以保证安全的。但是如果设计不合理或施工质量欠佳的钢筋混凝土结构房屋在地震中遭遇震害的情况，也是经常见到的。主要的震害情况有以下几种。

(1)结构布置不合理产生的震害。包括扭转破坏、塑性变形集中产生的薄弱层破坏以及防震缝之间的结构碰撞产生的破坏等。

(2)共振效应引起的震害。

①1976 年唐山地震中，位于塘沽地区(烈度为 8 度强)的 7～10 层框架结构，因其自振周期 0.6～1.05 与该场地土(海滨)的自振周期 0.8～1.05 相一致，发生共振，导致该类框架破坏严重。

②1985 年 9 月墨西哥太平洋岸发生 8.1 级地震。震中东面约 350 km 处的墨西哥城，建在古湖床深厚软土层上的高层建筑，出人意外地遭到严重破坏，共有 164 幢 6～20 层房屋倒塌或濒临倒塌。而 5 层以下的房屋破坏较轻，23 层以上的楼房也未破坏，市内一幢高 181 m 自振周期

为3.9 s的42层拉丁美洲大厦基本上没有遭到损害。详细考察后发现，这些中高层房屋的大量倒塌，是由于地震动引起房屋共振造成的。

(3)框架柱、梁和节点的震害。未经抗震设计的框架的震害主要反映在梁柱节点区。柱的震害重于梁；柱顶震害重于柱底；角柱震害重于内柱；短柱震害重于一般柱。

由于在水平地震作用下，柱端处的弯矩、剪力和轴力都比较大，柱的箍筋配置不足或锚固不好，在弯、剪共同作用下，使箍筋失效，混凝土剥落、甚至压碎崩落，纵向力使纵筋压曲呈灯笼状。

当有错层、夹层或有半高的填充墙，或不适当地设置某些连系梁时，容易形成短柱(当反弯点在层高范围内时，柱净高/柱截面的边长＜4的柱)。一方面由于短柱的侧向刚度大，相应地承担了较大的地震剪力，另一方面短柱变形能力差，常发生剪切破坏，形成交叉裂缝乃至脆断。

梁柱节点区的破坏大都是因为节点区无箍筋或少箍筋，在剪、压作用下混凝土出现斜裂缝甚至挤压破碎，纵向钢筋压曲成灯笼状。

在地震中房屋不可避免地要发生扭转，因此，角柱所受剪力最大，同时角柱又受有双向弯矩作用，而其约束又较其他柱小，所以震害重于内柱。

(4)框架砖填充墙的震害。框架中嵌砌砖填充墙，容易发生墙面斜裂缝，并沿柱周边开裂。端墙、窗间墙和门窗洞口边角部位破坏更加严重。烈度较高时墙体容易倒塌。由于框架侧向变形属剪切型，下部层间位移大，填充墙震害呈现“下重上轻”的现象。

填充墙破坏的主要原因是，墙体受剪承载力低，变形能力小，墙体与框架缺乏有效的拉结，因此，在往复变形时墙体易发生剪切破坏和散落。

二、结构选型及布置

(一)结构体系的选择

1. 房屋适用的最大高度

对采用钢筋混凝土材料的高层建筑，从安全和经济诸方面综合考虑，其适用高度应有限制。房屋的最大适用高度与设防烈度、结构类型和场地类别等因素有关。《抗震规范》要求现浇钢筋混凝土结构房屋的最大高度应符合表13-3的规定。

表13-3　现浇钢筋混凝土房屋适用的最大高度　　m

结构类型		烈　度				
		6	7	8(0.2 g)	8(0.3 g)	9
框架		60	50	40	35	24
框架-抗震墙		130	120	100	0	50
抗震墙		140	120	100	80	60
部分框支抗震墙		120	100	80	50	不应采用
筒体	框架-核心筒	150	130	100	90	70
	筒中筒	180	150	120	100	80
板柱-抗震墙		80	70	55	40	不应采用

注：1. 房屋高度指室外地面到主要屋面板板顶的高度(不包括局部突出屋顶部分)；
2. 框架—核心筒结构指周边稀柱框架与核心筒组成的结构；
3. 部分框支抗震墙结构指首层或底部两层为框支层的结构，不包括仅个别框支墙的情况；
4. 表中框架，不包括异形柱框架；
5. 板柱-抗震墙结构指板柱、框架和抗震墙组成抗侧力体系的结构；
6. 乙类建筑可按本地区抗震设防烈度确定其适用的最大高度；
7. 超过表内高度的房屋，应进行专门研究和论证．采取有效的加强措施。

当钢筋混凝土结构的房屋高度超过最大适用高度时，应通过专门研究，采取有效加强措施，必要时需采用型钢筋混凝土结构等，并按原建设部部长令的有关规定上报审批。

2. 钢筋混凝土房屋抗震等级

钢筋混凝土结构的抗震措施，包括内力调整和抗震构造措施，不仅要按建筑抗震设防类别区别对待，而且要按抗震等级划分，因为同样烈度下不同结构体系、不同高度有不同的抗震要求。丙类建筑的抗震等级按表 13-4 确定。

表 13-4　现浇钢筋混凝土房屋的抗震等级

结构类型		设防烈度									
		6		7			8			9	
框架结构	高度	≤24	>24	≤24	>24		≤24	>24		≤24	
	框架	四	三	三	二		二	一		一	
	大跨度框架	三		二			一			一	
框架-抗震墙结构	高度/m	≤60	>60	≤24	25～60	>60	≤24	25～60	>60	≤24	25～50
	框架	四	三	四	三	二	三	二	一	二	一
	抗震墙	三		三	二		二	一		一	
抗震墙结构	高度/m	≤80	>80	≤24	25～80	>80	≤24	25～80	>80	≤24	25～60
	抗震墙	四	三	四	三	二	三	二	一	二	一
部分框支抗震墙结构	高度/m	≤80	>80	≤24	25～80	>80	≤24	25～80			
	抗震墙 一般部位	四	三	四	三	二	三	二			
	抗震墙 加强部位	三	二	三	二	一	二	一			
	框支层框架	二		二		一	一				
框架-核心筒结构	框架	三		二			一			一	
	核心筒	二		二			一			一	
筒中筒结构	外筒	三		二			一			一	
	内筒	三		二			一			一	
板柱-抗震墙结构	高度/m	≤35	>35	≤35	>35		≤35	>35			
	框架、板柱的柱	三	二	二	二		一				
	抗震墙	二	二	二	一		二	一			

注：1. 建筑场地为Ⅰ类时，除 6 度外应允许按表内降低一度所对应的抗震等级采取抗震构造措施，但相应的计算要求不应降低；

2. 接近或等于高度分界时，应允许结合房屋不规则程度及场地、地基条件确定抗震等级；

3. 大跨度框架指跨度不小于 18 m 的框架；

4. 高度不超过 60 m 的框架-核心筒结构按框架-抗震墙的要求设计时，应按表中框架-抗震墙结构的规定确定其抗震等级。

抗震设防类别为甲、乙、丁类的建筑，应按各抗震设防类别建筑的抗震设防标准的要求，即甲、乙类建筑抗震措施，当抗震设防烈度为 6～8 度时，应符合本地区抗震设防烈度提高一度的要求，当为 9 度时，应符合比 9 度抗震设防更高的要求；丁类建筑，一般情况下，抗震措施应允许比本地区抗震设防烈度的要求适当降低，但抗震设防烈度为 6 度时不应低于表 13-4 的要求。

(二)框架结构布置

1. 结构布置

钢筋混凝土结构房屋结构布置的基本原则是：结构平面应力求简单规则，结构的主要抗侧力构件应对称均匀布置，尽量使结构的刚心与质心重合，避免地震时引起结构扭转及局部应力集中。结构的竖向布置，应使其质量沿高度方向均匀分布，避免结构刚度突变，并应尽可能降低建筑物的重心，以利结构的整体稳定性。合埋地设置变形缝，加强楼屋盖的整体性。

一般框架结构均采用现浇钢筋混凝土，设防烈度为 6～8 度时，可采用装配式楼盖，板与梁应有可靠连接，板面应有现浇配筋面层。框架结构的梁、柱沿房屋高度宜保持完整，不宜抽柱或抽梁，使传力途径突然变化；柱截面变化，不宜位于同一楼层。在同一结构单元，宜避免由于错层形成短柱。局部突出屋顶的塔楼不宜布置在房屋端部，且不应做成砖混结构，可将框架柱延伸上去或做钢木轻型结构，以防边端效应造成结构破坏。楼电梯间不宜设在结构单元的两端及拐角处，因为单元角部扭转应力大，受力复杂，容易造成破坏。电梯筒非对称布置时，应考虑其不利作用，必要时可采取措施，减小电梯筒的刚度。

框架结构由梁、柱构成，构件截面较小，因此，框架结构的承载力和刚度都较低，在地震中容易产生震害。因此，框架结构应在纵、横两个方向或多个斜交方向都布置为框架，不得采用横向为框架、纵向为铰接排架的结构体系，也不得采用某一斜交方向为铰接排架的结构体系。

2. 防震缝

当建筑平面过长、结构单元的结构体系不同、高度或刚度相差过大以及各结构单元的地基条件有较大差异时，应考虑设置防震缝，防震缝的设置应满足以下要求：

(1)框架结构(包括设置少置抗震墙的框架结构)房屋的防震缝宽度，当高度不超过 15 m 时不应小于 100 mm；高度超过 15 m 时，6 度、7 度、8 度和 9 度分别每增加高度 5 m、4 m、3 m 和 2 m，宜加宽 20 mm；

(2)框架-抗震墙结构房屋的防震缝宽度不应小于上述(1)项规定数值的 70%，抗震墙结构房屋的防震缝宽度不应小于上述(1)项规定数值的 50%；且均不宜小于 100 mm；

(3)防震缝两侧结构类型不同时，宜按需要较宽防震缝的结构类型和较低房屋高度确定缝宽。

三、钢筋混凝土框架结构房屋的抗震构造措施

(一)框架梁的抗震构造措施

对钢筋混凝土框架结构来说，构造设计的目的主要是保证结构在非弹性变形阶段有足够的延性，便之能吸收较多的地震能量。因此，在设计中应注意防止结构发生剪切破坏或混凝土受压区脆性破坏。

1. 框架梁的纵筋配置

框架梁的截面宽度不宜小于 200 mm，截面高宽比不宜大于 4；净跨与截面高度之比不宜小于 4。当纵向受拉钢筋配筋率很高时，梁受压区的高度相应加大，梁的延性较差。因此，梁的变形能力随截面混凝土受压区的相对高度的减小而增大。为保证框架梁的延性，《建筑抗震设计规范(2016 年版)》(GB 50011—2010)规定：梁端计入受压钢筋的混凝土受压区高度和有效高度之比，一级不应大于 0.25，二、三级不应大于 0.35。限制受拉配筋率是为了避免剪跨比较大的梁在未达到延性要求之前，梁端下部受压区混凝土过早达到极限压应变而破坏。

梁端截面上纵向受压钢筋与纵向受拉钢筋应保持一定的比例，原因是一定的受压钢筋可以减小混凝土受压区高度，从而提高了梁的延性；另外，在地震作用下，梁端可能会出现正弯矩，

如果梁底面钢筋过少，梁下部破坏严重，也会影响梁的承载力和变形能力。所以在梁端截面，受压钢筋面积和受拉钢筋面积的比值，一级不应小于0.5，二、三级不应小于0.3。

考虑到地震弯矩的不确定性，梁端纵向受拉钢筋的配筋率不宜大于2.5%。沿梁全长顶面、底面的配筋，一、二级不应少于2ϕ14，且分别不应少于梁顶面、底面两端纵向配筋中较大截面面积的1/4；三、四级不应少于2ϕ12。一、二、三级框架梁内贯通中柱的每根纵向钢筋直径，对框架结构不应大于矩形截面柱在该方向截面尺寸的1/20，或纵向钢筋所在位置圆形截面柱弦长的1/20；对其他结构类型的框架不宜大于矩形截面柱在该方向截面尺寸的1/20，或纵向钢筋所在位置圆形截面柱弦长的1/20。

2. 框架梁的箍筋构造要求

在梁端预期塑性铰区段加密箍筋，可以起到约束混凝土、提高混凝土变形能力的作用，从而可获得提高梁截面转动能力，增加其延性的效果。梁端加密区的长度、箍筋最大间距和最小直径见表13-5。当梁端纵向受拉钢筋配筋率大于2%时，表中箍筋最小直径数值应增大2 mm。梁端加密区的箍筋肢距，一级不宜大于200 mm和20倍箍筋直径的较大值，二、三级不宜大于250 mm和20倍箍筋直径的较大值，四级不宜大于300 mm。

表13-5　梁端加密区的长度、箍筋的最大间距和最小直径

抗震等级	加密区长度(采用较大值)/mm	箍筋最大间距(采用最小值)/mm	箍筋最小直径/mm
一	$2h_b$，500	$h_b/4$，$6d$，100	10
二	$1.5h_b$，500	$h_b/4$，$8d$，100	8
三	$1.5h_b$，500	$h_b/4$，$8d$，150	8
四	$1.5h_b$，500	$h_b/4$，$8d$，150	6

注：1. d为纵向钢筋直径，h_b为梁截面高度；

2. 箍筋直径大于12 mm、数量不少于4肢且肢距不大于150 mm时，一、二级的最大间距允许适当放宽，但不得大于150 mm。

(二)框架柱的抗震构造措施

框架柱在受力过程中，如果平均剪应力太大，会使柱产生脆性的剪切破坏；如果平均压应力或轴压比太大，会使柱产生混凝土压碎破坏。为了使框架柱有足够的延性，框架柱截面的宽度和高度，抗震等级为四级或结构不超过2层时，不宜小于300 mm，一、二、三级且超过2层时，不宜小于400 mm；圆柱的直径，四级或不超过2层时，不宜小于350 mm，一、二、三级且超过2层时，不宜小于450 mm。且柱截面长边与短边的边长比不宜大于3，剪跨比宜大于2。

1. 框架柱的轴压比限制

框架柱的轴压比是指柱组合的轴压力设计值与柱的全截面面积和混凝土轴心抗压强度设计值乘积之比，即

$$\lambda_N=\frac{N}{f_c bh} \tag{13-3}$$

式中　λ_N——柱的轴压比；

N——柱组合的轴压力设计值；

f_c——混凝土轴心抗压强度设计值；

b——柱的截面宽度；

h——柱的截面高度。

柱轴压比不宜超过表13-6的规定；建造于Ⅳ类场地且较高的高层建筑，柱轴压比限值应适当减小。

表 13-6 柱轴压比限值

结构类型	抗震等级			
	一	二	三	四
框架结构	0.65	0.75	0.85	0.90
框架-抗震墙、板柱-抗震墙、框架-核心筒，筒中筒	0.75	0.85	0.90	0.95
部分框支抗震墙	0.6	0.70	—	

注：1. 轴压比指柱组合的轴压力设计值与柱的全截面面积和混凝土轴心抗压强度设计值乘积之比值；对本规范规定不进行地震作用计算的结构，可取无地震作用组合的轴力设计值计算；

2. 表内限值适用于剪跨比大于 2、混凝土强度等级不高于 C60 的柱；剪跨比不大于 2 的柱，轴压比限值应降低 0.05；剪跨比小于 1.5 的柱，轴压比限值应专门研究并采取特殊构造措施；

3. 沿柱全高采用井字复合箍且箍筋肢距不大于 200 mm、间距不大于 100 mm、直径不小于 12 mm，或沿柱全高采用复合螺旋箍、螺旋间距不大于 100 mm、箍筋肢距不大于 200 mm、直径不小于 12 mm，或沿柱全高采用连续复合矩形螺旋箍、螺旋净距不大于 80 mm、箍筋肢距不大于 200 mm、直径不小于 10 mm，轴压比限值均可增加 0.10；上述三种箍筋的最小配箍特征值均应按增大的轴压比由《建筑抗震设计规范(2016 年版)》(GB 50011—2010)表 6.3.9 确定；

4. 在柱的截面中部附加芯柱，其中，另加的纵向钢筋的总面积不少于柱截面面积的 0.8%，轴压比限值可增加 0.05；此项措施与注 3 的措施共同采用时，轴压比限值可增加 0.15，但箍筋的体积配箍率仍可按轴压比增加 0.10 的要求确定；

5. 柱轴压比不应大于 1.05。

2. 框架柱的纵筋配置要求

为了避免地震作用下柱过早进入屈服，并获得较大的屈服变形，必须满足柱纵向钢筋的最小总配筋率的要求见表 13-7。同时，每一侧配筋率不应小于 0.2%；对建造于Ⅳ类场地且较高的高层建筑，表中的数值应增加 0.1%。总配筋率按柱截面中全部纵向钢筋的面积与截面面积之比计算。柱纵向钢筋宜对称配置，截面尺寸大于 400 mm 的柱，纵向钢筋间距不宜大于 200 mm。

表 13-7 柱截面纵向钢筋的最小总配筋率 %

类别	抗震等级			
	一	二	三	四
中柱和边柱	0.9(1.0)	0.7(0.8)	0.6(0.7)	0.5(0.6)
角柱、框支柱	1.1	0.9	0.8	0.7

注：1. 表中括号内数值用于框架结构的柱；

2. 钢筋强度标准值小于 400 MPa 时，表中数值应增加 0.1，钢筋强度标准值为 400 MPa 时，表中数值应增加 0.05；

3. 混凝土强度等级高于 C60 时，上述数值应相应增加 0.1。

框架柱纵向钢筋的最大总配筋率也应受到控制。过大的配筋率易产生黏结破坏并降低柱的延性。因此，总配筋率不应大于 5%；一级且剪跨比不大于 2 的柱，其纵向受拉钢筋单边配筋率不宜大于 1.2%。为了避免柱的受拉纵筋屈服后再受压时，由于包兴格效应，导致纵筋压屈，边柱、角柱在地震作用组合产生小偏心受拉时，柱内纵筋总截面面积应比计算值增加 25%。柱纵向钢筋的绑扎接头应避开柱端的箍筋加密区。

3. 框架柱的箍筋构造要求

框架柱的箍筋加密范围，应按下列规定采用。

(1)柱端，取截面高度(圆柱直径)，柱净高的 1/6 和 500 mm 三者的最大值。

(2)底层柱，柱根不小于柱净高的 1/3；当有刚性地面时，除柱端外还应取刚性地面上、下各 500 mm。

(3)剪跨比不大于 2 的柱、框支柱、一级及二级框架的角柱和因设置填充墙等形成的柱净高与柱截面高度之比不大于 4 的柱，取全高。

一般情况下，加密区的箍筋的最大间距和最小直径，应按表 13-8 采用。

表 13-8　柱箍筋加密区的箍筋最大间距和最小直径

抗震等级	箍筋最大间距(采用较小值)/mm	箍筋最小直径/mm
一	$6d$，100	10
二	$8d$，100	8
三	$8d$，150(柱根 100)	8
四	$8d$，150(柱根 100)	6(柱根 8)
注：1. d 为柱纵筋最小直径； 2. 柱根指底层柱下端箍筋加密区。		

一级框架柱的箍筋直径大于 12 mm 且箍筋肢距不大于 150 mm 及二级框架柱的箍筋直径不小于 10 mm 且箍筋肢距不大于 200 mm 时，除底层柱下端外，最大间距应允许采用 150 mm；三级框架柱的截面尺寸不大于 400 mm 时，箍筋最小直径应允许采用 6 mm；四级框架柱剪跨比不大于 2 时，箍筋直径不应小于 8 mm。框支柱和剪跨比不大于 2 的框架柱，箍筋间距不应大于 100 mm。

柱箍筋加密区箍筋肢距，一级不宜大于 200 mm，二、三级不宜大于 250 mm 四级不宜大于 300 mm。至少每隔一根纵向钢筋宜在两个方向有箍筋或拉筋约束；采用拉筋复合箍时，拉筋宜紧靠纵向钢筋并钩住箍筋。

柱箍筋加密区的体积配箍率，应符合下列要求：

$$\rho_v \geqslant \frac{\lambda_v f_c}{f_{yv}} \tag{13-4}$$

式中　ρ_v——柱箍筋加密区的体积配箍率，一级不应小于 0.8%，二级不应小于 0.6%，三、四级不应小于 0.4%；计算复合螺旋箍的体积配箍率时，其非螺旋箍的箍筋体积应乘以折减系数 0.80；

f_c——混凝土轴心抗压强度设计值，强度等级低于 C35 时，应按 C35 计算；

f_{yv}——箍筋或拉筋抗拉强度设计值；

λ_v——最小配箍特征值，宜按表 13-9 采用。

表 13-9　柱箍筋加密区的箍筋最小配箍特征值

抗震等级	箍筋形式	柱轴压比								
		≤0.3	0.4	0.5	0.6	0.7	0.8	0.9	1.0	1.05
一	普通箍、复合箍	0.10	0.11	0.13	0.15	0.17	0.20	0.23	—	—
一	螺旋箍、复合或连续复合矩形螺旋箍	0.08	0.09	0.11	0.13	0.15	0.18	0.21	—	—
二	普通箍、复合箍	0.08	0.09	0.11	0.13	0.15	0.17	0.19	0.22	0.24
二	螺旋箍、复合或连续复合矩形螺旋箍	0.06	0.07	0.09	0.11	0.13	0.15	0.17	0.20	0.22
三、四	普通箍、复合箍	0.06	0.07	0.09	0.11	0.13	0.15	0.17	0.20	0.22
三、四	螺旋箍、复合或连续复合矩形螺旋箍	0.05	0.06	0.07	0.09	0.11	0.13	0.15	0.18	0.20
注：普通箍是指单个矩形箍和单个圆形箍，复合箍指由矩形、多边形、圆形箍或拉筋组成的箍筋；复合螺旋箍指由螺旋箍与矩形、多边形、圆形箍或拉筋组成的箍筋；连续复合矩形螺旋箍指用一根通长钢筋加工而成的箍筋。										

框支柱宜采用复合螺旋箍或井字复合箍(图 13-3)，其最小配箍特征值应比表 13-9 内数值增加 0.02，且体积配箍率不应小于 1.5%。剪跨比不大于 2 的柱宜采用复合螺旋箍或井字复合箍，其体积配箍率不应小于 1.2%，9 度一级时不应小于 1.5%。

柱箍筋非加密区的体积配箍率不宜小于加密区的 50%。箍筋间距，一、二级框架柱不应大于 10 倍纵向钢筋直径，三、四级框架柱不应大于 15 倍纵向钢筋直径。

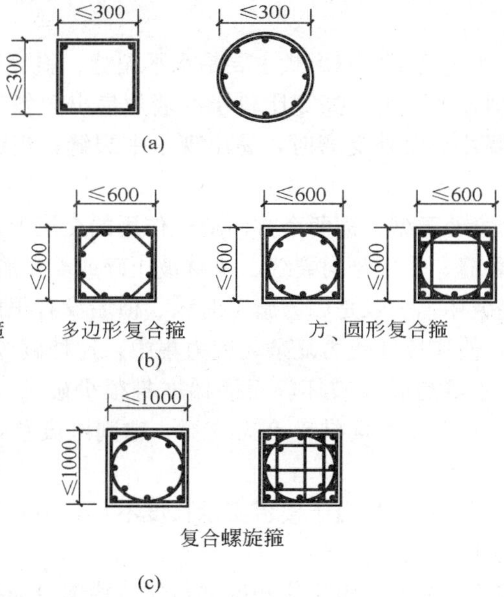

图 13-3　各类箍筋示意图

(a)普通箍；(b)复合箍；(c)螺旋箍

(三)节点核芯区的抗震构造措施

为保证节点核芯区的抗剪承载力，使框架梁、柱纵向钢筋有可靠的锚固条件，对节点核芯区混凝土进行有效的约束是必要的。最大间距和最小直径同框架柱。但节点核芯区箍筋的作用与柱端有所不同，为便于施工，可适当放宽构造要求，一、二、三级框架节点核芯区配箍特征值分别不宜小于 0.12、0.10 和 0.08 且体积配箍率分别不宜小于 0.6%、0.5%和 0.4%。柱剪跨比不大于 2 的框架节点核芯区配箍特征值不宜小于核芯区上、下柱端的较大配箍特征值。

第四节　多层砌体房屋抗震规定

一、砌体房屋的震害特点

砌体结构通常是指由烧结普通砖、混凝土砌块等砌成的结构，主要是砌体承重的多层房屋。考虑块材承重的共性，也把底层或底部两层框架-抗震墙及多层多排柱内框架砌体房屋包括其中。

由于砌体是一种脆性材料，其抗拉、抗剪、抗弯强度均较低，因而砌体房屋的抗震性能相对较差。在国内外历次强烈地震中，砌体结构的破坏率相当高。

在砌体结构房屋中，由砌块砌成的墙体是主要的承重构件，它不仅承受垂直方向的荷载，也承受水平和垂直方向的地震作用，受力复杂，地震时在墙体上很容易产生裂缝。在反复地震作用下，裂缝将不断发展、增多、加宽，最后，导致墙体崩塌、楼盖塌落、房屋破坏。其震害主要表现如下。

(1)房屋倒塌。当房屋墙体特别是底层墙体整体抗震强度不足时，易造成房屋整体倒塌；当房屋局部或上层墙体抗震强度不足时，易发生局部倒塌；当个别部位构件间连接强度不足时，易造成局部倒塌。

(2)墙体开裂、破坏。墙体裂缝形式主要是水平裂缝、斜裂缝、交叉裂缝和竖向裂缝。墙体出现斜裂缝主要是抗剪强度不足，高宽比较小的墙片易出现斜裂缝，高宽比较大的窗间墙易出现水平偏斜裂缝，当墙片平面外受弯时，易出现水平裂缝；当纵、横墙交接处连接不好时，易出现竖向裂缝。

(3)墙角破坏。墙角处于纵、横两个方向地震作用的交汇处，应力状态复杂，因而破坏形态多样，通常有受剪斜裂缝、受压竖向裂缝、块材被压碎或墙角脱落。

(4)纵、横墙连接破坏。一般是因为施工时纵、横墙没有很好地咬槎，连接差，加之地震时两个方面的地震作用，使连接处受力复杂，应力集中，这种破坏将导致整片纵墙外闪甚至倒塌。

(5)楼梯间破坏。主要是墙体破坏，而楼梯本身很少破坏。这是因为楼梯在水平方向刚度大，不易破坏，而墙体在高度方向缺乏有力支撑，空间刚度差，且高厚比较大，稳定性差，容易造成破坏。

(6)楼盖与屋盖破坏。主要是由于楼板支承长度不足，引起局部倒塌，或是其下部的支承墙体破坏倒塌，引起楼、屋盖倒塌。

(7)附属构件的破坏。主要是由于这些构件与建筑物本身连接较差等原因，在地震时造成大量破坏。如凸出屋面的小烟囱、女儿墙、门脸或附墙烟囱的倒塌，隔墙等非结构构件、室内外装饰等开裂、倒塌。

二、多层砌体房屋的结构选型与布置

(一)建筑平面及结构布置

选择合理的抗震结构体系是提高多层砌体房屋抗震能力的关键，在进行砌体结构平面、立面以及结构抗震体系的布置与选择上，除应满足一般原则要求外，还必须遵循以下规定。多层砌体房屋的结构体系应符合下列要求：

(1)应优先采用横墙承重或纵、横墙共同承重的结构体系。不应采用砌体墙和混凝土墙混合承重的结构体系。

(2)纵、横向砌体抗震墙的布置应符合下列要求：

1)宜均匀对称，沿平面内宜对齐，沿竖向应上下连续；且纵横、向墙体的数量不宜相差过大；

2)平面轮廓凹凸尺寸，不应超过典型尺寸的50%；当超过典型尺寸的25%时，房屋转角处应采取加强措施；

3)楼板局部大洞口的尺寸不宜超过楼板宽度的30%，且不应在墙体两侧同时开洞；

4)房屋错层的楼板高差超过500 mm时，应按两层计算；错层部位的墙体应采取加强措施；

5)网一轴线上的窗间墙宽度宜均匀；在满足《建筑抗震设计规范(2016年版)》(GB 50011—2010)第7.1.6条要求的前提下，墙面洞口的立面面积，6、7度时不宜大于墙面总面积的55%，8、9度时不宜大于50%；

6)在房屋宽度方向的中部应设置内纵墙，其累计长度不宜小于房屋总长度的60%(高宽比大于 4 的墙段不计入)。

(3)房屋有下列情况之一时，宜设置防震缝，缝两侧均应设置墙体，缝宽应根据烈度和房屋高度确定，可采用 70～100 mm：

1)房屋立面高差在 6 m 以上；

2)房屋有错层，且楼板高差大于层高的 1/4；

3)各部分结构刚度、质量截然不同。

(4)楼梯间不宜设置在房屋的尽端或转角处。

(5)不应在房屋转角处设置转角窗。

(6)横墙较少、跨度较大的房屋，宜采用现浇钢筋混凝土楼、屋盖。

(二)多层房屋的高度和层数限值

多层砌体结构为无配筋的结构形式，大量震害表明砌体房屋总高度超高和层数超多，破坏就会加重。多层砌体房屋的层数和高度应符合下列要求：

(1)一般情况下，房屋的层数和总高度不应超过表 13-10 的规定。

表 13-10　房屋的层数和总高度限值　m

房屋类型		最小抗震墙厚度/mm	烈度和设计基本地震加速度											
			6		7				8				9	
			0.05 g		0.10 g		0.15 g		0.20 g		0.30 g		0.40 g	
			高度	层数	高度	层数	高度	层数	高度	层数	高度	层数	高度	层数
多层砌体房屋	普通砖	240	21	7	21	7	21	7	18	6	15	5	12	4
	多孔砖	240	21	7	21	7	18	6	18	6	15	5	9	3
	多孔砖	190	21	7	18	6	15	5	15	5	12	4	—	—
	小砌块	190	21	7	21	7	18	6	18	6	15	5	9	3
底部框架-抗震墙房屋	普通砖、多孔砖	240	22	7	22	7	19	6	16	5	—	—	—	—
	多孔砖	190	22	7	19	6	16	5	13	4	—	—	—	—
	小砌块	190	22	7	22	7	19	6	16	5	—	—	—	—

注：1. 房屋的总高度指室外地面到主要屋面板板顶或檐口的高度，半地下室从地下室室内地面算起，全地下室和嵌固条件好的半地下室应允许从室外地面算起；对带阁楼的坡屋面应算到山尖墙的 1/2 高度处；

2. 室内外高差大于 0.6 m 时，房屋总高度应允许比表中的数据适当增加，但增加量应少于 1.0 m；

3. 乙类的多层砌体房屋仍按本地区设防烈度查表，其层数应减少一层且总高度应降低 3 m；不应采用底部框架-抗震墙砌体房屋；

4. 本表小砌块砌体房屋不包括配筋混凝土小型空心砌块砌体房屋。

(2)横墙较少的多层砌体房屋，总高度应比表 13-10 的规定降低 3 m，层数相应减少一层；各层横墙很少的多层砌体房屋，还应再减少一层。横墙较少是指同一楼层内开间大于 4.2 m 的房间占该层总面积的 40%以上；其中，开间不大于 4.2 m 的房间占该层总面积不到 20%且开间大于 4.8 m 的房间占该层总面积的 50%以上为横墙很少。

(3)抗震设防烈度为 6、7 度时，横墙较少的丙类多层砌体房屋，当按规定采取加强措施并满足抗震承载力要求时，其高度和层数应允许仍按表 13-10 的规定采用。

(4)采用蒸压灰砂砖和蒸压粉煤灰砖的砌体的房屋，当砌体的抗剪强度仅达到烧结普通砖砌体的 70%时，房屋的层数应比普通砖房减少一层，总高度应减少 3 m；当砌体的抗剪强度达到烧结普通砖砌体的取值时，房屋层数和总高度的要求同普通砖房屋。

(5)多层砌体承重房屋的层高，不应超过 3.6 m。

底部框架-抗震墙砌体房屋的底部，层高不应超过 4.5 m；当底层采用约束砌体抗震墙时，底层的层高不应超过 4.2 m。但当使用功能确有需要时，采用约束砌体等加强措施的普通砖房屋，层高不应超过 3.9 m。

(三)多层砌体房屋高宽比的限制

震害表明，多层砌体房屋的高宽比越大，在横向地震作用下，易发生整体弯曲破坏，房屋易失稳倒塌。因此，《建筑抗震设计规范(2016 年版)》(GB 50011—2010)规定，多层砌体房屋的最大高宽比要满足表 13-11 的要求。

表 13-11　房屋最大高宽比

烈度	6	7	8	9
最大高宽比	2.5	2.5	2	1.5

注：1. 单面走廊房屋的总宽度不包括走廊宽度；
2. 建筑平面接近正方形时，其高宽比宜适当减小。

(四)多层砌体房屋抗震横墙间距的限制

在地震过程中，横向地震作用主要由砌体房屋的横墙来承受。多层砌体房屋的横墙除要满足抗震承载力外，还要使横墙间距能保证楼盖对传递水平地震作用所需的刚度要求。因此，在计算多层砌体房屋的横墙时，除要验算横墙的抗震承载力，而横墙间距也必须根据楼盖的水平刚度要求给予一定的限制。《建筑抗震设计规范(2016 年版)》(GB 50011—2010)规定，多层砌体房屋抗震横墙的间距要满足表 13-12 的要求。

表 13-12　房屋抗震横墙的间距　　m

房屋类型		烈度			
		6	7	8	9
多层砌体房屋	现浇或装配整体式钢筋混凝土楼、屋盖	15	15	11	7
	装配式钢筋混凝土楼、屋盖	11	11	9	4
	木屋盖	9	9	4	—
底部框架-抗震墙房屋	上部各层	同多层砌体房屋			—
	底层或底部两层	18	15	11	—

注：1. 多层砌体房屋的顶层，除木屋盖外的最大横墙间距应允许适当放宽，但应采取相应加强措施；
2. 多孔砖抗震横墙厚度为 190 mm 时，最大横墙间距应比表中数值减少 3 m。

(五)多层砌体房屋局部尺寸的限制

在强烈地震作用下，房屋破坏往往是从破弱部位开始如窗间墙、近端墙段、突出屋顶的女儿墙等部位。对这些薄弱部位的尺寸加以限制，就可以防止因为这些部位的局部破坏或失稳而造成整个房屋结构的破坏甚至倒塌，同时还可以防止非结构构件掉落伤人。因此，《建筑抗震设计规范(2016 年版)》(GB 50011—2010)规定，多层砌体房屋局部尺寸要满足表 13-13 的要求。

表 13-13　房屋的局部尺寸限值　　m

部　位	6 度	7 度	8 度	9 度
承重窗间墙最小宽度	1.0	1.0	1.2	1.5
承重外墙尽端至门窗洞边的最小距离	1.0	1.0	1.2	1.5
非承重外墙尽端至门窗洞边的最小距离	1.0	1.0	1.0	1.0
内墙阳角至门窗洞边的最小距离	1.0	1.0	1.5	2.0
无锚固女儿墙(非出入口处)的最大高度	0.5	0.5	0.5	0.0

注：1. 局部尺寸不足时，应采取局部加强措施弥补，且最小宽度不宜小于 1/4 层高和表列数据的 80%；
2. 出入口处的女儿墙应有锚固。

三、多层砌体房屋的抗震构造措施

震害经验表明，凡是未经过合理抗震设计的多层砌体结构房屋，抗震性能较差，特别是在强烈地震下极易倒塌，因此，防倒塌是多层砌体结构房屋抗震设计的重要问题。多层砌体结构房屋的抗倒塌，主要通过必要的抗震构造措施来实现。

(一)钢筋混凝土构造柱设置

设置钢筋混凝土构造柱可以明显改善多层砌体结构房屋的抗震性能，其作用如下：

(1)提高砌体的抗剪强度，一般可提高 10%～30%；

(2)对砌体起约束作用，提高其变形能力；

(3)位于连接构造比较薄弱和易于产生应力集中部位的构造柱可起到减轻震害的作用。

抗震规范对多层砖房构造柱的构造要求做了以下规定：

(1)多层砖房构造柱的设置要求：

构造柱设置部位，一般情况下应符合表 13-14 的要求。

表 13-14　多层砖砌体房屋构造柱设置要求

<table>
<tr><th colspan="4">房屋层数</th><th colspan="2" rowspan="2">设置部位</th></tr>
<tr><th>6 度</th><th>7 度</th><th>8 度</th><th>9 度</th></tr>
<tr><td>四、五</td><td>三、四</td><td>二、三</td><td></td><td rowspan="3">楼、电梯间四角、楼梯斜梯段上下端对应的墙体处；
外墙四角和对应转角；
错层部位横墙与外纵墙交接处；
较大洞口两侧</td><td>隔 12 m 或单元横墙与外纵墙交接处；
楼梯间对应的另一侧内横墙与外纵墙交接处</td></tr>
<tr><td>六</td><td>五</td><td>四</td><td>二</td><td>隔开间横墙(轴线)与外墙交接处；
山墙与内纵墙交接处</td></tr>
<tr><td>七</td><td>≥六</td><td>≥五</td><td>≥三</td><td>内墙(轴线)与外墙交接处；
内横墙的局部较小墙垛处；
内纵墙与横墙(轴线)交接处</td></tr>
<tr><td colspan="6">注：较大洞口，内墙指不小于 2.1 m 的洞口；外墙在内外墙交接处已设置构造柱时应允许适当放宽，但洞侧墙体应加强。</td></tr>
</table>

(2)多层砖砌体房屋的构造柱的构造要求(图 13-4)：

①构造柱最小截面可采用 180 mm×240 mm(墙厚 190 mm 时为 180 mm×190 mm)，纵向钢筋宜采用 4ϕ12，箍筋间距不宜大于 250 mm，且在柱上、下端应适当加密；6、7 度时超过六层、8 度时超过五层和 9 度时，构造柱纵向钢筋宜采用 4ϕ14，箍筋间距不应大于 200 mm；房屋四角的构造柱应适当加大截面及配筋。

②构造柱与墙连接处应砌成马牙槎，沿墙高每隔 500 mm 设 2ϕ6 水平钢筋和 φ4 分布短筋平面内点焊组成的拉结网片或 ϕ4 点焊钢筋网片，每边伸入墙内不宜小于 1 m。6、7 度时底部 1/3 楼层，8 度时底部 1/2 楼层，9 度时全部楼层，上述拉结钢筋网片应沿墙体水平通长设置。

③构造柱与圈梁连接处，构造柱的纵筋应在圈梁纵筋内侧穿过，保证构造柱纵筋上下贯通。

④构造柱可不单独设置基础，但应伸入室外地面下 500 mm，或与埋深小于 500 mm 的基础圈梁相连。

⑤房屋高度和层数接近表 13-10 的限值时，纵、横墙内构造柱间距尚应符合下列要求：

a. 横墙内的构造柱间距不宜大于层高的二倍；下部 1/3 楼层的构造柱间距适当减小；

b. 当外纵墙开间大于 3.9 m 时，应另设加强措施。内纵墙的构造柱间距不宜大于 4.2 m。

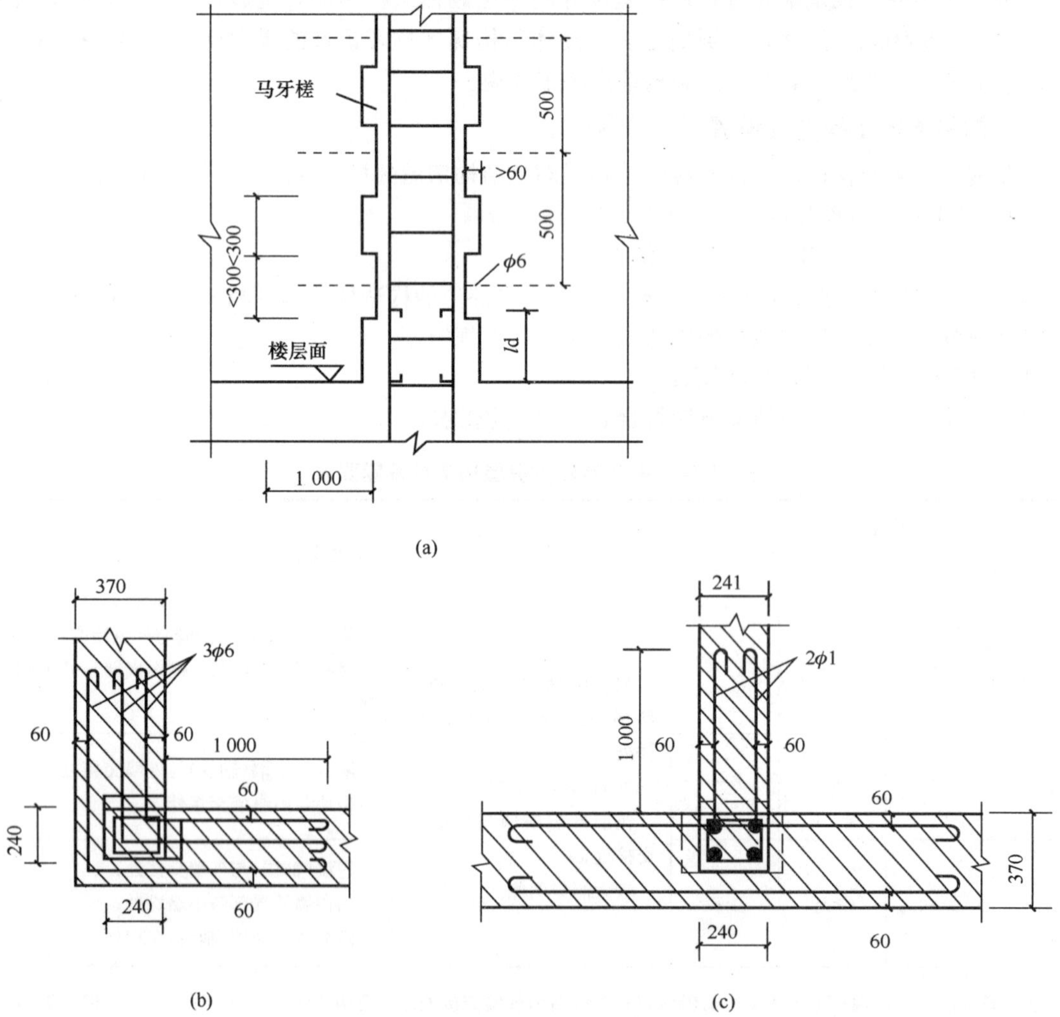

图 13-4　构造柱构造详图(单位：mm)

(二)钢筋混凝土圈梁设置

圈梁是提高多层砌体结构房屋抗震性能的一种经济有效的措施，其主要功能如下：

(1)加强房屋的整体性；

(2)作为楼盖的边缘构件，提高了楼盖的水平刚度；

(3)限制墙体斜裂缝的开展和延伸；

(4)减轻地震时地基不均匀沉陷对房屋的影响；

(5)减轻和防止地震时的地表裂隙将房屋撕裂。

抗震规范对多层砖房构造柱的构造要求做了以下规定：

(1)多层砖砌体房屋现浇混凝土圈梁的设置要求：

①装配式钢筋混凝土楼、屋盖或木屋盖的砖房，应按表13-15的要求设置圈梁；纵墙承重时，抗震横墙上的圈梁间距应比表内要求适当加密。

表13-15　多层砖砌体房屋现浇钢筋混凝土圈梁设置要求

墙类	烈度		
	6、7	8	9
外墙和内纵墙	屋盖处及每层楼盖处	屋盖处及每层楼盖处	屋盖处及每层楼盖处
内横墙	同上； 屋盖处间距不应大于4.5 m； 楼盖处间距不应大于7.2 m； 构造柱对应部位	同上； 各层所有横墙，且间距不应大于4.5 m； 构造柱对应部位	同上； 各层所有横墙

②现浇或装配整体式钢筋混凝土楼、屋盖与墙体有可靠连接的房屋，应允许不另设圈梁，但楼板沿抗震墙体周边均应加强配筋并应与相应的构造柱钢筋可靠连接。

(2)多层砖砌体房屋现浇混凝土圈梁的构造应符合下列要求：

①圈梁应闭合，遇有洞口圈梁应上、下搭接。圈梁宜与预制板设在同一标高处或紧靠板底；

②圈梁在规定的间距内无横墙时，应利用梁或板缝中配筋替代圈梁；

③圈梁的截面高度不应小于120 mm，配筋应符合表13-16的要求；按规范要求增设的基础圈梁，截面高度不应小于180 mm，配筋不应少于4ϕ12。

表13-16　多层砖砌体房屋圈梁配筋要求

配筋	烈度		
	6、7	8	9
最小纵筋	4ϕ10	4ϕ12	4ϕ14
箍筋最大间距/mm	250	200	150

(三)楼(屋)盖结构及其连接

楼、屋盖是房屋的重要横隔，除保证本身刚度和整体性之外，必须与墙体有足够支撑长度或可靠的拉结，才能正常传递地震作用，保证房屋的整体性。

多层砖砌体房屋的楼、屋盖应符合下列要求：

(1)现浇钢筋混凝土楼板或屋面板伸进纵、横墙内的长度，均不应小于120 mm。

(2)装配式钢筋混凝土楼板或屋面板，当圈梁未设在板的同一标高时，板端伸进外墙的长度不应小于 120 mm，伸进内墙的长度不应小于 100 mm 或采用硬架支模连接，在梁上不应小于 80 mm 或采用硬架支模连接。

(3)当板的跨度大于 4.8 m 并与外墙平行时，靠外墙的预制板侧边应与墙或圈梁拉结。

(4)房屋端部大房间的楼盖，6 度时房屋的屋盖和 7～9 度时房屋的楼、屋盖，当圈梁设在板底时，钢筋混凝土预制板应相互拉结，并应与梁、墙或圈梁拉结。

(5)楼、屋盖的钢筋混凝土梁或屋架应与墙、柱(包括构造柱)或圈梁可靠连接；不得采用独立砖柱。跨度不小于 6 m 大梁的支撑构件应采用组合砌体等加强措施，并满足承载力要求。

(四)对楼梯间的要求

楼梯间是地震时的疏散通道，历次地震震害表明，由于楼梯间比较空旷常常破坏严重，在 9 度及 9 度以上地区曾多次发生楼梯间的局部倒塌，当楼梯间设置在房屋尽端时破坏尤为严重。

楼梯间还应符合下列要求：

(1)顶层楼梯间墙体应沿墙高每隔 500 mm 设 $2\phi6$ 通长钢筋和 $\phi4$ 分布短钢筋平面内点焊组成的拉结网片或 $\phi4$ 点焊网片；7～9 度时其他各层楼梯间墙体应在休息平台或楼层半高处设置 60 mm 厚、纵向钢筋不应少于 $2\phi10$ 的钢筋混凝土带或配筋砖带，配筋砖带不少于 3 皮，每皮的配筋不少于 $2\phi6$，砂浆强度等级不应低于 M7.5 且不低于同层墙体的砂浆强度等级。

(2)楼梯间及门厅内墙阳角处的大梁支撑长度不应小于 500 mm，并应与圈梁连接。

(3)装配式楼梯段应与平台板的梁可靠连接，8、9 度时不应采用装配式楼梯段；不应采用墙中悬挑式踏步或踏步竖肋插入墙体的楼梯，不应采用无筋砖砌栏板。

(4)凸出屋顶的楼、电梯间，构造柱应伸到顶部，并与顶部圈梁连接，所有墙体应沿墙高每隔 500 mm 设 $2\phi6$ 通长钢筋和 $\phi4$ 分布短筋平面内点焊组成的拉结网片或 $\phi4$ 点焊网片。

(五)其他要求

(1)6、7 度时长度大于 7.2 m 的大房间，以及 8、9 度时外墙转角及内外墙交接处，应沿墙高每隔 500 mm 配置 $2\phi6$ 的通长钢筋和 $\phi4$ 分布短筋平面内点焊组成的拉结网片或 $\phi4$ 点焊网片。

(2)坡屋顶房屋的屋架应与顶层圈梁可靠连接，檩条或屋面板应与墙、屋架可靠连接，房屋出入口处的檐口瓦应与屋面构件锚固。采用硬山搁檩时，顶层内纵墙顶宜增砌支撑山墙的踏步式墙垛，并设置构造柱。

(3)门窗洞处不应采用砖过梁；过梁支撑长度，6～8 度时不应小于 240 mm，9 度时不应小于 360 mm。

(4)预制阳台，6、7 度时应与圈梁和楼板的现浇板带可靠连接，8、9 度时不应采用预制阳台。

(5)后砌的非承重砌体隔墙，烟道、风道、垃圾道等应符合《建筑抗震设计规范(2016 年版)》(GB 50011—2010)第 13.3 节的有关规定。

(6)同一结构单元的基础(或桩承台)，宜采用同一类型的基础，底面宜埋置在同一标高上，否则应增设基础圈梁并应按 1∶2 的台阶逐步放坡。

本章小结

(1)地震按其成因分为诱发地震和天然地震。诱发地震是由于人工原因所引发的地震。天然地震又可以分为构造地震和火山地震。火山地震是由于火山爆发引起的地震。构造地震是由于地球内部的运动而产生的地震。

(2)地震震级是是一次地震释放能量的多少。地震烈度表示地震造成地面上各地点的破坏程度。

(3)我国《建筑抗震设计规范(2016 年版)》(GB 50011—2010)明确给出了“三水准”的抗震设防目标，即“小震不坏、中震可修、大震不倒”。

(4)建筑抗震概念设计是指根据地震灾害和工程经验等形成的基本设计原则和设计思想，进行建筑和结构总体布置并确定细部构造的过程。

(5)钢筋混凝土房屋抗震规定。《建筑抗震设计规范(2016 年版)》(GB 50011—2010)对多、高层钢筋混凝土房屋的最大适用高度、抗震等级、防震缝布置、结构的布置要求提出了一般规定。框架结构的抗震构造措施主要是框架梁和框架柱的构造措施。

(6)多层砌体房屋的抗震规定。《建筑抗震设计规范(2016 年版)》(GB 50010—2010)对多层砌体房屋的层数和高度、最大高宽比、抗震横墙间距、局部尺寸、结构体系作出了相应限制。构造柱和圈梁是多层砖房所采用的主要抗震措施。

复习思考题

1. 什么是地震震级、地震烈度？两者有什么区别？

2. 我国的抗震设防分类和抗震设防标准都是什么？

3.《建筑抗震设计规范(2016 年版)》(GB 50010—2010)提出的“三水准设防目标，两阶段设计方法”的抗震设计思想是什么？

4.《建筑抗震设计规范(2016 年版)》(GB 50010—2010)对钢筋混凝土房屋的最大适用高度有何规定？

5. 框架结构房屋的抗震构造措施有哪些？

6.《建筑抗震设计规范(2016 年版)》(GB 50010—2010)对多层砌体房屋的总高度、层数、房屋最大高宽比、房屋局部尺寸有哪些规定？

7. 多层砌体房屋的抗震构造措施有哪些？

实践与思考

对比抗震设计规范和标准图集，参观施工中钢筋混凝土结构和砌体结构的抗震措施。

附录一　混凝土结构附表

附表 1　混凝土强度标准值　　N/mm²

强度种类	混凝土强度等级													
	C15	C20	C25	C30	C35	C40	C45	C50	C55	C60	C65	C70	C75	C80
f_{ck}	10.0	13.4	16.7	20.1	23.4	26.8	29.6	32.4	35.5	38.5	41.5	44.5	47.4	50.2
f_{tk}	1.27	1.54	1.78	2.01	2.20	2.39	2.51	2.64	2.74	2.85	2.93	2.99	3.05	3.11

附表 2　混凝土强度设计值　　N/mm²

强度种类	混凝土强度等级													
	C15	C20	C25	C30	C35	C40	C45	C50	C55	C60	C65	C70	C75	C80
f_c	7.2	9.6	11.9	14.3	16.7	19.1	21.1	23.1	25.3	27.5	29.7	31.8	33.8	35.9
f_t	0.91	1.10	1.27	1.43	1.57	1.71	1.80	1.89	1.96	2.04	2.09	2.14	2.18	2.22

附表 3　混凝土弹性模量　　$\times 10^4$ N/mm²

混凝土强度等级	C15	C20	C25	C30	C35	C40	C45	C50	C55	C60	C65	C70	C75	C80
E_c	2.20	2.55	2.80	3.00	3.15	3.25	3.35	3.45	3.55	3.60	3.65	3.7	3.75	3.80

注：1. 当有可靠试验依据时，弹性模量值也可根据实测数据确定；
2. 当混凝土中掺有大量矿物掺合料时，弹性模量可按规定龄期根据实测值确定。

附表 4　普通钢筋强度标准值　　N/mm²

牌号	符号	公称直径 d/mm	屈服强度标准值 f_{yk}	极限强度标准值 f_{stk}
HPB300	Φ	6～22	300	420
HRB335 HRBF335	Φ Φ^F	6～50	335	455
HRB400 HRBF400 RRB400	Φ Φ^F Φ^R	6～50	400	540
HRB500 HRBF500	Φ Φ^F	6～50	500	630

附表 5　普通钢筋强度设计值　N/mm^2

牌号	抗拉强度设计值 f_y	抗压强度设计值 f'_y
HPB300	270	270
HRB335、HRBF335	300	300
HRB400、HRBF400、RRB400	360	360
HRB500、HRBF	435	410

注：横向钢筋的抗拉强度设计值 f_{yv}应按表中 f_y 的数值取用；但用作受剪、受扭、受冲切承载力计算时，其数值大于 360 N/mm^2 时应取 360 N/mm^2。

附表 6　混凝土结构的环境类别

环境类别	条　件
一	室内干燥环境；无侵蚀性静水浸没环境
二 a	室内潮湿环境；非严寒和非寒冷地区的露天环境；非严寒和非寒冷地区与无侵蚀性的水或土壤直接接触的环境；严寒和寒冷地区的冰冻线以下与无侵蚀性的水或土壤直接接触的环境
二 b	干湿交替环境；水位频繁变动环境；严寒和寒冷地区的露天环境；严寒和寒冷地区冰冻线以上与无侵蚀性的水或土壤直接接触的环境
三 a	严寒和寒冷地区冬季水位变动区环境；受除冰盐影响环境；海风环境
三 b	盐渍土环境；受除冰盐作用环境；海岸环境
四	海水环境
五	受人为或自然的侵蚀性物质影响的环境

注：1. 室内潮湿环境是指构件表面经常处于结露或湿润状态的环境；
2. 严寒和寒冷地区的划分应符合国家现行标准《民用建筑热工设计规范》(GB 50176)的有关规定；
3. 海岸环境和海风环境宜根据当地情况，考虑主导风向及结构所处迎风、背风部位等因素的影响，由调查研究和工程经验确定；
4. 受除冰盐影响环境为受到除冰盐盐雾影响的环境；受除冰盐作用环境指被除冰盐溶液溅射的环境以及使用除冰盐地区的洗车房、停车楼等建筑。

附表 7　混凝土保护层的最小厚度 *c*　mm

环境类别	板、墙、壳	梁、柱
一	15	20
二 a	20	25
二 b	25	35
三 a	30	40
三 b	40	50

注：1. 混凝土强度等级不大于 C25 时，表中保护层厚度数值应增加 5 mm；
2. 钢筋混凝土基础宜设置混凝土垫层，其受力钢筋的混凝土保护层厚度应从垫层顶面算起，且不应小于 40 mm。

附表 8　钢筋混凝土梁或柱正截面设计时 a_s 的近似取值 mm

环境类别	箍筋直径 $d_v=6$		箍筋直径 $d_v=8$		箍筋直径 $d_v=10$	
	受拉纵筋一排	受拉纵筋两排	受拉纵筋一排	受拉纵筋两排	受拉纵筋一排	受拉纵筋两排
一	35	60	40	60	40	65
二 a	40	65	45	65	45	70
二 b	50	75	55	75	55	80
三 a	55	80	60	80	60	65
三 b	65	90	70	90	70	95

注：当混凝土强度等级≤C25 时，表中 a_s 数值尚应增加 5 mm。

附录二　钢结构附表

附表9　钢材的强度设计值　N/mm^2

牌号	厚度或直径/mm	抗拉、抗压和抗弯 f	抗剪 f_v	端面承压（刨平顶紧）f_{ce}	钢材名义屈服强度 f_y
Q235	≤16	215	125	325	235
	>16～40	205	120		225
	>40～60	200	115		215
	>60～100	200	115		205
Q345	≤16	300	175	400	345
	>16～40	295	170		335
	>40～63	290	165		325
	>63～80	280	160		315
	>80～100	270	155		305
Q390	≤16	345	200	415	390
	>16～40	330	190		370
	>40～63	310	180		350
	>63～80	295	170		330
	>80～100	295	170		330
Q420	≤16	375	215	440	420
	>16～40	355	205		400
	>40～63	320	185		380
	>63～80	305	175		360
	>80～100	305	175		360
注：表中厚度系指计算点的钢材厚度，对轴心受拉和轴心受压构件系指截面中较厚板件的厚度。					

附表10　a类截面轴心受压构件的稳定系数 φ

$\lambda\sqrt{\frac{f}{235}}$	0	1	2	3	4	5	6	7	8	9
0	1.000	1.000	1.000	1.000	0.999	0.999	0.998	0.998	0.997	0.996
10	0.995	0.994	0.993	0.992	0.991	0.989	0.988	0.986	0.985	0.983
20	0.981	0.979	0.977	0.976	0.974	0.972	0.970	0.968	0.966	0.964
30	0.963	0.961	0.959	0.957	0.954	0.952	0.950	0.948	0.946	0.944
40	0.941	0.939	0.937	0.934	0.932	0.929	0.927	0.924	0.921	0.918
50	0.916	0.913	0.910	0.907	0.903	0.900	0.897	0.893	0.890	0.886

续表

$\lambda\sqrt{\frac{f}{235}}$	0	1	2	3	4	5	6	7	8	9
60	0.883	0.879	0.875	0.871	0.867	0.862	0.858	0.854	0.849	0.844
70	0.839	0.834	0.829	0.824	0.818	0.813	0.807	0.801	0.795	0.789
80	0.783	0.776	0.770	0.763	0.756	0.749	0.742	0.735	0.728	0.721
90	0.713	0.706	0.698	0.691	0.683	0.676	0.668	0.660	0.653	0.645
100	0.637	0.630	0.622	0.614	0.607	0.599	0.592	0.584	0.577	0.569
110	0.562	0.555	0.548	0.541	0.534	0.527	0.520	0.513	0.507	0.500
120	0.494	0.487	0.481	0.475	0.469	0.463	0.457	0.451	0.445	0.439
130	0.434	0.428	0.423	0.417	0.412	0.407	0.402	0.397	0.392	0.387
140	0.382	0.378	0.373	0.368	0.364	0.360	0.355	0.351	0.347	0.343
150	0.339	0.335	0.331	0.327	0.323	0.319	0.316	0.312	0.308	0.305
160	0.302	0.298	0.295	0.292	0.288	0.285	0.282	0.279	0.276	0.273
170	0.270	0.267	0.264	0.261	0.259	0.256	0.253	0.250	0.248	0.245
180	0.243	0.240	0.238	0.235	0.233	0.231	0.228	0.226	0.224	0.222
190	0.219	0.217	0.215	0.213	0.211	0.209	0.207	0.205	0.203	0.201
200	0.199	0.197	0.196	0.194	0.192	0.190	0.188	0.187	0.185	0.183
210	0.182	0.180	0.178	0.177	0.175	0.174	0.172	0.171	0.169	0.168
220	0.166	0.165	0.163	0.162	0.161	0.159	0.158	0.157	0.155	0.154
230	0.153	0.151	0.150	0.149	0.148	0.147	0.145	0.144	0.143	0.142
240	0.141	0.140	0.139	0.137	0.136	0.135	0.134	0.133	0.132	0.131
250	0.130	—	—	—	—	—	—	—	—	—

附表 11　b 类截面轴心受压构件的稳定系数 φ

$\lambda\sqrt{\frac{f_y}{235}}$	0	1	2	3	4	5	6	7	8	9
0	1.000	1.000	1.000	0.999	0.999	0.998	0.997	0.996	0.995	0.994
10	0.992	0.991	0.989	0.987	0.985	0.983	0.981	0.978	0.976	0.973
20	0.970	0.967	0.963	0.960	0.957	0.953	0.950	0.946	0.943	0.939
30	0.936	0.932	0.929	0.925	0.922	0.918	0.914	0.910	0.906	0.903
40	0.899	0.895	0.891	0.887	0.882	0.878	0.874	0.870	0.865	0.861
50	0.856	0.852	0.847	0.842	0.838	0.833	0.828	0.823	0.818	0.813
60	0.807	0.802	0.797	0.791	0.786	0.780	0.774	0.769	0.763	0.757
70	0.751	0.745	0.739	0.732	0.726	0.720	0.714	0.707	0.701	0.694
80	0.688	0.681	0.675	0.668	0.661	0.655	0.648	0.641	0.635	0.628
90	0.621	0.614	0.608	0.601	0.594	0.588	0.581	0.575	0.568	0.561
100	0.555	0.549	0.542	0.536	0.529	0.523	0.517	0.511	0.505	0.499
110	0.493	0.487	0.481	0.475	0.470	0.464	0.458	0.453	0.447	0.442

续表

$\lambda\sqrt{\frac{f_y}{235}}$	0	1	2	3	4	5	6	7	8	9
120	0.437	0.432	0.426	0.421	0.416	0.411	0.406	0.402	0.397	0.392
130	0.387	0.383	0.378	0.374	0.370	0.365	0.361	0.357	0.353	0.349
140	0.345	0.341	0.337	0.333	0.329	0.326	0.322	0.318	0.315	0.311
150	0.308	0.304	0.301	0.298	0.295	0.291	0.288	0.285	0.282	0.279
160	0.276	0.273	0.270	0.267	0.265	0.262	0.259	0.256	0.254	0.251
170	0.249	0.246	0.244	0.241	0.239	0.236	0.234	0.232	0.229	0.227
180	0.225	0.223	0.220	0.218	0.216	0.214	0.212	0.210	0.208	0.206
190	0.204	0.202	0.200	0.198	0.197	0.195	0.193	0.191	0.190	0.188
200	0.186	0.184	0.183	0.181	0.180	0.178	0.176	0.175	0.173	0.172
210	0.170	0.169	0.167	0.166	0.165	0.163	0.162	0.160	0.159	0.158
220	0.156	0.155	0.154	0.153	0.151	0.150	0.149	0.148	0.146	0.145
230	0.144	0.143	0.142	0.141	0.140	0.138	0.137	0.136	0.135	0.134
240	0.133	0.132	0.131	0.130	0.129	0.128	0.127	0.126	0.125	0.124
250	0.123	—	—	—	—	—	—	—	—	—

附表 12　c 类截面轴心受压构件的稳定系数 φ

$\lambda\sqrt{\frac{f}{235}}$	0	1	2	3	4	5	6	7	8	9
0	1.000	1.000	1.000	0.999	0.999	0.998	0.997	0.996	0.995	0.993
10	0.992	0.990	0.988	0.986	0.983	0.981	0.978	0.976	0.973	0.970
20	0.966	0.959	0.953	0.947	0.940	0.934	0.928	0.921	0.915	0.909
30	0.902	0.896	0.890	0.883	0.877	0.871	0.865	0.858	0.852	0.845
40	0.839	0.833	0.826	0.820	0.813	0.807	0.800	0.794	0.787	0.781
50	0.774	0.768	0.761	0.755	0.748	0.742	0.735	0.728	0.722	0.715
60	0.709	0.702	0.695	0.689	0.682	0.675	0.669	0.662	0.656	0.649
70	0.642	0.636	0.629	0.623	0.616	0.610	0.603	0.597	0.591	0.584
80	0.578	0.572	0.565	0.559	0.553	0.547	0.541	0.535	0.529	0.523
90	0.517	0.511	0.505	0.499	0.494	0.488	0.483	0.477	0.471	0.467
100	0.462	0.458	0.453	0.449	0.445	0.440	0.436	0.432	0.427	0.423
110	0.419	0.415	0.411	0.407	0.402	0.398	0.394	0.390	0.386	0.383
120	0.379	0.375	0.371	0.367	0.363	0.360	0.356	0.352	0.349	0.345
130	0.342	0.338	0.335	0.332	0.328	0.325	0.322	0.318	0.315	0.312
140	0.309	0.306	0.303	0.300	0.297	0.294	0.291	0.288	0.285	0.282
150	0.279	0.277	0.274	0.271	0.269	0.266	0.263	0.261	0.258	0.256
160	0.253	0.251	0.248	0.246	0.244	0.241	0.239	0.237	0.235	0.232
170	0.230	0.228	0.226	0.224	0.222	0.220	0.218	0.216	0.214	0.212
180	0.210	0.208	0.206	0.204	0.203	0.201	0.199	0.197	0.195	0.194

续表

$\lambda\sqrt{\frac{f}{235}}$	0	1	2	3	4	5	6	7	8	9
190	0.192	0.190	0.189	0.187	0.185	0.184	0.182	0.181	0.179	0.178
200	0.176	0.175	0.173	0.172	0.170	0.169	0.167	0.166	0.165	0.163
210	0.162	0.161	0.159	0.158	0.157	0.155	0.154	0.153	0.152	0.151
220	0.149	0.148	0.147	0.146	0.145	0.144	0.142	0.141	0.140	0.139
230	0.138	0.137	0.136	0.135	0.134	0.133	0.132	0.131	0.130	0.129
240	0.128	0.127	0.126	0.125	0.124	0.123	0.123	0.122	0.121	0.120
250	0.119	—	—	—	—	—	—	—	—	—

附表 13　d 类截面轴心受压构件的稳定系数 φ

$\lambda\sqrt{\frac{f}{235}}$	0	1	2	3	4	5	6	7	8	9
0	1.000	1.000	0.999	0.999	0.998	0.996	0.994	0.992	0.990	0.987
10	0.984	0.981	0.978	0.974	0.969	0.965	0.960	0.955	0.949	0.944
20	0.937	0.927	0.918	0.909	0.900	0.891	0.883	0.874	0.865	0.857
30	0.848	0.840	0.831	0.823	0.815	0.807	0.798	0.790	0.782	0.774
40	0.766	0.758	0.751	0.743	0.735	0.727	0.720	0.712	0.705	0.697
50	0.690	0.682	0.675	0.668	0.660	0.653	0.646	0.639	0.632	0.625
60	0.618	0.611	0.605	0.598	0.591	0.585	0.578	0.571	0.565	0.559
70	0.552	0.546	0.540	0.534	0.528	0.521	0.516	0.510	0.504	0.498
80	0.492	0.487	0.481	0.476	0.470	0.465	0.459	0.454	0.449	0.444
90	0.439	0.434	0.429	0.424	0.419	0.414	0.409	0.405	0.401	0.397
100	0.393	0.390	0.386	0.383	0.380	0.376	0.373	0.369	0.366	0.363
110	0.359	0.356	0.353	0.350	0.346	0.343	0.340	0.337	0.334	0.331
120	0.328	0.325	0.322	0.319	0.316	0.313	0.310	0.307	0.304	0.301
130	0.298	0.296	0.293	0.290	0.288	0.285	0.282	0.280	0.277	0.275
140	0.272	0.270	0.267	0.265	0.262	0.260	0.257	0.255	0.253	0.250
150	0.248	0.246	0.244	0.242	0.239	0.237	0.235	0.233	0.231	0.229
160	0.227	0.225	0.223	0.221	0.219	0.217	0.215	0.213	0.211	0.210
170	0.208	0.206	0.204	0.202	0.201	0.199	0.197	0.196	0.194	0.192
180	0.191	0.189	0.187	0.186	0.184	0.183	0.181	0.180	0.178	0.177
190	0.175	0.174	0.173	0.171	0.170	0.168	0.167	0.166	0.164	0.163
200	0.162	—	—	—	—	—	—	—	—	—

注：表中的 φ 值按下列公式算得：

当 $\lambda_n=\frac{\lambda}{\pi}\sqrt{\frac{f_y}{E}}\leqslant 0.215$ 时：$\varphi=1-\alpha_1\lambda_n^2$

当 $\lambda_n=>0.215$ 时：$\varphi=\frac{1}{2\lambda_n^2}\left[(\alpha_2+\alpha_3\lambda_n+\lambda_n^2)-\sqrt{(\alpha_2+\alpha_3\lambda_n+\lambda_n^2)^2-4\lambda_n^2}\right]$

附表 14 系数 α_1、α_2、α_3

截面类别		α_1	α_2	α_3
a类		0.41	0.986	0.152
b类		0.65	0.965	0.3
c类	$\lambda_n \leqslant 1.05$	0.73	0.906	0.595
	$\lambda_n > 1.05$		1.216	0.302
d类	$\lambda_n \leqslant 1.05$	1.35	0.868	0.915
	$\lambda_n > 1.05$		1.375	0.432

附表 15 热轧普通工字钢的规格及截面特性

符号：h—高度；
b—宽度；
t_w—腹板厚度；
t—翼缘平均厚度；
I—惯性矩；
W—截面模量

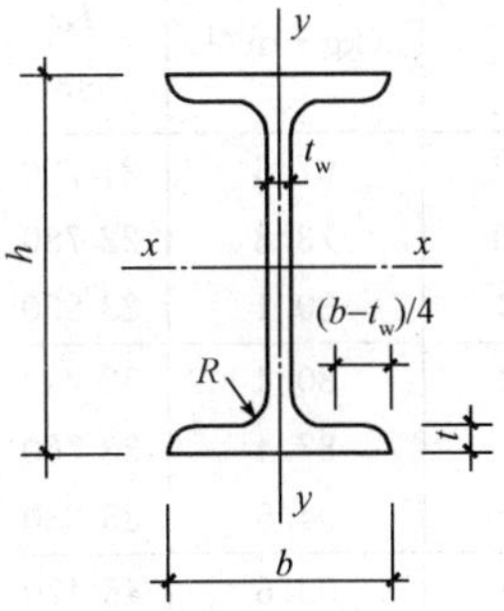

i—回转半径；
S_x—半截面的面积矩；
长度：
型号 10～18，长 5～19 m；
型号 20～63，长 6～19 m。

型号	尺寸/mm					截面面积/cm^2	理论重量/$(kg\cdot m^{-1})$	$x-x$ 轴				$y-y$ 轴		
	h	b	t_w	t	R			I_x/cm^4	W_x/cm^3	i_x/cm	I_x/S/cm	I_y/cm^4	W_y/cm^3	i_y/cm
10	100	68	4.5	7.6	6.5	14.3	11.2	245	49	4.14	8.59	33	9.7	1.52
12.6	126	74	5	8.4	7.0	18.1	14.2	488	77	5.19	10.8	47	12.7	1.61
14	140	80	5.5	9.1	7.5	21.5	16.9	712	102	5.79	12.0	64	16.1	1.73
16	160	88	6	9.9	8.0	26.1	0.5	1 130	141	6.58	13.8	93	21.1	1.89
18	180	94	6.5	10.7	8.5	30.7	24.1	1 660	185	7.36	15.4	122	26.0	2.00
20a	200	100	7.0	11.4	9.0	35.5	27.9	2 370	237	8.15	17.2	158	31.5	2.12
20b		102	9.0			39.5	31.1	2 500	250	7.95	16.9	169	33.1	2.06
22a	220	110	7.5	12.3	9.5	42.1	33.0	3 400	309	8.99	18.9	225	40.9	2.31
22b		112	9.5			46.5	36.5	3 570	325	8.78	18.7	239	42.7	2.27
25a	250	116	8.0	13.0	10.0	48.5	38.1	5 020	402	10.18	21.6	280	48.3	2.40
25b		118	10.0			53.5	42.0	5 280	423	9.94	213	309	52.4	2.40
28a	280	122	8.5	13.7	10.5	55.4	43.5	7 110	508	11.3	24.6	345	56.6	2.49
28b		124	10.5			61.0	47.9	7 480	534	11.1	24.2	379	61.2	2.49
a	320	130	9.5	15.0	11.5	67.1	52.7	11 080	692	12.8	27.5	460	70.8	2.62
32b		132	11.5			73.5	57.7	11 620	726	12.6	27.1	502	76.6	2.61
c		134	13.5			79.9	62.7	12 170	760	12.3	26.8	544	81.2	2.61
a	360	136	10.0	15.8	12.0	76.4	60.0	15 760	875	14.4	30.7	552	81.2	2.69
36b		138	12.0			83.6	65.6	16 530	919	14.1	30.3	582	84.3	2.64
c		140	14.0			90.8	71.3	17 310	962	13.8	29.9	612	87.7	2.60

符号：h—高度；
b—宽度；
t_w—腹板厚度；
t—翼缘平均厚度；
I—惯性矩；
W—截面模量

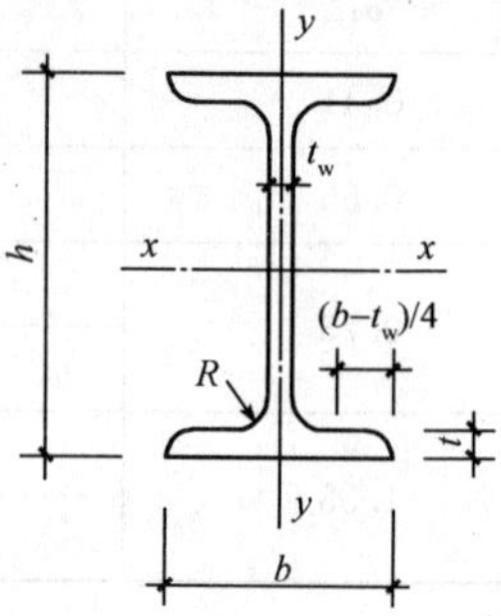

i—回转半径；
S_x—半截面的面积矩；
长度：
型号 10～18，长 5～19 m；
型号 20～63，长 6～19 m。

型号	尺寸/mm					截面面积 /cm²	理论重量 /(kg·m⁻¹)	x—x 轴				y—y 轴		
	h	b	t_w	t	R			I_x /cm⁴	W_x /cm³	i_x /cm	I_x/S /cm	I_y /cm⁴	W_y /cm³	i_y /cm
a		142	10.5			86.1	67.6	21 720	1 090	15.9	34.1	660	93.2	2.77
40b	400	144	12.5	16.5	12.5	94.1	73.8	22 780	1 140	15.6	33.6	692	96.2	2.71
c		146	14.5			102	80.1	23 850	1 190	15.2	33.2	727	99.6	2.65
a		150	11.5			102	80.4	32 240	1 430	17.7	38.6	855	114	2.89
45b	450	152	13.5	18.0	13.5	111	87.4	33 760	1 500	17.4	38.0	894	118	2.84
c		154	15.5			120	94.5	35 280	1 570	17.1	37.6	938	122	2.79
a		158	12.0			119	93.6	46 470	1 860	19.7	42.8	1 120	142	3.07
50b	500	160	14.0	20.0	14.0	129	101	48 560	1 940	19.4	42.4	1 170	146	3.01
c		162	16.0			139	109	50 640	2 080	19.0	41.8	1 220	151	2.96
a		166	12.5			135	106	65 590	2 342	22.0	47.7	1 370	165	3.18
56b	560	168	14.5	21.0	14.5	147	115	68 510	2 447	21.6	47.2	1 487	174	3.16
c		170	16.5			158	124	71 440	2 551	21.3	46.7	1 558	183	3.16
a		176	13.0			155	122	93 920	2 981	24.6	54.2	1 701	193	3.31
63b	630	178	15.0	22.0	15.0	167	131	98 080	3 164	24.2	53.5	1 812	204	3.29
c		180	17.0			180	141	102 250	3 298	23.8	52.9	1 925	214	3.27

附表 16 热轧普通 H 型钢的规格及截面特性

符号：h—高度；
b—宽度；
t_1—腹板厚度；
t_2—翼缘厚度；
I—惯性矩；
W—截面模量

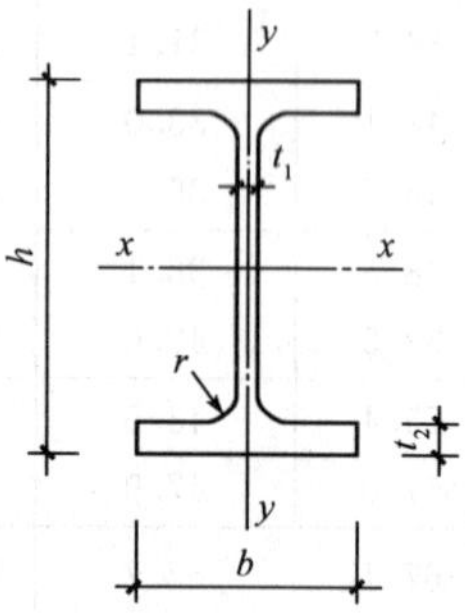

i—回转半径；
S_x—半截面的面积矩。

类别	H 型钢规格 ($h\times b\times t_1\times t_2$)	截面面积 A/cm²	质量 q /(kg·m⁻¹)	x—x 轴			y—y 轴		
				I_x /cm⁴	W_x /cm³	i_x /cm	I_y /cm⁴	W_y /cm³	i_y /cm
HW	100×100×6×8	21.9	17.2	383	76.5	4.18	134	26.7	2.47
	125×125×6.5×9	30.31	23.8	847	136	5.29	294	47	3.11

符号：h—高度；
b—宽度；
t_1—腹板厚度；
t_2—翼缘厚度；
I—惯性矩；
W—截面模量

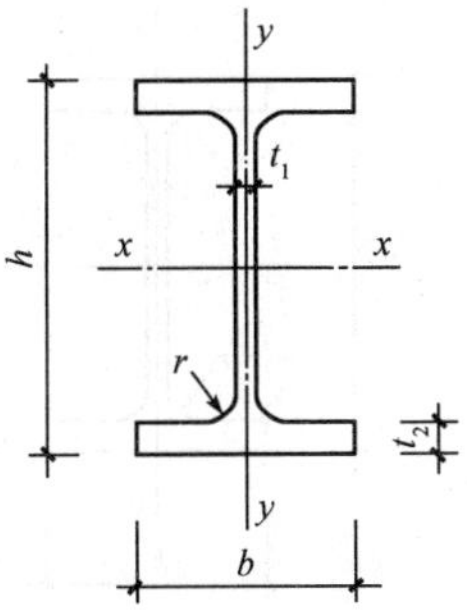

i—回转半径；
S_x—半截面的面积矩。

类别	H 型钢规格 ($h \times b \times t_1 \times t_2$)	截面面积 A/cm^2	质量 q /(kg·m^{-1})	x—x 轴			y—y 轴		
				I_x /cm^4	W_x /cm^3	i_x /cm	I_y /cm^4	W_y /cm^3	i_y /cm
HW	150×150×7×10	40.55	31.9	1 660	221	6.39	564	75.1	3.73
	175×175×7.5×11	51.43	40.3	2 900	331	7.50	984	112	4.37
	200×200×8×10	64.28	50.5	4 770	477	8.61	1 600	160	4.99
	#200×204×12×12	72.28	56.7	5 030	503	8.35	1 700	167	4.85
	250×250×9×14	92.18	72.4	10 800	867	10.8	3 650	292	6.29
	#250×255×14×14	104.7	82.2	11 500	919	10.5	3 880	304	6.09
	#294×302×12×12	108.3	85.0	17 000	1 160	12.5	5 520	365	7.14
	300×300×10×15	120.4	94.5	20 500	1 370	13.1	6 760	450	7.49
	300×305×15×15	135.4	106	21 600	1 440	12.6	7 100	466	7.24
	#344×348×10×16	146.0	115	33 300	1 940	15.1	11 200	646	8.78
	350×350×12×19	173.9	137	40 300	2 300	15.2	13 600	776	8.84
	#388×402×15×15	179.2	141	49 200	2 540	16.6	16 300	809	9.52
	#394×398×11×18	187.6	147	56 400	2 860	17.3	18 900	951	10
	400×400×13×21	219.5	172	66 900	3 340	17.5	22 400	1 120	10.1
	#400×408×21×21	251.5	197	71 100	3 560	16.8	23 800	1 170	9.73
	#414×405×18×28	296.2	233	93 000	4 490	17.7	31 000	1 530	10.2
	#428×407×20×35	361.4	284	119 000	5 580	18.2	39 400	1 930	10.4
	148×100×6×9	27.25	21.4	1 040	140	6.17	151	30.2	2.35
	194×150×6×9	39.76	31.2	2 740	283	8.3	508	67.7	3.57
	244×175×7×11	56.24	44.1	6 120	502	10.4	985	113	4.18
	294×200×8×12	73.03	57.3	11 400	779	12.5	1 600	160	4.69
	340×250×9×14	101.5	79.7	21 700	1 280	14.6	3 650	292	6
	390×300×10×16	136.7	107	38 900	2 000	16.9	7 210	481	7.26
	440×300×11×18	157.4	124	56 100	2 550	18.9	8 110	541	7.18
	482×300×11×15	146.4	115	60 800	2 520	20.4	6 770	451	6.8
	488×300×11×18	164.4	129	71 400	2 930	20.8	8 120	541	7.03
	582×300×12×17	174.5	137	103 000	3 530	24.3	7 670	511	6.63

符号：h—高度；
b—宽度；
t_1—腹板厚度；
t_2—翼缘厚度；
I—惯性矩；
W—截面模量

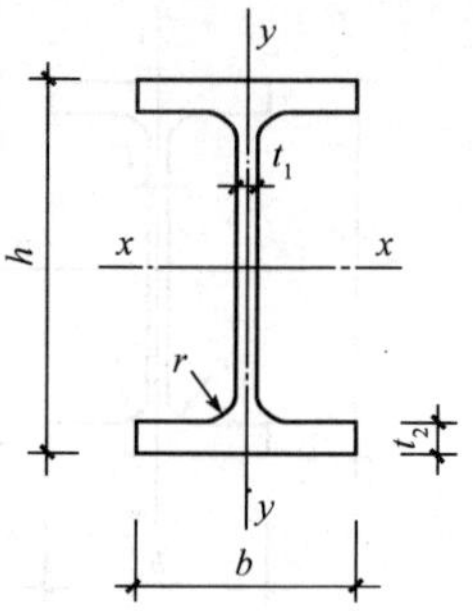

i—回转半径；
S_x—半截面的面积矩。

类别	H 型钢规格 ($h \times b \times t_1 \times t_2$)	截面面积 A/cm^2	质量 q /($kg \cdot m^{-1}$)	$x—x$ 轴			$y—y$ 轴		
				I_x /cm^4	W_x /cm^3	i_x /cm	I_y /cm^4	W_y /cm^3	i_y /cm
HW	588×300×12×20	192.5	151	118 000	4 020	24.8	9 020	601	6.85
	#594×302×14×23	222.4	175	137 000	4 620	24.9	10 600	701	6.9
HN	100×50×5×7	12.16	9.54	192	38.5	3.98	14.9	5.96	1.11
	125×60×6×8	17.01	13.3	417	66.8	4.95	29.3	.75	1.31
	150×75×5×7	18.16	14.3	679	90.6	6.12	49.6	13.2	1.65
	175×90×5×8	23.21	18.2	1 220	140	7.26	97.6	21.7	2.05
	198×99×4.5×7	23.59	18.5	1 610	163	8.27	114	23.0	2.2
	200×100×5.5×8	27.57	21.7	1 880	188	8.25	134	26.8	2.21
	248×124×5×8	32.89	25.8	3 560	287	10.4	255	41.1	2.78
	250×125×6×9	37.87	29.7	4 080	326	10.4	294	47.0	2.79
	298×149×5.5×8	41.55	32.6	6 460	433	12.4	443	59.4	3.26
	300×150×6.5×9	47.53	37.3	7 350	490	12.4	508	67.7	3.27
	346×174×6×9	53.19	41.8	11 200	649	14.5	792	91.0	3.86
	350×175×7×11	63.66	50.0	13 700	782	14.7	985	113	3.93
	#400×150×8×13	71.12	55.8	18 800	942	16.3	734	97.9	3.21
	396×199×7×11	72.16	56.7	20 000	1 010	16.7	1 450	145	4.48
	400×200×8×13	84.12	66.0	23 700	1 190	16.8	1 740	174	4.54
	#450×150×9×14	83.41	65.5	27 100	1 200	18	793	106	3.08
	446×199×8×12	84.95	66.7	29 000	1 300	18.5	1 580	159	4.31
	450×200×9×14	97.41	76.5	33 700	1 500	18.6	1 870	187	4.38
	#500×150×10×16	98.23	77.1	38 500	1 540	19.8	907	121	3.04
	496×199×9×14	101.3	79.5	41 900	1 690	20.3	1 840	185	4.27
	500×200×10×16	114.2	89.6	47 800	1 910	20.5	2 140	214	4.33
	#506×201×11×19	131.3	103.0	56 500	2 230	20.8	2 580	257	4.43
	596×199×10×15	121.2	95.1	69 300	2 330	23.9	1 980	199	4.04
	600×200×11×17	135.2	106	78 200	2 610	24.1	2 280	228	4.11
	#606×201×12×20	153.3	120	91 000	3 000	24.4	2 720	271	4.21
	#692×300×13×20	211.5	166	172 000	4 980	28.6	9 020	602	6.53
	700×300×13×24	235.5	185	201 000	5 760	29.3	10 800	722	6.78

注：“#”表示的规格为非常用规格。

附表 17　热轧普通槽钢的规格及截面特性

符号：

同普通工字钢

但 W_y 为对应翼缘肢尖

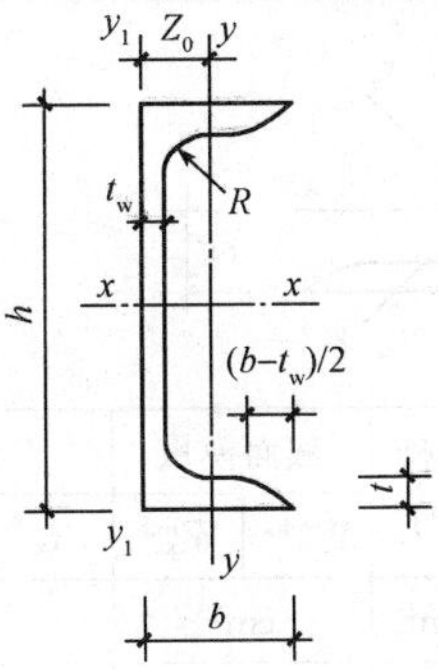

长度：

型号 5～8，长 5～12 m；

型号 10～18，长 5～19 m；

型号 20～20，长 6～19 m。

型号	尺寸/mm					截面面积/cm^2	理论重量/(kg·m^{-1})	x—x 轴			y—y 轴			$y-y_1$ 轴	Z_0
	h	b	t_w	t	R			I_x	W_x	i_x	I_y	W_y	I_y	I_{y1}	
								cm^4	cm^3	cm	cm^4	cm^3	cm	cm^4	cm
5	50	37	4.5	7	7	6.92	5.44	26	10.4	1.94	8.3	3.5	1.1	20.9	1.35
6.3	63	40	4.8	7.5	7.5	8.45	6.63	51	16.3	2.46	11.9	4.6	1.19	28.3	1.39
8	80	43	5.0	8	8	10.24	8.04	101	25.3	3.14	16.6	5.8	1.27	37.4	1.42
10	100	48	5.3	8.5	8.5	12.74	10	198	39.7	3.94	25.6	7.8	1.42	54.9	1.52
12.6	126	53	5.5	9	9	15.69	12.31	389	61.7	4.98	38	10.3	1.56	77.8	1.59
14 a	140	58	6	9.5	9.5	18.51	14.53	564	80.5	5.52	53.2	13	1.7	107.2	1.71
14 b		60	8	9.5	9.5	21.31	16.73	609	87.1	5.35	61.2	14.1	1.69	120.6	1.67
16 a	160	63	6.5	10	10	21.95	17.23	866	108.3	6.28	73.4	16.3	1.83	144.1	1.79
16 b		65	8.5	10	10	25.15	19.75	935	116.8	6.1	83.4	17.6	1.82	160.8	1.75
18 a	180	68	7	10.5	10.5	25.69	20.17	1 273	141.4	7.04	98.6	20	1.96	189.7	1.88
18 b		70	9	10.5	10.5	29.29	22.99	1 370	152.2	6.84	111	21.5	1.95	210.1	1.84
20 a	200	73	7	11	11	28.83	22.63	1 780	178	7.86	128	24.2	2.11	244	2.01
20 b		75	9	11	11	32.83	25.77	1 914	191.4	7.64	143.6	25.9	2.09	268.4	1.95
22 a	220	77	7	11.5	11.5	31.84	24.99	2 394	217.6	8.67	157.8	28.2	2.23	298.2	2.1
22 b		79	9	11.5	11.5	36.24	28.45	2 571	233.8	8.42	176.5	30.1	2.21	326.3	2.03
25 a	250	78	7	12	12	34.91	27.4	3 359	268.7	9.81	175.9	30.7	2.24	324.8	2.07
25 b		80	9	12	12	39.91	31.33	3 619	289.6	9.52	196.4	32.7	2.22	355.1	1.99
25 c		82	11	12	12	44.91	35.25	3 880	310.4	9.3	215.9	34.6	2.19	388.6	1.96
28 a	280	82	7.5	12.5	12.5	40.02	31.42	4 753	339.5	10.9	217.9	35.7	2.33	393.3	2.09
28 b		84	9.5	12.5	12.5	45.62	35.81	5 118	365.6	10.59	241.5	37.9	2.3	428.5	2.02
28 c		86	11.5	12.5	12.5	51.22	40.21	5 484	391.7	10.35	264.1	40	2.27	467.3	1.99
32 a	320	88	8	14	14	48.5	38.07	7 511	469.4	12.44	304.7	46.4	2.51	547.5	2.24
32 b		90	10	14	14	54.9	43.1	8 057	503.5	12.11	335.6	49.1	2.47	592.9	2.16
32 c		92	12	14	14	61.3	48.12	8 603	537.7	11.85	365	51.6	2.44	642.7	2.13
36 a	360	96	9	16	16	60.89	47.8	11 874	659.7	13.96	455	63.6	2.73	818.5	2.44
36 b		98	11	16	16	68.09	53.45	12 652	702.9	13.63	496.7	66.9	2.7	880.5	2.37
36 c		100	13	16	16	75.29	59.1	13 429	746.1	13.36	536.6	70	2.67	948	2.34
40 a	400	100	10.5	18	18	75.04	58.91	17 578	878.9	15.3	592	78.8	2.81	1 057.9	2.49
40 b		102	12.5	18	18	83.04	65.19	18 644	932.2	14.98	640.6	82.6	2.78	1 135.8	2.44
40 c		104	14.5	18	18	91.04	71.47	19 711	985.6	14.71	687.8	86.2	2.75	1 220.3	2.42

附表 18 热轧等边角钢的规格及截面特性

角钢型号		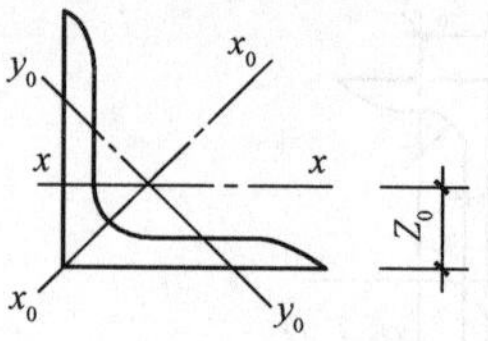											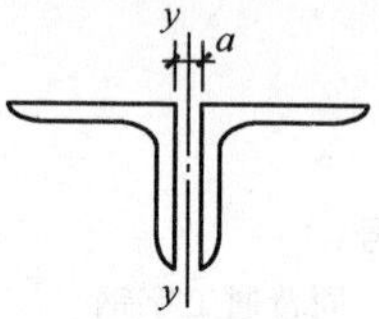				
		圆角 R	重心矩 Z_0	截面面积 A	质量	惯性矩 I_x	截面模量		回转半径			i_y，当 a 为下列数值				
							W_x^{max}	W_x^{min}	i_x	i_{x0}	i_{y0}	6 mm	8 mm	10 mm	12 mm	14 mm
		mm		cm^2	kg/m	cm^4	cm^3		cm			cm				
∟20×	3	3.5	6	1.13	0.89	0.40	0.66	0.29	0.59	0.75	0.39	1.08	1.17	1.25	1.34	1.43
	4		6.4	1.46	1.15	0.50	0.78	0.36	0.58	0.73	0.38	1.11	1.19	1.28	1.37	1.46
∟25×	3	3.5	7.3	1.43	1.12	0.82	1.12	0.46	0.76	0.95	0.49	1.27	1.36	1.44	1.53	1.61
	4		7.6	1.86	1.46	1.03	1.34	0.59	0.74	0.93	0.48	1.30	1.38	1.47	1.55	1.64
∟30×	3	4.5	8.5	1.75	1.37	1.46	1.72	0.68	0.91	1.15	0.59	1.47	1.55	1.63	1.71	1.8
	4		8.9	2.28	1.79	1.84	2.08	0.87	0.90	1.13	0.58	1.49	1.57	1.65	1.74	1.82
∟36×	3	4.5	10	2.11	1.66	2.58	2.59	0.99	1.11	1.39	0.71	1.70	1.78	1.86	1.94	2.03
	4		10.4	2.76	2.16	3.29	3.18	1.28	1.09	1.38	0.70	1.73	1.8	1.89	1.97	2.05
	5		10.7	2.38	2.65	3.95	3.68	1.56	1.08	1.36	0.70	1.75	1.83	1.91	1.99	2.08
∟20×	3	5	10.9	2.36	1.85	3.59	3.28	1.23	1.23	1.55	0.79	1.86	1.94	2.01	2.09	2.18
	4		11.3	3.09	2.42	4.60	4.05	1.60	1.22	1.54	0.79	1.88	1.96	2.04	2.12	2.2
	5		11.7	3.79	2.98	5.53	4.72	1.96	1.21	1.52	0.78	1.90	1.98	2.06	2.14	2.23
∟45×	3	5	12.2	2.66	2.09	5.17	4.25	1.58	1.39	1.76	0.90	2.06	2.14	2.21	2.29	2.37
	4		12.6	3.49	2.74	6.65	5.29	2.05	1.38	1.74	0.89	2.08	2.16	2.24	2.32	2.4
	5		13	4.29	3.37	8.04	6.20	2.51	1.37	1.72	0.88	2.10	2.18	2.26	2.34	2.42
	6		13.3	5.08	3.99	9.33	6.99	2.95	1.36	1.71	0.88	2.12	2.2	2.28	2.36	2.44
∟50×	3	5.5	13.4	2.97	2.33	7.18	5.36	1.96	1.55	1.96	1.00	2.26	2.33	2.41	2.48	2.56
	4		13.8	3.90	3.06	9.26	6.70	2.56	1.54	1.94	0.99	2.28	2.36	2.43	2.51	2.59
	5		14.2	4.80	3.77	11.21	7.90	3.13	1.53	1.92	0.98	2.30	2.38	2.45	2.53	2.61
	6		14.6	5.69	4.46	13.05	8.95	3.68	1.51	1.91	0.98	2.32	2.4	2.48	2.56	2.64
∟56×	3	6	14.8	3.34	2.62	10.19	6.86	2.48	1.75	2.2	1.13	2.50	2.57	2.64	2.72	2.8
	4		15.3	4.39	3.45	13.18	8.63	3.24	1.73	2.18	1.11	2.52	2.59	2.67	2.74	2.82
	5		15.7	5.42	4.25	16.02	10.22	3.97	1.72	2.17	1.10	2.54	2.61	2.69	2.77	2.85
	8		16.8	8.37	6.57	23.63	14.06	6.03	1.68	2.11	1.09	2.60	2.67	2.75	2.83	2.91
∟63×	4	7	17	4.98	3.91	19.03	11.22	4.13	1.96	2.46	1.26	2.79	2.87	2.94	3.02	3.09
	5		17.4	6.14	4.82	23.17	13.33	5.08	1.94	2.45	1.25	2.82	2.89	2.96	3.04	3.12
	6		17.8	7.29	5.72	27.12	15.26	6.00	1.93	2.43	1.24	2.83	2.91	2.98	3.06	3.14
	8		18.5	9.51	7.47	34.45	18.59	7.75	1.90	2.39	1.23	2.87	2.95	3.03	3.1	3.18
	10		19.3	11.66	9.15	41.09	21.34	9.39	1.88	2.36	1.22	2.91	2.99	3.07	3.15	3.23

续表

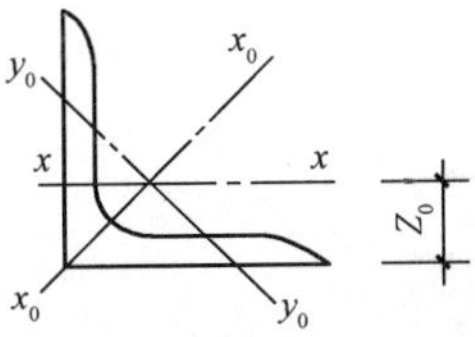

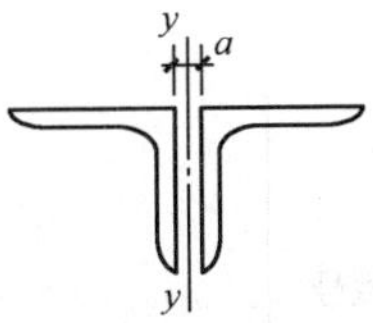

角钢型号		圆角 R	重心矩 Z_0	截面面积 A	质量	惯性矩 I_x	截面模量 W_x^{max}	截面模量 W_x^{min}	回转半径 i_x	回转半径 i_{x0}	回转半径 i_{y0}	i_y，当 a 为下列数值 6 mm	8 mm	10 mm	12 mm	14 mm
		mm	mm	cm^2	kg/m	cm^4	cm^3	cm^3	cm	cm	cm	cm	cm	cm	cm	cm
∟70×	4	8	18.6	5.57	4.37	26.39	14.16	5.14	2.18	2.74	1.4	3.07	3.14	3.21	3.29	3.36
	5		19.1	6.88	5.40	32.21	16.89	6.32	2.16	2.73	1.39	3.09	3.16	3.24	3.31	3.39
	6		19.5	8.16	6.41	37.77	19.39	7.48	2.15	2.71	1.38	3.11	3.18	3.26	3.33	3.41
	7		19.9	9.42	7.40	43.09	21.68	8.59	2.14	2.69	1.38	3.13	3.2	3.28	3.36	3.43
	8		20.3	10.67	8.37	48.17	23.79	9.68	2.13	2.68	1.37	3.15	3.22	3.30	3.38	3.46
∟75×	5	9	20.3	7.41	5.82	39.96	19.73	7.30	2.32	2.92	1.5	3.29	3.36	3.43	3.5	3.58
	6		20.7	8.80	6.91	46.91	22.69	8.63	2.31	2.91	1.49	3.31	3.38	3.45	3.53	3.6
	7		21.1	10.16	7.98	53.57	25.42	9.93	2.30	2.89	1.48	3.33	3.4	3.47	3.55	3.63
	8		21.5	11.50	9.03	59.96	27.93	11.2	2.28	2.87	1.47	3.35	3.42	3.50	3.57	3.65
	10		22.2	14.13	11.09	71.98	32.40	13.64	2.26	2.84	1.46	3.38	3.46	3.54	3.61	3.69
∟80×	5	5.5	21.5	7.91	6.21	48.79	22.70	8.34	2.48	3.13	1.6	3.49	3.56	3.63	3.71	3.78
	6		21.9	9.40	7.38	57.35	26.16	9.87	2.47	3.11	1.59	3.51	3.58	3.65	3.73	3.8
	7		22.3	10.86	8.53	65.58	29.38	11.37	2.46	3.1	1.58	3.53	3.60	3.67	3.75	3.83
	8		22.7	12.30	9.66	73.50	32.36	12.83	2.44	3.08	1.57	3.55	3.62	3.70	3.77	3.85
	10		23.5	15.13	11.87	88.43	37.68	15.64	2.42	3.04	1.56	3.58	3.66	3.74	3.81	3.89
∟90×	6	10	24.4	10.64	8.35	82.77	33.99	12.61	2.79	3.51	1.8	3.91	3.98	4.05	4.12	4.2
	7		24.8	12.3	9.66	94.83	38.28	14.54	2.78	3.5	1.78	3.93	4.00	4.07	4.14	4.22
	8		25.2	13.94	10.95	106.5	42.3	16.42	2.76	3.48	1.78	3.95	4.02	4.09	4.17	4.24
	10		25.9	17.17	13.48	128.6	49.57	20.07	2.74	3.45	1.76	3.98	4.06	4.13	4.21	4.28
	12		26.7	20.31	15.94	149.2	55.93	23.57	2.71	3.41	1.75	4.02	4.09	4.17	4.25	4.32
∟100×	6	12	26.7	11.93	9.37	115	43.04	15.68	3.1	3.91	2	4.3	4.37	4.44	4.51	4.58
	7		27.1	13.8	10.83	131	48.57	18.1	3.09	3.89	1.99	4.32	4.39	4.46	4.53	4.61
	8		27.6	15.64	12.28	148.2	53.78	20.47	3.08	3.88	1.98	4.34	4.41	4.48	4.55	4.63
	10		28.4	19.26	15.12	179.5	63.29	25.06	3.05	3.84	1.96	4.38	4.45	4.52	4.6	4.67
	12		29.1	22.8	17.9	208.9	71.72	29.47	3.03	3.81	1.95	4.41	4.49	4.56	4.64	4.71
	14		29.9	26.26	20.61	236.5	79.19	33.73	3.00	3.77	1.94	4.45	4.53	4.6	4.68	4.75
	16		30.6	29.63	23.26	262.5	85.81	37.82	2.98	3.74	1.93	4.49	4.56	4.64	4.72	4.8

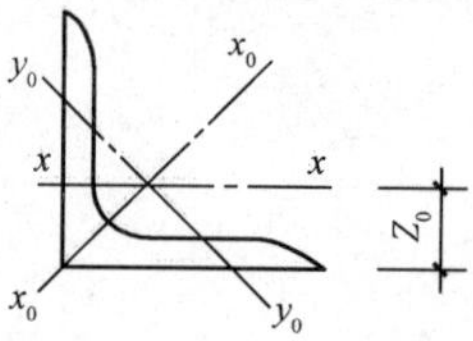

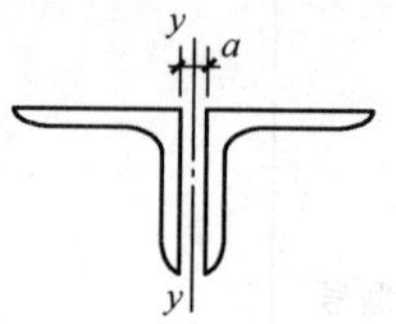

角钢型号		圆角 R	重心矩 Z_0	截面面积 A	质量	惯性矩 I_x	截面模量		回转半径			i_y，当 a 为下列数值				
							W_x^{max}	W_x^{min}	i_x	i_{x0}	i_{y0}	6 mm	8 mm	10 mm	12 mm	14 mm
		mm		cm^2	kg/m	cm^4	cm^3		cm			cm				
∟110×	7	12	29.6	15.2	11.93	177.2	59.78	22.05	3.41	4.3	2.2	4.72	4.79	4.86	4.94	5.01
	8		30.1	17.24	13.53	199.5	66.36	24.95	3.4	4.28	2.19	4.74	4.81	4.88	4.96	5.03
	10		30.9	21.26	16.69	242.2	78.48	30.6	3.38	4.25	2.17	4.78	4.85	4.92	5	5.07
	12		31.6	25.2	19.78	282.6	89.34	36.05	3.35	4.22	2.15	4.82	4.89	4.96	5.04	5.11
	14		32.4	29.06	22.81	320.7	99.07	41.31	3.32	4.18	2.14	4.85	4.93	5	5.08	5.15
∟125×	8	14	33.7	19.75	15.5	297	88.2	32.52	3.88	4.88	2.5	5.34	5.41	5.48	5.55	5.62
	10		34.5	24.37	19.13	361.7	104.8	39.97	3.85	4.85	2.48	5.38	5.45	5.52	5.59	5.66
	12		35.3	28.91	22.7	423.2	119.9	47.17	3.83	4.82	2.46	5.41	5.48	5.56	5.63	5.7
	14		36.1	33.37	26.19	481.7	133.6	54.16	3.8	4.78	2.45	5.45	5.52	5.59	5.67	5.74
∟140×	10	14	38.2	27.37	21.49	514.7	134.6	50.58	4.34	5.46	2.78	5.98	6.05	6.12	6.2	6.27
	12		39	32.51	25.52	603.7	154.6	59.8	4.31	5.43	2.77	6.02	6.09	6.16	6.23	6.31
	14		39.8	37.57	29.49	688.8	173	68.75	4.28	5.4	2.75	6.06	6.13	6.2	6.27	6.34
	16		40.6	42.54	33.39	770.2	189.9	77.46	4.26	5.36	2.74	6.09	6.16	6.23	6.31	6.38
∟160×	10	16	43.1	31.5	24.73	779.5	180.8	66.7	4.97	6.27	3.2	6.78	6.85	6.92	6.99	7.06
	12		43.9	37.44	29.39	916.6	208.6	78.98	4.95	6.24	3.18	6.82	6.89	6.96	7.03	7.1
	14		44.7	43.3	33.99	1 048	234.4	90.95	4.92	6.2	3.16	6.86	6.93	7	7.07	7.14
	16		45.5	49.07	38.52	1 175	258.3	102.6	4.89	6.17	3.14	6.89	6.96	7.03	7.1	7.18
∟180×	12	16	48.9	42.24	33.16	1 321	270	100.8	5.59	7.05	3.58	7.63	7.7	7.77	7.84	7.91
	14		49.7	48.9	38.38	1 514	304.6	116.3	5.57	7.02	3.57	7.67	7.74	7.81	7.88	7.95
	16		50.5	55.47	43.54	1 701	336.9	131.4	5.54	6.98	3.55	7.7	7.77	7.84	7.91	7.98
	18		51.3	61.95	48.63	1 881	367.1	146.1	5.51	6.94	3.53	7.73	7.8	7.87	7.95	8.02
∟200×	14	3.5	54.6	54.64	42.89	2 104	385.1	144.7	6.2	7.82	3.98	8.47	8.54	8.61	8.67	8.75
	16		55.4	62.01	48.68	2 366	427	163.7	6.18	7.79	3.96	8.5	8.57	8.64	8.71	8.78
	16		56.2	69.3	54.4	2 621	466.5	182.2	6.15	7.75	3.94	8.53	8.6	8.67	8.75	8.82
	20		56.9	76.5	60.06	2 867	503.6	200.4	6.12	7.72	3.93	8.57	8.64	8.71	8.78	8.85
	24		58.4	90.66	71.17	3 338	571.5	235.8	6.07	7.64	3.9	8.63	8.71	8.78	8.85	8.92

附表 19　热轧不等边角钢的规格及截面特性

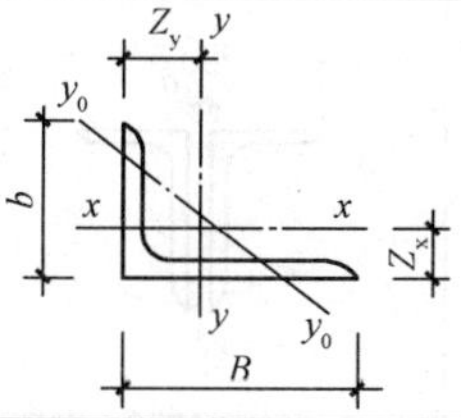

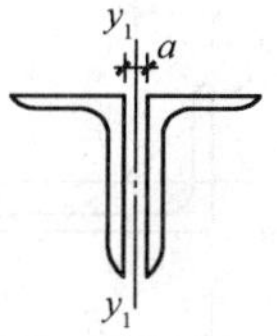

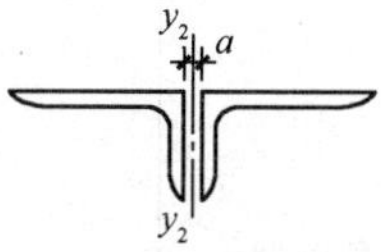

角钢型号 $B\times b\times t$		单角钢								双角钢							
		圆角 R	重心距离		截面面积 A	质量	回转半径			i_y，当 a 为下列数值				i_y，当 a 为下列数值			
			Z_x	Z_y			i_x	i_y	i_{y0}	6 mm	8 mm	10 mm	12 mm	6 mm	8 mm	10 mm	12 mm
		mm			cm^2	(kg/m)	cm			cm				cm			
∟25×16×	3	7.5	4.2	8.6	1.16	0.91	0.44	0.78	0.34	0.84	0.93	1.02	1.11	1.4	1.48	1.57	1.65
	4		4.6	9.0	1.50	1.18	0.43	0.77	0.34	0.87	0.96	1.05	1.14	1.42	1.51	1.6	1.68
∟32×20×	3	3.5	4.9	10.8	1.49	1.17	0.55	1.01	0.43	0.97	1.05	1.14	1.23	1.71	1.79	1.88	1.96
	4		5.3	11.2	1.94	1.52	0.54	1	0.43	0.99	1.08	1.16	1.25	1.74	1.82	1.9	1.99
∟40×25×	3	4	5.9	13.2	1.89	1.48	0.7	1.28	0.54	1.13	1.21	1.3	1.38	2.07	2.14	2.23	2.31
	4		6.3	13.7	2.47	1.94	0.69	1.26	0.54	1.16	1.24	1.32	1.41	2.09	2.17	2.25	2.34
∟45×28×	3	5	6.4	14.7	2.15	1.69	0.79	1.44	0.61	1.23	1.31	1.39	1.47	2.28	2.36	2.44	2.52
	4		6.8	15.1	2.81	2.2	0.78	1.43	0.6	1.25	1.33	1.41	1.5	2.31	2.39	2.47	2.55
∟50×32×	3	5.5	7.3	16	2.43	1.91	0.91	1.6	0.7	1.38	1.45	1.53	1.61	2.49	2.56	2.64	2.72
	4		7.7	16.5	3.18	2.49	0.9	1.59	0.69	1.4	1.47	1.55	1.64	2.51	2.59	2.67	2.75
∟56×36×	3	6	8.0	17.8	2.74	2.15	1.03	1.8	0.79	1.51	1.59	1.66	1.74	2.75	2.82	2.9	2.98
	4		8.5	18.2	3.59	2.82	1.02	1.79	0.78	1.53	1.61	1.69	1.77	2.77	2.85	2.93	3.01
	5		8.8	18.7	4.42	3.47	1.01	1.77	0.78	1.56	1.63	1.71	1.79	2.8	2.88	2.96	3.04
∟63×40×	4	7	9.2	20.4	4.06	3.19	1.14	2.02	0.88	1.66	1.74	1.81	1.89	3.09	3.16	3.24	3.32
	5		9.5	20.8	4.99	3.92	1.12	2	0.87	1.68	1.76	1.84	1.92	3.11	3.19	3.27	3.35
	6		9.9	21.2	5.91	4.64	1.11	1.99	0.86	1.71	1.78	1.86	1.94	3.13	3.21	3.29	3.37
	7		10.3	21.6	6.8	5.34	1.1	1.96	0.86	1.73	1.8	1.88	1.97	3.15	3.23	3.3	3.39
∟70×50×	4	7.5	10.2	22.3	4.55	3.57	1.29	2.25	0.99	1.84	1.91	1.99	2.07	3.39	3.46	3.54	3.62
	5		10.6	22.8	5.61	4.4	1.28	2.23	0.98	1.86	1.94	2.01	2.09	3.41	3.49	3.57	3.64
	6		11.0	23.2	6.64	5.22	1.26	2.22	0.97	1.88	1.96	2.04	2.11	3.44	3.51	3.59	3.67
	7		11.3	23.6	7.66	6.01	1.25	2.2	0.97	1.9	1.98	2.06	2.14	3.46	3.54	3.61	3.69
∟75×50×	5	8	11.7	24.0	6.13	4.81	1.43	2.39	1.09	2.06	2.13	2.2	2.28	3.6	3.68	3.76	3.83
	6		12.1	24.4	7.26	5.7	1.42	2.38	1.08	2.08	2.15	2.23	2.3	3.63	3.7	3.78	3.86
	8		12.9	25.2	9.47	7.43	1.4	2.35	1.07	2.12	2.19	2.27	2.35	3.67	3.75	3.83	3.91
	10		13.6	26.0	11.6	9.1	1.38	2.33	1.06	2.16	2.24	2.31	2.4	3.71	3.79	3.87	3.96
∟80×50×	5	8	11.4	26.0	6.38	5	1.42	2.57	1.1	2.02	2.09	2.17	2.24	3.88	3.95	4.03	4.1
	6		11.8	26.5	7.56	5.93	1.41	2.55	1.09	2.04	2.11	2.19	2.27	3.9	3.98	4.05	4.13
	7		12.1	26.9	8.72	6.85	1.39	2.54	1.08	2.06	2.13	2.21	2.29	3.92	4	4.08	4.16
	8		12.5	27.3	9.87	7.75	1.38	2.52	1.07	2.08	2.15	2.23	2.31	3.94	4.02	4.1	4.18

角钢型号 $B\times b\times t$		单角钢								双角钢							
		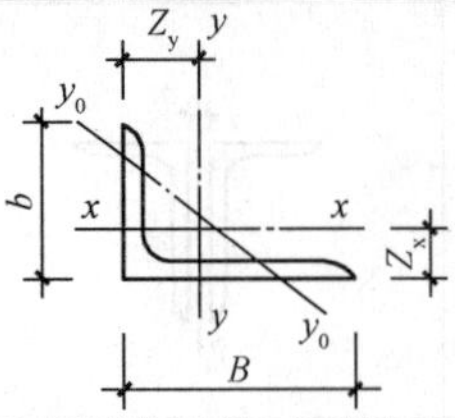								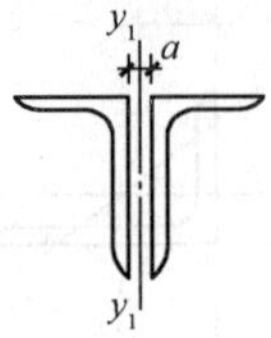				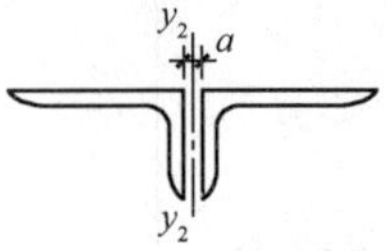			
		圆角 R	重心距离		截面面积 A	质量	回转半径			i_y，当 a 为下列数值				i_y，当 a 为下列数值			
			Z_x	Z_y			i_x	i_y	i_{y0}	6 mm	8 mm	10 mm	12 mm	6 mm	8 mm	10 mm	12 mm
		mm			cm^2	(kg/m)	cm			cm				cm			
∟90×56×	5	9	12.5	29.1	7.21	5.66	1.59	2.9	1.23	2.22	2.29	2.36	2.44	4.32	4.39	4.47	4.55
	6		12.9	29.5	8.56	6.72	1.58	2.88	1.22	2.24	2.31	2.39	2.46	4.34	4.42	4.5	4.57
	7		13.3	30.0	9.88	7.76	1.57	2.87	1.22	2.26	2.33	2.41	2.49	4.37	4.44	4.52	4.6
	8		13.6	30.4	11.2	8.78	1.56	2.85	1.21	2.28	2.35	2.43	2.51	4.39	4.47	4.54	4.62
∟100×63×	6	10	14.3	32.4	9.62	7.55	1.79	3.21	1.38	2.49	2.56	2.63	2.71	4.77	4.85	4.92	5
	7		14.7	32.8	11.1	8.72	1.78	3.2	1.37	2.51	2.58	2.65	2.73	4.8	4.87	4.95	5.03
	8		15	33.2	12.6	9.88	1.77	3.18	1.37	2.53	2.6	2.67	2.75	4.82	4.9	4.97	5.05
	10		15.8	34	15.5	12.1	1.75	3.15	1.35	2.57	2.64	2.72	2.79	4.86	4.94	5.02	5.1
∟100×80×	6	10	19.7	29.5	10.6	8.35	2.4	3.17	1.73	3.31	3.38	3.45	3.52	4.54	4.62	4.69	4.76
	7		20.1	30	12.3	9.66	2.39	3.16	1.71	3.32	3.39	3.47	3.54	4.57	4.64	4.71	4.79
	8		20.5	30.4	13.9	10.9	2.37	3.15	1.71	3.34	3.41	3.49	3.56	4.59	4.66	4.73	4.81
	10		21.3	31.2	17.2	13.5	2.35	3.12	1.69	3.38	3.45	3.53	3.6	4.63	4.7	4.78	4.85
∟110×70×	6	10	15.7	35.3	10.6	8.35	2.01	3.54	1.54	2.74	2.81	2.88	2.96	5.21	5.29	5.36	5.44
	7		16.1	35.7	12.3	9.66	2	3.53	1.53	2.76	2.83	2.9	2.98	5.24	5.31	5.39	5.46
	8		16.5	36.2	13.9	10.9	1.98	3.51	1.53	2.78	2.85	2.92	3	5.26	5.34	5.41	5.49
	10		17.2	37	17.2	13.5	1.96	3.48	1.51	2.82	2.89	2.96	3.04	5.3	5.38	5.46	5.53
∟125×80×	7	11	18	40.1	14.1	11.1	2.3	4.02	1.76	3.11	3.18	3.25	3.33	5.9	5.97	6.04	6.12
	8		18.4	40.6	16	12.6	2.29	4.01	1.75	3.13	3.2	3.27	3.35	5.92	5.99	6.07	6.14
	10		19.2	41.4	19.7	15.5	2.26	3.98	1.74	3.17	3.24	3.31	3.39	5.96	6.04	6.11	6.19
	12		20	42.2	23.4	18.3	2.24	3.95	1.72	3.21	3.28	3.35	3.43	6	6.08	6.16	6.23
∟140×90×	8	12	20.4	45	18	14.2	2.59	4.5	1.98	3.49	3.56	3.63	3.7	6.58	6.65	6.73	6.8
	10		21.2	45.8	22.3	17.5	2.56	4.47	1.96	3.52	3.59	3.66	3.73	6.62	6.7	6.77	6.85
	12		21.9	46.6	26.4	20.7	2.54	4.44	1.95	3.56	3.63	3.7	3.77	6.66	6.74	6.81	6.89
	14		22.7	47.4	30.5	23.9	2.51	4.42	1.94	3.59	3.66	3.74	3.81	6.7	6.78	6.86	6.93
∟160×100×	10	13	22.8	52.4	25.3	19.9	2.85	5.14	2.19	3.84	3.91	3.98	4.05	7.55	7.63	7.7	7.78
	12		23.6	53.2	30.1	23.6	2.82	5.11	2.18	3.87	3.94	4.01	4.09	7.6	7.67	7.75	7.82
	14		24.3	54	34.7	27.2	2.8	5.08	2.16	3.91	3.98	4.05	4.12	7.64	7.71	7.79	7.86
	16		25.1	54.8	39.3	30.8	2.77	5.05	2.15	3.94	4.02	4.09	4.16	7.68	7.75	7.83	7.9

角钢型号 $B\times b\times t$		单角钢								双角钢							
		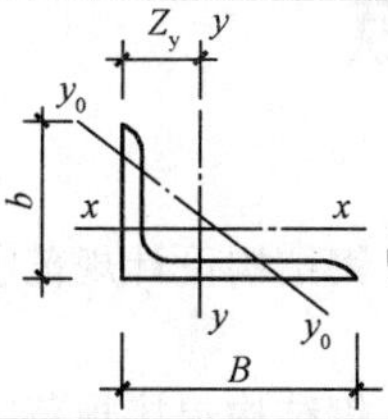								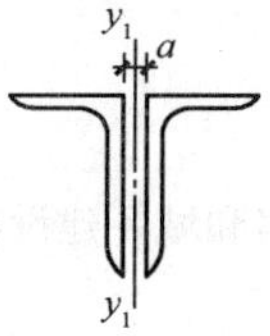				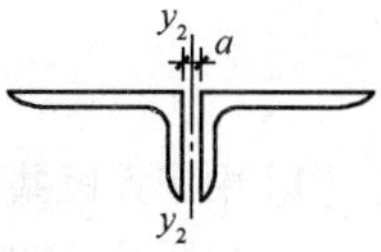			
		圆角 R	重心距离		截面面积 A	质量	回转半径			i_y，当 a 为下列数值				i_y，当 a 为下列数值			
			Z_x	Z_y			i_x	i_y	i_{y0}	6 mm	8 mm	10 mm	12 mm	6 mm	8 mm	10 mm	12 mm
			mm		cm^2	(kg/m)	cm			cm				cm			
∟180×110×	10	14	24.4	58.9	28.4	22.3	3.13	8.56	5.78	2.42	4.16	4.23	4.3	4.36	8.49	8.72	8.71
	12		25.2	59.8	33.7	26.5	3.1	8.6	5.75	2.4	4.19	4.33	4.33	4.4	8.53	8.76	8.75
	14		25.9	60.6	39	30.6	3.08	8.64	5.72	2.39	4.23	4.26	4.37	4.44	8.57	8.63	8.79
	16		26.7	61.4	44.1	34.6	3.05	8.68	5.81	2.37	4.26	4.3	4.4	4.47	8.61	8.68	8.84
∟200×125×	12	14	28.3	65.4	37.9	29.8	3.57	6.44	2.75	4.75	4.82	4.88	4.95	9.39	9.47	9.54	9.62
	14		29.1	66.2	43.9	34.4	3.54	6.41	2.73	4.78	4.85	4.92	4.99	9.43	9.51	9.58	9.66
	16		29.9	67.8	49.7	39	3.52	6.38	2.71	4.81	4.88	4.95	5.02	9.47	9.55	9.62	9.7
	18		30.6	67	55.5	43.6	3.49	6.35	2.7	4.85	4.92	4.99	5.06	9.51	9.59	9.66	9.74

参考文献

[1] 中华人民共和国住房和城乡建设部. GB 50017—2003 钢结构设计规范[S]. 北京：中国建筑工业出版社，2003.

[2] 中华人民共和国住房和城乡建设部. GB 50661—2011 钢结构焊接规范[S]. 北京：中国建筑工业出版社，2011.

[3] 中华人民共和国住房和城乡建设部. GB/T 50105—2011 建筑结构制图标准[S]. 北京：中国建筑工业出版社，2011.

[4] 中国建筑标准设计研究所. 01SG519 多高层民用建筑钢结构节点构造详图[S]. 北京：中国建筑工业出版社，2004.

[5] 中华人民共和国住房和城乡建设部. 05G515 轻型屋面梯形钢屋架[S]. 北京：中国建筑工业出版社，2005.

[6] 中华人民共和国住房和城乡建设部. GB 50011—2010 建筑抗震设计规范(2016 年版)[S]. 北京：中国建筑工业出版社，2010.

[7] 刘文顺，赖玲. 建筑力学[M]. 哈尔滨：哈尔滨地图出版社，2007.

[8] 赵丽颖，史文学，杨玲. 建筑结构[M]. 西安：西北工业大学出版社，2013.

[9] 李顺秋. 钢结构制造与安装[M]. 北京：中国建筑工业出版社，2005.

[10] 周绥平. 钢结构[M]. 武汉：武汉理工大学出版社，2000.

[11] 李宏男. 建筑抗震设计原理[M]. 北京：中国建筑工业出版社，1997.

[12] 朱伯龙，等. 建筑结构抗震设计原理[M]. 上海：同济大学出版社，1998.

[13] 龚思礼. 建筑抗震设计手册[M]. 北京：中国建筑工业出版社，1994.

[14] 丁天庭. 建筑结构[M]. 北京：高等教育出版社，2003.

[15] 张宪江. 建筑结构[M]. 北京：化学工业出版社，2010.

[16] 刘凤翰. 建筑结构[M]. 北京：机械工业出版社，2008.

[17] 宋群，宗兰. 建筑结构[M]. 北京：机械工业出版社，2009.

[18] 张小云. 建筑抗震[M]. 北京：高等教育出版社，2003.

[19] 邵英秀. 建筑结构与识图[M]. 北京：化学工业出版社，2010.